# 한아름 파이널

## "편입수학, 마지막까지 한아름으로 통한다!"

### 30회 모의고사 925개 문제로 끝내는 실전대비서

# 한아름 파이널

편.만.휘. - 편입수학 만점을 휘날리자

**초 판 1쇄** 2020년 11월 05일
**초 판 2쇄** 2021년 10월 25일

**지은이** 한아름
**펴낸이** 류종렬

**펴낸곳** 미다스북스
**총괄실장** 명상완
**책임편집** 이다경 백승정
**책임진행** 박새연 김가영 신은서 임종익

**등록** 2001년 3월 21일 제2001-000040호
**주소** 서울시 마포구 양화로 133 서교타워 711호
**전화** 02) 322-7802~3
**팩스** 02) 6007-1845
**블로그** http://blog.naver.com/midasbooks
**전자주소** midasbooks@hanmail.net
**페이스북** https://www.facebook.com/midasbooks425

**ISBN** 978-89-6637-870-8 13410

값 38,000원

미다스북스는 다음 세대에게 필요한 지혜와 교양을 생각합니다

# 한아름 선생님은…

법대를 졸업하고 수학 선생님을 하겠다는 목표로 수학과에 편입하였습니다.
우연한 기회에 편입수학 강의를 시작하게 되었고 인생의 터닝포인트가 되었습니다.

편입은 결코 쉬운 길이 아닙니다. 수험생은 먼저 용기를 내야 합니다. 그리고 묵묵히 공부하며 합격이라는 결과를 얻기까지
외로운 자신과의 싸움을 해야 합니다. 저 또한 그 편입 과정의 어려움을 알기에 용기 있게 도전하는 학생들에게 조금이나마
힘이 되어주고 싶습니다. 그 길을 가는 데 제가 도움이 될 수 있다면 저 또한 고마움과 보람을 느낄 것입니다.

무엇보다도, 이 책은 그와 같은 마음을 바탕으로 그동안의 연구들을 정리하여 담은 것입니다. 자신의 인생을 개척하고자 결정한
여러분께 틀림없이 도움이 될 수 있을 것이라고 생각합니다.

그 동안의 강의 생활에서 매 순간 최선을 다했고 두려움을 피하지 않았으며 기회가 왔을 때 물러서지 않고 도전했습니다. 앞으로
도 초심을 잃지 않고 1타라는 무거운 책임감 아래 더 열심히 노력하겠습니다. 믿고 함께 한다면 합격이라는 목표뿐만 아니라
인생의 새로운 목표들도 이룰 수 있을 것입니다.

여러분의 도전을 응원합니다!!

▶ 김영편입학원 kimyoung.co.kr
▶ 김영편입 강남단과전문관 02-553-8711
▶ 유튜브 "편입수학은 한아름"
▶ 네이버 "아름매스"

김영편입학원

유튜브 〈편입수학은 한아름〉

# Areum Math 수강생 후기

개념 위주로 최대한 알려주시면서도 기본문제를 풀이해주시고 문제 유형과 새로운 풀이방법, 개념을 적용시키는 방법을 알려주셨던 게 가장 좋았습니다. 덕분에 개념을 확실하게 공부해서 어떠한 새로운 유형이 나와도 당황하지 않고 풀 수 있었습니다.
- 고민균 (한양대학교 화학공학과)

아름쌤은 든든한 지원군입니다. 힘들 때 상담 메일을 보내면 직접 답을 해주시며 정신적으로도 지원해주시고, 편입수학의 실질적인 면에서도 완벽한 커리큘럼으로 안정감을 주셨기 때문입니다. 수업을 하실 때도 커리큘럼에 매우 정성을 들이셨다는 것이 느껴집니다. 그저 나열만 하신 것이 아니라, 학생 입장에서 이해하기 쉽게 차근차근 이어나갈 수 있도록 강의를 진행하셨습니다.
- 권동욱 (중앙대학교 전자정보통신공학과)

정말 기본서 책만 여러번 익혀도 된다, 시험에는 기본서 문제들로 나온다는 진리를 깨달았습니다. 개념강의, 모의고사, 기출강의, 교재까지 모두 다 최고였습니다.
- 김보경 (중앙대학교 소프트웨어학부)

한아름 모의고사 덕에 시험도 쳐보고 성적 나오는 것 보면서 더욱 더 자극 받을 수 있었습니다. 아름쌤은 좋은 수업을 해주시는 것만이 아니라 힘까지 나게 해주셨습니다. "긍정적인 생각을 해라, 생각하는 대로 이루어진다."라고 말씀해주셨는데, 그 말씀 덕에 제가 인생의 전환점을 만들 수 있었습니다.
- 김재웅 (경희대학교 컴퓨터공학과)

아름쌤은 사막 길을 걷는 것과 같은 힘든 수험 생활 중 오아시스처럼 활력소를 불어넣어주셨습니다. 인강 수강생도 자기 학생이라고 말씀하시고 어떻게든 도와주려고 하시는 것을 보면서, 혼자가 아닌 한아름 교수님과 함께 수험생활을 헤쳐 나가고 있다는 느낌을 항상 받았습니다.
- 김푸른 (경희대학교 기계공학과)

아름쌤 수업은 '건축학개론' 입니다. 왜냐하면 수학을 잘못하는 사람들도 편히 들을 수 있도록 기초부터 벽돌을 탄탄히 쌓아주시기 때문입니다. 아름쌤의 능력은 문풀에서도 발휘됩니다. 예상하신 문제들이 실제 시험에서 속속들이 나와서 놀랐습니다. 아름쌤만의 기발한 풀이법도 많은 도움이 되었습니다. 아름쌤 수업을 듣게 되신다면 "시크릿쥬쥬"를 꼭 기억하세요!
- 김현정 (경희대학교 유전공학과)

아름쌤은 편입의 표본이십니다. 기초가 없는 분들도 쉽게 따라올 수 있습니다. 강의를 하실 때 편입의 전형적인 문제를 기반으로 수업을 하시니 그것만 잘 따라가도 편입수학의 70%는 먹고 갈 수 있다고 생각합니다.
- 신동현 (건국대학교 화학공학과)

어떻게 공부를 해야 할지 모르거나 자신의 방법에 확신이 서지 않을 때 선생님께 여쭤보면 해결책이 나오고 길이 보이기 시작했습니다. 아름쌤은 내비게이션이십니다. 조금이라도 더 쉬운 문제접근 방법을 배울 수 있었습니다.
- 안석찬 (경희대학교 전자공학과)

일단 수학 베이스가 없는 학생들에게 최고의 수업이 아닐까 생각합니다. 결국 기본에 충실하고 당일 복습, 누적 복습을 하는 게 제일 중요하다는 것을 깨달았습니다. 수업 자체의 전달력도 너무 좋았습니다!
- 유준상 (서울과학기술대학교 신소재공학과)

유독 수학은 선생님에 따라서 합격이 판가름 난다는 것을 느꼈습니다. 성인이 듣는 고차원의 수업은 지루해지기 쉬운데, 이러한 문제점은 학생들의 집중도와 이해도를 재빨리 눈치채 그에 맞는 피드백을 하고, 무엇보다 정보 전달이 정확하고 군더더기가 없어야 해소된다고 생각합니다. 이런 면에서 아름쌤의 강의는 명쾌합니다. 이 이상으로 제가 무언가를 덧붙일 수가 없어요. 수많은 과목의 인터넷 강의를 들었지만 이 정도로 뇌리에 꽂힌 적은 없었습니다.
- 윤현규 (한양대학교 수학과)

아름쌤은 편입수학의 정석을 가르쳐주십니다. 왜냐하면 아름쌤이 수업 때 알려주시는 것만 공부하면 절대 편입수학 시험 범위가 그것들을 벗어나지 않기 때문입니다. 기본적인 것부터 차근차근 설명해주셔서 웬만한 건 수업만 잘 들으면 이해가 거의 다 될 정도고, 이해가 잘 안 됐더라도 조교쌤들이나 아름쌤이 질문을 잘 받아주세요.

- 이주현 (경희대학교 전자공학과)

수업을 듣다 보면 정말 아름쌤이 왜 1타 강사인지 확실하게 느낄 수 있습니다. 교재와 수업과 상담까지, 아름쌤이라서 가능하다는 생각이 많이 들었습니다. 쌤 이름만 들어도 확신을 주기 때문에 쌤 자체가 브랜드입니다.

- 이혜민 (한양대학교 수학과)

아름쌤은 일단 1타 강사에 맞게 설명을 정말 잘하십니다. 목소리가 좋으셔서 집중이 잘되고 수업시간에 모든 학생들을 다 챙기시는 게 보입니다. 후반부에 들었던 시크릿 모의고사도 도움이 많이 되었습니다. 시간 압박과 낯선 문제에 대비할 수 있었던 좋은 기회였습니다.

- 이호은 (한양대학교 생명과학과)

아름매스의 교재, 기출강의가 좋았습니다. 기출강의들을 풀면서 느낀 것이 일부 대학을 제외하고는 기출이나 교재나 거의 차이가 없고 오히려 교재가 더 어렵다는 생각이 들었습니다. 그래서 교재를 열심히 풀었던 게 정말 도움이 많이 됐고 기출강의도 문제풀이뿐만 아니라 시험에 임하는 자세, 멘탈관리법 등 실전에 관련된 것들을 많이 말씀해주셔서 실제 시험에서 많이 도움이 됐습니다.

- 정영효 (성균관대학교 물리학과)

편입수학은 범위가 넓어서 아무리 복습을 해도 잊어버리는 경우가 많았는데, 파이널 모의고사와 빈출 유형을 통해 개념서보다 빠르게 다시 부족한 개념을 채울 수 있었고 실전감각을 키우는 데 도움이 되어서 좋았습니다.

- 정진희 (한양대학교 생체공학과)

아름쌤 수업은 '정답'입니다. 선생님 수업을 듣고 선생님이 시키는 것만 한다면 목표로 했던 학교 학과에 충분히 합격할 수 있습니다. 또한 선생님은 학생 한 명 한 명을 너무 소중히 여기시는 게 느껴져서 좋았습니다. 매우 바쁘시고 힘드실 텐데도 불구하고 질문하거나 상담요청을 할 때 항상 따뜻한 마음으로 받아주셨기 때문에 더더욱 열심히 할 수 있었습니다.

- 정현목 (인하대학교 화학공학과)

아름쌤 수업은 편입수학의 기저이십니다. 나중에 파이널을 풀다 보면 처음 보는 문제들을 볼 수 있습니다. 하지만 이런 것들을 제외한다면 보편타당한 문제들 즉, 합격을 하기 위해서 맞히는 문제들은 모두 아름쌤 수업, 교재에 있습니다. 아름쌤은 필요한 것들, 혹은 합격을 위한 모든 문제들을 포괄할 수 있는 것들을 가르쳐 주십니다.

- 조석원 (서강대학교 생명과학과)

아름쌤 수업을 들을 때는 사이다를 마신 것처럼 시원합니다! 무엇보다 군더더기 없이 깔끔한 점이 정말 좋았습니다. 기승전결이 잘 느껴지는 교재와 명쾌한 개념강의를 통해서 보편적인 문제를 연습하는 데에 큰 도움이 되었습니다.

- 주희진 (이화여자대학교 화학교육학과)

아름쌤 수업은 믹서기입니다. 아름쌤 수업에는 꼼꼼한 개념 설명 + 훌륭한 교재 + 긍정적인 에너지 + 질문들을 하나하나 다 받아주시며 친절하게 설명해주시는 쌤, 조교님들 등을 모두 섞어 '합격'이라는 것을 만들어 내기 때문입니다.

- 하현주 (경희대학교 식품생명공학과)

아름쌤은 편입수학의 이정표입니다. 목표한 대학의 합격의 길을 알려주시기 때문입니다. 아름쌤의 개념강의는 가장 큰 무기라고 생각합니다. 그리고 적중률이 상당히 좋습니다. 올해 등장한 신유형이 많아 당황했음에도 파이널 모의고사에서 봐두었기 때문에 쉽게 풀 수 있었습니다.

- 허원준 (한양대학교 융합전자공학과)

# 차례

# *Areum  Math*

_____년 \_\_\_\_월 \_\_\_\_일,

나 _____은(는) 한아름 교수님과 함께

마지막까지 최선을 다하여 합격의 꿈을 이루어내겠습니다.

다짐 1, _____

다짐 2, _____

다짐 3, _____

우리를 조금 크게 만드는 데 걸리는 시간은

단 하루면 충분하다.

- 파울 클레(Paul Klee)

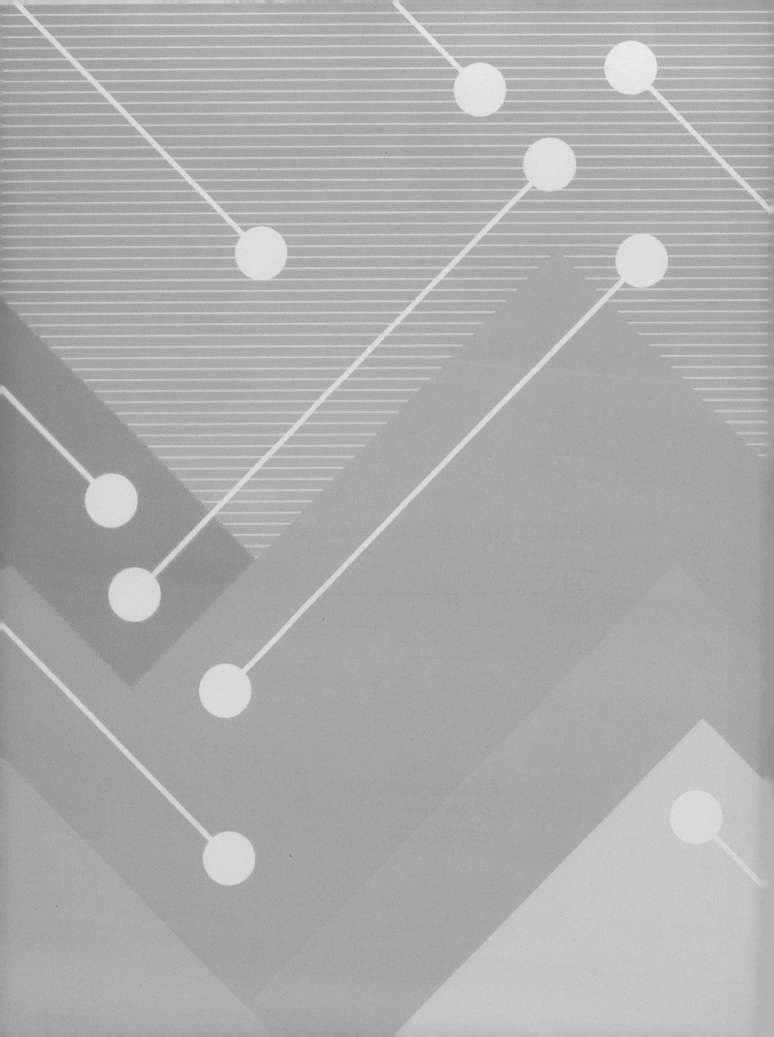

PART 01

# 빈출 문제 유형 총정리

# 1. 무한급수

〈출제 경향〉

무한급수의 수렴 vs 발산 판정
 ↳ 이상적분의 수렴판정과 연결
 ↳ 수렴하기 위한 조건

2. 수렴반경 & 수렴구간
 ↳ 비율판정법 & $n$승근판정법의 정확한 이해 & 암기

3. 무한급수의 합
 ↳ 매클로린 공식을 이용
 ↳ 규칙성을 이용한 소거를 통해서 구한다.

4. 명제

## 1. 비율판정값 & 수렴반경

❖ 수열 $a_n$의 비율판정값은 $\lim\limits_{n\to\infty}\left|\dfrac{a_{n+1}}{a_n}\right|$ 이다.

❖ 비율판정값과 극한의 성질

 $a_n$과 $b_n$의 비율판정값이 각각 존재하면
 $$\lim_{n\to\infty}\left|\frac{a_n}{a_{n+1}}\right|=m,\ \lim_{n\to\infty}\left|\frac{b_n}{b_{n+1}}\right|=k$$
 $A_n=a_nb_n$의 비율판정값은 $\lim\limits_{n\to\infty}\left|\dfrac{A_n}{A_{n+1}}\right|=mk$이다.

❖ 수렴반경은 비율판정법 또는 $n$승근판정법에 의해 구한다.

 $$\sum_{n=1}^{\infty}A_n=\sum_{n=1}^{\infty}a_n(x-a)^n\text{일 때,}$$

 〈비율판정법〉
 $$\lim_{n\to\infty}\left|\frac{a_{n+1}}{a_n}\right||x-a|<1$$
 $$\Rightarrow |x-a|<\frac{1}{\lim\limits_{n\to\infty}\left|\dfrac{a_{n+1}}{a_n}\right|}=\lim_{n\to\infty}\left|\frac{a_n}{a_{n+1}}\right|$$

〈근판정법〉
$$\lim_{n\to\infty}\sqrt[n]{|a_n|}\,|x-a|<1 \Rightarrow |x-a|<\lim_{n\to\infty}\frac{1}{\sqrt[n]{|a_n|}}$$

$\therefore |x-a|<R$을 만족하는 수렴반경은
$$R=\lim_{n\to\infty}\left|\frac{a_n}{a_{n+1}}\right|=\lim_{n\to\infty}\frac{1}{\sqrt[n]{|a_n|}}\text{이다.}$$
$\Rightarrow |x-a|<R$를 만족하는 $x$에 대해
$$\sum_{n=1}^{\infty}a_n(x-a)^n\text{은 절대수렴한다.}$$

❖ 암기해야 하는 비율판정값

(1) 로그함수, 다항함수의 비율판정값은 1이다.

(2) $a_n=r^n$이면 비율판정값은 $|r|$이다.

(3) $a_n=r^{\sqrt{n}}$이면 비율판정값은 1이다.

 ① 비율판정법
 $$\lim_{n\to\infty}\sqrt{n+1}-\sqrt{n}=\lim_{n\to\infty}\frac{1}{\sqrt{n+1}+\sqrt{n}}=0$$
 따라서
 $$\lim_{n\to\infty}\left|\frac{a_{n+1}}{a_n}\right|=\lim_{n\to\infty}\left|\frac{r^{\sqrt{n+1}}}{r^{\sqrt{n}}}\right|$$
 $$\lim_{n\to\infty}\left|r^{\sqrt{n+1}-\sqrt{n}}\right|=|r^0|=1\text{이다.}$$

 ② $n$승근판정법
 $$\lim_{n\to\infty}\sqrt[n]{|a_n|}=\lim_{n\to\infty}|r|^{\frac{\sqrt{n}}{n}}=\lim_{n\to\infty}|r|^{\frac{1}{\sqrt{n}}}=1$$

(4) $a_n=\dfrac{1}{n!}$의 비율판정값은 0이다.

(5) $a_n=\dfrac{n!}{n^n}$의 비율판정값은 $\dfrac{1}{e}$이다.
$$\lim_{n\to\infty}\left|\frac{a_{n+1}}{a_n}\right|=\lim_{n\to\infty}\left|\frac{(n+1)!}{(n+1)^{n+1}}\times\frac{n^n}{n!}\right|$$
$$=\lim_{n\to\infty}\left|\frac{(n+1)n!}{(n+1)(n+1)^n}\times\frac{n^n}{n!}\right|$$
$$=\lim_{n\to\infty}\left|\frac{n^n}{(n+1)^n}\right|$$

$$= \lim_{n \to \infty} \left| \left(1 - \frac{1}{n+1}\right)^n \right|$$

$$= e^{-1} = \frac{1}{e} < 1$$

$\displaystyle\sum_{n=1}^{\infty} \frac{n!}{n^n}$ 은 비율판정법에 의해 수렴하고 $\displaystyle\lim_{n \to \infty} \frac{n!}{n^n} = 0$ 이다.

즉, $n \to \infty$ 일 때, $n! < n^n$ 이다.

$\displaystyle\sum_{n=1}^{\infty} \frac{n!}{n^n} x^n$ 의 수렴반경은 $|x| < e$ 이고

수렴구간은 $-e < x < e$ 이다.

(6) $a_n = \dfrac{n^n}{n!}$ 의 비율판정값은 $e$ 이다.

$\displaystyle\sum_{n=1}^{\infty} \frac{n^n}{n!} x^n$ 의 수렴반경은 $|x| < \dfrac{1}{e}$ 이고

수렴구간은 $-\dfrac{1}{e} \le x < \dfrac{1}{e}$ 이다.

(7) $a_n = \dfrac{n^n}{(2n)!}$ 의 비율판정값은 $0$ 이다.

$$\lim_{n \to \infty} \left| \frac{a_{n+1}}{a_n} \right| = \lim_{n \to \infty} \left| \frac{(n+1)^{n+1}}{(2n+2)!} \times \frac{(2n)!}{n^n} \right|$$

$$= \lim_{n \to \infty} \left| \frac{(n+1)(n+1)^n}{(2n+2)(2n+1)(2n)!} \times \frac{(2n)!}{n^n} \right|$$

$$= \lim_{n \to \infty} \left| \frac{n+1}{(2n+2)(2n+1)} \times \frac{(n+1)^n}{n^n} \right|$$

$$= \lim_{n \to \infty} \frac{n+1}{(2n+2)(2n+1)} \times \lim_{n \to \infty} \frac{(n+1)^n}{n^n}$$

$$= \lim_{n \to \infty} \frac{n+1}{(2n+2)(2n+1)} \times \lim_{n \to \infty} \left(1 + \frac{1}{n}\right)^n$$

$$= 0 \times e = 0$$

$\displaystyle\sum_{n=1}^{\infty} \frac{n^n}{(2n)!}$ 은 수렴하고 $\displaystyle\lim_{n \to \infty} \frac{n^n}{(2n)!} = 0$ 이다.

$\hookrightarrow n \to \infty$ 일 때, $n^n < (2n)!$

(8) $a_n = \dfrac{n^n}{(n!)^2}$ 의 비율판정값은 $0$ 이다.

$\displaystyle\sum_{n=0}^{\infty} \frac{n^n}{(n!)^2}$ 은 수렴하고 $\displaystyle\lim_{n \to \infty} \frac{n^n}{(n!)^2} = 0$ 이다.

$\hookrightarrow n \to \infty$ 일 때, $n^n < (n!)^2$

(9) $a_n = \dfrac{(n!)^2}{(2n)!}$ 의 비율판정값은 $\dfrac{1}{2^2} < 1$ 이다.

$\displaystyle\sum_{n=0}^{\infty} \frac{(n!)^2}{(2n)!}$ 은 수렴하고 $\displaystyle\lim_{n \to \infty} \frac{(n!)^2}{(2n)!} = 0$ 이다.

$\hookrightarrow n \to \infty$ 일 때, $(n!)^2 < (2n)!$

$\displaystyle\sum_{n=0}^{\infty} \frac{(n!)^2}{(2n)!} x^n$ 의 수렴반경은 $|x| < 4$ 이고

수렴구간은 $-4 < x < 4$ 이다.

(10) $a_n = \dfrac{(2n)!}{(n!)^2}$ 의 비율판정값은 $4$ 이다.

$\displaystyle\sum_{n=0}^{\infty} \frac{(2n)!}{(n!)^2} x^n$ 의 수렴반경은 $|x| < \dfrac{1}{4}$ 이고

수렴구간은 $-\dfrac{1}{4} \le x < \dfrac{1}{4}$ 이다.

(11) $a_n = \dfrac{(n!)^3}{(3n)!}$ 의 비율판정값은 $\dfrac{1}{3^3} < 1$ 이다.

$\displaystyle\sum_{n=0}^{\infty} \frac{(n!)^3}{(3n)!}$ 은 수렴하고 $\displaystyle\lim_{n \to \infty} \frac{(n!)^3}{(3n)!} = 0$ 이다.

$\hookrightarrow n \to \infty$ 일 때, $(n!)^3 < (3n)!$

(12) $a_n = \dfrac{(2n)!}{(n!)^3}$ 의 비율판정값은 $0$ 이다.

$$\lim_{n \to \infty} \left| \frac{a_{n+1}}{a_n} \right| = \lim_{n \to \infty} \left| \frac{(2n+2)!}{((n+1)!)^3} \times \frac{(n!)^3}{(2n)!} \right|$$

$$= \lim_{n \to \infty} \left| \frac{(2n+1)(2n+1)}{(n+1)^3} \right| = 0$$

$\displaystyle\sum_{n=0}^{\infty} \frac{(2n)!}{(n!)^3}$ 은 수렴하고 $\displaystyle\lim_{n \to \infty} \frac{(2n)!}{(n!)^3} = 0$ 이다.

$\hookrightarrow n \to \infty$ 일 때, $(2n)! < (n!)^3$

(13) $a_n = \dfrac{(n!)^2}{(3n)!}$ 의 비율판정값은 $0$ 이다.

(14) $a_n = \dfrac{(n!)^4}{(3n)!}$ 의 비율판정값은 $\infty$ 이다.

(15) $a_n = \dfrac{(n!)^m}{(kn)!}$ 의 경우

① $m = k$ 일 때, 비율판정값은 $\dfrac{1}{k^k}$ 이다.

② $m < k$ 일 때, 비율판정값은 $0$ 이다.

③ $m > k$ 일 때, 비율판정값은 $\infty$ 이다.

(16) $\sin^{-1}x = x + \dfrac{1}{2} \cdot \dfrac{1}{3}x^3 + \dfrac{1 \cdot 3}{2 \cdot 4} \cdot \dfrac{1}{5}x^5 + \cdots$

$a_n = \dfrac{1 \cdot 3 \cdot 5 \cdot \cdots \cdot 2n-1}{2 \cdot 4 \cdot 6 \cdot \cdots \cdot 2n} \cdot \dfrac{1}{2n+1}$

$= \dfrac{1 \cdot 2 \cdot 3 \cdot 4 \cdot 5 \cdot 6 \cdot \cdots \cdot 2n-1 \cdot 2n}{2 \cdot 2 \cdot 4 \cdot 4 \cdot 6 \cdot 6 \cdot \cdots \cdot 2n \cdot 2n} \cdot \dfrac{1}{2n+1}$

$= \dfrac{(2n)!}{2^{2n}(1 \cdot 1 \cdot 2 \cdot 2 \cdot 3 \cdot 3 \cdot \cdots \cdot n \cdot n)} \cdot \dfrac{1}{2n+1}$

$= \dfrac{(2n)!}{4^n(n!)^2} \cdot \dfrac{1}{2n+1}$ 이고 $a_n$의 비율판정값은 1이다.

$\sin^{-1}x = \displaystyle\sum_{n=0}^{\infty} \dfrac{(2n)!}{4^n(n!)^2} \cdot \dfrac{x^{2n+1}}{2n+1}$ 으로 나타낼 수 있다.

$\sin^{-1}x$의 수렴반경은 $|x| < 1$이고,
수렴구간은 $-1 \le x \le 1$이다.

(17) $\cos^{-1}x = \dfrac{\pi}{2} - \sin^{-1}x = \dfrac{\pi}{2} - \displaystyle\sum_{n=0}^{\infty} \dfrac{(2n)!}{(n!)^2 4^n} \cdot \dfrac{x^{2n+1}}{2n+1}$

(18) $\sinh^{-1}x = x - \dfrac{1}{2} \cdot \dfrac{1}{3}x^3 + \dfrac{1 \cdot 3}{2 \cdot 4} \cdot \dfrac{1}{5}x^5 - \cdots$

$= \displaystyle\sum_{n=0}^{\infty} \dfrac{(2n)!}{(n!)^2(-4)^n} \cdot \dfrac{x^{2n+1}}{2n+1}$

$\sinh^{-1}x$의 수렴반경은 $|x| < 1$이고,
수렴구간은 $-1 \le x \le 1$이다.

(19) $a_n = \dfrac{n!}{2 \cdot 4 \cdot 6 \cdot \cdots \cdot 2n}$ 의 비율판정값은

$\displaystyle\lim_{n \to \infty} \dfrac{n+1}{2n+2} = \dfrac{1}{2}$ 이다.

(20) $a_n = {}_\alpha C_n = \dbinom{\alpha}{n} = \displaystyle\prod_{k=1}^{n} \dfrac{\alpha-k+1}{k}$

$= \dfrac{\alpha(\alpha-1)(\alpha-2)\cdots(\alpha-n+1)}{n!}$

비율판정값은 1이다. ($\alpha \in$ 복소수)

$\displaystyle\lim_{n \to \infty} \left| \dfrac{a_{n+1}}{a_n} \right|$

$= \displaystyle\lim_{n \to \infty} \left| \dfrac{\alpha(\alpha-1)\cdots(\alpha-n+1)(\alpha-n)}{(n+1)!} \right.$

$\left. \times \dfrac{n!}{\alpha(\alpha-1)\cdots(\alpha-n+1)} \right|$

$= \displaystyle\lim_{n \to \infty} \left| \dfrac{\alpha-n}{n+1} \right|$

$(1+x)^\alpha = \displaystyle\sum_{n=0}^{\infty} \dbinom{\alpha}{n}x^n$의 수렴반경은 1이다.

(21) $a_n = 1 + \dfrac{1}{2} + \dfrac{1}{3} + \cdots + \dfrac{1}{n}$ 일 때

$a_{n+1} = a_n + \dfrac{1}{n+1}$ 이고,

$\displaystyle\lim_{n \to \infty} a_n = \lim_{n \to \infty} \sum_{k=1}^{n} \dfrac{1}{k} = \sum_{n=1}^{\infty} \dfrac{1}{k} = \infty$ 이다.

$\displaystyle\lim_{n \to \infty} \left| \dfrac{a_{n+1}}{a_n} \right| = \lim_{n \to \infty} \left| \dfrac{a_n + \dfrac{1}{n}}{a_n} \right|$

$= \displaystyle\lim_{n \to \infty} \left| 1 + \dfrac{1}{na_n} \right| = 1$

따라서 비율판정값은 1이다.

(22) $a_n = \dfrac{n^{2n}}{(2n)!}$ 의 비율판정값은 $\dfrac{e^2}{2^2}$ 이다.

(23) $a_n = \dfrac{n^{3n}}{(3n)!}$ 의 비율판정값은 $\dfrac{e^3}{3^3}$ 이다.

(24) $a_n = \dfrac{n^{4n}}{(4n)!}$ 의 비율판정값은 $\dfrac{e^4}{4^4}$ 이다.

## 2. $p$ 급수 판정

(1) 적분판정법에 의해서 $p > 1$이면
다음 무한급수와 이상적분은 수렴한다.

| | |
|---|---|
| $\displaystyle\sum_{n=1}^{\infty} \frac{1}{n^p}$ | $\displaystyle\int_{1}^{\infty} \frac{1}{x^p}dx$ |
| $\displaystyle\sum_{n=2}^{\infty} \frac{1}{n(\ln n)^p}$ | $\displaystyle\int_{2}^{\infty} \frac{1}{x(\ln x)^p}dx$ |
| $\displaystyle\sum_{n=3}^{\infty} \frac{1}{n\ln n(\ln(\ln n))^p}$ | $\displaystyle\int_{3}^{\infty} \frac{1}{x\ln x(\ln(\ln x))^p}dx$ |
| $\displaystyle\sum_{n=2}^{\infty} \frac{\ln n}{n^p}$ | $\displaystyle\int_{2}^{\infty} \frac{\ln x}{x^p}dx$ |
| $\displaystyle\sum_{n=2}^{\infty} \frac{1}{n^p(\ln n)^k}$ | $\displaystyle\int_{2}^{\infty} \frac{1}{x^p(\ln x)^k}dx$ |

(2) $0 < a < 1,\ b > 1$일 때 $\displaystyle\int_{0}^{\infty} \frac{1}{x^a + x^b}dx$은 수렴한다.

(3) 비교판정법과 극한비교판정법에 의해

모든 실수 $k$에 대해 $\displaystyle\sum_{n=2}^{\infty} \frac{1}{(\ln n)^k}$ 는 발산한다.

① $n \to \infty$ 일 때,

$\ln n < (\ln n)^2 < (\ln n)^3 < \cdots$이 성립하므로

$\dfrac{1}{\ln n} > \dfrac{1}{(\ln n)^2} > \dfrac{1}{(\ln n)^3} > \cdots$의 관계를 갖는다.

② $n \to \infty$ 일 때,

$n < n^2 < n^3 < \cdots$이므로

$\dfrac{1}{n} > \dfrac{1}{n^2} > \dfrac{1}{n^3} > \cdots$의 관계를 갖는다.

③ $\displaystyle\lim_{n \to \infty} \frac{\ln n}{n} = \lim_{n \to \infty} \frac{1}{n} = 0$이므로 $\ln n < n$의 관계를 갖는다.

$\displaystyle\lim_{n \to \infty} \frac{(\ln n)^2}{n} = \lim_{n \to \infty} \frac{2\ln n}{n} = 0$이므로

$(\ln n)^2 < n$의 관계를 갖는다.

$\displaystyle\lim_{n \to \infty} \frac{(\ln n)^3}{n} = \lim_{n \to \infty} \frac{3(\ln n)^2}{n} = 0$이므로

$(\ln n)^3 < n$의 관계를 갖는다.

극한을 통해 다음과 같은 대소 관계를 확인할 수 있다.
$n \to \infty$일 때,

$$\ln n < (\ln n)^2 < (\ln n)^3 < \cdots < n < n^2 < n^3 < \cdots$$

$$\frac{1}{\ln n} > \frac{1}{(\ln n)^2} > \frac{1}{(\ln n)^3} > \cdots > \frac{1}{n} > \frac{1}{n^2} > \frac{1}{n^3} > \cdots$$

❖ 함수의 파워

무한급수의 수렴성에 의해 수열의 수렴을 파악하고
함수의 파워를 결정할 수 있다.
$a \geq 1,\ n \to \infty$일 때,

$$\sin n,\ \cos n < (\ln n)^a < n^a < a^{\sqrt{n}} < a^n < n!$$
$$< n^n < (n!)^2 < (2n)! < (n!)^3 < (3n)! < \cdots < a^{n^2}$$

(4) 극한비교판정법에 의해

$p > 1$이면 다음 무한급수와 이상적분은 수렴한다.

| | |
|---|---|
| $\displaystyle\sum_{n=1}^{\infty} \sin\frac{1}{n^p}$ | $\displaystyle\int_{1}^{\infty} \sin\left(\frac{1}{x^p}\right)dx$ |
| $\displaystyle\sum_{n=1}^{\infty} \sin^{-1}\frac{1}{n^p}$ | $\displaystyle\int_{1}^{\infty} \sin^{-1}\left(\frac{1}{x^p}\right)dx$ |
| $\displaystyle\sum_{n=1}^{\infty} \tan\frac{1}{n^p}$ | $\displaystyle\int_{1}^{\infty} \tan\left(\frac{1}{x^p}\right)dx$ |
| $\displaystyle\sum_{n=1}^{\infty} \tan^{-1}\frac{1}{n^p}$ | $\displaystyle\int_{1}^{\infty} \tan^{-1}\left(\frac{1}{x^p}\right)dx$ |
| $\displaystyle\sum_{n=1}^{\infty} \ln\left(1 + \frac{1}{n^p}\right)$ | $\displaystyle\int_{1}^{\infty} \ln\left(1 + \frac{1}{x^p}\right)dx$ |

(5) $\displaystyle\sum_{n=1}^{\infty} e^{\frac{1}{n^p}},\ \sum_{n=1}^{\infty} \cos\frac{1}{n^p}$은 항상 발산한다. ($\because$발산판정)

(6) $\displaystyle\sum_{n=1}^{\infty} \left(e^{\frac{1}{n^p}} - 1\right)$가 수렴하기 위한 조건은 $p > 1$이다.

$a_n = e^{\frac{1}{n^p}} - 1,\ b_n = \dfrac{1}{n^p}$일 때

$$\lim_{n \to \infty} \frac{a_n}{b_n} = \lim_{n \to \infty} \frac{e^{\frac{1}{n^p}} - 1}{\frac{1}{n^p}}$$이고

$\dfrac{1}{n^p} = x$로 치환하면($n \to \infty,\ x \to 0$)

$$= \lim_{x \to 0} \frac{e^x - 1}{x} = 1$$이다.

극한비교판정법에 의해

$\sum \dfrac{1}{n^p}$ 이 수렴하기 위한 조건은 $p > 1$ 이다.

(7) $\displaystyle\sum_{n=1}^{\infty}\left(1-\cos\dfrac{1}{n^p}\right)$ 가 수렴하기 위한 조건은 $p > \dfrac{1}{2}$ 이다.

$a_n = 1-\cos\dfrac{1}{n^p}$, $b_n = \dfrac{1}{n^{2p}}$ 일 때

$$\lim_{n\to\infty}\dfrac{a_n}{b_n} = \lim_{n\to\infty}\dfrac{1-\cos\dfrac{1}{n^p}}{\dfrac{1}{n^{2p}}} \ \text{이고}$$

$\dfrac{1}{n^p} = x$ 로 치환하면$(n\to\infty, \ x\to 0)$

$$= \lim_{x\to 0}\dfrac{1-\cos x}{x^2} = \dfrac{1}{2} \ \text{이다.}$$

극한비교판정법에 의해 $\sum \dfrac{1}{n^{2p}}$ 이 수렴하기 위한 조건은

$p > \dfrac{1}{2}$ 이다.

❖ 무한구간에 의한 이상적분은 무한급수로 바꿔서 생각할 수 있다.

(8) $\displaystyle\int_1^{\infty}\dfrac{\sin x}{x}dx$ : 수렴

(9) $\displaystyle\int_1^{\infty}\dfrac{\sin x}{\sqrt{x}}dx$ : 수렴

(10) $\displaystyle\int_1^{\infty}\sin\dfrac{1}{x}dx$ : 발산

(11) $\displaystyle\int_1^{\infty}\dfrac{\sin\left(\dfrac{1}{x}\right)}{x}dx$ : 수렴

❖ $x = a$에서 특이점을 갖는 함수는
$x = a$에서 테일러 급수를 이용해 비교할 수 있다.

(12) $\displaystyle\int_0^{1}\dfrac{\sin x}{x}dx$ : 수렴

(13) $\displaystyle\int_0^{1}\dfrac{\sin x}{x^2}dx$ : 발산

❖ 유한구간에서 이상적분은
치환을 통해 무한구간의 이상적분으로 바꿔 생각할 수 있다.

(14) $\displaystyle\int_0^{1}\sin\dfrac{1}{x}dx = \int_1^{\infty}\dfrac{\sin t}{t^2}dt$ : 수렴

(15) $\displaystyle\int_0^{1}\dfrac{\sin\dfrac{1}{x}}{x}dx = \int_1^{\infty}\dfrac{\sin t}{t}dt$ : 수렴

경기대

**1.** 이상적분 $\displaystyle\int_0^x \dfrac{1-e^{-t^2}}{t^2}\, dt$ 가 수렴하는 양의 실수 $x$ 의 최대 범위는?

① $(0, \infty)$    ② $(0, e)$    ③ $(0, 1)$    ④ $(0, e^{-1})$

세종대

**2.** 특이적분 $\displaystyle\int_1^2 \dfrac{x^x - x}{(x-1)^p}\, dx$ 가 수렴하도록 하는 자연수 $p$ 의 최댓값은?

① 1    ② 2    ③ 3    ④ 4    ⑤ 5

**3.** 다음 무한급수의 수렴, 발산을 판정하시오.

(1) $\displaystyle\sum_{k=1}^{\infty} \dfrac{k^k}{k!\,2^k}$

(2) $\displaystyle\sum_{k=1}^{\infty} \dfrac{k^k}{k!\,4^k}$

(3) $\displaystyle\sum_{n=2}^{\infty} (-1)^n \dfrac{\ln n}{\sqrt{n}}$

(4) $\displaystyle\sum_{n=0}^{\infty} \dfrac{(5n+1)^{6n}}{(6n+1)^{5n}}$

(5) $\displaystyle\sum_{n=1}^{\infty} \dfrac{n!}{e^{n^2}}$

(6) $\displaystyle\sum_{n=1}^{\infty} \left(\dfrac{n}{n+1}\right)^n$

(7) $\displaystyle\sum_{n=1}^{\infty} \dfrac{2^n n^3}{n!}$

(8) $\displaystyle\sum_{n=1}^{\infty} \dfrac{\sin^2 n}{n^2}$

(9) $\displaystyle\sum_{n=0}^{\infty} \dfrac{(-1)^n}{n+1}$

(10) $\displaystyle\sum_{n=1}^{\infty} \left(\dfrac{3n^2+2}{2n^2+3}\right)^n$

(11) $\displaystyle\sum_{n=1}^{\infty} \dfrac{(-2)^n}{n^n}$

(12) $\displaystyle\sum_{n=2}^{\infty} \dfrac{1}{n+2017(\ln n)}$

(13) $\displaystyle\sum_{n=4}^{\infty}\left(1-\frac{3}{n}\right)^{n^2}$

(14) $\displaystyle\sum_{n=1}^{\infty}\frac{(-1)^n\cos n\pi}{\sqrt{n}}$

(15) $\displaystyle\sum_{n=2}^{\infty}\frac{\sin n}{n(\ln n)^2}$

(16) $\displaystyle\sum_{n=1}^{\infty}\frac{n^n}{(2n)!}$

(17) $\displaystyle\sum_{n=1}^{\infty}\frac{1}{n^{1+\frac{1}{n}}}$

(18) $\displaystyle\sum_{n=1}^{\infty}\ln\left(1+\frac{1}{\sqrt{n}}\right)$

(19) $\displaystyle\sum_{n=1}^{\infty}\frac{\tan^{-1}n}{n^{1.2}}$

(20) $\displaystyle\sum_{n=0}^{\infty}\frac{\sin\left(n+\frac{1}{2}\right)\pi}{1+\sqrt{n}}$

(21) $\displaystyle\sum_{n=1}^{\infty}\frac{2^{n^2}}{n!}$

(22) $\displaystyle\sum_{n=1}^{\infty}\frac{\tan^{-1}\left(\frac{1}{n}\right)}{n}$

(23) $\displaystyle\sum_{n=2}^{\infty}\sin\left(\frac{1}{2^n}\right)\cos\left(\frac{3}{2^n}\right)$

(24) $\displaystyle\sum_{n=1}^{\infty}\sin\frac{1}{n}$

(25) $\displaystyle\sum_{n=1}^{\infty}\frac{1}{n\ln n}$

(26) $\displaystyle\sum_{n=1}^{\infty}\frac{2^n n!}{n^n}$

(27) $\displaystyle\sum_{n=1}^{\infty}\frac{e^{-\sqrt{n}}}{\sqrt{n}}$

(28) $\displaystyle\sum_{n=1}^{\infty}\left(\frac{2n+3}{3n+2}\right)^n$

(29) $\displaystyle\sum_{n=1}^{\infty}\frac{\cos^2 3n}{n^2+1}$

(30) $\displaystyle\sum_{n=1}^{\infty}(-1)^{n+1}\frac{n^2}{n^3+1}$

(31) $\displaystyle\sum_{n=1}^{\infty}\frac{n^n}{n!}$

(32) $\displaystyle\sum_{n=1}^{\infty}\frac{n!10^n n!}{(2n)!}$

(33) $\displaystyle\sum_{n=1}^{\infty}\frac{(n+3)!}{3!n!3^n}$

(34) $\displaystyle\sum_{n=1}^{\infty}\frac{n^n}{2^{n^2}}$

(35) $\displaystyle\sum_{n=1}^{\infty}\left(\sin\frac{1}{2n}-\sin\frac{1}{2n+1}\right)$

(36) $\displaystyle\sum_{n=2}^{\infty}\left(1-\sqrt{1-\frac{1}{n^2}}\right)$

(37) $\displaystyle\sum_{n=1}^{\infty}\frac{\cos\left(\frac{\pi}{4}+n\pi\right)}{\sqrt{n}}$

(38) $\displaystyle\sum_{n=1}^{\infty}\left(\frac{n}{2}\right)^n\frac{1}{n!}$

(39) $\displaystyle\sum_{n=2020}^{\infty} \frac{1}{n(\ln n)^{\frac{3}{2}}}$

(40) $\displaystyle\sum_{n=1}^{\infty} \left(1+\frac{1}{n}\right)^2 e^{-n}$

(41) $\displaystyle\sum_{n=1}^{\infty} \frac{\sqrt{n+2}}{2n^2+n+1}$

(42) $\displaystyle\sum_{n=1}^{\infty} \frac{10^n}{n!}$

(43) $\displaystyle\sum_{n=1}^{\infty} \left(\frac{2n+5}{3n+1}\right)^n$

(44) $\displaystyle\sum_{n=1}^{\infty} \tan\left(\frac{1}{n}\right)$

(45) $\displaystyle\sum_{n=1}^{\infty} (-1)^n \left(\frac{2}{3}\right)^n$

(46) $\displaystyle\sum_{n=1}^{\infty} \frac{(-1)^n e^{\frac{1}{n}}}{n^3}$

(47) $\displaystyle\sum_{n=1}^{\infty} (-1)^n \frac{2^n}{n^2}$

(48) $\displaystyle\sum_{n=1}^{\infty} \frac{(-1)^n \tan^{-1} n}{n^2}$

(49) $\displaystyle\sum_{n=1}^{\infty} \frac{(-1)^n}{\ln(n+1)}$

(50) $\displaystyle\sum_{n=1}^{\infty} (n^{\frac{1}{n}}-1)^n$

**4.** 다음 급수 중 수렴하는 것을 모두 고르면?

가. $\displaystyle\sum_{n=1}^{\infty} (-1)^n \ln\left(1+\sinh\frac{1}{n}\right)$

나. $\displaystyle\sum_{n=1}^{\infty} \frac{n! e^{2n}}{n^n}$

다. $\displaystyle\sum_{n=2}^{\infty} \frac{\arctan\frac{1}{n}}{\ln n}$

라. $\displaystyle\sum_{n=1}^{\infty} \tan^2\left(\frac{4\pi}{n}\right)$

① 가, 나, 라      ② 가, 나, 다

③ 나, 다      ④ 가, 라

**5.** 〈보기〉 중 수렴하는 급수의 개수는?

〈보기〉

가. $\displaystyle\sum_{n=1}^{\infty} \sin^3\frac{1}{n}$

나. $\displaystyle\sum_{n=1}^{\infty} \sqrt{n\arctan\left(\frac{1}{n^4}\right)}$

다. $\displaystyle\sum_{n=1}^{\infty} (n^{\frac{1}{n}}-1)^n$

라. $\displaystyle\sum_{n=10}^{\infty} (-1)^{n-1}\frac{1}{\ln n}$

마. $\dfrac{1}{2}+\dfrac{1}{3}+\dfrac{1}{2^2}+\dfrac{1}{3^2}+\dfrac{1}{2^3}+\dfrac{1}{3^3}+\cdots$

바. $\displaystyle\sum_{n=1}^{\infty} \tan\left(\frac{1}{n^3}\right)$

① 3 개      ② 4 개      ③ 5 개      ④ 6 개

**6.** 〈보기〉에서 절대수렴하는 급수의 개수를 $a$, 조건수렴하는 급수의 개수를 $b$, 발산하는 급수의 개수를 $c$라 할 때, $a+b-c$의 값은?

〈보 기〉

가. $\displaystyle\sum_{n=1}^{\infty} (-1)^n \frac{\ln n}{\sqrt{n}}$

나. $\displaystyle\sum_{n=1}^{\infty} \tan \frac{1}{n}$

다. $\displaystyle\sum_{n=1}^{\infty} \frac{\sqrt[3]{n}-1}{n(\sqrt{n}+1)}$

라. $\displaystyle\sum_{n=1}^{\infty} (-1)^n \frac{(2n+1)^n}{n^{2n}}$

마. $\displaystyle\sum_{n=1}^{\infty} (-1)^n \frac{10^n n^2}{n!}$

① 1　　　② 2　　　③ 3　　　④ 4　　　⑤ 5

**7.** 〈보기〉 중 수렴하는 급수의 개수는?

〈보 기〉

가. $\displaystyle\sum_{n=1}^{\infty} (-1)^{n+1} \frac{7n+1}{n\sqrt{n}}$

나. $\displaystyle\sum_{n=1}^{\infty} \frac{\ln n}{n\sqrt{n}}$

다. $\displaystyle\sum_{n=2}^{\infty} \frac{3}{n\sqrt{2\ln n + 3}}$

라. $\displaystyle\sum_{n=1}^{\infty} \arcsin\left(\frac{1}{n\sqrt{n}}\right)$

① 1개　　　② 2개　　　③ 3개　　　④ 4개

**8.** 다음의 급수들 중 수렴하는 것을 모두 고르면?

가. $\displaystyle\sum_{n=2}^{\infty} \frac{1}{n(\ln(n))^n}$

나. $\displaystyle\sum_{n=2}^{\infty} \frac{(-1)^n}{\ln(n)}$

다. $\displaystyle\sum_{n=2}^{\infty} \frac{1}{n(1+(\ln(n))^2)}$

라. $\displaystyle\sum_{n=6}^{\infty} \frac{1}{n^2 - 6n + 5}$

① 나, 다　　　② 가, 나, 라　　　③ 가, 나, 다

④ 가, 다, 라　　　⑤ 가, 나, 다, 라

**9.** 급수 $\displaystyle\sum_{n=0}^{\infty} (n+1)^{\ln \sqrt{a}}$ 이 수렴하는 실수 $a$의 범위는?

① $0 < a < \dfrac{1}{e^2}$　　　② $\dfrac{1}{e^2} < a < \dfrac{1}{e}$

③ $\dfrac{1}{e} < a < \dfrac{1}{\sqrt{e}}$　　　④ $\dfrac{1}{\sqrt{e}} < a < \dfrac{1}{\sqrt[4]{e}}$

⑤ $\dfrac{1}{\sqrt[4]{e}} < a < 1$

**10.** $\displaystyle\sum_{n=1}^{\infty} \frac{(-1)^n}{3^n \sqrt{n+1}} (x-1)^n$ 의 수렴반경은?

① $\dfrac{1}{3}$　　　② 1　　　③ 3　　　④ 6

**11.** 멱급수 $x + \dfrac{1}{2}\dfrac{x^3}{3} + \dfrac{1}{2}\dfrac{3}{4}\dfrac{x^5}{5} + \dfrac{1}{2}\dfrac{3}{4}\dfrac{5}{6}\dfrac{x^7}{7} + \cdots$ 의 수렴반경은?

① $\dfrac{1}{2}$　　② $1$　　③ $\dfrac{3}{2}$　　④ $2$

한양대 - 에리카

**14.** 다음 멱급수의 수렴집합 중에서 가장 큰 것은?

① $\displaystyle\sum_{n=2}^{\infty} \dfrac{x^n}{n\ln n}$　　② $\displaystyle\sum_{n=2}^{\infty} \dfrac{(-1)^{n+1}x^n}{(\ln n)^2}$

③ $\displaystyle\sum_{n=1}^{\infty} \dfrac{(-1)^n x^{2n}}{n^2+1}$　　④ $\displaystyle\sum_{n=1}^{\infty} \dfrac{x^{2n+1}}{n}$

홍익대

**12.** 다음 거듭제곱급수 중에서 수렴반경이 가장 작은 것을 고르면?

① $\displaystyle\sum_{n=1}^{\infty} \dfrac{3^n}{n}x^n$　　② $\displaystyle\sum_{n=0}^{\infty} \dfrac{2^n}{n!}x^n$

③ $\displaystyle\sum_{n=0}^{\infty} x^{2n}$　　④ $\displaystyle\sum_{n=1}^{\infty} \dfrac{1}{n(n+1)}x^n$

숙명여대

**15.** 멱급수 $\displaystyle\sum_{n=1}^{\infty} \dfrac{(x-5)^n}{n2^n}$ 이 절대수렴하는 $x$의 범위가 $a < x < b$일 때, $a+b$의 값은?

① $8$　　② $9$　　③ $10$　　④ $11$　　⑤ $12$

한국산업기술대

**13.** 멱급수 $\displaystyle\sum_{n=1}^{\infty} \dfrac{(2x-1)^n}{4^n \ln(n+1)}$ 의 수렴반지름은?

① $\dfrac{1}{4}$　　② $\dfrac{1}{2}$　　③ $2$　　④ $4$

광운대

**16.** 아래 세 멱급수의 수렴반지름을 모두 더하면?

$$\sum_{n=0}^{\infty} \dfrac{n}{3^n}(x-2)^n$$
$$\sum_{n=0}^{\infty} \dfrac{(n!)^2}{(2n)!}x^n,$$
$$\sum_{n=1}^{\infty} \left(1 + \dfrac{1}{2} + \cdots + \dfrac{1}{n}\right)x^n$$

① $4$　　② $5$　　③ $7$　　④ $8$　　⑤ $\infty$

17. 멱급수 $\displaystyle\sum_{n=1}^{\infty} \frac{(n!)^2}{(2n)! + n!} x^n$ 의 수렴반경은?

① 1    ② $\sqrt{2}$    ③ 2    ④ $2\sqrt{2}$    ⑤ 4

18. 다음 급수 $\displaystyle\sum_{n=1}^{\infty} \frac{n^2 x^n}{2 \cdot 4 \cdot 6 \cdot \cdots \cdot (2n)}$ 의 수렴구간을 구하면?

① $(-1, 1)$    ② $\left(-\dfrac{1}{2}, \dfrac{1}{2}\right)$

③ $(-\infty, \infty)$    ④ $0$

19. 급수 $\displaystyle\sum_{n=1}^{\infty} \frac{n! x^n}{1 \cdot 3 \cdot 5 \cdots (2n-1)}$ 의 수렴반지름은?

① $\dfrac{1}{2}$    ② 2    ③ 3    ④ 0    ⑤ $\infty$

20. 멱급수 $\displaystyle\sum_{n=1}^{\infty} \frac{n^n (x-1)^n}{2 \times 5 \times 8 \times \cdots \times (3n-1)}$ 이 수렴하는 모든 정수 $x$의 값의 합은?

① $-1$    ② 1    ③ 2    ④ 3

21. 〈보기〉 중 수렴하는 것의 개수는?

〈보 기〉

가. $\displaystyle\int_0^{\infty} \frac{x}{\sqrt{x^2 + x + 4}} \, dx$

나. $\displaystyle\int_0^{\infty} \frac{1}{x^2 + 2x + 5} \, dx$

다. $\displaystyle\int_{-2}^{2} \frac{1}{x^2} \, dx$

라. $\displaystyle\int_1^{3} \frac{dx}{(x-2)^4}$

① 1개    ② 2개    ③ 3개    ④ 4개

22. 다음 중 수렴하는 이상적분의 개수는?

가. $\displaystyle\int_0^1 \frac{1}{x} \, dx$    나. $\displaystyle\int_0^1 \frac{\sin x}{x} \, dx$

다. $\displaystyle\int_0^1 x \sin \frac{1}{x} \, dx$    라. $\displaystyle\int_0^1 \sin \frac{1}{x} \, dx$

① 1개    ② 2개    ③ 3개    ④ 4개

월간 한아름 2회

**23.** 〈보기〉의 이상적분 중 발산하는 것의 개수는?

〈보 기〉

가. $\displaystyle\int_0^1 (\ln x)^5 dx$      나. $\displaystyle\int_0^1 \frac{1}{\sin x} dx$

다. $\displaystyle\int_0^\infty e^{-x^2} dx$      라. $\displaystyle\int_0^1 \frac{e^x}{\sqrt{x}} dx$

① 4개      ② 3개      ③ 2개      ④ 1개

한국산업기술대

**24.** 다음 중 발산하는 것은?

① $\displaystyle\int_0^\infty \frac{x}{x^3+1} dx$      ② $\displaystyle\int_0^\infty \frac{\tan^{-1} x}{2+e^x} dx$

③ $\displaystyle\int_1^\infty \frac{x+1}{\sqrt{x^4-x}} dx$      ④ $\displaystyle\int_0^\pi \frac{\sin^2 x}{\sqrt{x}} dx$

경기대

**25.** 〈보기〉의 이상적분 중 수렴하는 것을 모두 고르면?

〈보 기〉

가. $\displaystyle\int_0^1 \frac{1}{x(\ln x)} dx$      나. $\displaystyle\int_0^1 \frac{1}{x(\ln x)^2} dx$

다. $\displaystyle\int_0^1 \frac{\sin x}{x} dx$      라. $\displaystyle\int_0^1 \frac{1}{x^{1/2}} dx$

① 가, 나, 다, 라      ② 나, 다, 라

③ 다, 라      ④ 라

숙명여대

**26.** 다음 특이적분 중 수렴하는 것을 모두 고르면?

ㄱ. $\displaystyle\int_0^1 \frac{dx}{\sqrt{x}+x^3}$

ㄴ. $\displaystyle\int_1^2 \frac{dx}{x\ln x}$

ㄷ. $\displaystyle\int_2^\infty \frac{1}{x^2-x} dx$

① (ㄱ), (ㄴ)      ② (ㄱ), (ㄷ)      ③ (ㄴ), (ㄷ)

④ (ㄱ), (ㄴ), (ㄷ)      ⑤ 없음

이화여대

**27.** 다음의 특이적분 중 수렴하는 것을 모두 고르면?

a. $\displaystyle\int_0^\infty \frac{1}{2+x^4} dx$      b. $\displaystyle\int_{-\infty}^\infty x^4 e^{-x^2} dx$

c. $\displaystyle\int_1^\infty \frac{\cos(e^{x^2})}{x^2(2+\sin x)} dx$    d. $\displaystyle\int_1^\infty \frac{(\ln x)^2}{x^2} dx$

① a      ② a, b      ③ b, c

④ a, b, c      ⑤ a, b, c, d

숭실대

**28.** 다음 특이적분 중 수렴하는 것은?

① $\displaystyle\int_0^\infty \frac{x}{1+x^2} dx$      ② $\displaystyle\int_1^\infty \frac{1}{x\ln x} dx$

③ $\displaystyle\int_0^1 \ln x\, dx$      ④ $\displaystyle\int_1^\infty \frac{1}{x-1} dx$

**29.** 다음 중 항상 참인 명제는 모두 몇 개인가?

> a. 수열 $\{a_n\}$과 $\{b_n\}$이 발산하면 수열 $\{a_n b_n\}$이 발산한다.
>
> b. $\lim\limits_{n \to \infty} a_n = 0$이면 $\sum\limits_{n=1}^{\infty} a_n$이 수렴한다.
>
> c. $\sum\limits_{n=1}^{\infty} \dfrac{1}{\sqrt{n}}$ 은 발산한다.
>
> d. 양항급수 $\sum\limits_{n=1}^{\infty} b_n$이 수렴하면 $\sum\limits_{n=1}^{\infty} (-1)^n b_n$이 수렴한다.
>
> e. 양항급수 $\sum\limits_{n=1}^{\infty} a_n$이 수렴하면 $\lim\limits_{n \to \infty} \dfrac{a_{n+1}}{a_n} < 1$이다.

① 1개　　② 2개　　③ 3개　　④ 4개

**30.** 무한급수 $\sum\limits_{n=1}^{\infty} (-5)^n a_n$이 수렴한다고 할 때, 다음 중 항상 성립하는 것은?

① $\sum\limits_{n=1}^{\infty} 4^n a_n$은 발산한다.　　② $\sum\limits_{n=1}^{\infty} 4^n a_n$은 수렴한다.

③ $\sum\limits_{n=1}^{\infty} 5^n a_n$은 발산한다.　　④ $\sum\limits_{n=1}^{\infty} 5^n a_n$은 수렴한다.

**31.** 고정된 양의 실수 $y$에 대해 급수 $\sum\limits_{n=0}^{\infty} a_n y^n$이 수렴할 때, 다음 중 옳지 않은 것은?

① $\lim\limits_{n \to \infty} a_n y^n = 0$ 이다.

② $\sum\limits_{n=0}^{\infty} a_n (-y)^n$은 수렴한다.

③ $-y < x < y$일 때 $\sum\limits_{n=0}^{\infty} a_n x^n$은 수렴한다.

④ $-y < x < y$일 때 $\sum\limits_{n=1}^{\infty} n a_n x^n$은 수렴한다.

**32.** $\sum\limits_{n=1}^{\infty} |a_n| < \infty$일 때, 다음 중 수렴하는 급수를 모두 고른 것은?

> 가. $\sum\limits_{n=1}^{\infty} a_n$　　　나. $\sum\limits_{n=1}^{\infty} (|a_n| - a_n)$
>
> 다. $\sum\limits_{n=1}^{\infty} (a_n)^2$　　라. $\sum\limits_{n=1}^{\infty} (-1)^n a_n$

① 가　　　　　　② 가, 라

③ 가, 나, 라　　④ 가, 나, 다, 라

숭실대

**33.** 양항급수 $\sum_{n=1}^{\infty} a_n$ 이 수렴할 때, 다음 중 옳은 것을 모두 고르면?

> 가. $\sum_{n=1}^{\infty} a_n^2$ 은 수렴한다.
>
> 나. $\sum_{n=1}^{\infty} (-1)^n a_n$ 은 수렴한다.
>
> 다. $\sum_{n=1}^{\infty} \dfrac{\sqrt{a_n}}{n}$ 은 수렴한다.

① 가  ② 가, 나  ③ 나, 다  ④ 가, 나, 다

홍익대

**36.** $f(x) = 2x^2\sqrt{1+x^3}$ 일 때 $f^{(17)}(0)$ 의 값은?

① $\dfrac{1 \cdot 3 \cdot 5 \cdots 31}{2^{16}}$  ② $\dfrac{1 \cdot 3 \cdot 5 \cdots 31}{2^{16} 17!}$

③ $\dfrac{7}{2^7}$  ④ $\dfrac{7 \cdot 17!}{2^7}$

한국항공대

**34.** $|x| < 1$ 의 구간에서 $f(x) = \arcsin(x)$ 의 매클로린 급수를 다음과 같이 구하였다. $a_0 + a_1 + a_2 + a_3 + a_4$ 의 값은?

> $f(x) = \arcsin(x)$
> $= a_0 + a_1 x + a_2 x^2 + a_2 x^2 + a_3 x^3 + a_4 x^4 + a_5 x^5 + \cdots$

① $\dfrac{3}{2}$  ② $\dfrac{7}{6}$  ③ $\dfrac{149}{120}$  ④ $\dfrac{4}{3}$

숙명여대

**37.** $\ln \cos x$ 의 매클로린 급수의 계수 중 $x^2$ 의 계수와 $x^3$ 의 계수의 합은?

① $\dfrac{1}{2}$  ② $-\dfrac{1}{2}$  ③ $\dfrac{3}{2}$  ④ $-\dfrac{3}{2}$  ⑤ $\dfrac{5}{2}$

한양대 - 에리카

**35.** $f(x) = \cos x - \sin x$ 의 매클로린의 급수 전개를 $\sum_{n=0}^{\infty} a_n x^n$ 라 할 때, $\dfrac{a_{2017}}{a_{2018}}$ 은?

① $-\dfrac{1}{2018}$  ② $\dfrac{1}{2018}$  ③ $-2018$  ④ $2018$

인하대

**38.** 함수 $f(x) = \dfrac{\sinh x}{\cos x}$ 의 $x = 0$ 근방에서의 테일러 급수를 $\sum_{n=0}^{\infty} a_n x^n$ 과 같이 나타낼 때, $a_3 + a_4$ 의 값은?

① $\dfrac{1}{5}$  ② $\dfrac{1}{2}$  ③ $\dfrac{2}{3}$  ④ $\dfrac{3}{5}$  ⑤ $1$

**39.** 함수 $f(x) = \dfrac{4}{x^2 - 6x + 5}$ 의 $x = 0$ 근방에서의 테일러

급수를 $\displaystyle\sum_{n=0}^{\infty} a_n x^n$ 과 같이 나타낼 때, 수렴반경을 구하시오

**42.** $(x - \pi)^3 \sin x = \displaystyle\sum_{n=0}^{\infty} a_n (x - \pi)^n$ 일 때 $a_6$는?

① $0$     ② $\dfrac{1}{3!}$     ③ $-\dfrac{1}{6!}$     ④ $\dfrac{\pi}{6}\,!$

**40.** $f(x) = (x^2 - 4x + 6)^{10}$일 때 $f^{(16)}(2)$의 값은?

① $45$          ② $45 \times 16!$

③ $90 \times 16!$       ④ $180 \times 16!$

**43.** 함수 $f(x) = \ln x$ 의 $x = 3$에서의 테일러 급수는

$\displaystyle\sum_{n=0}^{\infty} a_n (x - 3)^n$ 으로 주어지고 이 급수는

$3 - R < x \le 3 + R$에서 수렴한다. $(a_1 + a_2)R$의 값은?

① $\dfrac{5}{6}$    ② $\dfrac{2}{3}$    ③ $\dfrac{1}{2}$    ④ $\dfrac{1}{3}$    ⑤ $\dfrac{1}{6}$

**41.** $0 < x < 2$에서 $\dfrac{x}{x - 2} = \displaystyle\sum_{n=0}^{\infty} a_n (x - 1)^n$일 때 $a_7$의 값은?

① $-2$     ② $0$     ③ $\dfrac{1}{7!}$     ④ $\dfrac{2}{7!}$

**44.** 다음 중 참인 명제만 고른 것은?

> ㄱ. 급수 $\displaystyle\sum_{n=1}^{\infty} \dfrac{\ln n}{n^2}$ 은 발산한다.
>
> ㄴ. 급수 $\displaystyle\sum_{n=0}^{\infty} n! x^n$의 수렴반지름을 $R$이라 할 때, $R = 0$
> 이다.
>
> ㄷ. 함수 $f(x) = \ln x$의 $x = 2$에서 테일러 급수의 수렴
> 반지름을 $R$이라 할 때, $R = 2$이다.

① ㄴ     ② ㄴ, ㄷ     ③ ㄱ, ㄴ     ④ ㄱ, ㄴ, ㄷ

**45.** $f(x) = \dfrac{2}{(2-x)^2}$ 의 매클로린 급수가 $\displaystyle\sum_{n=0}^{\infty} a_n x^n$ 이고

$x f^{(3)}(x)$ 의 매클로린 급수가 $\displaystyle\sum_{n=1}^{\infty} b_n x^n$ 일 때,

$\displaystyle\lim_{n \to \infty} \dfrac{n^3 a_n}{b_n}$ 의 값은?

① 1　　　　② 2　　　　③ 4　　　　④ 8

**46.** 급수 $\displaystyle\sum_{n=0}^{\infty} \dfrac{(-1)^n}{(2n)!}$ 의 합을 소수 셋째 자리까지 정확하게 구하면? (단, $0! = 1$ 이다.)

① 0.538　　　　② 0.539　　　　③ 0.540

④ 0.541　　　　⑤ 0.542

**47.** 급수 $\displaystyle\sum_{n=1}^{\infty} \dfrac{1}{n 3^n}$ 의 합은?

① $\ln \dfrac{3}{2}$　　② $\ln \dfrac{5}{3}$　　③ $\ln 3$　　④ $2\ln 3$

**48.** 무한급수 $\displaystyle\sum_{n=0}^{\infty} \dfrac{1}{2n+1} \left(\dfrac{1}{2}\right)^{2n}$ 의 값은?

① $\ln 3 - \ln 2$　　② $\ln 2$　　③ $1$

④ $\ln 3$　　　　　⑤ $\ln 5 - \ln 3$

**49.** 급수 $\displaystyle\sum_{n=0}^{\infty} \dfrac{(-1)^n}{2n+1} \left(\dfrac{1}{3}\right)^n$ 의 합은?

① $\dfrac{\pi}{6}$　② $\dfrac{\pi}{4}$　③ $\dfrac{\pi}{2\sqrt{3}}$　④ $\dfrac{\pi}{2\sqrt{2}}$　⑤ $\dfrac{\pi}{3}$

**50.** 다음 무한급수의 값은?

$$\dfrac{1}{2} + \dfrac{1}{1\times 3} - \dfrac{1}{3\times 5} + \dfrac{1}{5\times 7} - \dfrac{1}{7\times 9} + \cdots$$

① $\dfrac{3}{4}$　　② $\dfrac{2\pi}{9}$　　③ $\dfrac{\pi^2}{13}$　　④ $\dfrac{\pi}{4}$

**51.** 무한급수 $\displaystyle\sum_{n=0}^{\infty} \frac{n+3}{n!}$ 의 값은?

① $2e$      ② $3e$      ③ $4e$      ④ $5e$

**54.** 급수 $\displaystyle\sum_{n=1}^{\infty} \frac{n(n+1)}{2^n}$ 의 합은?

① $4$      ② $8$      ③ $12$      ④ $16$

**52.** 무한급수 $\displaystyle\sum_{n=0}^{\infty} \frac{(-1)^n \pi^{2n}}{3^{2n}(2n)!}$ 의 합은?

① $\dfrac{1}{3}$      ② $\dfrac{1}{2}$      ③ $\dfrac{\sqrt{2}}{2}$      ④ $\dfrac{\sqrt{3}}{2}$

**55.** 급수 $\displaystyle\sum_{n=1}^{\infty} \frac{n^2}{2^n}$ 의 값은?

① $1$      ② $2$      ③ $4$      ④ $6$

**53.** $\displaystyle\sum_{n=2}^{\infty} n(n-1)\left(\frac{1}{3}\right)^{n-2}$ 의 값은?

① $6$    ② $\dfrac{25}{4}$    ③ $\dfrac{13}{2}$    ④ $\dfrac{27}{4}$    ⑤ $7$

**56.** 급수 $\displaystyle\sum_{n=2}^{\infty} \frac{2}{n^2-1}$ 의 합은?

① $\dfrac{3}{2}$      ② $2$      ③ $\dfrac{5}{2}$      ④ $4$

광운대

**57.** 급수 $\displaystyle\sum_{n=1}^{\infty} \frac{2}{n(n+1)(n+2)}$ 의 값은?

① $\dfrac{1}{4}$  ② $\dfrac{1}{2}$  ③ $\dfrac{3}{4}$  ④ $1$  ⑤ $\dfrac{5}{4}$

숙명여대

**58.** 무한급수 $\displaystyle\sum_{n=2}^{\infty} \frac{n+1}{3^n(n-1)}$ 의 값은?

① $\dfrac{1}{6} - \dfrac{4}{3}\log\dfrac{3}{2}$  ② $\dfrac{1}{6} - \dfrac{2}{3}\log\dfrac{3}{2}$  ③ $\dfrac{1}{6}$

④ $\dfrac{1}{6} + \dfrac{2}{3}\log\dfrac{3}{2}$  ⑤ $\dfrac{1}{6} + \dfrac{4}{3}\log\dfrac{3}{2}$

이화여대 (2020년)

**59.** 급수 $\displaystyle\sum_{n=3}^{\infty} \frac{(n+1)^2}{2^n(n-2)}$ 의 값은?

① $\ln 2 + \dfrac{5}{2}$  ② $\dfrac{9}{4}\ln 2 + \dfrac{11}{4}$

③ $\dfrac{9}{4}\ln 2 + 2$  ④ $\dfrac{5}{4}\ln 2 + \dfrac{3}{4}$

⑤ $\dfrac{1}{4}\ln 2 + \dfrac{13}{4}$

**60.** 퓨리에 급수를 이용한 무한급수의 합을 암기하자!!

(1) $1 + \dfrac{1}{2^2} + \dfrac{1}{3^2} + \dfrac{1}{4^2} + \cdots = \dfrac{\pi^2}{6}$

(2) $1 - \dfrac{1}{2^2} + \dfrac{1}{3^2} - \dfrac{1}{4^2} + \cdots = \dfrac{\pi^2}{12}$

(3) $1 + \dfrac{1}{3^2} + \dfrac{1}{5^2} + \dfrac{1}{7^2} + \cdots = \dfrac{\pi^2}{8}$

(4) $1 + \dfrac{1}{2^4} + \dfrac{1}{3^4} + \dfrac{1}{4^4} + \cdots = \dfrac{\pi^4}{90}$

(5) $1 + \dfrac{1}{3^4} + \dfrac{1}{5^4} + \dfrac{1}{7^4} + \cdots = \dfrac{\pi^4}{96}$

(6) $1 + \dfrac{1}{3^6} + \dfrac{1}{5^6} + \dfrac{1}{7^6} + \cdots = \dfrac{\pi^6}{960}$

(7) $1 - \dfrac{1}{3} + \dfrac{1}{5} - \dfrac{1}{7} + \dfrac{1}{9} + \cdots = \dfrac{\pi}{4}$

# 2. 최댓값 & 최솟값

## 1. 조건식이 없는 경우

극값이 1개일 때, 극대이면 최대이고 극소이면 최소이다.

## 2. 조건식이 제시된 경우

(1) 조건식(관계식)을 함수에 대입하여
변수의 개수를 줄여서 극대와 극소를 찾고 최대 최소를 구한다.
조건식을 대입할 때 변수의 범위에 주의하여야 한다.

(2) 라그랑주 미정계수법

① 제약조건식이 1개인 경우
$f(x,y,z)$, $g(x,y,z)$가 미분가능한 함수라고 하면
조건식 $g(x,y,z)=0$하에서
$f(x,y,z)$의 최댓값과 최솟값을 구할 때,
step1) 연립방정식을 푼다.
$$\begin{cases} \nabla f(x,y,z)=\lambda \nabla g(x,y,z) \\ g(x,y,z)=0 \end{cases}$$
step2) 위 식에서 구한 $\lambda$ (라그랑주 미정계수) 및 $(x,y,z)$에
서 $f$의 값을 계산한다. 그 값 중 가장 큰 값이 $f$의 최댓값,
가장 작은 값이 $f$의 최솟값이다.

② 제약조건식이 2개인 경우
$f(x,y,z)$, $g(x,y,z)$, $h(x,y,z)$가 미분가능한 함수라고 하
면 조건식 $g(x,y,z)=0$, $h(x,y,z)=0$하에서
$f(x,y,z)$의 최댓값과 최솟값을 구할 때,
step1) 연립방정식을 푼다.
$$\begin{cases} \nabla f(x,y,z)=\lambda \nabla g(x,y,z)+\mu \nabla h(x,y,z) \\ g(x,y,z)=0 \\ h(x,y,z)=0 \end{cases}$$
step2) 위 식에서 구한 $\lambda$ (라그랑주 미정계수) 및 $(x,y,z)$에
서 $f$의 값을 계산한다. 그 값 중 가장 큰 값이 $f$의 최댓값,
가장 작은 값이 $f$의 최솟값이다.

(3) 산술기하평균을 이용하는 경우(더하기와 곱의 구조)

$a>0$, $b>0$, $c>0$에 대해
① $\dfrac{a+b}{2} \geq \sqrt{ab}$ (단, 등호는 $a=b$일 때 성립)
② $\dfrac{a+b+c}{3} \geq \sqrt[3]{abc}$ (단, 등호는 $a=b=c$일 때 성립)

(4) 코시-슈바르츠 부등식을 이용하는 경우(2차식과 1차식의 구조)

① $(a^2+b^2)(x^2+y^2) \geq (ax+by)^2$
(단, 등호는 $\dfrac{x}{a}=\dfrac{y}{b}$일 때 성립)
② $(a^2+b^2)\{(cx)^2+(dy)^2\} \geq (acx+bdy)^2$
③ $(a^2+b^2+c^2)(x^2+y^2+z^2) \geq (ax+by+cz)^2$
(단, 등호는 $\dfrac{x}{a}=\dfrac{y}{b}=\dfrac{z}{c}$일 때 성립)
④
$(a^2+b^2+c^2)\{(dx)^2+(ey)^2+(fz)^2\} \geq (adx+bey+cfz)^2$

(5) 이차형식을 이용하는 경우

① 직교행렬 $P$의 성질
↳ 크기와 각도를 보존하므로 $X=PY$로 치환하면
$|X|=|PY|=|Y|$
↳ 기존벡터 $Y$의 크기와 옮겨진 벡터 $X$의 크기는 같다.
↳ $|X|=\sqrt{x^2+y^2}=1$일 때, $|Y|=\sqrt{u^2+v^2}=1$이다.

② 조건식 $x^2+y^2=1$일 때, $\lambda_2 \leq f(x,y) \leq \lambda_1$가 성립한다.
$$f(x,y)=ax^2+by^2+2cxy=(x\ y)\begin{pmatrix} a & c \\ c & b \end{pmatrix}\begin{pmatrix} x \\ y \end{pmatrix}=X^tAX$$
$$=Y^tDY=(u\ v)\begin{pmatrix} \lambda_1 & 0 \\ 0 & \lambda_2 \end{pmatrix}\begin{pmatrix} u \\ v \end{pmatrix}=\lambda_1 u^2+\lambda_2 v^2$$
$x^2+y^2=1$일 때, $u^2+v^2=1$이다.
$v^2=1-u^2(-1\leq u \leq 1, 0 \leq u^2 \leq 1)$일 때
$\lambda_1 u^2+\lambda_2 v^2=\lambda_1 u^2+\lambda_2(1-u^2)=(\lambda_1-\lambda_2)u^2+\lambda_2$의
최댓값은 $\lambda_1$, 최솟값은 $\lambda_2$이다.(단, $\lambda_2 \leq \lambda_1$)

## 3. 조건식이 부등식으로 제시된 경우

유계인 폐집합 $D$에서 연속함수 $f$는 최댓값과 최솟값을 갖는다.
최댓값과 최솟값을 구하려면

① $D$ 내에 있는 $f$의 임계점에서 함숫값을 구한다.
(즉, 극댓값 또는 극솟값을 구한다.)
② $D$의 경계에서 $f$의 최대 최소를 구한다.
③ 위에서 얻은 값 중 가장 큰 값이 최댓값, 가장 작은 값이 최솟값이다.

**가톨릭대**

**61.** 어떤 입자의 위치벡터가 $\mathbf{r}(t) = <t^2,\ 3t,\ t^2-8t>$일 때, 속력이 최소가 되는 $t$의 값은?

① 1  ② 2  ③ 3  ④ 4

**중앙대**

**62.** $x > 0$에서 정의된 함수 $x^{x^{-2}}$의 극값이 최솟값인지 최댓값인지 고르고, 그 값을 구하면?

① 최솟값, $e^{\frac{1}{2e}}$  ② 최댓값, $e^{\frac{1}{2e}}$

③ 최솟값, $e^{\frac{1}{e}}$  ④ 최댓값, $e^{\frac{1}{e}}$

**월간 한아름 5회**

**63.** 곡선 $y^2 = x^3$ 위의 점 $C$와 점 $P\left(\dfrac{1}{2},\ 0\right)$의 거리는?

① $\sqrt{\dfrac{5}{108}}$  ② $\sqrt{\dfrac{6}{108}}$  ③ $\sqrt{\dfrac{7}{108}}$  ④ $\sqrt{\dfrac{8}{108}}$

**숙명여대**

**64.** 점 $(1,\ 1,\ 0)$에서 포물면 $z = x^2 + y^2$까지의 최단거리는?

① $\dfrac{\sqrt{3}}{8}$  ② $\dfrac{1}{2}$  ③ $\dfrac{3}{4}$  ④ $\dfrac{3}{8}$  ⑤ $\dfrac{\sqrt{3}}{2}$

**가천대**

**65.** 타원 $x^2 + 4y^2 = 8$에서 함수 $f(x,\ y) = xy$의 최댓값을 $a$, 최솟값을 $b$라 할 때, $ab$의 값은?

① $-1$  ② $-2$  ③ $-3$  ④ $-4$

**세종대**

**66.** $x^2 + 2y^2 + 3z^2 = 6$일 때, $f(x,\ y,\ z) = xyz$의 최댓값은?

① $\dfrac{2\sqrt{3}}{3}$  ② $\sqrt{3}$  ③ $\dfrac{4\sqrt{3}}{3}$

④ $\dfrac{5\sqrt{3}}{3}$  ⑤ $2\sqrt{3}$

**67.** 길이가 $1\,\mathrm{m}$인 철사를 한 번 구부려서 다음 그림의 실선과 같이 만들고자 한다. 점선을 중심으로 이 철사를 회전하여 얻은 원뿔의 부피가 최대가 되도록 하는 $a$의 길이는?

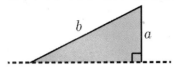

① $\dfrac{1}{2}\,\mathrm{m}$  ② $\dfrac{2}{5}\,\mathrm{m}$  ③ $\dfrac{1}{3}\,\mathrm{m}$  ④ $\dfrac{2}{7}\,\mathrm{m}$  ⑤ $\dfrac{1}{4}\,\mathrm{m}$

**68.** 조건 $x^2+y^2+z^2=4$를 만족하는 $x,y,z$에 대해 함수 $f(x,\,y,\,z)=2x+y+3z$의 최댓값을 갖을 때 $x$좌표는?

① $\dfrac{\sqrt{2}}{\sqrt{7}}$  ② $\dfrac{2\sqrt{2}}{\sqrt{7}}$  ③ $\dfrac{2}{\sqrt{14}}$

④ $2\sqrt{14}$  ⑤ $3\sqrt{14}$

**69.** 다음 조건을 만족하는 $x,y,z$에 대해 $x+2y+3z$의 최댓값은?

$$x^2+y^2+z^2+6y=5$$

① 6  ② 8  ③ 10  ④ 12

**70.** 조건 $x^4+y^4+z^4=1$을 만족시키는 $f(x,\,y,\,z)=x^2+y^2+z^2$의 최댓값과 최솟값의 차는?

① $\sqrt{3}$  ② $2\sqrt{3}$  ③ $3\sqrt{3}$

④ $\sqrt{3}-1$  ⑤ $2-\sqrt{3}$

**71.** $\mathbb{R}^3$에서 원기둥 $x^2+z^2=2$와 평면 $x+y=1$의 교집합의 점 $(x,y,z)$에 대해 함수 $f(x,y,z)=x+y+z$의 최댓값을 $a$, 최솟값을 $b$라 할 때, $a+b$의 값은?

① 2  ② $2\sqrt{2}$  ③ $2+2\sqrt{2}$  ④ 4

**72.** $x+y+2z=2$와 $z=x^2+y^2$을 만족하는 실수 $x,\,y,\,z$에 대해 $e^{x^2+y^2+z^2}$의 최댓값은?

① $e^3$  ② $e^6$  ③ $e^8$  ④ $e^{10}$

중앙대

**73.** 평면 $z = \dfrac{9}{2} + \dfrac{x}{2}$ 와 원뿔면 $x^2 + y^2 = z^2$ 의 교집합에 속하는 점과 원점 사이의 최대거리는?

① $9\sqrt{2}$   ② $7\sqrt{3}$   ③ $5\sqrt{5}$   ④ $3\sqrt{7}$

숙명여대

**74.** 구면 $x^2 + y^2 + z^2 = 1$ 위의 점으로써 함수 $f(x, y, z) = yz + zx + 1$ 의 최댓값을 $M$, 최솟값을 $m$ 이라고 할 때, $M + m$ 의 값은?

① 1   ② 2   ③ 4   ④ 8   ⑤ 16

중앙대

**75.** 행렬 $A = \begin{pmatrix} 4 & 0 & 1 \\ 0 & 3 & 0 \\ 1 & 0 & 4 \end{pmatrix}$ 일 때, $\mathrm{x} = \begin{pmatrix} x_1 \\ x_2 \\ x_3 \end{pmatrix}$,

$\sqrt{{x_1}^2 + {x_2}^2 + {x_3}^2} = 2$ 인 벡터에 대해,

$A\mathrm{x} = \begin{pmatrix} y_1 \\ y_2 \\ y_3 \end{pmatrix}$ 의 크기 $|A\mathrm{x}| = \sqrt{y_1^2 + y_2^2 + y_3^2}$ 의 최댓값은?

① $5\sqrt{2}$   ② 8   ③ 10   ④ 11

월간 한아름 1회

**76.** 함수 $y = x\sqrt{4 - x^2}$ 의 구간 $[-1, 2]$ 에서 최댓값과 최솟값의 합은?

① $2 - \sqrt{3}$   ② 0   ③ $2 + \sqrt{3}$   ④ 2

중앙대

**77.** $1 \le x \le 3$ 에서 정의된 함수

$$f(x) = 2\left(x - \frac{3}{x}\right)^3 - 15\left(x - \frac{3}{x}\right)^2 + 36\left(x - \frac{3}{x}\right) - 50$$

의 최댓값과 최솟값의 차는?

① 126   ② 146   ③ 176   ④ 216

인하대

**78.** 함수 $f(x, y) = x^2 + y^2 - 2x - 4y + 3$ 은 $x^2 + y^2 \le 1$ 일 때, 최댓값 $M$, 최솟값 $m$ 을 가진다. $M + m$ 의 값은?

① 6   ② $4 + \sqrt{5}$   ③ 7

④ $5 + 2\sqrt{5}$   ⑤ 8

가톨릭대

**79.** 부등식 $x^2 + 2y^2 \leq 1$을 만족하는 실수 $x,\ y$에 대해 함수 $f(x, y) = e^{-xy}$의 최댓값은?

① $1$　　② $e^{\frac{1}{4}}$　　③ $e^{\frac{1}{2\sqrt{2}}}$　　④ $e^{\frac{1}{2}}$

서울과학기술대

**80.** 영역 $x^2 + y^2 \leq 10$ 위에서 함수 $f(x, y) = x^2 + 2y^2 - 2x + 3$의 최댓값과 최솟값의 합은?

① $22$　　② $24$　　③ $26$　　④ $28$

최댓값 & 최솟값

# 최댓값 & 최솟값 Self Test

가톨릭대

**81.** 함수 $y = \dfrac{3x}{x^2+4}$ 의 최댓값은?

① $\dfrac{3}{2}$      ② $\dfrac{\sqrt{3}}{2}$      ③ $\dfrac{3}{4}$      ④ $\dfrac{2}{3}$

인하대

**82.** 함수 $f(x) = x^4 - 4x^3 + 2x^2 + 20x + 20$의 최솟값은?

① 6      ② 7      ③ 8      ④ 9      ⑤ 10

가톨릭대

**83.** 함수 $f(x) = x\ln x + (1-x)\ln(1-x)$의 최솟값은?

① $-\ln 2$      ② $-\dfrac{1}{2}$      ③ $\dfrac{1}{2}$      ④ $\ln 2$

광운대

**84.** 곡면 $z^2 = xy + x - y + 4$ 에서 원점까지의 최단거리는?

① $\sqrt{2}$      ② $\sqrt{3}$      ③ 2      ④ $\sqrt{5}$      ⑤ $\sqrt{6}$

월간 한아름 4회

**85.** 사각형 상자의 대각선의 길이가 8일 때, 가능한 최대 부피를 구하시오.

인하대

**86.** 조건 $x^2 + y^2 = 4$를 만족하는 $x, y$에 대해 $2x - y$의 최댓값은?

① 2      ② $2\sqrt{2}$      ③ $2\sqrt{3}$      ④ 4      ⑤ $2\sqrt{5}$

최댓값 & 최솟값

**인하대**

**87.** 좌표공간에서 $x^2 + \dfrac{y^2}{4} + \dfrac{z^2}{4} = 1$과 $x + y + z = 0$의 교집합의 점 $(x, y, z)$에 대해 함수 $f(x, y, z) = x^2 + y^2 + z^2$의 최댓값과 최솟값을 각각 $M, m$이라고 할 때, $M - m$의 값은?

① $\dfrac{4}{3}$   ② $\dfrac{5}{3}$   ③ $2$   ④ $\dfrac{7}{3}$   ⑤ $\dfrac{8}{3}$

**숙명여대**

**88.** 구면 $x^2 + y^2 + z^2 = 1$ 위에서 함수 $f(x, y, z) = xy + yz + zx$의 최댓값을 $a$, 최솟값을 $b$라 할 때, $a - b$의 값은?

① $\dfrac{5}{4}$   ② $\dfrac{11}{8}$   ③ $\dfrac{3}{2}$   ④ $\dfrac{13}{8}$   ⑤ $\dfrac{7}{4}$

**아주대**

**89.** $f(x) = xe^{-x^2}$, $I = [-1, 1]$에서 최솟값과 최댓값은?

① $-\dfrac{1}{e}, \dfrac{1}{\sqrt{2e}}$     ② $-\dfrac{1}{e}, \dfrac{1}{e}$

③ $-\dfrac{1}{\sqrt{2e}}, \dfrac{1}{\sqrt{2e}}$     ④ $-\dfrac{1}{e}, \dfrac{2}{\sqrt{e}}$

⑤ $-\dfrac{2}{\sqrt{e}}, \dfrac{2}{\sqrt{e}}$

**서울과학기술대**

**90.** $x^2 + 2y^2 \leq 1$인 영역에서 정의된 함수 $f(x, y) = (x^2 + y^2)e^{-x}$의 최댓값을 $M$, 최솟값을 $m$이라 할 때, $M + m$은?

① $e$     ② $e^{-1}$     ③ $2\cosh 1$     ④ $\cosh 1$

# 3. 벡터공간 & 선형변환

## 1. $AX = O$의 연립방정식 ($m \times n$ 행렬 $A$)

(1) 영공간=해공간=$null(A) = \{X | AX = O\}$
    ↳ 해공간의 차원=$nullity(A)$:
        선두 1이 존재하지 않는 열의 개수
    ↳ $rank(A) + nullity(A) = A$의 열의 개수

(2) $X$는 행렬 $A$의 행벡터와 수직관계에 놓여 있다.
    따라서 $X$는 $A$의 직교여공간이다.
    ↳ $W^{\perp} = X$이다.

(3) 행렬 $A$의 행공간은 $W \subset R^n$라고 할때, $\dim(W) = rank(A)$
    행공간과 수직한 벡터공간 $W^{\perp} \subset R^n$라고 할 때,
    $\dim(W^{\perp}) = nullity(A)$

(4) $W + W^{\perp} = R^n$이고,
    $\dim(W) + \dim(W^{\perp}) = n(A$의 열의 개수$)$

(5) 선형변환 $T : R^n \rightarrow R^m$에 대한 $T(X) = AX$일 때,
    $\ker(T) = \{X | T(X) = AX = O\}$는 행렬 $A$의 해공간이다.

(6) $X = O$ 이외의 해를 갖는다면
    해공간은 고유치 0에 대응하는 고유공간 $E_{\lambda = 0}$이다.

## 2. $AX = b$의 연립방정식 ($m \times n$ 행렬 $A$)

(1) 선형연립방정식 $AX = b$의 해가 존재할 필요충분조건은
    $b$가 $A$의 열공간의 원소이다. $b \in Col(A)$
    즉, 벡터 $b$는 행렬 $A$의 열벡터들의 일차결합에 의해 생성된다.

(2) 유일해 $X$는 $b$의 좌표벡터이다.

(3) 선형변환 $T : R^n \rightarrow R^m$에 대한 $T(X) = AX$일 때,
    치역 $Im(T)$는 행렬 $A$의 열공간이다. $Im(T) = Col(A)$

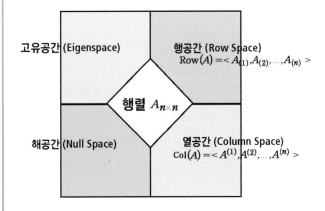

고유공간 (Eigenspace)　　행공간 (Row Space) $Row(A) = <A_{(1)}, A_{(2)}, \cdots, A_{(n)}>$
행렬 $A_{n \times n}$
해공간 (Null Space)　　열공간 (Column Space) $Col(A) = <A^{(1)}, A^{(2)}, \cdots, A^{(n)}>$

## 3. $null(A) = null(A^T A)$, $rank(A) = rank(A^T A)$

> $A$가 $m \times n$행렬이면
> (ㄱ) $A$와 $A^T A$는 같은 영공간(해공간)을 갖는다.
> (ㄴ) $A$와 $A^T A$는 같은 행공간을 갖는다.
> (ㄷ) $A^T$와 $A^T A$는 같은 열공간을 갖는다.
> (ㄹ) $A$와 $A^T A$는 같은 계수(rank)를 갖는다.

〈증명〉
$A$가 $m \times n$행렬이고, $X \in R^n$, $Y \in R^n$이라고 하자.
(i) $AX = O$이면 $X \in null(A)$이다.
    또한 $A^T AX = O$을 만족하므로 $X \in null(A^T A)$이기도 하다.
    $\Rightarrow null(A) \subseteq null(A^T A)$

(ii) $A^T A Y = O$ 이면 $Y \in null(A^T A)$이다.
    또한 $Y^T A^T A Y = O \Leftrightarrow (AY) \cdot (AY) = O$
    $\Leftrightarrow |AY|^2 = 0$ 이므로 $AY = O$이다.
    따라서 $Y \in null(A)$이고, $null(A^T A) \subseteq null(A)$이다.

$\therefore null(A) = null(A^T A)$,
    $null(\bigstar) = null(\bigstar^T \bigstar)$,
    $null(A^T) = null(A A^T)$

> $A$가 $m \times n$행렬이면
> (ㄱ) $A^T$와 $A A^T$는 같은 영공간(해공간)을 갖는다.
> (ㄴ) $A^T$와 $A A^T$는 같은 행공간을 갖는다.
> (ㄷ) $A$와 $A A^T$는 같은 열공간을 갖는다.
> (ㄹ) $A$와 $A A^T$는 같은 계수(rank)를 갖는다.

**91.** 일차독립인 네 개의 벡터 $v_1$, $v_2$, $v_3$, $v_4$ 에 대해〈보기〉중 일차독립인 집합의 개수는?

〈보 기〉

가. $\{v_1+v_2,\ v_2+v_3,\ v_3+v_4\}$

나. $\{v_1+v_2,\ v_2+v_3,\ v_3+v_4,\ v_4+v_1\}$

다. $\{v_1+v_2-3v_3,\ v_1+3v_2-v_3,\ v_1+v_3\}$

라. $\{v_1+v_2-2v_3,\ v_1-v_2-v_3,\ v_1+v_3\}$

마. $\{v_1,v_1+v_2,\ v_1+v_2+v_3,\ v_1+v_2+v_3+v_4\}$

① 1 　　　② 2 　　　③ 3 　　　④ 4

**92.** 〈보기〉중에서 벡터공간 $\mathbb{R}^3$의 부분공간을 모두 고르면?

〈보 기〉

ㄱ. $\{(x,\ y,\ 7x-5y)\,|\,x,\ y\in\mathbb{R}\}$

ㄴ. $\{(x,\ y,\ z)\in\mathbb{R}^3\,|\,3x+7y-1=0\}$

ㄷ. $\{(x,\ y,\ z)\in\mathbb{R}^3\,|\,xy=0\}\cap$
　　$\{(x,\ y,\ z)\in\mathbb{R}^3\,|\,yz=0\}\cap$
　　$\{(x,\ y,\ z)\in\mathbb{R}^3\,|\,zx=0\}$

ㄹ. $\{(x,\ y,\ z)\in\mathbb{R}^3\,|\,5x+2y-3z=0\}$

① ㄱ, ㄴ　　② ㄱ, ㄹ　　③ ㄱ, ㄴ, ㄹ　　④ ㄴ, ㄷ, ㄹ

**93.** 실수체 $\mathbb{R}$ 위의 실수성분을 갖는 $n\times n$ 행렬들의 벡터공간 $V=M_{n\times n}(\mathbb{R})$의 부분공간을 모두 고르면?

ㄱ. $\{A\in V\,|\,tr(A)=0\}$

ㄴ. $\{A\in V\,|\,\det(A)=0\}$

① ㄱ　　　② ㄴ　　　③ ㄱ, ㄴ　　　④ 없음

**94.** 행렬 $A$에 대해 연립방정식 $Ax=0$의 해집합을 $N_A$라고 할 때, 다음 중 $N_A$가 직선을 포함하지 않는 행렬 $A$는?

① $A=\begin{bmatrix}1-1&1\\2-2&2\\3-3&3\end{bmatrix}$　　　② $A=\begin{bmatrix}1-1&1\\0&1&0\\2-2&2\end{bmatrix}$

③ $A=\begin{bmatrix}1&1&0\\0&1-1\\1&0&1\end{bmatrix}$　　　④ $A=\begin{bmatrix}1-1&1\\0&1&0\\1&0&0\end{bmatrix}$

**95.** 네 개의 $1 \times 4$ 행렬
$$A_1 = (1, 0, 1, 0), \ A_2 = (0, 1, 1, 1)$$
$$A_3 = (1, 2, 3, 2), \ A_4 = (3, 1, 3, 1)$$
에 대해 $4 \times 4$ 행렬 $B$ 는 $B = \displaystyle\sum_{i=1}^{4} A_i^{\ t} A_i$ 로 정의된다. 행렬 $B$ 의 계수를 구하면? (단, $A^t$ 는 $A$ 의 전치행렬이다.)

① 0     ② 1     ③ 2     ④ 3     ⑤ 4

**97.** 실수 원소를 갖는 $m \times n$ 행렬 $A$ 의 계수가 $k$ 일 때, 다음 중 항상 옳은 것은?

① $A$ 의 임의의 $k$ 개의 열벡터들이 일차독립이다.

② $A$ 의 특이값이 $k$ 개이다.

③ $A$ 의 모든 $k \times k$ 부분행렬은 가역행렬이다.

④ $A$ 의 영공간의 차원은 $m - k$ 이다.

⑤ $A^T A$ 의 행공간의 차원은 $k$ 이다.

**96.** $m \times n$ 행렬 $A$ 의 계수가 $r$ 일 때, 다음 중 옳지 않은 것은?

① $r = m$ 이면 모든 $b \in R^m$ 에 대해 방정식 $Ax = b$ 는 해를 갖는다.

② $r = n$ 이면 방정식 $Ax = b$ 는 기껏해야 하나의 해를 갖는다.

③ $A$ 의 행공간의 직교여공간은 $A$ 의 영공간이다.

④ $A$ 의 열공간의 차원은 $r$ 이다.

⑤ $A$ 의 영공간의 차원은 $m - r$ 이다.

**98.** 벡터 $v = (v_1, v_2, v_3, v_4)$ 는 $a = (1, 1, 1, 0)$, $b = (1, 1, 0, 1)$, $c = (1, 0, 1, 1)$ 와 모두 수직이다. 〈보기〉에서 옳은 것의 개수는? (단, $v \neq 0$)

〈보 기〉

가. $3v_1 + 2v_2 + 2v_3 + 2v_4 = 0$

나. $v_1^{\ 2} - v_2 - v_3 - v_4 = 0$

다. $v$ 와 $d = (0, 1, 1, 1)$ 는 수직이다.

라. $v = \alpha a + \beta b + \gamma c$ 를 만족하는 상수 $\alpha, \beta, \gamma$ 가 존재한다.

① 1개     ② 2개     ③ 3개     ④ 4개

**99.** 다음 행렬의 고윳값 0에 대응하는 고유공간의 차원과 서로 다른 고윳값의 합은?

$$\begin{bmatrix} 4 & 2 & 0 & 2 & 4 \\ 2 & 1 & 0 & 1 & 2 \\ 4 & 2 & 0 & 2 & 4 \\ 2 & 1 & 0 & 1 & 2 \\ 4 & 2 & 0 & 2 & 4 \end{bmatrix}$$

① 11　　② 12　　③ 13　　④ 14　　⑤ 15

**100.** 첫째, 둘째, 넷째 열이 각각 $\begin{pmatrix} 1 \\ -1 \\ 3 \end{pmatrix}, \begin{pmatrix} 0 \\ -1 \\ 1 \end{pmatrix}, \begin{pmatrix} 1 \\ -2 \\ 1 \end{pmatrix}$ 인 행렬

$A$의 기약행 사다리꼴이 $\begin{pmatrix} 1 & 0 & 2 & 0 & -2 \\ 0 & 1 & -5 & 0 & -3 \\ 0 & 0 & 0 & 1 & 6 \end{pmatrix}$ 일 때, 행렬

$A$의 셋째 열과 다섯 번째 열의 성분의 합은?

① $-7$　　② $-3$　　③ 0　　④ 3

단국대

**101.** 실수체 $\mathbb{R}$ 위의 벡터공간 $P_2 = \{a + bx + cx^2 | a, b, c \in \mathbb{R}\}$ 에 대해 선형변환 $T : P_2 \to P_2$ 가 다음을 만족시킨다.

$$T(x - x^2) = 1 + x$$
$$T(1 - x) = x + x^2$$
$$T(1 + x^2) = 1 + x^2$$

$T(5 - 4x + 3x^2) = a + bx + cx^2$ 일 때, $a + b + c$의 값은?

① 4　　② 6　　③ 8　　④ 10

중앙대

**102.** 선형사상 $T : \mathbb{R}^3 \to \mathbb{R}^3$ 에 대해 평면 $2x + 3y - z = 0$ 위의 모든 점 $(x, y, z)$ 은 $T(x, y, z) = (0, 0, 0)$ 을 만족하고 $T(1, -1, 0) = (2, 3, 7)$ 이라 하자. $T(1, 0, 0) = (a, b, c)$ 라 할 때, $a + b + c$ 의 값은?

① $-12$　　② $-24$　　③ 12　　④ 24

벡터공간 & 선형변환

**103.** $P_2(\mathbb{R}) = \{a + bx + cx^2 | a, b, c \in \mathbb{R}\}$이고,

선형사상 $T : P_2(\mathbb{R}) \to \mathbb{R}^3$ 가

$$T(p(x)) = \left(p'(0),\ p''(1),\ \int_0^1 p(x)\,dx\right)$$

로 정의될 때, 기저 $\{1, x, x^2\}$, $\{(1,0,0), (0,1,0), (0,0,1)\}$

에 관한 $T$의 $3 \times 3$ 표현행렬의 $(i,j)$-성분을 $a_{ij}$ 라 하자. 이

때, $\sum\limits_{i=1}^{3}\sum\limits_{j=1}^{3} a_{ij}$ 의 값은?

① $\dfrac{19}{6}$　　② $\dfrac{23}{6}$　　③ $\dfrac{25}{6}$　　④ $\dfrac{29}{6}$

**104.** 선형사상 $T : \mathbb{R}^3 \to \mathbb{R}^3$ 은 직선 $x = -y = z$ 를 중심으로 $120°$ 회전하는 사상이다. $T(1,2,3) = (a,b,c)$ 라 할 때, $a + 2b + 3c$ 의 값은?

①　$-7$　　② $-5$　　③ $5$　　④ $7$

**105.** $\mathbb{R}^3$의 순서기저 $\beta = \{v_1, v_2, v_3\}$에 관한 선형변환

$T : \mathbb{R}^3 \to \mathbb{R}^3$의 행렬표현이 $\begin{pmatrix} 1 & 1 & -1 \\ 2 & 0 & 1 \\ 1 & 1 & 0 \end{pmatrix}$으로 주어진다.

$w_1 = v_1 + 2v_2 + 4v_3,\ w_2 = v_2 + 2v_3,\ w_3 = v_3$에 대해

$T(w_1 + w_2 + w_3) = \alpha w_1 + \beta w_2 + \gamma w_3$라 할 때, $\alpha + \beta + \gamma$

의 값은?

① $-2$　　② $-1$　　③ $0$　　④ $3$

**106.** 차수가 2보다 작거나 같은 다항식들의 벡터공간 $P_2$에서 기저

$B = \{x, 1+x, 1-x+x^2\}$과

$C = \{v_1(x), v_2(x), v_3(x)\}$에 대해, 기저 $B$에서 기저 $C$

로의 기저변환행렬을 $Q = \begin{pmatrix} 1 & 0 & 0 \\ 0 & 2 & 1 \\ -1 & 1 & 1 \end{pmatrix}$이라 할 때, $C$의 원소

로서 적절하지 않은 것은?

① $-x^2 + 2x$　　　　② $-x^2 - 2x + 1$

③ $2x^2 - 2x + 1$　　　④ $2x^2 - 3x + 1$

**107.** 1차 다항식 벡터공간 $P_1 = \{ax + b \,|\, a, b \in \mathbb{R}\}$의 순서기저 $\{x, 1\}$에서 순서기저 $\{2x - 1, 2x + 1\}$로 바꾸는 좌표변환 행렬은?

① $\dfrac{1}{4}\begin{bmatrix} 1 & -2 \\ 1 & 2 \end{bmatrix}$ 　　② $\dfrac{1}{4}\begin{bmatrix} 2 & 2 \\ -1 & 1 \end{bmatrix}$

③ $\dfrac{1}{2}\begin{bmatrix} 1 & -2 \\ 1 & 2 \end{bmatrix}$ 　　④ $\dfrac{1}{2}\begin{bmatrix} 2 & 2 \\ -1 & 1 \end{bmatrix}$

**108.** $V$는 $b_1$, $b_2$를 기저로 하는 $\mathbb{R}^3$의 부분공간이다. 다음의 벡터 $a$와 $V$의 유클리디안 거리는?

$$b_1 = \begin{bmatrix} 4 \\ 0 \\ 1 \end{bmatrix}, \ b_2 = \begin{bmatrix} 0 \\ 2 \\ 1 \end{bmatrix}, \ a = \begin{bmatrix} 2 \\ 0 \\ 11 \end{bmatrix}$$

① $\sqrt{15}$ 　② $2\sqrt{15}$ 　③ $\sqrt{21}$ 　④ $2\sqrt{21}$

# 벡터공간 & 선형변환 Self Test

서울과학기술대

**109.** 벡터 $\begin{bmatrix} 1 \\ 4 \\ 6 \end{bmatrix}$, $\begin{bmatrix} 0 \\ 2 \\ 2 \end{bmatrix}$, $\begin{bmatrix} -1 \\ 12 \\ 10 \end{bmatrix}$, $\begin{bmatrix} q \\ 3 \\ 1 \end{bmatrix}$ 들이 $R^3$를 형성하지 못한다면 $q$의 값은?

① 1      ② -1      ③ 2      ④ -2

한양대 - 에리카

**110.** 다음 집합 중 1차 독립인 것은?

① $\{1, x^2+1, 2x^2-1\}$

② $\{x+1, x^2-1, (x+1)^2\}$

③ $\{x^2-1, (x+1)^2, (x-1)^2\}$

④ $\{x(x+1), x^2-1, (x+1)^2\}$

가천대

**111.** 4차원공간 $\mathbb{R}^4$의 네 벡터 $(1,3,2,2)$, $(2,4,3,2)$, $(1,9,5,8)$, $(0,4,2,4)$에 의해 생성된 부분공간을 $W$라 할 때, $W$의 차원은?

① 1      ② 2      ③ 3      ④ 4

광운대 (2016년)

**112.** 표준내적이 정의되어 있는 내적공간 $V = \mathbb{R}^{10}$과 $V$의 부분집합 $W = \{v \in V \,|\, v = -2v\}$에 대한 다음 명제 중 옳지 않은 것은? (단, $V$의 부분공간 $U$에 대해 $U^\perp$은 $U$의 직교 여공간이다.)

① $W^\perp = V$ 이다.

② $W$의 차원은 1이다.

③ $(W^\perp)^\perp$의 차원은 0이다.

④ $W$는 $V$의 부분공간이다.

⑤ $W$의 기저는 공집합이다.

가천대

**113.** 행렬 $A = \begin{pmatrix} 1 & 0 & -1 & -1 \\ 0 & 1 & -2 & 0 \\ 0 & 0 & 0 & 0 \end{pmatrix}$에 대해 두 벡터 $(a,b,1,0)$, $(c,d,0,1)$는 $A$의 영공간의 기저이다. $a+b+c+d$의 값은?

① 1      ② 2      ③ 3      ④ 4

한양대 - 에리카

**114.** 벡터공간 $\mathbb{R}^4$의 부분공간 $S$의 기저가 다음과 같을 때, $S$의 직교여공간 $S^\perp$의 기저는?

$$\left\{ \begin{bmatrix} 1 \\ 0 \\ 2 \\ 1 \end{bmatrix}, \begin{bmatrix} 0 \\ 1 \\ 3 \\ -1 \end{bmatrix} \right\}$$

① $\left\{ \begin{bmatrix} -1 \\ 1 \\ 0 \\ 1 \end{bmatrix} \right\}$

② $\left\{ \begin{bmatrix} 2 \\ 3 \\ -1 \\ 0 \end{bmatrix} \right\}$

③ $\left\{ \begin{bmatrix} -3 \\ -2 \\ 1 \\ 1 \end{bmatrix}, \begin{bmatrix} 1 \\ 4 \\ -1 \\ 1 \end{bmatrix} \right\}$

④ $\left\{ \begin{bmatrix} 0 \\ 5 \\ -1 \\ 2 \end{bmatrix}, \begin{bmatrix} 4 \\ 2 \\ -1 \\ -2 \end{bmatrix} \right\}$

**115.** 선형변환 $T_A : \mathbb{R}^4 \rightarrow \mathbb{R}^3$을 $T_A(\mathbf{x}) = A^t\mathbf{x}$

$(A = \begin{bmatrix} 2 & 3 & 1 \\ 3 & 3 & 1 \\ 2 & 4 & 1 \\ 5 & 7 & 2 \end{bmatrix}$, $\mathbf{x} \in \mathbb{R}^4)$로 정의하면 $\dim(\mathrm{Ker}(T_A))$

는? (단, $A^t$는 $A$의 전치행렬이다.)

① 0 　　② 1 　　③ 3 　　④ 4

**116.** 행렬 $A \in M_{3 \times 5}$에 대해 $rank(A^T) = 2$일 때,
$rank(AA^T) + \dim(N(A)) + \dim(N(A^TA))$의 값
은? (단, $rank(A)$는 $A$의 계수, $N(A)$는 $A$의 영공간이다.)

① 5 　　② 7 　　③ 8 　　④ 10

**117.** 다음 행렬 $A$는 두 고윳값 $\lambda_1$, $\lambda_2$를 가진다. 고윳값 $\lambda_1$, $\lambda_2$에 대응하는 고유공간의 차원을 각각 $n_1, n_2$라 할 때, $\lambda_1 + \lambda_2 + n_1 + n_2$는?

$$A = \begin{pmatrix} 3 & 0 & 14 & 7 \\ 0 & 3 & -4 & -2 \\ 0 & 0 & 15 & 6 \\ 0 & 0 & -18 & -6 \end{pmatrix}$$

① 13 　　② 12 　　③ 11 　　④ 10

**118.** $4 \times 4$ 행렬 $A = \begin{pmatrix} 1 \\ 2 \\ 3 \\ 4 \end{pmatrix}(1\ 2\ 3\ 4)$에 대해 서로 다른 고윳값의 합

은?

① 10 　　② 20 　　③ 30 　　④ 40

**119.** $3 \times 5$ 행렬 $A = [a_1,\ a_2,\ a_3,\ a_4,\ a_5]$의 기약 행사다리꼴 행렬이 다음과 같다.

$$U = \begin{bmatrix} 1 & 2 & 0 & 5 & -3 \\ 0 & 0 & 1 & -1 & 2 \\ 0 & 0 & 0 & 0 & 0 \end{bmatrix}$$

$a_1 = \begin{bmatrix} 1 \\ 2 \\ 3 \end{bmatrix}$, $a_4 = \begin{bmatrix} 3 \\ 5 \\ 8 \end{bmatrix}$이라 할 때, $a_5$의 값은?

① $\begin{bmatrix} 1 \\ 0 \\ 1 \end{bmatrix}$ 　② $\begin{bmatrix} 1 \\ 4 \\ 5 \end{bmatrix}$ 　③ $\begin{bmatrix} 2 \\ 5 \\ 7 \end{bmatrix}$ 　④ $\begin{bmatrix} 3 \\ 8 \\ 11 \end{bmatrix}$

**120.** 벡터공간 $V = \left\{ X = \begin{bmatrix} a & b \\ c & d \end{bmatrix} \middle|\ a, b, c, d \in R \right\}$이라 하자.

$T : V \rightarrow V$를 $T(X) = AX$로 주어진 선형변환이라 할 때, $V$의 순서기저 $\beta$에 대한 $T$의 행렬 $[T]_\beta$의 행렬식을 계산하면? (단, $A = \begin{bmatrix} 1 & 2 \\ 3 & 4 \end{bmatrix}$이고

$\beta = \left\{ \begin{bmatrix} 1 & 0 \\ 0 & 0 \end{bmatrix}, \begin{bmatrix} 0 & 1 \\ 0 & 0 \end{bmatrix}, \begin{bmatrix} 0 & 0 \\ 1 & 0 \end{bmatrix}, \begin{bmatrix} 0 & 0 \\ 0 & 1 \end{bmatrix} \right\}$이다.)

① $-4$ 　　② $-2$ 　　③ 2 　　④ 4

# 4. 선적분 & 면적분

※ 선적분의 핵심은 곡선 $C$의 매개화!!

## 1. 스칼라 함수 $f(x, y)$, $f(x, y, z)$의 선적분

(1) 곡선 $C : r(t) = \langle x(t), y(t) \rangle$, $a \leq t \leq b$

$$\int_C f(x, y) ds = \int_a^b f(x(t), y(t)) |r'(t)| dt$$
$$= \int_a^b f(x(t), y(t)) \sqrt{(x'(t))^2 + (y'(t))^2} \, dt$$

(2) $C : r(t) = \langle x(t), y(t), z(t) \rangle$, $a \leq t \leq b$

$$\int_C f(x, y, z) ds = \int_a^b f(x(t), y(t), z(t)) |r'(t)| dt$$
$$= \int_a^b f(x(t), y(t), z(t)) \sqrt{(x'(t))^2 + (y'(t))^2 + (z'(t))^2} \, dt$$

## 2. 벡터함수의 선적분

$F(x, y) = \langle F_1, F_2 \rangle$ 또는 $F(x, y, z) = \langle F_1, F_2, F_3 \rangle$
곡선 $C : r(t) = \langle x(t), y(t), z(t) \rangle$, $a \leq t \leq b$일 때,

(1) $C$가 폐곡선이 아닐 때

① $F = \nabla f$가 보존적벡터장이면 경로에 대해 독립적이다.
$$\int_C F \cdot dr = \int_C \nabla f \cdot dr = f \big]_{r(a)}^{r(b)}$$

② $F \neq \nabla f$이면 경로에 의존적이다. 경로에 따라 적분값이 달라지므로 경로를 직접 대입해서 계산한다.
$$\int_C F \cdot dr = \int_a^b F(r(t)) \cdot r'(t) dt$$

③ $C_1$을 추가하고 그린 정리를 활용한다. (곡선의 방향 확인)
$$\int_C F \cdot dr + \int_{C_1} F \cdot dr = \iint_D Q_x - p_y dA$$
$$\int_C F \cdot dr = \iint_D Q_x - p_y dA - \int_{C_1} F \cdot dr$$

(2) $C$가 폐곡선 일 때

① $F = \langle P, Q \rangle$일 때, 그린 정리
$$\oint_C F \cdot dr = \iint_D Q_x - P_y dA$$
⇒ 보존적 벡터장의 경우 폐곡선에서 선적분값은 0이다.

② 그린 정리의 확장
  (ⅰ) 이중연결의 경우
    $D$는 이중연결 곡선의 내부 영역이고, $D$에서 $F$가 연속이고 미분가능하면 그린 정리를 이용할 수 있다.

  (ⅱ) $P_y = Q_x$이고, 폐곡선 $C$안에 특이점이 존재하는 경우
    특이점을 포함하는 폐곡선 $C_1$에 대해
$$\oint_C F \cdot dr = \oint_{C_1} F \cdot dr$$이 성립한다.

❖ 다음 선적분은 그린 정리의 확장을 이용할 문제이다.

$$\oint_C \frac{-y dx + x dy}{x^2 + y^2}$$

$$\oint_C \frac{x dx + y dy}{x^2 + y^2}$$

$$\oint_C \frac{-y^3 dx + xy^2 dy}{(x^2 + y^2)^2}$$

$$\oint_C \frac{2xy dx + (y^2 - x^2) dy}{(x^2 + y^2)^2}$$

$$\oint_C \frac{-y}{(x+1)^2 + 4y^2} dx + \frac{x+1}{(x+1)^2 + 4y^2} dy$$

③ $F(x, y, z) = \langle P, Q, R \rangle$일 때, 스톡스 정리
  곡면 $S_1$과 $S_2$의 경계곡선이 $C$이고,
  $D$는 곡면 $S_1, S_2$의 정사영시킨 영역이다.
$$\oint_C F \cdot dr = \iint_{S_1} curl F \cdot n dS$$
$$= \iint_{S_2} curl F \cdot n dS$$
$$= \iint_D curl F \cdot \nabla S dA$$

## 3. 곡면적

(1) 곡면 $S : z = f(x, y)$ 의 상향법선벡터는
$\nabla S = \langle -f_x, -f_y, 1 \rangle = \langle -z_x, -z_y, 1 \rangle$ 이고,
영역 $D$ 위에서 곡면의 면적은
$$\iint_S dS = \iint_D |\nabla S| dA = \iint_D \sqrt{1 + (z_x)^2 + (z_y)^2} \, dA \text{다.}$$

(2) 곡면 $S : F(x, y, z) = 0$ 의 상향법선벡터는
$\nabla S = \left\langle \dfrac{F_x}{F_z}, \dfrac{F_y}{F_z}, 1 \right\rangle$ 이고,
영역 $D$ 위에서 곡면의 면적은
$$\iint_S dS = \iint_D |\nabla S| dA$$
$$= \iint_D \sqrt{1 + \left(\dfrac{F_x}{F_z}\right)^2 + \left(\dfrac{F_y}{F_z}\right)^2} \, dA \text{다.}$$

(3) 곡면 $r(u, v) = \langle x(u, v), y(u, v), z(u, v) \rangle$ 의
법선벡터는 $r_u \times r_v$ 이고, 영역 $D$ 위에서 곡면의 면적은
$$\iint_S dS = \iint_D |r_u \times r_v| \, dudv \text{이다.}$$

## 4. 스칼라 함수 $G(x, y, z)$ 의 면적분

(1) 곡면 $S : z = f(x, y)$ 일 때
$$\iint_S G(x, y, z) \, dS$$
$$= \iint_D G(x, y, f(x, y)) \sqrt{1 + (z_x)^2 + (z_y)^2} \, dxdy$$

(2) 곡면 $S : r(u, v) = \langle x(u, v), y(u, v), z(u, v) \rangle$ 일 때
$$\iint_S G(x, y, z) dS = \iint_D G(r(u, v)) |r_u \times r_v| \, dudv$$

## 5. 벡터함수 $F = \langle F_1, F_2, F_3 \rangle$

(1) 곡면 $S : z - f(x, y) = 0$, $\nabla S = \langle -f_x, -f_y, 1 \rangle$
$$\iint_S F \cdot dS = \iint_S F \cdot \vec{n} dS$$
$$= \iint_D (F_1, F_2, F_3) \cdot \nabla S dxdy$$

(2) 발산정리
폐곡면 $S$ 를 경계로 갖는 입체를 $T$ 라 할 때,
$$\iint_S F \cdot dS = \iint_S F \cdot \vec{n} dS = \iiint_T div F dV$$

(3) 곡면 $S$ 에 대한 면적분을 할 때,
곡면 $S_1$ 을 추가하고 발산정리를 활용해 구할 수도 있다.
$$\iint_S F \cdot n dS = \iiint_E div F dV + \iint_{S_1} F \cdot n dS$$
(여기서 $n$ 은 상향단위법선벡터이다.)

**121.** 곡선 $C : \vec{x}(t) = (t, t^2) \ (0 \leq t \leq 1)$ 에 대해 선적분 $\int_C (x + \sqrt{y}) ds$ 의 값은?

① $\dfrac{\sqrt{5} - 1}{6}$      ② $\dfrac{2\sqrt{5} - 1}{6}$

③ $\dfrac{3\sqrt{5} - 1}{6}$      ④ $\dfrac{4\sqrt{5} - 1}{6}$

⑤ $\dfrac{5\sqrt{5} - 1}{6}$

**122.** $x = t, y = \cos t, z = \sin t \ (0 \leq t \leq 2\pi)$ 의 나선 형태인 철사의 어떤 점에서의 밀도가 원점으로부터의 거리의 제곱과 같을 때 질량을 구하면?

① $\dfrac{8\pi^3}{3} + 2\pi$      ② $\dfrac{8\pi^3}{3} - 2\pi$

③ $\sqrt{2}\left(\dfrac{8\pi^3}{3} + 2\pi\right)$      ④ $\sqrt{2}\left(\dfrac{8\pi^3}{3} - 2\pi\right)$

**123.** 2차원 평면 위에 방정식 $x^2 + y^2 = 9$, $x \geq 0$, $y \geq 0$ 로 주어지고 시계 방향으로 방향이 주어진 원호를 $C$ 라고 하자. 벡터장 $\vec{F}(x, y) = x^2 \vec{i} + x \vec{j}$ 에 대해 선적분 $\int_C \vec{F} \cdot d\vec{r}$ 의 값은? (이때, $\vec{r}$ 은 $C$ 의 각 점마다 원점으로부터 그 점까지의 벡터를 주는 벡터함수이다.)

① $-\dfrac{9\pi}{4}$      ② $\dfrac{9\pi}{4}$      ③ $0$

④ $-9\left(\dfrac{\pi}{4} - 1\right)$      ⑤ $9\left(\dfrac{\pi}{4} - 1\right)$

**124.** $C$ 를 벡터함수 $x(t)$, $a \leq t \leq b$ 로 주어진 부드러운 곡선이라고 할 때, 다음 중 선적분 $\int_C F \cdot dx$ 가 경로에 독립인 벡터장 $F$ 를 모두 고른 것은?

ㄱ. $F(x, y) = -\dfrac{y}{x^2 + y^2} e_1 + \dfrac{x}{x^2 + y^2} e_2$

ㄴ. $F(x, y) = e^x \cos y \, e_1 + e^x \sin y \, e_2$

ㄷ. $F(x, y) = \dfrac{y^2}{1 + x^2} e_1 + 2y \tan^{-1} x \, e_2$

ㄹ. $F(x, y) = (ye^x + \sin y) e_1$
$\qquad\qquad + (e^x + x \cos y) e_2$

① ㄱ, ㄷ     ② ㄱ, ㄹ     ③ ㄴ, ㄷ     ④ ㄷ, ㄹ

**125.** 곡선 $C : x(t) = \cos t,\ y(t) = \sin t,\ 0 \le t \le \dfrac{\pi}{2}$ 위의 물체를 벡터장 $F(x,\ y) = y^2 i + (2xy - e^y)j$ 으로 움직일 때 물체에 한 일을 구하면?

① $1 + e$　　② $1 - e$　　③ $2 + e$

④ $2 - e$　　⑤ $3 + e$

**127.** $0 \le t \le 1$ 에서 정의된 곡선 $\boldsymbol{c}(t) = (\sqrt{t},\ \arcsin t,\ t^5)$ 과 벡터장 $F(x,\ y,\ z) = (e^x \sin y,\ e^x \cos y,\ z^2)$ 에 대한 선적분 $\displaystyle\int_c F \cdot ds$ 의 값은?

① $e + 1$　　② $e + \dfrac{2}{3}$　　③ $e + \dfrac{1}{3}$　　④ $e + \dfrac{1}{6}$

**126.** 반시계 방향 유향곡선 $C = \{(\cos\theta,\ \sin\theta) | 0 \le \theta \le \pi\}$ 위의 선적분

$$\int_C y(1 + \cos(xy))dx - \int_C x(1 - \cos(xy))dy \text{의 값은?}$$

① $\dfrac{\pi}{2}$　　② $-\dfrac{\pi}{2}$　　③ $\pi$　　④ $-\pi$

**128.** 닫힌 곡선 $C$ 는 좌표평면에서 $y = 0,\ y = \sqrt{x},\ x = 1$ 의 그래프에 의해 둘러싸인 영역의 경계이고 반시계 방향을 갖는다. 이때 선적분 $\displaystyle\oint_C -y^2 dx + 2xy\,dy$ 의 값은?

① $\dfrac{1}{3}$　　② $\dfrac{2}{3}$　　③ $1$　　④ $\dfrac{4}{3}$　　⑤ $\dfrac{5}{3}$

인하대

**129.** $C$를 반시계 방향의 타원 $\{(x, y)|4x^2 + 9y^2 = 25\}$라고 할 때, 선적분 $\int_C x\,dy - y\,dx$의 값은?

① $\dfrac{23}{3}\pi$    ② $8\pi$    ③ $\dfrac{25}{3}\pi$    ④ $\dfrac{26}{3}\pi$    ⑤ $9\pi$

가천대

**130.** 평면 위의 곡선 $C$ 가 두 개의 원 $x^2 + y^2 = 1$ 과 $x^2 + y^2 = 4$ 사이의 영역 $D$ 의 경계일 때,
$$\oint_C x\,e^{-2x}\,dx + (x^4 + 2x^2y^2)\,dy$$ 의 값은?

① $0$      ② $\pi$      ③ $e$      ④ $2\pi$

인하대

**131.** 곡선 $C$는 직교좌표평면에서 점 $(1, -1)$에서 $(1, 1)$까지 잇는 곡선으로, 극방정식으로는 $r = 2\cos\theta$, $-\dfrac{\pi}{4} \le \theta \le \dfrac{\pi}{4}$ 와 같이 주어진다. 이때, 선적분
$$\int_C \frac{(x-y)\,dx + (x+y)\,dy}{x^2 + y^2}$$ 의 값은?

① $\dfrac{\pi}{6}$      ② $\dfrac{\pi}{4} - \dfrac{1}{2}$      ③ $\dfrac{\pi}{3} - \dfrac{1}{2}$

④ $\dfrac{\pi}{3}$      ⑤ $\dfrac{\pi}{2}$

서울과학기술대

**132.** 스칼라 함수 $f$, $g$와 벡터함수 $\vec{F}$에 대해 다음 중 옳은 것은?

① $\operatorname{div}(f\vec{F}) = f\operatorname{div}\vec{F} + \vec{F}\,\nabla f$

② $\operatorname{div}(f\nabla g) = f\nabla^2 g + g\nabla^2 f$

③ $\operatorname{curl}(f\vec{F}) = \nabla f \times \vec{F} + f\operatorname{curl}\vec{F}$

④ $\nabla^2 f = f(\nabla f)$

**133.** 함수 $f : \mathbb{R}^2 \to \mathbb{R}$ 와 곡면 $S$는 다음과 같다.

$$f(x, y) = \frac{1}{2}(x^2 + y^2),$$

$$S = \{(x, y, z) \mid x^2 + y^2 \leq 1, \ z = f(x, y)\}$$

곡면적분 $\iint_S z \, dS$ 의 값은?

① $\dfrac{1}{15}(1 + \sqrt{2})\pi$    ② $\dfrac{2}{15}(1 + \sqrt{2})\pi$

③ $\dfrac{1}{5}(1 + \sqrt{2})\pi$    ④ $\dfrac{4}{15}(1 + \sqrt{2})\pi$

⑤ $\dfrac{1}{3}(1 + \sqrt{2})\pi$

**134.** 각 점에서 밀도함수가

$$\mu(x, y, z) = \frac{3}{x^2 + y^2 + z^2} \text{ 으로 주어질 때, 입체}$$

$E = \{(x, y, z) \in \mathbb{R}^3 \mid z \geq 0, x^2 + y^2 + z^2 \leq 4, x^2 + y^2 \geq 1\}$
의 질량은?

① $2\pi\left(3 - \dfrac{2}{3}\pi\right)$    ② $2\pi\left(2 - \dfrac{\pi}{3}\right)$

③ $2\sqrt{3}\,\pi\left(2 - \dfrac{\pi}{3}\right)$    ④ $2\pi(3\sqrt{3} - \pi)$

**135.** 면적 $S$는 제1 팔분공간에 있는 평면 $x + y + \dfrac{z}{2} = 1$ 이다. 면적 $S$에 대한 벡터장 $\vec{V} = (x^2, 0, 2y)$ 의 면적분 $\iint_S \vec{V} \cdot \hat{n} \, dA$을 계산하면? (단, $\hat{n}$은 단위법선벡터)

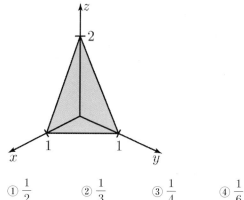

① $\dfrac{1}{2}$    ② $\dfrac{1}{3}$    ③ $\dfrac{1}{4}$    ④ $\dfrac{1}{6}$

**136.** 벡터장 $F = \langle z, y, x \rangle$의 단위 구면의 바깥 방향 유량(flux)과 같지 않은 것은? (단, $B$는 단위 구체, $S$는 단위 구면, $D$는 $xy$평면에서의 단위원 영역이다.)

① $\iiint_B 1 \, dV$

② $\iint_S (2xz + y^2) dS$

③ $\iint_D \left(2x + \dfrac{y^2}{\sqrt{1 - x^2 - y^2}}\right) dA$

④ $\iint_S F \cdot n dS$ ($n$은 단위구면의 바깥 방향 단위법벡터)

**137.** 구면 $S : x^2 + y^2 + z^2 = 1$ 상의 벡터장

$F(x, y, z) = ze_1 + ye_2 + xe_3$ 에 대해 $\iint_S F \cdot dS$ 의 값은?

① $\dfrac{\pi}{3}$　　② $\dfrac{2\pi}{3}$　　③ $\pi$　　④ $\dfrac{4\pi}{3}$

**138.** $F(x, y, z) = yj + zk$, $S$는 포물면 $y = x^2 + z^2$ 과 평면 $y = 1$로 둘러싸인 곡면일 때, $\iint_S F \cdot dS$ 의 값을 구하시오.

**139.** 반구 $S = \{(x, y, z) \in \mathbb{R}^3 \mid x^2 + y^2 + z^2 = 1, z \geq 0\}$ 에서 주어진 벡터장

$\mathbb{F}(x, y, z) = (ye^{z^2}\sin z, xe^{z^2}\cos z, 4x^2 + z)$ 의 곡면 적분 $\iint_S \mathbb{F} \cdot n \, dS$ 를 계산하면? (단, $n$은 곡면에 수직이며, 반구의 바깥쪽으로 향하는 크기가 1인 단위벡터이다.)

① $0$　　② $\dfrac{2}{3}\pi$　　③ $\dfrac{5}{3}\pi$　　④ $2\pi$

**140.** $S$가 3차원 공간 안에서 $x^2 + y^2 + z^2 = 9$, $x \geq 0$ 으로 주어지는 반구 모양의 곡면이라고 하고, 방향이 원점을 향한 쪽으로 주어져있다고 하자. 벡터장 $\vec{F}(x, y, z) = z\vec{i} + xz\vec{j} + \vec{k}$ 에 대해, 다음 면적분의 값을 계산하시오.

($\iint_S \vec{F} \cdot d\vec{S} = \iint_S \vec{F} \cdot \vec{n} \, dS$ 이며, $\vec{n}$은 곡면 $S$의 각 점에서 문제에 주어진 방향으로의 단위법선벡터이고, $dS$는 단위 면적소이다.)

$$\iint_S \vec{F} \cdot d\vec{S}$$

**141.** 곡면 $S$가 꼭짓점이 $(0, 0, 1)$, $(1, 1, -1)$, $(1, -1, -1)$, $(-1, 0, -1)$ 인 사면체일 때, 벡터장

$\vec{F} = \dfrac{1}{(x^2 + y^2 + z^2)^{3/2}} \langle x, y, z \rangle$ 에 대해 $\iint_S \vec{F} \cdot d\vec{S}$ 는?

(단, 곡면 $S$의 법선벡터는 곡면의 외부를 향하는 방향이다.)

① $0$　　② $\dfrac{4}{3}\pi$　　③ $2\pi$　　④ $4\pi$

**142.** $S$를 포물면 $z = 3 - x^2 - y^2$의 부분 중에서 평면 $z = 2x$의 윗부분이라고 할 때, $S$위에서 벡터장 $F = \langle z^2, x^2, y^2 \rangle$의 유속 $\iint_S (\nabla \times F) \cdot \hat{n}\, dS$ 의 값은? ($\hat{n}$은 포물면 위로 향하는 단위법선벡터이다. 예를 들면, 점 $(0, 0, 3)$에서 $\hat{n}$는 $(0, 0, 1)$이 된다.)

① $-8\pi$  ② $-6\pi$  ③ $-4\pi$  ④ $-2\pi$  ⑤ $0$

**143.** 평면 $z = 3$ 위에 놓여있는 원 $x^2 + y^2 = 16$을 $C$라고 둘 때, 벡터장 $F(x, y, z) = (yz, 2xz, e^{x^2 y^2})$ 의 선적분 $\int_C F \cdot dr$의 값은? (여기서 곡선 $C$의 방향은 위에서 볼 때 시계 방향이다)

① $-48\pi$  ② $-27\pi$  ③ $0$  ④ $27\pi$  ⑤ $48\pi$

**144.** 곡선 $C$는 $r(t) = \cos t\, i + \sin t\, j + (6 - \cos^2 t - \sin t)k$ $(0 \le t \le 2\pi)$이고, 벡터함수 $F = (z^2 - y^2)i - 2xy^2 j + e^{\sqrt{z}}k$ 일 때, 선적분 $\int_C F \cdot dr$을 구하면?

① $10\pi$  ② $11\pi$  ③ $12\pi$  ④ $13\pi$

**145.** 곡면 $S$를 평면 $x = 0$, $y = 0$, $z = 0$, $x = 4$와 곡면 $z = 9 - y^2$으로 둘러싸인 영역 $E$의 경계면이라 할 때, $\iint_S \text{curl} F \cdot n\, dS$를 계산하면? (단, 벡터장 $F(x, y, z) = (xy \cos z, yz \sin x, xyz)$이고 $n$은 $S$에서의 외향 단위법선벡터이다.)

① $0$  ② $\pi$  ③ $-\pi$  ④ $2\pi$

**146.** 곡면 $S$가 $z = \sqrt{36 - 9x^2 - 4y^2}$ 의 그래프일 때, 벡터장 $\vec{F} = \dfrac{1}{x^2 + y^2 + z^2}\langle -y, x, z \rangle$에 대해 $\iint_S \text{curl}\vec{F} \cdot d\vec{S}$ 는? (단, 곡면 $S$의 법선벡터는 위쪽 방향이다.)

① $0$  ② $2\pi$  ③ $4\pi$  ④ $6\pi$

선적분 & 면적분

## 선적분 & 면적분 Self Test

**147.** 곡선 $C$는 점 $(0, 0)$에서 $(1, 1)$까지 $y = \sqrt{x}$ 의 경로에 따라 움직일 때, $\int_C \{(x^2 + y^2)\, dx - 2xy\, dy\}$ 의 값은?

① $\dfrac{1}{5}$  ② $1$  ③ $\dfrac{1}{3}$  ④ $\dfrac{1}{7}$

**148.** $x = e^{t^2} - e,\ y = \sin\dfrac{\pi}{t^2 + 2}$ 로 매개화된 곡선

$C : [0, 1] \to \mathbb{R}^2$ 위에서 정의된 벡터장

$\mathbb{F}(x, y) = \left(3x^2\cos\left(\dfrac{\pi}{4}y\right),\ -\dfrac{\pi}{4}x^3\sin\left(\dfrac{\pi}{4}y\right)\right)$ 의 선적분

$\int_C \mathbb{F} \cdot ds$ 를 구하면?

① $\dfrac{\sqrt{2}}{2}(e-1)^3$  ② $\sqrt{2}(e-1)^3$

③ $\dfrac{\sqrt{2}}{2}(e-1)^2$  ④ $\sqrt{2}(e-1)^2$

**149.** $D$는 $y = x^2$과 $y = 1$로 둘러싸인 영역이고, $C$는 $D$의 경계이다. 곡선 $C$를 따라서 반시계 방향으로 움직일 때, 선적분 $\int_C (2x^2y + \sin(x^2))\, dx + (x^3 + e^{y^2})\, dy$ 값은?

① $0$  ② $\dfrac{2}{15}$  ③ $\dfrac{4}{15}$  ④ $\dfrac{2}{5}$  ⑤ $\dfrac{8}{15}$

**150.** 벡터함수

$\vec{F}(x, y, z) = (e^y\cos z,\ xe^y\cos z,\ -xe^y\sin z)$와 점 $(0, 0, 0)$에서 점 $(1, 2, 0)$으로 가는 경로 $C$에 대해 $\int_C \vec{F}(\vec{r}) \cdot d\vec{r}$의 값은?

① $e^{-1}$  ② $e^{-2}$  ③ $e$  ④ $e^2$

중앙대

**151.** $xy$-평면에서 시계 반대 방향의 향을 갖는 단순폐곡선 $C$에 대해 선적분 $\displaystyle\int_C (y^3 - 9y)dx - x^3 dy$의 최댓값은?

① $\dfrac{25}{2}\pi$  ② $9\pi$  ③ $\dfrac{27}{2}\pi$  ④ $\dfrac{45}{2}\pi$

**152.** 곡선 $C$를 원 $x^2 + y^2 = 16$이라 할 때, 다음 선적분 값은?

$$\oint \frac{-y}{(x+1)^2 + 4y^2}dx + \frac{x+1}{(x+1)^2 + 4y^2}dy$$

① $0$  ② $\pi$  ③ $2\pi$  ④ $4\pi$

가천대

**153.** 곡면 $S = \{(x, y, z)\,|\,z = x^2 + y^2, 0 \le z \le 1\}$에 대해 $\displaystyle\iint_S z\,dS$의 값은?

① $\dfrac{\pi}{6}(5\sqrt{5} - 1)$  ② $\dfrac{\pi}{6}(5\sqrt{5} + 1)$

③ $\dfrac{\pi}{60}(25\sqrt{5} - 1)$  ④ $\dfrac{\pi}{60}(25\sqrt{5} + 1)$

인하대

**154.** $S$를 구면 $x^2 + y^2 + z^2 = 1$이라고 할 때, $S$위에서 벡터장 $F = <x^3 + e^{y^2}, 3yz^2 + \sin z, 3y^2 z>$의 유속 $\displaystyle\iint_S F \cdot \hat{n}\,dS$의 값은? ($\hat{n}$은 $S$에서 외부로 향하는 단위법선 벡터이다. 예를 들면, 점 $(0, 0, 1)$에서 $\hat{n}$는 $(0, 0, 1)$이다.)

① $\dfrac{4}{5}\pi$  ② $\dfrac{6}{5}\pi$  ③ $\dfrac{8}{5}\pi$  ④ $2\pi$  ⑤ $\dfrac{12}{5}\pi$

**155.** $S$는 포물면 $z = x^2 + y^2$과 평면 $z = 1$로 둘러싸인 곡면이고 $\vec{F} = \langle 3y, x^2, 2z^2 \rangle$일 때, $\iint_S \vec{F} \cdot d\vec{S}$는? (단, 곡면 $S$의 법선벡터는 곡면의 외부를 향하는 방향이다.)

① $\dfrac{\pi}{3}$     ② $\dfrac{2\pi}{3}$     ③ $\pi$     ④ $\dfrac{4\pi}{3}$

**156.** 원기둥 $y^2 + z^2 = 1$과 두 평면 $x = -1$, $x = 2$으로 둘러싸인 경계 곡면을 $S$라 할 때 $F(x, y, z) = \langle 3xy^2, xe^z, z^3 \rangle$에 대해 $\iint_S F \cdot dS$의 값은?

① $\dfrac{3}{4}\pi$     ② $\dfrac{3}{2}\pi$     ③ $\dfrac{9}{4}\pi$     ④ $\dfrac{9}{2}\pi$

**157.** 벡터장 $F(x, y, z) = (x^2 + ye^z, y^2 + ze^x, x^2 + y^2 + z^2)$과 곡면 $S = \{(x, y, z) \in \mathbb{R}^3 \mid x^2 + y^2 + z^2 = 1, z \geq 0\}$에 대해 면적분 $\iint_S F \cdot dS$의 값은? (단, 곡면 $S$의 향은 위쪽 방향이다.)

① $\dfrac{5\pi}{2}$     ② $\dfrac{3\pi}{2}$     ③ $\dfrac{\pi}{2}$     ④ $\pi$

**158.** 면적분 $\iint_S \vec{F} \cdot \vec{n}\, dS$의 절댓값은? (단, $S$는 반구면 $\{(x, y, z) \in R^3 \mid x^2 + y^2 + z^2 = 1, z \geq 0\}$이고 벡터장 $\vec{F}$는 $\vec{F}(x, y, z) = (x, -2y, z+1)$이며, $\vec{n}$은 곡면 $S$ 위의 단위법선벡터이다.)

① $0$     ② $\pi - \dfrac{1}{2}$     ③ $\pi$     ④ $\pi + \dfrac{1}{2}$

159. 아래 그림과 같이 원기둥면 $x^2+y^2=1$과 평면 $y+z=2$가 교차하는 부분을 $C$라고 하자. (곡선 $C$의 방향은 평면 위에서 봤을 때 반시계 방향이 되도록 정한다.) 이때 선적분 $\oint_c -y^3\,dx+x^3\,dy-z^3\,dz$의 값은?

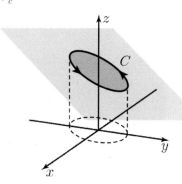

① $\pi$    ② $\sqrt{2}\,\pi$    ③ $\dfrac{3\pi}{2}$    ④ $2\pi$

160. 곡선 $C=\{(x,y,z)|\,(x-1)^2+(y-3)^2=25,\,z=3\}$에 대해 $\displaystyle\int_C -2y\,dx+3x\,dy+10z\,dz$의 값은?

(단, $C$의 방향은 원점에서 볼 때 시계 방향이다.)

① $-250\pi$    ② $-125\pi$    ③ $125\pi$    ④ $250\pi$

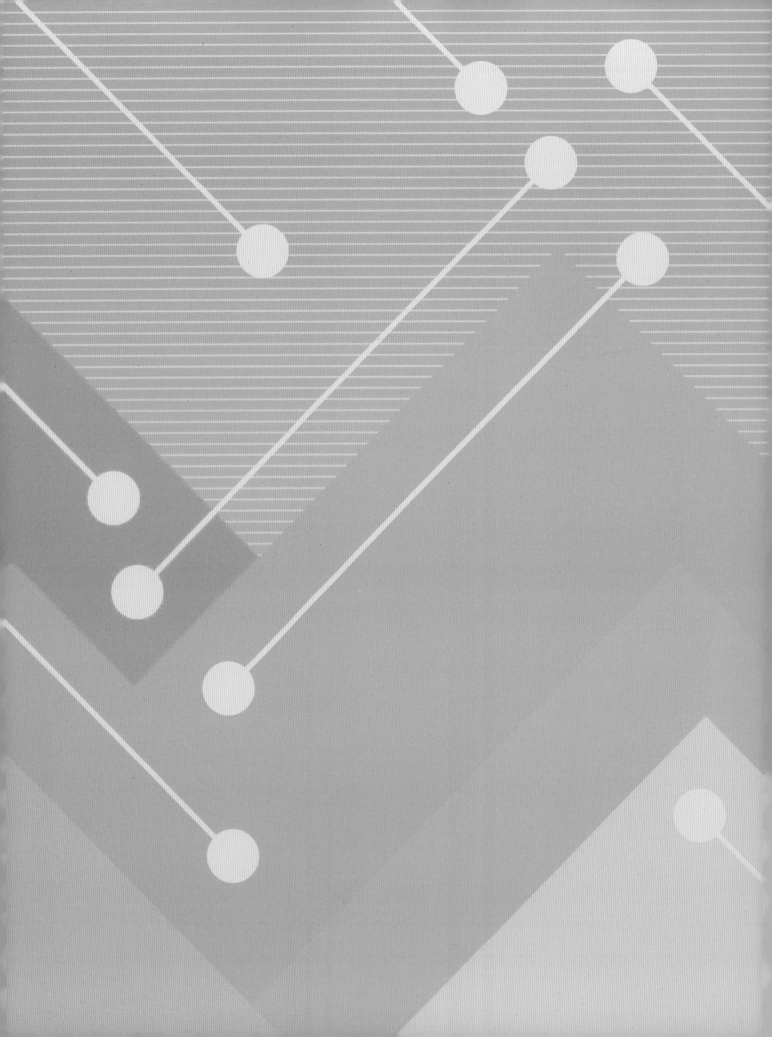

PART 02

# 실전
# 모의고사

1. $\sin^{-1}\left(\dfrac{12}{13}\right) + \sin^{-1}\left(\dfrac{5}{13}\right)$ 의 값은?

   ① $\dfrac{\pi}{6}$　　② $\sin^{-1}\left(\dfrac{7}{13}\right)$　　③ $\dfrac{\pi}{3}$　　④ $\dfrac{\pi}{2}$

2. 〈보기〉 중 옳은 것의 개수는?

   〈보 기〉

   가. $\sinh(-x) = \sinh x$
   나. $\cosh(x-y) = \cosh x \cosh y + \sinh x \sinh y$
   다. $(\sinh x + \cosh x)^5 = \sinh 5x + \cosh 5x$
   라. $\tanh x = \dfrac{1}{3}$ 일 때, $8\sinh 4x$ 의 값은 14이다.

   ① 1개　　② 2개　　③ 3개　　④ 4개

3. 극한 $\displaystyle\lim_{x \to 0} \dfrac{\tan(\sin x) + e^{\sin x} - 1}{\cos(\sin x) + \sin x - 1}$ 의 값은?

   ① $\dfrac{\pi}{2}$　　② 1　　③ 2　　④ 존재하지 않는다.

4. 매개변수 $x = \sec\theta$, $y = \tan\theta$ 일 때 $\dfrac{d^2y}{dx^2}$ 으로 알맞은 것은?

   ① $-\dfrac{1}{y^2}$　　② $\dfrac{1}{y^2}$　　③ $-\dfrac{1}{y^3}$　　④ $\dfrac{1}{y^3}$

**5.** 실수 전체의 집합에서 정의된 함수 $f(x)$가 모든 실수 $x$에 대해 $2x+3 < f(x) < 2x+7$을 만족시킬 때, $\lim\limits_{x \to \infty} \dfrac{\{f(x)\}^3}{x^3+1}$ 의 값은?

① 7　　② 8　　③ 9　　④ 10

**6.** 함수 $f(x) = \displaystyle\int_1^x \sqrt{1+t^3}\,dt$의 역함수를 $f^{-1}(x)$라 할 때, $(f^{-1})'(0)$의 값은?

① $\dfrac{1}{\sqrt{2}}$　　② 1　　③ $\sqrt{2}$　　④ 2

**7.** $\displaystyle\int_0^\infty \dfrac{x^8}{(1+x^6)^2}\,dx$ 의 값은?

① $\dfrac{\pi}{12}$　　② $\dfrac{\pi}{4}$　　③ $\dfrac{\pi}{2}$　　④ 1

**8.** $f(x)$가 모든 실수에서 연속이고, $x \neq 0$인 $x$에 대해 $f(x) = \left(e^{-2x}+x^2\right)^{\frac{1}{x}}$일 때, $f(0)$의 값은?

① $e^{-4}$　　② $e^{-2}$　　③ 0　　④ $e$

9. 다음 극한값 중 가장 큰 값은?

① $\lim_{x \to \infty} \left(1 + \dfrac{3}{x} + \dfrac{5}{x^2}\right)^x$  ② $\lim_{x \to \frac{\pi}{2}} \sec x - \tan x$

③ $\lim_{x \to \frac{\pi}{2}^+} (\sin x)^{\tan x}$  ④ $\lim_{x \to \infty} \dfrac{\ln(\ln x)}{\ln x}$

11. 극한 $\lim_{x \to 0} \dfrac{\sin x - x + \dfrac{x^3}{3!}}{x^5}$ 의 값은?

① $\dfrac{1}{3!}$   ② $-\dfrac{1}{3!}$   ③ $\dfrac{1}{5!}$   ④ $-\dfrac{1}{5!}$

10. 구간 $0 \le x \le \pi$에서 정의된 두 곡선 $y = \sin x + 2$와 $y = -\sin x + 2$로 둘러싸인 부분을 $x$축으로 회전시킬 때 생기는 회전체의 부피는?

① $8\pi$   ② $12\pi$   ③ $16\pi$   ④ $20\pi$

12. 〈보기〉 중 수렴하는 것의 개수는?

〈보 기〉

가. $\displaystyle\int_0^\infty \dfrac{x}{\sqrt{x^2 + x + 4}}\,dx$

나. $\displaystyle\int_0^\infty \dfrac{1}{x^2 + 2x + 5}\,dx$

다. $\displaystyle\int_{-2}^2 \dfrac{1}{x^2}\,dx$

라. $\displaystyle\int_1^3 \dfrac{1}{(x-2)^4}\,dx$

① 1개   ② 2개   ③ 3개   ④ 4개

**13.** 〈보기〉의 함수 중 $x=0$에서 미분가능한 함수는?

〈보 기〉

가. $f(x) = |x|\sinh x$

나. $g(x) = \begin{cases} \dfrac{\tan^2 x}{x}, & x \neq 0 \\ 0, & x = 0 \end{cases}$

다. $h(x) = \begin{cases} x^2, & x < 0 \\ -x^3, & x \geq 0 \end{cases}$

① (가), (나)  ② (가), (다)
③ (나), (다)  ④ (가), (나), (다)

**14.** 정적분 $\displaystyle\int_0^{\sqrt{3}} \dfrac{x}{x^4 + 4x^2 + 3} dx$ 의 값은?

① $\dfrac{2\sqrt{3}}{3}$  ② $\dfrac{1}{3}$  ③ $\dfrac{1}{4}\ln 2$  ④ $\ln 2$

**15.** 다음 극한의 값은?

$$\lim_{n \to \infty} \left\{ \frac{\ln(n+2) - \ln n}{n+2} + \frac{\ln(n+4) - \ln n}{n+4} + \cdots + \frac{\ln(3n) - \ln n}{3n} \right\}$$

① $(\ln 3)^2$  ② $\dfrac{1}{2}(\ln 3)^2$  ③ $\dfrac{1}{3}(\ln 3)^2$  ④ $\dfrac{1}{4}(\ln 3)^2$

**16.** 급수 $\dfrac{1}{1!} - \dfrac{1}{2!} + \dfrac{1}{3!} - \dfrac{1}{4!} + \dfrac{1}{5!} - \cdots$ 의 값은?

① $1 + \dfrac{1}{e}$  ② $\dfrac{1}{e}$  ③ $-\dfrac{1}{e}$  ④ $1 - \dfrac{1}{e}$

17. 곡선 $y = x\sqrt{x^3+1}$ 과 직선 $x = 2$ 와 $x$-축으로 둘러싸인 영역을 $y$-축을 중심으로 회전시켜 얻은 입체의 부피는?

① $\dfrac{85}{3}\pi$    ② $\dfrac{46}{5}\pi$    ③ $\dfrac{89}{7}\pi$    ④ $\dfrac{104}{9}\pi$

18. 함수 $y = x\sqrt{4-x^2}$ 의 구간 $[-1, 2]$에서 최댓값과 최솟값의 합은?

① $2-\sqrt{3}$    ② $0$    ③ $2+\sqrt{3}$    ④ $2$

19. 적분 $\displaystyle\int_0^{\frac{\pi}{2}} \frac{\sin^n x}{\sin^n x + \cos^n x}\,dx$ 의 값은?

① $\dfrac{\pi}{3}$    ② $\dfrac{\pi}{2}$    ③ $\dfrac{\pi}{6}$    ④ $\dfrac{\pi}{4}$

20. 곡선 $r^2 = 2a^2\cos 2\theta$ 의 내부에 있고, $r = a$ 의 외부에 있는 부분의 면적은?

① $\left(\sqrt{3}-\dfrac{\pi}{2}\right)a^2$    ② $\left(\sqrt{3}-\dfrac{\pi}{3}\right)a^2$

③ $\left(\sqrt{2}-\dfrac{\pi}{2}\right)a^2$    ④ $\left(\sqrt{2}-\dfrac{\pi}{3}\right)a^2$

21. 〈보기〉에 있는 무한급수 중 수렴하는 것을 모두 고르면?

〈보 기〉

ㄱ. $\displaystyle\sum_{k=1}^{\infty} \frac{k^k}{k!2^k}$  ㄴ. $\displaystyle\sum_{k=1}^{\infty} \frac{k^k}{k!4^k}$

ㄷ. $\displaystyle\sum_{n=2}^{\infty} (-1)^n \frac{\ln n}{\sqrt{n}}$  ㄹ. $\displaystyle\sum_{n=0}^{\infty} \frac{(5n+1)^{6n}}{(6n+1)^{5n}}$

① ㄱ, ㄴ  ② ㄱ, ㄹ  ③ ㄴ, ㄷ  ④ ㄷ, ㄹ

22. 함수 $f(x) = e^{-x}(\sin x + \cos x)$, $(x > 0)$ 의 극댓값을 큰 것부터 차례로 $a_1, a_2, a_3, \cdots$ 이라 할 때, $\displaystyle\sum_{n=1}^{\infty} a_n$ 의 값은?

① $\dfrac{1}{e^\pi - 1}$  ② $\dfrac{1}{e^\pi + 1}$  ③ $\dfrac{1}{e^{2\pi} - 1}$  ④ $\dfrac{1}{e^{2\pi} + 1}$

23. 구간 $[0, 10]$ 에서 미분가능한 함수 $f(x)$ 의 도함수가 $3 \leq f'(x) \leq 5$ 를 만족한다. 이때, 두 함숫값의 차 $f(8) - f(3)$ 의 범위를 구하시오.

24. 급수 $f(x) = \displaystyle\sum_{n=1}^{\infty} \frac{(x^2 + 6x + 7)^n}{2^n}$ 의 정의구역을 구하시오.

25. 다음 $(x^2 + y^2)^2 = x^2 - y^2$ 으로 둘러싸인 도형의 넓이를 구하시오.

MEMO

1. $\lim\limits_{x \to 0} \dfrac{\sqrt{1+\tan x} - \sqrt{1+\sin x}}{3x^3}$ 의 값은?

① $\dfrac{1}{4}$  　② $\dfrac{1}{3}$  　③ $\dfrac{1}{6}$  　④ $\dfrac{1}{12}$

2. 다음 극곡선 중 둘레의 길이가 가장 작은 것은?

① $r = 2$  
② $r = \sin\theta + \cos\theta$  
③ $r = 5\cos^2\dfrac{\theta}{2} - 5\sin^2\dfrac{\theta}{2}$  
④ $r = 3\sin\theta$

3. 〈보기〉에서 옳은 것의 개수는?

〈보 기〉

가. 함수 $f(x)$ 가 모든 실수에서 미분가능하면 $f'(x)$ 은 연속함수이다.

나. $f(x)$ 가 $x = a$ 에서 극값을 가지면 $f'(a) = 0$ 이다

다. $f(x) = \begin{cases} 1, & x \in \text{유리수} \\ 0, & x \in \text{무리수} \end{cases}$ 는 $x = 0$ 에서 연속이다.

라. 함수 $f(x)$ 가 개구간 $(a, b)$ 에서 연속일 때 구간 $(a, b)$ 에서 최댓값과 최솟값을 가진다.

① 0  　② 1  　③ 2  　④ 3

4. 구간 $[-\pi, \pi]$ 에서 $y = \dfrac{\cos x}{2 + \sin x}$ 의 최댓값과 최솟값의 합은?

① $\dfrac{1}{2}$  　② $\dfrac{1}{\sqrt{3}} - \dfrac{1}{2}$  　③ 0  　④ $\dfrac{1}{\sqrt{3}}$

**5.** $f(x) = \begin{cases} x^n \sin\left(\dfrac{1}{x}\right), & x \neq 0 \\ 0, & x = 0 \end{cases}$ 에 대해

( i ) $x = 0$에서 $f(x)$가 연속이 되기 위한 $n$의 범위는
$n > a$

(ii) $x = 0$에서 $f(x)$가 미분가능하기 위한 $n$의 범위는
$n > b$

(iii) $x = 0$에서 $f'(x)$가 연속이 되기 위한 $n$의 범위는
$n > c$

각 ( i ), (ii), (iii)을 만족하는 $a$, $b$, $c$의 최솟값에 대해
$3a + 2b + c$의 값은?

① 6        ② 5        ③ 4        ④ 3

**6.** 매개방정식 $x = 1 + \ln t$, $y = t^2 + 2$ 위의 점 $(1, 3)$에서
$\dfrac{d^2 y}{dx^2}$ 의 값은?

① 0        ② 4        ③ $-4$        ④ 2

**7.** 정적분 $\displaystyle\int_0^{\frac{1}{\sqrt{2}}} \frac{3x + 2}{\sqrt{1 - x^2}}\, dx$의 값은?

① $-3 + \dfrac{3}{2}\sqrt{2} + \dfrac{\pi}{2}$        ② $-3 - \dfrac{3}{2}\sqrt{2} + \dfrac{\pi}{2}$

③ $3 + \dfrac{3}{2}\sqrt{2} + \dfrac{\pi}{2}$        ④ $3 - \dfrac{3}{2}\sqrt{2} + \dfrac{\pi}{2}$

**8.** 정적분 $\displaystyle\int_{-\pi}^{\pi} x^4 \sin^3 x + \sin^4 x\, dx$의 값은?

① $\dfrac{3}{4}\pi$        ② $\dfrac{3}{2}\pi$        ③ $\dfrac{3}{8}\pi$        ④ 0

**9.** 곡선 $y = \ln(\cos x)$ $\left(0 \leq x \leq \dfrac{\pi}{3}\right)$의 길이는?

① $\sinh^{-1}\sqrt{3}$　　　　② $\cosh^{-1}\sqrt{3}$

③ $\ln(1+\sqrt{3})$　　　　④ $\ln(1-\sqrt{3})$

**11.** 무한급수 $\displaystyle\sum_{n=0}^{\infty} \dfrac{n+3}{n!}$ 의 값은?

① $2e$　　　② $3e$　　　③ $4e$　　　④ $5e$

**10.** 타원 $\dfrac{x^2}{4} + y^2 = 1$을 $x$축에 대해 회전시킬 때 생기는 곡면을 타원면이라 한다. 이 타원면의 넓이는?

① $2\pi\left(1 + \dfrac{4\pi}{3}\right)$　　　　② $2\pi\left(1 + \dfrac{4\pi}{3\sqrt{3}}\right)$

③ $2\pi\left(1 + \dfrac{4\pi}{\sqrt{3}}\right)$　　　　④ $2\pi\left(1 + \dfrac{4\pi}{9}\right)$

**12.** 〈보기〉 중 수렴하는 것의 개수는?

〈보 기〉

가. $\displaystyle\sum_{n=1}^{\infty} (-1)^n \dfrac{\ln n}{n}$　　　나. $\displaystyle\sum_{n=1}^{\infty} \dfrac{1}{n!}$

다. $\displaystyle\sum_{n=1}^{\infty} \sqrt{n\sin\left(\dfrac{1}{n^4}\right)}$　　　라. $\displaystyle\sum_{n=1}^{\infty} \left(\dfrac{n}{1+n}\right)^n$

① 1개　　　② 2개　　　③ 3개　　　④ 4개

**13.** 〈보기〉의 이상적분 중 발산하는 것의 개수는?

〈보 기〉

가. $\displaystyle\int_0^1 (\ln x)^5 dx$  　　나. $\displaystyle\int_0^1 \frac{1}{\sin x} dx$

다. $\displaystyle\int_0^\infty e^{-x^2} dx$  　　라. $\displaystyle\int_0^1 \frac{e^x}{\sqrt{x}} dx$

① 4개　　　② 3개　　　③ 2개　　　④ 1개

**14.** 두 직선
$$\begin{cases} l : x=1+t,\; y=1+6t,\; z=2t \\ m : x=1+2s,\; y=5+15s,\; z=-2+6s \end{cases}$$
사이의 거리는?

① 3　　　② 2　　　③ $\dfrac{2}{7}$　　　④ $\dfrac{3}{7}$

**15.** 일차방정식 $\begin{cases} 2x+y+7z=b_1 \\ 6x-2y+11z=b_2 \\ 2x-y+3z=b_3 \end{cases}$ 가 해를 가지지 않는 $\begin{pmatrix} b_1 \\ b_2 \\ b_3 \end{pmatrix}$ 을 고르면?

① $\begin{pmatrix} 2 \\ 1 \\ 3 \end{pmatrix}$　　② $\begin{pmatrix} -5 \\ 0 \\ 1 \end{pmatrix}$　　③ $\begin{pmatrix} -1 \\ 2 \\ 1 \end{pmatrix}$　　④ $\begin{pmatrix} 2 \\ 1 \\ 0 \end{pmatrix}$

**16.** 크기가 $2\times 2$인 행렬 $A$가 $tr(A)=3$, $tr(A^2)=11$을 만족할 때, $\det(-A^3)$의 값은?

① $\dfrac{27}{8}$　　② 1　　③ $-1$　　④ $-\dfrac{27}{8}$

17. 선형변환 $T : M_{2 \times 2}(R) \rightarrow M_{2 \times 2}(R)$를
$T\left(\begin{bmatrix} a\ b \\ c\ d \end{bmatrix}\right) = \begin{bmatrix} a+b & b+c \\ a+d & b+d \end{bmatrix}$ 로 정의할 때 표현행렬의 모든 성분의 합은?

① 7      ② 8      ③ 9      ④ 10

18. 선형변환 $L : R^5 \rightarrow R^4$를
$$T\left(\begin{bmatrix} u_1 \\ u_2 \\ u_3 \\ u_4 \\ u_5 \end{bmatrix}\right) = \begin{bmatrix} 1 & 0 & -1 & 3 & -1 \\ 1 & 0 & 0 & 2 & -1 \\ 2 & 0 & -1 & 5 & -1 \\ 0 & 0 & -1 & 1 & 0 \end{bmatrix} \begin{bmatrix} u_1 \\ u_2 \\ u_3 \\ u_5 \\ u_5 \end{bmatrix}$$ 로 정의할 때
$\dim(\ker L) = a$, $\dim(Im L) = b$라고 하자.
$2b - a$의 값은?

① $-2$      ② 7      ③ 1      ④ 4

19. $x^2 + y^2 + z^2 = 1$일 때,
$f(x, y, z) = x^2 + y^2 + 2z^2 - 2xy + 4xz + 4yz$의 최댓값은?

① 4      ② 2      ③ $-2$      ④ 3

20. 평면 $3x - y + 4z = 1$에 대해 점 $P(2, -1, 5)$의 대칭점을 $(a, b, c)$라고 할 때 $a - b + 2c$의 값은?

① 12      ② 11      ③ $-11$      ④ $-12$

**21.** $R^3$의 벡터 $(1,0,1), (1,1,0), (0,-1,1)$로 생성되는 $R^3$의 부분공간을 $V$라 할 때 $V^\perp$의 기저가 될 수 있는 것은?

① $(2, 2, -2)$      ② $(2, -2, -2)$

③ $(2, 2, 2)$      ④ $(-2, -2, 2)$

**22.** $n \times n$ 정방행렬 $A$와 $X \in R^n$에 대해 〈보기〉중 동치관계가 아닌 것을 고르면?

〈보 기〉

가. $rank(AA^T) < n$

나. 선형변환 $T: R^n \to R^n$에서 $T(X) = AX$로 정의되는 함수 $T$는 단사함수이다.

다. $\det(A) \neq 0$

라. 연립방정식 $AX = b$ 의 해 $X$는 유일하다.

(단 $b \in R^n$)

① 가      ② 나      ③ 다      ④ 라

**23.** $\det A = 3$이고, $\det(adjA) = 243$을 만족하는 $n \times n$ 행렬 $A$에 대해 $n$의 값은?

① 3      ② 4      ③ 5      ④ 6

**24.** $A = \begin{pmatrix} \frac{2}{3} & -\frac{2}{3} & \frac{1}{3} \\ \frac{2}{3} & \frac{1}{3} & -\frac{2}{3} \\ \frac{1}{3} & \frac{2}{3} & \frac{2}{3} \end{pmatrix}$, $v = \begin{pmatrix} 4 \\ 7 \\ 2 \end{pmatrix}$, $w = \begin{pmatrix} 2 \\ 8 \\ 1 \end{pmatrix}$ 에 대해

$Av \cdot Aw$의 값을 구하시오.

**25.** $A = \begin{bmatrix} 1 & a & 5 \\ 0 & 1 & 7 \\ 0 & 0 & 3 \end{bmatrix}$ 이 대각화가능한 $a$의 값을 구하시오.

MEMO

1. $\tan\left(\cos^{-1}\dfrac{1}{\sqrt{6}}\right) + \sin\left(\cos^{-1}\dfrac{1}{\sqrt{5}}\right)$ 의 값은?

   ① $\sqrt{5}$  ② $\dfrac{6\sqrt{5}}{5}$  ③ $\dfrac{7\sqrt{5}}{5}$  ④ $\dfrac{8\sqrt{5}}{5}$

2. $f(x) = \dfrac{(x^2+1)^4}{(2x+1)^3(3x-1)^5}$ 일 때 $f'(1)$의 값은?

   ① $-\dfrac{11}{108}$  ② $-\dfrac{33}{64}$  ③ $\dfrac{11}{108}$  ④ $\dfrac{33}{64}$

3. 극한 $\displaystyle\lim_{x\to\infty}\left[x - x^2\ln\left(\dfrac{1+x}{x}\right)\right]$ 의 값은?

   ① $1$  ② $\dfrac{1}{2}$  ③ $e$  ④ $\dfrac{1}{e}$

4. 방정식 $x^2 - 2x - 2 = 0$을 초기값 $x_1 = 3$으로 하여 뉴턴근사법으로 근을 구할 때 두 번째 근삿값 $x_2$의 값은?

   ① 2.75  ② 2.74  ③ 2.73  ④ 2.72

**5.** 곡선 $r = 3(1+\sin\theta)$, $\left(\dfrac{\pi}{2} \le \theta \le \dfrac{3\pi}{2}\right)$의 길이는?

① 9      ② 12      ③ 18      ④ 24

**7.** 〈보기〉중 수렴하는 것의 개수는?

〈보 기〉

가. $\displaystyle\sum_{n=1}^{\infty} \ln\left(1 + \frac{1}{\sqrt{n}}\right)$      나. $\displaystyle\sum_{n=1}^{\infty} \frac{\tan^{-1} n}{n^{1.2}}$

다. $\displaystyle\sum_{n=0}^{\infty} \frac{\sin\left(n + \frac{1}{2}\right)\pi}{1 + \sqrt{n}}$      라. $\displaystyle\sum_{n=1}^{\infty} \frac{2^{n^2}}{n!}$

마. $\displaystyle\sum_{n=1}^{\infty} \frac{\tan^{-1}\left(\frac{1}{n}\right)}{n}$

① 1개      ② 2개      ③ 3개      ④ 4개

**6.** $f$, $g$가 각각 다음과 같이 정의될 때, $g''\left(\dfrac{\pi}{6}\right)$의 값은?

$$f(x) = \int_0^{\sin x} \sqrt{1+t^2}\, dt,\; g(y) = \int_0^y f(x)\, dx$$

① $\dfrac{\sqrt{7}}{2}$      ② $\dfrac{\sqrt{7}}{4}$      ③ $\dfrac{\sqrt{15}}{2}$      ④ $\dfrac{\sqrt{15}}{4}$

**8.** 곡선 $y = \sqrt{x-1}$ $(1 \le x \le 3)$을 $x$축을 중심으로 회전하여 얻은 입체의 표면적은?

① $\dfrac{10}{3}\pi$      ② $\dfrac{13}{3}\pi$      ③ $\dfrac{16}{3}\pi$      ④ $\dfrac{19}{3}\pi$

9. 다음 급수 $\displaystyle\sum_{n=1}^{\infty} \frac{n^2 x^n}{2 \cdot 4 \cdot 6 \cdot \cdots \cdot (2n)}$ 의 수렴구간은?

① $(-1, 1)$        ② $\left(-\dfrac{1}{2}, \dfrac{1}{2}\right)$

③ $(-\infty, \infty)$      ④ $0$

11. $f(x, y) = x(x^2 + y^2)^{-\frac{3}{2}} e^{\sin(x^2 y)}$ 일 때, $f_x(1, 0)$ 의 값은?

① $1$      ② $0$      ③ $-1$      ④ $-2$

10. $\displaystyle\int ec^n x\, dx = A(n)\tan x\, \sec^{n-2} x + B(n)\int \sec^{n-2} x\, dx$ 라 할 때 $A(2018) + B(2018)$ 의 값은? (단, $n \neq 1$)

① $0$      ② $1$      ③ $1009$      ④ $2018$

12. 두 곡면 $x^2 + y^2 = 25$와 $y^2 + z^2 = 20$의 교선 위의 점 $(3, 4, 2)$에서 접선의 방정식은?

① $\dfrac{x-3}{4} = \dfrac{y-4}{3} = \dfrac{z-2}{6}$

② $\dfrac{x-3}{4} = \dfrac{y-4}{-3} = \dfrac{z-2}{6}$

③ $\dfrac{x-3}{4} = \dfrac{y-4}{-3} = \dfrac{z-2}{-6}$

④ $\dfrac{x-3}{-4} = \dfrac{y-4}{-3} = \dfrac{z-2}{6}$

13. $f(x, y)$는 미분가능한 함수이고,

$g(u, v) = f(e^u + \sin v, \ e^u + \cos v)$라 할 때, 아래 표를 이용하여 $g_u(0, 0) + g_v(0, 0)$의 값을 구하면?

|        | $f$ | $g$ | $f_x$ | $f_y$ |
|--------|-----|-----|-------|-------|
| $(0, 0)$ | 3   | 6   | 4     | 8     |
| $(1, 2)$ | 6   | 3   | 2     | 5     |

① 16          ② 11          ③ 9          ④ 7

14. 매개변수로 정의되는 곡선

$x(t) = \int_0^t \sin\left(\frac{1}{2}\pi\theta^2\right)d\theta, \ y(t) = \int_0^t \cos\left(\frac{1}{2}\pi\theta^2\right)d\theta$에 대해 곡률을 $\kappa(t)$라 할 때 $\kappa(1)$은?

① $4\pi$          ② $3\pi$          ③ $2\pi$          ④ $\pi$

15. 공간의 어떤 영역에서 전위(전기 포텐셜) $V$가

$V(x, y, z) = 5x^2 - 3xy + xyz$라고 하자.

$P = (-1, 1, 5)$에서 $V$가 가장 빨리 증가하는 방향은?

① $< -7, \ -2, \ -1 >$

② $< 8, \ 2, \ 1 >$

③ $< -8, \ -2, \ -1 >$

④ $< 7, \ 2, \ 1 >$

16. 다음 중 극한값이 존재하는 것의 개수는?

가. $\displaystyle \lim_{(x, y) \to (0, 0)} \frac{y^2\sin^2 x}{x^4 + y^4}$

나. $\displaystyle \lim_{(x, y) \to (1, 0)} \frac{xy - y}{x^2 + 1 + y^2 - 2x}$

다. $\displaystyle \lim_{(x, y, z) \to (0, 0, 0)} \frac{xy + yz}{x^2 + y^2 + z^2}$

라. $\displaystyle \lim_{(x, y) \to (0, 0)} \frac{2xy}{x^2 + 2y^2}$

① 0개          ② 1개          ③ 2개          ④ 3개

**17.** 함수 $f(x, y) = x^4 + y^4 - 4xy$의 극점과 극값이 맞게 연결되어 있는 것은?

① $(0, 0)$, 극솟값 $0$      ② $(1, -1)$, 극댓값 $6$

③ $(1, 1)$, 극솟값 $-2$      ④ $(-1, -1)$, 극댓값 $-2$

**18.** $E = \{(x, y, z) \mid x^2 + y^2 + z^2 \leq 9, \; y \geq 0\}$일 때, $\iiint_E y^2 \, dV$의 값은?

① $\dfrac{324}{5}\pi$    ② $\dfrac{162}{5}\pi$    ③ $\dfrac{52}{5}\pi$    ④ $0$

**19.** 영역 $R$은 $xy = 1$, $xy = 2$, $xy^2 = 1$, $xy^2 = 2$로 둘러싸인 영역이다. $\iint_R y^2 \, dA$의 값은?

① $1$    ② $\dfrac{1}{4}$    ③ $\dfrac{1}{2}$    ④ $\dfrac{3}{4}$

**20.** $C$가 $r(t) = \cos t \, i + 2 \sin t \, j \left( 0 \leq t \leq \dfrac{\pi}{2} \right)$에 의해 주어질 때, $F(x, y) = (1 + xy)e^{xy} i + x^2 e^{xy} j$에 대한 $\int_C F \cdot dr$의 값은?

① $2$    ② $1$    ③ $0$    ④ $-1$

21. 영역 $D = \{(x, y) \mid (x-1)^2 + y^2 \leq 1, \, y \geq x\}$ 라 할 때, 이중적분 $\iint_D 2y \, dA$의 값은?

① $\dfrac{1}{5}$  ② $\dfrac{1}{3}$  ③ $\dfrac{1}{2}$  ④ $1$

22. $C$가 $x^2 + y^2 = 4$을 만족하는 시계 방향의 원일 때 $\oint_C y^3 dx - x^3 dy$의 값은?

① $24\pi$  ② $-24\pi$  ③ $48\pi$  ④ $-48\pi$

23. 한 변이 $x$축에 놓여있고 다른 두 꼭짓점은 $x$축 위의 포물선 $y = 6 - x^2$에 놓여있는 직사각형 중 최대 넓이를 구하시오.

24. 곡선 $r(t) = \ <2\cos t, \, 2\sin t, \, e^t> \ (0 \leq t \leq \pi)$에서 접선이 평면 $\sqrt{3}\,x + y = 1$과 평행하게 되는 점을 $(a, \, b, \, c)$라고 할 때, $\sqrt{3}\,a - 3b + c$의 값을 구하시오.

25. $F(x, \, y, \, z) = yj + zk$, $S$는 포물면 $y = x^2 + z^2$과 평면 $y = 1$로 둘러싸인 곡면일 때, $\iint_S F \cdot dS$의 값을 구하시오.

MEMO

1. $y = \dfrac{x}{2 + \dfrac{x}{2 + \dfrac{x}{\cdots}}}$ 일 때, $\dfrac{dy}{dx}$ 는?

① $2y$　　② $2y+2$　　③ $\dfrac{1}{y+1}$　　④ $\dfrac{1}{2y+2}$

2. $f(x,y) = \sqrt[3]{x^3 + 8y^3}$ 일 때, $f_x(0,0) + f_y(0,0)$ 의 값은?

① $0$　　　　② $1$　　　　③ $2$　　　　④ $3$

3. 행렬 $A = \begin{bmatrix} 1 & 1 & x \\ 1 & x & 1 \\ x & 1 & 1 \end{bmatrix}$ 의 계수가 2가 되도록 하는 $x$ 의 값은?

① $-2$　　　② $0$　　　③ $1$　　　④ $1, -2$

4. $\dfrac{1}{3!} + \dfrac{3}{4!} + \dfrac{3^2}{5!} + \dfrac{3^3}{6!} + \cdots$ 의 값은?

① $e^3 - 17$　　　　　　② $e^3 - \dfrac{17}{2}$

③ $\dfrac{1}{54}\left(2e^3 - 17\right)$　　　　④ $\dfrac{1}{27}\left(2e^3 - 17\right)$

5. $y = e^x, y = x, x = 0, x = 1$로 둘러싸인 영역을 $x$축을 축으로 회전하여 얻은 입체의 부피는?

① $\pi\left(\dfrac{1}{2}e^2 + \dfrac{5}{6}\right)$ 　　　② $\pi\left(\dfrac{1}{2}e^2 - \dfrac{5}{6}\right)$

③ $\dfrac{\pi}{2}\left(\dfrac{1}{2}e^2 + \dfrac{5}{6}\right)$ 　　　④ $\dfrac{\pi}{2}\left(\dfrac{1}{2}e^2 - \dfrac{5}{6}\right)$

6. 함수 $f(x)$가 $f(x) = x^2 - 2x + \displaystyle\int_0^1 t f(t)\, dt$를 만족시킬 때, $f(3)$의 값은?

① $\dfrac{13}{6}$ 　② $\dfrac{5}{6}$ 　③ $-\dfrac{5}{6}$ 　④ $-\dfrac{13}{6}$

7. 행렬 $A = \begin{pmatrix} 3 & -2 & 0 \\ -2 & 3 & 0 \\ 0 & 0 & 5 \end{pmatrix}$에 대한 설명 중 틀린 것은?

① 행렬 $A$의 고유치는 $1$, $5$이다.

② 행렬 $A^2$의 대각성분의 합은 $51$이다.

③ 행렬 $A$는 대각화가능하지 않다.

④ 행렬 $A$는 일차독립인 고유벡터를 3개 갖는다.

8. 질점이 $(-2, 0)$에서부터 $x$축을 따라 $(2,0)$까지 움직이고 반원 $y = \sqrt{4 - x^2}$을 따라 처음으로 돌아온다. 질점이 움직일 때, 힘 $F(x, y) = \langle x, x^3 + 3xy^2 \rangle$이 하는 일은?

① $-12\pi$ 　② $12\pi$ 　　③ $-24\pi$ 　　④ $24\pi$

**9.** 다음 중 발산하는 것의 개수는?

ㄱ. $\displaystyle\sum_{n=1}^{\infty} \frac{n!10^n n!}{(2n)!}$    ㄴ. $\displaystyle\sum_{n=1}^{\infty} \frac{(n+3)!}{3!n!3^n}$

ㄷ. $\displaystyle\sum_{n=1}^{\infty} \frac{n^n}{2^{(n^2)}}$

ㄹ. $\displaystyle\sum_{n=1}^{\infty}\left(\sin\frac{1}{2n} - \sin\frac{1}{2n+1}\right)$

① 0　　　② 1　　　③ 2　　　④ 3

**10.** 3차원 벡터 $a, b, c$에 대해 다음 중 옳지 않은 것은?

① $(a+b)\times(a-b) = -2a\times b$

② $(a+b)\cdot\{(b+c)\times(c+a)\} = 2c\cdot(b\times c)$

③ $a\times(b\times c) = (a\cdot c)b - (a\cdot b)c$

④ $(a\times b)\times(b\times c) = \{(a\times b)\cdot c\}b$

**11.** 다음 중 적분값이 나머지 셋과 다른 하나는?

① $\displaystyle\int_0^{\infty} x^2 e^{-x}dx$    ② $\displaystyle\int_0^1 (\ln x)^2 dx$

③ $\displaystyle\int_1^{\infty} \frac{\ln x}{x^2}dx$    ④ $\displaystyle\int_0^{\infty} e^{-\sqrt{x}}dx$

**12.** 포물면 $z = x^2 + y^2$안에 놓여 있는 구면 $x^2 + y^2 + z^2 = 4z$의 부분의 넓이는?

① $2\pi$　　　② $4\pi$　　　③ $6\pi$　　　④ $8\pi$

**13.** 점 $(1, 1, 1)$에서 세 점 $(2, 2, 2)$, $(6, 1, 3)$, $(-2, 4, 6)$ 에 이르는 직선을 세 변으로 갖는 평행육면체의 부피는?

① $\dfrac{11}{3}$　　　② 11　　③ 22　　④ 44

**15.** 행벡터 $u^T = \left( \dfrac{1}{\sqrt{2}}, \dfrac{1}{\sqrt{3}}, \dfrac{1}{\sqrt{6}} \right)$에 대해 행렬 $A \in R^{3 \times 3}$를 $A = I - 2uu^t$로 정의할 때, 벡터 $A\begin{pmatrix} 6 \\ 8 \\ 0 \end{pmatrix}$의 크기는?

① 12　　　② 10　　③ 8　　　④ 6

**14.** $E$ 는 $x = 0$, $y = 0$, $z = 0$, $x+y+z=1$에 유계된 정사면체이다. 밀도함수 $\rho(x,y,z) = y$를 갖는 입체 $E$ 의 질량은?

① $\dfrac{1}{24}$　　② $\dfrac{1}{12}$　　③ $\dfrac{1}{6}$　　④ $\dfrac{1}{4}$

**16.** 좌표공간의 두 점 $P(2,3,1)$, $Q(4,8,0)$를 지나는 직선 $\overleftrightarrow{PQ}$ 가 있다. 이 직선에서 점 $A(1,0,4)$까지의 거리가 최소가 되는 $\overleftrightarrow{PQ}$ 위의 한 점을 $H(a,b,c)$라 할 때, $a+b+c$의 값은?

① $\dfrac{2}{3}$　　　② 1　　③ 2　　　④ $\dfrac{7}{3}$

**17.** 두 곡면 $-x^2-y^2+z^2=1$과 평면 $z=2$로 둘러싸인 입체의 부피는?

① $\dfrac{\pi}{4}$  ② $\dfrac{3\pi}{4}$  ③ $\dfrac{4\pi}{3}$  ④ $\dfrac{8\pi}{3}$

**19.** 매개변수곡면 $r(u,v)=(u-v)i+3u^2j+(u+v)k$가 $(1,3,-3)$에서의 접평면의 방정식은?

① $3x+y+3z=-3$  ② $3x+y-3z=15$

③ $3x-y-3z=9$  ④ $3x-y+3z=-9$

**18.** 행렬 $A=\begin{pmatrix} 3 & -2 & 0 \\ -2 & 3 & 0 \\ 0 & 0 & 5 \end{pmatrix}$의 최소다항식을 $g(x)$라고 할 때, $g'(1)$의 값은?

① $0$  ② $1$  ③ $6$  ④ $-4$

**20.** 곡선 $xy=1$, $xy=2$, $xy^2=1$, $xy^2=2$로 둘러싸인 영역을 $R$이라고 할 때, $\displaystyle\iint_R y^2 dA$의 값은?

① $\dfrac{2}{3}$  ② $\dfrac{2}{5}$  ③ $\dfrac{3}{5}$  ④ $\dfrac{3}{4}$

**21.** 점 $(0,2)$에서 함수 $f(x,y) = ye^{-xy}$의 방향도함수값이 1이 되는 방향은?

① $\langle -4, 1 \rangle$　　　② $\langle 4, -1 \rangle$

③ $\langle -8, -15 \rangle$　　　④ $\langle 15, -8 \rangle$

**22.** 벡터공간 $R^2$의 순서기저 $\alpha = \{(1,0),(1,1)\}$과 벡터공간 $R^3$의 순서기저 $\beta = \{(1,0,0),(1,1,0),(0,1,1)\}$이 주어져 있다. 선형변환 $L : R^2 \to R^3$의 $\alpha, \beta$에 대응하는 행렬이 $[L]_\alpha^\beta = \begin{pmatrix} -1 & 2 \\ 2 & 0 \\ 3 & -4 \end{pmatrix}$이라 할 때, $L(2,-1)$은?

① $(1, 19, 13)$　　　② $(1, 9, -3)$

③ $(3, -9, 23)$　　　④ $(3, 19, 22)$

**23.** $2 \times 2$ 행렬 전체집합이 이루는 벡터공간을 $M_{22}$라 하고, $T : M_{22} \to M_{22}$를 $T(A) = A + A^t$로 정의할 때, $T$의 핵 (KerT)의 차원을 구하시오.

**24.** 극한 $\displaystyle\lim_{x \to 0} (\cos 2x)^{\frac{k}{x^2}} = e^{-6}$을 만족하는 $k$의 값을 구하시오.

**25.** 사각형 상자의 대각선의 길이가 8일 때, 가능한 최대 부피를 구하시오.

MEMO

1. $f(x) = \sin^{-1} x - \cos^{-1} x$ (단, $0 \le x \le \dfrac{\pi}{2}$)이고 $f$의 역함수를 $g$라고 할 때, $g''\left(\dfrac{\pi}{6}\right)$의 값은?

   ① $-\dfrac{\sqrt{3}}{8}$  ② $-\dfrac{\sqrt{3}}{4}$  ③ $\dfrac{\sqrt{3}}{4}$  ④ $\dfrac{\sqrt{3}}{8}$

2. 3차원 공간에서 두 평면 $x - z = 1$, $y + 2z = 3$의 교선을 포함하고 평면 $x + y - 2z = 1$과 수직인 평면위에 있지 않는 점은?

   ① $(1, 1, 2)$      ② $(1, 2, 1)$
   ③ $(-1, 3, 1)$      ④ $(-1, 4, 1)$

3. 다음의 초기값을 가지는 미분방정식의 해를 $y(x)$라 할 때, $y\left(\dfrac{1}{2}\right)$의 값은?

   $$(3x + 2y^2)dx + 2xy\,dy = 0,\ y(1) = 1$$

   ① $-\sqrt{7}$  ② $-\sqrt{\dfrac{15}{2}}$  ③ $\sqrt{\dfrac{15}{2}}$  ④ $\sqrt{7}$

4. 구면좌표 방정식 $\csc\phi = 2\cos\theta + 4\sin\theta$을 직교방정식으로 나타낸 것은?

   ① $x^2 + y^2 + z^2 = (2x + 4y)^2$
   ② $x^2 + y^2 + z^2 = (2x + 4y)$
   ③ $z^2 = (2x + 4y)^2$
   ④ $z^2 = (2x + 4y)$

**5.** 다음과 같은 근사에서 오차를 $0.1$보다 작도록 하는 최소의 정수 $N$의 값은?

$$\sum_{m=0}^{\infty} \frac{(-1)^m}{(2m+3)} \approx \sum_{m=0}^{N} \frac{(-1)^m}{(2m+3)}$$

① 2      ② 3      ③ 4      ④ 5

**6.** 극좌표계에서의 곡선 $r = 2\cos 2\theta$ (단, $0 \le \theta \le \dfrac{\pi}{2}$)와 중심이 원점이고 반지름이 $1$인 원의 교점의 개수는?

① 2      ② 4      ③ 6      ④ 8

**7.** $x = a\cos^3 t,\ y = a\sin^3 t\,(0 \le t \le 2\pi)$까지 곡선으로 둘러싸인 영역의 면적은?

① $\dfrac{3\pi a^2}{2}$      ② $\dfrac{3\pi a^2}{4}$      ③ $\dfrac{3\pi a^2}{8}$      ④ $\dfrac{3\pi a^2}{16}$

**8.** 다음 중 함수 $f(x,y) = \begin{cases} \dfrac{x^3}{x^2+y^2} & ,(x,y) \ne (0,0) \\ 0 & ,(x,y) = (0,0) \end{cases}$ 에 대한 설명으로 옳지 않은 것은?

① 점 $(0, 0)$에서 연속이다.

② $f_x(0, 0) = 1$이다.

③ $f_{xy}(0, 0) = 0$이다.

④ $f_{xy}(0, 0) \ne f_{yx}(0, 0)$이다.

**9.** 행렬 $A \in M_{3 \times 5}$에 대해 $rank(A^T) = 2$일 때, $rank(AA^T) + \dim(N(A)) + \dim(N(A^TA))$의 값은? (단, $rank(A)$는 $A$의 계수, $N(A)$는 $A$의 영공간이다.)

① 5 　　　　② 7 　　　　③ 8 　　　　④ 10

**10.** 다음 곡선 $y = \dfrac{1 - kx}{kx}$ 과 수직한 곡선족은? (단, $k$는 상수이다.)

① $y^2 + y = x^2 + C$

② $y^2 - y = x^2 + C$

③ $\dfrac{1}{2}y^2 - y = \dfrac{1}{2}x^2 + C$

④ $\dfrac{1}{2}y^2 + y = \dfrac{1}{2}x^2 + C$

**11.** 극한값의 증가하는 순서대로 바르게 나타낸 것은?

$$A = \lim_{x \to 0^+} x^{\sin x}$$

$$B = \lim_{x \to 0} \frac{x - \sin x}{\tan x - x}$$

$$C = \lim_{x \to 0} \frac{e^x - e^{-x}}{\sin x}$$

① $A < B < C$ 　　　　② $B < A < C$

③ $C < B < A$ 　　　　④ $C < A < B$

**12.** 곡선 $y^2 = x^3$ 위의 점 $C$와 점 $P\left(\dfrac{1}{2}, 0\right)$의 거리는?

① $\sqrt{\dfrac{5}{108}}$ 　② $\sqrt{\dfrac{6}{108}}$ 　③ $\sqrt{\dfrac{7}{108}}$ 　④ $\sqrt{\dfrac{8}{108}}$

**13.** 세 직선 $y=x$, $y=-x$, $y=1$로 둘러싸인 영역을 $E$라 할 때, 이중적분 $\iint_E \dfrac{1}{\sqrt{x^2+y^2}}\,dydx$ 의 값은?

① $\ln(\sqrt{2}+1)$     ② $2\ln(\sqrt{2}+1)$

③ $\ln(\sqrt{2}-1)$     ④ $2\ln(\sqrt{2}-1)$

**14.** $y(t)=\mathcal{L}^{-1}\left\{\dfrac{1}{(s^2+1)^2}\right\}$ 이라 할 때, $y(\pi)$ 의 값은?

① $0$     ② $\dfrac{\pi}{4}$     ③ $\dfrac{\pi}{3}$     ④ $\dfrac{\pi}{2}$

**15.** 함수 $y=\sqrt[x]{x^{2015}+\ln x}$ 의 $x=1$에서 접선의 방정식은?

① $y=-2016x+2015$     ② $y=2016x+2015$

③ $y=-2016x-2015$     ④ $y=2016x-2015$

**16.** 다음 중 수렴하는 무한급수의 개수는?

ㄱ. $\displaystyle\sum_{n=1}^{\infty}\dfrac{2^n+1}{n\,2^n+1}$

ㄴ. $\displaystyle\sum_{n=1}^{\infty}\dfrac{2^n}{1+(\ln n)^n}$

ㄷ. $\displaystyle\sum_{n=1}^{\infty}n^6 e^{-n^{16}}$

① 0개     ② 1개     ③ 2개     ④ 3개

**17.** 다음 극곡선 $r = 2 + \cos 2\theta$ 의 내부와 $r = 2 + \sin \theta$ 의 외부인 영역의 면적은?

① $\dfrac{51}{16}\sqrt{3}$  ② $\dfrac{53}{16}\sqrt{3}$  ③ $\dfrac{55}{16}\sqrt{3}$  ④ $\dfrac{57}{16}\sqrt{3}$

**18.** 직선 $y = 0$, $y = x$ 와 쌍곡선 $y = \dfrac{1}{x}$, $x^2 - y^2 = 4$ 로 둘러싸인 제 1사분면의 영역 $D$에 대해 $\displaystyle\iint_{D} \dfrac{x^4 - y^4}{1 + xy}\,dxdy$ 의 값은?

① $\dfrac{\ln 2}{4}$  ② $\dfrac{\ln 2}{2}$  ③ $\ln 2$  ④ $4\ln 2$

**19.** 곡선 $C$는 $r(t) = \cos t\, i + \sin t\, j + (6 - \cos^2 t - \sin t)k$
$(0 \leq t \leq 2\pi)$ 이고, 벡터함수
$F = (z^2 - y^2)i - 2xy^2 j + e^{\sqrt{z}}k$ 일 때, 선적분 $\displaystyle\int_{C} F \cdot dr$ 의 값은?

① $10\pi$  ② $11\pi$  ③ $12\pi$  ④ $13\pi$

**20.** 반지름이 $1\,cm$ 인 메탈의 공이 있다. 그 공의 중앙을 통과하는 반지름이 $r$인 구멍을 뚫어서 고리를 만들고자 한다. 그 고리의 부피가 메탈 공의 부피의 $\dfrac{1}{8}$ 이 되기 위한 $r$의 값은?

① $\dfrac{1}{3}$  ② $\dfrac{\sqrt{2}}{2}$  ③ $\dfrac{\sqrt{3}}{2}$  ④ $\dfrac{2}{3}$

[21~22번]

행벡터 $u^T = \left( \dfrac{1}{\sqrt{2}}, \dfrac{1}{\sqrt{3}}, \dfrac{1}{\sqrt{6}} \right)$에 대해

행렬 $A \in R^{3 \times 3}$를 $A = I - 2uu^t$로 정의하자.

**21.** 벡터 $A \begin{pmatrix} 6 \\ 8 \\ 0 \end{pmatrix}$의 크기를 구하시오

① 8      ② 10      ③ 12      ④ 14

**22.** 벡터 $A \begin{pmatrix} \sqrt{3} \\ \sqrt{2} \\ -5 \end{pmatrix}$의 값을 구하시오

① $\begin{pmatrix} \sqrt{3} \\ \sqrt{2} \\ -5 \end{pmatrix}$    ② $\begin{pmatrix} \sqrt{3} \\ \sqrt{2} \\ 1 \end{pmatrix}$    ③ $\begin{pmatrix} \sqrt{2} \\ \sqrt{3} \\ -5 \end{pmatrix}$    ④ $\begin{pmatrix} \sqrt{2} \\ \sqrt{3} \\ 1 \end{pmatrix}$

**23.** 곡선 $r(t) = \langle \cos t, \sin t, t \rangle$의 접촉원의 반지름을 구하시오

**24.** 함수 $g(t) = \dfrac{2 - 2\cos 2t}{t}$의 라플라스 변환을 $\mathcal{L}\{g(t)\} = G(s)$라고 할 때, $G(2)$의 값을 구하시오

**25.** 다음 행렬 $A$에 대해, $A^5 = aA^2 + bA + cI$를 만족하는 $4a + 2b + c$를 구하시오

$$A = \begin{bmatrix} 1 & 0 & 0 \\ 2 & 1 & 0 \\ -3 & 1 & 2 \end{bmatrix}$$

**1.** $\csc(\tan^{-1} 2x)$의 값을 간단히 하면?

① $\dfrac{\sqrt{4x^2-1}}{2x}$      ② $\dfrac{\sqrt{4x^2-1}}{8x}$

③ $\dfrac{\sqrt{4x^2+1}}{2x}$      ④ $\dfrac{\sqrt{4x^2+1}}{8x}$

**2.** 다음 식을 계산하면?

$$\cosh\left(\tanh^{-1}\left(\frac{1}{2}\right)\right)\cosh\left(\tanh^{-1}\left(\frac{1}{3}\right)\right)$$
$$-\sinh\left(\tanh^{-1}\left(\frac{1}{2}\right)\right)\sinh\left(\tanh^{-1}\left(\frac{1}{3}\right)\right)$$

① $\dfrac{1}{2\sqrt{6}}$    ② $\dfrac{3}{2\sqrt{6}}$    ③ $\dfrac{5}{2\sqrt{6}}$    ④ $\dfrac{7}{2\sqrt{6}}$

**3.** 함수 $f(x) = \dfrac{1-\cos 3x}{x^2}$가 $x=0$에서 연속이 되도록 $f(0)$의 값은?

① $0$     ② $1$     ③ $3$     ④ $\dfrac{9}{2}$

**4.** $f(x) = x\sin^{-1}\left(\dfrac{x}{4}\right) + \csc^{-1}(\sqrt{x})$일 때, $f'(2)$의 값은?

① $\dfrac{2\pi - 4\sqrt{3} - 3}{12}$      ② $\dfrac{2\pi + 4\sqrt{3} - 3}{12}$

③ $\dfrac{2\pi - 4\sqrt{3} + 3}{12}$      ④ $\dfrac{2\pi + 4\sqrt{3} + 3}{12}$

**5.** $f(x) = \sqrt[4]{\dfrac{1+\tanh x}{1-\tanh x}} - \sinh\left(\dfrac{x}{4}\right)\cosh\left(\dfrac{x}{4}\right)$ 일 때, $f'(\ln 9)$의 값은?

① $1$  ② $\dfrac{13}{12}$  ③ $\dfrac{7}{6}$  ④ $\dfrac{5}{4}$

**7.** 극한 $\displaystyle\lim_{x\to 0^+} \dfrac{1}{\sqrt{x^3}}\int_{\sqrt{x}}^{2\sqrt{x}} \sin(t^2)\,dt$을 계산하면?

① $0$  ② $1$  ③ $\dfrac{5}{3}$  ④ $\dfrac{7}{3}$

**6.** 극곡선 $r=3+\sin\theta$의 점 $\left(2, \dfrac{3\pi}{2}\right)$에서 접선의 기울기는?

① $0$  ② $2$  ③ $3$  ④ $\infty$

**8.** $f(x)=\tan x$일 때, $x_1=3$을 이용하여 뉴턴방법으로 $f(x)=0$의 두 번째 근삿값 $x_2$는? (단, $\sin 6 = -0.30$)

① $3.14$  ② $3.15$  ③ $3.16$  ④ $3.17$

9. 함수 $f(x) = x^2 \ln(1+x^3)$에 대해 $f^{(11)}(0) + f^{(13)}(0)$의 값은?

① $-\dfrac{11!}{3}$  ② $-\dfrac{11!}{5}$  ③ $\dfrac{11!}{3}$  ④ $\dfrac{11!}{5}$

10. $f(x) = \sec x$의 $x = 0$에서 선형근사식을 이용하여 $\sec\left(\dfrac{1}{\sqrt{2019}}\right)$의 근삿값은?

① $2$  ② $\dfrac{1}{\sqrt{2019}} + 1$  ③ $\dfrac{1}{\sqrt{2019}}$  ④ $1$

11. $-1 \le x \le 2$에 대해 포물선 $y = x^2$과 직선 $y = x+2$사이의 수직 거리의 최댓값은?

① $\dfrac{9}{2}$  ② $\dfrac{9}{2\sqrt{2}}$  ③ $\dfrac{9}{4}$  ④ $\dfrac{9}{4\sqrt{2}}$

12. $I_n = \displaystyle\int_0^1 (1-x^2)^n \, dx$일 때, $I_{20}$의 값은?

① $\dfrac{2^{20}(20!)^2}{41!}$  ② $\dfrac{2^{40}(20!)^2}{41!}$  ③ $\dfrac{2^{20}(20!)}{41!}$  ④ $\dfrac{2^{40}(20!)}{41!}$

13. $\int_0^\infty \left( \dfrac{1}{\sqrt{x^2+9}} - \dfrac{1}{x+3} \right) dx$ 의 값은?

① 0 　　② ln2 　　③ ln3 　　④ 2ln2

14. 정적분 $\int_2^3 \dfrac{1}{x\sqrt{3x^2-2x-1}} \, dx$ 의 값은?

(힌트 : $x = \dfrac{1}{t}$ 로 치환)

① $\sin^{-1}\left( \dfrac{3\sqrt{5}-2\sqrt{7}}{12} \right)$ 　　② $\sin^{-1}\left( \dfrac{3\sqrt{5}-\sqrt{7}}{12} \right)$

③ $\sin^{-1}\left( \dfrac{3\sqrt{5}-2\sqrt{7}}{6} \right)$ 　　④ $\sin^{-1}\left( \dfrac{3\sqrt{5}-\sqrt{7}}{6} \right)$

15. 정적분 $\int_0^{\frac{\pi}{4}} \dfrac{\sec^2 x}{\tan^3 x - 1} \, dx$ 의 값은?

① $\ln 2 - \dfrac{\pi}{3}$ 　　② $-\dfrac{\pi}{3}$ 　　③ $\dfrac{\pi}{3}$ 　　④ $\infty$

16. 오차 $0.03$ 이내 $\int_0^1 \sqrt{1+x^2} \, dx$ 의 값은?

① 1 　　② $\dfrac{5}{6}$ 　　③ $\dfrac{7}{6}$ 　　④ $\dfrac{143}{120}$

**17.** 곡선 $y = \sin^{-1} x + \sqrt{1-x^2}$ $\left( 0 \le x \le \dfrac{\sqrt{2}}{2} \right)$ 의 길이는?

① $\sqrt{2 + 2\sqrt{2}} - \sqrt{2}$      ② $\sqrt{2 + \sqrt{2}} - \sqrt{2}$

③ $2\sqrt{2 + 2\sqrt{2}} - 2\sqrt{2}$      ④ $2\sqrt{2 + \sqrt{2}} - 2\sqrt{2}$

**18.** 세 점 $(0, 1)$, $(2, -1)$, $(3, 2)$ 로 이루어진 삼각형 $T$를 직선 $x = -1$로 회전하여 만든 입체의 부피는?

① $\dfrac{61}{3}\pi$      ② $\dfrac{64}{3}\pi$      ③ $16\pi$      ④ $21\pi$

**19.** $\lim\limits_{x \to 1+} (\ln x^2) \tan\left( \dfrac{\pi}{2} x \right)$ 의 극한값은?

① $-\dfrac{4}{\pi}$      ② $-\dfrac{2}{\pi}$      ③ $\dfrac{\pi}{2}$      ④ $\dfrac{\pi}{4}$

**20.** 곡선 $y = x e^{-x}$ 와 직선 $y = 0$, $x = 2$로 둘러싸인 영역을 $y$축에 대해 회전한 입체의 부피는?

① $2\pi\left( 2 - \dfrac{8}{e^2} \right)$      ② $2\pi\left( \dfrac{80}{e^2} - 2 \right)$

③ $2\pi\left( 2 - \dfrac{10}{e^2} \right)$      ④ $2\pi\left( \dfrac{10}{e^2} - 2 \right)$

21. $x^2y^2+xy-2=0$ 위에 점 $(1,\,1)$ 에서 $\dfrac{dy}{dx}$ 를 구하시오

22. 다음 적분 $\displaystyle\int_0^{2\pi} \sqrt{1-\cos 2x}\, dx$ 을 계산하시오.

23. 다음 극한 $\displaystyle\lim_{x\to\infty}(\ln x)^{\frac{\ln x}{x}}$ 의 값을 구하시오

24. 곡선 $y=\dfrac{1}{x^2}$ 과 $x$축, 직선 $x=1,\, x=4$로 둘러싸인 영역을 직선 $x=a$가 면적을 이등분할 때, $5a$의 값을 구하시오

25. 곡선 $y=e^x,\ (0\le x\le 2)$을 $x$축으로 회전하여 생긴 회전체의 표면적이 다음과 같을 때, $a+b$의 값을 구하시오

$$\pi\Big\{e^a\sqrt{1+e^b}+\ln\big(e^a+\sqrt{1+e^b}\big) -\sqrt{a}-\ln(1+\sqrt{a})\Big\}$$

월간 한아름 II

MEMO

MEMO

**1.** 벡터 $u = \langle 1, 1 \rangle$와 수직하고, 벡터 $w = \langle -2, 1 \rangle$에 대해 $v \cdot w > 0$를 만족하는 단위벡터 $v = <a, b>$라고 할 때, $a - b$의 값은?

① 0     ② $-\sqrt{2}$     ③ $\sqrt{2}$     ④ 1

**2.** 곡선 $r(t) = \langle \cos t, \sin t, t^2 \rangle$ 위의 점 $(\cos 1, \sin 1, 1)$에서 곡률원의 반지름의 길이는?

① $\dfrac{5}{3}$     ② $\dfrac{5\sqrt{5}}{3}$     ③ $\dfrac{3}{5}$     ④ $\dfrac{3}{5\sqrt{5}}$

**3.** 방정식 $(x-1)^2(x-2)^3 + 1 = 0$을 만족하는 실근의 개수는?

① 0개     ② 1개     ③ 2개     ④ 3개

**4.** 다음 주어진 식에 대해 $A + B + C$의 값은?

$$A = \lim_{x \to \frac{\pi}{2}} \frac{\tan 3x}{\tan 5x} \qquad B = \lim_{x \to 0}\left( \frac{e^x}{e^x - 1} - \frac{1}{x} \right)$$
$$C = \lim_{x \to 0}(\cos x)^{\csc x}$$

① $\dfrac{13}{6}$     ② $\dfrac{19}{6}$     ③ $\dfrac{11}{10}$     ④ $\dfrac{21}{10}$

5. 반지름과 높이가 각각 $10\,\mathrm{cm}$, $25\,\mathrm{cm}$인 직원기둥에 대해 각각의 허용오차가 $0.01\,\mathrm{cm}$이다. 이때, 직원기둥 부피의 최대오차는?

① $\dfrac{2\pi}{5}$     ② $\dfrac{3\pi}{5}$     ③ $4\pi$     ④ $6\pi$

6. 다음 극한 $\displaystyle\lim_{n\to\infty}\sum_{i=1}^{n}\left[8-\left(\frac{3i}{n}\right)^2\right]\frac{3}{n}$ 의 값은?

① $5$     ② $\dfrac{22}{3}$     ③ $\dfrac{23}{3}$     ④ $15$

7. $u=\ln\sqrt{x^2+y^2}$ 에 대해 $(x,\,y)=(2,\,2)$일 때, $\dfrac{\partial^2 u}{\partial y\partial x}$ 는?

① $-\dfrac{1}{8}$     ② $-\dfrac{1}{4}$     ③ $\dfrac{1}{4}$     ④ $\dfrac{1}{8}$

8. $\tan^{-1}x$는 $\tan x,\ \left(-\dfrac{\pi}{2}<x<\dfrac{\pi}{2}\right)$의 역함수로 정의된다. $\sin\left(2\tan^{-1}(-\sqrt{2})\right)$의 값은?

① $-\dfrac{2\sqrt{2}}{3}$     ② $-\dfrac{\sqrt{2}}{3}$     ③ $\dfrac{\sqrt{2}}{3}$     ④ $\dfrac{2\sqrt{2}}{3}$

9. $f(x,\,y,\,z)=x^2+2y^2+z^2$, $g(x,\,y,\,z)=z-xy$라고 하자. $D_u f(1,\,1,\,2)=0=D_u g\left(1,\,1,\,\dfrac{1}{2}\right)$를 만족하는 $u$를 구하면?

① $\dfrac{1}{\sqrt{26}}<4,\,-3,\,1>$

② $\dfrac{1}{\sqrt{26}}<4,\,3,\,1>$

③ $\dfrac{1}{\sqrt{26}}<-4,\,-3,\,-1>$

④ $\dfrac{1}{\sqrt{26}}<-4,\,3,\,1>$

10. $f(x)=\arctan\left(\dfrac{1+x}{1-x}\right)$라고 할 때, $f'(\sqrt{2})$의 값은?

① $\dfrac{1}{1+\sqrt{2}}$  ② $\dfrac{1}{3}$  ③ $\dfrac{1-\sqrt{2}}{3}$  ④ $\dfrac{\sqrt{2}}{3}$

11. $\displaystyle\int_0^1 \dfrac{t+1}{t^2+t+1}\,dt$의 값은?

① $\dfrac{\ln 3}{2}+\dfrac{\pi}{6\sqrt{3}}$     ② $\dfrac{\ln 3}{2}+\dfrac{\pi}{\sqrt{3}}$

③ $\ln 3+\dfrac{\pi}{6\sqrt{3}}$     ④ $\ln 3+\dfrac{\pi}{\sqrt{3}}$

12. 곡선 $y=\sinh x$, $x$축과 $x=\ln 10$으로 둘러싸인 영역을 $R$이라고 할 때, 영역 $R$을 $x=-2$ 중심으로 회전시킨 입체의 부피는?

① $\dfrac{101\ln 10+21}{10}\pi$     ② $\dfrac{101\ln 10+63}{10}\pi$

③ $\dfrac{99\ln 10+21}{2}\pi$     ④ $\dfrac{99\ln 10+63}{2}\pi$

**13.** $f(x)e^{\tan^{-1}x} = \ln\sqrt{1-x^2} + 2\{f(x)\}^2 - 1$, $f(0) > 0$로 정의된 $f(x)$에 대해 $x = 0$에서 $f(x)$의 선형근사식 $L(x)$를 구하면?

① $1 + \dfrac{1}{5}x$　② $1 + \dfrac{1}{4}x$　③ $1 + \dfrac{1}{3}x$　④ $1 + x$

**14.** $D = \{(x,\,y)\,|\,|x| \le 1,\,|y| \le 1\}$일 때, 함수 $f(x,\,y) = x^2 + xy + y^2$의 최댓값과 최솟값은?

① 최댓값 : 3, 최솟값 : $\dfrac{3}{4}$　② 최댓값 : 3, 최솟값 : 0

③ 최댓값 : 3, 최솟값 : 1　④ 최댓값 : 1, 최솟값 : 0

**15.** $z = f(x,\,y)$가 연속적인 편도함수를 갖는다. $x = s + 2t$, $y = s - 2t$라고 할 때, 다음 식을 만족하는 $c$의 값은?

$$\frac{\partial z}{\partial s}\frac{\partial z}{\partial t} = 2\left(\frac{\partial z}{\partial x}\right)^2 + c\left(\frac{\partial z}{\partial y}\right)^2$$

① $4$　② $2$　③ $-2$　④ $-4$

**16.** $\displaystyle\int_1^{e^5} t^4 \ln t\,dt$의 값은?

① $\dfrac{1}{25}(1 - e^{25})$　② $\dfrac{1}{25}(1 - 24e^{25})$

③ $\dfrac{1}{25}(1 + e^{25})$　④ $\dfrac{1}{25}(1 + 24e^{25})$

**17.** 두 차가 같은 지점에서 시작하여 한 차는 동쪽으로 $5km/h$, 다른 한 차는 남쪽으로 $7\,km/h$의 속도로 움직인다. 두 차의 거리의 변화율은?

① $\sqrt{71}$ ② $\sqrt{72}$ ③ $\sqrt{73}$ ④ $\sqrt{74}$

**18.** $\displaystyle\int_{\frac{\sqrt{2}}{3}}^{\frac{2}{3}}\frac{1}{x^3\sqrt{9x^2-1}}\,dx$ 의 값은?

① $\dfrac{6(\pi+3\sqrt{3}-6)}{8}$ ② $\dfrac{3(\pi+3\sqrt{3}-6)}{8}$

③ $\dfrac{6(\pi-3\sqrt{3}+6)}{8}$ ④ $\dfrac{3(\pi-3\sqrt{3}+6)}{8}$

**19.** 극곡선 $r=a\sin\theta$와 $r=b\cos\theta$의 사잇각은?

① $\dfrac{\pi}{6}$ ② $\dfrac{\pi}{4}$ ③ $\dfrac{\pi}{3}$ ④ $\dfrac{\pi}{2}$

**20.** 다음 식을 만족하는 $f(t)$와 $a$에 대해 $f\left(\dfrac{1}{2}\right)+a$값은?

$$1+\int_a^x\frac{f(t)}{t^2}\,dt=\sin^{-1}x$$

① $\dfrac{\pi}{2}+\dfrac{1}{2\sqrt{3}}$ ② $\dfrac{\pi}{2}+\dfrac{1}{4\sqrt{3}}$

③ $\sin1+\dfrac{1}{2\sqrt{3}}$ ④ $\sin1+\dfrac{1}{4\sqrt{3}}$

**21.** 평면 $x + ay + bz + c = 0$은 곡면 $xy^2z^3 = 8$ 위에 점 $(2,\ 2,\ 1)$에서 접평면이라 하자. $c$의 값을 구하시오.

**22.** 극곡선 $r = 4\cos 3\theta$ 내부와 극곡선 $r = 2\sqrt{2}$ 외부로 둘러싸인 영역의 면적을 구하시오.

**23.** 음함수로 정의된 함수 $yz + x \ln y = z^2$에 대해 $\dfrac{\partial z}{\partial y}(0, e)$를 구하시오. (단, $z > 0$)

**24.** $f(x, y) = x^4 + y^4 - 4xy$의 극솟값을 구하시오.

**25.** 다음 적분 $\displaystyle\int_0^1 \dfrac{dx}{(1 + \sqrt{x})^4}$을 계산하시오.

MEMO

MEMO

1. 구간 $\left[0, \dfrac{\pi}{2}\right]$ 에서 함수 $f(t) = \dfrac{\cos \sqrt{t}}{\sqrt{t}}$ 의 평균값은?

① $\dfrac{2}{\pi} \sin \sqrt{\dfrac{\pi}{2}}$  　　　② $\dfrac{4}{\pi} \sin \sqrt{\dfrac{\pi}{2}}$

③ $\dfrac{2}{\pi} \cos \sqrt{\dfrac{\pi}{2}}$  　　　④ $\dfrac{4}{\pi} \cos \sqrt{\dfrac{\pi}{2}}$

2. $\displaystyle\int_0^2 \dfrac{x^3}{(x^2+4)^{\frac{3}{2}}} dx$ 의 값은?

① $3\sqrt{2}$  　② $3\sqrt{2}-4$  　③ $\sqrt{2}$  　④ $\sqrt{2}-4$

3. 극한 $\displaystyle\lim_{x \to 0} \dfrac{\tan^{-1}(1+x^2) - \dfrac{\pi}{4}}{x^2}$ 의 값은?

① $1 - \dfrac{\pi}{4}$  　② $-\dfrac{\pi}{4}$  　③ $\dfrac{1}{2}$  　④ $1$

4. 영역 $D = \{(x,\ y) \mid 4 \leq x^2+y^2 \leq 9,\ y \geq 0\}$ 라고 할 때, 곡선 $C$는 영역 $D$의 경계이다. $\displaystyle\oint_C y^2 dx + 3xy\, dy$ 의 값은?

① $0$  　　② $5$  　　③ $\dfrac{19}{3}$  　　④ $\dfrac{38}{3}$

**5.** 다음 주어진 벡터함수 $F$가 $F = \nabla f$를 만족하는 $f(x, y)$가 존재한다. $f\left(1, \dfrac{1}{2}\right)$의 값은?

$$F = \left\langle \frac{y^2}{\sqrt{1-x^2y^2}}, \ \frac{xy}{\sqrt{1-x^2y^2}} + \sin^{-1}xy \right\rangle$$

① $\dfrac{\pi}{12}$  ② $\dfrac{\pi}{6}$  ③ $\dfrac{\pi}{3}$  ④ $\dfrac{\pi}{2}$

**6.** 극곡선 $r = 1 + \cos\theta$에서 수직접선을 갖는 $\theta$값들의 합은? (단, $0 \le \theta < 2\pi$)

① $\dfrac{3\pi}{2}$  ② $\dfrac{5\pi}{3}$  ③ $\dfrac{11\pi}{6}$  ④ $2\pi$

**7.** 함수 $y = f(x)$가 매개방정식
$$\begin{cases} x = \sin t - \cos t \\ y = -\sin t - \cos t \end{cases} \left(0 < t < \frac{\pi}{2}\right)$$
라고 주어질 때, $t = \dfrac{\pi}{4}$에서 $\dfrac{d^2y}{dx^2}$의 값은?

① $-\dfrac{1}{\sqrt{2}}$  ② $0$  ③ $\dfrac{1}{\sqrt{2}}$  ④ $1$

**8.** $R$은 타원 $9x^2 + 4y^2 = 36$에 의해 유계된 영역일 때, $\displaystyle\iint_R x^2 \, dA$의 값은?

① $2\pi$  ② $4\pi$  ③ $6\pi$  ④ $8\pi$

9. 정적분 $\int_{\frac{\pi}{4}}^{\frac{\pi}{2}} \cot^n x \, dx = I_n$ 이라 할 때, $I_{101} + I_{99}$의 값은?

① $\dfrac{1}{101}$    ② $\dfrac{1}{100}$    ③ $-\dfrac{1}{101}$    ④ $-\dfrac{1}{100}$

10. $\sqrt{x} + \sqrt{y} = 5$ 일 때, $f(x,y) = 2x + 3y$의 최솟값은?

① 15     ② 20     ③ 25     ④ 30

11. 매클로린 급수를 이용하여 $\int_0^{0.2} \sqrt{1+x^3} \, dx$의 근삿값을 오차 $0.0001$내로 구하면?

① $\dfrac{2}{10}$                ② $\dfrac{3}{10}$

③ $\dfrac{3}{10} + \dfrac{1}{8}\left(\dfrac{2}{10}\right)^3$        ④ $\dfrac{2}{10} + \dfrac{1}{8}\left(\dfrac{2}{10}\right)^4$

12. 함수 $f(x, y) = 4\tan^{-1}(xy)$ 위의 점 $(1, 1)$에서 선형근사식을 이용하여 $4\tan^{-1}\left[(0.98)^2\right]$의 근삿값은?

① $\pi - \dfrac{1}{25}$    ② $\pi - \dfrac{2}{25}$    ③ $\pi - \dfrac{1}{50}$    ④ $\pi - \dfrac{3}{50}$

13. $\int_0^1 \int_{\sin^{-1}y}^{\frac{\pi}{2}} \cos x \sqrt{1+\cos^2 x}\, dx\, dy$ 의 값은?

① $\dfrac{2\sqrt{2}-1}{3}$

② $\dfrac{2\sqrt{2}+1}{3}$

③ $\dfrac{3\sqrt{3}-1}{2}$

④ $\dfrac{3\sqrt{3}+1}{2}$

14. $\int_0^{\pi/2} \int_0^y \int_0^x \cos(x+y+z)\, dz\, dx\, dy$ 의 값은?

① $-\dfrac{1}{3}$　② $-\dfrac{1}{6}$　③ $\dfrac{1}{6}$　④ $\dfrac{1}{3}$

15. 영역
$$D = \{(x,y)\,|\,1 \le x^2+y^2 \le 8\} \cap \{(x,y)\,|\,0 \le y \le x\}$$
라고 할 때, 영역 $D$에 대한 곡면 $z = \arctan\left(\dfrac{y}{x}\right)$ 의 넓이는?

① $\dfrac{\pi}{8}\left(5\sqrt{2}+\ln(1+\sqrt{2})\right)$

② $\dfrac{\pi}{8}\left(6\sqrt{2}+\ln(3+2\sqrt{2})\right)$

③ $\dfrac{\pi}{4}\left(5\sqrt{2}+\ln(1+\sqrt{2})\right)$

④ $\dfrac{\pi}{4}\left(6\sqrt{2}+\ln(3+2\sqrt{2})\right)$

16. 함수 $f(x) = \dfrac{x}{x^2+x+1}$ 의 멱급수로 나타내고, $f^{(20)}(0)$ 의 값은?

① $-21!$　② $-20!$　③ $20!$　④ $21!$

**17.** 구 $x^2 + y^2 + z^2 = 4$안에 있고, $xy$평면 위와 원뿔 $z = \sqrt{x^2 + y^2}$ 아래에 놓인 입체의 부피는?

① $\dfrac{2\sqrt{2}}{3}\pi$  ② $\dfrac{5\sqrt{2}}{3}\pi$  ③ $\dfrac{7\sqrt{2}}{3}\pi$  ④ $\dfrac{8\sqrt{2}}{3}\pi$

**18.** $f(r, \theta) = \displaystyle\int_{r\cos\theta}^{r\sin\theta} \cos(e^t)dt$라고 하자. $\dfrac{\partial^2 f}{\partial r \partial \theta}\left(1, \dfrac{\pi}{2}\right)$의 값은?

① 0  ② $\cos 1$  ③ $\sin 1$  ④ 1

**19.** 구간 $1 \leq y \leq 2$에서 $x = 1 + 2y^2$를 $x$축 중심으로 회전시킨 회전체의 곡면적은?

① $\pi\left(\dfrac{33\sqrt{33} - 17\sqrt{17}}{24}\right)$  ② $\pi\left(\dfrac{33\sqrt{33} - 17\sqrt{17}}{6}\right)$

③ $\pi\left(\dfrac{65\sqrt{65} - 17\sqrt{17}}{24}\right)$  ④ $\pi\left(\dfrac{65\sqrt{65} - 17\sqrt{17}}{6}\right)$

**20.** $D = \{(x, y) \mid x \geq 0, y \geq 0, x^2 + y^2 \leq 25\}$일 때, $\displaystyle\iint_D ye^x dA$의 값은?

① $\dfrac{8e^5 - 21}{2}$  ② $\dfrac{8e^5 - 23}{2}$  ③ $\dfrac{8e^5 - 25}{2}$  ④ $\dfrac{8e^5 - 27}{2}$

21. 곡선 $C$는 $(0,0,0)$에서 $(1,1,1)$까지 가는 선분일 때, 벡터함수 $F(x,y,z) = \langle z^2, x^2, y^2 \rangle$에 대한 선적분 $\int_C F \cdot dr$을 구하시오.

22. 곡선 $r(t) = <t - \sin t, 1 - \cos t, 1>,\ (0 \leq t \leq 2\pi)$ 위의 한 점 $(\pi, 2, 1)$에서 곡률을 구하시오.

23. 입체 $E$는 포물면 $z = x^2 + y^2$ 위와 평면 $z = 2y$ 아래에 높인 입체일 때, 입체 $E$의 부피를 구하시오.

24. 곡면 $\sqrt{x} + \sqrt{y} + \sqrt{z} = 4$에 대한 임의의 접평면의 방정식의 $x$절편, $y$절편, $z$절편의 합을 구하시오.

25. 밑면 $S$는 테두리가 $9x^2 + 4y^2 = 36$인 곡선으로 둘러싸인 타원이다. $x$축에 수직인 단면이 정사각형인 입체의 부피를 구하시오.

MEMO

MEMO

1. 〈보기〉에서 $M_{n \times n}$의 부분공간인 것을 알맞게 고른 것은?

$$\langle 보기 \rangle$$

ㄱ. $\{A \in M_{n \times n} \mid tr(A) = 0\}$

ㄴ. $\{A \in M_{n \times n} \mid \det(A) = 0\}$

① 없음　　② ㄱ　　③ ㄴ　　④ ㄱ, ㄴ

3. 행렬 $A = \begin{pmatrix} \dfrac{1}{\sqrt{3}} & -\dfrac{2}{\sqrt{6}} & 0 \\ \dfrac{1}{\sqrt{3}} & \dfrac{1}{\sqrt{6}} & -\dfrac{1}{\sqrt{2}} \\ \dfrac{1}{\sqrt{3}} & \dfrac{1}{\sqrt{6}} & \dfrac{1}{\sqrt{2}} \end{pmatrix}$에 대해

$\|Ax\|$의 값이 가장 작게 되는 $x \in R^3$를 고르면?

① $(-1, 0, 1)$　　② $(\sqrt{3}, \sqrt{2}, 1)$

③ $(\sqrt{5}, \sqrt{7}, -4)$　　④ $(-3, 7, 5)$

2. $R^3$에서 세 점 $P(1, 1, 0)$, $Q(2, 3, 0)$와 $R(-3, 1, 0)$에 대해 $\overrightarrow{PQ}$위로 $\overrightarrow{PR}$을 정사영시킨 벡터는?

① $-\dfrac{4}{5}<-4, 0, 0>$　　② $\dfrac{4}{5}<-4, 0, 0>$

③ $-\dfrac{4}{5}<1, 2, 0>$　　④ $\dfrac{4}{5}<1, 2, 0>$

4. 직선 $x = 1$, $y = t$, $z = t$를 포함하고, 평면 $x + 3y - 2z = 0$과 수직인 평면은?

① $x - y + z = 1$　　② $x + y + z = 3$

③ $5x + y + z = 7$　　④ $5x - y + z = 5$

**5.** 〈보기〉 중 옳은 것의 개수는?

〈보 기〉

ㄱ. 정방행렬 $A$가 직교행렬이면 $\det(A)=1$이다.
ㄴ. 정방행렬 $A$가 교대행렬이면 $\det(A)=0$이다.
ㄷ. $A$가 $3 \times 5$행렬이면 $rank\,A$의 최댓값은 $5$이다.
ㄹ. 정방행렬 $A$가 대칭행렬이면 $A^2 + A^3$도 대칭행렬이다.

① 0개　　② 1개　　③ 2개　　④ 3개

**6.** 주어진 행렬 $A = \begin{pmatrix} 4 & 3 & 1 & 4 & 9 \\ 7 & 5 & 11 & 15 & 17 \\ 0 & 0 & 1 & 4 & 5 \\ 0 & 0 & 1 & 6 & 8 \\ 0 & 0 & 1 & 4 & 7 \end{pmatrix}$ 의 행렬식은?

① $-5$　　② $-4$　　③ $4$　　④ $5$

**7.** 세 벡터
$$u = <1, 0, 1>, \ v = <0, 3, 1>, \ w = <1, 1, 0>$$
에 대해
$$\Phi = \{ t_1 u + t_2 v + t_3 w \mid 0 \le t_1 \le 2,$$
$$0 \le t_2 \le 3, \ 0 \le t_3 \le 4 \}$$
라 할 때, $\Phi$의 체적은?

① 16　　② 24　　③ 48　　④ 96

**8.** 직선 $\dfrac{x-1}{2} = y = \dfrac{z}{2}$ 와 평면 $x + 2y + 2z = 3$이 이루는 예각의 크기를 $\theta$라 할 때, $\sin\theta$의 값은?

① $\dfrac{5}{9}$　　② $\dfrac{6}{9}$　　③ $\dfrac{7}{9}$　　④ $\dfrac{8}{9}$

**9.** 선형변환 $T : P_2(R) \rightarrow P_2(R)$ 이
$T(f(x)) = xf'(x) + f(1)x + f(2)$ 로 정의될 때, $T$의 모든 성분의 합은?

① 13      ② 14      ③ 15      ④ 16

**10.** 다음 이상적분 중 발산하는 것의 개수는?

ㄱ. $\displaystyle\int_0^{\frac{\pi}{2}} \frac{\sin x}{x}\,dx$

ㄴ. $\displaystyle\int_1^{\infty} \frac{\sqrt{x}}{x^2+1}\,dx$

ㄷ. $\displaystyle\int_{-4}^{2} \frac{1}{x(x^2-2x-3)}\,dx$

ㄹ. $\displaystyle\int_1^{\infty} \left\{ 1 - x\tan^{-1}\left(\frac{1}{x}\right) \right\}dx$

ㅁ. $\displaystyle\int_0^{\infty} \frac{1}{x^{\frac{1}{2}} + x^{\frac{2}{3}}}\,dx$

① 0개      ② 1개      ③ 2개      ④ 3개

**11.** 다음 함수 $f(x) = \ln x^2 + 2x^2 - 3x + 1$의 역함수를 $g(x)$라 할 때, $g'(0)$의 값은?

① 1      ② $\dfrac{1}{2}$      ③ $\dfrac{1}{3}$      ④ $\dfrac{1}{4}$

**12.** 겉넓이가 24인 뚜껑이 없는 통조림의 부피가 가장 크도록 하는 반지름 $r$과 높이 $h$에 대해 $r : h$는?

① 1 : 1      ② 1 : 2      ③ 2 : 1      ④ 2 : 3

13. 곡선 $y = \cosh x \, (0 \le x \le ln2)$을 $y = -2$를 중심으로 회전시킨 입체의 곡면적을 $\pi\left(\dfrac{a}{b} + \ln c\right)$이라 하면, $a - b - c$의 값은?

① 43　　② 44　　③ 45　　④ 46

14. 극곡선 $r^2 = 4\cos 3\theta$의 면적은? (단, $0 \le \theta < 2\pi$)

① 2　　② 4　　③ 6　　④ 8

15. 다음 함수 $f(x) = \dfrac{e^x}{x}$에 대해, $f'''(1)$의 값은?

① $-3e$　　② $-\dfrac{e}{3}$　　③ $-2e$　　④ $-\dfrac{e}{2}$

16. 극한 $\lim\limits_{x \to 0} \dfrac{\sin^{-1} x - \sinh x}{x^5}$의 값은?

① $\dfrac{1}{9}$　　② $\dfrac{1}{11}$　　③ $\dfrac{1}{13}$　　④ $\dfrac{1}{15}$

**17.** 개구간 $(0,\,10)$에서 함수 $f(x)$가 불연속점의 개수는?

$$f(x) = \cos \pi x - [\sin \pi x]$$

① 15　　② 14　　③ 13　　④ 12

**18.** 적분 $\displaystyle\int_{-1}^{1} \frac{1}{1+e^{2x}}\,dx$ 의 값은?

① 0　　② 1　　③ 2　　④ 3

**19.** 함수 $f(x) = \displaystyle\int_0^x \frac{t}{t^2+2}\,dt$에 대해 아래로 볼록인 구간의 길이는?

① $\sqrt{2}$　　② 2　　③ $2\sqrt{2}$　　④ 4

**20.** 좌표평면에서 매개변수방정식 $x=4\cos t$, $y=3\sin t$로 주어진 곡선 위에 꼭짓점을 갖는 직사각형의 넓이의 최댓값은? (단, $0 \leq t < 2\pi$)

① 6　　② 12　　③ 24　　④ 48

21. $3 \times 3$ 행렬 $A = \begin{pmatrix} 1 & 2 & 3 \\ 2 & 6 & 8 \\ 3 & 8 & 10 \end{pmatrix}$ 의 역행렬을 $A^{-1} = [\,b_{ij}\,]_{3 \times 3}$ 라 하자. $b_{12} + b_{22} + b_{32}$ 의 값을 구하시오.

22. 주어진 곡선 $C$에 대해 곡선 내부 면적을 구하시오.

$$C : x^{\frac{2}{3}} + y^{\frac{2}{3}} = 8$$

23. 다음 연립방정식이 해를 갖도록 하는 $k$의 값을 구하시오.

$$\begin{cases} x + 2y - 4z + 3w = -1 \\ 2x - 3y + 13z - 8w = 5 \\ 3x - y + 9z - 5w = k \end{cases}$$

24. 극한
$$\lim_{n \to \infty} \frac{\pi}{2n} \left\{ \sin\left(\frac{\pi}{3n}\right) + \sin\left(\frac{2\pi}{3n}\right) + \cdots + \sin\left(\frac{2n\pi}{3n}\right) \right\}$$ 의
값을 구하시오.

25. 벡터공간 $R^2$의 순서기저 $\alpha = \{(1, 0), (1, 1)\}$와 벡터공간 $R^3$의 순서기저 $\beta = \{(1, 0, 0), (1, 1, 0), (0, 1, 1)\}$가 주어져 있다. 선형변환 $L : R^2 \to R^3$의 $\alpha$, $\beta$에 대응하는 행렬이 $[L]_{\alpha}^{\beta} = \begin{pmatrix} -1 & 2 \\ 2 & 0 \\ 3 & -4 \end{pmatrix}$ 이라 할 때, $L(2, -1)$의 값을 구하시오.

**1.** $a_1 = 0$, $a_{n+1} = \dfrac{1}{2 - a_n}$ 이고 모든 $n$에 대해 $0 \le a_n < 1$

을 만족할 때 $\lim\limits_{n \to \infty} a_n$의 값은?

① $\dfrac{1}{4}$　　② $\dfrac{1}{3}$　　③ $\dfrac{1}{2}$　　④ 1

**2.** 다음 무한급수 중 수렴하는 것의 개수는?

ㄱ. $\displaystyle\sum_{n=1}^{\infty} \sin\dfrac{1}{n}$　　　ㄴ. $\displaystyle\sum_{n=1}^{\infty} \dfrac{\ln n}{n^3}$

ㄷ. $\displaystyle\sum_{n=1}^{\infty} \dfrac{n!}{n^n}$　　　ㄹ. $\displaystyle\sum_{n=1}^{\infty} (-1)^n \sin\dfrac{1}{n}$

ㅁ. 모든 $n$에 대해 $a_n > 0$이고,

$\displaystyle\sum_{n=1}^{\infty} a_n$이 수렴할 때 $\displaystyle\sum_{n=1}^{\infty} \ln(1 + a_n^2)$

① 1개　　② 2개　　③ 3개　　④ 4개

**3.** 곡선 $y^2 = x^3$에서 $x = 1$부터 $x = 3$까지 변할 때, 이 곡선의 길이는?

① $\dfrac{1}{27}(31\sqrt{31} - 13\sqrt{13})$

② $\dfrac{2}{27}(31\sqrt{31} - 13\sqrt{13})$

③ $\dfrac{4}{27}(31\sqrt{31} - 13\sqrt{13})$

④ $\dfrac{5}{27}(31\sqrt{31} - 13\sqrt{13})$

**4.** 1사분면의 영역으로 원 $x^2 + y^2 = r^2$과 두 직선

$x = \dfrac{1}{3}r$, $x = \dfrac{2}{3}r$로 둘러싸인 영역을 $y$축을 회전축으로 하

여 회전시킬 때 생기는 회전체의 체적은?

① $\left(\dfrac{16\sqrt{2} - 5\sqrt{5}}{27}\right)\pi r^3$　　② $\left(\dfrac{16\sqrt{2} - 5\sqrt{5}}{81}\right)\pi r^3$

③ $\left(\dfrac{32\sqrt{2} - 10\sqrt{5}}{81}\right)\pi r^3$　　④ $\left(\dfrac{32\sqrt{2} - 10\sqrt{5}}{27}\right)\pi r^3$

5. $\displaystyle\int_0^{\frac{\pi}{2}} \frac{1}{2-\cos x}\, dx$ 의 값은?

① $\dfrac{\pi}{3\sqrt{3}}$  ② $\dfrac{2\pi}{3\sqrt{3}}$  ③ $\dfrac{\pi}{3\sqrt{2}}$  ④ $\dfrac{2\pi}{\sqrt{3}}$

6. 다음 이상적분 중 발산하는 것의 개수는?

ㄱ. $\displaystyle\int_0^1 \frac{\sqrt[3]{x}}{x-1}\, dx$

ㄴ. $\displaystyle\int_0^\infty \left( \frac{1}{\sqrt{x^2+4}} - \frac{1}{x+2} \right) dx$

ㄷ. $\displaystyle\int_0^1 \frac{1}{\sqrt{1-x^2}}\, dx$

ㄹ. $\displaystyle\int_0^1 \sin\frac{1}{x}\, dx$

① 0개  ② 1개  ③ 2개  ④ 3개

7. 다음 극한값을 구하면?

$$\lim_{x \to -\infty} \frac{\sin x + \cos^3 x}{x^2+1} + \lim_{x \to 0^+} (1-\sin x)^{\frac{1}{x}}$$

① $e^{-2}$  ② $1+e^{-1}$  ③ $e^{-1}$  ④ $2+e^{-2}$

8. $\displaystyle\int_0^1 \frac{dx}{(1+\sqrt{x})^4}$ 의 값은?

① $\dfrac{1}{6}$  ② $\dfrac{1}{12}$  ③ $\dfrac{1}{3}$  ④ $\dfrac{1}{2}$

**9.** $\mathbb{R}^4$의 세 벡터
$u_1 = (1,0,0,0), u_2 = (1,1,0,0), u_3 = (1,1,1,1)$에 의해서 생성되는 벡터공간 $W = \langle u_1, u_2, u_3 \rangle$에 대해 $v = (1,\, 2,\, 3,\, 4)$의 정사영벡터는?

① $\left\langle 1,\, 2,\, \dfrac{7}{2},\, \dfrac{7}{2} \right\rangle$     ② $\left\langle 3,\, 2,\, \dfrac{5}{2},\, \dfrac{5}{2} \right\rangle$

③ $\left\langle 2,\, 1,\, \dfrac{7}{2},\, \dfrac{7}{2} \right\rangle$     ④ $\left\langle 2,\, 3,\, \dfrac{5}{2},\, \dfrac{5}{2} \right\rangle$

**10.** 세 벡터 $(1,1,1), (2,-1,3), (3,2,1)$로 이루어진 평행육면체의 부피는?

① $5$     ② $6$     ③ $7$     ④ $8$

**11.** 선형변환 $T : P_2 \rightarrow P_2$는
$T(p(x)) = p(x) - x p'(x) + p'(x)$로 나타내어진 표현행렬 $T$의 고윳값의 합은?

① $0$     ② $1$     ③ $2$     ④ $3$

**12.** 행렬 $A = \begin{pmatrix} 1 & 1 & 1 \\ 1 & -1 & 3 \end{pmatrix}$는 선형변환 $T_A : R^3 \rightarrow R^2$에 의해 $T_A(X) = AX$로 나타낸다. 단위벡터 $v = (a,b,c)$가 $\ker(T_A)$의 성분일 때, $a+b+c$의 값은?

① $-\dfrac{1}{\sqrt{6}}$     ② $0$     ③ $\dfrac{1}{\sqrt{6}}$     ④ $\dfrac{2}{\sqrt{6}}$

**13.** 행렬 $A = \begin{pmatrix} -3 & -2 \\ 2 & 2 \end{pmatrix}$ 에 대해 $A^{99}\begin{pmatrix} 4 \\ -5 \end{pmatrix}$의 모든 성분의 합은?

① $2^{99}+2$        ② $-2^{99}+2$

③ $2^{99}-2$        ④ $-2^{99}-2$

**14.** 두 점 $A(4,0,2), B(2,4,1)$을 지나는 직선 $L_1$과 두 점 $C(1,3,2), D(2,2,4)$를 지나는 직선 $L_2$ 사이의 거리는?

① $\dfrac{5}{\sqrt{62}}$    ② $\dfrac{11}{\sqrt{62}}$    ③ $\dfrac{12}{\sqrt{62}}$    ④ $\dfrac{30}{\sqrt{62}}$

**15.** 다음 중 옳은 명제의 개수는?

> ㄱ. $m \times n$행렬 $A$에 대해 $A^TA$의 계수(rank)가 $n$일 때, 모든 벡터 $b \in R^n$에 대해 $AX=b$를 만족하는 해는 한개 존재한다.
>
> ㄴ. $n$차 정방행렬 $A, B$에 대해 $tr(AB-BA)=0$이다.
>
> ㄷ. $A$가 가역행렬이면 $A-I$도 가역행렬이다.
>
> ㄹ. $A$가 가역행렬이고, $A$와 $A^{-1}$의 모든 성분이 정수일 때, $\det(A)=\det(A^{-1})$이다.

① 1개      ② 2개      ③ 3개      ④ 4개

**16.** 행렬 $A = \begin{bmatrix} 0 & 1 & 2 & 3 \\ 0 & 0 & 1 & 2 \\ 0 & 0 & 0 & 1 \\ 0 & 0 & 0 & 0 \end{bmatrix}$ 에 대해 $I-A$의 역행렬은?

① $A+A^2$        ② $A+A^2+A^3$

③ $I+A+A^2$        ④ $I+A+A^2+A^3$

**17.** 두 곡선
$$r_1(u) = \langle u-1, u^2-1, u^3-1 \rangle, r_2(t) = \langle \sin t, \sin 2t, t \rangle$$
의 교점에서의 사잇각 $\theta$에 대해 $\cos\theta$의 값은?

① $\dfrac{4}{3\sqrt{2}}$  ② $\dfrac{8}{3\sqrt{2}}$  ③ $\dfrac{4}{\sqrt{21}}$  ④ $\dfrac{8}{\sqrt{21}}$

**18.** 포물면 $z = x^2 + y^2$과 타원면 $4x^2 + y^2 + z^2 = 9$의 교선위의 점 $(-1, 1, 2)$에서의 접선의 방정식은?

① $\dfrac{x+1}{5} = \dfrac{y-1}{-8} = \dfrac{z-2}{-6}$

② $\dfrac{x+1}{5} = \dfrac{y-1}{-8} = \dfrac{z-2}{6}$

③ $\dfrac{x+1}{5} = \dfrac{y-1}{8} = \dfrac{z-2}{6}$

④ $\dfrac{x+1}{-5} = \dfrac{y-1}{-8} = \dfrac{z-2}{6}$

**19.** 원점에 가장 가까이 있는 곡면 $y^2 = 9 + xz$ 위의 점과의 거리는?

① 3  ② 4  ③ 5  ④ 6

**20.** $D = \{(x, y) \,|\, 9x^2 + 4y^2 \leq 1, x \geq 0, y \geq 0\}$에 대해
$$\iint_D \sin(9x^2 + 4y^2)\, dA$$ 의 값은?

① $\dfrac{\pi}{24}(\cos 1 - 1)$  ② $\dfrac{\pi}{24}(1 - \cos 1)$

③ $\dfrac{\pi}{4}(\cos 1 - 1)$  ④ $\dfrac{\pi}{4}(1 - \cos 1)$

**21.** 곡면 $S$는 입체
$$E = \left\{ (x, y, z) \,\middle|\, x \geq 0, y \geq 0, z \geq 0, x + \frac{y}{2} + \frac{z}{3} \leq 1 \right\}$$
의 경계이다. $F = \langle 1, y, xz \rangle$에 대해, $\iint_S F \cdot dS$의 값은?

① $\dfrac{2}{3}$      ② $\dfrac{4}{3}$      ③ $\dfrac{3}{4}$      ④ $\dfrac{5}{4}$

**22.** 구 $x^2 + y^2 + z^2 = 4$ 내부와 $xy$평면 위, $z = \sqrt{x^2 + y^2}$ 아래로 둘러싸인 영역의 부피는?

① $\dfrac{4}{3}\pi$      ② $\dfrac{4\sqrt{2}}{3}\pi$      ③ $\dfrac{8}{3}\pi$      ④ $\dfrac{8\sqrt{2}}{3}\pi$

**23.** 곡면 $z = -x^2 - y^2 + 1 \, (z \geq 0)$ 할 때,
$$F = xy\boldsymbol{i} + yz\boldsymbol{j} + zx\boldsymbol{k}$$에 대해 $\iint_S F \cdot dS$의 값은?

① $\dfrac{\pi}{6}$      ② $\dfrac{\pi}{4}$      ③ $\dfrac{\pi}{3}$      ④ $\dfrac{\pi}{2}$

**24.** 입체 $E = \{ (x, y, z) \,|\, 3x^2 - 2xy + 2y^2 - 2yz + 3z^2 \leq 12 \}$의 부피는?

① $14\pi$      ② $15\pi$      ③ $16\pi$      ④ $17\pi$

**25.** $f$는 $x$와 $y$의 미분가능한 함수이고,
$$g(r, s) = f(2r - s, \ s^2 - 4r)$$라 하자. 다음 표를 이용하여 $g_s(1, 2)$의 값을 구하면?

|         | $f$ | $g$ | $f_x$ | $f_y$ |
|---------|-----|-----|-------|-------|
| $(0, 0)$ | 3   | 6   | 4     | 8     |
| $(1, 2)$ | 6   | 3   | 2     | 5     |

① 32      ② 28      ③ 23      ④ 18

**1.** 함수 $f(x) = \sinh x$에 대해 $f(a) = \dfrac{12}{5}$일 때, $f'(a)$의 값은?

① $-\dfrac{5}{12}$ ② $\dfrac{5}{12}$ ③ $-\dfrac{13}{5}$ ④ $\dfrac{13}{5}$

**2.** 함수 $y = \ln(x^2 - 2x + 1)$ 위의 점 $(2, 0)$에서 접선의 방정식이 $y = ax + b$일 때, $a - b$의 값은?

① 5 ② 6 ③ 7 ④ 8

**3.** 함수 $f(x) = \sqrt{x} + \ln(x - 3)$의 역함수를 $g$라 할 때, $g'(2)$의 값은?

① $\dfrac{4}{5}$ ② $\dfrac{3}{5}$ ③ $\dfrac{2}{5}$ ④ $\dfrac{1}{5}$

**4.** $\lim\limits_{n \to \infty} \sqrt[n]{2^n + 3^n}$의 값은?

① 1 ② 2 ③ 3 ④ 4 ⑤ 5

5. $\int_1^2 \dfrac{x^2+1}{3x-x^2} dx = a+b\ln 2$일 때, $a+b$의 값은?
(단, $a$와 $b$는 유리수이다.)

① $\dfrac{4}{3}$  ② $2$  ③ $\dfrac{8}{3}$  ④ $\dfrac{10}{3}$  ⑤ $4$

6. 다음 특이적분 중 수렴하는 것은?

① $\int_0^\infty \dfrac{x}{1+x^2} dx$  ② $\int_1^\infty \dfrac{1}{x\ln x} dx$

③ $\int_0^1 \ln x\, dx$  ④ $\int_1^\infty \dfrac{1}{x-1} dx$

7. 4차원 공간 $\mathbb{R}^4$의 네 벡터 $(1,3,2,2)$, $(2,4,3,2)$, $(1,9,5,8)$, $(0,4,2,4)$에 의해 생성된 부분공간을 $W$라 할 때, $W$의 차원은?

① $1$  ② $2$  ③ $3$  ④ $4$

8. 두 행렬 $A = \begin{pmatrix} a_1\,a_2\,a_3\,a_4 \\ b_1\,b_2\,b_3\,b_4 \\ c_1\,c_2\,c_3\,c_4 \\ d_1\,d_2\,d_3\,d_4 \end{pmatrix}$와 $B = \begin{pmatrix} b_1\,b_2\,-b_3\,b_4 \\ a_1\,a_2\,-a_3\,a_4 \\ c_1\,c_2\,-c_3\,c_4 \\ d_1\,d_2\,-d_3\,d_4 \end{pmatrix}$에 대해

$\det(A) = 2$일 때, $\det[(AB^{-1})^T]$의 값은? (단, $A^T$는 $A$의 전치행렬)

① $\dfrac{1}{2}$  ② $1$  ③ $2$  ④ $4$

꼭 나온다!

**9.** $A$는 실대칭행렬이고 $\vec{v_1}$, $\vec{v_2}$는 각각 고윳값 1과 2에 대응하는 $A$의 단위고유벡터일 때, $4\vec{v_1} - 3\vec{v_2}$의 크기는?

① 3     ② 4     ③ 5     ④ 6

**10.** 행렬 $A = \begin{pmatrix} 1 & a & -2 \\ 0 & -1 & 2 \\ -1 & 1 & 0 \end{pmatrix}$와 $B = \begin{pmatrix} 1 & 0 & -1 \\ 0 & b & 1 \\ 1 & 0 & 0 \end{pmatrix}$에 대해 $\det(AB) = \det(A+B)$가 성립할 때, $ab$의 값은? (단, $a$, $b$는 실수이다.)

① $-6$     ② $-3$     ③ 3     ④ 6

**11.** 선형변환 $T : \mathbb{R}^3 \to \mathbb{R}^2$는 $v_1 = (1, 1, 1)$, $v_2 = (1, 1, 0)$, $v_3 = (1, 0, 0)$에 대해 $T(v_1) = (1, 0)$, $T(v_2) = (2, 1)$, $T(v_3) = (4, 3)$ 일 때, $T(2, 4, -2)$ 가 나타내는 벡터는?

① $(-2, 0)$    ② $(0, -2)$    ③ $(2, 0)$    ④ $(0, 2)$

**12.** 네 점이 $P(-1, 2, 1), Q(3, 4, 3), R(2, 5, 0), S(4, 7, 2)$일 때, 인접한 세 모서리가 $PQ, PR, PS$인 평행육면체의 부피는?

① 4     ② 8     ③ 12     ④ 16

**13.** 점 $(1, 1, 2)$ 에서 포물면 $z = x^2 + y^2$ 에 대한 법선이 이 포물면과 다시 만나는 점을 $(a, b, c)$ 라 할 때, $a + b + c$ 의 값은?

① $\dfrac{5}{8}$   ② $\dfrac{3}{4}$   ③ $\dfrac{7}{8}$   ④ $1$

**14.** 벡터함수 $\vec{\gamma}(t) = (t, 2\cos t, 2\sin t)$ 로 주어진 곡선의 곡률이 $\kappa(t)$ 일 때, $\kappa(5)$ 의 값은?

① $\dfrac{2}{5}$   ② $\dfrac{3}{5}$   ③ $\dfrac{4}{5}$   ④ $1$

**15.** 영역 $\{(x, y) \in \mathbb{R}^2 \mid x^2 + y^2 \leq 1\}$ 에서 함수 $f(x, y) = x^4 - y^4$ 의 최댓값과 최솟값의 곱은?

① $-1$   ② $-\dfrac{1}{2}$   ③ $0$   ④ $1$

**16.** $\Omega = \left\{ (x, y) \,\middle|\, x^2 + \left( y - \dfrac{1}{2} \right)^2 \leq \dfrac{1}{4} \right\}$ 일 때 $\displaystyle\iint_{\Omega} \sqrt{x^2 + y^2}\, dx\, dy$ 의 값은?

① $\dfrac{2}{9}$   ② $\dfrac{3}{9}$   ③ $\dfrac{4}{9}$   ④ $\dfrac{5}{9}$   ⑤ $\dfrac{6}{9}$

17. 점 $(2, 1, \pi)$에서 함수 $f(x, y, z) = y^2 + x\cos(yz)$의 벡터 $v = \ <2, 3, -6>$ 방향으로의 방향도함수는?

① $-\dfrac{6}{7}$      ② $-\dfrac{3}{7}$      ③ $\dfrac{2}{7}$      ④ $\dfrac{4}{7}$

18. 두 포물선 $y^2 = 1 - x$, $y^2 = 1 + x$로 둘러싸인 부분 중에서 $y \geq 0$인 영역을 $R$이라 할 때, 이중적분 $\iint_R y\, dA$의 값은?

① $\dfrac{1}{4}$      ② $\dfrac{1}{2}$      ③ $1$      ④ $2$

19. $z = f(x, y)$의 이계편도함수가 연속이고, $x = 2rs, y = 2r$이다.

$$f_x(2, 2) = f_y(2, 2) = -1,$$
$$f_{xx}(2, 2) = f_{yy}(2, 2) = 1,$$
$$f_{xy}(2, 2) = -1$$

일 때, $(r, s) = (1, 1)$에서 $\dfrac{\partial^2 z}{\partial s\, \partial r}$의 값은?

① $-2$      ② $0$      ③ $2$      ④ $4$

20. 곡선 $y = x^2$, 직선 $x = 1$ 및 $y = 0$으로 둘러싸인 영역 $R$에 대해, $\iint_R \dfrac{\sin(x)}{x}\, dy dx$는?

① $\sin(1) + \cos(1)$      ② $\sin(1) - \cos(1)$

③ $-\sin(1) + \cos(1)$      ④ $-\sin(1) - \cos(1)$

**21.** $y = y(x)$가 미분방정식 $y' - y = y^2$, $y(0) = 3$의 해일 때, $y(1)$의 값은?

① $\dfrac{3e}{4+3e}$  ② $\dfrac{3e}{4-3e}$  ③ $\dfrac{4e}{4e+3}$  ④ $\dfrac{4e}{4e-3}$

**22.** 함수 $y(x)$가 미분방정식 $y'' - 3\dfrac{y'}{x} + 4\dfrac{y}{x^2} = 0$과 조건 $y(1) = 2$, $y(e) = 3e^2$을 만족할 때, $y(2e)$의 값이 될 수 있는 것은?

① $e(8 + 8\ln 2)$  ② $e^2(2 + 4\ln 2)$

③ $e(16 + 8\ln 2)$  ④ $e^2(12 + 4\ln 2)$

**23.** 미분방정식 $(x+y-1)dx + (x+y+1)dy = 0$의 일반해는?

① $x^2 + y^2 + 2xy + 2x - 2y = C$

② $x^2 + y^2 + 2xy - 2x + 2y = C$

③ $x^2 + y^2 + 2xy + 4x - 4y = C$

④ $x^2 + y^2 + 2xy - 4x + 4y = C$

**24.** 미분방정식 $y'' + y' - 2y = 4e^{2t}$의 일반해 $y(t)$에 대해 $\displaystyle\lim_{t\to\infty}\dfrac{y(t)}{e^{2t}}$는?

① 0  ② 1  ③ 2  ④ 4

**25.** $\mathcal{L}^{-1}\left\{\dfrac{s}{s^2 + 8s + 7}\right\}$은?

① $-\dfrac{1}{8}(e^{-t} - 7e^{-7t})$  ② $\dfrac{1}{8}(e^{t} - 7e^{7t})$

③ $-\dfrac{1}{6}(e^{-t} - 7e^{-7t})$  ④ $\dfrac{1}{6}(e^{t} - 7e^{7t})$

MEMO

1. 극한 $\lim\limits_{x \to 1} \dfrac{x^{2019} + 2x - 3}{x - 1}$ 의 값은?

① 2019　　② 2020　　③ 2021　　④ 2022

2. 〈보기〉의 이상적분 중 수렴하는 것을 모두 고르면?

〈보 기〉

가. $\displaystyle\int_0^1 \dfrac{1}{x(\ln x)} dx$　　　나. $\displaystyle\int_0^1 \dfrac{1}{x(\ln x)^2} dx$

다. $\displaystyle\int_0^1 \dfrac{\sin x}{x} dx$　　　라. $\displaystyle\int_0^1 \dfrac{1}{x^{1/2}} dx$

① 가, 나, 다, 라　　② 나, 다, 라

③ 다, 라　　④ 라

3. 함수 $f$와 그 역함수 $f^{-1}$가 모두 미분가능하고 $f(0) = 3$, $(f^{-1})'(3) = \dfrac{1}{2}$일 때, $f'(0)$의 값은?

① 1　　② 2　　③ 3　　④ 4　　⑤ 5

4. 정적분 $\displaystyle\int_0^{\pi/6} 6\cos^3 x\, dx$의 값은?

① $\dfrac{5}{2}$　　② $\dfrac{11}{4}$　　③ 3　　④ $\dfrac{13}{4}$

5. 멱급수 $\displaystyle\sum_{n=1}^{\infty}\frac{(2x-1)^n}{4^n\ln(n+1)}$ 의 수렴반지름은?

① $\dfrac{1}{4}$　② $\dfrac{1}{2}$　③ 2　④ 4

6. 점 $A(5,0)$와 포물선 $y=x^2+1$ 위의 동점 $P$ 사이의 거리를 $l$이라 할 때, $l$의 최솟값은?

① $\sqrt{5}$　② $2\sqrt{5}$　③ $3\sqrt{5}$　④ $4\sqrt{5}$

7. 두 직선 $x+2=y-5=\dfrac{z-1}{2}$ 와 $x-1=y-1=z$ 사이의 최단거리는?

① $\dfrac{3}{\sqrt{2}}$　② $\dfrac{5}{\sqrt{2}}$　③ $\dfrac{7}{\sqrt{2}}$　④ $\dfrac{9}{\sqrt{2}}$

8. 다음 중 행렬식 $\begin{vmatrix} a & b & c \\ d & e & f \\ g & h & i \end{vmatrix}$ 과 항상 같은 것은?

① $\begin{vmatrix} b & a & c \\ e & d & f \\ h & g & i \end{vmatrix}$　② $\begin{vmatrix} a & c & b \\ d & f & e \\ g & i & h \end{vmatrix}$　③ $\begin{vmatrix} d & a & g \\ e & b & h \\ f & c & i \end{vmatrix}$　④ $\begin{vmatrix} e & b & h \\ d & a & g \\ f & c & i \end{vmatrix}$

9. 행렬 $\begin{pmatrix} 1 & 4 \\ 1 & a \end{pmatrix}$의 모든 고윳값의 합이 $-1$일 때, 실수 $a$의 값은?

① $-4$     ② $-3$     ③ $-2$     ④ $-1$

11. 직선 $l_1 : 2x + y = 3$, $l_2 : x - y = 1$ 이 이루는 예각을 $\theta$라 할 때, $\cos(\theta)$의 값은?

① $\dfrac{1}{\sqrt{10}}$    ② $\dfrac{2}{\sqrt{10}}$    ③ $\dfrac{3}{\sqrt{10}}$    ④ $\dfrac{4}{\sqrt{10}}$

10. 선형변환 $T : \mathbb{R}^3 \to \mathbb{R}^3$에 대해,
$T(1, 2, 3) = (1, 0, -1)$, $T(2, 3, 4) = (1, 2, 1)$,
$T(1, 3, 1) = (-2, 5, 3)$ 이라고 한다.
$T(1, 1, 1) = (a, b, c)$라 할 때, $a + b + c$의 값은?

① $0$      ② $2$      ③ $4$      ④ $8$

12. 연립방정식 $\begin{cases} kx + 2y + z = 0 \\ 2x + ky + z = 0 \\ x + y + 4z = 0 \end{cases}$ 이 $x = y = z = 0$ 이외의 해를 가질 때 $k$의 값의 합은?

① $-1$      ② $-\dfrac{1}{2}$      ③ $\dfrac{1}{2}$      ④ $1$

**13.** $xy-$평면의 시계 반대 방향으로 도는 원 $C$가 $x^2+y^2=9$일 때 $\oint_C -2y\,dx + x^2\,dy$의 값은?

① $4\pi$　　② $8\pi$　　③ $15\pi$　　④ $18\pi$

**14.** 곡면 $z^2 = xy + x - y + 4$에서 원점까지의 최단거리는?

① $\sqrt{2}$　② $\sqrt{3}$　③ $2$　④ $\sqrt{5}$　⑤ $\sqrt{6}$

**15.** 벡터함수 $r(t) = \langle e^{-t}\cos t, e^{-t}\sin t, e^{-t} \rangle$에 대해 $t=0$일 때의 접선벡터가 $x$축의 양의 방향과 이루는 각을 $\theta$라 하자. $\cos\theta$의 값은?

① $-\dfrac{\sqrt{3}}{3}$　　　② $-\dfrac{\sqrt{2}}{3}$　　　③ $0$

④ $\dfrac{\sqrt{2}}{3}$　　　⑤ $\dfrac{\sqrt{3}}{3}$

**16.** 좌표평면에서 네 점 $(1,0)$, $(2,0)$, $(0,-2)$, $(0,-1)$을 꼭짓점으로 하는 사다리꼴 영역을 $R$라 할 때,

$$\iint_R 2\cos\left(\frac{y+x}{y-x}\right)dA$$의 값은?

① $\sin 1$　　② $\cos 1$　　③ $3\sin 1$

④ $3\cos 1$　　⑤ $5\sin 1$

꼭 나온다!

17. 공간에서의 온도 함수가 $T(x, y, z) = \pi e^{xy} - \sin(\pi yz)$ 일 때, 다음 벡터 중 점 $(0,\, 1,\, -1)$ 에서 온도가 가장 빠르게 낮아지는 방향을 나타내는 것은?

① $\langle -1, 1, -1 \rangle$      ② $\langle 1, -1, 1 \rangle$

③ $\langle 2, 1, -1 \rangle$      ④ $\langle -2, -1, 1 \rangle$

18. 이중적분 $\displaystyle\int_0^1 \int_0^{\sqrt{y-y^2}} 1 \, dx \, dy$ 의 값은?

① $\pi$      ② $\dfrac{\pi}{2}$      ③ $\dfrac{\pi}{4}$      ④ $\dfrac{\pi}{8}$

19. $z = \sin(xy)$, $x = t$, $y = t^2$ 일 때 연쇄법칙을 이용하여 $\dfrac{dz}{dt}$ 는?

① $3t^3 \cos(t^2)$      ② $3t^3 \sin(t^2)$

③ $3t^2 \sin(t^3)$      ④ $3t^2 \cos(t^3)$

20. 구간 $-1 < x < 1$ 에서 연속함수 $y(x)$ 가 초깃값 문제 $\dfrac{dy}{dx} = -\dfrac{x}{y}$, $y(0) = -1$ 의 해일 때, $y\left(\dfrac{1}{2}\right)$ 의 값은?

① $\dfrac{1}{2}$      ② $-\dfrac{\sqrt{3}}{2}$      ③ $\dfrac{\sqrt{3}}{2}$      ④ $-\dfrac{1}{2}$

**21.** 초깃값 문제 $y'' + 8y' + 16y = 0$, $y(0) = 1$, $y'(0) = 2$의 해는?

  ① $e^{-4x} + 6x\,e^{-4x}$      ② $e^{-4x} + x\,e^{-4x}$

  ③ $e^{4x} + 6x\,e^{4x}$      ④ $e^{4x} - x\,e^{4x}$

**23.** 미분방정식 $y'' + y = 6x^2 + 2 - 12e^{3x}$의 일반해가

$$y = c_1 \cos x + c_2 \sin x + Ax^2 + Bx + C + De^{3x}$$

일 때, $A + B + C + D$의 값은?

  ① $-\dfrac{18}{5}$   ② $-\dfrac{21}{5}$   ③ $-\dfrac{23}{5}$   ④ $-\dfrac{26}{5}$

**24.** 다음 함수 $F(s) = \ln \dfrac{s^2 + 1}{(s-1)^2}$ 의 라플라스의 역변환 $\mathcal{L}^{-1}\{F(s)\}$는?

  ① $\dfrac{2\sin t - 2e^t}{t}$      ② $-\dfrac{2\sin t - 2e^t}{t}$

  ③ $\dfrac{2\cos t - 2e^t}{t}$      ④ $-\dfrac{2\cos t - 2e^t}{t}$

**22.** 다음은 라플라스 변환 문제이다.

$f(t) = L^{-1}\left\{ \dfrac{s-1}{(s+2)^2 + 3^2} \right\}$ 일 때, $f\left(\dfrac{\pi}{2}\right)$의 값은?

  ① $e^{-\pi}$    ② $1$    ③ $e^{\pi}$    ④ $e^{2\pi}$

**25.** 미분방정식 $y'' + y = \delta(t - 2\pi)$, $y(0) = 0$, $y'(0) = 1$의 해는?

  ① $y = \sin t + \sin t\, u(t - 2\pi)$

  ② $y = \sin t - \sin t\, u(t - 2\pi)$

  ③ $y = \sin t + \cos t\, u(t - 2\pi)$

  ④ $y = \sin t - \cos t\, u(t - 2\pi)$

꼭 나온다!

MEMO

1. $\cot^{-1}(\tan 1)$의 값은?

① $\dfrac{\pi}{2}-1$  ② $\dfrac{\pi}{2}$  ③ $1$  ④ $\dfrac{\pi}{4}+1$

2. $\displaystyle\int_0^{\sqrt{3}} x\tan^{-1}x\,dx$의 값은?

① $\dfrac{\pi}{6}$  ② $\dfrac{\pi}{3}$  ③ $\dfrac{\pi}{3}-\dfrac{1}{2}$  ④ $\dfrac{2\pi}{3}-\dfrac{\sqrt{3}}{2}$

3. 멱급수(거듭제곱급수) $\displaystyle\sum_{n=0}^{\infty}\frac{(n!)^2}{(2n)!}x^n$의 수렴반지름의 값은?

① $1$  ② $2$  ③ $3$  ④ $4$  ⑤ $5$

4. $f(x)=\displaystyle\int_0^{2x}\frac{1}{\sqrt{1+t^3}}\,dt$일 때 극한 $\displaystyle\lim_{h\to 0}\frac{f(1+3h)-f(1-h)}{h}$ 의 값은?

① $\dfrac{2}{3}$  ② $\dfrac{4}{3}$  ③ $\dfrac{8}{3}$  ④ $\dfrac{16}{3}$

**5.** $|x|<1$의 구간에서 $f(x) = \arcsin(x)$의 매클로린 급수를 다음과 같이 구하였다.

$$f(x) = \arcsin(x) = a_0 + a_1 x + a_2 x^2 + a_3 x^3$$
$$+ a_4 x^4 + a_5 x^5 + \cdots$$

$a_0 + a_1 + a_2 + a_3 + a_4$의 값은?

① $\dfrac{3}{2}$  ② $\dfrac{7}{6}$  ③ $\dfrac{149}{120}$  ④ $\dfrac{4}{3}$

**6.** $y = e^{2x^2+3x+1}$, $x = \sin(t)$ 일 때, $t=0$에서 $\dfrac{dy}{dt}$ 의 값은?

① $1$  ② $2e$  ③ $3e$  ④ $4e$

**7.** 공간에서의 세 점 $P(-1, -2, -1)$, $Q(-4, -1, 1)$, $R(2, 0, 3)$에 대해 삼각형 PQR의 넓이는?

① $\dfrac{7}{2}\sqrt{5}$  ② $4\sqrt{5}$  ③ $\dfrac{9}{2}\sqrt{5}$  ④ $5\sqrt{5}$

**8.** $3\times 3$ 행렬 $A$에 대해 $A\begin{pmatrix} 1 \\ 1 \\ 1 \end{pmatrix} = \begin{pmatrix} 1 \\ 2 \\ 3 \end{pmatrix}$, $A\begin{pmatrix} -1 \\ 1 \\ -1 \end{pmatrix} = \begin{pmatrix} 4 \\ 5 \\ 6 \end{pmatrix}$ 일 때, 벡터 $A\begin{pmatrix} -1 \\ 5 \\ -1 \end{pmatrix}$의 모든 성분의 합은?

① $0$  ② $13$  ③ $26$  ④ $57$

**9.** 좌표공간에서 두 평면 $3x-2y+z=1$, $2x+y+7z=9$ 의 교선의 방향벡터를 $\langle a,b,c \rangle$ 라 할 때, $\dfrac{a}{b}$ 의 값은?

① $\dfrac{11}{19}$  ② $\dfrac{13}{19}$  ③ $\dfrac{15}{19}$  ④ $\dfrac{17}{19}$  ⑤ $1$

**11.** 벡터 $\vec{p}=(3,3,3)$ 가 벡터 $\vec{a}=(1,2,0)$, $\vec{b}=(0,1,2)$, $\vec{c}=(2,0,1)$ 의 일차결합 $\vec{p}=\alpha\vec{a}+\beta\vec{b}+\gamma\vec{c}$ 로 표현될 때, $\alpha+\beta+\gamma$ 의 값은?

① $1$  ② $2$  ③ $3$  ④ $4$

**10.** 행렬 $M=\begin{bmatrix} 0 & 1 & 0 \\ 0 & 0 & 1 \\ 4 & 5 & 6 \end{bmatrix}$ 의 고윳값을 $\lambda_1, \lambda_2, \lambda_3$ 라 할 때 고윳값들의 합 $a=\lambda_1+\lambda_2+\lambda_3$ 와 고윳값들의 곱 $b=\lambda_1\lambda_2\lambda_3$ 는?

① $a=6,\ b=4$  ② $a=6,\ b=0$

③ $a=4,\ b=6$  ④ $a=0,\ b=6$

**12.** 점 $\mathrm{P}(1,2,3)$ 와 평면 $2x+y+2z-3=0$ 사이의 거리는?

① $\dfrac{3}{7}$  ② $\dfrac{\sqrt{2}}{\sqrt{7}}$  ③ $\dfrac{\sqrt{7}}{\sqrt{2}}$  ④ $\dfrac{7}{3}$

**13.** 구간 $[0, 1]$에서 연속인 함수의 벡터공간 $C[0, 1]$에서의 내적을 $\langle f, g \rangle = \int_0^1 f(x)g(x)dx$와 같이 정의할 때, $f(x) = x^2$ 위로의 $g(x) = x$의 정사영은?

① $\dfrac{3}{5}x^2$    ② $\dfrac{4}{5}x^2$    ③ $\dfrac{5}{4}x^2$    ④ $\dfrac{5}{3}x^2$

**14.** 타원 $x^2 + 4y^2 = 8$에서 함수 $f(x, y) = xy$의 최댓값을 $a$, 최솟값을 $b$라 할 때, $ab$의 값은?

① $-1$    ② $-2$    ③ $-3$    ④ $-4$

**15.** 곡선 $y = \ln(x\sqrt{2})$의 곡률이 최대가 되는 점의 $x$좌표는?

① $\dfrac{1}{\sqrt{6}}$    ② $\dfrac{1}{\sqrt{5}}$    ③ $\dfrac{1}{2}$

④ $\dfrac{1}{\sqrt{3}}$    ⑤ $\dfrac{1}{\sqrt{2}}$

**16.** 방정식 $x - z = \tan^{-1}(yz)$ 에 대해 $\dfrac{\partial z}{\partial x}(1, 0) + \dfrac{\partial z}{\partial y}(1, 0)$ 의 값은?

① $2$    ② $-2$    ③ $1$    ④ $-1$    ⑤ $0$

꼭 나온다!

17. 이변수함수 $f(x, y) = x^4 + y^4 - 4xy + \alpha$의 모든 극값의 합이 $-2$일 때, 실수 $\alpha$의 값은?

① $1$      ② $\dfrac{4}{3}$      ③ $\dfrac{5}{3}$      ④ $2$

18. 좌표공간에서 평면 $x = 0$과 포물면 $x = 1 - y^2 - z^2$ $x = 1 - y^2 - z^2$으로 둘러싸인 입체의 부피는?

① $\dfrac{\pi}{2}$    ② $\pi$    ③ $\dfrac{3}{2}\pi$    ④ $2\pi$    ⑤ $\dfrac{5}{2}\pi$

19. $y = y(x)$가 미분방정식 $\dfrac{dx}{dy} = \dfrac{y}{x}$, $y(0) = -3$의 해일 때, $y(4)$의 값은?

① $1$      ② $-1$      ③ $5$      ④ $-5$

20. 초깃값 문제 $y'' - 4y' + 4y = 0$, $y(0) = 1$, $y'(0) = 1$에서 $y(2)$의 값은?

① $-e^4$      ② $-2e^4$      ③ $e^4$      ④ $2e^4$

**21.** $y(x)$가 초깃값 문제 $x\dfrac{dy}{dx}+y=e^x$ , $y(1)=2$의 해일 때, $y(2)$의 값은?

① $e^2-e+1$       ② $-2(e^2-e+3)$

③ $\dfrac{1}{3}(2e^2-e+2)$       ④ $\dfrac{1}{2}(e^2-e+2)$

**22.** 함수 $y(x)$가 미분방정식 $x\dfrac{dy}{dx}-3y=x^6e^x$과 조건 $y(1)=e$를 만족할 때, $y(2)$의 값은?

① $4e$     ② $8e^2-2e$     ③ $16e^2$     ④ $8e^2-4e$

**23.** 미분방정식 $x''+5x'+6x=e^{-2t}$의 해 $x=x(t)$가 초기조건 $x(0)=1$, $x'(0)=0$을 만족할 때, $x(1)$의 값은?

① $0$       ② $e^{-2}-2e^{-3}$

③ $2e^{-2}-3e^{-3}$       ④ $3e^{-2}-2e^{-3}$

⑤ $3e^{-2}-e^{-3}$

**24.** 다음 연립미분방정식에 대한 초깃값 문제의 해는?

$$\begin{bmatrix} y_1' \\ y_2' \end{bmatrix}=\begin{bmatrix} 0 & 1 \\ 2 & -1 \end{bmatrix}\begin{bmatrix} y_1 \\ y_2 \end{bmatrix},\quad \begin{bmatrix} y_1(0) \\ y_2(0) \end{bmatrix}=\begin{bmatrix} 1 \\ 2 \end{bmatrix}$$

① $\dfrac{1}{2}e^t\begin{bmatrix} 1 \\ 1 \end{bmatrix}+\dfrac{1}{2}e^{-2t}\begin{bmatrix} 1 \\ 3 \end{bmatrix}$

② $\dfrac{4}{3}e^{-2t}\begin{bmatrix} 1 \\ 1 \end{bmatrix}+\dfrac{1}{3}e^t\begin{bmatrix} -1 \\ 2 \end{bmatrix}$

③ $\dfrac{4}{3}e^t\begin{bmatrix} 1 \\ 1 \end{bmatrix}+\dfrac{1}{3}e^{-2t}\begin{bmatrix} -1 \\ 2 \end{bmatrix}$

④ $\dfrac{1}{2}e^t\begin{bmatrix} 1 \\ 3 \end{bmatrix}+\dfrac{1}{2}e^{-2t}\begin{bmatrix} 1 \\ 1 \end{bmatrix}$

⑤ $\dfrac{4}{3}e^{-t}\begin{bmatrix} 1 \\ 1 \end{bmatrix}+\dfrac{1}{3}e^{2t}\begin{bmatrix} -1 \\ 2 \end{bmatrix}$

**25.** $y=y(t)$가 방정식 $y(t)-\displaystyle\int_0^t y(\tau)\sin(t-\tau)\,d\tau=t$의 해일 때, $y(1)$의 값은?

① $\dfrac{5}{6}$      ② $\dfrac{7}{6}$      ③ $\dfrac{11}{6}$      ④ $\dfrac{13}{6}$

MEMO

꼭 나온다!

1. 극곡선 $r = \sin\theta + \cos\theta$으로 둘러싸인 영역의 넓이는?

① $\dfrac{\pi}{2}$    ② $\pi$    ③ $\dfrac{3\pi}{2}$    ④ $2\pi$

2. 뉴턴 방법을 사용하여 $x^3 + x + a = 0$의 해를 구하려고 한다. 초기 근삿값 $x_1 = 1$이고 두 번째 근삿값 $x_2 = \dfrac{3}{4}$일 때, $a$의 값은? (단, $a$는 상수)

① $-2$    ② $-1$    ③ $0$    ④ $1$

3. $\displaystyle\int_1^e (\ln x)^2\, dx$의 값은?

① $e - 2$    ② $e - \dfrac{3}{2}$    ③ $e - 1$    ④ $e - \dfrac{1}{2}$

4. 급수 $\displaystyle\sum_{n=2}^{\infty} \dfrac{2}{n^2 - 1}$의 합은?

① $\dfrac{3}{2}$    ② $2$    ③ $\dfrac{5}{2}$    ④ $4$

5. 이상적분 $\displaystyle\int_0^\infty 2xe^{-2x^2}dx$ 의 값은?

① $\dfrac{1}{2}$　② $\dfrac{1}{3}$　③ $\dfrac{1}{4}$　④ $\dfrac{1}{5}$　⑤ $\dfrac{1}{6}$

7. 이상적분 $\displaystyle\int_0^1 \dfrac{\ln x}{\sqrt{x}}dx$ 의 값은?

① 발산　② $-6$　③ $-4$　④ $-1$

6. $y=x-x^2$ 과 $y=0$ 으로 둘러싸인 영역을 직선 $x=1$ 을 축으로 회전하여 얻은 회전체의 부피는?

① $1-\dfrac{\pi}{6}$　② $\dfrac{\pi}{6}$　③ $\dfrac{\pi}{3}$　④ $\dfrac{\pi}{3}+1$

8. 급수 $1-2\ln 3+\dfrac{(2\ln 3)^2}{2!}-\dfrac{(2\ln 3)^3}{3!}+\cdots$ 의 합은?

① $9$　② $3$　③ $\dfrac{1}{3}$　④ $\dfrac{1}{9}$

꼭 나온다!

**9.** $2 \times 2$ 실행렬 $A$가 대칭행렬이고
$tr(A^2) = 10$, $\det(A) = -3$일 때, $(tr(A))^2$의 값은?

① 1      ② 4      ③ 9      ④ 16

**10.** 행렬 $A = \begin{pmatrix} 1 & -1 & 2 \\ 3 & 1 & 4 \\ 0 & -2 & 5 \end{pmatrix}$ 의 행렬식을 이용하여 다음 행렬들의

행렬식의 합은?

$$\begin{pmatrix} 1 & -1 & 2 \\ 9 & 3 & 12 \\ 0 & -2 & 5 \end{pmatrix} \begin{pmatrix} 1 & -1 & -4 \\ 3 & 1 & -8 \\ 0 & -2 & -10 \end{pmatrix} \begin{pmatrix} -1 & 1 & 2 \\ 1 & 3 & 4 \\ -2 & 0 & 5 \end{pmatrix}$$

① 0      ② 2      ③ 4      ④ 6      ⑤ 8

**11.** $n \times n$ 행렬 $A$, $B$에 대해 다음 중 옳은 것을 모두 고른 것은?

> 가. $AB$가 영행렬이면, $A$ 또는 $B$가 영행렬이다.
> 나. $AB$가 가역행렬이면, $A$와 $B$는 모두 가역행렬이다.
> 다. $AB$가 단위행렬이면, $BA$는 단위행렬이다.

① 가, 나      ② 가, 다      ③ 나, 다      ④ 가, 나, 다

**12.** 행렬 $A = \begin{pmatrix} 2 & 1 \\ 1 & a \end{pmatrix}$에 대해 $A^2 - 5A + 5I = O$을 만족한다.

$A^3$의 모든 원소의 합은? (단, $I$는 단위행렬이고 $O$는 영행렬)

① 34      ② 54      ③ 90      ④ 148

**13.** 다음 집합 중 1차 독립인 것은?

① $\{1,\, x^2+1,\, 2x^2-1\}$

② $\{x+1,\, x^2-1,\, (x+1)^2\}$

③ $\{x^2-1,\, (x+1)^2,\, (x-1)^2\}$

④ $\{x(x+1),\, x^2-1,\, (x+1)^2\}$

**14.** 행렬 $A = \begin{bmatrix} 1 & 0 & 0 \\ 0 & 1 & 1 \\ 0 & -1 & 1 \end{bmatrix}$ 의 대각화행렬을 $D = \begin{bmatrix} \lambda_1 & 0 & 0 \\ 0 & \lambda_2 & 0 \\ 0 & 0 & \lambda_3 \end{bmatrix}$ 이

라 할 때, $\dfrac{1}{\lambda_1} + \dfrac{1}{\lambda_2} + \dfrac{1}{\lambda_3}$ 의 값은?

① $\dfrac{1}{3}$     ② $\dfrac{1}{2}$     ③ $2$     ④ $3$

**15.** 곡면 $z+1 = xe^y\cos z$ 위의 점 $(1,0,0)$에서의 접평면과 평면 $2x+y+z = 2019$ 이 이루는 각은?

① $\dfrac{\pi}{6}$        ② $\cos^{-1}\dfrac{1}{\sqrt{3}}$        ③ $\dfrac{\pi}{4}$

④ $\cos^{-1}\dfrac{\sqrt{2}}{3}$        ⑤ $\dfrac{\pi}{3}$

**16.** 미분가능한 이변수함수 $f(x,y)$와 미분가능한 함수 $g(t),\, h(t)$가 다음 조건을 만족시킨다.

> 가. $\dfrac{\partial f}{\partial x}(3,1) = 2,\ \dfrac{\partial f}{\partial y}(3,1) = 1$
>
> 나. $g(2) = 3,\ g'(2) = -1,\ h'(2) = 5$

함수 $p(t) = f(g(t),\, h(t))$에 대해 $p'(2)$의 값은?

① $-3$     ② $-1$     ③ $0$     ④ $1$     ⑤ $3$

17. 다음 중 곡면 $x^2 - xy^2z + z^2 = 1$ 위의 점 $(1, 1, 1)$에서의 접평면에 속하는 점은?

① $(2, 1, 3)$      ② $(1, -2, 1)$

③ $(1, -1, 1)$      ④ $(3, 3, 3)$

18. 삼중적분 $\displaystyle\int_{-1}^{1}\int_{-\sqrt{1-x^2}}^{\sqrt{1-x^2}}\int_{\sqrt{x^2+y^2}}^{1}(x^2+y^2)\,dz\,dy\,dx$ 의 값은?

① $\dfrac{\pi}{20}$    ② $\dfrac{\pi}{10}$    ③ $\dfrac{\pi}{8}$    ④ $\dfrac{\pi}{4}$

19. 중심이 원점이고 반지름 1인 원판의 제1사분면 영역 $R$에 대해 이중적분 $\displaystyle\iint_{R} e^{-(x^2+y^2)}\,dA$의 값은?

① $\dfrac{\pi}{4}\left(1-e^{-1}\right)$      ② $\dfrac{\pi}{2}\left(1-e^{-1}\right)$

③ $\dfrac{\pi}{4}\left(1-e\right)$      ④ $\dfrac{\pi}{2}\left(1+e^{-1}\right)$

20. 미분방정식 $(y+x^2y)\dfrac{dy}{dx} - 2x = 0$을 만족시키는 곡선 $f(x, y) = 0$ 중에서 원점 $(0, 0)$을 지나는 곡선은 점 $(a, 2)$를 지난다. 양수 $a$의 값은?

① $\sqrt{e-1}$      ② $\sqrt{e^2-1}$

③ $\sqrt{e^3-1}$      ④ $\sqrt{e^4-1}$

21. 미분방정식 $x^2 y'' - 2xy' + 2y = 3\sin(\ln x^2)$ $(x > 0)$ 의 해 $y = f(x)$ 가 $f(1) = \dfrac{9}{20}$, $f'(1) = -\dfrac{3}{10}$ 을 만족시킬 때, $f(e^\pi) + f(e^{\pi/4})$ 의 값은?

    ① $\dfrac{3}{10}$ ② $\dfrac{7}{20}$ ③ $\dfrac{2}{5}$ ④ $\dfrac{9}{20}$

22. 미분방정식 $x^2 y'' - 4xy' + 6y = 0$, $y(1) = \dfrac{2}{5}$, $y'(1) = 0$ 의 해가 $y(x)$ 일 때, $y(5)$ 의 값은?

    ① $-130$ ② $-70$ ③ $70$ ④ $130$

23. 다음 중에서 $(\sin 2t)dx + (2x\cos 2t - 2t)dt = 0$ 의 해는?

    ① $x\cos 2t + t^2 = c$ ② $x\cos 2t - t^2 = c$
    ③ $x\sin 2t + t^2 = c$ ④ $x\sin 2t - t^2 = c$

24. $y = y(x)$ 가 미분방정식 $xy' - x^2\sin x = y$, $y(\pi) = 0$ 의 해일 때, $y(2\pi)$ 의 값은?

    ① $-4\pi$ ② $-2\pi$ ③ $0$ ④ $2\pi$

25. 함수 $f(t) = \begin{cases} 0, & 0 \le t < 1 \\ t, & 1 \le t \end{cases}$ 의 라플라스 변환 $\mathcal{L}\{f(t)\}$ 는?

    $\left( \mathcal{L}\{f(t)\} = \displaystyle\int_0^\infty e^{-st} f(t)\, dt \right)$

    ① $\left( \dfrac{1}{s} - \dfrac{1}{s^2} \right) e^{-s}, \ s > 0$

    ② $\left( \dfrac{1}{s} + \dfrac{1}{s^2} \right) e^{-s}, \ s > 0$

    ③ $\dfrac{1}{s} + \dfrac{1}{s^2} e^{-s}, \ s > 0$

    ④ $\dfrac{1}{s^2} + \dfrac{1}{s} e^{s}, \ s < 0$

꼭 나온다!

MEMO

MEMO

1. 곡선 $r = 5 + 4\cos\theta$로 둘러싸인 부분의 넓이는?

   ① $32\pi$　　② $33\pi$　　③ $34\pi$　　④ $35\pi$

2. 원 $(x-2)^2 + y^2 = 1$의 내부를 $y$축을 회전축으로 회전시켰을 때, 얻은 입체의 부피는?

   ① $\pi^2$　　② $2\pi^2$　　③ $3\pi^2$　　④ $4\pi^2$

3. 심장선 $r = 1 + \sin\theta$로 둘러싸인 영역의 넓이는?

   ① $\dfrac{11\pi}{8}$　　② $\dfrac{3\pi}{2}$　　③ $\dfrac{13\pi}{8}$　　④ $\dfrac{7\pi}{4}$

4. 멱급수 $\displaystyle\sum_{n=1}^{\infty} \dfrac{n^n(x-2)^n}{3 \times 7 \times 11 \times \cdots \times (4n-1)}$ 이 수렴하게 되는 모든 정수 $x$의 값의 합은?

   ① $6$　　② $10$　　③ $15$　　④ $21$

5. 극방정식 $r = 4\cos\theta$, $r = 4\sin\theta$로 주어진 두 곡선에 의해 둘러싸인 공통부분의 넓이는?

① $2\pi - 5$      ② $2\pi - 4$      ③ $2\pi - 3$

④ $2\pi - 2$      ⑤ $2\pi - 1$

6. 극한 $\lim\limits_{n\to\infty}\sum\limits_{k=1}^{n}\dfrac{\ln(n+(e-1)k)-\ln n}{n+(e-1)k}$ 의 값은?

① $\dfrac{1}{2e}$      ② $\dfrac{1}{2(e-1)}$      ③ $\dfrac{1}{e}$

④ $\dfrac{1}{e-1}$      ⑤ $\dfrac{2}{e}$

7. 극 곡선 $r = \cos(3\theta)$로 둘러싸인 영역의 넓이는?

① $\dfrac{\pi}{8}$      ② $\dfrac{\pi}{6}$      ③ $\dfrac{\pi}{4}$      ④ $\dfrac{\pi}{3}$

8. 임의의 정사각행렬 $A$와 $B$에 대해 〈보기〉에서 옳은 것을 모두 고르면?

가. $\det(A) = \det(A^T)$
나. $\det(AB) = 0$ 이면 $\det(A) = 0$ 또는 $\det(B) = 0$이다.
다. $\det(A^2) = 1$ 이면 $\det(A) = 1$이다.
라. $\det(-A) = -\det(A)$

① 가      ② 가, 나      ③ 나, 다      ④ 나, 다, 라

꼭 나온다!

**9.** 행렬 $A$에 대해 연립방정식 $Ax=0$의 해집합을 $N_A$라고 할 때, 다음 중 $N_A$가 직선을 포함하지 않는 행렬 $A$는?

① $A = \begin{bmatrix} 1 & -1 & 1 \\ 2 & -2 & 2 \\ 3 & -3 & 3 \end{bmatrix}$　　② $A = \begin{bmatrix} 1 & -1 & 1 \\ 0 & 1 & 0 \\ 2 & -2 & 2 \end{bmatrix}$

③ $A = \begin{bmatrix} 1 & 1 & 0 \\ 0 & 1 & -1 \\ 1 & 0 & 1 \end{bmatrix}$　　④ $A = \begin{bmatrix} 1 & -1 & 1 \\ 0 & 1 & 0 \\ 1 & 0 & 0 \end{bmatrix}$

**10.** 공간상의 세 점 $(1, 1, 2)$, $(0, 3, 0)$, $(5, 1, 0)$을 지나는 평면과 $y$축이 이루는 각도를 $\phi$라 하자. 다음 중 $\sin\phi$가 될 수 있는 값은?

① $\dfrac{\sqrt{5}}{3}$　　② $\dfrac{1}{2}$　　③ $\dfrac{\sqrt{3}}{2}$　　④ $\dfrac{\sqrt{3}+1}{3}$

**11.** 행렬 $A = \begin{pmatrix} 1 & 3 \\ 2 & 2 \end{pmatrix}$의 고윳값을 $\lambda_1$, $\lambda_2$라고 할 때, $\lambda_1 + \lambda_2$은?

① $-4$　　② $-3$　　③ $3$　　④ $4$

**12.** 벡터공간 $\mathbb{R}^4$의 부분공간 $S$의 기저가 $\left\{ \begin{bmatrix} 1 \\ 0 \\ 2 \\ 1 \end{bmatrix}, \begin{bmatrix} 0 \\ 1 \\ 3 \\ -1 \end{bmatrix} \right\}$일 때, $S$의 직교여공간 $S^{\perp}$의 기저는?

① $\left\{ \begin{bmatrix} -1 \\ 1 \\ 0 \\ 1 \end{bmatrix} \right\}$　　② $\left\{ \begin{bmatrix} 2 \\ 3 \\ -1 \\ 0 \end{bmatrix} \right\}$

③ $\left\{ \begin{bmatrix} -3 \\ -2 \\ 1 \\ 1 \end{bmatrix}, \begin{bmatrix} 1 \\ 4 \\ -1 \\ 1 \end{bmatrix} \right\}$　　④ $\left\{ \begin{bmatrix} 0 \\ 5 \\ -1 \\ 2 \end{bmatrix}, \begin{bmatrix} 4 \\ 2 \\ -1 \\ -2 \end{bmatrix} \right\}$

**13.** 벡터공간 $\{f:[-2,2]\to\mathbb{R}\,|\,f$는 연속$\}$ 의

내적을 $\langle f,g\rangle=\displaystyle\int_{-2}^{2}f(x)g(x)dx$로 정의하자.

$f(x)=1-x$, $g(x)=1+x$이고 $f$와 $g$의 사잇각을

$\theta\ (0\le\theta\le\pi)$라 할 때, $\cos\theta$의 값은?

① $-\dfrac{1}{7}$  ② $-\dfrac{28}{3}$  ③ $\dfrac{1}{7}$  ④ $\dfrac{28}{3}$

**14.** 곡면 $S=\{(x,y,z)\,|\,z=x^2+y^2,\ 0\le z\le 1\}$에 대해

$\displaystyle\iint_{S}z\,dS$의 값은?

① $\dfrac{\pi}{6}(5\sqrt{5}-1)$  ② $\dfrac{\pi}{6}(5\sqrt{5}+1)$

③ $\dfrac{\pi}{60}(25\sqrt{5}-1)$  ④ $\dfrac{\pi}{60}(25\sqrt{5}+1)$

**15.** 영역 $D:x^2+y^2\le 8$에서 정의된 이변수함수

$f(x,y)=e^{xy}$의 최댓값을 $M$, 최솟값을 $m$이라 할 때,

$\ln\dfrac{M}{m}$의 값은?

① 4  ② 5  ③ 6  ④ 7  ⑤ 8

**16.** 다음 이변수함수 $f(x,y)$의 이계 편도함수 $f_{xy}(x,y)$에 대

해 $f_{xy}(0,0)$의 값은?

$$f(x,y)=\begin{cases}\dfrac{xy^3}{x^2+y^2}, & (x,y)\ne(0,0)\\ 0, & (x,y)=(0,0)\end{cases}$$

① 0  ② 1  ③ $-1$  ④ 2

**17.** 임의의 연속함수 $f(x, y)$에 대한 이중적분 $\int_0^1 \int_x^1 f(x, y)\,dy\,dx$의 적분순서를 올바르게 바꾼 것은?

① $\int_0^1 \int_1^y f(x, y)\,dx\,dy$

② $\int_x^1 \int_0^1 f(x, y)\,dx\,dy$

③ $\int_0^1 \int_x^y f(x, y)\,dx\,dy$

④ $\int_0^1 \int_0^y f(x, y)\,dx\,dy$

**18.** 아래 그림과 같이 원기둥면 $x^2 + y^2 = 1$과 평면 $y + z = 2$가 교차하는 부분을 $C$라고 하자. (곡선 $C$의 방향은 평면 위에서 봤을 때 반시계 방향이 되도록 정한다.) 이때 선적분 $\oint_c -y^3\,dx + x^3\,dy - z^3\,dz$의 값은?

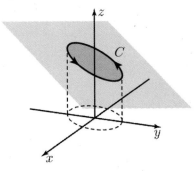

① $\pi$   ② $\sqrt{2}\,\pi$   ③ $\dfrac{3\pi}{2}$   ④ $2\pi$

**19.** 함수 $f(t) = \int_0^t e^{-\tau}\cosh(\tau)\cos(t - \tau)\,d\tau$의 라플라스 변환은?

① $\dfrac{s}{(s-1)^2(s+1)}$   ② $\dfrac{1}{(s-2)(s+1)}$

③ $\dfrac{s}{(s+1)(s^2+1)}$   ④ $\dfrac{s+1}{(s+2)(s^2+1)}$

**20.** $y_1(x) = x$ 가 $x^2 y'' - xy' + y = 0$의 해일 때, $y_1(x)$와 독립인 두 번째 해 $y_2(x)$는?

① $x^2 \ln x$   ② $\dfrac{x}{\ln x}$   ③ $x^3 \ln x$   ④ $x \ln x$

21. $y = y(x)$ 가 미분방정식 $y'' - 2y' + y = e^x$, $y(0) = 0$, $y'(0) = 0$의 해일 때, $y(4)$의 값은?

① $e^4$　　　② $2e^4$　　　③ $4e^4$　　　④ $8e^4$

22. 미분방정식 $x^2 y'' + 5xy' + 4y = 0$, $x > 0$의 해 $y = y(x)$ 가 $y(1) = e^2$, $y'(1) = 0$을 만족할 때, $y(e)$ 의 값은?

① $0$　　② $e$　　③ $3$　　④ $e^2$　　⑤ $e^4$

23. 다음 미분방정식의 해는?

$$(2xy - \sec^2 x)\,dx + (x^2 + 3y^2)\,dy = 0, \quad y(0) = -1$$

① $x^2 y - \tan x + y^3 = -1$

② $x^2 y + \tan x - y^3 = 1$

③ $xy^2 - \tan x + y^3 = -1$

④ $xy^2 + \tan x - y^3 = -1$

24. 다음 미분방정식 $y(e^{\frac{\pi}{4}})$은?

$$4x^2 y'' + 8xy' + 5y = 0,$$
$$y(1) = e^\pi, \quad y(e^{\frac{\pi}{2}}) = e^{\frac{3\pi}{4}}$$

① $\dfrac{1}{\sqrt{2}} e^{-\frac{7\pi}{8}}$ 　　　　② $\sqrt{2}\, e^{-\frac{7\pi}{8}}$

③ $\dfrac{1}{\sqrt{2}} e^{\frac{7\pi}{8}}$ 　　　　④ $\sqrt{2}\, e^{\frac{7\pi}{8}}$

25. 다음 미분방정식에서 $y(1)$은?

$$y''' + 3y'' + 3y' + y = 30e^{-x},$$
$$y(0) = 3, \ y'(0) = -3, \ y''(0) = -47$$

① $-23e^{-1}$　　② $-17e^{-1}$　　③ $e^{-1}$　　④ $5e^{-1}$

MEMO

MEMO

1. $\csc(\tan^{-1}2x)$의 값을 간단히 하면?

① $\dfrac{\sqrt{4x^2-1}}{2x}$  ② $\dfrac{\sqrt{4x^2-1}}{8x}$

③ $\dfrac{\sqrt{4x^2+1}}{2x}$  ④ $\dfrac{\sqrt{4x^2+1}}{8x}$

2. 미분을 이용하여 $\sqrt[3]{998}$ 의 근삿값은?

① $\dfrac{1495}{150}$  ② $\dfrac{1497}{150}$  ③ $\dfrac{1499}{150}$  ④ $\dfrac{1501}{150}$

3. 다음 적분 $\displaystyle\int_0^1 \dfrac{1}{x^4+x^2}\,dx$ 의 값은?

① $-1-\dfrac{\pi}{4}$  ② $-\dfrac{\pi}{4}$  ③ $1-\dfrac{\pi}{4}$  ④ $\infty$

4. 매개함수방정식
$x=(1-\cos\theta)\cos\theta,\ y=(1-\cos\theta)\sin\theta$
$(0 \le \theta \le \pi)$이 있다. 곡선의 길이는?

① 4  ② 6  ③ 8  ④ 10

5.  $\lim_{n\to\infty}\left(1-\dfrac{1}{n^2}+\dfrac{1}{n^3}\right)^n$ 의 값은?

①$e$          ②$1$          ③$0$          ④$-1$

6.  무한급수 $\displaystyle\sum_{n=1}^{\infty}(-1)^{n-1}\dfrac{(4\pi)^{2n+1}}{(2n+1)!}$ 의 합은?

①$0$          ②$2\pi$          ③$4\pi$          ④$-4\pi$

7.  $w=(x+y+z)^2$, $x=r-s$, $y=\cos(r+s)$, $z=\sin(r+s)$일 때, $r=1,s=-1$에서의 $\dfrac{\partial w}{\partial r}$ 의 값은?

①$-6$          ②$6$          ③$-12$          ④$12$

8.  타원 $\dfrac{x^2}{2}+y^2=1$ 위의 점 $\left(1,\dfrac{1}{\sqrt{2}}\right)$ 에서의 곡률은?

①$\dfrac{4}{\sqrt{3}}$          ②$\dfrac{2}{\sqrt{3}}$          ③$\dfrac{4}{3\sqrt{3}}$

④$\dfrac{1}{\sqrt{3}}$          ⑤$\dfrac{4}{5\sqrt{3}}$

9. $f(x,y) = xy(x+y-3)$의 임계점을 바르게 나타낸 것은?

① $(0,0)$에서 판별 불가하다.

② $(1,1)$에서 극대를 갖는다.

③ $(3,0)$에서 안장점을 갖는다.

④ $(0,3)$에서 극소를 갖는다.

11. $R = \left\{ (x,y,z) \mid \sqrt{x^2+y^2} \le z \le \sqrt{1-x^2-y^2} \right\}$일 때, $\iiint_R \sqrt{x^2+y^2+z^2}\, dV$를 구하면?

① $\dfrac{(2+\sqrt{2})\pi}{4}$

② $\dfrac{(2-\sqrt{2})\pi}{4}$

③ $\dfrac{(3+\sqrt{2})\pi}{4}$

④ $\dfrac{(3-\sqrt{2})\pi}{4}$

10. 두 포물면 $z = 2x^2+y^2$, $z = 8-x^2-2y^2$과 원기둥 $x^2+y^2=1$으로 둘러싸여 있는 입체의 부피는?

① $\dfrac{7}{2}\pi$

② $\dfrac{9}{2}\pi$

③ $\dfrac{11}{2}\pi$

④ $\dfrac{13}{2}\pi$

12. $R$이 부등식 $|x|+|y| \le 1$에 의하여 주어진 영역일 때, $\iint_R e^{x+y}\, dA$의 값은?

① $e-e^{-1}$

② $e+e^{-1}$

③ $2(e-e^{-1})$

④ $2(e+e^{-1})$

**13.** $C$가 네 점 $(0,0), (3,0), (3,2), (0,2)$인 직사각형을 시계
방향으로 도는 경로일 때, $\oint_C x\,e^{2x}\,dx - 3x^2 y\,dy$ 를 구하면?

① $-42$     ② $42$     ③ $-54$     ④ $54$

**14.** 벡터장 $F(x, y, z) = (\sin(yz), 2y, x^2)$가 구면
$x^2 + y^2 + z^2 = 1$을 통과하여 빠져나가는 양은?

① $-\dfrac{8}{3}\pi$   ② $-\dfrac{4}{3}\pi$   ③ $0$   ④ $\dfrac{4}{3}\pi$   ⑤ $\dfrac{8}{3}\pi$

**15.** 주어진 행렬의 행렬식을 구하면?

$$A = \begin{bmatrix} 2 & 0 & -2 & 3 \\ 4 & 5 & 4 & 0 \\ 0 & 5 & 6 & -1 \\ 0 & 5 & 2 & 1 \end{bmatrix}$$

① $-160$     ② $160$     ③ $-140$     ④ $140$

**16.** 다음 연립방정식의 해가 존재하지 않을 $a$ 의 값을 구하면?

$$\begin{aligned} x + \ \ y + z &= 2 \\ x + 2y + z &= 3 \\ x + y - (a^2 - 10)z &= a - 1 \end{aligned}$$

① $-3$     ② $3$     ③ $-3, 3$     ④ 모든 실수

**17.** 크기가 $3 \times 3$인 행렬 $A$가 $tr(A) = 4$, $tr(A^2) = 14$, $tr(A^3) = 34$을 만족할 때, $\det(A)$의 값은?

    ① $-6$     ② $-3$     ③ $0$     ④ $3$     ⑤ $6$

**18.** $A$는 $3 \times 5$행렬이다. 다음 중 $A$의 해공간의 차원이 될 수 없는 것은?

    ① $1$      ② $2$      ③ $4$      ④ $5$

**19.** 3차원 벡터공간 $R^3$에 대해 다음 집합들 중 부분공간이 되지 않는 것은?

① $\left\{ \begin{bmatrix} x_1 \\ x_2 \\ x_3 \end{bmatrix} : x_1 + x_2 = 0 \right\}$

② $\left\{ \begin{bmatrix} x_1 \\ x_2 \\ x_3 \end{bmatrix} : x_1 = x_2 = x_3 \right\}$

③ $\left\{ \begin{bmatrix} x_1 \\ x_2 \\ x_3 \end{bmatrix} : x_1 + x_2 + x_3 = 1 \right\}$

④ $\left\{ \begin{bmatrix} x_1 \\ x_2 \\ x_3 \end{bmatrix} : x_3 = 2x_1 - 3x_2 \right\}$

**20.** 다음 미분방정식 $y' - y = 0$, $y(0) = 2$를 만족하는 해를 멱급수 $\sum_{n=0}^{\infty} a_n x^n$로 나타낼 때, $a_3$의 값은?

    ① $\dfrac{1}{3}$      ② $\dfrac{2}{3}$      ③ $\dfrac{1}{2}$      ④ $1$

**21.** $xy' = x + y$ 의 해를 $y = f(x)$ 라 할때, 극한값 $\lim_{x \to 0} f(x)$ 는?

① 0      ② $\dfrac{1}{2}$      ③ 1      ④ 2

**22.** 다음 함수의 역라플라스 변환은?

$$F(s) = \frac{3}{s^2 + 6s + 18}$$

① $e^{-3t}\cos 3t$      ② $e^{-3t}\sin 3t$

③ $e^{-3t}t\cos 3t$      ④ $e^{-3t}t\sin 3t$

**23.** $x - xy - y' = 0$ 의 적분인자는?

① $x$      ② $x^2$      ③ $e^{x^2}$      ④ $e^{\frac{1}{2}x^2}$

**24.** 다음 주어진 곡선의 직교절선을 구하면?

$$y = -x - 1 + c_1 e^x$$

① $x = y - 1 + c_2 e^y$      ② $x = -y + 1 + c_2 e^y$

③ $x = y - 1 + c_2 e^{-y}$      ④ $x = -y + 1 + c_2 e^{-y}$

**25.** 미분방정식 $x^2 y'' - 3xy' + 3y = 2x^4 e^x$, $y(1) = 2$, $y'(1) = 4 + 2e$ 의 해는?

① $y = x + x^3 + 2xe^x - 2x^2 e^x$

② $y = 2x - x^3 + 2xe^x - 2x^2 e^x$

③ $y = x + x^3 + 2x^2 e^x - 2xe^x$

④ $y = 2x - x^3 + 2x^2 e^x - 2xe^x$

꼭   나온다!

MEMO

MEMO

1. 함수 $f(x) = \dfrac{1 - \cos 3x}{x}$ 가 $x = 0$에서 연속이 되도록 $f(0)$의 값은?

   ① $0$　　② $1$　　③ $3$　　④ $\dfrac{9}{2}$

2. 함수 $f$는 미분가능하고 역함수 $f^{-1}$을 갖는다.

   $U(x) = h(2x)f^{-1}(x)$ 이고, $f(3) = 2$, $f'(3) = \dfrac{3}{2}$,

   $f(4) = 3$, $f'(4) = \dfrac{2}{3}$, $h(6) = 2$, $h'(6) = 3$ 일 때,

   $U'(3)$의 값은?

   ① $\dfrac{40}{3}$　　② $15$　　③ $\dfrac{58}{3}$　　④ $27$

3. 곡선 $y = 2\sqrt{x}\,(3 \le x \le 8)$를 $x$축으로 회전하여 생긴 회전체의 표면적을 구하면?

   ① $\dfrac{152\pi}{3}$　　② $324\pi$　　③ $\dfrac{132\pi}{5}$　　④ $251\pi$

4. 함수 $f$가 연속함수이고, $\displaystyle\int_0^2 f(x)\,dx = 6$일 때,

   $\displaystyle\int_0^{\frac{\pi}{2}} f(2\sin\theta)\cos\theta\,d\theta$을 계산하면?

   ① $2$　　② $3$　　③ $6$　　④ $12$

5. 무한급수의 $\sum_{n=1}^{\infty} \dfrac{n!\,x^{2n}}{n^n}$ 의 수렴반경을 구하면?

① $\dfrac{1}{\sqrt{e}}$  ② $\dfrac{1}{e}$  ③ $e$  ④ $\sqrt{e}$  ⑤ $2\sqrt{e}$

6. 한 사람이 $1.5\,m/s$의 속력으로 곧은 길을 따라 걷고 있다. 이 길로부터 $6m$ 떨어진 지면 위에 있는 탐조등이 이 사람을 따라가며 비추고 있다. 이 사람이 도로에서 탐조등까지 가까운 점으로부터 $8m$ 떨어진 곳에 있을 때, 탐조등의 회전속도는?

① $0.07\,rad/s$  ② $0.09\,rad/s$

③ $0.1\,rad/s$  ④ $0.12\,rad/s$

7. 다음 적분이 수렴하는 상수 $c$에 대해, 그 경우의 적분값을 구하면?

$$\int_0^\infty \left( \frac{x}{x^2+1} - \frac{c}{3x+1} \right) dx$$

① $-\ln2$  ② $\ln2$  ③ $-\ln3$  ④ $\ln3$

8. 함수 $f(x) = x^2 \ln(1+x^3)$에 대해 $f^{(11)}(0) + f^{(13)}(0)$의 값은?

① $-\dfrac{11!}{3}$  ② $-\dfrac{11!}{5}$  ③ $\dfrac{11!}{3}$  ④ $\dfrac{11!}{5}$

9. $f(x)=\displaystyle\int_{1}^{\sqrt{x}}\dfrac{t}{1+e^{\sin t}}\,dt$에 대해 $f'(0)$의 값은?

① $1$  ② $\dfrac{1}{2}$  ③ $\dfrac{1}{3}$  ④ $\dfrac{1}{4}$  ⑤ $\dfrac{1}{5}$

10. $\displaystyle\lim_{n\to\infty}\dfrac{1}{n}\left(\sin\dfrac{2}{n}+\sin\dfrac{4}{n}+\cdots+\sin\dfrac{2n}{n}\right)$의 값은?

① $\dfrac{1}{2}-\dfrac{\cos 2}{2}$  ② $\dfrac{1}{2}-\dfrac{\cos 1}{2}$

③ $\dfrac{1}{2}+\dfrac{2\cos 2}{2}$  ④ $\dfrac{1}{2}+\dfrac{3\cos 1}{2}$

11. 다음 극한값을 구하면?

$$\lim_{(x,y)\to(0,0)}\dfrac{\sin x^3+\sin y^3}{\sin(x^2+y^2)}$$

① $-1$  ② $0$  ③ $1$  ④ $3$

12. 연속이고 편미분가능한 이변수함수 $f(x,y)$가 있다. $f(5,3)=4$이고, 점 $A(5,3)$에서 $i+j$방향으로 $f$의 변화율이 $4\sqrt{2}$이고, $-3i+4j$방향으로 $f$의 변화율은 $-2$이다. 점 $A$에서 변화율의 최댓값은?

① $6$  ② $\sqrt{39}$  ③ $2\sqrt{10}$  ④ $3\sqrt{10}$

**13.** 곡면 $z+1 = xe^y\cos z$의 점 $(1,\ 0,\ 0)$에서의 접평면의 방정식을 구하면?

① $x+y-z=1$  　　② $x+y+z=1$

③ $2x-y+z=-1$  　④ $2x+y-z=1$

⑤ $x+2y-z=-1$

**14.** 다음 이중적분 $\displaystyle\int_0^1\int_{2y}^2 e^{x^2}\,dx\,dy$의 값은?

① $\dfrac{e^4}{4}$  　　② $\dfrac{e^4}{2}$  　　③ $\dfrac{e^4-1}{4}$

④ $\dfrac{e^4+1}{4}$  　⑤ $\dfrac{e^4+1}{2}$

**15.** 3차원 공간 $R^3$에서 영역
$$D = \left\{(x,y,z)\in R^3 \,\middle|\, x^2+y^2+\frac{z^2}{4}\le 1\right\}$$ 일 때, 다음 삼중적분 $\displaystyle\iiint_D z^2\,dx\,dy\,dz$의 값은?

① $\dfrac{64}{15}\pi$  ② $\dfrac{32}{15}\pi$  ③ $\dfrac{16}{15}\pi$  ④ $\dfrac{8}{15}\pi$  ⑤ $\dfrac{4}{15}\pi$

**16.** $C$가 $(0,0,0)$에서 $(1,0,1)$까지의 선분 $C_1$과 $(1,0,1)$에서 $(0,1,2)$까지의 선분 $C_2$로 구성될 때, 다음 선적분의 값은?

$$\int_C (y+z)dx+(x+z)dy+(x+y)dz$$

① 1  　　② 2  　　③ 3  　　④ 4

**17.** 삼차원 공간의 임의의 벡터 $a$, $b$, $c$에 대해 다음 중 항상 성립하는 식이 아닌 것은?

① $(a \times b) \times c = a \times (b \times c)$

② $a \times b = -b \times a$

③ $(a \times b) \cdot c = a \cdot (b \times c)$

④ $a \times (b+c) = a \times b + a \times c$

⑤ $|a \times b|^2 = |a|^2 |b|^2 - (a \cdot b)^2$

**18.** 선형사상 $L : R^3 \to R^3$,
$L(x, y, z) = (x+y, y+z, z+x)$에 대해
$\dim(\mathrm{Ker}L) - \dim(\mathrm{Im}L)$의 값은?

① $-3$  ② $-1$  ③ $1$  ④ $3$

**19.** 행렬 $\begin{pmatrix} 1 & 2 & 2 \\ 3 & 1 & 0 \\ 1 & 1 & 1 \end{pmatrix}$의 역행렬을 $B = [b_{ij}]$라 할 때, $b_{32}$를 구하면?

① $-1$  ② $1$  ③ $-6$  ④ $6$

**20.** 행렬 $A$의 특성다항식이 $p(\lambda) = \lambda^3 - 6\lambda^2 + 9\lambda - 2$일 때, $A$의 행렬식은 얼마인가?

① $-6$  ② $-2$  ③ $2$  ④ $6$

**21.** 연립미분방정식 $\begin{bmatrix} y_1' \\ y_2' \end{bmatrix} = \begin{bmatrix} 1 & 2 \\ -1 & 4 \end{bmatrix}\begin{bmatrix} y_1 \\ y_2 \end{bmatrix}$,

$\begin{bmatrix} y_1(0) \\ y_2(0) \end{bmatrix} = \begin{bmatrix} 1 \\ -1 \end{bmatrix}$의 해 $y_1, y_2$에 대해 $y_1(1) - y_2(1)$은?

① $\dfrac{1}{2}e^2$    ② $6e^3$    ③ $2e^2$    ④ $2e^2 + 2e^3$

**22.** $x^2 y'' - 3xy' + 4y = 0$, $y(e) = e^2$, $y'(e) = e$일 때, $y(e^2)$의 값은?

① $0$    ② $1$    ③ $e^2$    ④ $2e^2$

**23.** 다음은 라플라스 변환 문제이다.

$f(t) = L^{-1}\{F(s)\} = L^{-1}\left\{\dfrac{-6s+3}{s^2+9}\right\}$의 관계로부터

$f(t = \dfrac{\pi}{3})$의 값을 구하면?

① $2$    ② $3$    ③ $6$    ④ $10$

**24.** $y = y(x)$가 미분방정식 $(3x^2 y)dx + (x^3 - 1)dy = 0$의 해이다. $y(0) = 1$일 때, $y(-1)$의 값은?

① $0$    ② $\dfrac{1}{2}$    ③ $1$    ④ $\dfrac{3}{2}$

**25.** 2계 미분방정식과 초기조건은 다음과 같다.

$$y'' - 10y' + 25y = 0, \; y(0) = 1, \; y'(0) = 10$$

$y(5)$의 값을 구하면?

① $11e^9$    ② $16e^9$    ③ $21e^{25}$    ④ $26e^{25}$

꼭 나온다!

MEMO

MEMO

1. $f(x) = x\sin^{-1}\left(\dfrac{x}{4}\right) + \csc^{-1}(\sqrt{x})$ 일 때, $f'(2)$ 의 값은?

① $\dfrac{2\pi - 4\sqrt{3} - 3}{12}$  ② $\dfrac{2\pi + 4\sqrt{3} - 3}{12}$

③ $\dfrac{2\pi - 4\sqrt{3} + 3}{12}$  ④ $\dfrac{2\pi + 4\sqrt{3} + 3}{12}$

2. 음함수 $x^3 + y^3 + axy + b = 0$ 의 그래프 위의 점 $(1, 2)$ 에서의 $\dfrac{dy}{dx}$ 의 값이 $\dfrac{1}{10}$ 일 때, $a$ 의 값을 구하면?

① $-1$  ② $-2$  ③ $3$  ④ $4$

3. 다음 적분을 계산하면?

$$\int_0^{2\pi} \sqrt{1 - \cos 2x}\, dx$$

① $0$  ② $2\sqrt{2}$  ③ $4\sqrt{2}$  ④ $8\sqrt{2}$

4. $\displaystyle\int_0^3 \dfrac{1}{(x-2)^2}\, dx$ 를 계산하면?

① $\dfrac{3}{2}$  ② $-\dfrac{3}{2}$  ③ $0$  ④ $\infty$

5. $\displaystyle\sum_{n=1}^{\infty}\frac{2^{n-1}-3}{5^n}$ 의 합은?

① 0    ② $\dfrac{3}{5}$    ③ $-\dfrac{5}{12}$    ④ $-\dfrac{1}{5}$

6. 정적분 $\displaystyle\int_3^8 \frac{x-1}{x\sqrt{x+1}}\,dx$ 의 값은?

① $2+\ln\dfrac{2}{3}$    ② $4-\ln\dfrac{2}{3}$

③ $2+2\ln\dfrac{1}{3}$    ④ $3+\ln\dfrac{1}{3}$

⑤ $1+4\ln\dfrac{2}{3}$

7. $f(x)=2x+\ln x$ 일 때, $\left(f^{-1}\right)''(2)$ 의 값은?

① $-1$    ② $-\dfrac{1}{9}$    ③ $\dfrac{1}{9}$    ④ $\dfrac{1}{27}$

8. 다음 극한값을 구하면?

$$\lim_{x\to 0}\frac{\tan 4x\left(e^{3x}-1-3x-\dfrac{9}{2}x^2\right)}{3x^4}$$

① $\dfrac{4}{3}$    ② $\dfrac{8}{3}$    ③ 3    ④ 4    ⑤ 6

**9.** 나선형 $r = \theta^2$, $0 \le \theta \le \sqrt{5}$ 에서 곡선의 길이를 구하면?

① $\sqrt{5}$　　② $\frac{1}{3}$　　③ $\frac{5\sqrt{5}}{3}$　　④ $\frac{19}{3}$

**10.** $\lim\limits_{x \to 0} \dfrac{\csc x - \cot x}{x}$ 의 값은?

① $1$　　② $\frac{1}{2}$　　③ $0$　　④ 존재하지 않는다.

**11.** 포물면 $z = x^2 + y^2$과 타원체 $4x^2 + y^2 + z^2 = 9$의 교선 위의 점 $(-1, 1, 2)$에서 법평면의 방정식을 $z = f(x,y)$라고 할 때 $f(3,4)$를 구하면?

① $\frac{16}{3}$　　② $\frac{19}{3}$　　③ $-\frac{16}{3}$　　④ $-\frac{19}{3}$

**12.** 직각삼각형에서 밑변과 높이가 각각 $3mm$, $4mm$에서 $3.1mm$, $3.9mm$로 바뀔 때, 빗변의 길이의 변화율의 최대 근사오차는?

① $0.01$　　② $0.03$　　③ $-0.02$　　④ $-0.04$

**13.** $(x,\ y)$에서 어떤 산의 높이가 $h(x,\ y)=1500-5x^2-3y^2$ 일 때, $(1,\ 2)$에서 가장 가파르게 올라가는 방향은? (단, $i,\ j$ 는 기본단위벡터)

① $-10i-12j$　　② $-10i-6j$

③ $-5i-12j$　　④ $-5i-3j$

**15.** $\iint_R (x+y)e^{x^2-y^2}dA$를 계산하면? (단, $R$은 직선 $x-y=0,\ x-y=2,\ x+y=0,\ x+y=3$으로 둘러싸인 영역이다.)

① $\dfrac{e^6+7}{2}$　② $\dfrac{e^6-7}{2}$　③ $\dfrac{e^6+7}{4}$　④ $\dfrac{e^6-7}{4}$

**14.** $\{(x,y)\,|\,0\le x\le 2\pi,\,0\le y\le 2\pi\}$에서 $h(x,y)=\sin x+\sin y+\sin(x+y)$의 극솟값은?

① $\dfrac{3\sqrt{3}}{2}$　② $-\dfrac{3\sqrt{3}}{2}$　③ $0$　④ $\dfrac{2+\sqrt{3}}{2}$

**16.** 벡터함수 $\mathrm{F}=e^x\sin y\,\mathbf{i}+e^x\cos y\,\mathbf{j}+(3z^2+2)\,\mathbf{k}$ 에 대해 점 $P_1(0,\dfrac{\pi}{2},-1)$에서 $P_2(1,\pi,2)$까지 한 일은?

① 12　② 13　③ 14　④ 15　⑤ 16

**17.** 점 $Q(3,\ 1,\ -1)$과 $R(1,\ -1,\ -3)$으로부터 동일한 거리에 있는 점들로 구성된 평면의 방정식을 구하면?

① $2x+2y+2z=3$

② $x+y+z=0$

③ $x+y-z=4$

④ $-x+2y-z=1$

**18.** $v_1=(1,1,1),\ v_2=(1,1,0),\ v_3=(1,0,0)$이고 선형변환 $L:\mathbb{R}^3\to\mathbb{R}^2$가 $L(v_1)=(1,0),\ L(v_2)=(2,-1),$ $L(v_3)=(4,3)$을 만족할 때, $L(4,2,4)$는?

① $(4,4)$  ② $(4,-4)$  ③ $(8,8)$  ④ $(8,-8)$

**19.** 직교행렬 $A=\begin{pmatrix} \dfrac{2}{3} & -\dfrac{2}{3} & \dfrac{1}{3} \\[2mm] \dfrac{2}{3} & \dfrac{1}{3} & -\dfrac{2}{3} \\[2mm] \dfrac{1}{3} & \dfrac{2}{3} & \dfrac{2}{3} \end{pmatrix}$ 에 대해 다음 중에서 내적 $\langle Au, Av \rangle$의 값이 최대가 되는 $u,\ v$는?
(단, $\langle a,b \rangle$는 벡터 $a$와 $b$의 내적)

① $u=(-2,1,3),\ v=(-1,1,3)$

② $u=(-2,1,3),\ v=(2,1,3)$

③ $u=(-3,1,3),\ v=(-2,1,2)$

④ $u=(2,1,-3),\ v=(2,1,3)$

**20.** 행렬 $A=\begin{bmatrix} 1 & -2 & 1 & 2 \\ -1 & 3 & 0 & -2 \\ 0 & 1 & 1 & 4 \\ 1 & 2 & 6 & 5 \end{bmatrix}$의 $\det(2A^7)$은?

① $2^{15}$  ② $-2^{15}$  ③ $2^{18}$  ④ $-2^{18}$

21. 열린구간 $(0, 3)$에서 미분가능한 함수 $y = y(x)$가
    $y' = \dfrac{y}{x} - \dfrac{x}{y}$, $y(1) = 2$를 만족한다. $y(e)$의 값은?

    ① $\sqrt{2}\,e$　　② $\sqrt{3}\,e$　③ $2e$　④ $\sqrt{5}\,e$　　⑤ $\sqrt{6}\,e$

22. 미분방정식 $y'' - y' - 2y = x$, $y(0) = 1$, $y'(0) = 1$을 만족하는 함수 $y = y(x)$에 대해 $y(1)$의 값은?

    ① $\dfrac{1}{4}e^2 - \dfrac{3}{4}$　　② $\dfrac{1}{2}e^2 - \dfrac{1}{2}$　③ $\dfrac{3}{4}e^2 - \dfrac{1}{4}$

    ④ $e^2$　　　　　⑤ $\dfrac{5}{4}e^2 + \dfrac{1}{4}$

23. $y = y(x)$가 미분방정식
    $x^3 y''' + xy' - y = x^2$, $y(1) = 1$, $y'(1) = 3$, $y''(1) = 14$
    의 해일 때, $y(e)$의 값은? (단, $e$는 자연상수이다.)

    ① $\dfrac{1}{2}e(13 + 3e)$　　　　② $\dfrac{1}{3}e(13 + 2e)$

    ③ $\dfrac{1}{3}e(13 + 3e)$　　　　④ $\dfrac{1}{2}e(13 + 2e)$

24. 함수 $y(x)$가 미분방정식
    $(1 + x^2)\dfrac{dy}{dx} + xy + 2x\sqrt{1 + x^2} = 0$ 과 초기조건 $y(0) = 0$
    을 만족할 때, $y(2)$의 값은?

    ① $\dfrac{4}{\sqrt{5}}$　　② $-\dfrac{4}{\sqrt{5}}$　　③ $\dfrac{2\sqrt{2}}{\sqrt{5}}$　　④ $-\dfrac{2\sqrt{2}}{\sqrt{5}}$

25. 함수 $F(s) = \dfrac{1}{s^2 + 8s + 17}$ 의 라플라스 역변환은?

    ① $e^{-t}\cos 4t$　　　　② $e^{-t}\sin 4t$

    ③ $e^{-4t}\cos t$　　　　④ $e^{-4t}\sin t$

꼭 나온다!

MEMO

**1.** 정적분 $\displaystyle\int_0^{2022} \frac{\sqrt{2022-x}}{\sqrt{x}+\sqrt{2022-x}}dx$ 의 값은?

① 1    ② 1011    ③ 2022    ④ 4036

**2.** 아래 그림은 극곡선 $r=1-2\sin\theta$ 를 그린 것이다. 빗금 친 부분의 넓이는?

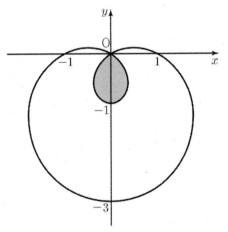

① $\dfrac{\pi}{2}-\dfrac{3\sqrt{3}}{4}$    ② $\pi-\dfrac{3\sqrt{3}}{2}$

③ $\pi-\sqrt{3}$    ④ $2\pi-\sqrt{3}$

**3.** 다음 극한을 구하면?

$$\lim_{n\to\infty}\sum_{k=1}^{n}\frac{n}{n^2+k^2}$$

① 0    ② $\dfrac{\pi}{4}$    ③ $\dfrac{\pi}{2}$    ④ $\infty$

**4.** 곡선 $y^2=x^3+x+2$ 위의 점 $(1,2)$ 에서의 접선의 기울기는?

① 0    ② 1    ③ 2    ④ 4

5.  매개곡선 $x = t - e^t$, $y = t + e^{-t}$에 대해 $t = \ln 2$일 때, $\dfrac{dy}{dx}$의 값은?

    ① $-2$　② $-1$　③ $-\dfrac{1}{2}$　④ $-\dfrac{1}{3}$　⑤ $-\dfrac{1}{4}$

6.  $\displaystyle \int_0^1 \sin(\tan^{-1}x)\cos(\tan^{-1}x)\,dx$ 의 값은?

    ① $\dfrac{1}{2}\ln 2$　② $\dfrac{1}{3}\ln 2$　③ $\dfrac{1}{4}\ln 2$　④ $\dfrac{1}{5}\ln 2$

7.  $\displaystyle \lim_{n \to \infty} \left( \dfrac{n-2}{n} \right)^{3n}$ 의 값은?

    ① $1$　② $e$　③ $e^3$　④ $e^{-6}$　⑤ $\infty$

8.  실수 전체에서 정의된 함수 $y(x)$가 $y(2) = -1$, $y'(x) = xy^3 - 1$을 만족한다고 하자. 이 함수의 일차 근사함수를 이용하여 $y(2.2)$의 근삿값을 구하면?

    ① $-1.6$　　② $-1.5$　　③ $-1.4$

    ④ $-1.3$　　⑤ $-1.2$

**9.** 극좌표계에서 $r = \sin 3\theta$로 표현된 곡선의 내부의 넓이는?

① $\dfrac{\pi}{12}$　② $\dfrac{\pi}{8}$　③ $\dfrac{\pi}{6}$　④ $\dfrac{\pi}{4}$　⑤ $\dfrac{\pi}{2}$

**10.** 두 평면 $z=1$, $z=4$ 사이에 있는 원포물면 $z=x^2+y^2$의 겉넓이는?

① $\dfrac{\pi}{6}(5\sqrt{5}-1)$

② $\dfrac{\pi}{12}(5\sqrt{5}-1)$

③ $\dfrac{\pi}{6}(17\sqrt{17}-5\sqrt{5})$

④ $\dfrac{\pi}{12}(17\sqrt{17}-5\sqrt{5})$

**11.** 곡선 $r(t) = \langle 2\cos t,\ 2\sin t + 2,\ 2\cos t \rangle$의 $t = 0$에서의 접촉평면의 방정식이 $ax + by + cz = d$ 일 때, $\dfrac{c}{a}$의 값은?

① $-4$　　② $-3$　　③ $-2$　　④ $-1$

**12.** $x^2 + y^2 + z^2 = 35$에서 정의된 함수
$f(x,\ y,\ z) = 2x + 6y + 10z$의 최댓값이
$f(a,\ b,\ c) = M$일 때, $a + b + c + M$의 값은?

① 69　　② 79　　③ 89　　④ 99

**13.** 적분 $\int_0^1 \int_{-x}^x \dfrac{1}{(1+x^2+y^2)^2}\, dy\, dx$ 의 값은?

① $\dfrac{1}{2\sqrt{2}} \tan^{-1} \dfrac{1}{\sqrt{2}}$  　　② $\dfrac{1}{\sqrt{2}} \tan^{-1} \dfrac{1}{\sqrt{2}}$

③ $\sqrt{2} \tan^{-1} \dfrac{1}{\sqrt{2}}$  　　④ $2\sqrt{2} \tan^{-1} \dfrac{1}{\sqrt{2}}$

**14.** 구면좌표계의 곡면 $\rho = \cos\phi$로 둘러싸인 입체를 $E$라 할 때, 삼중적분 값 $\iiint_E z\, dV$를 구하면?

① $\dfrac{\pi}{12}$ 　② $\dfrac{\pi}{6}$ 　③ $\dfrac{\pi}{4}$ 　④ $\dfrac{\pi}{3}$ 　⑤ $\dfrac{\pi}{2}$

**15.** 원점을 중심으로 반지름이 1인 원을 점 $(1,\,0)$에서 시작해서 반시계 방향으로 한 바퀴 도는 경로를 $C$라 하자. 다음 주어진 벡터장을 $C$를 따라 선적분한 값이 0이 아닌 것은?

① $\langle 2xy,\, x^2 \rangle$

② $\langle -e^{-x}y^2,\, 2e^{-x}y \rangle$

③ $\langle e^x \sin y,\, e^x \cos y \rangle$

④ $\langle -2x^2 y,\, 2xy^2 \rangle$

**16.** 입체 $S = \{(x,y,z) \mid 3x^2 - 2xy + 3y^2 + 8z^2 \le 16\}$의 부피는?

① $\dfrac{30\pi}{5}$ 　② $\dfrac{32\pi}{5}$ 　③ $\dfrac{30\pi}{3}$ 　④ $\dfrac{32\pi}{3}$

꼭 나온다!

**17.** 두 점 $(0, 0, 0)$과 $(2, 1, -1)$을 지나는 직선과 두 점 $(1, 1, 1)$과 $(3, 2, 3)$을 지나는 직선 사이의 수직거리는?

① $\dfrac{1}{\sqrt{2}}$　② $\dfrac{1}{\sqrt{3}}$　③ $\dfrac{1}{\sqrt{5}}$　④ $\dfrac{1}{\sqrt{6}}$

**18.** 네 점 $A(2, 1)$, $B(5, 3)$, $C(7, 1)$, $D(4, -1)$을 꼭짓점으로 가지는 평행사변형의 넓이를 구하면?

① 7　　② 8　　③ 9　　④ 10

**19.** 행렬 $A = \begin{bmatrix} 1 & 2 & 3 & 2 \\ 1 & 3 & 2 & 3 \\ 4 & 1 & 5 & 0 \\ 1 & 2 & 1 & 2 \end{bmatrix}$ 에 대해 $\det(adj(A))$의 값은?

① 0　② $-2$　③ 4　④ $-8$　⑤ 16

**20.** 행렬 $\begin{bmatrix} 5 & 1 \\ 4 & 2 \end{bmatrix}$의 고윳값과 고유벡터를 각각 $\lambda_1$, $\lambda_2$와 $X_1 = \begin{bmatrix} 1 \\ a \end{bmatrix}$, $X_2 = \begin{bmatrix} 1 \\ b \end{bmatrix}$라고 할 때, $\lambda_1 + \lambda_2 + a + b$의 값은?

① 3　　② 4　　③ 5　　④ 6

21. 벡터 $u = i + 2j + 3k$ 의 평면 $x - 2y + 5z = 0$ 에 대한 직교사영의 크기는?

① $\sqrt{46}$  ② $\sqrt{\dfrac{23}{15}}$  ③ $\sqrt{\dfrac{23}{5}}$  ④ $\sqrt{\dfrac{46}{5}}$

22. 초깃값 문제 $y'' + y = \cos x$, $y(0) = 2$, $y'(0) = 3$ 의 해를 $y(x)$ 라고 할 때, $y(\pi)$ 의 값은?

① $2$  ② $-2$  ③ $3$  ④ $-3$

23. 함수 $f(t) = e^{at}(b_1 + b_2 t + b_3 t^2)$ 의 라플라스 변환이 $\mathcal{L}(f) = \dfrac{s^2 + s + 1}{(s+2)^3}$ 일 때, $a + b_1 + b_2 + 2b_3$ 의 값은?

① $0$  ② $-1$  ③ $-2$  ④ $-3$

24. $y = y(x)$ 가 미분방정식 $y' + \dfrac{1}{x} y = 3x^2 y^3$, $y(1) = 1$의 해일 때, $y\left(\dfrac{1}{2}\right)$ 의 값은?

① $\dfrac{1}{\sqrt{13}}$  ② $1$  ③ $0$  ④ $\dfrac{1}{\sqrt{5}}$

25. 함수 $y_1(t)$ 와 $y_2(t)$ 가 $\dfrac{dy_1}{dt} = -y_1 + 4y_2$, $\dfrac{dy_2}{dt} = 3y_1 - 2y_2$, $y_1(0) = y_2(0) = \dfrac{1}{2}$ 을 만족할 때, $y_1(t) + y_2(t)$ 의 값은?

① $e^{-2t}$  ② $e^{2t}$  ③ $e^{-t}$  ④ $e^t$

꼭 나온다!

**1.** 다음 무한급수의 절대수렴하는 구간은?

$$\sum_{n=2}^{\infty} \frac{1}{(\ln n)^2} x^n$$

① $-1 < x < 1$   ② $-1 \le x < 1$

③ $-1 < x \le 1$   ④ $-1 \le x \le 1$

**2.** 극한 $\lim_{x \to 0} (\cos 2x)^{\frac{k}{x^2}} = e^{-6}$ 을 만족하는 $k$의 값은?

① 1   ② 2   ③ 3   ④ 4

**3.** 극방정식 $r = \cos 3\theta$의 $\theta = \frac{\pi}{3}$ 일 때 접선의 방정식은?

① $y = -\frac{1}{\sqrt{3}} x - \frac{2\sqrt{3}}{3}$   ② $y = -\sqrt{3} x - \sqrt{3}$

③ $y = \frac{1}{\sqrt{3}} x - \frac{2\sqrt{3}}{3}$   ④ $y = \sqrt{3} x - \sqrt{3}$

**4.** 매개함수방정식
$x = (1 - \cos\theta)\cos\theta, y = (1 - \cos\theta)\sin\theta$이 있다.
구간 $[0, \pi]$에서 함수 $f(t) = \int_0^t \sqrt{\left(\frac{dx}{d\theta}\right)^2 + \left(\frac{dy}{d\theta}\right)^2} \, d\theta$의
평균값은?

① $\frac{4}{\pi}$   ② $\frac{4\pi - 8}{\pi}$   ③ $\frac{5}{\pi}$   ④ $\frac{5\pi + 8}{\pi}$

**5.** $y = 9x \ln x$, $x = e$, $y = 0$으로 둘러싸인 영역을 $y$축에 대해 회전한 입체의 부피는?

① $4\pi e^3$

② $4\pi e^3 + 2\pi$

③ $4\pi e^2$

④ $4\pi e^2 + 2\pi$

**6.** $f(x) = \sin^2 x \cos^2 x$의 매클로린 급수를 구하고, 수렴반경을 구하면?

① $\dfrac{1}{8} \displaystyle\sum_{n=1}^{\infty} \dfrac{(-1)^{n-1}(4x)^{2n}}{(2n)!}$ $(-\infty, \infty)$

② $\dfrac{1}{8} \displaystyle\sum_{n=1}^{\infty} \dfrac{(-1)^{n-1}(4x)^{2n+1}}{(2n+1)!}$ $(-\infty, \infty)$

③ $\dfrac{1}{4} \displaystyle\sum_{n=1}^{\infty} \dfrac{(-1)^{n-1}(4x)^{2n}}{(2n)!}$ $(-\infty, \infty)$

④ $\dfrac{1}{4} \displaystyle\sum_{n=1}^{\infty} \dfrac{(-1)^{n-1}(4x)^{2n+1}}{(2n+1)!}$ $(-\infty, \infty)$

**7.** 오차가 $0.0001$보다 작은 $\sin(0.5)$의 값은?

① $\dfrac{1}{2} - \dfrac{1}{3!}\left(\dfrac{1}{2^3}\right)$

② $\dfrac{1}{2} + \dfrac{1}{3!}\left(\dfrac{1}{2^3}\right)$

③ $\dfrac{1}{2} - \dfrac{1}{3!}\left(\dfrac{1}{2^3}\right) + \dfrac{1}{5!}\left(\dfrac{1}{2^5}\right)$

④ $\dfrac{1}{2} + \dfrac{1}{3!}\left(\dfrac{1}{2^3}\right) - \dfrac{1}{5!}\left(\dfrac{1}{2^5}\right)$

**8.** 영역 $x^2 + 4y^2 \leq 1$에서의 이변수함수 $f(x, y) = e^{-xy}$의 최댓값은?

① $1$  ② $e$  ③ $e^{\frac{1}{4}}$  ④ $e^{\frac{1}{2}}$

시크릿 모의고사

**9.** 연속이고 편미분가능한 이변수함수 $f(x,y)$가 있다. $f(5,3)=4$이고, 점 $A(5,3)$에서 $i+j$방향으로 $f$의 변화율이 $4\sqrt{2}$이고, $-3i+4j$방향으로 $f$의 변화율은 $-2$이다. $g(s,t,u)=s\,f(t+2u,\,tu)$일 때, 점 $(2,3,1)$에서 $g$의 변화율의 최댓값은?

① $27\sqrt{2}$　② $27\sqrt{3}$　③ $28\sqrt{2}$　④ $28\sqrt{3}$

**10.** 구 $x^2+y^2+z^2=6$과 $z=x^2+y^2$의 교점 $(1,1,2)$에서 교각은?

① $\dfrac{\pi}{3}$　② $\cos^{-1}\left(\dfrac{\sqrt{5}}{9}\right)$　③ $\dfrac{\pi}{6}$　④ $\cos^{-1}\left(\dfrac{\sqrt{6}}{9}\right)$

**11.** 다음 이중적분의 값은?

$$\int_{-1}^{0}\int_{\cos^{-1}y}^{\pi} e^{\sin x}\,dx\,dy$$

① $e-1$　② $e$　③ $e+1$　④ $1-e$

**12.** 두 포물면 $z=2x^2+y^2$, $z=8-x^2-2y^2$으로 둘러싸여 있는 입체의 부피는?

① $\dfrac{8}{3}\pi$　② $\dfrac{16}{3}\pi$　③ $\dfrac{32}{3}\pi$　④ $\dfrac{64}{3}\pi$

**13.** 다음 매개방정식으로 주어진 함수의 곡면적은?

$$\begin{cases} x = 3\cos\theta + \cos\phi\cos\theta \\ y = 3\sin\theta + \cos\phi\sin\theta \\ z = \sin\phi \\ (0 \le \phi \le 2\pi, 0 \le \theta \le 2\pi) \end{cases}$$

① $12\pi^2$    ② $14\pi^2$    ③ $16\pi^2$    ④ $18\pi^2$

**14.** 곡선 $C$는 점 $(2\sqrt{2}, 0)$에서 $(-2\sqrt{2}, 0)$까지 원 $x^2 + y^2 = 8$의 상반원과 점 $(-2\sqrt{2}, 0)$에서 점 $(2\sqrt{2}, 0)$까지 타원 $\dfrac{x^2}{8} + \dfrac{y^2}{2} = 1$의 상반타원의 곡선으로 이루어져 있다. 벡터함수 $F(x,y) = \langle e^{-y}, 5x - xe^{-y} \rangle$에 대한 $\displaystyle\int_C F \cdot dr$의 값은?

① $4\pi$    ② $6\pi$    ③ $8\pi$    ④ $10\pi$

**15.** 벡터함수 $F(x, y, z) = xi + yj + z^4k$로 주어져 있고, 곡면 $S$가 $z = 1$아래에 놓인 $z = \sqrt{x^2 + y^2}$일 때, 곡면 $S$의 아래 방향으로의 면적분은?

① $\dfrac{\pi}{2}$    ② $\pi$    ③ $\dfrac{\pi}{3}$    ④ $\dfrac{2\pi}{3}$

**16.** 행렬 $A = \dfrac{1}{2}\begin{pmatrix} 1 & -1 & 1 & 1 \\ -1 & 1 & 1 & 1 \\ 1 & 1 & -1 & 1 \\ 1 & 1 & 1 & -1 \end{pmatrix}$에 대해 다음 설명 중 옳지 않은 것은?

① $A^{-1} = A^T$가 성립한다.

② $\det A = \dfrac{1}{2}$ 이다.

③ $R^4$상의 임의의 벡터 $x$에 대해 $\| Ax \| = \| x \|$ 이다.

④ $\vec{u} = \begin{pmatrix} 1 \\ -1 \\ 3 \\ 0 \end{pmatrix}$, $\vec{v} = \begin{pmatrix} 1 \\ 0 \\ 0 \\ 1 \end{pmatrix}$일 때, $(A\vec{u}) \cdot (A\vec{v}) = 1$이다.

**17.** 행렬 $A = \begin{pmatrix} 0 & 2 & -1 \\ 3 & -1 & 0 \\ -3 & 2 & -2 \end{pmatrix}$ 에 대해 $B = P^{-1}AP$를 만족하는 정칙행렬 $P$가 존재한다. 다음 설명 중 옳지 않은 것은?

① 행렬 $B$의 대각성분의 합은 $-3$이다.

② 행렬 $B$의 행렬식은 $9$이다.

③ 행렬 $B$는 $(0, 1, 2)$를 고유벡터로 갖는다.

④ 행렬 $B$는 $-1$을 고유치로 갖는다.

**18.** 다음 행렬 $A = \begin{bmatrix} 1 & 0 & 1 & 1 \\ 1 & 1 & 4 & 1 \\ 0 & 1 & 3 & 0 \\ 0 & 2 & 6 & 0 \end{bmatrix}$ 에 대해 $AX = O$를 만족하는 해가 아닌 것은?

① $X = \begin{bmatrix} 1 \\ 3 \\ -1 \\ 0 \end{bmatrix}$　② $X = \begin{bmatrix} -2 \\ 0 \\ 0 \\ 2 \end{bmatrix}$

③ $X = \begin{bmatrix} -2 \\ -3 \\ 1 \\ -1 \end{bmatrix}$　④ $X = \begin{bmatrix} 1 \\ 6 \\ -2 \\ 1 \end{bmatrix}$

**19.** 실수체 위에서 대각화가능한 행렬의 개수는?

$$A = \begin{bmatrix} 1 & 1 & 0 \\ 0 & 1 & 1 \\ 0 & 0 & 1 \end{bmatrix} \qquad B = \begin{bmatrix} 1 & 1 & 2 \\ 0 & 1 & 1 \\ 1 & 0 & 1 \end{bmatrix}$$

$$C = \begin{bmatrix} 1 & 2 & 3 \\ 2 & 4 & 8 \\ 0 & 0 & 1 \end{bmatrix} \qquad D = \begin{bmatrix} 3 & -1 & 0 \\ -1 & 2 & -1 \\ 0 & -1 & 3 \end{bmatrix}$$

① 1개　　② 2개　　③ 3개　　④ 4개

**20.** 선형변환 $T(x, y, z) = (x + 2y + z, \, y + z, \, -x + 3y + 4z)$ 에 대한 $Im\,T$는?

① $\{(x, y, z) \in R^3 \mid x - 5y + z = 0\}$

② $\{(x, y, z) \in R^3 \mid x - 2y - 5z = 0\}$

③ $\{(x, y, z) \in R^3 \mid x - 5y + 2z = 0\}$

④ $\{(x, y, z) \in R^3 \mid x + 5y + z = 0\}$

**21.** 미분방정식 $y'' - y' - 2y = 2\cosh(2x)$ 의 특수해는?

① $y(x) = e^{2x} + e^{-x}$

② $y(x) = xe^{2x} + e^{-2x}$

③ $y(x) = \dfrac{1}{4}e^{-2x} + \dfrac{1}{3}xe^{2x}$

④ $y(x) = \dfrac{1}{4}\cosh(2x) + \dfrac{1}{3}\sinh(2x)$

**22.** 미분방정식 $x^2 y'' + axy' + by = 0$의 일반해가
$y = \dfrac{C_1 \cos(2\ln x) + C_2 \sin(2\ln x)}{x^3}$ 의 꼴일 때, 상수
$a+b$의 값은? (단, $C_1$, $C_2$는 임의의 상수)

① 1      ② 2      ③ 10      ④ 20

**23.** $x\dfrac{dy}{dx} + 6y = 3xy^{4/3}$의 일반해는?

① $\dfrac{1}{(x+Cx^3)^2}$      ② $\dfrac{1}{(x+Cx^2)^3}$

③ $\dfrac{1}{(x+Cx^3)^4}$      ④ $\dfrac{1}{(x+Cx^4)^3}$

**24.** 주어진 구간 밖에서 함숫값이 0일 때 가정하고, 다음 함수의 라플라스 변환을 $F(s)$라고 할 때, $F(2\pi)$의 값은?

$$f(t) = e^{\pi t} \ (2 \le t \le 4)$$

① $\dfrac{e^{-2\pi} - e^{-4\pi}}{\pi}$      ② $\dfrac{e^{-4\pi} - e^{-2\pi}}{\pi}$

③ $\dfrac{e^{-2\pi} + e^{-4\pi}}{\pi}$      ④ $\dfrac{-e^{-2\pi} - e^{-4\pi}}{\pi}$

**25.** 다음 미분방정식의 해는?

$$y'' + (y')^3 \cos y = 0, \ y(0) = \frac{\pi}{2}, \ y'(0) = 1$$

① $y = \sin^{-1}(-x) + 2x + \dfrac{\pi}{2}$

② $y = \cos^{-1}(-x)$

③ $y = \sin x + \dfrac{\pi}{2}$

④ $y = \cos x + x + \dfrac{\pi}{2} - 1$

MEMO

**1.** $2(x^2+y^2)^2 = 25(x^2-y^2)$ 위의 점 $(3,1)$에서 접선의 방정식은?

① $y = \dfrac{-9x+40}{13}$       ② $y = \dfrac{-8x+37}{13}$

③ $y = \dfrac{9x-14}{13}$       ④ $y = \dfrac{8x-11}{13}$

**2.** $f(x) = \left(1+\sqrt{x}\right)^{\frac{1}{\sqrt{x}}}$ 일 때, $f'(1)$의 값은?

① $\dfrac{1}{4} - \dfrac{1}{2}\ln 2$       ② $\dfrac{1}{4} + \dfrac{1}{2}\ln 2$

③ $\dfrac{1}{2} - \ln 2$       ④ $\dfrac{1}{2} + \ln 2$

**3.** 다음 무한급수 중 수렴하는 것의 개수는?

> 가. $\displaystyle\sum_{n=1}^{\infty} (-1)^n \tan^{-1}\left(\dfrac{1}{n}\right)$
>
> 나. $\displaystyle\sum_{n=1}^{\infty} \sin\dfrac{1}{n}\sin^{-1}\dfrac{2}{\sqrt{n}}$
>
> 다. $\displaystyle\sum_{n=1}^{\infty} \dfrac{2^n n!}{n^{2n}}$
>
> 라. $\displaystyle\sum_{n=1}^{\infty} \left(1-\cos\dfrac{1}{n}\right)$

① 1개      ② 2개      ③ 3개      ④ 4개

**4.** 무한급수 $\displaystyle\sum_{n=0}^{\infty} \dfrac{(-1)^n}{n^3+3}(x-1)^n$ 의 수렴구간을 $A$, 무한급수 $\displaystyle\sum_{n=1}^{\infty} \dfrac{1}{\sqrt{n}}\left(\dfrac{x-1}{x}\right)^n$ 의 수렴구간을 $B$라 할 때, $A \cap B$는?

① $\left[\dfrac{1}{2}, 2\right]$    ② $\left[\dfrac{1}{2}, 2\right)$    ③ $\left[\dfrac{1}{2}, \infty\right)$    ④ $[0, 2]$

**5.** 자동차 A는 $90\,km/h$의 속도로 서쪽으로 달리고, 자동차 B는 $100\,km/h$의 속도로 북쪽으로 달리고 있다. 그리고 두 자동차는 두 길의 교차점을 향하여 달리고 있다. 교차지점에서 A는 $60\,m$, B는 $80\,m$의 거리에 있게 될 때 두 자동차들이 서로에게 접근해가는 비율은 얼마인가?

① $134\,km/h$      ② $135\,km/h$

③ $136\,km/h$      ④ $137km/h$

**6.** 다음 이상적분의 값이 바르게 짝지은 것은?
(단, $n = 0, 1, 2, 3, \cdots$)

가. $\displaystyle\int_0^\infty x^2 e^{-x^2} dx = \frac{\sqrt{\pi}}{4}$

나. $\displaystyle\int_0^\infty e^{-x^2} dx = \frac{\pi}{\sqrt{2}}$

다. $\displaystyle\int_0^1 \sqrt{-\ln x}\, dx = \frac{\sqrt{\pi}}{2}$

라. $\displaystyle\int_0^\infty x^n e^{-x} dx = n!$

마. $\displaystyle\int_0^1 (\ln t)^n dt = n!$

바. $\displaystyle\int_0^1 (-\ln t)^n dt = n!$

① 가, 라, 바      ② 나, 라, 마

③ 가, 나, 라, 바      ④ 가, 다, 라, 바

**7.** 다음 적분의 값은?

$$\int_0^\pi x \sin^2 x \cos^4 x\, dx$$

① $\dfrac{\pi^2}{16}$    ② $\dfrac{\pi^2}{32}$    ③ $\dfrac{\pi^2}{48}$    ④ $\dfrac{\pi^2}{64}$

**8.** 벡터공간 $R^4$의 네 개의 벡터 $(1, 2, 1, 2)$, $(3, 0, -1, 0)$ $(2, 1, 0, 1)$, $(1, -1, -1, -1)$에 모두 수직인 벡터들로 이루어진 $R^4$의 부분공간의 차원은?

① 1차원    ② 2차원    ③ 3차원    ④ 4차원

시크릿 모의고사

9. $3 \times 3$ 행렬 $A$를 $A = \begin{pmatrix} 1 & 1 & 1 \\ 1 & 2 & a+1 \\ 2 & 1 & a^2 \end{pmatrix}$ 라 하고 $W$를

$W = \{X \in \mathbb{R}^3 \mid AX = 0\}$ 라 하자. $\dim W \geq 1$이 되는 모든 실수 $a$의 값의 합은?

① $-2$      ② $-1$      ③ $0$      ④ $1$

11. 연립방정식 $\begin{bmatrix} 1 & 3 \\ 2 & 6 \\ -1 & 0 \end{bmatrix} \begin{bmatrix} x_1 \\ x_2 \end{bmatrix} = \begin{bmatrix} 2 \\ -1 \\ 1 \end{bmatrix}$ 의 최소제곱해의 성분의 합은?

① $-\dfrac{2}{3}$      ② $-\dfrac{1}{3}$      ③ $\dfrac{2}{3}$      ④ $\dfrac{4}{5}$

10. 선형사상 $T : R^2 \to R^2$ 가

$T(au + bv) = (a+b)u + 2bv$ 으로 정의될 때 $R^2$ 의 순서기저 $E = \{u = (1, 1), v = (-1, 1)\}$ 에 관한 $T$ 의 행렬표현을 $A = [T]_E$ 라 할 때 $A$ 에 대한 설명 중 틀린 것은?

① $A$ 의 고유치의 합은 $4$ 이다.

② $A$ 는 대각화가 가능하다.

③ $\lim\limits_{n \to \infty} \left(\dfrac{1}{2}A\right)^n X = X$ 를 만족하는 벡터 $X$는 $\begin{pmatrix} 1 \\ 1 \end{pmatrix}$ 이다.

④ 벡터 $X = \begin{pmatrix} 3 \\ 0 \end{pmatrix}$ 은 $\lim\limits_{n \to \infty} \left(\dfrac{1}{2}A\right)^n X = 0$ 을 만족한다.

12. 다음 극한값은?

$$\lim_{(x,y) \to (0,0)} \frac{x^2 y e^y}{x^4 + 4y^2}$$

① $-2$      ② $0$      ③ $1$      ④ 존재하지 않는다.

**13.** 점 $(2, 1, -1)$ 에서 곡면 $x^2 - 2y^2 + z^2 + yz = 2$ 의 접평면의 방정식은?

① $x - 2y + z = -1$  ② $x - 2y - z = 1$

③ $4x - 5y - z = 4$  ④ $4x - 5y + z = 2$

**14.** $z = f(u, v)$, $u = x\cos\theta - y\sin\theta$, $v = x\sin\theta + y\cos\theta$ 일 때, $\dfrac{\partial^2 f}{\partial x^2} + \dfrac{\partial^2 f}{\partial y^2}$ 과 동일한 식은?

① $\dfrac{\partial^2 f}{\partial u^2} + \dfrac{\partial^2 f}{\partial v^2}$

② $\dfrac{\partial^2 f}{\partial u^2} + \dfrac{\partial^2 f}{\partial v^2} - 2\dfrac{\partial f}{\partial v \partial u}\{\sin\theta - \cos\theta\}$

③ $\dfrac{\partial^2 f}{\partial u^2} + \dfrac{\partial^2 f}{\partial v^2} + 2\dfrac{\partial f}{\partial v \partial u}\{\sin\theta - \cos\theta\}$

④ $\dfrac{\partial^2 f}{\partial u^2} + \dfrac{\partial^2 f}{\partial v^2} + \sin\theta\left\{\dfrac{\partial f}{\partial u} + \dfrac{\partial f}{\partial v}\right\}$

**15.** $F(x) = \displaystyle\int_1^x \int_{\sqrt{t}}^{t^2} \dfrac{\sqrt{1+u^4}}{u}\,du\,dt$ 라고 하자. $F''(2)$ 의 값은?

① $\sqrt{257}$  ② $\sqrt{257} - \dfrac{\sqrt{5}}{4}$

③ $\sqrt{255}$  ④ $\sqrt{255} - \dfrac{\sqrt{5}}{4}$

**16.** 정의역 $x^2 + y^2 = 16$ 위에서 정의된 함수 $f(x, y) = 2x^2 + 3y^2 - 4x - 5$ 의 최댓값을 $M$, 최솟값을 $m$ 이라고 할 때 $M + m$ 의 값은?

① 54  ② 58  ③ 62  ④ 66

**17.** 네 곡면 $x^2+y^2=1$, $x^2+y^2=4$, $z=0$, $z=x+4$으로 둘러싸인 영역의 부피는?

① $8\pi$      ② $12\pi$      ③ $14\pi$      ④ $16\pi$

**18.** $R=\left\{(x,y,z)\mid \sqrt{3(x^2+y^2)}\leq z\leq 2+\sqrt{4-x^2-y^2}\right\}$ 일 때, $\displaystyle\iiint_R \sqrt{x^2+y^2+z^2}\,dV$의 값은?

① $\dfrac{2\pi(16-9\sqrt{3})}{5}$      ② $\dfrac{2\pi(32-9\sqrt{3})}{5}$

③ $\dfrac{4\pi(16-9\sqrt{3})}{5}$      ④ $\dfrac{4\pi(32-9\sqrt{3})}{5}$

**19.** $R=\{(x,y)\mid |x|+|y|\leq 1\}$일 때, 다음 적분값은?

$$\iint_R (x+y)^2\ln(2+x-y)\,dA$$

① $\ln 3-\dfrac{2}{3}$      ② $2\ln 3-\dfrac{2}{3}$

③ $\ln 3-\dfrac{4}{3}$      ④ $2\ln 3-\dfrac{4}{3}$

**20.** 벡터함수 $F=x\,i+y\,j+z\,k$의 유량은?
(여기서 곡면 $S$는 1사분면에 있는 원 $x^2+y^2=1$의 사분원 위에 놓여 있는 구 $x^2+y^2+z^2=4$의 부분이고 위쪽 방향을 향한다.)

① $\pi(2-\sqrt{3})$      ② $4\pi(2-\sqrt{3})$

③ $\pi(4-2\sqrt{3})$      ④ $4\pi(4-2\sqrt{3})$

**21.** 곡면 $S$는 반원주면 입체 $0 \leq z \leq \sqrt{1-y^2}$, $0 \leq x \leq 2$의 경계일 때, 벡터함수 $F = x^3 i + y^3 j + z^3 k$의 유량은?

① $\dfrac{11}{6}\pi$    ② $\dfrac{11}{2}\pi$    ③ $\dfrac{8}{3}\pi$    ④ $\dfrac{5}{3}\pi$

**22.** 미분방정식 $y'' - 2xy' + 8y = 0$, $y(0) = 3$, $y'(0) = 0$를 만족하는 해가 $y(x) = \displaystyle\sum_{n=0}^{\infty} a_n x^n$일 때, $\dfrac{a_5}{a_2}$의 값은?

① $-4$    ② $0$    ③ $4$    ④ $12$

**23.** 다음 미분방정식의 해 $y(x)$라고 하자. $y\left(\dfrac{3\pi}{2}\right)$의 값은?

$$y'' + 16y = \cos 4x, \quad y(0) = 0, \quad y'(0) = 1$$

① $-\dfrac{1}{4}$    ② $-\dfrac{\sqrt{3}}{2}$    ③ $0$    ④ $\dfrac{1}{4}$

**24.** 다음 함수의 라플라스 변환은?

$$f(t) = \begin{cases} t & (0 \leq t < 1) \\ 2-t & (\quad t \geq 1) \end{cases}$$

① $\dfrac{1 - 2e^{-s}}{s^2}$        ② $\dfrac{1 + 2e^{-s}}{s^2}$

③ $\dfrac{1 - 2(s-1)e^{-s}}{s^2}$      ④ $\dfrac{1 + 2(s-1)e^{-s}}{s^2}$

**25.** 비제차 코시-오일러 방정식 $x^2 y'' - 4xy' + 6y = x^2 \ln x$의 특수해를 $y_p(x)$라고 할 때, $y_p(e)$의 값은?

① $-\dfrac{5}{2}e^2$    ② $-2e^2$    ③ $-\dfrac{3}{2}e^2$    ④ $-e^2$

시크릿 모의고사

1. 포물선 $y = x^2$과 포물선 $y = x^2 - x + 1$의 교각을 $\psi$라 할 때, $\tan\psi$의 값은?

① $\dfrac{1}{3}$     ② $\dfrac{1}{\sqrt{3}}$     ③ $1$     ④ $\sqrt{3}$

2. 다음 함수 $f(x) = x^3 \sqrt{\dfrac{x-1}{x+1}}$ 의 $f'(2)$의 값은?

① $\dfrac{44}{3}$     ② $\dfrac{44}{3\sqrt{3}}$     ③ $\dfrac{11}{6}$     ④ $\dfrac{11}{6\sqrt{3}}$

3. 다음 극한값은?

$$\lim_{x \to 0} \sqrt[x^2]{2} \left( \frac{1 - \cos x}{x^2} \right)^{\frac{1}{x^2}}$$

① $e^{-\frac{1}{2}}$     ② $e^{-\frac{1}{4}}$     ③ $e^{-\frac{1}{8}}$     ④ $e^{-\frac{1}{12}}$

4. 한 변은 $x$축 위에 있고, 나머지 두 꼭짓점은 곡선 $y = e^{-x^2}$ 위에 있는 직사각형의 최대 넓이는?

① $\sqrt{\dfrac{2}{e}}$     ② $\dfrac{1}{\sqrt{2e}}$     ③ $\dfrac{2\sqrt{2}}{e^2}$     ④ $e$

**5.** $f(x) = x\sin x + \displaystyle\int_0^\pi f(t)\,dt$ 로 주어진 함수 $f$에 대해 $f\left(\dfrac{\pi}{2}\right)$ 의 값은?

① $\dfrac{\pi}{2}$

② $\dfrac{\pi}{2} - \dfrac{\pi}{\pi-1}$

③ $\dfrac{\pi}{2} - \dfrac{1}{\pi-1}$

④ $\dfrac{\pi(\pi-2)+2}{2(\pi-2)}$

**6.** 함수 $g(x) = \displaystyle\int_0^x \frac{1}{1+t^2}\,dt + \int_0^{\frac{1}{x}} \frac{1}{1+t^2}\,dt$ $(x \neq 0)$ 일 때, $g(2) - g(-1)$ 의 값은?

① $\dfrac{\pi}{2}$　　② $\pi$　　③ $\dfrac{3\pi}{2}$　　④ $2\pi$

**7.** 극곡선 $r^2 = 4\cos 3\theta$ 의 내부 면적은?

① 2　　② 4　　③ 8　　④ 16

**8.** 영역 $D = \left\{(x,\,y)\,\middle|\, x \geq 1,\ \dfrac{1}{x^2} \leq y \leq \dfrac{1}{x}\right\}$ 을 $x$축을 중심으로 회전시킬 때, 생기는 회전체의 부피는?

① $\dfrac{\pi}{2}$　　② $\dfrac{2\pi}{3}$　　③ $\pi$　　④ $\dfrac{3\pi}{2}$

**9.** $\displaystyle\lim_{n\to\infty}\frac{1}{n^2}\left(\sqrt{4n^2-1^2}+\sqrt{4n^2-2^2}\right.$
$\left.+\cdots+\sqrt{4n^2-(2n-1)^2}\right)$ 의 값은?

① $\ln 2$　　② $\dfrac{\pi}{2}+1$　　③ $\pi$　　④ $\dfrac{\pi}{4}$

**10.** 다음 이상적분 중에서 발산하는 것의 개수는?

| | |
|---|---|
| ㄱ. $\displaystyle\int_1^\infty \frac{1}{(2x+1)^3}\,dx$ | ㄴ. $\displaystyle\int_2^\infty \frac{dx}{x\ln x}$ |
| ㄷ. $\displaystyle\int_0^\infty x\,e^{-x^2}\,dx$ | ㄹ. $\displaystyle\int_1^\infty \frac{1}{x^2}\sin\frac{\pi}{x}\,dx$ |
| ㅁ. $\displaystyle\int_1^\infty \frac{\ln x}{x}\,dx$ | ㅂ. $\displaystyle\int_0^\infty \frac{2}{e^x+e^{-x}}\,dx$ |
| ㅅ. $\displaystyle\int_0^4 \frac{\ln x}{\sqrt{x}}\,dx$ | ㅇ. $\displaystyle\int_0^1 \frac{x-1}{\sqrt{x}}\,dx$ |

① 1개　　② 2개　　③ 3개　　④ 4개

**11.** 직선 $L_1, L_2$가
$$\begin{cases} L_1 : x=1+t, \quad y=1+6t, \quad z=2t \\ L_2 : x=1+2s,\; y=5+15s, \; z=-2+6s \end{cases}$$
로 주어졌을 때, 이 두 직선 사이의 거리는?

① 1　　② 2　　③ 3　　④ 4

**12.** 세 개의 벡터 $v_1=(1,1,1), v_2=(2,0,1), v_3=(2,4,5)$는 3차원 공간 $R^3$의 기저이다. $\{v_1,v_2,v_3\}$에 그람-슈미트 직교화를 적용하여 만들어진 직교기저를
$w_1=(1,1,1),\, w_2=(1,a,b),\, w_3=\left(c,d,\dfrac{4}{3}\right)$라고 할 때, $|w_2|$와 $|w_3|$의 곱인 $|w_2||w_3|$의 값은?
(단, $|w_2|, |w_3|$는 $w_2$와 $w_3$의 길이이다.)

① $\dfrac{2}{3}\sqrt{10}$　② $\dfrac{2}{3}\sqrt{11}$　③ $\dfrac{2}{3}\sqrt{12}$　④ $\dfrac{2}{3}\sqrt{13}$

**13.** 실수 계수를 가지는 다항식 전체로 이루어진 선형공간의 내적을 $(f, g) = \int_0^1 f(x)g(x)dx$로 정의한다. 이때, $f_1(x) = x$, $f_2(x) = x^2$의 두 벡터가 이루는 각 $\theta$에 대해 $\cos\theta$의 값은?

① $\sqrt{15}$  ② $\dfrac{\sqrt{15}}{2}$  ③ $\dfrac{\sqrt{15}}{3}$  ④ $\dfrac{\sqrt{15}}{4}$

**14.** 행렬 $A = \begin{bmatrix} 7 & -2 \\ 4 & 1 \end{bmatrix}$에 대해 $A = PDP^{-1}$를 만족시키는 가역행렬 $P$와 대각행렬 $D$를 곱한 행렬 $PD$는? ($P$의 첫 행의 원소는 모두 1이다.)

① $\begin{bmatrix} 3 & 0 \\ 0 & 5 \end{bmatrix}$  ② $\begin{bmatrix} 3 & 5 \\ 3 & 5 \end{bmatrix}$  ③ $\begin{bmatrix} 3 & 5 \\ 6 & 5 \end{bmatrix}$  ④ $\begin{bmatrix} 7 & 5 \\ 4 & 5 \end{bmatrix}$

**15.** 다음 중 극한값이 존재하는 것은 모두 몇 개인가?

ㄱ. $\displaystyle\lim_{(x,y)\to(1,0)} \dfrac{3x^2y - 6xy + 3y}{x^2 - 2x + 1 + y^2}$

ㄴ. $\displaystyle\lim_{(x,y)\to(0,0)} \dfrac{xy\cos y}{3x^2 + y^2}$

ㄷ. $\displaystyle\lim_{(x,y)\to(0,0)} \dfrac{x^2 + y^2}{\sqrt{x^2 + y^2 + 1} - 1}$

ㄹ. $\displaystyle\lim_{(x,y)\to(0,0)} \dfrac{\sin(xy)}{xy}$

① 1  ② 2  ③ 3  ④ 4

**16.** $\begin{cases} g(u, v) = f(x(u,v), y(u,v)) \\ f(x, y) = 4x^2y^3 \\ x(u, v) = u^3 - v\sin u \\ y(u, v) = 4u^2 \end{cases}$ 일 때, $\dfrac{\partial g}{\partial u}(1, 0)$의 값은?

① $4^4 \times 3$  ② $4^4 \times 6$  ③ $4^5 \times 3$  ④ $4^5 \times 6$

**17.** 만약 $R$이 저항 $R_1, R_2, R_3$의 병렬로 연결된 세 저항기의 총 저항이면 $\dfrac{1}{R} = \dfrac{1}{R_1} + \dfrac{1}{R_2} + \dfrac{1}{R_3}$이다. $\Omega$으로 측정된 저항이 $R_1 = 25\Omega, R_2 = 40\Omega, R_3 = 50\Omega$이고 각 경우의 0.5%만큼의 오차가 있을 때, $R$의 최대오차는?

① $\dfrac{1}{17}$　　② $\dfrac{2}{17}$　　③ $\dfrac{3}{17}$　　④ $\dfrac{4}{17}$

**18.** $R^3$상에서 공간상의 곡선 $r(t) = \langle t, t^2, t^3 \rangle$ 위의 점 $(1,1,1)$에서 곡률 $k$, 열률(비틀림율)을 $\tau$라 할 때, $(7\kappa)^2\tau$의 값은?

① $\dfrac{1}{7}$　　② $\dfrac{3}{14}$　　③ $\dfrac{2}{7}$　　④ $\dfrac{5}{14}$

**19.** 그래프 $x^2 + y^2 = 3$, $y^2 + z^2 = 3$에 의해 둘러싸인 영역의 표면적은?

① 16　　② 32　　③ 48　　④ 64

**20.** 주어진 범위에 대한 $0 \le u \le 1, 0 \le v \le 2$ 매개변수방정식 $x = u^2, y = uv, z = \dfrac{1}{2}v^2$의 곡면의 넓이는?

① 4　　② $\dfrac{9}{2}$　　③ 5　　④ $\dfrac{11}{2}$

**21.** 입자가 원점에서 점 $(1,0,0), (1,2,1), (0,2,1)$ 까지 선분을 따라 이동하고 힘의 장 $F(x,y,z)= z^2 i + 2xy j + 4y^2 k$의 영향 아래 원점으로 돌아간다. 한 일을 구하면?

① $\dfrac{3}{4}$　　② $\dfrac{3}{2}$　　③ $3$　　④ $\dfrac{5}{2}$

**22.** 모든 실수 $C$에 대해 방정식 $y = cx^3$을 해로 갖는 미분방정식은?

① $x\,dx + 3y\,dy = 0$　　② $-x\,dx + 3y\,dy = 0$

③ $3y\,dx - x\,dy = 0$　　④ $3y\,dx + x\,dy = 0$

**23.** 물체의 온도변화가 뉴턴의 냉각법칙에 의해서 미분방정식 $\dfrac{dT}{dt} = k(T - T_m)$을 따른다. 여기서 $k$는 비례상수이며, 시간 $t > 0$일 때, $T$는 물체의 온도이고, $T_m$은 물체를 둘러싼 주변 매질의 온도이다. 처음 오븐에서 꺼냈을 때 $100℃$인 케이크를 주변온도가 $20℃$인 상태에 놓아두면 1분 후 케이크 온도는 $60℃$가 된다고 하자. 오븐에서 꺼낸 지 2분 후 케이크의 온도는?

① $20℃$　　② $25℃$　　③ $35℃$　　④ $40℃$

**24.** 미분방정식 $y'' - 6y' + 9y = e^{3x} + \sin x$의 특수해의 형태는?

① $y_p = Ae^{3x} + B\sin x$

② $y_p = Axe^{3x} + B\sin x + C\cos x$

③ $y_p = Ax^2 e^{3x} + B\sin x + C\cos x$

④ $y_p = Ax^2 e^{3x} + Bx e^{3x} + C\sin x + D\cos x$

25. $\mathcal{L}$ 은 라플라스 변환을 나타내는 기호이다. $f(x)$의 $\mathcal{L}$ 변환 $F(s) = \int_0^\infty e^{-st}f(t)dt$이라고 정의하고 $\mathcal{L}[f(t)] = F(s)$, $\mathcal{L}[g(t)] = G(s)$ 일 때, 다음 서술 중 틀린 것의 개수는?

ㄱ. $\mathcal{L}\{af(t)+bg(t)\}$
$= a\int_0^\infty e^{-st}f(t)dt + b\int_0^\infty e^{-st}g(t)dt$

ㄴ. $\mathcal{L}[e^{at}f(t)] = F(s-a)$

ㄷ. $\mathcal{L}[f'(t)] = sF(s) - f(0)$

ㄹ. $\mathcal{L}\{t^a\} = \dfrac{\Gamma(a+1)}{s^{a+1}}$

(단, $\Gamma(n) = \int_0^\infty e^{-x}x^{n-1}dx$, $a=0,1,2,\cdots$)

ㅁ. $\mathcal{L}\left[\int_0^\tau f(t)d\tau\right] = \dfrac{F(s)}{s} - f(0)$

ㅂ. $\mathcal{L}[f(t)*g(t)] = F(s)G(s)$
(단 $f(t)*g(t)$는 $f(t)$ 와 $g(t)$ 의 합성곱이다.)

ㅅ. $\mathcal{L}\{e^{at}\sin bt\} = \dfrac{b}{(s-a)^2+b^2}$

ㅇ. $f(t+T) = f(t)$인 함수 $f(t)$의
$\mathcal{L}\{f(t)\} = \dfrac{\int_0^T e^{-st}f(t)dt}{1+e^{-sT}}$

① 1개　　② 2개　　③ 3개　　④ 4개

1. $f(t) = \int_1^t \sqrt{1 + x^4}\, dx$ 에서 $f^{(9)}(0)$ 은?

① $-5!$　　② $6!$　　③ $-7!$　　④ $8!$

2. 함수 $H$를 다음과 같이 정의할 때, $H^{(2)}(0) + H^{(3)}(0)$ 의 값은?

$$H(x) = \begin{cases} \dfrac{1 - \cos x}{x^2} & , \ x \neq 0 \\ \dfrac{1}{2} & , \ x = 0 \end{cases}$$

① $-\dfrac{1}{12}$　　② $\dfrac{1}{12}$　　③ $\dfrac{1}{6}$　　④ 존재하지 않는다.

3. 다음 급수의 합을 각각 $a, b$라고 할 때, $a + b$의 값은?

$$\sum_{n=1}^{\infty} \frac{(-3)^{n-1}}{2^{3n}} = a, \ \sum_{n=1}^{\infty} \frac{1}{n(n+1)} = b$$

① $\dfrac{1}{11}$　　② $1$　　③ $\dfrac{12}{11}$　　④ $\dfrac{21}{11}$

4. 급수 $\displaystyle\sum_{n=0}^{\infty} e^{nx}$ 이 수렴하기 위한 $x$값은?

① $x > 1$　　② $x < 1$　　③ $x > 0$　　④ $x < 0$

**5.** $k$가 양의 정수일 때, 급수 $\displaystyle\sum_{n=0}^{\infty}\frac{(n!)^k}{(kn)!}x^n$ 의 수렴반경은?

① $k$　　　② $k^{-1}$　　　③ $k^k$　　　④ $\dfrac{1}{k^k}$

**6.** 다음 급수 중 수렴하는 급수의 개수는?

ㄱ. $\displaystyle\sum_{n=1}^{\infty}\sqrt[n]{2}$　　　　ㄴ. $\displaystyle\sum_{n=1}^{\infty}\frac{e^{\frac{1}{n}}}{n^2}$

ㄷ. $\displaystyle\sum_{n=1}^{\infty}\frac{e^{\frac{1}{n}}}{n}$　　　　ㄹ. $\displaystyle\sum_{n=1}^{\infty}\frac{n!}{e^{n^2}}$

ㅁ. $\displaystyle\sum_{n=1}^{\infty}\left(\sqrt[n]{2}-1\right)^n$　　ㅂ. $\displaystyle\sum_{n=1}^{\infty}(-1)^{n+1}e^{\frac{2}{n}}$

ㅅ. $\displaystyle\sum_{n=0}^{\infty}\frac{\sin\left(n+\frac{1}{2}\right)\pi}{1+\sqrt{n}}$　ㅇ. $\displaystyle\sum_{n=1}^{\infty}\left(1+\frac{1}{n}\right)^2 e^{-n}$

ㅈ. $\displaystyle\sum_{n=1}^{\infty}\frac{1}{\sqrt{n}}\sin\frac{1}{n}$　　ㅊ. $\displaystyle\sum_{n=1}^{\infty}\frac{1}{n^{1+\frac{1}{n}}}$

ㅋ. $\displaystyle\sum_{n=1}^{\infty}\tan^3\frac{1}{n}$　　ㅌ. $\displaystyle\sum_{n=2}^{\infty}n\left(\sin\frac{1}{n}-\frac{1}{n}\right)$

① 7개　　　② 8개　　　③ 9개　　　④ 10개

**7.** 다음 옳은 것의 개수는?

ㄱ. $\displaystyle\sum_{n=1}^{\infty}\frac{1}{n^3}$ 이 수렴하는지를 결정하는데 비판정법을 사용할 수 있다.

ㄴ. 급수 $\displaystyle\sum_{n=1}^{\infty}a_n$ 이 절대수렴하면 $\displaystyle\lim_{n\to\infty}\left|\frac{a_{n+1}}{a_n}\right|<1$ 이다.

ㄷ. 급수 $\displaystyle\sum_{n=1}^{\infty}a_n$ 이 절대수렴하고 합을 $S$라 하면 재배열의 합도 $S$를 갖는다.

ㄹ. 급수 $\displaystyle\sum_{n=1}^{\infty}a_n$ 이 조건부수렴하고 합을 $S$라 하면 재배열의 합도 $S$를 갖는다.

ㅁ. $\displaystyle\lim_{n\to\infty}a_n=0$ 이면 $\displaystyle\sum_{n=1}^{\infty}a_n$ 은 수렴한다.

ㅂ. $b_n<a_n$ 일 때, $\displaystyle\sum_{n=1}^{\infty}a_n$ 이 수렴하면 $\displaystyle\sum_{n=1}^{\infty}b_n$ 도 수렴한다.

ㅅ. $a_n>0$ 이고, $\displaystyle\sum_{n=1}^{\infty}a_n$ 이 수렴하면 $\displaystyle\sum_{n=1}^{\infty}(-1)^n a_n$ 이 수렴한다.

ㅇ. $\displaystyle\sum_{n=0}^{\infty}c_n 6^n$ 이 수렴하면, $\displaystyle\sum_{n=0}^{\infty}c_n(-6)^n$ 이 수렴한다.

ㅈ. $\displaystyle\sum_{n=0}^{\infty}c_n 6^n$ 이 수렴하면, $\displaystyle\sum_{n=0}^{\infty}c_n(-5)^n$ 이 수렴한다.

ㅊ. $\displaystyle\sum_{n=0}^{\infty}c_n 6^n$ 이 절대수렴하면, $\displaystyle\sum_{n=0}^{\infty}c_n(-6)^n$ 이 수렴한다.

ㅋ. 급수 $\displaystyle\sum_{n=1}^{\infty}c_n x^n$ 의 수렴반경은 2이고, $\displaystyle\sum_{n=1}^{\infty}d_n x^n$ 의 수렴반경이 3일 때, 급수 $\displaystyle\sum_{n=1}^{\infty}(c_n+d_n)x^n$ 의 수렴반경은 5이다.

ㅌ. 급수 $\displaystyle\sum_{n=1}^{\infty}c_n x^n$ 의 수렴반경은 2이고, $\displaystyle\sum_{n=1}^{\infty}d_n x^n$ 의 수렴반경이 3일 때, 급수 $\displaystyle\sum_{n=1}^{\infty}(c_n+d_n)x^n$ 의 수렴반경은 2이다.

① 5개　　　② 6개　　　③ 7개　　　④ 8개

8. $f(x) = \displaystyle\int_e^{\sqrt{x}} (x-t)e^{1+t^2}\,dt$ 일 때, $f''(1)$ 의 값은?

① $\dfrac{e^2}{4}$  ② $\dfrac{e^2}{2}$  ③ $\dfrac{3e^2}{4}$  ④ $e^2$

9. 다음 이상적분의 값은?

$$\int_0^\infty \frac{e^{-2t}(\sin 6t - \sin 4t)}{t}\,dt$$

① $\tan\dfrac{1}{5}$  ② $\tan^{-1}\dfrac{1}{5}$  ③ $\tan\dfrac{1}{7}$  ④ $\tan^{-1}\dfrac{1}{7}$

10. 1사분면에 있는 함수 $y = x^2$의 그래프와 직선 $y=4$, $y$축으로 둘러싸인 영역을 입체도형의 밑면이라 하자. $x$축에 수직으로 자른 도형의 단면이 정사각형일 때의 입체의 부피는?

① $\dfrac{32}{5}$  ② $\dfrac{64}{15}$  ③ $\dfrac{128}{5}$  ④ $\dfrac{256}{15}$

11. 곡선 $y = \cosh x$, $0 \le x \le 1$ 을 $x$ 축 둘레로 회전하여 얻은 회전면의 넓이는?

① $\dfrac{\pi}{2}\left(\dfrac{1}{2}e^2 + 2 - \dfrac{1}{2}e^{-2}\right)$  ② $\dfrac{\pi}{2}\left(\dfrac{1}{2}e^2 - 2 - \dfrac{1}{2}e^{-2}\right)$

③ $\dfrac{\pi}{4}\left(\dfrac{1}{2}e^2 + 2 - \dfrac{1}{2}e^{-2}\right)$  ④ $\dfrac{\pi}{4}\left(\dfrac{1}{2}e^2 - 2 - \dfrac{1}{2}e^{-2}\right)$

**12.** 4차원 벡터공간 $R^4$에 대해 부분공간 $V$의 차원은?

$$V = \left\{ \begin{bmatrix} x_1 \\ x_2 \\ x_3 \\ x_4 \end{bmatrix} \in R^4 : x_1 = 2x_2, \ x_3 + x_4 = 0 \right\}$$

① 1      ② 2      ③ 3      ④ 4

**13.** 행렬 $A = \begin{pmatrix} 1 & 1 & 0 \\ 0 & 2 & 1 \\ 0 & 0 & 3 \end{pmatrix}$ 에 대해 행렬 $adj(adj(A))$ 의

제3행의 원소들의 합은? (단, $adj(A)$는 행렬 $A$ 의 수반행렬을 의미한다.)

① 6      ② 12      ③ 18      ④ 24

**14.** 4차 정방행렬 $A$의 고유치가 $-1, 0, 1, 2$이다. 다음 설명 중 틀린 것은?

① $A$는 비가역행렬이다.

② $A^{30}$의 대각합은 $2^{30} + 2$이다.

③ $A^5$는 대각화불가능하다.

④ 행렬 $A$의 해공간의 차원은 1차원이다.

**15.** 두 점 $A(a, b, 1)$ 와 $B(-1, a, b)$ 가 곡면 $x^4 + 2y^4 + 3z^4 = 6$위의 점 $C(1, 1, 1)$ 에서의 접평면 위에 있을 때, 삼각형 ABC의 넓이는?

① $\sqrt{14}$      ② $2\sqrt{14}$      ③ $3\sqrt{14}$      ④ $4\sqrt{14}$

시크릿 모의고사

**16.** $P$는 평면 $x+y+2z+2\sqrt{3}=0$ 위의 점이고 점 $Q$는 타원면 $\dfrac{x^2}{2^2}+\dfrac{y^2}{2^2}+z^2=1$ 위의 점일 때, $P$와 $Q$사이의 거리의 최솟값은?

① $0$  ② $\dfrac{1}{\sqrt{3}}$  ③ $\dfrac{1}{\sqrt{2}}$  ④ $\dfrac{1}{2}$

**17.** $D=\{\,(x,y)\,|\,|x|\leq 1\,,\,|y|\leq 1\,\}$ 일 때, 함수 $f(x,y)=x^2+y^2+x^2y+4$ 의 최댓값과 최솟값의 합은?

① $10$  ② $11$  ③ $12$  ④ $13$

**18.** 실수 $x,y,z$가 $x^2+y^2+4z^2=9$를 만족할 때, $f(x,y,z)=x+2y+4z$의 최댓값은?

① $9$  ② $8$  ③ $7$  ④ $6$

**19.** 중적분 $\displaystyle\int_0^2\int_0^x 3\sqrt{x^2+y^2}\,dydx$의 값은?

① $4\sqrt{2}+4\ln(\sqrt{2}+1)$  ② $\sqrt{2}+4\ln(\sqrt{2}+1)$
③ $4\ln(\sqrt{2}+1)$  ④ $4\sqrt{2}$

20. $R = \left\{ (x,y) \mid \dfrac{x^2}{4} + \dfrac{y^2}{9} \leq 1 \right\}$ 일 때,

$\displaystyle\iint_R (x^2 + y^2)\, dA$ 의 값은?

① $\dfrac{31\pi}{2}$　② $\dfrac{33\pi}{2}$　③ $\dfrac{37\pi}{2}$　④ $\dfrac{39\pi}{2}$

21. $y = y(x)$ 가 주어진 미분방정식의 해일 때, $y\left(\dfrac{\pi}{2}\right)$ 의 값은?

$$y'' - y = x + \sin x,\ y(0) = 3,\ y'(0) = -\dfrac{1}{2}$$

① $y = 2e^\pi + e^{-\pi/2} - \dfrac{1}{4}$

② $y = 2e^\pi + e^{-\pi/2} - \dfrac{\pi}{2} - \dfrac{1}{2}$

③ $y = 2e^{\pi/2} + e^{-\pi/2} - \dfrac{\pi}{2} - 1$

④ $y = 2e^{\pi/2} + e^{-\pi/2} - \dfrac{\pi}{2} - \dfrac{1}{2}$

22. 미분방정식 $x y'' + y' = 0\ (x > 0)$

$y(1) = 1,\ y'(1) = 2$ 일 때 $y(e)$ 의 값은?

① 1　　② 2　　③ 3　　④ 4

23. 다음 초깃값 $\begin{cases} x(0) = 0 \\ y(0) = 1 \end{cases}$ 을 만족하는 연립미분방정식

$\begin{cases} x' = y + 2e^t \\ y' = x - 2e^t \end{cases}$ 에서 $\begin{cases} x(2) \\ y(2) \end{cases}$ 는?

① $\begin{cases} x(2) = \dfrac{3}{2}e^2 - \dfrac{3}{2}e^{-2} \\ y(2) = -\dfrac{1}{2}e^2 + \dfrac{3}{2}e^{-2} \end{cases}$

② $\begin{cases} x(2) = e^2 - \dfrac{3}{2}e^{-2} \\ y(2) = e^2 + \dfrac{3}{2}e^{-2} \end{cases}$

③ $\begin{cases} x(2) = \dfrac{1}{2}e^2 - e^{-2} \\ y(2) = -\dfrac{1}{2}e^2 + e^{-2} \end{cases}$

④ $\begin{cases} x(2) = \dfrac{1}{2}e^2 - \dfrac{1}{2}e^{-2} \\ y(2) = -\dfrac{3}{2}e^2 + \dfrac{1}{2}e^{-2} \end{cases}$

시크릿 모의고사

24. 다음 무한급수 $\displaystyle\sum_{n=1}^{\infty}\left(e^{\frac{1}{n}}-e^{\frac{1}{n+1}}\right)$의 합을 구하시오.

25. 벡터함수 $F(x,y,z)=yz^2i-xz^2j+xyz\,k$에 대해
$\displaystyle\iint_S F\cdot d\boldsymbol{S}$를 구하시오. (단, 곡면 $S$는
$x^2+y^2+z^2=4, z\geq\sqrt{3}$ 인 영역이고, 상향이다.)

MEMO

1. $0 < a < b$인 상수 $a, b$에 대해 $\lim\limits_{n \to \infty} \sqrt[n]{(a^n + b^n)}$ 의 값은?

① $a$      ② $b$      ③ $a + b$      ④ $\infty$

2. 극좌표상의 곡선 $r = 1 + \sin\theta$ 위의 점 $\left(1 + \dfrac{\sqrt{2}}{2}, \dfrac{\pi}{4}\right)$에서의 접선의 기울기는?

① $-\sqrt{2} + 1$    ② $-1$    ③ $-\sqrt{2}$    ④ $-\sqrt{2} - 1$

3. 반지름이 $r$인 구에 내접하는 가장 큰 직육면체의 부피는?

① $\dfrac{r^3}{3\sqrt{3}}$    ② $\dfrac{2r^3}{3\sqrt{3}}$    ③ $\dfrac{4r^3}{3\sqrt{3}}$    ④ $\dfrac{8r^3}{3\sqrt{3}}$

4. 다음 무한급수의 합은?

$$\sum_{n=1}^{\infty} (-1)^{n-1} \frac{n}{3^n} = \frac{1}{3} - \frac{2}{3^2} + \frac{3}{3^3} - \frac{4}{3^4} + \cdots$$

① $\dfrac{1}{16}$      ② $\dfrac{1}{8}$      ③ $\dfrac{3}{16}$      ④ $\dfrac{1}{4}$

**5.** 좌표평면 위의 두 곡선 $y = x^2$과 $y = x^2(x-1)$로 둘러싸인 영역을 $S$라 하자. $(\overline{x},\ \overline{y})$를 $S$의 무게중심의 좌표라 할 때, $\overline{x} - \overline{y}$의 값은?

① $\dfrac{1}{35}$ ② $\dfrac{2}{35}$ ③ $\dfrac{3}{35}$ ④ $\dfrac{4}{35}$

**6.** 두 원 $r = 2\sin\theta$, $r = \sin\theta + \cos\theta$가 교차하는 내부의 넓이는?

① $\dfrac{1}{4}(\pi - 1)$ ② $\dfrac{1}{4}(\pi + 1)$

③ $\dfrac{1}{2}(\pi - 1)$ ④ $\dfrac{1}{2}(\pi + 1)$

**7.** 함수 $f(x) = \begin{cases} \dfrac{\tan^2 x}{x}, & 0 < x \le \dfrac{\pi}{4} \\ 0, & x = 0 \end{cases}$ 의 그래프와 직선 $x = \dfrac{\pi}{4}$, $y = 0$으로 둘러싸인 영역을 $y$축을 회전축으로 회전하여 얻어지는 입체의 부피는?

① $\dfrac{\pi}{2}(4 - \pi)$ ② $\dfrac{\pi}{2}(4 + \pi)$

③ $\pi(4 - \pi)$ ④ $\pi(4 + \pi)$

**8.** 벡터 $y = \begin{bmatrix} 1 \\ 2 \\ 3 \end{bmatrix}$ 으로부터 두 벡터 $u_1 = \begin{bmatrix} 1 \\ 1 \\ 1 \end{bmatrix}$, $u_2 = \begin{bmatrix} 1 \\ 0 \\ 1 \end{bmatrix}$에 의해 생성된 부분공간 $W = \mathrm{span}\,\{u_1,\ u_2\}$까지 거리는?

① $\sqrt{2}$ ② $\sqrt{10}$ ③ $2\sqrt{2}$ ④ $\sqrt{30}$

**9.** 원주면 $x^2+y^2=9$와 두 평면 $z=0$, $y+z=3$으로 둘러싸인 입체의 부피는?

① $36\pi$ ② $27\pi$ ③ $18\pi$ ④ $9\pi$

**10.** 미분방정식 $y'=4y-3y^2$, $y(0)=-4$의 해는?

① $y=-4e^{4x}$ ② $y=-4$

③ $y=\dfrac{4e^{3x}}{3e^{3x}-4}$ ④ $y=\dfrac{4e^{4x}}{3e^{4x}-4}$

**11.** 중적분 $\displaystyle\int_0^3 \int_{\frac{y}{3}}^{\frac{y+6}{3}} y^3(3x-y)e^{(3x-y)^2}\,dx\,dy$의 값은?

① $-\dfrac{27}{8}\left(e^{36}-1\right)$ ② $-\dfrac{9}{4}\left(e^6-1\right)$

③ $\dfrac{27}{8}\left(e^{36}-1\right)$ ④ $\dfrac{9}{4}\left(e^6-1\right)$

**12.** 벡터 $v_1=(1,\,0,\,0,\,1)$, $v_2=(0,\,-1,\,1,\,0)$으로 생성되는 $R^4$의 부분공간 $W$로 벡터$(1,\,1,\,-1,\,1)$을 사영시키려고 한다. 다음 설명 중 틀린 것은?

① 벡터 $(1,\,1,\,-1,\,1)$는 사영행렬의 고유벡터이다.

② 사영행렬은 대칭행렬이다.

③ $\dim(W^\perp)=2$이다.

④ 사영시킨 벡터는 $(1,\,1,\,-1,\,-1)$이다.

**13.** 곡선 $X(t)$ 의 곡률 $\kappa(t)$ 에 대해 $\displaystyle\int_X \kappa\, ds$ 를 전곡률로 정의한다. 이때, 나선 $X(t) = (3\cos t)i + (3\sin t)j + tk$, $(0 \le t \le 4\pi)$ 의 전곡률은?

① $0$

② $\dfrac{3}{5}\sqrt{10}\,\pi$

③ $\dfrac{6}{5}\sqrt{10}\,\pi$

④ $\dfrac{9}{5}\sqrt{10}\,\pi$

**14.** 미분방정식 $y'' + 9y = 8\sin x + 6\cos 3x$ 의 해 $y = y(x)$ 가 $y(0) = 2$, $y'(0) = 3$ 을 만족할 때, $y(\pi)$ 의 값은?

① $-3$　　② $-2$　　③ $-1$　　④ $0$

**15.** 좌표공간에서 점 $\mathrm{P}(2, -3, 5)$ 를 평면 $3x - y + 4z = 3$ 위로 직교사영시킨 점의 좌표는?

① $(-1, -2, 1)$　　② $(-1, 2, 2)$

③ $(0, 1, 1)$　　④ $(1, 0, 0)$

**16.** $n$ 이 양의 정수일 때, 행렬 $A = \begin{pmatrix} 3 & -1 & 0 \\ -1 & 2 & -1 \\ 0 & -1 & 3 \end{pmatrix}$ 에 대해 $A^n$ 의 모든 원소의 합은?

① $0$

② $\dfrac{4 + 2^{2n-1}}{3}$

③ $\dfrac{8 + 2^{2n}}{3}$

④ $\dfrac{8 + 2^{2n+1}}{3}$

**17.** $\displaystyle\sum_{n=1}^{\infty}\frac{(-1)^{n+1}}{n^2}$ 의 값은?

   ① $\dfrac{\pi^2}{12}$    ② $\dfrac{\pi^2}{14}$    ③ $\dfrac{\pi^2}{16}$    ④ $\dfrac{\pi^2}{18}$

**18.** 탱크에 $80\,\mathrm{g}$ 의 소금이 용해된 $500\,\mathrm{L}$ 의 물이 들어 있다. 분당 $20\,\mathrm{g}$ 의 소금이 용해되어 있는 $20\,\mathrm{L}$ 의 물이 유입된다. 잘 휘저어져 균질하게 된 혼합 용액이 분당 $20\,\mathrm{L}$ 씩 유출된다. 탱크 안의 소금의 양 $y(t)$ 가 $t\to\infty$ 일 때의 극한값의 $95\%$ 에 이르는 시간은?

   ① $\ln\dfrac{21}{5}$    ② $\ln\dfrac{84}{5}$    ③ $25\ln\dfrac{84}{5}$    ④ $30\ln\dfrac{42}{5}$

**19.** ⟨보기⟩ 중 라플라스 역변환을 바르게 구한 것의 개수는?

⟨보 기⟩

가. $\mathcal{L}^{-1}\left(\dfrac{-3s}{s^2+15}+\dfrac{12}{s-3}\right)=-3\cos 15t+12e^{-3t}$

나. $\mathcal{L}^{-1}\left\{\dfrac{s^2+2}{s^3+4s}\right\}=\cos^2 t$

다. $\mathcal{L}^{-1}\left\{\dfrac{s+1}{s^2+2s}\right\}=e^{-t}\cosh t$

라. $\mathcal{L}^{-1}\left\{\dfrac{2s+5}{(s-3)^4}\right\}=2t^2e^{3t}+11t^3e^{3t}$

마. $\mathcal{L}^{-1}\left\{\dfrac{-se^{-\pi s}}{s^2+1}\right\}=\cos t\cdot u(t-\pi)$

   ① 1개    ② 2개    ③ 3개    ④ 4개

**20.** $f(t)=3t^2-e^{-t}-\displaystyle\int_0^t f(x)e^{t-x}\,dx$ 에서 $f(1)$ 의 값을 구하시오

   ① $3-\dfrac{2}{e}$    ② $3+\dfrac{2}{e}$    ③ $\dfrac{1}{3}-2e$    ④ $\dfrac{1}{3}+2e$

**21.** 3차원 유클리드 공간 $R^3$에서 곡선 $C$를 두 곡면
$$S_1 = \{(x,y,z) \in R^3 \mid x^2 - y^2 = 1, x > 0\}$$
$$S_2 = \{(x,y,z) \in R^3 \mid z = xy\}$$
의 교선이라 하자. 이때 $C$ 위의 점 $q(1,0,0)$에서의 $C$의 접선 벡터와 수직이고, 점 $q$를 포함하는 평면에 속하는 점은?

① $(0,1,1)$  ② $(-1,1,-1)$

③ $(1,1,1)$  ④ $(1,-1,-1)$

**22.** 실수체 $R$ 위의 벡터공간 $R^5$에 속하는 벡터 $v_1, v_2, v_3$에 대해 〈보기〉에서 옳은 것의 개수는?

〈보 기〉

가. $v_1, v_2, v_3$가 일차독립이면 $v_1 + v_2 + v_3, v_2 + v_3, v_3$도 일차독립이다.

나. 집합 $\{av_1 + bv_2 + cv_3 \mid a,b,c \in R\}$는 $R^5$의 부분공간이다.

다. 벡터공간 $\{av_1 + bv_2 + cv_3 \mid a,b,c \in R\}$은 3차원이다.

라. 5차 정사각행렬 $A$에 대해 두 방정식 $Ax = v_1$, $Ax = v_2$가 모두 해를 가지면 방정식 $Ax = 2v_1 + v_2$도 해를 가진다.

마. 5차 정사각행렬 $A, B$가 존재하고, $A$의 영공간의 기저가 $\{v_1, v_2, v_3\}$일 때, $AB = O$을 만족하는 $B$의 계수(rank)는 3이다.

① 1개  ② 2개  ③ 3개  ④ 4개

**23.** 좌표평면에서 영역 $D = \{(x,y) \in R^2 \mid x^2 + y^2 \le 1\}$일 때, 다음 이중적분의 값은?

$$\iint_D \frac{|y|}{\sqrt{(x-2)^2 + y^2}} \, dx dy$$

① $\dfrac{1}{6}$  ② $\dfrac{1}{3}$  ③ $\dfrac{1}{2}$  ④ $\dfrac{2}{3}$

**24.** 그림과 같이 좌표평면에서 곡선 $C$는 점 $(-2,0)$에서 시작하여 점 $(0,-2)$와 점 $(2,0)$을 지나 점 $(0,2)$까지 선분으로 연결한 경로이다. $\displaystyle\int_C (y^2 + ye^x)\,dx + e^x dy$의 값은?

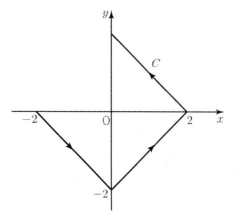

① $\dfrac{11}{3}$  ② $4$  ③ $\dfrac{13}{3}$  ④ $\dfrac{14}{3}$

시크릿 모의고사

**25.** 주기가 4인 함수 $f(x)$를 다음과 같이 정의하자.

$$f(x) = \begin{cases} 2+x, & -2 < x < 0 \\ 2, & 0 \le x < 2 \end{cases}$$

이때, $f(x)$를 아래와 같이 Fourier 급수로 나타낼 때, $b_n(n \ge 1)$을 바르게 나타낸 것은?

$$f(x) = \frac{1}{2}a_0 + \sum_{n=1}^{\infty}\left(a_n \cos\frac{n\pi}{2}x + b_n \sin\frac{n\pi}{2}x\right)$$

① $\dfrac{2(-1)^n}{n\pi}$

② $\dfrac{(-1)^n}{n\pi}$

③ $\dfrac{2(-1)^{n+1}}{n\pi}$

④ $\dfrac{(-1)^{n+1}}{n\pi}$

MEMO

1. $f(x) = (x^2 + 1)^x$ 에서 $f'(1)$의 값은?

   ① $1 + \ln 2$     ② $2 + 2\ln 2$     ③ $1 + 2\ln 2$

   ④ $2 + \ln 2$     ⑤ $3 + 2\ln 2$

2. $P\begin{pmatrix} x \\ y \\ z \end{pmatrix} = \begin{pmatrix} X \\ Y \\ Z \end{pmatrix}$ 이고, $f(x,y,z) = 3x^2 - 2xy + 3y^2 + 5z^2$ 가

   $f(X, Y, Z) = aX^2 + bY^2 + cZ^2$일 때, $a + b + c$의 값은?
   ($P$는 직교행렬이다.)

   ① 10     ② 11     ③ 12     ④ 13     ⑤ 14

3. 네 벡터 $\vec{v_1} = (1, 0, 0, 0, 1)$, $\vec{v_2} = (-2, 1, -1, 2, -2)$, $\vec{v_3} = (0, 5, -4, 9, 0)$, $\vec{v_4} = (2, 10, -8, 18, 2)$로 생성되는 $\mathbb{R}^5$의 부분공간 $W$의 직교기저는?

   ① $\{(1, 0, 0, 0, 1), (0, 1, -1, 2, 0), (0, 0, 1, -1, 0)\}$
   ② $\{(1, 0, 0, 0, 1), (0, 1, 0, 1, 0), (0, 1, 2, -1, 0)\}$
   ③ $\{(1, 0, 0, 0, 1), (0, 1, 0, 1, 0), (0, 1, 1, -1, 0)\}$
   ④ $\{(1, 0, 0, 0, -1), (0, 1, -1, -1, 0)\}$
   ⑤ $\{(1, 2, 0, 0, -1), (0, 1, -1, -1, 2)\}$

4. $\lim\limits_{n \to \infty} \int_0^1 n^2 x\, e^{-2nx}\, dx$의 값은?

   ① $\dfrac{1}{4}$     ② $\dfrac{1}{2}$     ③ $\dfrac{3}{4}$     ④ $1$     ⑤ $\dfrac{5}{4}$

**5.** 매개변수방정식 $x = 4t - t^2$, $y = t^2 + 1\,(0 \le t \le 1)$ 로 주어진 곡선 $y = f(x)$ 가 있다. 이 곡선 위의 두 점 $(0, f(0)), (3, f(3))$ 을 연결하는 직선의 기울기와 곡선 위의 점 $(c, f(c))$ 에서 접선의 기울기가 같게 되는 값 $c$ 를 구간 $(0, 3)$ 에서 구하면?

① $\dfrac{7}{4}$　② $2$　③ $\dfrac{9}{4}$　④ $\dfrac{5}{2}$　⑤ $\dfrac{11}{4}$

**6.** 자연수 $n$ 에 대해 $f(n) = \dfrac{1^2 + 2^2 + 3^2 + \cdots + n^2}{3 + 5 + 7 + \cdots + (2n+1)}$ 일 때, $\lim\limits_{n \to \infty} \dfrac{f(n)}{n}$ 의 값은?

① $\dfrac{1}{4}$　② $\dfrac{1}{3}$　③ $\dfrac{5}{12}$　④ $\dfrac{1}{2}$　⑤ $\dfrac{2}{3}$

**7.** 다음 중 수렴하는 무한급수를 모두 고르면?

| | |
|---|---|
| ㄱ. $\displaystyle\sum_{n=1}^{\infty} \sin\left(\sin\dfrac{1}{n}\right)$ | ㄴ. $\displaystyle\sum_{n=3}^{\infty} \dfrac{1}{n^3 - 5n}$ |
| ㄷ. $\displaystyle\sum_{n=1}^{\infty} \dfrac{2^n n!}{n^n}$ | ㄹ. $\displaystyle\sum_{n=2}^{\infty} \dfrac{1}{n(\ln n)\ln(\ln n)}$ |

① ㄱ, ㄴ　　② ㄴ, ㄷ　　③ ㄷ, ㄹ

④ ㄱ, ㄴ, ㄷ　　⑤ ㄴ, ㄷ, ㄹ

**8.** 양의 실수 $t$ 에 대해 $f$ 를 $f(t) = \displaystyle\int_0^{\sqrt{t}} \int_y^{\sqrt{t}} \dfrac{1}{2 + \sin(x^2)} \, dx \, dy$ 로 정의할 때, $f'\left(\dfrac{\pi}{2}\right)$ 의 값은?

① $\dfrac{1}{6}$　② $\dfrac{1}{5}$　③ $\dfrac{1}{4}$　④ $\dfrac{1}{3}$　⑤ $\dfrac{1}{2}$

시크릿　모의고사

9. 미분방정식 $y'' + y = x^2 + 1$, $y(0) = 5$, $y(1) = 0$의 해 $y(x) = a\cos x + b\sin x + cx^2 + d$라 할 때, $a + d$의 값은? (단, $a$, $b$, $c$, $d$는 실수이다.)

① 2　　② 3　　③ 4　　④ 5　　⑤ 6

11. $g(t) = f(x(t), y(t))$, $f(x, y) = x^2 y - \sin y$, $x(t) = \sqrt{t^2 + 1}$, $y(t) = e^t$ 일 때, $g'(t)$는?

① $e^t (t+1)^2 - e^t \cos(e^t)$　　② $e^t (t+1)^2 + \cos(e^t)$

③ $e^t (t+1)^2 - \cos(e^t)$　　④ $e^t (t+1)^2 + e^t \cos(e^t)$

⑤ $e^t (t^2 + 2t - \cos(e^t))$

10. 일차변환 $T : P_2 \to P_2$가
$T(a + bx + cx^2) = (a - b) + (a + b)x + (3c)x^2$으로 정의될 때, 다음 중 틀린 것은?

① 일차변환 $T$의 상공간의 차원이 3이다.
② 핵공간과 상공간의 공통원소는 0뿐이다.
③ 주어진 사상은 일대일대응 사상이다.
④ 일차변환 $T$의 표현행렬을 $A$라 할 때, $|A| = 5$이다.
⑤ $T(2 + 3x - 5x^2) = -1 + 5x - 15x^2$이다.

12. 영역 $D = \{(x,y) \mid x^2 + y^2 \le 4, \ x + y \ge 2\}$에 대해 $\iint_D x\,dx\,dy$은?

① $\dfrac{1}{3}$　　② $\dfrac{2}{3}$　　③ 1　　④ $\dfrac{4}{3}$　　⑤ $\dfrac{5}{3}$

13. 행렬 $A = \begin{pmatrix} 0 & 1 & -1 & -2 & 1 \\ 1 & 1 & -1 & 3 & 1 \\ 2 & 1 & -1 & 8 & 3 \\ -1 & 1 & -1 & -7 & 1 \end{pmatrix}$ 의 열공간을 $W$ 라고 할 때, $W$ 의 직교여공간 $W^{\perp}$ 의 차원은?

① 0      ② 1      ③ 2      ④ 3      ⑤ 4

14. 직선 $\dfrac{x+1}{2} = y-1 = \dfrac{z-2}{3}$ 를 평면 $2x+y-z=1$ 에 정사영시킨 직선은?

① $\dfrac{x-3}{2} = y-3 = \dfrac{z-8}{5}$

② $\dfrac{x-2}{3} = y-3 = \dfrac{z-8}{5}$

③ $\dfrac{x-3}{2} = y+3 = \dfrac{z-8}{5}$

④ $\dfrac{x-3}{2} = y-3 = \dfrac{z-5}{8}$

⑤ $\dfrac{x-3}{2} = y-3 = \dfrac{z-8}{8}$

15. 라플라스 변환 $L(\sin t * \cos t)$ 를 $f(s)$ 라 하고, 역라플라스 변환 $L^{-1}\left\{\dfrac{s+2}{s^2+2s+2}\right\}$ 을 $g(t)$ 라고 할때, $f(1)+g\left(\dfrac{\pi}{2}\right)$ 의 값은?

① $\dfrac{1}{4} + e^{-\frac{\pi}{2}}$      ② $\dfrac{1}{4} + e^{\frac{\pi}{2}}$      ③ $\dfrac{1}{4} - e^{-\frac{\pi}{2}}$

④ $\dfrac{1}{2} - e^{\frac{\pi}{2}}$      ⑤ $\dfrac{1}{2} + e^{-\frac{\pi}{2}}$

16. $\lim\limits_{x \to \infty}\left(\sqrt[3]{x(x+1)(x+2)} - x\right)$ 의 값은?

① $-1$      ② 0      ③ 1      ④ 2      ⑤ $\infty$

시크릿 모의고사

**17.** 함수 $y = c_1 e^{2x} + c_2 x e^{2x} + 3x^2 e^{2x}$ 을 일반해로 가지는 선형 미분방정식이 $y'' + ay' + by = f(x)$ 라고 하자. 이때, $a + b + f(0)$의 값은?

   ① 0    ② 2    ③ 4    ④ 6    ⑤ 8

**18.** 2차원 유클리드 공간 $R^2$의 단위벡터 u 에 대해 선형사상 $T : R^2 \to R^2$을 $T(\mathrm{x}) = \mathrm{x} - 2(\mathrm{x} \cdot \mathrm{u})\mathrm{u}$로 정의하자. $\mathrm{u} = \left( \dfrac{1}{\sqrt{2}}, \dfrac{1}{\sqrt{2}} \right)$일 때, $R^2$의 기저 $B = \{(1,0),(1,1)\}$ 에 대한 $[T]_B$를 구하면?

   ① $\begin{pmatrix} 1 & 0 \\ -1 & -1 \end{pmatrix}$    ② $\begin{pmatrix} 1 & 0 \\ -1 & 1 \end{pmatrix}$    ③ $\begin{pmatrix} 1 & 0 \\ 1 & -1 \end{pmatrix}$

   ④ $\begin{pmatrix} -1 & 0 \\ 1 & 1 \end{pmatrix}$    ⑤ $\begin{pmatrix} -1 & 0 \\ 1 & -1 \end{pmatrix}$

**19.** 점 $(1, 0, 1)$ 에서 곡선 $r(t) = <\cos t, \sqrt{2}\sin t, \cos t>$ 의 접촉평면의 방정식은?

   ① $x - 2y + 5z = 6$    ② $-x + z = 0$

   ③ $-y + z = 1$    ④ $x - y - z = 0$

   ⑤ $y = 0$

**20.** 좌표평면에서 영역 $A$가
$A = \{(x,y) \in R^2 \mid x \geq 0, y \geq 0, 1 \leq x + y \leq 3\}$일 때, 중적분 $\displaystyle\iint_A \frac{1}{x+y} e^{\frac{x-y}{x+y}} \, dx\, dy$의 값은?

   ① $\sinh 1$    ② $\cosh 1$    ③ $2\sinh 1$

   ④ $2\cosh 1$    ⑤ $\sinh 1 \cdot \cosh 1$

**21.** $\displaystyle\int_0^2\int_{\sqrt{4-x^2}}^{\sqrt{16-x^2}}\frac{x^2}{x^2+y^2}\,dy\,dx+\int_2^4\int_0^{\sqrt{16-x^2}}\frac{x^2}{x^2+y^2}\,dy\,dx$ 의 값은?

① $6\pi$ ② $3\pi$ ③ $2\pi$ ④ $\dfrac{3}{2}\pi$ ⑤ $\dfrac{\pi}{2}$

**22.** 다음 벡터함수

$$F(x,y)=P(x,y)\,i+Q(x,y)\,j=\frac{-y}{x^2+y^2}i+\frac{x}{x^2+y^2}j$$

에 대해 $\displaystyle\int_C F\cdot dr$의 값은? (여기서 $C$는 $(1,0)$에서 $(-1,0)$까지 원 $x^2+y^2=1$의 상반부의 곡선이다. )

① $\pi$ ② $2\pi$ ③ $0$ ④ $-\pi$ ⑤ $-2\pi$

**23.** 다음 연립미분방정식의 해를 $y_1(t)$, $y_2(t)$이라 할 때, $3\,y_1(\pi)\times y_2\left(\dfrac{\pi}{2}\right)$의 값은?

$$y_1{}'=y_1-2y_2,\quad y_2{}'=5y_1-y_2,$$
$$y_1(0)=-1,\quad y_2(0)=2$$

① $5$ ② $6$ ③ $7$ ④ $8$ ⑤ $9$

**24.** $Q$가 포물면 $x=y^2+z^2$과 평면 $x=4$로 둘러싸인 영역일 때, $F=<(x-4)\sin(x-y^2-z^2),\,y,\,z>$의 유출량은?

① $4\pi$ ② $8\pi$ ③ $12\pi$ ④ $16\pi$ ⑤ $20\pi$

**25.** 다음 무한급수의 합은?

$$\sum_{n=0}^{\infty}\frac{(-1)^n(2n)!}{4^n n!\,n!}$$

① $\dfrac{1}{\sqrt{2}}$ ② $\dfrac{1}{2}$ ③ $\sqrt{2}$ ④ $\dfrac{1}{2\sqrt{2}}$ ⑤ 발산

MEMO

MEMO

시크릿 모의고사

1. 선형근사식을 이용해서 $\sqrt[3]{1001}$ 의 근삿값을 구하시오.

① $\dfrac{2998}{300}$ ② $\dfrac{2999}{300}$ ③ $\dfrac{3001}{300}$ ④ $\dfrac{3002}{300}$ ⑤ $\dfrac{3003}{300}$

2. 다음 주어진 식 $2019 + \displaystyle\int_c^x \dfrac{p(t)}{t^2}\,dt = 3x^2$ 을 만족하는 함수 $p(t)$ 와 상수 $c$에 대해 $c^2 p(1)$ 의 값은?

① 2019 ② 4038 ③ $\dfrac{2019}{2}$ ④ 673 ⑤ $\dfrac{2019}{4}$

3. 다음 적분 $\displaystyle\int_1^\infty \dfrac{x}{x^3+1}\,dx$ 의 값은?

① $\dfrac{\ln 2}{3} - \dfrac{\sqrt{3}}{9}\pi$  ② $\dfrac{\ln 2}{3} + \dfrac{\sqrt{3}}{9}\pi$

③ $\dfrac{\ln 2}{3} + \dfrac{1}{\sqrt{3}}\pi$  ④ $\ln 2 - \dfrac{1}{\sqrt{3}}\pi$

⑤ $\ln 2 + \dfrac{\sqrt{3}}{9}\pi$

4. 다음 극한 $\displaystyle\lim_{x\to 0} \dfrac{(1+x)^{\frac{1}{x}} - e}{x}$ 의 값은?

① $-e$ ② $-\dfrac{3e}{2}$ ③ $-\dfrac{e}{2}$ ④ $\dfrac{e}{2}$ ⑤ $e$

5. 극곡선 $r = 1 + 6\cos\theta\,(0 \le \theta \le 2\pi)$ 의 내부 곡선에서 수평접선을 갖는 $\theta$값들의 합은?

① $\pi$　② $\dfrac{3\pi}{2}$　③ $2\pi$　④ $3\pi$　⑤ $4\pi$

6. $\dfrac{1}{1+x^2}$ 의 거듭제곱급수 전개를 이용하여 다음 급수의 합은?

$$\sum_{k=1}^{\infty} \frac{(-1)^{k+1}}{2k+1}\left(\frac{1}{3^k}\right)$$

① $\dfrac{\sqrt{3}}{6}\pi$　　　② $\dfrac{\sqrt{3}}{6}\pi - \dfrac{1}{\sqrt{3}}$

③ $1 + \dfrac{\pi}{2\sqrt{3}}$　　　④ $1 - \dfrac{\pi}{2\sqrt{3}}$

⑤ $\dfrac{\pi}{2\sqrt{3}} - 1$

7. 곡선 $r = 1 + 2\sin\theta$ 의 내부 곡선과 외부 곡선으로 둘러싸인 영역의 면적은?

① $\dfrac{\pi}{2} - \dfrac{3\sqrt{3}}{4}$　　　② $\pi - \dfrac{3\sqrt{3}}{2}$　　　③ $\pi - \sqrt{3}$

④ $\pi + 3\sqrt{3}$　　　⑤ $2\pi + \dfrac{3\sqrt{3}}{2}$

8. 삼차원 공간의 네 점 $A = (1,2,3)$, $B = (0,1,2)$, $C = (1,-1,1)$, $X = (2t, t, 2t)$ 에 대해 $\overrightarrow{XA}, \overrightarrow{XB}, \overrightarrow{XC}$ 가 일차종속이 되도록 하는 실수 $t$ 의 값은?

① $-4$　② $-2$　③ $0$　④ $2$　⑤ $4$

9. 삼차원 공간에서 두 평면 $2x-y+z=1$, $y+z=0$의 교선과 평행하고, 직선 $2x=6y-6=3z$를 포함하는 평면의 방정식은?

① $3x+5y-2z=5$

② $3x-5y-2z=-5$

③ $x+y-z=1$

④ $x-y-z=-1$

⑤ $2x+2y-2z=3$

10. $3\times3$행렬 $A$ 및 $3\times3$가역행렬 $G$가 다음 등식을 만족한다고 할 때, $\det(A+I)$ 다음을 구하면?

$$GAG^{-1}+I=\begin{pmatrix}1&2&3\\4&5&6\\7&8&10\end{pmatrix}$$

① $-3$ ② $-1$ ③ $0$ ④ $1$ ⑤ $3$

11. 삼차원 공간에서 점 $(0,1,2)$, $(1,2,3)$, $(1,3,5)$, $(1,4,11)$을 꼭짓점으로 하는 사면체의 부피는?

① $\dfrac{1}{3}$ ② $\dfrac{2}{3}$ ③ $1$ ④ $\dfrac{4}{3}$ ⑤ $4$

12. 원점 근방에서 정의된 미분가능한 함수 $f(x,y)$가 다음 성질을 만족한다고 하자. 이때, $\dfrac{\partial f}{\partial y}(0,0)$의 값은?

$$xyf(x,y)=\cos(x+y+f(x,y))$$

① $-3$ ② $-1$ ③ $0$ ④ $1$ ⑤ $3$

13. 〈보기〉에서 옳은 것의 개수는?

〈보 기〉

가. 급수 $\displaystyle\sum_{n=1}^{\infty}\frac{1}{n\sqrt{n^2+7}}$ 은 수렴한다.

나. 급수 $\displaystyle\sum_{n=1}^{\infty}(-1)^{2n+1}\sin\frac{\pi}{\sqrt{n}}$ 는 수렴한다.

다. 급수 $\displaystyle\sum_{n=1}^{\infty}\frac{2^n+3^n}{4^n+12^n}x^{2n}$ 의 수렴반경은 2이다.

라. $\displaystyle\lim_{n\to\infty}\left|\frac{x_{n+1}}{x_n}\right|=\frac{1}{3}$ 이면 수열 $\{x_n\}$ 은 수렴한다.

① 0개　② 1개　③ 2개　④ 3개　⑤ 4개

14. 삼차원 좌표공간에 놓인 곡면 $xyz=2018$ 위의 점 $(a,b,c)$ 에서의 접평면과 $xy$-평면, $yz$-평면, $zx$-평면들로 둘러싸인 사면체의 부피는?

① 1009　② 2018　③ 4036　④ 8072　⑤ 9081

15. 곡면 $f(x,y)=\dfrac{x^2}{2}+\dfrac{y^2}{2}$ 의 $(1,1)$ 에서 변화가 없는 방향은?

① $\left(\dfrac{1}{\sqrt{2}},\dfrac{1}{\sqrt{2}}\right)$

② $\left(\dfrac{1}{\sqrt{2}},-\dfrac{1}{\sqrt{2}}\right)$

③ $\left(\dfrac{1}{2},\dfrac{\sqrt{3}}{2}\right)$

④ $\left(-\dfrac{1}{2},\dfrac{\sqrt{3}}{2}\right)$

⑤ $\left(\dfrac{\sqrt{3}}{2},-\dfrac{1}{2}\right)$

16. 다음 적분 $\displaystyle\int_0^8\int_{\sqrt[3]{y}}^2\int_0^{x^4}e^z\,dz\,dx\,dy$ 의 값은?

① $\dfrac{e^{16}-17}{4}$

② $\dfrac{e^{16}-15}{4}$

③ $\dfrac{e^{16}-13}{4}$

④ $\dfrac{e^{16}-17}{2}$

⑤ $\dfrac{e^{16}-15}{2}$

시크릿 모의고사

**17.** 다음 적분의 값은?

$$\int_0^{\frac{2}{3}} \int_y^{2-2y} (x+2y)\, e^{y-x} \, dx\, dy$$

① $\dfrac{3e^{-2}-1}{3}$  ② $3e^{-2}-2$  ③ $3e^2-1$

④ $\dfrac{3e^{-2}+1}{3}$  ⑤ $3e^2+1$

**18.** 세 점 $(0,0), (1,0), (0,1)$ 을 꼭짓점으로 갖는 삼각형의 경계를 곡선 $C$라고 하자. $C$는 반시계 방향으로 회전하고 있다. 다음 선적분의 값은?

$$\int_C (y^2 + e^{x^2})dx + (2x + y\cos y)dy$$

① $\dfrac{1}{4}$  ② $\dfrac{1}{3}$  ③ $\dfrac{1}{2}$  ④ $\dfrac{2}{3}$  ⑤ $\dfrac{3}{4}$

**19.** 매개방정식 $x = 2\cos t, y = t, z = 2\sin t$ 로 표현되고 밀도가 $\rho(x,y,z) = \dfrac{1}{2}y$ 인 원나선이 있다. $0 \le t \le 8\pi$ 에서 이 원나선의 질량은?

① $4\sqrt{5}\,\pi^2$  ② $8\sqrt{5}\,\pi^2$  ③ $12\sqrt{5}\,\pi^2$

④ $16\sqrt{5}\,\pi^2$  ⑤ $20\sqrt{5}\,\pi^2$

**20.** 두 원주면 $x^2 + y^2 = 1$, $x^2 + z^2 = 1$의 교선 위의 한 점에서 원점까지의 최장 거리는?

① $1$  ② $\dfrac{3}{2}$  ③ $\dfrac{\sqrt{2}}{2}$  ④ $\sqrt{2}$  ⑤ $3$

21. 양의 정수 $p$에 대해 $F(p)$를 멱급수 $\sum_{n=1}^{\infty} \dfrac{(pn)!}{(n!)^p}(x-k)^n$ 의 수렴반지름이라 하자. 이때, $\lim\limits_{p \to \infty} \dfrac{p \cdot F(p)}{F(p-1)}$ 는?

① $\dfrac{1}{e}$  ② $1$  ③ $e$  ④ $2e$  ⑤ $\pi e$

22. $\dfrac{dy}{dx} = \dfrac{y-4x}{x-y}$ 이고, $y(1) = -1$일 때, 해를 구하면?

① $(y+2x)^2(y-2x)^2 = 9$

② $|y+2x||y-2x|^3 = 27$

③ $x^2 + 4y^2 = 5$

④ $|y-2x||y+2x|^3 = 3$

⑤ $(y+2x)(y-2x) = -3$

23. 다음 미분방정식의 해를 $y(x)$라고 할 때, $y(4)$의 값은?

$$\left( \dfrac{e^{-2\sqrt{x}} - y}{\sqrt{x}} \right) \dfrac{dx}{dy} = 1, \quad y(1) = 1$$

① $e^2 + 2e^{-2}$  ② $2e^2 + e^{-2}$  ③ $4\cosh 2$

④ $e^{-4} + 2e^{-2}$  ⑤ $2e^{-4} + e^{-2}$

24. 다음 미분방정식의 해를 $y(x)$라고 할 때, $y(0)$의 값은?

$$y'' + y = \sec^2 x, \quad y(\pi) = 0, y'(\pi) = 0$$

① $-2$  ② $-1$  ③ $0$  ④ $1$  ⑤ $2$

25. $f(t) = \mathcal{L}^{-1} \left\{ \dfrac{2s-4}{(s^2+s)(s^2+1)} \right\}$ 라고 할 때, $f\left(\dfrac{\pi}{2}\right)$의 값은?

① $3e^{-\frac{\pi}{2}} - 4$  ② $3e^{-\frac{\pi}{2}} - 1$  ③ $3e^{-\frac{\pi}{2}} + 1$

④ $3e^{\frac{\pi}{2}} - 4$  ⑤ $3e^{\frac{\pi}{2}} - 1$

1. 지름인 $4m$ 이고, 높이가 $8m$ 인 거꾸로 된 원뿔 모양의 물탱크가 있다. 물탱크의 물이 $4m^3/\min$ 의 비율로 흘러나가고, 같은시각에 $2m^3/\min$ 의 비율로 물이 들어오고 있다. 물의 높이가 $3m$ 일 때, 얼마나 빨리 물의 높이가 떨어지는가?

   ① $\dfrac{7}{9\pi}$   ② $\dfrac{8}{9\pi}$   ③ $\dfrac{7}{9}\pi$   ④ $\dfrac{8}{9}\pi$   ⑤ $\pi$

2. 길에서 1만큼 떨어진 지점 $P$에 관찰자가 있다. $A$와 $B$는 점 $S$에서 출발하여 길을 따라서 달리고 있다. $A$가 $B$보다 4배 빠르게 뛰고 있다. 두 사람을 관찰자가 지켜볼 때, 그 사잇각을 $\theta$라 하자. 사잇각의 최댓값은?

   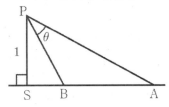

   ① $\dfrac{\pi}{6}$   ② $\dfrac{\pi}{4}$   ③ $\dfrac{\pi}{3}$   ④ $\tan^{-1}\left(\dfrac{1}{4}\right)$   ⑤ $\tan^{-1}\left(\dfrac{3}{4}\right)$

3. 함수 $f(x)=x^3+ax-1$의 근사 해를 구하기 위하여 뉴턴방법을 이용하고자 한다. $x_1=1$일 때 $x_2=\dfrac{1}{2}$, $x_3=b$이다. 이를 만족하는 $ab$의 값은?

   ① $1$   ② $3$   ③ $\dfrac{1}{3}$   ④ $\dfrac{3}{4}$   ⑤ $\dfrac{4}{5}$

4. 매개변수방정식 $x=e^t-t, y=4e^{\frac{t}{2}}(0\le t\le3)$이 있다. $0$부터 $t$까지 곡선의 길이를 $L(t)$라고 하자. $\dfrac{dL}{dt}=4$를 만족하는 $t$의 값은?

   ① $\ln2$   ② $\ln3$   ③ $2$   ④ $3$   ⑤ $2\ln3$

5. 함수 $f(x) = \dfrac{x^2}{(1-2x)^3}$ 에 대해 $f^{(2019)}(0)$ 의 값은?

① $2019 \cdot 2018 \cdot 2^{2016}$

② $2019 \cdot 2018 \cdot 2^{2017}$

③ $2019! \cdot 2019 \cdot 2018 \cdot 2^{2016}$

④ $2019! \cdot 2019 \cdot 2018 \cdot 2^{2017}$

⑤ $2019! \cdot 2019 \cdot 2018 \cdot 2017 \cdot 2^{2016}$

6. 곡선 $y = \dfrac{k}{x}$ 와 수직관계에 놓인 곡선족은?

① $\dfrac{1}{2}x^2 - \dfrac{1}{2}y^2 = C$    ② $\dfrac{1}{2}x^2 - y^2 = C$

③ $\dfrac{1}{2}x^2 + \dfrac{1}{2}y^2 = C$    ④ $\dfrac{1}{2}x^2 + y^2 = C$

⑤ $\dfrac{1}{2}x^2 - y = C$

7. 소문은 다음 미분방정식에 따라서 퍼지는 경향이 있다. 여기서 $y$는 그 소문을 들은 사람의 수이고, $t$는 시간이다. 처음 소문을 들은 사람이 10명이라고 할 때, 이 소문을 듣게 되는 사람 중 절반이 알기까지 걸리는 시간은?

$$\frac{dy}{dt} = 0.3y - 0.0001y^2$$

① $\dfrac{5\ln 299}{2}$    ② $\dfrac{15\ln 299}{2}$    ③ $\dfrac{5\ln 299}{3}$

④ $\dfrac{10\ln 299}{3}$    ⑤ $\dfrac{20\ln 299}{3}$

8. 다음 무한급수 $\displaystyle\sum_{n=1}^{\infty} n^2 \frac{(2^n - 1)}{3^n}$ 의 합은?

① $\dfrac{117}{4}$    ② $\dfrac{119}{4}$    ③ $\dfrac{53}{2}$    ④ $\dfrac{55}{2}$    ⑤ $\dfrac{57}{2}$

**9.** 극곡선 $r = 1 - \cos\theta$의 내부 영역과 $r = \cos\theta$의 내부 영역의 면적은?

① $\dfrac{7\pi}{12} - \sqrt{3}$　　② $\dfrac{7\pi}{12} + 2\sqrt{3}$　　③ $\dfrac{7\pi}{6} - \sqrt{3}$

④ $\dfrac{7\pi}{6} + \sqrt{3}$　　⑤ $\dfrac{7\pi}{6} + 2\sqrt{3}$

**10.** 구면좌표계로 제시된 방정식과 직교방정식을 잘못 나타낸 것은?

① $\rho\sin\theta = 1$　　　　$\Leftrightarrow$　　$y^2 = \dfrac{x^2+y^2}{x^2+y^2+z^2}\ (y>0)$

② $\rho^2 = \sec(2\phi)$　　　$\Leftrightarrow$　　$z^2 - x^2 - y^2 = 1$

③ $\rho = 2\cos\phi$　　　　$\Leftrightarrow$　　$x^2 + y^2 + (z-1)^2 = 1$

④ $\rho = \dfrac{2\cos\phi}{\sin^2\phi\cos 2\theta}$ $\Leftrightarrow$　　$z = x^2 - y^2$

⑤ $\rho\sin\phi = 1$　　　　$\Leftrightarrow$　　$x^2 + y^2 = 1$

**11.** 이변수함수

$$f(x,y) = \frac{xy}{x+y}\,,\ g(x,y) = \lim_{h\to 0}\frac{f(x+h,y)-f(x,y)}{h}$$

에 대해 $\displaystyle\lim_{(x,y)\to(0,0)} g(x,y)$의 값은?

① $0$　　② $1$　　③ $\dfrac{1}{2}$　　④ $\dfrac{1}{3}$　　⑤ 존재하지 않는다.

**12.** $T(x,y)$는 점 $(x,y)$에서의 온도를 나타내는 함수이다. $x = \sqrt{1+t}, y = 2 + \dfrac{t}{3}$는 $t$초 후의 나비의 위치를 나타내고 있다. $T_x(2,3) = 4$, $T_y(2,3) = 3$을 일 때, 3초 후 나비의 위치에 따라 얼마나 빠르게 온도가 변화하는가?

① $1$　　② $\dfrac{8}{5}$　　③ $2$　　④ $\dfrac{24}{5}$　　⑤ $5$

**13.** 아래 그림과 같이 길이가 $12m$ 의 펜스를 구부려서 세 개의 면을 만들고 벽과 연결하고 사다리꼴 모양의 영역을 만들었다. 벽과 펜스가 이루는 양 끝각은 같고, 벽과 만나지 않는 면은 벽과 평행하다. 이렇게 만들어진 영역에 대해 면적의 최댓값은?

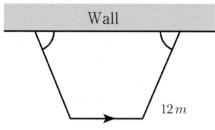

① $12$  ② $12\sqrt{2}$  ③ $12\sqrt{3}$  ④ $24\sqrt{2}$  ⑤ $24\sqrt{3}$

**14.** 좌표평면의 영역 $D$에 대해 다음 적분의 값은?

$$D=\{(x,y)\in R^2\,|\,x-1\le y\le x+1,\,y\ge 1-x\}$$
$$\iint_D e^{\frac{1-x-y}{\sqrt{2}}}\,dxdy$$

① $\dfrac{\sqrt{2}}{2}$  ② $\sqrt{2}$  ③ $\dfrac{1}{2}$  ④ $2$  ⑤ $2\sqrt{2}$

**15.** 벡터함수 $\mathbf{F}=(y+\sin x)\mathbf{i}+(z^2+\cos y)\mathbf{j}+x^3\mathbf{k}$ 에 대해 $\displaystyle\int_C \mathbf{F}\cdot d\mathbf{r}$ 의 값은? (여기서 곡선 $C$는 $\mathbf{r}(t)=\sin t\,\mathbf{i}+\cos t\,\mathbf{j}+\sin 2t\,\mathbf{k}\ (0\le t\le 2\pi)$이다.)

① $-2\pi$  ② $-\pi$  ③ $0$  ④ $\pi$  ⑤ $2\pi$

**16.** 함수 $f(t)=u_3(t)\left(t^2+t-12\right)$ 의 라플라스 변환은?

① $\dfrac{e^{-3s}(7s+2)}{s^3}$

② $\dfrac{e^{-3s}(7s-2)}{s^3}$

③ $\dfrac{e^{-3s}\left(-12s^2+s+1\right)}{s^3}$

④ $\dfrac{e^{-3s}\left(-12s^2+s+2\right)}{s^3}$

⑤ $\dfrac{e^{-3s}\left(-12s^2-s+2\right)}{s^3}$

17. 행렬 $A = \begin{pmatrix} 0 & 0 & 1 \\ 1 & 0 & 0 \\ 0 & 1 & 0 \end{pmatrix}$ 은 $R^3$ 의 원점을 지나는 직선에 대한 회전을 나타낸다. 회전축과 회전각 $\theta$ 를 구하면?

① $x = y = 2z,\ \theta = \dfrac{\pi}{3}$       ② $x = y = z,\ \theta = \dfrac{\pi}{3}$

③ $x = y = 2z,\ \theta = \dfrac{2\pi}{3}$       ④ $x = y = z,\ \theta = \dfrac{2\pi}{3}$

⑤ $x = -y = 2z,\ \theta = \dfrac{2\pi}{3}$

18. 두 선형사상 $g : R^2 \rightarrow R^2$, $h : R^2 \rightarrow R^2$ 와 사상 $f = g \circ h$ 가 $f\begin{pmatrix} 3 \\ 4 \end{pmatrix} = \begin{pmatrix} 2 \\ 1 \end{pmatrix}$, $f\begin{pmatrix} 1 \\ 2 \end{pmatrix} = \begin{pmatrix} 1 \\ 1 \end{pmatrix}$, $g\begin{pmatrix} 1 \\ 0 \end{pmatrix} = \begin{pmatrix} 3 \\ 4 \end{pmatrix}$, $g\begin{pmatrix} 0 \\ 1 \end{pmatrix} = \begin{pmatrix} 1 \\ 2 \end{pmatrix}$ 을 만족한다. $h$ 에 대응하는 행렬은?

① $\begin{pmatrix} 0 & \frac{1}{2} \\ -1 & 1 \end{pmatrix}$       ② $\begin{pmatrix} 0 & 1 \\ -2 & 2 \end{pmatrix}$       ③ $\begin{pmatrix} 3 & 1 \\ 4 & 2 \end{pmatrix}$

④ $\dfrac{1}{2}\begin{pmatrix} 1 & 0 \\ -3 & 1 \end{pmatrix}$       ⑤ $\begin{pmatrix} 1 & 0 \\ -3 & 1 \end{pmatrix}$

19. 아래와 같이 주어진 닫힌 영역 $S$ 에서 정의된 함수 $f(x,y,z) = x + y + z$ 의 최댓값 $M$ 과 최솟값 $m$ 의 합 $M + m$ 의 값은?

$$S = \left\{ (x,y,z) \in R^3 \mid x^2 + y^2 + z^2 + 4x \le 0,\ x \ge -2 \right\}$$

① $-2 - 2\sqrt{2}$       ② $-2 + 2\sqrt{3}$

③ $-4$       ④ $-4 - 2\sqrt{2} + 2\sqrt{3}$

⑤ $-4 - 2\sqrt{3} + 2\sqrt{2}$

20. 원점을 제외한 좌표평면에서 정의된 벡터장 $F$ 을 곡선 $r = e^\theta$ ($0 \le \theta \le 2\pi$) 를 따라 $(1, 0)$ 부터 $(e^{2\pi}, 0)$ 까지 한 일의 양은?

$$F(x,y) = \frac{(2x - y,\ x + 3y)}{x^2 + y^2}$$

① $3 - \pi$       ② $3 + \pi$       ③ $3\pi$       ④ $5\pi$       ⑤ $7\pi$

**21.** 다음의 비제차 코시-오일러 방정식의 특수해는?

$$x^3y''' - 3x^2y'' + 6xy' - 6y = x^4 \ln x$$

① $\dfrac{1}{4}x^4\left(\ln x - \dfrac{11}{4}\right)$      ② $\dfrac{1}{4}x^4(\ln x + 3)$

③ $\dfrac{1}{6}x^4\left(\ln x - \dfrac{11}{6}\right)$      ④ $\dfrac{1}{6}x^4(\ln x + 2)$

⑤ $\dfrac{1}{6}x^4(\ln x + 3)$

[22~25]

벡터함수 $r(t) = \langle \sin t, \cos t, 3t \rangle$에 대해 점 $P(0,1,0)$에서 다음을 구하시오.

**22.** 점 $P(0,1,0)$에서 접촉평면의 방정식은?

① $3x - z = 0$      ② $3x + z = 0$

③ $x + y - z = 0$      ④ $x + y + z = 0$

⑤ $3x + y - z = 0$

**23.** 점 $P(0,1,0)$에서 접촉원의 반지름의 길이는?

① $\dfrac{1}{\sqrt{10}}$    ② $\dfrac{3}{\sqrt{10}}$    ③ $\sqrt{10}$    ④ $\dfrac{\sqrt{10}}{3}$    ⑤ $10$

**24.** 점 $P(0,1,0)$에서 접촉원의 중심은?

① $(0, -8, 0)$      ② $(0, -9, 0)$      ③ $(1, 8, 0)$

④ $(1, -9, 0)$      ⑤ $(1, 9, 0)$

**25.** 점 $P(0,1,0)$에서 접촉원의 방정식은?

① $10x^2 + (y+8)^2 = 100$

② $10x^2 + (y+9)^2 = 100$

③ $\langle \sqrt{10}\cos t, -8 + 10\sin t, 3\sqrt{10}\cos t \rangle$

④ $\langle \sqrt{10}\cos t, -9 + 10\sin t, 3\sqrt{10}\cos t \rangle$

⑤ $\langle \sqrt{10}\cos t, 9 + 10\sin t, 3\sqrt{10}\cos t \rangle$

MEMO

MEMO

**1.** 다음 극한값은?

$$\lim_{x \to 0^+} \left( \frac{\sin^{-1} x}{\sin x} \right)^{\cot x}$$

① 0      ② 1      ③ $e$      ④ $\infty$

**2.** 다음 극한값은?

$$\lim_{x \to 0} \frac{1}{x^4} \int_{\sin x}^{x} \tan^{-1} t \, dt$$

① $\dfrac{1}{8}$      ② $\dfrac{1}{6}$      ③ $\dfrac{1}{4}$      ④ $\dfrac{1}{2}$

**3.** 다음 이상적분의 값은?

$$\int_{\frac{1}{2}}^{\infty} \frac{(x-1)^2 + 1}{x^2(x^2 - x + 1)} dx$$

① $2 - \dfrac{\pi}{\sqrt{3}}$      ② $2 - \dfrac{\pi}{3}$      ③ $4 - \dfrac{\pi}{\sqrt{3}}$      ④ $4 - \dfrac{\pi}{3}$

**4.** 다음 적분값은?

$$\int_{0}^{2} \frac{t^5}{\sqrt{t^2 + 2}} dt$$

① $\dfrac{16\sqrt{2}(3\sqrt{3} - 2)}{15}$      ② $\dfrac{16\sqrt{2}(3\sqrt{3} + 2)}{15}$

③ $\dfrac{8\sqrt{2}(3\sqrt{3} - 4)}{15}$      ④ $\dfrac{8\sqrt{2}(3\sqrt{3} + 4)}{15}$

**5.** 극곡선으로 주어진 영역의 면적은?

$$3 \leq r \leq 3 + \sin 3\theta$$

① $6 - \dfrac{\pi}{4}$    ② $6 + \dfrac{\pi}{4}$    ③ $4 - \dfrac{\pi}{6}$    ④ $4 + \dfrac{\pi}{6}$

**6.** 양수 $p$에 대해 다음 급수가 수렴하기 위한 조건은?

$$\sum_{n=1}^{\infty} \left(1 - \cos\frac{1}{n^p}\right)$$

① $p > 0$    ② $p > \dfrac{1}{2}$    ③ $p > 1$    ④ $p > 2$

**7.** 함수 $f(x) = x^2 \tan^{-1} x^3$에 대해 $f^{(2015)}(0)$의 값은?

① $0$    ② $\dfrac{2015!}{671}$    ③ $-\dfrac{2015!}{671}$    ④ $\dfrac{2013!}{671}$

**8.** 다음 세 개의 구를 이등분하는 평면의 방정식은?

$$S_1 : x^2 + y^2 + z^2 - 2x + 2y - 2z = 0$$
$$S_2 : x^2 + y^2 + z^2 + 6x - 4y + 2z = 0$$
$$S_3 : x^2 + y^2 + z^2 + 2x - 12y + 4z = 0$$

① $5x - 8y - 22z = -9$    ② $5x - 8y - 22z = 9$

③ $5x + 8y - 22z = -25$    ④ $5x + 8y - 22z = 25$

9. 함수 $f(x, y) = 3x^2y + y^3 - 3x^2 - 3y^2 + 2$의 임계점과 그 점에서 유형을 잘못 나타낸 것은?

① $(0,0)$에서 극대점을 갖는다.

② $(0,2)$에서 극소점을 갖는다.

③ $(1,1)$에서 안장점을 갖는다.

④ $(-1,1)$에서 극대점을 갖는다.

10. 영역 $D = \{(x, y) | x^2 + y^2 \leq 1\}$에서 함수 $f(x, y) = 2x^3 + y^4$의 최댓값 $M$과 최솟값 $m$일 대, $Mm$의 값은?

① $-4$      ② $-2$      ③ $0$      ④ $2$

11. 영역 $R$은 네 점 $(-1, 0), (-1, 5), (1, 5), (1, 0)$을 꼭짓점으로 갖는 사각형이다. 이 영역에서 $f(x, y) = x^2y$의 평균값은?

① $\dfrac{25}{4}$      ② $\dfrac{25}{3}$      ③ $\dfrac{5}{6}$      ④ $\dfrac{5}{4}$

12. 다음 적분의 값은?

$$\int_0^1 \int_{-\sqrt{1-x^2}}^x \frac{1}{(1+x^2+y^2)^2} \, dy \, dx$$

① $\dfrac{\pi}{8} + \dfrac{\sqrt{2}}{4} \tan^{-1}\left(\dfrac{1}{\sqrt{2}}\right)$

② $\dfrac{3\pi}{16} + \dfrac{\sqrt{2}}{4} \tan^{-1}\left(\dfrac{1}{\sqrt{2}}\right)$

③ $\dfrac{\pi}{8} + \dfrac{\sqrt{2}}{16}$

④ $\dfrac{3\pi}{16}$

**13.** 실린더 $y^2 + z^2 = 2z$ 내부에 있는 구 $x^2 + y^2 + z^2 = 4$의 곡면적은?

① $4\pi$　　② $8\pi$　　③ $4\pi - 8$　　④ $8\pi - 16$

**14.** $\dfrac{d}{dt}r(t) = \langle \cos 2e^t, \sin 2e^t \rangle, \left(0 \le t \le \dfrac{\pi}{2}\right)$를 갖는 벡터함수 $r(t)$를 곡선 $C$라고 하자. 힘 $F(r(t)) = r'(t) + r''(t)$로 주어질 때, 한 일은?

① $\dfrac{\pi}{2}$　　② $\pi$　　③ $\dfrac{3\pi}{2}$　　④ $2\pi$

**15.** 곡선 $C$는 원주면 $x^2 - 2x + y^2 = 0$과 평면 $x + y + z = 2$의 교선이라고 하자. 벡터함수 $F(x, y, z) = \langle -y, x-1, z+2y-1 \rangle$에 대해 $\displaystyle\int_C F \cdot dr$의 값은?

① $\pi$　　② $2\pi$　　③ $3\pi$　　④ $4\pi$

**16.** 좌표평면에서 자연수 $n$에 대해 영역 $D_n$이 $D_n = \{(x,y)\,|\,(x-y)^2 + y^2 \le n\}$일 때, 다음의 극한값은? (단, $[x]$는 $x$보다 크지 않은 최대 정수이다.)

$$\lim_{n\to\infty} \iint_{D_n} e^{-[(x-y)^2 + y^2]} dx dy$$

① $\dfrac{\pi}{1-e}$　　② $\dfrac{e\pi}{1-e}$　　③ $\dfrac{e\pi}{e-1}$　　④ $\dfrac{\pi}{e-1}$

**17.** 3차원 유클리드 공간 $R^3$에서 곡선 $C$가

$C = \{(x, y, z) \in R^3 \mid y = x^3 - ax + a, z = x - 1\}$일 때, 이 곡선의 비틀림률 $\tau$와 점 $(1, 1, 0)$에서 곡선 $C$의 곡률이 3이 되도록 하는 $a$의 값의 합은? (단, $a$는 상수이다.)

① 0      ② 1      ③ 3      ④ 6

**18.** 좌표공간 $R^3$에서 원점과 점 $(1, 2, 3)$을 지나는 직선을 회전축으로 하여 $180°$ 회전이동하는 변환을 $T$라 하자. 벡터 $(x, y, z)$에 대해 $T(x, y, z) = A \begin{pmatrix} x \\ y \\ z \end{pmatrix}$가 되는 $A$의 특성다항식을 $f(x)$라고 할 때, $f(2)$의 값은?

① 3      ② 5      ③ 7

9

**19.** 실수체 $R$위의 벡터공간 $R^3$에 대해 선형사상 $T : R^3 \rightarrow R^3$을 $T(x, y, z) = (x + y - 2z, y, x - 2z)$로 정의하자. $T$의 상 $im(T)$와 $T$의 핵 $\ker(T)$에 대해 옳은 것만을 〈보기〉에서 있는 대로 고른 것은?

〈보 기〉

가. $im(T)$의 차원은 1이다.

나. 벡터 $(1, 0, 0)$의 $\ker(T)$ 위로의 직교정사영은 $\frac{2}{5}(2, 0, 1)$이다.

다. 벡터 $(x, y, z)$의 $\ker(T)$ 위로의 직교정사영을 $A \begin{pmatrix} x \\ y \\ z \end{pmatrix}$로 나타낼 때, 행렬 $A$의 고유치를 모두 더한 값은 1이다.

① 가      ② 나      ③ 가, 다      ④ 나, 다

**20.** 각 성분이 실수인 $3 \times 3$정칙행렬 $A$의 수반행렬을 $adj\,A$라 할 때, 〈보기〉에서 옳은 것만을 모두 고른 것은?

〈보 기〉

가. 임의의 자연수 $n$에 대해 $adj(A^n) = (adj\,A)^n$이다.

나. 행렬 $A$의 전치행렬을 $A^T$라 할 때, $adj(A^T) = (adj\,A)^T$이다.

다. $adj(adj\,A) = A$

① 가      ② 나      ③ 가, 나      ④ 나, 다

**21.** 연립방정식 $AX = O$의 해공간에 벡터 $V$를 직교사영시켰을 때 벡터를 구하면?

$$A = \begin{bmatrix} 1 & 1 & 1 & 0 \\ 0 & 2 & 1 & 1 \end{bmatrix}, \ V = (5, 6, 7, 2)$$

① $(1, 0, -1, 1)$

② $\dfrac{1}{3}(1, 0, -1, 1)$

③ $(0, -1, 1, 1)$

④ $\dfrac{1}{2}(0, -1, 1, 1)$

**22.** 아래 주어진 행렬 $A = \begin{bmatrix} 1 & 0 & 0 \\ 2 & 1 & 0 \\ -3 & 1 & 2 \end{bmatrix}$ 에 대해, $A^5 = aA^2 + bA + cI$를 만족하는 $a + b + c$의 값은?

① $1$　　② $2$　　③ $32$　　④ $62$

**23.** 다음 미분방정식 $x(x-2)y'' = xy$의 급수해를 $y = \displaystyle\sum_{n=0}^{\infty} a_n (x-1)^n$이라고 할 때, $a_3$의 값은?

① $\dfrac{a_1 + a_0}{6}$　　② $\dfrac{-a_1 - a_0}{6}$　　③ $\dfrac{a_1 - a_0}{6}$　　④ $\dfrac{-a_1 + a_0}{6}$

**24.** 다음 미분방정식의 해는?

$$y'' + 2y' + 2y = 2\sin t, \ y(0) = y'(0) = 0$$

① $y = \dfrac{2}{5}\{\sin t - 2\cos t - e^{-t}(\sin t + 2\cos t)\}$

② $y = \dfrac{2}{5}\{\sin t - 2\cos t + e^{-t}(\sin t + 2\cos t)\}$

③ $y = \dfrac{2}{5}\{\sin t + 2\cos t + e^{-t}(\sin t - 2\cos t)\}$

④ $y = \dfrac{2}{5}\{\sin t + 2\cos t + e^{-t}(\sin t + 2\cos t)\}$

**25.** 다음 미분방정식의 해를 $y(t)$라고 할 때, 라플라스 변환 $\mathcal{L}\{y(t)\}$를 구하면?

$$ty'' + y' + ty = 0$$

① $\dfrac{c}{\sqrt{1+s^2}}$  ② $\dfrac{c}{\sqrt{1-s^2}}$  ③ $\dfrac{c}{1+s^2}$  ④ $\dfrac{c}{1-s^2}$

**26.** 다음 연립미분방정식의 해는?

$$\begin{pmatrix} x \\ y \end{pmatrix} = \begin{pmatrix} 4 & 3 \\ -3 & -2 \end{pmatrix}\begin{pmatrix} x \\ y \end{pmatrix}, \quad \begin{pmatrix} x(0) \\ y(0) \end{pmatrix} = \begin{pmatrix} 6 \\ -2 \end{pmatrix}$$

① $\begin{pmatrix} x \\ y \end{pmatrix} = 6\begin{pmatrix} 1 \\ -1 \end{pmatrix}e^t + 12\left[\begin{pmatrix} 1 \\ -1 \end{pmatrix}te^t + \begin{pmatrix} 0 \\ \frac{1}{3} \end{pmatrix}e^t\right]$

② $\begin{pmatrix} x \\ y \end{pmatrix} = 6\begin{pmatrix} 1 \\ -1 \end{pmatrix}e^t + 12\left[\begin{pmatrix} 1 \\ -1 \end{pmatrix}te^t + \begin{pmatrix} 0 \\ 3 \end{pmatrix}e^t\right]$

③ $\begin{pmatrix} x \\ y \end{pmatrix} = -6\begin{pmatrix} 1 \\ -1 \end{pmatrix}e^t + 12\left[\begin{pmatrix} 1 \\ -1 \end{pmatrix}te^t + \begin{pmatrix} 0 \\ \frac{1}{4} \end{pmatrix}e^t\right]$

④ $\begin{pmatrix} x \\ y \end{pmatrix} = -6\begin{pmatrix} 1 \\ -1 \end{pmatrix}e^t + 12\left[\begin{pmatrix} 1 \\ -1 \end{pmatrix}te^t + \begin{pmatrix} 0 \\ 4 \end{pmatrix}e^t\right]$

**27.** 다음 함수의 반구간 전개를 바르게 나타낸 것은?

$$f(x) = \begin{cases} x & \left(0 < x < \dfrac{\pi}{2}\right) \\ \pi - x & \left(\dfrac{\pi}{2} \le x < \pi\right) \end{cases}$$

① $f(x) = \dfrac{\pi}{2} + \dfrac{2}{\pi}\displaystyle\sum_{n=1}^{\infty}\dfrac{(-1)^n - 1}{n^2}\cos nx$

② $f(x) = \dfrac{\pi}{4} + \dfrac{2}{\pi}\displaystyle\sum_{n=1}^{\infty}\dfrac{2\cos\frac{n\pi}{2} - (-1)^n - 1}{n^2}\cos nx$

③ $f(x) = \dfrac{2}{\pi}\displaystyle\sum_{n=1}^{\infty}\dfrac{\sin\frac{n\pi}{2}}{n^2}\sin nx$

④ $f(x) = \dfrac{4}{\pi}\displaystyle\sum_{n=1}^{\infty}\dfrac{(-1)^n}{n^2}\sin nx$

**28.** 함수 $f(x) = \begin{cases} 0 & (x < 0) \\ 1 & (0 < x < 2) \\ 0 & (x > 2) \end{cases}$를 다음과 같이 퓨리에 적분으로 나타낼 때, $A(\alpha)$와 $B(\alpha)$가 바르게 짝지어진 것은?

$$f(x) = \dfrac{1}{\pi}\int_0^{\infty}[A(\alpha)\cos\alpha x + B(\alpha)\sin\alpha x]\,d\alpha,$$
$$A(\alpha) = \int_{-\infty}^{\infty}f(x)\cos\alpha x\,dx,\quad \int_{-\infty}^{\infty}f(x)\sin\alpha x\,dx$$

① $A(\alpha) = \sin 2\alpha$, $B(\alpha) = 1 - \cos 2\alpha$

② $A(\alpha) = \sin 2\alpha$, $B(\alpha) = 1 + \cos 2\alpha$

③ $A(\alpha) = \dfrac{\sin 2\alpha}{\alpha}$, $B(\alpha) = \dfrac{1 - \cos 2\alpha}{\alpha}$

④ $A(\alpha) = \dfrac{\sin 2\alpha}{\alpha}$, $B(\alpha) = \dfrac{1 + \cos 2\alpha}{\alpha}$

29. 두 실수 $a$, $b$에 대해 복소함수
$$f(x+iy) = (x^3 - 2axy - bxy^2) + i(2x^2 - ay^2 + bx^2y - y^3)$$
($x, y$는 실수)가 정함수일 때, $a^2 + b^2$의 값은?

① 10          ② 13          ③ 17          ④ 18

30. 복소평면에서 다음 그림과 같이 반지름이 $R$인 반원을 $C_R$이
라고 할 때, $a > 0$, $b > 0$에 대해 $\int_{-\infty}^{\infty} \dfrac{xe^{ibx}}{x^2 + a^2} dx$ 의 값은?

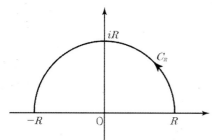

① $\pi e^{-ab}$          ② $2\pi e^{-ab}$          ③ $\pi i e^{-ab}$          ④ $2\pi i e^{-ab}$

1. 곡선 $y = \sin x \,(0 \le x \le \pi)$를 $x$축에 대해 회전했을 때 입체의 표면적은?

   ① $4\pi\{\sqrt{2} + \ln(\sqrt{2}-1)\}$
   ② $4\pi\{\sqrt{2} + \ln(\sqrt{2}+1)\}$
   ③ $2\pi\{\sqrt{2} + \ln(\sqrt{2}-1)\}$
   ④ $2\pi\{\sqrt{2} + \ln(\sqrt{2}+1)\}$

2. $\displaystyle\int_0^1 \sin(2\ln x)\,dx$ 의 값은?

   ① $-\dfrac{2}{5}$   ② $-\dfrac{1}{2}$   ③ $\dfrac{2}{5}$   ④ $\dfrac{1}{2}$

3. 함수 $f(x) = \displaystyle\int_x^{\sin x} e^{t^2 + xt}\,dt$ 일 때, $f'(0)$의 값은?

   ① $0$   ② $e-1$   ③ $e+1$   ④ $\dfrac{e-3}{2}$

4. $f(x,y) = \begin{cases} \dfrac{xy(y^2 - x^2)}{x^2 + y^2} & (x,y) \ne (0,0) \\ 0 & (x,y) = (0,0) \end{cases}$ 일 때, $f_{xy}(0,0) + f_{yx}(0,0)$의 값은?

   ① $-2$   ② $-1$   ③ $0$   ④ $1$

5. $f(x,y,z)=5x^2+3y^3+2z^5+xyz$ 이고 다음을 만족하는 미분가능한 함수 $g(x,y)$ 가 존재한다. $g(1,1)=-1$, $f(x,y,g(x,y))=5$ 일 때, $\nabla g(1,1)$을 구하면?

① $\left(-\dfrac{9}{11},\,-\dfrac{8}{11}\right)$  ② $\left(\dfrac{9}{11},\,\dfrac{8}{11}\right)$

③ $(-9,-8)$  ④ $(9,8)$

6. 좌표공간에서 곡선 $r(t)=\langle a\cos t,\,a\sin t,\,bt\rangle$는 두 점 $P(2,0,4\pi)$, $Q(2,0,8\pi)$를 지난다. 점 $P$에서 점 $Q$까지 곡선 $r(t)$의 길이가 $4\sqrt{10}\,\pi$일 때, $a+b$의 값은? (단, $a>0$이고, $b>0$이다.)

① $\dfrac{8}{3}$  ② $3$  ③ $\dfrac{10}{3}$  ④ $\dfrac{11}{3}$

7. 다음 적분의 값은?

$$\int_1^2\int_0^{\sqrt{2y-y^2}}(x^2+y^2)^{-2}\,dx\,dy$$

① $\dfrac{\pi}{32}$  ② $\dfrac{\pi}{16}$  ③ $\dfrac{\pi}{8}$  ④ $\dfrac{\pi}{4}$

8. $\displaystyle\int_0^1\int_0^y\int_{\sqrt{y}}^1 e^{x^5}\,dx\,dz\,dy$의 값은?

① $\dfrac{e-1}{5}$  ② $\dfrac{e-1}{10}$  ③ $\dfrac{e+1}{5}$  ④ $\dfrac{e+1}{10}$

TOP7 모의고사

**9.** 원추면 $x^2 + y^2 = 3z^2 (z \geq 0)$ 위에 놓인 구 $x^2 + y^2 + z^2 = 11$ 내부의 부피는?

① $\dfrac{11\sqrt{11}}{6}\pi$   ② $\dfrac{121}{6}\pi$   ③ $\dfrac{11\sqrt{11}}{3}\pi$   ④ $\dfrac{121}{3}\pi$

**10.** 두 평면 $z = 1$과 $z = 4$ 사이에 놓여 있는 곡면 $x^2 + y^2 = z^2$의 표면적은?

① $5\sqrt{2}\pi$   ② $5\sqrt{3}\pi$   ③ $15\sqrt{2}\pi$   ④ $15\sqrt{3}\pi$

**11.** $f(y) = \displaystyle\int_0^\infty \dfrac{\tan^{-1}(xy) - \tan^{-1}(x)}{x}\, dx$ 일 때, $f(\pi)$의 값은?

① $0$   ② $\dfrac{\pi}{2}$   ③ $\pi$   ④ $\dfrac{\pi}{2}\ln\pi$

**12.** 다음 무한급수 중 수렴하는 급수의 개수는?

가. $\displaystyle\sum_{n=2}^\infty \dfrac{1}{(\ln n)^{\ln n}}$     나. $\displaystyle\sum_{n=2}^\infty \dfrac{1}{(\ln n)^5}$

다. $\displaystyle\sum_{n=10}^\infty \dfrac{1}{n^{\ln n}}$     라. $\displaystyle\sum_{n=10}^\infty \dfrac{1}{(\ln n)^n}$

마. $\displaystyle\sum_{n=5}^\infty \dfrac{1}{n^{1+\frac{1}{n}}}$     바. $\displaystyle\sum_{n=1}^\infty \left(\sqrt[n]{3} - 1\right)$

① 2개   ② 3개   ③ 4개   ④ 5개

**13.** 좌표평면에서 영역 $D$가
$D = \{(x, y) | 0 \leq x \leq 2, 0 \leq y \leq 9\}$ 일 때, 함수
$f : D \to R$를 다음과 같이 정의하자.

$$f(x, y) = \begin{cases} y & (y \geq \sin \sqrt{x}) \\ \sin \sqrt{x} & (y < \sin \sqrt{x}) \end{cases}$$

두 반복적분 $\int_0^2 \int_0^9 f(x, y) dy dx$,

$\int_0^2 \int_0^{\sin \sqrt{x}} y - \sin \sqrt{x} \, dy dx$ 의 합은?

① $\dfrac{81}{2}$     ② $81$     ③ $\dfrac{162}{5}$     ④ $162$

**14.** 행렬 $A = \begin{pmatrix} 2 & -1 \\ 3 & -1 \end{pmatrix}$에 대해 $\sum\limits_{n=1}^{2019} A^n$ 의 값은?

① $\begin{pmatrix} 1 & -1 \\ 3 & -1 \end{pmatrix}$     ② $\begin{pmatrix} 3 & -2 \\ 6 & -3 \end{pmatrix}$

③ $\begin{pmatrix} 2 & -2 \\ 6 & -4 \end{pmatrix}$     ④ $\begin{pmatrix} -1 & 1 \\ -3 & 2 \end{pmatrix}$

**15.** $R^3$에 속하는 벡터 $y = \begin{pmatrix} -1 \\ -5 \\ 10 \end{pmatrix}$에서 벡터 $w_1 = \begin{pmatrix} 5 \\ -2 \\ 1 \end{pmatrix}$과 벡터 $w_2 = \begin{pmatrix} 1 \\ 2 \\ -1 \end{pmatrix}$으로 생성되는 부분공간 $W$가 있다. 이때, $W$까지의 거리는 $y$에서 $W$에 속하는 점 중에서 가장 가까운 점까지의 거리이다. $y$에서 $W$까지 거리는?

① $\sqrt{5}$     ② $2\sqrt{5}$     ③ $3\sqrt{5}$     ④ $4\sqrt{5}$

**16.** 유한차원 내적공간 $V$의 부분공간 $W(W \neq V)$에 대해 선형사상 $P$를 $V$에서 $W$로의 정사영이라 하자. $P$에 관한 설명 중 옳지 않은 것은?

① $Im(P) = V$이다.

② $\ker(P) \cap W = \{O\}$이다.

③ 임의의 $w \in W$에 대해 $P(w) = w$이다.

④ 임의의 $v \in V$에 대해 $P(P(v)) = P(v)$이다.

**17.** 행렬 $J = \begin{pmatrix} 2&1&0&0&0 \\ 0&2&0&0&0 \\ 0&0&3&0&0 \\ 0&0&0&3&1 \\ 0&0&0&0&3 \end{pmatrix}$ 과 닮은 임의의 행렬 $A$에 대한 설명 중 옳지 않은 것은?

① 행렬 $(A-2I)^2$의 계수는 3이다.

② 행렬 $(A-3I)^2$의 해집합의 차원은 3이다.

③ 행렬 $(A-3I)^3$의 계수는 2이다.

④ $A$의 최소 다항식은 $f(x) = (x-2)^2(x-3)^3$이다.

**18.** 실수체 $R$위의 정의된 벡터공간 $V = \left\{ \begin{pmatrix} a&b \\ c&d \end{pmatrix} \,\middle|\, a,b,c,d \in R \right\}$ 와 행렬 $A = \begin{pmatrix} 1&2 \\ 0&3 \end{pmatrix}$에 대해 선형사상 $L : V \to V$를 $L(B) = AB - BA$로 정의하자. $V$의 부분공간 $im(L) = \{L(B) \,|\, B \in V\}$의 차원은?

① 1      ② 2      ③ 3      ④ 4

**19.** 함수 $y = f(x)$가 미분방정식 $y'' - xy' + 3y = 0$의 해일 때, 다음 연립미분방정식 중에 $y_1 = f(x), y_2 = f'(x)$가 해인 것을 고르면?

① $\begin{pmatrix} y_1' \\ y_2' \end{pmatrix} = \begin{pmatrix} 0 & 1 \\ -3 & x \end{pmatrix}\begin{pmatrix} y_1 \\ y_2 \end{pmatrix}$      ② $\begin{pmatrix} y_1' \\ y_2' \end{pmatrix} = \begin{pmatrix} 1 & 0 \\ -x & 3 \end{pmatrix}\begin{pmatrix} y_1 \\ y_2 \end{pmatrix}$

③ $\begin{pmatrix} y_1' \\ y_2' \end{pmatrix} = \begin{pmatrix} 1 & -\dfrac{x}{2} \\ -3 & 3 \end{pmatrix}\begin{pmatrix} y_1 \\ y_2 \end{pmatrix}$      ④ $\begin{pmatrix} y_1' \\ y_2' \end{pmatrix} = \begin{pmatrix} -x & 3 \\ 1 & 0 \end{pmatrix}\begin{pmatrix} y_1 \\ y_2 \end{pmatrix}$

**20.** 주어진 연립미분방정식의 임계점과 선형화에 의한 임계점의 유형을 바르게 나열한 것은?

$$\begin{cases} y_1' = -2y_1 + y_2 - y_2^2 \\ y_2' = -y_1 - \dfrac{1}{2}y_2 \end{cases}$$

① $(0,0)$, 마디점      ② $(0,0)$, 중심점

③ $(-1,2)$, 나선점      ④ $(-1,2)$, 안장점

**21.** 다음 연립미분방정식 $\begin{cases} x(t)' = x(t) + e^{2t} - 4t \\ y(t)' = 2x(t) - y(t) + 2 + t \end{cases}$,

$\begin{cases} x(0) = -1 \\ y(0) = -2 \end{cases}$의 특수해 $x_p(0) + y_p(0)$ 의 값은?

① $\dfrac{17}{3}$   ② $\dfrac{20}{3}$   ③ $7$   ④ $\dfrac{23}{3}$

**22.** $4y'' + 36y = \csc 3x$를 풀면?

① $y = c_1 \cos 3x + c_2 \sin 3x$

$\qquad - \dfrac{1}{12} x \sin 3x + \dfrac{1}{12} \sin 3x \ln |\sin 3x|$

② $y = c_1 \cos 3x + c_2 \sin 3x$

$\qquad - \dfrac{1}{12} x \sin 3x + \dfrac{1}{36} \sin 3x \ln |\sin 3x|$

③ $y = c_1 \cos 3x + c_2 \sin 3x$

$\qquad - \dfrac{1}{12} x \cos 3x + \dfrac{1}{12} \sin 3x \ln |\sin 3x|$

④ $y = c_1 \cos 3x + c_2 \sin 3x$

$\qquad - \dfrac{1}{12} x \cos 3x + \dfrac{1}{36} \sin 3x \ln |\sin 3x|$

**23.** 다음 미분방정식의 해는?

$$y'' + \left(1 + \dfrac{1}{y}\right)(y')^2 = 0 \quad y(1) = 1, y'(1) = 1$$

① $e^y(y-1) = -ex + e$   ② $e^y(y-1) = ex - e$

③ $e^y(y+1) = 2ex$   ④ $e^y(y+1) = ex + e$

**24.** 다음 미분방정식의 해는?

$$y'' + 2y' + 2y = \delta(t - \pi), \ y(0) = y'(0) = 0$$

① $y = e^{-t} \cos t\, u(t - \pi)$

② $y = -e^{-t} \sin t\, u(t - \pi)$

③ $y = e^{-(t-\pi)} \cos t\, u(t - \pi)$

④ $y = -e^{-(t-\pi)} \sin t\, u(t - \pi)$

**25.** 주기가 4인 함수 $f(x) = x^2 (0 < x < 4)$를 아래와 같이 퓨리에 급수로 나타낼 때, $3a_0 + \pi^2(a_4 - b_{16})$의 값은?

$$f(x) = \frac{1}{2}a_0 + \sum_{n=1}^{\infty}\left(a_n \cos\frac{n\pi}{2}x + b_n \sin\frac{n\pi}{2}x\right)$$

① $16 + \pi$  ② $17 - \pi$  ③ $32 - \pi$  ④ $33 + \pi$

**26.** 밀도 $\rho = \dfrac{1}{\sqrt{x^2+y^2}}$ 로 주어진 얇은 원판 $x^2 + (y-1)^2 = 1$의 질량 중심은?

① $\left(0, \dfrac{1}{4}\right)$  ② $\left(0, \dfrac{1}{3}\right)$  ③ $\left(0, \dfrac{1}{2}\right)$

④ $\left(0, \dfrac{2}{3}\right)$  ⑤ $\left(0, \dfrac{3}{4}\right)$

**27.** $\sin^{-1}\sqrt{5}$ 의 값은?

① $\dfrac{\pi}{2} + i\ln(2 - \sqrt{5})$  ② $\dfrac{\pi}{2} - i\ln(2 + \sqrt{5})$

③ $-\dfrac{\pi}{2} + i\ln(\sqrt{6} - \sqrt{5})$  ④ $-\dfrac{\pi}{2} + i\ln(\sqrt{6} + \sqrt{5})$

**28.** 다음 함수의 제시된 점에서 테일러 전개를 할 때, 수렴반경을 잘못 나타낸 것은?

① $f(z) = \dfrac{1}{(1+2z)^2}$, $z_0 = 0$ 에서 수렴반경 $R = \dfrac{1}{2}$

② $f(z) = \dfrac{1}{3-z}$, $z_0 = 2i$ 에서 수렴반경 $R = 3$

③ $f(z) = \dfrac{z-1}{3-z}$, $z_0 = 1$ 에서 수렴반경 $R = 2$

④ $f(z) = \dfrac{4+5z}{1+z^2}$, $z_0 = 2+5i$ 에서 수렴반경 $R = 2\sqrt{5}$

29. 다음 적분의 값은?

$$\int_{-\infty}^{\infty} \frac{1}{1+x^6}\,dx$$

① $\dfrac{\pi}{3}$    ② $\dfrac{2\pi}{3}$    ③ $\sqrt{2}\,\pi$    ④ $2\sqrt{2}\,\pi$

30. 다음 중 실적분 계산이 바르지 못한 것은?

① $\displaystyle\int_0^{2\pi} \frac{1}{\sqrt{2}-\cos\theta}\,d\theta = 2\pi$

② $\displaystyle\int_0^{2\pi} \frac{1}{(2+\cos\theta)^2}\,d\theta = \frac{2\pi}{3\sqrt{3}}$

③ $p.v \displaystyle\int_{-\infty}^{\infty} \frac{\sin x}{x}\,dx = \pi$

④ $p.v \displaystyle\int_{-\infty}^{\infty} \frac{1-\cos x}{x^2}\,dx = \pi$

1. $\displaystyle\lim_{x \to 1+} (\ln x^2) \tan\left(\frac{\pi}{2}x\right)$ 의 극한값은?

① $-\dfrac{4}{\pi}$ ② $-\dfrac{2}{\pi}$ ③ $\dfrac{\pi}{4}$ ④ $\dfrac{\pi}{2}$

2. 다음 이상적분 $\displaystyle\int_0^\infty \frac{1}{\sqrt{x}\,(1+x)}\,dx$ 의 값은?

① $\dfrac{\pi}{4}$ ② $\dfrac{\pi}{2}$ ③ $\pi$ ④ 발산

3. 실수 성분을 가지는 $5 \times 5$ 행렬 $A$에 대해 $2-3i,\ -1+2i,\ 1$ 이 고윳값일 때 $\det A$의 값은?

① 65 ② 66 ③ 67 ④ 68

4. 다음 멱급수 $\displaystyle\sum_{n=1}^\infty \frac{(-8)^n (x-2)^{3n}}{\sqrt{n}}$ 의 수렴구간은?

① $\left(\dfrac{3}{2}, \dfrac{5}{2}\right)$ ② $\left(\dfrac{3}{2}, \dfrac{5}{2}\right)$ ③ $\left(\dfrac{3}{2}, \dfrac{5}{2}\right)$ ④ $\left(\dfrac{3}{2}, \dfrac{5}{2}\right)$

**5.** 다음 미분방정식 $x^2y'' - 2xy' + 2y = x^3\ln x$의 특수해를 $y_p$ 라 할 때, $y_p(e)$의 값은?

① $\dfrac{1}{4}e^3$    ② $-\dfrac{1}{4}e^3$    ③ $\dfrac{1}{2}e^3$    ④ $-\dfrac{1}{2}e^3$

**6.** 곡선 $r(t) = \langle t - \sin t, 1 - \cos t, 1 \rangle, 0 \le t \le 2\pi$로 주어질 때, $(\pi, 2, 1)$에서 곡률은?

① $\dfrac{1}{8}$    ② $\dfrac{1}{4}$    ③ $\dfrac{1}{2}$    ④ $1$

**7.** 다음 중 수렴하는 것의 개수는?

| | |
|---|---|
| 가. $\displaystyle\int_0^\infty \dfrac{\sin x}{x}\,dx$ | 나. $\displaystyle\sum_{n=1}^\infty \dfrac{\cosh n}{n^2}$ |
| 다. $\displaystyle\sum_{n=2}^\infty \dfrac{\cos(n\pi)}{n^{\frac{1}{3}}}$ | |

① 0개    ② 1개    ③ 2개    ④ 3개

**8.** $R^3$의 두 벡터 $A = \langle 2, 1, 0 \rangle$, $B = \langle 4, 0, 1 \rangle$에 대해 $B$를 $A$에 평행한 벡터$(=v)$와 $A$의 수직인 벡터$(=w)$의 합으로 표현할 때, $5v - 15w = \langle a, b, c \rangle$라 할 때 $a+b+c$의 값은?

① 18    ② 19    ③ 20    ④ 21

**9.** $\int_{\frac{\pi}{4}}^{\frac{\pi}{2}} \int_{0}^{\csc\theta} \left( r^7 \sin\theta \cos^3\theta + r e^{\cot\theta} \right) dr d\theta$ 의 값은?

① $\dfrac{5}{84} - \dfrac{e}{2}$    ② $\dfrac{5}{84} + \dfrac{e-1}{2}$

③ $\dfrac{5}{96} - \dfrac{e}{2}$    ④ $\dfrac{5}{96} + \dfrac{e-1}{2}$

**10.** 구 $x^2 + y^2 + z^2 = 4a^2$ 의 내부와 $xy$ 평면, $r = 2a\cos\theta$ 로 둘러싸인 입체의 부피는? $(a > 0)$

① $\dfrac{8}{3}\pi a^3$    ② $\dfrac{4}{3}\pi a^3$

③ $\left( \dfrac{4}{3}\pi - \dfrac{16}{9} \right) a^3$    ④ $\left( \dfrac{8}{3}\pi - \dfrac{32}{9} \right) a^3$

**11.** 선형변환 $T : R^3 \to R^3$ 가 $T(X) = \left( I - \dfrac{2}{|u|^2} u u^T \right) X$ 라 하자. 이때, $T(-\sqrt{2}, 1, 1) \cdot T(2, \sqrt{2}, 3\sqrt{2})$ 의 값은? (단, 벡터 $u = \begin{pmatrix} 6 \\ 3 \\ 4 \end{pmatrix}$ 이다.)

① 0    ② 1    ③ $\sqrt{2}$    ④ $2\sqrt{2}$

**12.** 다음 미분방정식 $xy'' + 2y' + xy = 0$ 의 한 해가 $y_1 = \dfrac{\cos x}{x}$ 일 때 다른해 $y_2$ 는?

① $\dfrac{\cos x}{x^2}$    ② $\dfrac{\sin x}{x^2}$    ③ $\dfrac{\sin x}{x}$    ④ $\dfrac{\tan x}{x}$

13. 영행렬이 아닌 $3 \times 3$ 행렬 $A$에 대해 $A^2 = A$를 만족할 때 〈보기〉에서 옳은 것의 개수는? (단, $I$는 단위행렬)

〈보 기〉

가. $rankA = 3$ 이면 $A = I$이다.

나. $A$가 비가역행렬이면 $A = O$이다.

다. $x \in R^3$에 대해 연립방정식 $Ax = O$은 비자명해를 가진다.

라. $\det(A^{101}) = \det(A)$

① 1개　　② 2개　　③ 3개　　④ 4개

14. 다음 이중적분 $\displaystyle\int_1^{e^3} \int_{\ln y}^3 \frac{1}{\sqrt{e^x - x}} dx dy$의 값은?

① $2\sqrt{e^3 - 3} - 2$　　② $2\sqrt{e^3 - 3} - 1$

③ $\sqrt{e^3 - 3} - 2$　　④ $\sqrt{e^3 - 3} - 1$

15. 함수 $f(x, y) = e^{-x}\cos(x + y)$의 선형근사식을 이용하여 $f(0.01, -0.01)$의 값은?

① 1.02　　② 1.01　　③ 1.00　　④ 0.99

16. 어떤 두 벡터 $u, v$와 임의의 실수 $x, y$에 대해 벡터 $xu + yv$의 크기가 $\sqrt{x^2 - 3xy + 3y^2}$ 일 때, 두 벡터 $u, v$가 이루는 각의 크기는?

① $\dfrac{\pi}{6}$　　② $\dfrac{\pi}{2}$　　③ $\dfrac{2}{3}\pi$　　④ $\dfrac{5}{6}\pi$

**17.** 다음 연립미분방정식

$$\begin{cases} y_1{}' = -4y_1 + 5y_2 \\ y_2{}' = -y_1 + 2y_2 \end{cases}, y_1(0) = 0, y_2(0) = 1$$ 의 해에 대해

$y_1(2) + y_2(2)$ 의 값은?

① $-\dfrac{5}{4}e^{-6} + \dfrac{11}{4}e^2$  　　② $-\dfrac{3}{2}e^{-6} + \dfrac{11}{4}e^2$

③ $-\dfrac{5}{4}e^{-6} + \dfrac{5}{2}e^2$  　　④ $-\dfrac{3}{2}e^{-6} + \dfrac{5}{2}e^2$

**18.** $F(x,y,z) = yzi + xj - z^2k$ 일 때 곡면

$S : y = x^2, 0 \le x \le 1, 0 \le z \le 4$ 로 주어질 때 면적분

$$\iint_S F \cdot d\boldsymbol{S}$$ 의 값은?

① $-4$  　　② $-3$  　　③ $-2$  　　④ $-1$

**19.** 좌표공간에서 포물면 $z = x^2 + y^2$ 과 평면 $x + y + z = 0$ 의 모든 교점으로 이루어진 곡선 $C$ 와 벡터장

$$\boldsymbol{F}(x,y,z) = (2e^z + z - \sin y, -2xe^z + z\cos y, x^2 e^z + 2y)$$

에 대해, 선적분 $\displaystyle\int_C \boldsymbol{F} \cdot dr$ 의 값은? (단, 곡선 $C$ 는 반시계 방향이다.)

① $\dfrac{\pi}{2}$  　　② $\pi$  　　③ $\dfrac{3}{2}\pi$  　　④ $2\pi$

**20.** 벡터공간 $R^3$ 의 순서기저 $B = \{v_1, v_2, v_3\}$ 에서 순서기저 $C = \{(1,0,0), (0,1,0), (0,0,1)\}$ 로 바꾸는 좌표변환 행렬이 $P = \begin{pmatrix} 1 & 0 & 0 \\ 0 & 3 & 2 \\ 0 & 1 & 1 \end{pmatrix}$ 일 때, $av_1 + bv_2 + cv_3 = (1,1,1)$ 을 만족시키는 $a + b + c$ 의 값은?

① 1  　　② 2  　　③ 3  　　④ 4

**21.** 제1 팔분공간 영역에서 $x^2 + y^2 - 2y = 0$ 내부에 놓여있는 곡면 $z = \sqrt{4 - x^2 - y^2}$ 의 넓이는?

① $-4 + 2\pi$        ② $-4 - 2\pi$

③ $-4 + 4\pi$        ④ $-4 - 4\pi$

**22.** 시간 $t$에 따른 어떤 입자의 위치는 $r(t) = \langle f(t), g(t), h(t) \rangle$ 를 따라 움직인다고 한다. 이 입자의 속도와 가속도가 항상 수직이고 $f'(0) = 1, g'(0) = 2, h'(0) = 3$ 이라 할 때 $t = 0$ 부터 $t = 3$ 까지 입지가 움직인 총 거리는?

① $\sqrt{14}$    ② $2\sqrt{14}$    ③ $3\sqrt{14}$    ④ $4\sqrt{14}$

**23.** 행렬 $A = \begin{pmatrix} 2 & 1 & 0 \\ 1 & 2 & 0 \\ 0 & 0 & 3 \end{pmatrix}$, $B = \begin{pmatrix} 4 & 2 & 0 \\ 2 & 4 & 0 \\ 0 & 0 & 12 \end{pmatrix}$ 로 주어졌을 때,

$R = \{x \in R^3 : x \cdot Ax < 1 < x \cdot Bx\}$ 의 부피는?

① $\dfrac{\pi}{4}$     ② $\dfrac{\pi}{3}$     ③ $\dfrac{\pi}{2}$     ④ $\pi$

**24.** $y'' + 5y' + 6y = \delta\left(t - \dfrac{\pi}{2}\right) + u(t - \pi)\cos t, \ y(0) = y'(0) = 0$

의 해 $y(t)$에 대해 $y\left(\dfrac{3\pi}{4}\right)$ 의 값은?

① $e^{-\frac{\pi}{2}} + e^{-\frac{3\pi}{4}}$        ② $-e^{-\frac{\pi}{2}} + e^{-\frac{3\pi}{4}}$

③ $e^{-\frac{\pi}{2}} - e^{-\frac{3\pi}{4}}$        ④ $e^{-\frac{3\pi}{4}} - e^{-\frac{9\pi}{4}}$

**25.** $F(s) = \dfrac{s}{(s^2+9)^2}$, $G(s) = \dfrac{e^{-s}}{(s^2+1)}$

$H(s) = \dfrac{1}{(s^2+2s+5)}$ 의 라플라스 역변환을 각각

$f(t), g(t), h(t)$라 했을 때, $f\left(\dfrac{\pi}{2}\right) + g(1+\pi) + h(\pi)$의

값은?

① $\dfrac{\pi}{12} + \dfrac{1}{2}e^{-\pi}$  ② $-\dfrac{\pi}{12}$

③ $\dfrac{1}{2}e^{-\pi}$  ④ $-\dfrac{\pi}{12} + \dfrac{1}{2}e^{-\pi}$

**26.** 연립미분방정식 $\begin{pmatrix} x'(t) \\ y'(t) \end{pmatrix} = \begin{pmatrix} 2 & -1 \\ 3 & -2 \end{pmatrix}\begin{pmatrix} x(t) \\ y(t) \end{pmatrix} + \begin{pmatrix} e^{2t} \\ t \end{pmatrix}$에 대한

특수해 $\begin{pmatrix} x_p(t) \\ y_p(t) \end{pmatrix}$에 대해 $3x_p(1) - 4y_p(1)$의 값은?

① $-1$  ② $0$  ③ $1$  ④ $2$

**27.** 다음 적분 $p.v. \displaystyle\int_0^\infty \dfrac{1}{x^4-1}\,dx$의 값은?

① $-\dfrac{\pi}{4}$  ② $-\dfrac{\pi}{2}$  ③ $\dfrac{\pi}{2}$  ④ $\dfrac{\pi}{4}$

**28.** 임의의 $a \in R^n$에 대해 선형변환 $T : R^n \to R^n$을

$T(x) = \dfrac{x \cdot a}{\|a\|^2}a$로 정의할 때, $T$의 행렬식을 구하시오

**29.** $C : r(t) = \left\langle t^{2017}, \sin\left(\dfrac{\pi t}{t^2+1}\right), \dfrac{1}{3}\ln\left(t^{2017}+1\right) \right\rangle,$

$0 \le t \le 1$으로 주어진 곡선에 대해 선적분 $\displaystyle\int_C F \cdot dr$의 값

을 구하시오. (단, $F = y^2 i + (2xy + e^{3z})j + 3ye^{3z}k$)

**30.** 행렬 $A = \begin{pmatrix} 1 & -1 & 1 \\ 2 & 1 & 8 \\ -1 & 0 & -3 \\ 0 & 2 & 4 \end{pmatrix}$의 열공간 위로 직교사영시키는

행렬을 $P$라고 할 때, $tr(P)$를 구하시오.

# 선배들의 이야기++

저는 학원을 다니며 공부한 시간이 남들보다 부족했기에 좀 더 성적을 확실히 올릴 수 있는 가능성이 큰 수학에 비중을 두며 공부했습니다. 영어보단 수학에 자신이 있었기 때문입니다.

되도록 결석은 하지 않도록 노력했습니다. 수업 중 이해가 잘 되지 않는 부분은 최대한 빠른 시간 내에 해결하려고 했습니다. 쉬는 시간에 아름쌤이나 조교 선생님께 질문하거나, 복습을 위해 인강을 들었습니다. 이해가 안 된다고, 어려운 부분이라고 해서 미루다 보면 나중에 전체 회독을 할 때까지 계속 피하게 될 것 같았습니다. 그러면 결국 약점이 남은 상태에서 시험을 보게 되는 셈이니, 어렵더라도 피하지 않고 최대한 이해할 수 있도록 계속 돌려서 봤습니다. 그렇게 하다 보면 자연스럽게 문제 유형이 암기되거나, 시간이 지나고 다른 개념을 배우면서 자연스럽게 이해가 되는 부분이 많았습니다.

그리고 저는 공부를 시작하면서, 초반의 쉬운 부분을 여러 번 반복하면서 확실하게 이해하려고 했습니다. 덕분에 강의 후반에 어려운 부분을 배울 때, 전체 회독 대신 어려운 부분만 반복해서 보며 다른 공부에 투자할 시간을 벌 수 있었습니다. 그리고 11월 말부터는 선대, 다변수, 공학수학을 한꺼번에 반복하여 회독하며 공식이나 개념을 까먹지 않도록 했습니다.

12월 중순쯤 모든 학교의 편입시험이 시작됩니다. 그 시기에는 더 이상 배우는 부분이 없고, 그동안 배웠던 내용을 복습하고 점검하는 시간입니다. 저는 그동안 많은 복습을 해왔기에, 보던 내용을 또 보려니 공부가 지루하고 재미없어졌습니다. 그래서 아름쌤이 나눠주신 기출문제를 하루에 3~4회씩 풀고, 오답 정리를 하는 걸로 복습을 했습니다. 틀린 문제들 중에 개념이 부족하다 싶은 부분은 저녁 때 그 부분만 복습을 하였습니다. 막바지로 갈수록 체력이 많이 부족해진다는 이야기를 들어서 너무 늦게까지 공부하지 않고 8~9시쯤엔 집에 가서 쉬면서 체력을 보충했습니다. 여러 군데 시험을 연속적으로 보러 다니려면 몸 컨디션도 중요하기 때문입니다.

편입을 결정하셨다면, 기왕 시작하신 거 정말 열심히 하셔서 꼭 좋은 결과 이뤄내시길 바랍니다.

- 고민균 (한양대학교 화학공학과)

저는 수능을 3번이나 쳤지만 실패했었습니다. 입학 전부터 편입에 관심을 가지게 되었습니다. 수능을 다시 보기에는 나이가 걱정이 되었지만 편입은 그런 부담 없이 도전할 수 있었습니다.

저는 11월에는 모든 수학과정을 다 정리했습니다. 실감모의고사, 배치고사를 대비하여 그때 그때 준비했습니다. 정리를 다시 다 하면서 기본서 문제를 풀었습니다. 12월에서 1월에는 기본서 문제만 묶인 파일로 다시 쭉 풀면서 정리했습니다. 시험보는 주에는 그 학교 기출문제를 5개년치 풀면서 준비했습니다. 솔직히 몇 개년치를 푸는지가 중요한 것은 아닌 것 같습니다. 수학 같은 경우 몇 개년치를 보던 그것을 얼마나 잘 분석하고 자기 것으로 만들었냐가 중요하다고 생각합니다. 기출문제를 풀 때는 꼭 OMR 카드까지 작성하여 시간 안에 풀 수 있도록 했습니다.

한아름 선생님의 개념강의가 가장 좋았습니다. 원리를 제대로 알려주셔서 이것을 어떻게 응용하는지에 대해 생각하는 힘을 키워주셨습니다. 그리고 교재에 있는 문제들만으로도 거의 모든 편입수학의 문제들을 해결할 수 있었습니다. 기본서만 해도 거의 5번 이상은 본 것 같은데, 볼 때마다 다르게 느껴질 정도로 완성도가 높은 책이라는 것을 느꼈습니다. 파이널 모의고사의 경우에는 전년도 학생들의 점수를 보여주시며 자신이 어느 위치인지 알 수 있게끔 해서 좋았습니다. 기출강의는 기본 강의를 토대로 강의를 해주셔서 도움이 많이 되었습니다.

후배들에게 조언을 한다면, 첫째로 하고 싶은 말은 "절대로 다시 하겠다는 생각은 하지 마세요."라는 것입니다. 몇 년을 공부하든 드라마틱하게 성적이 상승하는 경우는 드뭅니다. 두 번째로는, 1차 합격했다고 붙었다고 착각하시면 안 된다는 겁니다. 자만만큼 수험생활에 나쁜 것은 없습니다. 세 번째로, 모의고사는 단지 '모의'고사일 뿐 실전이 제일 중요하다는 말씀을 드리고 싶습니다. "인생은 실전이다!"라는 말이 있듯이 실제 시험에서는 어떻게 될지 아무도 모릅니다. 마지막으로, 기본에 충실하세요. 새로운 문제에 집착하기 보다는 기출과 기본서만 잘 정리해놔도 충분하다고 생각합니다.

- 권동욱 (중앙대학교 전자정보통신공학과)

수능 재수를 하던 중 8월 즈음에 우울증에 걸렸습니다. 공부도 안 하고 매일 방에서 '시간만 흘러라.'라는 생각으로 버티다가 수능을 쳤습니다. 당연히 결과는 암담했고, 제 우울증으로 부모님께서도 많이 힘들어하셨습니다. 저는 부모님으로부터 멀리 떨어지면 덜 힘들어하실 것이라 생각했고 저 스스로 독립성도 키울 수 있을 것이란 생각에 최대한 멀리 있는 대학에 갔습니다. 나름 그곳에서 열심히 하다가 군대를 갔는데, 회의감을 느끼게 되어 전역 후 편입에 도전했습니다.

저는 진도를 먼저 빼고, 회독 수를 늘리는 방법으로 공부했습니다. 예를 들면 1일치 분량(3강)을 듣고 당일 복습을 하고, 다음날 공부하기 전에는 전날 진도 나간 부분의 개념공부와 문제풀이를 한 후 1일치 분량 3강을 또 수강하였습니다. 그리고 자기 전 당일 복습을 하고, 3일째 되는 날에는 2일차 분량의 복습 후 새 진도를 나갔습니다. 여기서 명심해야 할 점은 이해되지 않는 부분은 강의를 몇 번이고 돌려보더라도 제대로 이해를 해두어야 한다는 것입니다. 그래야 나중에 시간이 지나서 다시 공부할 때 공부하기 편했습니다.

이러한 방식으로 공부를 하면 길게 잡아서 2주면 교재 한 권의 진도가 끝납니다. 그러면 처음부터 끝까지 빈 종이에 개념 설명도 하고, 외워야 할 것은 따로 암기노트에 정리도 해가면서 다시 3회독 정도를 합니다. 각 과목들을 이와 같은 방법으로 빠르게 진도를 빼고 자주 회독을 돌려서 '자주 안 봐서 까먹는 부분이 없게 했습니다.

저는 독학을 했고 주변에 편입공부하는 친구들도 없어서 편입에 관한 정보는 카페에서 많이 얻었습니다. 수험생들이 '몇 회독이 좋을까요?'라는 질문을 하는 걸 카페에서 보곤 했습니다. 이런 질문에 대한 답을 하자면, '모르는 부분이 있으면 10회독이든 20회독이든 계속 해야 한다.'는 것입니다.

각 시험 일주일 전부터 해당 학교 3개년치 기출을 풀고, 오답노트를 하였습니다. 3개년치 오답노트는 A4용지에 문제를 위에 붙이고, 그 아래에 생각하지 못한 개념, 완벽하게 외우지 못한 개념, 풀이과정을 모두 적어서 스테이플러로 철하여 수시로 넘겨봤습니다. 기출은 못해도 한 달 전부터는 공부해야 한다고 생각하고 있었는데 기본서를 계속 풀다 보니 각 학교별 최근 기출 3년치는 직전에 공부하게 되었습니다. 대신 그땐 기출만 계속 보고 이용된 개념을 공부하는 식으로 했습니다.

- 김재웅 (경희대학교 컴퓨터공학과)

저는 여러 차례의 수능 실패 끝에 편입을 준비하게 되었습니다. 편입도 늦게 시작해서 9월부터 아름쌤 수업을 듣기 시작했습니다. 우선 수업시간에 최대한 이해하려고 노력했습니다. 당일 복습을 해야 할 땐 쉬는 시간을 활용했고, 당일 복습은 1시간 정도 걸렸습니다. 그리고 수업 시작 전 1시간 동안 이때까지 배운 내용들을 빠르게 읽어서 기억을 되살렸어요. 매 수업 전마다 이렇게 복습하다 보니 기본은 더 탄탄할 수 있었던 것 같아요.

다변수 수업으로 아름쌤을 처음 알게 되었습니다. 수업마다 차곡차곡 기본을 쌓아서 선적분 면적분 때 결국 큰 그림을 그리고 있다는 것을 느꼈어요. 수업 때 이해를 하니 선면적분이 쉬운 유형으로 느껴졌습니다. 선형대수는 타 강사 수업을 들었을 때 이해가 되지 않아 가장 두려운 유형이었는데 파이널 강의에서 배운 개념이 정말 많은 도움이 되었어요. 파이널 강의 초반 모의고사에서는 공학수학에 대한 수학능력이 부족해서 점수가 매우 낮게 나왔었는데, 많이 틀리며 풀이를 통해 익히다 보니 중반 모의고사에서는 40점대였던 점수가 60~70점대로 껑충 올랐습니다. 늦게 시작해서 개념 구멍이 많은 상태로 기출 수업과 모의고사 수업을 걱정하면서 들었는데 제가 부족한 부분을 개념부터 다시 설명해주셔서 너무 좋았어요.

전 후배님들께 이 말씀은 꼭 해주고 싶었습니다. 진짜 '긍정적인 생각'을 하시면서 앞에 놓인 책 한 장 한 장 공부하다 보면 좋은 결과가 있을 것입니다. 그리고 마지막으로 저 자신에게 하고 싶은 말이 있습니다. 작년 한 해 동안 친구들끼리 학식 먹을 때도 그 사이에서 혼자 단어 보면서 밥 먹고, 작년 여름 태풍이 왔을 때도 혼자 밤 11시까지 도서관에서 공부하다 집 갈 때 '이렇게까지 했는데 결과가 없으면 어쩌지?'라는 생각을 하곤 했습니다. 하지만 당당히 합격해 이젠 집에서 가족들과 함께 생활할 수 있게 되었으니 앞으로 새로운 학교 가서 하고 싶었던 공부 열심히 하고 싶습니다.

- 김보경 (중앙대학교 소프트웨어학부)

고등학교 3년간 열심히 공부했지만 수능 성적이 만족스럽지 못해서 학벌 콤플렉스가 남아 있었습니다. 그러다 취업을 위해 이과로 가기 위해서 편입에 도전하게 되었습니다. 마침내 시험에 합격하면서 학벌 콤플렉스를 극복했고 진로도 찾게 되었습니다.

저는 아름쌤이 시키는 대로 공부하였습니다. 문과였고, 98년생이라 교육과정에 행렬이 없었습니다. 예습보다는 복습을 위주로 공부했고, 개념이 충분히 다져지기 전까지는 한 번도 기출을 풀지 않았습니다. 따라서 다른 학생들보다는 수학 점수가 오르는 시기가 늦었지만 결국엔 점수가 눈에 띄게 올랐고 오히려 개념이 탄탄했기 때문에 합격할 수 있었던 것 같습니다. 시험 전에 전체 회독을 다시 하고 가시는 걸 추천합니다.

사실 수학에는 크게 자신이 없었습니다. 수능 때도 그랬지만 수학이 제 아킬레스건이었습니다. 어쩌다 어려운 수학 문제를 해결해도 '운이 좋았다.'라며 제 수학 실력을 믿지 않았습니다. 그런데 항상 응원해주신 아름쌤 덕에 자신감도 많이 오르고 더 이상 수학을 못한다는 생각은 들지 않게 되었습니다.

또한 학원 초반에는 긴장감도 없고 수학 성적도 잘 나오지 않아서 '합격할 수 있을까?' 하면서 많은 고민을 했는데 그때마다 하나만 잘하면 어딘든 간다는 아름쌤 말씀에 용기를 얻었습니다. 또한 쌤 말씀대로 후반부에 접어드니 수학 성적이 많이 올랐고 자신감도 더 생겼습니다. 그래서 시간 압박이 있는 학교들(중앙대, 건대)을 제외하고는 시험장에서 크게 긴장하진 않았던 것 같습니다.

마지막으로 저 스스로에게 이렇게 말해주고 싶습니다. "항상 수학에 자신 없었고 학벌 콤플렉스에 사로잡혀 있었는데 이제서야 그 굴레에서 벗어날 수 있겠구나. 합격 축하하고 넌 합격할 자격이 있어. 다만 마지막 스퍼트를 조금 더 냈더라면 더 좋은 결과가 있었을지도 몰라. 어쨌든 이제 영화도 많이 보고 하고 싶은 거 다 하면서 지내자!"

- 김현정 (경희대학교 유전공학과)

저는 외국에서 운동선수의 꿈을 키우며 대학생활을 하던 유학생이었습니다. 하지만 10년 넘게 하던 운동이 잘 안되면서 운동장학금으로 대학을 다녔던 저는 도중에 그만두고 한국으로 돌아 올 수밖에 없었습니다. 한국에 오자마자 입대하였고 군대 안에서 대학에 진학해 졸업장을 따는 것이 우선이라는 생각을 했습니다. 제대하기 5개월 전부터 시작하여 11개월간 편입공부에 몰두했습니다.

수학 학습법에 대해 간단히 말하자면 그저 한아름 교수님의 말씀을 그대로 이행하는 것입니다. 한아름 교수님이 강조하시는 것 중에 하나가 기본서 회독입니다. 저 또한 교수님 말씀대로 기본서 회독에 충실하고 다양한 문제를 많이 풀기보다는 문제에 대한 개념을 익히려고 노력하였습니다. 저는 회독할 때마다 한아름 교수님께서 말씀하신 대로 목차에 체크했습니다. 저도 모르게 '최소한 박스 안에 체크 마크는 다 채우자!'라는 목표의식을 가지게 되었고, 그렇게 하니 미적분 7회독, 선형대수 8회독, 다변수 7회독, 공수1 6회독, 공수2 5회독을 하게 되었습니다. 기본서 복습을 하면서 자신감도 점점 늘었습니다.

제 경험을 바탕으로 말씀드리고 싶은 것은 인강 수강생이라고 해서 혼자 끙끙거리는 것보다 교수님이나 합격 선배님들께 연락을 취해 학습전략을 미리 정하라는 것입니다. 시행착오가 없으시길 바랍니다. 공부 방법에도 다 자기 자신에 맞는 것을 선택해야 하는 것 같습니다. 군 제대 후 '무조건 열심히 해야지.' 하는 생각에 잠을 줄이고 커피 마시면서 독서실에 하루 종일 있었지만 다음 날에는 너무 졸려 공부가 오히려 안 됐습니다. 그래서 잠은 충분히 자고 책상 앞에 있을 때는 누구보다 집중해서 하자라는 마인드로 꾸준히 했습니다. 그렇게 했기 때문에 공부도 즐겁게 하면서 끝까지 왔던 것 같습니다.

한아름 교수님을 믿고 커리큘럼대로 그대로 따라가면서 힘든 시기가 와도 끝까지 포기하지 않으면 합격할 수 있다고 자신합니다. 저 또한 그랬고 솔직히 예상보다 많은 학교에 붙어 놀랐습니다. 포기하지 않고 끝까지 와준 제 자신에 자랑스럽고 옆에서 도와주신 한아름 교수님께 감사합니다.

- 김푸른 (경희대학교 기계공학과)

대부분의 편입생들이 그러하듯 저 또한 전적대에서 오는 불안감이 결국 편입을 선택하게 하였습니다. 어느 대학에 다니냐는 물음에 위축되는 순간들이 싫었고, 제가 목표하는 진로로 가기 위해서 어느 정도 이상의 학력이 필요하다고 판단했습니다. 저는 9월까지 미적분만 어느 정도 개념이 완성된 상태고 선형대수, 다변수 미적분 어느 하나 복습이 잘 되지 않고 다변수는 진도마저 끝내지 못한 상태였습니다. 선생님과 상담을 통해, 개념부터 다시 잡고 가는 방향으로 다시 진도 계획을 세워서 수학 학습량을 극대화시켰습니다. 혹시 저처럼 진도에 급급해서 누적 복습이 전혀 되지 않은 채 진도만 나가시는 분들이 있다면 절대 옳은 방법이 아니라고 말씀드리고 싶습니다. 뒤처진다고 생각하지 마시고 더더욱 하나하나 착실하게 모르는 부분을 짚고 넘어가시고 질문도 적극적으로 하셨으면 좋겠습니다.

수학 학습방법은 정말 다른 거 없고 '아름쌤 수업 듣고 누적 복습, 기본서 반복' 이게 전부입니다. 저도 해냈고, 다른 분들도 다 해내시더라고요. 시험 보러 다니는 한 달 동안에 더더욱 기본서만 풀었습니다. 인강 수강생 분들은 꼭 한 번만이라도 시간 내서 아름쌤 직접 만나 뵙고 상담도 하셨으면 좋겠습니다! 선생님께서 주시는 긍정적 에너지가 공부할 때 너무 큰 힘이 되거든요!
"결국엔 내가 될 거야." 라는 마음으로 공부하셨으면 좋겠어요. 긍정적인 확신이 없으면 1년이라는 시간이 너무 힘들어요. 지금 내가 푸는 이 문제 하나가 합격으로 가는 과정이라고 생각하시고 공부하셨으면 좋겠습니다. 자신을 몰아붙이고 억압하고 채찍질하는 방법들은 결국 한계가 있더라고요. 공부하는 것도 너무 힘든 일인데, 자신을 너무 끌어내리지 않으셨으면 합니다! 고민이 있으면 선생님이든, 친구든, 조교님이든 가서서 이야기 나누시고 빨리 털어내시기를 바랍니다.

공부하다가 힘들고 지루할 때 뒤에 있는 합격수기 보면서 힘낼 때가 엊그제 같은데, 제가 이렇게 합격수기를 쓰고 있네요! 제 수기가 다른 분들한테도 힘이 되었으면 좋겠습니다!

- 이혜민 (한양대학교 수학과)

군 제대 후, 2학년 병행하면서 편입 공부를 했습니다. 솔직히 말씀드리면 학교 병행하는 것은 비추드립니다. 너무 힘듭니다. 저같은 경우 학교 통학하는 시간이 왕복 3시간이라서 육체적으로 정말 힘들었습니다. 게다가 수료 학점 채우려고 1학기에는 수업 7개를 들었기 때문에 공부할 시간도 뺏겼습니다. 어느 정도 성적은 유지해야 하니 시험기간이 되면 편입 공부할 시간을 많이 뺏깁니다. 2학기에는 수업 4개 듣고 시험 공부도 덜 해서 성적이 조금 떨어졌습니다. 편입 공부를 해야 하는데 학교에 신경이 쓰일 수밖에 없었습니다. 그래서 학교 병행은 추천하지 않습니다. 아직 군대에 가기 전이거나 군복무 중이시라면 학점은 행제를 통해 학점을 취득하시기를 추천합니다.
저는 연말이 특히 힘들었습니다. 성적에 민감할 때입니다. 기출 성적이 계속 아쉽게 나오고, 학원 모의고사나 배치고사 점수가 아쉬웠습니다. '과연 올해 학교를 바꿀 수 있을까?'라는 생각도 했었습니다. 마음이 싱숭생숭했었는데, 우리 한아름 교수님이 항상 말씀하셨습니다. '꾸준히 공부하면 된다.' 그래서 꾸준히 공부했습니다. 성적이 조금 낮을지라도 신경 안 쓰고 공부했습니다. 진짜 시험에서는 성적이 확 오를 것이라는 생각으로 공부하니 마음이 편해졌습니다.

정말로 진지하게 기본 개념이 필수입니다. 특히 기본서 정독을 계속 하면 됩니다. 기본서에 있는 문제를 보자마자 풀 수 있고, 연관된 개념들이 떠오른다면 편입수학 문제의 70%는 풀 수 있습니다. 한아름 교수님 수업을 들으면서 복습하실 때 문제를 다시 풀고, 처음부터 다시 기본서 복습 및 문제를 다시 풀다 보면 확실히 문제 푸는 실력이 늘 겁니다. 저는 한아름 교수님 수업을 좀 늦게 듣고, 학교 병행 때문에 기본서를 많이 돌리지는 못했지만, 어느 정도 기본서 반복을 해보니 확실히 효과가 있었습니다. 제일 중요한 건 기본서 복습입니다! 기본서를 계속 봐서 문제가 술술 풀리신다면, 다른 문제집을 푸시면서 새로운 문제를 접해 보시는 것을 추천합니다!

무조건 꾸준히 시험 직전까지 공부하시면 좋은 결과가 있을 것입니다! 저도 그랬습니다!
딱 1년 공부할 동안 술 먹지 많고, 놀지 않고 빡세게 공부하면 됩니다!

- 신동현 (건국대학교 화학공학과)

저는 수능 성적에 맞춰서 대학에 진학하였지만 공부에 흥미가 없어 방황한 채 시간을 허비하다가 군대에 일찍 갔습니다. 군대에 가서 지내다 보니 현역 또는 재수, 삼수를 하여 좋은 대학교에 진학을 한 저의 고등학교 친구들이 부러웠고 저도 다시 도전해보고 싶다는 생각이 들었습니다. 하지만 다시 수능을 보기엔 너무 늦기도 하였고 결정적으로 국어를 매우 못하기 때문에 수학과 영어 시험만 보는 편입학을 준비하게 되었습니다.

사실 저는 3월부터 9월까지 타학원을 다녔습니다. 그런데 수업내용이 너무 불만족스러워서 고민하던 중, 친구가 한아름 선생님을 추천해줘서 바로 갈아탔습니다. 제가 한아름 선생님 현장수업을 처음 들었을 때는 공수2 2주차 강의(10월초)였습니다. 동시에 공수1 인강을 신청하여 다 듣는데 10일 정도 걸렸던 것 같습니다. 선형대수학이랑 다변수 미적분학에서는 부족한 개념이 너무 많아서 인강으로 다시 들었습니다. 10월 시작반이라고 해도 무색할 정도로 너무 많이 부족했기에 절실한 마음으로 공부했고 많은 양을 소화할 수 있었습니다.

킬러문제를 풀어야 등급이 올라가는 수능수학과는 달리 편입수학은 킬러문제만 못풀고 나머지 쉬운 문제를 다 맞는 것이 합격의 지름길입니다. 그 쉬운 문제를 다 맞기 위해선 기본서를 시험 보기 전까지 보는 것이 정답이라고 생각합니다. 3월부터 9월까지 공부했던 내용보다 10월부터 12월까지 공부한 내용이 훨씬 많았습니다. 정말 첫 단추를 잘꿰는 것이 중요하다는 말이 괜히 있는 게 아니라는 것을 느꼈고 언제 시작하든 자신의 마음가짐이 성과를 만들어낼 수 있다고 생각합니다.

- 정현목 (인하대학교 화학공학과)

대학에 입학한 뒤, 게으름 피웠던 수험생 시절에 대한 후회에 발목 잡혀 갈팡질팡했습니다. 그래서 마지막으로 편입 공부에 아쉬운 마음까지 모두 쏟아내 도전하면 결과에 상관없이 만족하며 대학을 다닐 수 있을 것 같아서 편입을 시작했습니다.

7월~10월에는 일변수 미적분학, 선형대수, 다변수 미적분학, 공학수학1 인강을 수강하였습니다. 인강은 헷갈리는 부분을 계속 반복해서 볼 수 있다는 장점이 있습니다. 또한 이해가 잘 되지 않는 부분은 한아름 선생님의 설명을 하나하나 받아 적은 뒤 복습을 할 때 여러 번 읽으면서 의미를 반추하였습니다. 문제를 다시 풀어볼 때는 필기한 내용이 보이지 않도록 하는 것이 정말 중요합니다. 저는 파이널 때 모의고사 성적이 잘 나오지 않아 선생님과 상담을 하면서 그 원인을 찾았는데 복습을 할 때 항상 문제의 힌트가 옆에 필기되어 있던 것 때문이었습니다.

11월~12월에는 한아름 선생님의 파이널 강의와 상위권 기출 강의를 수강하였습니다. 파이널 강의는 빈출 유형과 모의고사로 구성되어 있습니다. 한아름 선생님의 파이널 수업을 들으면 초반에는 빈출 유형을 공부하고 그다음부터는 매일 모의고사를 봤습니다. 분명히 봤던 문제고 혼자서 복습할 때 풀리던 문제가 시간을 재고 시험장 분위기에서 풀려고 하니 막히는 구간이 계속 나왔습니다. 앞에서 말씀드린 것처럼 문제 해결의 힌트가 항상 제 눈에 들어오는 교재로 복습을 했기 때문에 어설프게 아는 것도 확실히 알고 있다고 착각을 한 것이었습니다. 제가 시험 등수를 기록해놓았는데 100명 중에서 70등을 한 경우도 있었습니다. 당시가 11월 말이라서 시험도 얼마 남지 않은 상태라 포기하고 싶은 마음도 들었습니다. 하지만 바로 한아름 선생님 께 상담을 하러 갔고 새로운 문제를 푸는 것보다는 기본서 회독을 늘리라고 하셨습니다. 그래서 하던 것을 그만두고 기본서를 3번이상 본 뒤 해당 학교 기출문제를 풀고 시험장에 들어갔습니다.

가장 중요한 것은 수업시간 전에 도착해서 선생님이 말씀하시는 것을 하나도 놓치지 않겠다는 마음가짐으로 수업에 충실히 임하는 것입니다. 그다음으로는 조교님을 많이 활용하세요. 조교님에게 질문을 하기 전 제가 무엇을 모르는지에 대해 곰곰이 생각해 볼 수 있고 그것이 해결되었을 때 기억에도 더 오래 남습니다. 실제로 시험장에서 조교님에게 질문했던 문제가 나와서 손쉽게 풀어 시간을 아낀 경험이 있습니다.

공부 방법이나 고민하고 있는 것이 있다면 한아름 선생님에게 가서 상담을 해보시는 것이 좋습니다. 쓴소리(?)와 해결책을 들으면 보다 수월한 수험생활을 할 수 있으리라 생각됩니다. 또한 11월 말에 100명 중 70등이었던 저도 끝까지 포기를 하지 않아서 대학에 붙은 것처럼 선생님이 시킨 것을 꾸준히 한다면 저보다 더 좋은 결과를 얻을 수 있다고 생각합니다.

- 안석찬 (경희대학교 전자공학과)

저는 일단 상위권 학생이 아니었고 영어 베이스는 어느 정도 있었지만, 수학은 대학에서 간단히 배운 미적분이 전부였습니다. 편입수학을 처음 배울 때는 하나를 깊게 배우세요. 상위권 학교의 문제와 중위권 학교의 문제 차이점은 크게 없지만 굳이 꼽자면 중위권 학교의 문제들은 기존 공식을 사용할 줄 알면 풀리는 문제가 대다수라는 것입니다. 하지만 시험의 난이도가 올라갈수록 문제의 요점을 파악하기 힘든 경우가 많아지고 결국 개념으로 문제에 접근해야 한다고 생각합니다. 한 달 혹은 두 달마다 공부의 방향성을 정하세요. '내가 뭐가 부족한 것 같다.' 꾸준히 피드백하고 이번 달은 영어 수학 비율을 5:5로 공부할지 3:7로 할지 정하는 것도 중요합니다.

그리고 운동 및 체력관리를 꾸준히 하세요. 저 같은 경우 시험을 보러 다니던 와중, 2개 시험을 본 날 저녁에 독감에 걸렸습니다. 당연히 그 다음 날 시험을 망쳤습니다. 수험생이라면 본인의 체력관리도 합격을 향한 하나의 필수조건입니다. 운동을 꾸준히 하시거나 보약을 드시는 것도 추천드립니다.

원서를 쓸 때에 경쟁률이 높은 몇 명을 뽑든 소신지원하세요. 결국 자신의 절대적인 실력이 제일 중요한 것이고 중위권~하위권 대학은 최초합이 아니라 예비에만 들어도 좋은 결과가 있을 것이라고 생각합니다. 비록 남들이 말하는 명문대에 진학은 못 했지만 1년 동안 후회 없이 노력해서 미련은 없습니다. 후배분들은 단점을 최대한 보완해서 저보다 더 좋은 대학, 원하던 대학에 꼭 진학하시기 바랍니다. 아름매쓰 파이팅!

- 유준상 (서울과학기술대학교 신소재공학과)

아름쌤의 수업은 인터넷 강좌로 들었습니다. 저는 항상 '정답지가 배송 실수로 오지 않아 내가 직접 만든다.'라는 마음으로 들었습니다. 온라인 강의의 특성상 놓친 부분이 있으면 앞으로 돌려서 바로 들을 수 있어서 가능했는데, 수식 전개 과정이나 개념 응용법을 구체적으로 쓰거나 문제의 키포인트와 해석법 및 유의사항을 적어서 다음에 동일 내용을 볼 때 강의를 찾는 일을 줄이는 데에 집중했습니다. 단, 다음에 책을 열어 문제를 풀 때 의식하지 않도록 검은색이나 짙은 색의 펜을 사용하지 않아 명확히 구분해서 볼 수 있게 만들었습니다.

한 해의 반이 지난 시점에서 시작하는 만큼 시간을 효율적으로 활용해야 한다는 말을 많이 들었고, 그것이 틀린 말은 아닙니다. 단, 핵심은 '내 기준에 맞게 효율적으로 계획하는 것'임을 명심해야 합니다. 저는 휴학 상태에서 편입을 시작한지라 오로지 하나에 집중하기는 수월했지만, 병행하시는 분이라면 더더욱 계획을 잘 세워야 합니다. 저는 어떻게 보면 막판에 급하게 한 경향이 있어서 아쉽긴 하지만, 다행히 기출의 경우 곧장 시험에 대한 감을 잡고 준비해서 느낌을 살릴 수 있었습니다. 그렇다고 막판 스퍼트로 후다닥 푸는 것을 추천하는 게 아닙니다! 본인이 세운 계획에 있어서 차질이 생겼다고 낙담하실 것도 없고, 오히려 수준에 맞게 유동적으로 변화를 주는 것이 낫지 남들이 볼 때 인정할 만한 안정적인 노선만을 추구할 필요가 없다는 것을 말씀드리고 싶습니다.

일단 이 글을 읽고 계시는 분이라면 포기하지 않고 중후반부까지 오셨다는 거네요, 정말 고생 많으셨습니다. 당장 여기까지 배우지 못하겠다고 포기하는 사람들도 많습니다. 그 고지를 넘어선 당신은 좋아할 자격이 충분합니다. 편입이 엄청 어렵다는 소문에 겁을 먹었을 테지만 시작했고, 일명 '노 베이스' 상태에서 새로운 것을 시작하자는 마음으로 발을 디딘 여러분들 스스로가 무에서 유를 창조할 자세가 되어있다는 증거입니다. 꾹 참고 버텨왔는데 중간에서 포기하는 것만큼 아쉬운 것은 없습니다. 특히 대학 입시에서 사실상 마지막이나 다름없는 편입의 기로를 스스로 꺾어버리는 것은, 더 크게 자랄 수 있는 '나'의 모습을 잘라내는 일밖에 되지 않습니다.

마지막까지 노력하는 모습을 인정받고 싶으면, 실제로 보이는 증거가 필요합니다. 그런데 그 꿈을 방대하게 키울 수 있는 자리에서 여기까지만 배우고 책을 덮으신다면, 내 꿈을 사서 줄이는 것밖에 되지 않아요. 꿈을 키우기 위한 새장은, 오히려 없어야 제일 많이 성장합니다. 제발 이 뒷장, 그리고 책 끝까지 무사히 넘어가셔서 닿지 못할 것 같았던 곳에까지 지원하는 여러분이 되어보세요. 저라고 합격할 것이라고 누가 장담했겠어요. 부끄럽지만 나머지는 다 떨어졌는걸요. 소신 있게 끝까지 지원한다면, 그리고 그에 맞는 노력을 끊지 않고 계속 이어간다면 꼭 이루실 수 있습니다. 내년 겨울은 웃으면서 지내길 응원하겠습니다!

- 윤현규 (한양대학교 수학과)

저는 고등학교 때 상위권이었고 그에 맞게 대학교를 수시지원 했습니다. 하지만 그해 경쟁률과 입결이 올라 불합격하게 되었습니다. 재수를 하기는 싫어서 그냥 6순위 학교에 진학했습니다. 고등학교 3년 내내 상위권을 유지하면서 진짜 열심히 공부했는데 결과가 좋지 않으니 평소 가지고 있던 긍정적인 마인드도 부정적으로 변해가는 것을 느꼈고, 그래서 3월부터 편입준비를 시작했습니다.

저는 기초수학 강의는 안 듣고 3월부터 한아름 교수님의 미적분 강의를 현강 수강했습니다. 1학기 때는 학교를 병행했기 때문에 수업을 듣고 복습만 했습니다. 여름방학에는 현강 진도에 맞춰서 인강을 하루에 3강씩 연속해서 들었습니다. 그리고 여름방학 2달 동안, 미적분과 다변수 미적분 기본서를 3번 정도 복습했습니다. 그리고 문제풀이 교재에서 틀렸거나 애매하게 풀었던 문제들은 인강을 들어 교수님의 풀이를 익혔습니다. 그리고 선생님이 풀어주신 좋은 풀이가 있으면 표시해두고 3번 정도 더 반복해서 풀었습니다. 중요한 공식들이랑 헷갈리는 공식들은 따로 노트에 적어서 틈틈이 봤습니다. 9월부터는 현강으로 중상위권 기출을 들었고 인강으로는 공업수학1, 2를 수강했습니다. 기출을 돌리면서 부족한 내용의 개념을 다시 보고 기본서는 반복해서 보았습니다. 11-12월엔 빈출 유형이랑 파이널 강의 상위권 기출을 현강으로 수강했습니다. 이 시기에는 기본서 복습보다 각 학교 기출 위주로 많이 돌렸습니다. 3개년 기출 다 풀고 틀린 문제만 4번 정도 복습하면서 다시 풀었습니다. 시험 직전에는 각 학교별 오답과 공식들을 정리한 노트를 여러 번 보고 들어갔습니다. 수학은 기본서가 가장 중요합니다. 편입수학의 양은 많지만 수능처럼 사고력을 요하기보단 기본적인 문제 위주로 나오므로 기본서를 충실히 공부한다면 원하는 성적을 거둘 수 있을 것입니다.

저는 원서를 쓰고 시험 보기 직전에 엄청나게 불안했습니다. 다 떨어지면 전적대로 돌아가야 한다는 불안감과 '내가 합격할 수 있을까? 1년 동안 허튼 시간을 보낸 게 아닐까?' 하는 쓸데없는 생각으로 공부에 집중하기 힘들었습니다. 그럴 때마다 아름쌤이 자주 해주신 '내가 아니면 누가 합격하겠어?'라는 말을 되새기며 자신감을 올렸습니다. 그리고 그런 고민을 할 시간에 공부를 하면 덜 불안했습니다. 또한 원서를 쓸 때 한 명 뽑는 학과라 고민을 했는데 '한 명 뽑아도 그 자리는 내 자리다!'라고 말씀해주셔서 용기를 가지고 소신껏 지원할 수 있었습니다. 고민을 해봤자 이미 결승선 앞에 있고 그 순간에 열심히 한 사람이 승자가 되는 것 같습니다. 1년 동안 쌤 말씀만 들으며 포기하지 않고 마지막까지 열심히 하신다면 반드시 원하시는 결과를 얻을 것이라고 확신합니다.

- 이호은 (한양대학교 생명과학과)


저는 2월까지는 토익공부를 하고, 휴학을 한 뒤 3월부터 본격적으로 편입공부를 했습니다. 3~9월은 인강을 통해서 혼자 공부했고, 아름쌤과 메일 상담을 하고 나서 10월부터 파이널 강의를 현강으로 듣게 되었습니다. 인강을 들었던 이유는 금전적인 문제 이외에도 인강 수강이 저한테 잘 맞는 공부 방법이었기 때문입니다. 저는 몇 번이고 반복적으로 들을 수 있고, 나한테 맞는 속도로 수강할 수 있다는 인강의 장점을 잘 활용하여 공부했습니다. 긴장감이 풀릴 때 쯤 현강으로 합류하여 공부하였고, 시험보기 전까지 파이널, 기출강의를 들으며 실전감각을 키울 수 있었습니다. 저처럼 자신한테 맞는 수강방법을 고민해보고 선택하는게 좋을 것 같습니다!

수학은 우선 인강 수강생의 경우 수강계획을 대략적으로 짜서 최대한 밀리지 않게 하는 것이 중요합니다. 저는 진도를 나갈 때 인강 듣는 날을 따로 정하지 않았더니 9월쯤 진도가 너무 느려서 고생을 많이 했습니다. 그리고 선생님이 강조하시는 당일 복습과 누적 복습이 가장 중요하다고 생각합니다! 인강을 듣고 혼자 공부를 할 때, 진도 나가는 데에 급급해서 당일 복습을 소홀하게 했더니, 결국에는 다음날 어제 들은 강의를 또다시 들어야 하는 경우도 발생하곤 했습니다. 저는 당일 복습의 중요성을 깨닫고, '무조건 당일 복습은 지킨다!'라는 마음가짐으로 공부했습니다. 그리고 문제풀이도 중요하지만 기본서를 반복적으로 보는 것이 중요합니다. 저는 미적분, 선대는 7회독, 다변수는 5회독까지 했습니다!

파이널을 들을 때쯤 '기본서를 좀 더 열심히 할 걸.' 하는 후회를 많이 했습니다. 처음부터 이것저것 하려고 하지 마시고 쌤이 강조하시는 대로 기본서를 집중적으로 공부하세요! 점수에 너무 연연하지 말고, 될 것이라는 긍정적인 마인드가 중요합니다. 저도 합격선의 점수를 유지해온 학생이 아니었기 때문에 불안한 마음이 가득했지만 시험에 임할 때는 '내가 붙는다!'라는 생각으로 끝까지 최선을 다했기 때문에 이렇게 좋은 결과를 얻을 수 있었던 것 같습니다. 모두 끝까지 파이팅하세요!

- 주희진 (이화여자대학교 화학교육학과)

저는 3월에 편입을 시작하였습니다. 프리패스를 끊고 아름쌤 미적분 강의를 들으면서 수학을 시작했습니다. 이때 대학교를 자퇴하고 평일 2일은 초중등학원에서 과학강사로, 주말에는 알바를 했습니다. 이 시기에는 남은 시간이 아주 많다고 생각이 들었기 때문에 아름쌤이 강조하신 반복 복습도 하지 않은 채 설렁설렁 공부했던 것 같습니다.

추석 이후부터 알바를 모두 그만두고 공부에 집중했습니다. 10월 말에 공학수학2까지 다 봤지만 앞에 배웠던 내용들이 많이 잊혀져 있었습니다. 아름쌤이 말씀하신 누적 복습을 충실히 했다면 기본서 최소 3회독 정도는 되어있었을 것이고 조금은 나았을 것 같았습니다. 이때부터 저는 기출을 풀면서 까먹었던 내용이 나오면 다시 기본서로 돌아가 거기에 있는 문제들을 다시 풀었습니다. 기출을 빨리 들어가면 들어갈수록 좋다고 생각합니다. 기출문제는 모든 개념이 모여 있는 완전체이기 때문에, 개념이 완벽하게 정립되어 있지 않더라도 기출을 풀면서 모르는 부분이 나오면 그 내용만 찾아서 기본서로 다시 돌아가 복습하는 방법이 저에게는 효율적이었습니다. 처음 기출 풀었을 때는 20문제 중에 5문제 맞을 때도 있을 정도로 많이 틀렸었는데, 풀면 풀수록 틀리는 문제가 줄어들었습니다.

주의하셔야 할 점이 있습니다. 12월달이 되었다고 공부가 끝나는 게 아닙니다. 편입 시험은 1월 말까지 있기 때문에 1월 말까지 끝까지 공부한다는 마음가짐을 가지셔야 합니다. 저는 12월 첫 시험만 치면 공부가 끝이 나는 줄 알았지만 오히려 12월, 1월달이 정말 마지막 성냥을 태우듯이 열심히 해야 하는 시기입니다. 12월 16일에 첫 시험을 잘 못보고 나서 다시 한번 마음을 다잡았습니다. 초심으로 돌아가 초반에 공부하던 것처럼 독서실에만 박혀서 마지막 시험이 끝나는 날까지 긴장의 끈을 풀지 않고 기출, 파이널을 풀었습니다.

제가 모의고사 성적 대비 좋은 학교에 갈 수 있었던 이유는 두가지가 있습니다. 첫 번째는 아름쌤 수업을 믿고 개념부터 기출, 파이널까지 포기하지 않고 들었던 것, 두 번째는 영어를 포기하지 않은 것입니다. 수학에 자신이 없을수록 영어에 신경써야 한다고 생각합니다. 12월쯤 되면 학생들의 수학 실력은 어느 정도 기본 문제는 다 풀 수 있는 정도가 됩니다. 여기서 남들과의 차이가 나려면 수학을 심화문제까지 맞힐 정도로 완전히 잘하거나 영어도 수학에 맞춰 어느정도 성적이 나야 한다고 생각합니다. 저는 수학은 평균에서 조금 더 위였던 것 같은데 영어가 수학만큼이나 받쳐줘서 좋은 결과를 얻었다고 생각합니다.

아름쌤이 하신 말씀이 있습니다. "끝까지 포기하지 않은 학생이 좋은 대학을 간다." 이 말의 의미를 12월이 되어서야 알게 되었습니다. 편입을 준비하는 기간 동안 자신을 의심하고, 수업을 해주시는 선생님도 의심하고, '내가 잘하고 있는 걸까?' 라는 생각이 많이 드실 겁니다. 시험이 끝난 지금 되돌아 보니 저 또한 대부분 학생들과 같은 상황이었습니다. '정말 아름쌤 말대로만 했었다면 더 좋은 대학에 갈 수도 있었겠구나.' 라는 생각이 듭니다. 본인을 의심하지 마시고 수업해주시는 선생님과 본인을 끝까지 믿으시면 좋은 결과가 있을 것이라고 생각합니다.

- 정영효 (성균관대학교 물리학과)

저의 학습 방법은 '내 습관을 버리자.' 였습니다. 영어, 수학 모두 저의 공부 방법, 습관을 고집하면 고등학교 때의 점수 그대로 가져갈 수밖에 없다고 판단하여 뭐든지 선생님께서 시키는 대로만 하기로 결심했습니다. 수학 공부에 있어서는 선생님께서 시키는 것만 했으며 가끔씩 수업 중 선생님께서 "누구는 이런 방법으로 공부를 해봤다, 누구는 문제를 풀 때 이렇게 풀었다."라고 하실 때마다 시도해보며 저에게 맞는 방법을 찾기도 하였습니다. 또한 항상 질문을 달고 공부를 했습니다. 특히 아름쌤뿐만 아니라 조교쌤들에게 질문을 하며 큰 도움을 받았습니다. 조금이라도 모르는 것이 생겼을 때는 물론이고, 나의 방법이 맞는지, 내가 이해한 것이 맞는지 확인을 할 때도 질문을 하며 조금의 찝찝함도 남기지 않았습니다. 질문이 가장 중요하다고 생각합니다. "복습 + 질문 = 합격"입니다. 편입수학의 양은 결코 만만치 않습니다. 하지만 꾸준히 누적 복습을 반복하다 보면 기억에 오래 남고 자신감은 덤으로 따라올 것입니다. 또한 질문하는 것을 창피하거나 무섭다고 생각하지 않으셨으면 좋겠습니다. 질문을 함으로써 자신의 현 문제를 선생님, 조교님께 알리며 그에 따른 해결책을 얻어 반드시 성적 향상으로 이어질 것이라고 생각합니다.
(p.s. 항상 친절하게 질문을 받아주신 조교님들 정말 감사합니다.)

- 조석원 (서강대학교 생명과학과)

저는 수능 때 밀려 써서 반강제로 입시를 다시 한 번 더 해야 하는 상황이었습니다. 처음에는 대부분이 선택하는 재수를 하려고 했는데 주변 사람으로부터 편입을 소개받았습니다. 편입을 하게 되면 3학년으로 입학하여 얻는 시간적 메리트가 큰 이점으로 다가왔습니다. 또한 수능을 밀려 썼던 경험이 있던지라 수능 같이 한 번의 시험으로 모든 게 결정되는 것이 아닌, 학교별로 여러 번 시험을 볼 수 있다는 것도 저에겐 큰 장점으로 느껴져서 편입을 결심하게 되었습니다.

아름쌤이 매번 강조하시는 당일 복습, 누적 복습 꼭 지키세요. 저 같은 경우에는 미적분 앞부분이 쉽다고 당일 복습을 미루다가 정말 끝까지 미루게 되었습니다. 누적 복습 할 때는 꼭 어려운 부분, 하기 귀찮은 부분을 무조건 먼저 시작하세요. 제가 그렇게 안 했다가 작년에 파이널 때까지 이상적분, 정적분의 활용파트 등을 끝까지 미루고 결국 몇 회독 못 했던 기억이 있습니다. 제발 미루지 말고 그냥 하세요. 초반에 당일 복습하면 시간이 분명 남을 텐데 그때는 그 수업 때 했던 진도에 맞춰 문제 풀기를 추천 드려요. 일주일치든 한 달치든 모아서 진도 나갈 때 푸세요. 제가 그거 다 끝내고 해야지 했다가 결국 시험 끝날 때까지 못 풀었습니다. 수학은 아름쌤 수업 잘 따라가면서 일주일에 한 번씩 누적 복습만 철저히 하면 무조건 성적 잘나오실 거예요.

제가 가장 힘들었던 시기는 한 7월쯤이었는데요, 그때 날도 덥고, 공부도 계속 하느라 체력도 좀 떨어졌고 사람들과 교류가 없었던 시기라 좀 많이 지치더라고요. 저는 그때 집중이 안되더라도 학원에 있으려고 했어요. 왜냐하면 그래도 학원에 있으면 어느 정도는 하게 되거든요. 그리고 공부가 너무 안 되면 잠깐 나가서 10~20분정도 산책을 하곤 했어요. 그런 뒤 제가 좋아하는 음료나 간식을 사와서 먹고 마시면서 하면 더 집중이 잘 되더라구요. 그리고 어느 정도는 사람을 만나는게 좋아요. 생각보다 편입시험 준비 기간이 길어서 혼자 다니기만 하면 더 지치더라고요. 저도 그래서 여름에는 친구들과 종종 밥을 먹곤 했는데, 굳이 학원 사람 아니더라도 그런 걸로 한 번씩 기분전환하면 공부에도 집중이 더 잘 된 것 같아요.

- 이주현 (경희대학교 전자공학과)

수능 이후 재수를 결심하였지만 집안 사정으로 인하여 재수를 하지 못하고, 학교를 다니게 되었습니다. 시간이 흘러 저는 군 입대를 하였고, 제대할 즈음 한국의 모든 말년 병장이 그러하듯 저 또한 미래에 대한 고민을 하게 되었습니다. 그래서 선택한 것이 학부 연구생이었습니다. 하지만 학업을 병행하면서 연구생 생활을 하는 것이 정말 힘들었고, '이렇게 해서 전적대의 대학원을 간다면 무엇이 남을까?'라는 고민을 하게 되었습니다. 결국 교수님께 말씀드려 연구실을 나오게 되었고, 편입에 도전하게 되었습니다.

저의 공부 방법은 크게 두 가지로 분류가 됩니다. 첫 번째 '익숙하지 않은 개념이 있으면 그 개념만 판다!' 입니다. 저는 3월에서 8월 말까지는 이 방법을 선호했습니다. 공부를 하다 보면 테일러 급수, 정적분, 선적분, 면적분 등등 봐도 봐도 모르는 개념이 있을 겁니다. 예를 들어 선적분을 모른다? 그러면 저는 선적분의 개념을 공부 후 선적분 문제만 있는 파일을 풀고, 오답 정리 후 오답 개념을 다시 보고, 익힘책을 풀고, 오답 정리 후 오답 개념을 다시 보고, 자습용 책을 풀고, 오답 정리 후 오답 개념 다시 보고, 수업용 책을 풀고, 오답 정리 후 오답 개념을 다시 보았습니다. 이런 개념의 심화를 통한 과정을 반복한 후 개념적인 부분과 문제풀이의 스킬을 동시에 잡을 수 있었습니다.

그 후 9월달부터 17년도 기출문제를 풀게 되었는데 첫 시험에서 1등을 했습니다. 그 후 한두 달 동안은 좋은 성적을 유지하였지만 그 후부터 급속도로 성적이 떨어져 슬럼프가 오게 되었습니다. 제가 실행했던 공부법은 'Back to the Basic' 이었습니다. 저는 제 성적이 제일 잘나왔을 때가 언제인지 생각해 보았습니다. 개념적인 베이스가 탄탄하며 문제풀이 스킬도 좋았던 여름방학 이었습니다. 제 스스로 생각하기에 문제를 푸는 스킬적인 부분에는 문제가 없다고 판단하여 그때부터 개념을 진짜 한글자 한글 자씩 정독하기 시작하였습니다. 알고 있었다고 생각했던 개념들이 정확하게 어떤 것인지 알게 되어 정독 이후에 매일 개념서를 계속 속독했었습니다. 그 후에 자잘한 계산 실수도 점점 고쳐지고, 오히려 개념이 무엇인지 눈에 바로 보였기 때문에 문제 푸는 시간도 줄어들었습니다. 저는 후반에 개념을 확실하게 잡아 합격한 케이스라고 생각합니다.

- 허원준 (한양대학교 융합전자공학과)

우선 재수를 실패한 것에 미련이 많이 남았습니다. 그 당시 열심히 하지 않았기 때문이었습니다. 군대를 제대한 후 우연히 편입이라는 것을 알게 되었지만 '또 실패하면 어쩌지?'라는 생각으로 편입에 도전하기가 쉽지 않았습니다. 그 후 3학년이 되면서 막연한 생각으로 편입을 도전했습니다. 하지만 여름이 되면서 미래에 대한 불안감이 더욱더 커졌고 다른 것들을 병행하느라 진도를 제대로 나가지 못했습니다. 그러던 중 우연히 설명회에서 아름쌤을 처음 만나 많은 조언을 받고, 저는 180도 바뀐 모습으로 2학기 휴학을 한 후 편입에 도전했습니다.

편입수학은 범위가 엄청 넓습니다. 그래서 저는 5회독을 해도 개념을 까먹는 경우가 많았습니다. 선생님께서 강조하시는 누적복습이 있는데 수학을 공부하는 데 있어서 가장 중요하다고 생각합니다. 처음 1~2회독은 편입수학의 흐름을 아는 단계라고 생각합니다. 그래서 모르는 부분은 그냥 과감하게 넘어가거나 이거는 알아야겠다는 것만 조교선생님이나 선생님께 질문을 했습니다. 3~4회독은 '왜 이렇게 될까?', '이렇게 되면 어떻게 될까?' 등 스스로 질문하면서 좀 더 깊게 생각하는 단계라고 생각합니다. 이 단계에도 모르는 것은 항상 질문을 했습니다. 성적은 계속 올랐고, 마지막 두 달 동안 빈출 유형, 파이널, 기출 등 다양한 문제를 접하고 까먹은 개념은 다시 채우며 실전 감각을 키웠습니다.

복습을 할 때 교재는 필기를 옮겨 적는 용도로 사용했고 문제를 풀 때는 항상 문제만 있는 파일을 활용했습니다. 처음 채점을 할 때 틀린 문제는 V, 애매한 문제는 △ 표시를 했고 맞은 문제는 표시를 하지 않았습니다. 맞았다고 표시하면 이 문제를 다 이해했다고 착각하기 때문입니다. 1~2회독에서는 모든 문제를 다 풀었고, 3회독부터 V, △ 문제 위주로 풀었으며, 회독이 늘 때마다 V, △ 표시 안에 또다시 V, △를 체크해서 문제를 조금씩 추려나갔습니다. 그 후 5회독에서는 모든 문제를 빠르게 다시 풀었습니다. 그래도 처음에는 못 푸는 문제가 생겼습니다. 6회독부터는 취약한 단원 위주로 회독을 늘렸습니다. 그래서 최종적으로 단원마다 평균 8~15회독을 했습니다.

선생님께서 항상 강조하시는 말씀이 있습니다. '끝날 때까지 끝난 게 아니다.' 실제로 저는 인하대 고사장에서 마지막 30초까지 고민한 결과 한 문제를 더 풀었습니다. 주어진 시간 안에 최선을 다해서 한 문제라도 더 풀려는 자세가 중요하다고 생각합니다. 우선 저는 실전에서는 주어진 시간을 절반으로 나누고 그 시간 안에 빠르게 1회독을 해서 모든 문제의 2/5 정도를 풀었습니다. 그 후 남은 시간을 다시 절반으로 나누어 그 시간 안에 다시 1/2 정도의 문제를 풀고, 또다시 시간을 절반으로 나누는 방식으로 시험을 치렀습니다. 실제 시험에서는 갑자기 뇌 정지가 오는 경우도 있기 때문에 보자마자 15초 안에 방향을 못 잡으면 바로 다음 문제로 넘어가야 한다고 생각합니다.

- 정진희 (한양대학교 생체공학과)

저는 삼수를 했는데도 불구하고 원치 않은 대학교를 다니게 되었습니다. 스스로 제 학벌이 창피하다 생각했고, 원하는 학교의 배우고 싶은 학과에서 공부하고 싶었습니다. 그래서 이번이 마지막 기회라 생각을 하며 편입에 도전하게 되었습니다.

수학은 개념이 매우 중요합니다. 처음에 인강 또는 수업을 통해 개념 설명을 꼼꼼하게 들으시길 바랍니다. 그럼에도 이해 안 되는 부분은 주저하지 마시고 질문을 하세요! 문제를 풀 때도 어떠한 개념이 필요하고 왜 이 개념을 이용해야 하는지 생각하며 접근하셨으면 좋겠습니다. 개인적으로 수학 노트를 따로 정리해서 공부하는 것을 추천드리고 싶습니다. 저는 개념들을 공책에 직접 정리해서 부족한 부분들을 체크하고 그와 관련된 몇 문제를 붙여서 어떻게 접근해야 하는지를 반복적으로 봤습니다. 제 손으로 쓴 글씨여서 눈에 더 잘 와닿았습니다.

편입수학 문제는 큰 틀에서 벗어나지 않으므로 반복적으로 푸는 것이 중요합니다. 기본서에는 모든 개념을 다 숙지할 수 있는 문제들로 이루어져 있습니다. 많은 문제를 풀려고 욕심 부리는 것보다는 기본서에 충실하시고 기출문제, 그리고 파이널 모의고사 이렇게 세 가지만 공부하셔도 충분하다고 생각합니다.

그리고 끝까지 포기하지 마세요! 저는 시험 준비를 하면서 '내가 과연 될까?'라는 생각을 많이 하며 불안했습니다. 하지만 결과는 아무도 모르는 것이기에 마지막 날까지 자습실에서 공부하면서 포기하지 않았습니다. 그 덕에 제가 원하는 학교, 학과에 당당히 들어갈 수 있었습니다. 절실함을 갖고 끝까지 노력하면 분명히 좋은 결과를 얻을 수 있습니다.

'노력은 배신하지 않는다!' 편입에서는 이 말이 정말 맞는 것 같습니다. 마지막 날까지 열심히 하셔서 원하는 목표를 이루셨으면 좋겠습니다. 편입을 통해 인생의 전환점이 오는 날이 있기를 응원하겠습니다. 파이팅!

- 하현주 (경희대학교 식품생명공학과)

## PART 1
### 빈출 문제 유형 총정리

### Chapter 1. 무한급수

| 1 | 2 | 3 | 4 | 5 | 6 | 7 | 8 | 9 | 10 |
|---|---|---|---|---|---|---|---|---|---|
| ① | ② | 풀이참조 | ④ | ④ | ③ | ③ | ⑤ | ① | ③ |
| 11 | 12 | 13 | 14 | 15 | 16 | 17 | 18 | 19 | 20 |
| ② | ① | ③ | ② | ③ | ④ | ⑤ | ③ | ② | ④ |
| 21 | 22 | 23 | 24 | 25 | 26 | 27 | 28 | 29 | 30 |
| ① | ③ | ④ | ③ | ③ | ② | ⑤ | ③ | ② | ② |
| 31 | 32 | 33 | 34 | 35 | 36 | 37 | 38 | 39 | 40 |
| ② | ④ | ④ | ② | ④ | ④ | ② | ③ | 1 | ④ |
| 41 | 42 | 43 | 44 | 45 | 46 | 47 | 48 | 49 | 50 |
| ① | ② | ① | ② | ③ | ③ | ① | ④ | ③ | ④ |
| 51 | 52 | 53 | 54 | 55 | 56 | 57 | 58 | 59 | 60 |
| ③ | ② | ④ | ② | ④ | ① | ② | ④ | ③ | 암기사항 |

### Chapter 2. 최댓값 & 최솟값

| 61 | 62 | 63 | 64 | 65 | 66 | 67 | 68 | 69 | 70 |
|---|---|---|---|---|---|---|---|---|---|
| ② | ② | ③ | ⑤ | ④ | ① | ② | ② | ② | ④ |
| 71 | 72 | 73 | 74 | 75 | 76 | 77 | 78 | 79 | 80 |
| ① | ② | ① | ② | ③ | ① | ③ | ⑤ | ③ | ② |
| 81 | 82 | 83 | 84 | 85 | 86 | 87 | 88 | 89 | 90 |
| ③ | ② | ① | ② | $\frac{512}{3\sqrt{3}}$ | ⑤ | ⑤ | ③ | ③ | ① |

### Chapter 3. 벡터공간 & 선형변환

| 91 | 92 | 93 | 94 | 95 | 96 | 97 | 98 | 99 | 100 |
|---|---|---|---|---|---|---|---|---|---|
| ④ | ② | ① | ④ | ④ | ⑤ | ⑤ | ① | ④ | ② |
| 101 | 102 | 103 | 104 | 105 | 106 | 107 | 108 | 109 | 110 |
| ③ | ② | ④ | ② | ① | ② | ① | ④ | ② | ③ |
| 111 | 112 | 113 | 114 | 115 | 116 | 117 | 118 | 119 | 120 |
| ② | ② | ④ | ③ | ② | ③ | ① | ③ | ② | ④ |

### Chapter 4. 선적분 & 면적분

| 121 | 122 | 123 | 124 | 125 | 126 | 127 | 128 | 129 | 130 |
|---|---|---|---|---|---|---|---|---|---|
| ⑤ | ③ | ④ | ④ | ② | ④ | ③ | ③ | ① | ⑤ |
| 131 | 132 | 133 | 134 | 135 | 136 | 137 | 138 | 139 | 140 |
| ⑤ | ③ | ② | ④ | ① | ③ | ④ | $\pi$ | ③ | 0 |
| 141 | 142 | 143 | 144 | 145 | 146 | 147 | 148 | 149 | 150 |
| ④ | ① | ① | ② | ② | ④ | ② | ① | ③ | ④ |
| 151 | 152 | 153 | 154 | 155 | 156 | 157 | 158 | 159 | 160 |
| ③ | ② | ④ | ⑤ | ④ | ④ | ④ | ③ | ③ | ③ |

## PART 2
### 실전 모의고사

### Chapter 1. 월간 한아름 ver 1.

#### 1회

| 1 | 2 | 3 | 4 | 5 | 6 | 7 | 8 | 9 | 10 |
|---|---|---|---|---|---|---|---|---|---|
| ④ | ① | ③ | ③ | ② | ① | ① | ② | ① | ③ |
| 11 | 12 | 13 | 14 | 15 | 16 | 17 | 18 | 19 | 20 |
| ③ | ① | ④ | ③ | ④ | ④ | ④ | ① | ④ | ② |

| 21 | 22 | 23 | 24 | 25 |
|---|---|---|---|---|
| ③ | ③ | $15 \le f(8) - f(3) \le 25$ | $-5 < x < -1, x \ne -3$ | 1 |

| | | | | | 2회 | | | | |
|---|---|---|---|---|---|---|---|---|---|
| 1 | 2 | 3 | 4 | 5 | 6 | 7 | 8 | 9 | 10 |
| ④ | ② | ① | ③ | ③ | ② | ④ | ① | ① | ② |
| 11 | 12 | 13 | 14 | 15 | 16 | 17 | 18 | 19 | 20 |
| ③ | ③ | ④ | ② | ① | ③ | ② | ④ | ① | ③ |
| 21 | 22 | 23 | 24 | 25 | | | | | |
| ② | ① | ④ | 66 | 0 | | | | | |

| | | | | | 3회 | | | | |
|---|---|---|---|---|---|---|---|---|---|
| 1 | 2 | 3 | 4 | 5 | 6 | 7 | 8 | 9 | 10 |
| ③ | ① | ② | ① | ② | ④ | ③ | ② | ③ | ② |
| 11 | 12 | 13 | 14 | 15 | 16 | 17 | 18 | 19 | 20 |
| ④ | ② | ③ | ④ | ③ | ① | ③ | ② | ④ | ④ |
| 21 | 22 | 23 | 24 | 25 | | | | | |
| ② | ① | $8\sqrt{2}$ | $e^{\frac{\pi}{6}}$ | $\pi$ | | | | | |

| | | | | | 4회 | | | | |
|---|---|---|---|---|---|---|---|---|---|
| 1 | 2 | 3 | 4 | 5 | 6 | 7 | 8 | 9 | 10 |
| ④ | ④ | ① | ③ | ② | ① | ③ | ② | ② | ② |
| 11 | 12 | 13 | 14 | 15 | 16 | 17 | 18 | 19 | 20 |
| ③ | ② | ③ | ① | ② | ③ | ③ | ④ | ① | ④ |
| 21 | 22 | 23 | 24 | 25 | | | | | |
| ③ | ① | 1 | 3 | $\frac{512}{3\sqrt{3}}$ | | | | | |

| | | | | | 5회 | | | | |
|---|---|---|---|---|---|---|---|---|---|
| 1 | 2 | 3 | 4 | 5 | 6 | 7 | 8 | 9 | 10 |
| ① | ③ | ③ | ① | ② | ① | ③ | ③ | ③ | ④ |
| 11 | 12 | 13 | 14 | 15 | 16 | 17 | 18 | 19 | 20 |
| ② | ③ | ② | ④ | ④ | ③ | ① | ④ | ② | ③ |
| 21 | 22 | 23 | 24 | 25 | | | | | |
| ② | ① | 2 | ln2 | 32 | | | | | |

# Chapter 2. 월간 한아름 ver 2.

| | | | | | 1회 | | | | |
|---|---|---|---|---|---|---|---|---|---|
| 1 | 2 | 3 | 4 | 5 | 6 | 7 | 8 | 9 | 10 |
| ③ | ③ | ④ | ② | ② | ① | ④ | ② | ③ | ④ |
| 11 | 12 | 13 | 14 | 15 | 16 | 17 | 18 | 19 | 20 |
| ④ | ② | ② | ① | ④ | ③ | ④ | ② | ① | ③ |
| 21 | 22 | 23 | 24 | 25 | | | | | |
| $-1$ | $4\sqrt{2}$ | 1 | 8 | 6 | | | | | |

| | | | | | 2회 | | | | |
|---|---|---|---|---|---|---|---|---|---|
| 1 | 2 | 3 | 4 | 5 | 6 | 7 | 8 | 9 | 10 |
| ② | ② | ② | ② | ④ | ④ | ① | ① | ① | ② |
| 11 | 12 | 13 | 14 | 15 | 16 | 17 | 18 | 19 | 20 |
| ① | ② | ③ | ② | ③ | ④ | ④ | ② | ④ | ③ |
| 21 | 22 | 23 | 24 | 25 | | | | | |
| $-12$ | 4 | 1 | $-2$ | $\frac{1}{6}$ | | | | | |

| | | | | | 3회 | | | | |
|---|---|---|---|---|---|---|---|---|---|
| 1 | 2 | 3 | 4 | 5 | 6 | 7 | 8 | 9 | 10 |
| ② | ② | ③ | ④ | ① | ④ | ③ | ③ | ② | ④ |
| 11 | 12 | 13 | 14 | 15 | 16 | 17 | 18 | 19 | 20 |
| ④ | ② | ① | ① | ① | ② | ④ | ② | ③ | ② |
| 21 | 22 | 23 | 24 | 25 | | | | | |
| 1 | $\frac{1}{4}$ | $\frac{\pi}{2}$ | 16 | 96 | | | | | |

## 4회

| 1 | 2 | 3 | 4 | 5 | 6 | 7 | 8 | 9 | 10 |
|---|---|---|---|---|---|---|---|---|----|
| ② | ③ | ① | ④ | ② | ② | ④ | ④ | ① | ③ |

| 11 | 12 | 13 | 14 | 15 | 16 | 17 | 18 | 19 | 20 |
|----|----|----|----|----|----|----|----|----|----|
| ③ | ① | ③ | ④ | ③ | ④ | ② | ② | ③ | ③ |

| 21 | 22 | 23 | 24 | 25 |
|----|----|----|----|----|
| $-\dfrac{3}{2}$ | $192\pi$ | $k=4$ | $\dfrac{9}{4}$ | $(1, 19, 13)$ |

## 5회

| 1 | 2 | 3 | 4 | 5 | 6 | 7 | 8 | 9 | 10 |
|---|---|---|---|---|---|---|---|---|----|
| ④ | ④ | ② | ③ | ② | ② | ③ | ① | ① | ③ |

| 11 | 12 | 13 | 14 | 15 | 16 | 17 | 18 | 19 | 20 |
|----|----|----|----|----|----|----|----|----|----|
| ① | ② | ④ | ③ | ② | ④ | ③ | ③ | ① | ② |

| 21 | 22 | 23 | 24 | 25 |
|----|----|----|----|----|
| ④ | ④ | ① | ③ | ② |

## Chapter 3. 꼭 나온다!

## 1회

| 1 | 2 | 3 | 4 | 5 | 6 | 7 | 8 | 9 | 10 |
|---|---|---|---|---|---|---|---|---|----|
| ④ | ② | ① | ③ | ③ | ③ | ② | ② | ③ | ③ |

| 11 | 12 | 13 | 14 | 15 | 16 | 17 | 18 | 19 | 20 |
|----|----|----|----|----|----|----|----|----|----|
| ③ | ④ | ① | ① | ① | ③ | ④ | ② | ① | ② |

| 21 | 22 | 23 | 24 | 25 |
|----|----|----|----|----|
| ② | ④ | ② | ② | ② |

## 2회

| 1 | 2 | 3 | 4 | 5 | 6 | 7 | 8 | 9 | 10 |
|---|---|---|---|---|---|---|---|---|----|
| ③ | ③ | ② | ② | ③ | ② | ③ | ④ | ③ | ③ |

| 11 | 12 | 13 | 14 | 15 | 16 | 17 | 18 | 19 | 20 |
|----|----|----|----|----|----|----|----|----|----|
| ① | ④ | ④ | ② | ① | ③ | ① | ④ | ④ | ② |

| 21 | 22 | 23 | 24 | 25 |
|----|----|----|----|----|
| ① | ① | ④ | ④ | ① |

## 3회

| 1 | 2 | 3 | 4 | 5 | 6 | 7 | 8 | 9 | 10 |
|---|---|---|---|---|---|---|---|---|----|
| ① | ④ | ④ | ③ | ② | ③ | ③ | ④ | ③ | ① |

| 11 | 12 | 13 | 14 | 15 | 16 | 17 | 18 | 19 | 20 |
|----|----|----|----|----|----|----|----|----|----|
| ③ | ④ | ④ | ⑤ | ⑤ | ① | ① | ④ | ① | ① |

| 21 | 22 | 23 | 24 | 25 |
|----|----|----|----|----|
| ④ | ③ | ⑤ | ③ | ② |

## 4회

| 1 | 2 | 3 | 4 | 5 | 6 | 7 | 8 | 9 | 10 |
|---|---|---|---|---|---|---|---|---|----|
| ① | ② | ① | ① | ① | ② | ③ | ④ | ② | ① |

| 11 | 12 | 13 | 14 | 15 | 16 | 17 | 18 | 19 | 20 |
|----|----|----|----|----|----|----|----|----|----|
| ③ | ③ | ③ | ③ | ④ | ④ | ④ | ② | ① | ② |

| 21 | 22 | 23 | 24 | 25 |
|----|----|----|----|----|
| ① | ② | ④ | ① | ② |

## 5회

| 1 | 2 | 3 | 4 | 5 | 6 | 7 | 8 | 9 | 10 |
|---|---|---|---|---|---|---|---|---|----|
| ② | ④ | ② | ① | ② | ② | ③ | ② | ④ | ① |

| 11 | 12 | 13 | 14 | 15 | 16 | 17 | 18 | 19 | 20 |
|----|----|----|----|----|----|----|----|----|----|
| ③ | ③ | ① | ④ | ⑤ | ② | ④ | ③ | ④ | ④ |

| 21 | 22 | 23 | 24 | 25 |
|----|----|----|----|----|
| ④ | ③ | ① | ④ | ② |

## 6회

| 1 | 2 | 3 | 4 | 5 | 6 | 7 | 8 | 9 | 10 |
|---|---|---|---|---|---|---|---|---|---|
| ③ | ③ | ④ | ① | ② | · | ④ | ③ | ③ | ④ |

| 11 | 12 | 13 | 14 | 15 | 16 | 17 | 18 | 19 | 20 |
|----|----|----|----|----|----|----|----|----|----|
| ② | ① | ④ | ⑤ | ① | ① | ① | ① | ③ | ① |

| 21 | 22 | 23 | 24 | 25 |
|----|----|----|----|----|
| ① | ② | ④ | ④ | ③ |

## 7회

| 1 | 2 | 3 | 4 | 5 | 6 | 7 | 8 | 9 | 10 |
|---|---|---|---|---|---|---|---|---|---|
| ① | ④ | ① | ② | ④ | ② | ③ | ③ | ④ | ① |

| 11 | 12 | 13 | 14 | 15 | 16 | 17 | 18 | 19 | 20 |
|----|----|----|----|----|----|----|----|----|----|
| ② | ③ | ① | ③ | ② | ② | ① | ① | ① | ③ |

| 21 | 22 | 23 | 24 | 25 |
|----|----|----|----|----|
| ③ | ① | ③ | ② | ④ |

## 8회

| 1 | 2 | 3 | 4 | 5 | 6 | 7 | 8 | 9 | 10 |
|---|---|---|---|---|---|---|---|---|---|
| ② | ② | ③ | ④ | ③ | ① | ④ | ⑤ | ④ | ② |

| 11 | 12 | 13 | 14 | 15 | 16 | 17 | 18 | 19 | 20 |
|----|----|----|----|----|----|----|----|----|----|
| ③ | ② | ① | ② | ④ | ② | ② | ③ | ③ | ④ |

| 21 | 22 | 23 | 24 | 25 |
|----|----|----|----|----|
| ① | ③ | ④ | ② | ④ |

## 9회

| 1 | 2 | 3 | 4 | 5 | 6 | 7 | 8 | 9 | 10 |
|---|---|---|---|---|---|---|---|---|---|
| ② | ② | ② | ② | ③ | ① | ④ | ① | ④ | ③ |

| 11 | 12 | 13 | 14 | 15 | 16 | 17 | 18 | 19 | 20 |
|----|----|----|----|----|----|----|----|----|----|
| ④ | ② | ② | ① | ④ | ④ | ③ | ④ | ④ | ② |

| 21 | 22 | 23 | 24 | 25 |
|----|----|----|----|----|
| ④ | ② | ② | ② | ② |

# Chapter 4. 시크릿 모의고사

## 1회

| 1 | 2 | 3 | 4 | 5 | 6 | 7 | 8 | 9 | 10 |
|---|---|---|---|---|---|---|---|---|---|
| ① | ③ | ① | ② | ② | ① | ③ | ③ | ③ | ④ |

| 11 | 12 | 13 | 14 | 15 | 16 | 17 | 18 | 19 | 20 |
|----|----|----|----|----|----|----|----|----|----|
| ① | ③ | ① | ④ | ③ | ② | ③ | ③ | ③ | ① |

| 21 | 22 | 23 | 24 | 25 |
|----|----|----|----|----|
| ③ | ④ | ② | ① | ② |

## 2회

| 1 | 2 | 3 | 4 | 5 | 6 | 7 | 8 | 9 | 10 |
|---|---|---|---|---|---|---|---|---|---|
| ① | ③ | ④ | ① | ① | ④ | ② | ② | ② | ① |

| 11 | 12 | 13 | 14 | 15 | 16 | 17 | 18 | 19 | 20 |
|----|----|----|----|----|----|----|----|----|----|
| ① | ④ | ③ | ① | ② | ② | ② | ④ | ① | ③ |

| 21 | 22 | 23 | 24 | 25 |
|----|----|----|----|----|
| ② | ② | ③ | ① | ③ |

## 3회

| 1 | 2 | 3 | 4 | 5 | 6 | 7 | 8 | 9 | 10 |
|---|---|---|---|---|---|---|---|---|---|
| ① | ② | ④ | ① | ② | ② | ③ | ② | ③ | ② |

| 11 | 12 | 13 | 14 | 15 | 16 | 17 | 18 | 19 | 20 |
|----|----|----|----|----|----|----|----|----|----|
| ② | ③ | ④ | ③ | ③ | ③ | ① | ② | ③ | ① |

| 21 | 22 | 23 | 24 | 25 |
|----|----|----|----|----|
| ③ | ③ | ④ | ③ | ② |

## 4회

| 1 | 2 | 3 | 4 | 5 | 6 | 7 | 8 | 9 | 10 |
|---|---|---|---|---|---|---|---|---|---|
| ③ | ① | ③ | ④ | ③ | ② | ① | ③ | ④ | ④ |

| 11 | 12 | 13 | 14 | 15 | 16 | 17 | 18 | 19 | 20 |
|----|----|----|----|----|----|----|----|----|----|
| ① | ② | ③ | ③ | ② | ① | ② | ① | ① | ④ |

| 21 | 22 | 23 | 24 | 25 |
|----|----|----|----|----|
| ④ | ③ | ① | $e-1$ | 0 |

## 5회

| 1 | 2 | 3 | 4 | 5 | 6 | 7 | 8 | 9 | 10 |
|---|---|---|---|---|---|---|---|---|----|
| ② | ④ | ④ | ③ | ② | ③ | ① | ① | ② | ④ |
| 11 | 12 | 13 | 14 | 15 | 16 | 17 | 18 | 19 | 20 |
| ③ | ④ | ③ | ② | ① | ③ | ① | ③ | ③ | ① |
| 21 | 22 | 23 | 24 | 25 | | | | | |
| ② | ③ | ④ | ④ | ③ | | | | | |

## 6회

| 1 | 2 | 3 | 4 | 5 | 6 | 7 | 8 | 9 | 10 |
|---|---|---|---|---|---|---|---|---|----|
| ② | ② | ② | ① | ① | ② | ② | ① | ④ | ④ |
| 11 | 12 | 13 | 14 | 15 | 16 | 17 | 18 | 19 | 20 |
| ① | ④ | ② | ① | ① | ③ | ④ | ① | ② | ③ |
| 21 | 22 | 23 | 24 | 25 | | | | | |
| ④ | ① | ③ | ④ | ① | | | | | |

## 7회

| 1 | 2 | 3 | 4 | 5 | 6 | 7 | 8 | 9 | 10 |
|---|---|---|---|---|---|---|---|---|----|
| ③ | ② | ② | ③ | ③ | ④ | ④ | ④ | ② | ① |
| 11 | 12 | 13 | 14 | 15 | 16 | 17 | 18 | 19 | 20 |
| ② | ② | ④ | ⑤ | ② | ① | ④ | ④ | ④ | ④ |
| 21 | 22 | 23 | 24 | 25 | | | | | |
| ① | ④ | ⑤ | ① | ② | | | | | |

## Chapter 5. TOP7 모의고사

### 1회

| 1 | 2 | 3 | 4 | 5 | 6 | 7 | 8 | 9 | 10 |
|---|---|---|---|---|---|---|---|---|----|
| ② | ⑤ | ① | ② | ③ | ① | ④ | ⑤ | ① | ④ |
| 11 | 12 | 13 | 14 | 15 | 16 | 17 | 18 | 19 | 20 |
| ⑤ | ③ | ③ | ② | ④ | ① | ④ | ④ | ④ | ⑤ |
| 21 | 22 | 23 | 24 | 25 | | | | | |
| ③ | ① | ⑤ | ② | ④ | | | | | |

### 2회

| 1 | 2 | 3 | 4 | 5 | 6 | 7 | 8 | 9 | 10 |
|---|---|---|---|---|---|---|---|---|----|
| ② | ② | ③ | ① | ② | ② | ③ | ① | ④ | ① |
| 11 | 12 | 13 | 14 | 15 | 16 | 17 | 18 | 19 | 20 |
| ③ | ① | ④ | ① | ④ | ③ | ③ | ④ | ④ | ③ |
| 21 | 22 | 23 | 24 | 25 | 26 | 27 | 28 | 29 | 30 |
| ③ | ① | ② | ② | ① | ① | ② | ③ | ② | ③ |

### 3회

| 1 | 2 | 3 | 4 | 5 | 6 | 7 | 8 | 9 | 10 |
|---|---|---|---|---|---|---|---|---|----|
| ④ | ① | ① | ③ | ① | ① | ② | ② | ③ | ③ |
| 11 | 12 | 13 | 14 | 15 | 16 | 17 | 18 | 19 | 20 |
| ④ | ② | ② | ③ | ③ | ① | ④ | ② | ① | ④ |
| 21 | 22 | 23 | 24 | 25 | 26 | 27 | 28 | 29 | 30 |
| ② | ④ | ② | ④ | ④ | ④ | ② | ② | ② | ② |

### 4회

| 1 | 2 | 3 | 4 | 5 | 6 | 7 | 8 | 9 | 10 |
|---|---|---|---|---|---|---|---|---|----|
| ① | ③ | ① | ② | ② | ② | ③ | ④ | ④ | ④ |
| 11 | 12 | 13 | 14 | 15 | 16 | 17 | 18 | 19 | 20 |
| ④ | ③ | ② | ① | ④ | ④ | ④ | ③ | ③ | ② |
| 21 | 22 | 23 | 24 | 25 | 26 | 27 | 28 | 29 | 30 |
| ① | ③ | ② | ③ | ② | ① | ① | 0 | 3 | 2 |

# 편입수학 만점을 휘날리자!!

# 한아름 파이널

## 한아름 편입수학 필수기본서

### Areum Math 개념 시리즈

**편입수학은 한아름**
**❶ 미적분과 급수**

**편입수학은 한아름**
**❷ 다변수 미적분**

**편입수학은 한아름**
**❸ 선형대수**

**편입수학은 한아름**
**❹ 공학수학**

## 실전대비서

### 문제풀이 시리즈

**편입수학은 한아름**
**한아름 1200제**

**편입수학은 한아름**
**한아름 파이널**

*Areum Math Final*

한아름 편저

편 입수학
만 점을
휘 날리자

# 한아름 파이널

## 정답 및 해설

미다스북스

# 정답 및 해설

# 1. 빈출 문제 유형 총정리

**1.** ①

[풀이] $f(t)=\dfrac{1-e^{-t^2}}{t^2}$ 라 하면 매클로린 급수는

$$f(t)=\frac{1-e^{-t^2}}{t^2}=\frac{1-\left(1-t^2+\dfrac{1}{2!}t^4-\cdots\right)}{t^2}$$

$$=1-\frac{1}{2!}t^2+\frac{1}{3!}t^4-\cdots$$

실수 $a(a\neq0)$에 대해

( i ) $\displaystyle\int_0^a\frac{1-e^{-t^2}}{t^2}dt=\int_0^a 1-\frac{1}{2!}t^2+\cdots dt$은 수렴한다.

( ii ) $\displaystyle\int_a^\infty\frac{1-e^{-t^2}}{t^2}dt<\int_a^\infty\frac{\alpha}{t^2}dt$

이상적분 $\displaystyle\int_a^\infty\frac{\alpha}{t^2}dt$ 이 수렴하므로

$\displaystyle\int_a^\infty\frac{1-e^{-t^2}}{t^2}dt$ 도 수렴한다.

따라서 $\displaystyle\int_0^\infty\frac{1-e^{-t^2}}{t^2}dt$ 은 수렴한다.

**[다른 풀이]**

$$f(t)=\frac{1-e^{-t^2}}{t^2}=1-\frac{1}{2!}t^2+\frac{1}{3!}t^4-\cdots$$

$$=\sum_{n=1}^\infty\frac{(-1)^{n+1}x^{2(n-1)}}{n!}$$

$\displaystyle\int_0^x f(t)\,dt=\sum_{n=1}^\infty\frac{(-1)^{n+1}x^{2n-1}}{(2n-1)n!}$ 이 수렴하기 위한

수렴반경이 무한대이므로 모든 양의 실수에 대해 수렴한다.
즉, 수렴하는 양의 실수 $x$의 최대 범위는 $(0,\ \infty)$이다.

**2.** ②

[풀이]
$$\int_1^2\frac{x^x-x}{(x-1)^p}dx=\int_0^1\frac{(t+1)^{t+1}-(t+1)}{t^p}dt$$
$$(\because x-1=t\text{라고 치환})$$
$$=\int_0^1\frac{(t+1)\{(t+1)^t-1\}}{t^p}dt$$

$$(t+1)^t=e^{t\ln(t+1)}=e^{t\left(t-\frac{1}{2}t^2+\frac{1}{3}t^3+\cdots\right)}=e^{t^2-\frac{1}{2}t^3+\frac{1}{3}t^4+\cdots}$$

$$=1+\left(t^2-\frac{1}{2}t^3+\frac{1}{3}t^4+\cdots\right)$$
$$+\frac{1}{2!}\left(t^2-\frac{1}{2}t^3+\frac{1}{3}t^4+\cdots\right)^2+\cdots$$

$$\int_1^2\frac{x^x-x}{(x-1)^p}dx=\int_0^1\frac{(t+1)\{(t+1)^t-1\}}{t^p}dt$$

$$=\int_0^1\frac{t+1}{t^p}\Big\{1+\left(t^2-\frac{1}{2}t^3+\frac{1}{3}t^4+\cdots\right)$$
$$+\frac{1}{2!}\left(t^2-\frac{1}{2}t^3+\frac{1}{3}t^4+\cdots\right)^2+\cdots-1\Big\}dt$$

$$=\int_0^1\frac{t+1}{t^p}\Big\{\left(t^2-\frac{1}{2}t^3+\frac{1}{3}t^4+\cdots\right)$$
$$+\frac{1}{2!}\left(t^2-\frac{1}{2}t^3+\frac{1}{3}t^4+\cdots\right)^2+\cdots\Big\}dt$$

$$=\int_0^1\frac{t+1}{t^p}(t^2+\cdots)dt$$

$$=\int_0^1\frac{t^3+t^2+\cdots}{t^p}dt$$

$$=\int_0^1\frac{1+t+\cdots}{t^{p-2}}dt$$

$p-2<1\Leftrightarrow p<3$일 때 수렴한다.

$\displaystyle\int_1^2\frac{x^x-x}{(x-1)^p}dx$이 수렴하는 가장 큰 자연수는 2이다.

**[다른 풀이]**

$f(x)=x^x-x$의 $x=1$에서 테일러 급수를 이용하자.

$$f(x)=f(1)+f'(1)(x-1)+\frac{f''(1)}{2!}(x-1)^2+\frac{f'''(1)}{3!}(x-1)^3+\cdots$$

$f(x)=x^x-x\Rightarrow f(1)=0$

$f'(x)=x^x(\ln x+1)-1\Rightarrow f'(1)=0$

$f''(x)=x^x(\ln x+1)^2+x^{x-1}\Rightarrow f''(1)=2$

$f'''(x)=x^x(\ln x+1)^3+2x^{x-1}(\ln x+1)+x^{x-1}\left(\ln x+\frac{x-1}{x}\right)$
$\Rightarrow f'''(1)=3$

$f(x)=(x-1)^2+\dfrac{1}{2!}(x-1)^3+\cdots$이고,

$$\int_1^2\frac{x^x-x}{(x-1)^p}dx=\int_1^2\frac{(x-1)^2+\frac{1}{2!}(x-1)^3+\cdots}{(x-1)^p}dx$$이

수렴하기 위해서는 자연수 $p=1,2$가 들어가면 된다.
따라서 최대가 되는 $p=2$이다.

**3.** 풀이 참조

[풀이] (1) (발산) $a_n$의 비율판정값이 $\dfrac{e}{2}>1$이므로 발산한다.

(2) (수렴) $a_n$의 비율판정값이 $\dfrac{e}{4}<1$이므로 수렴한다.

(3) (수렴) $\displaystyle\lim_{n\to\infty}\frac{\ln n}{\sqrt{n}}=0$이므로 교대급수판정에 의해 수렴한다.

(4) (발산) $a_n=\dfrac{(5n+1)^{6n}}{(6n+1)^{5n}}$ 이라 하고 근판정법을 이용하면

$$\lim_{n\to\infty}\left\{\frac{(5n+1)^{6n}}{(6n+1)^{5n}}\right\}^{\frac{1}{n}}=\lim_{n\to\infty}\frac{(5n+1)^6}{(6n+1)^5}=\infty \text{ 이므로}$$

주어진 급수는 발산한다.

(5) (수렴) $a_n$ 의 비율판정값이 $0<1$이므로 수렴한다.

(6) (발산) 발산판정에 의해

$$\lim_{n\to\infty}\left(\frac{n}{n+1}\right)^n=\lim_{n\to\infty}\left(1-\frac{1}{n+1}\right)^n=e^{-1}\neq 0$$이므로

무한급수는 발산한다.

(7) (수렴) $a_n=\dfrac{2^n n^3}{n!}$ 의 비율판정값이 $0$이므로 수렴한다.

(8) (수렴) $0\leq\left|\dfrac{\sin^2 n}{n^2}\right|\leq\dfrac{1}{n^2}$ 이고 $\displaystyle\sum_{n=1}^{\infty}\dfrac{1}{n^2}$ 은

$p$급수판정법에 의해 수렴하므로

비교판정법에 의해 $\displaystyle\sum_{n=1}^{\infty}\dfrac{\sin^2 n}{n^2}$ 은 절대수렴한다.

(9) (수렴) $\displaystyle\sum_{n=0}^{\infty}\dfrac{(-1)^n}{n+1}$ 은 $\dfrac{1}{n+1}>0$이고 감소수열이며

$\displaystyle\lim_{n\to\infty}\dfrac{1}{n+1}=0$이므로 교대급수판정법에 의해 수렴한다.

(10) (발산) $\displaystyle\lim_{n\to\infty}\left\{\left(\dfrac{3n^2+2}{2n^2+3}\right)^n\right\}^{\frac{1}{n}}=\lim_{n\to\infty}\dfrac{3n^2+2}{2n^2+3}=\dfrac{3}{2}>1$

이므로 근판정법에 의해 발산한다.

(11) (수렴)

$$\lim_{n\to\infty}\left|\dfrac{(-2)^n}{n^n}\right|^{\frac{1}{n}}=\lim_{n\to\infty}\left|\left(-\dfrac{2}{n}\right)^n\right|^{\frac{1}{n}}=\lim_{n\to\infty}\dfrac{2}{n}=0<1$$

이므로 근판정법에 의해 $\displaystyle\sum_{n=1}^{\infty}\left|\dfrac{(-2)^n}{n^n}\right|$ 은 수렴하고

$\displaystyle\sum_{n=1}^{\infty}\dfrac{(-2)^n}{n^n}$ 은 절대수렴한다.

(12) (발산) $n+2017(\ln n)<n+2017n$이므로

$\displaystyle\sum_{n=2}^{\infty}\dfrac{1}{n+2017(\ln n)}>\sum_{n=2}^{\infty}\dfrac{1}{2018n}$ 이다.

$\displaystyle\sum_{n=2}^{\infty}\dfrac{1}{2018n}$ 이 발산하므로 비교판정법에 의해

$\displaystyle\sum_{n=2}^{\infty}\dfrac{1}{n+2017(\ln n)}$ 도 발산한다.

(13) (수렴) $\displaystyle\lim_{n\to\infty}\left\{\left(1-\dfrac{3}{n}\right)^{n^2}\right\}^{\frac{1}{n}}=\lim_{n\to\infty}\left(1-\dfrac{3}{n}\right)^n=e^{-3}<1$

이므로 $n$승근판정법에 의해 수렴한다.

(14) (발산) $\displaystyle\sum_{n=1}^{\infty}\dfrac{(-1)^n\cos n\pi}{\sqrt{n}}=\sum_{n=1}^{\infty}\dfrac{1}{\sqrt{n}}$이므로

$p$급수판정법에 의해 발산한다.

(15) (수렴) $\displaystyle\sum\left|\dfrac{\sin n}{n(\ln n)^2}\right|\leq\sum\dfrac{1}{n(\ln n)^2}$ $(n\geq 2)$에서

$\displaystyle\sum_{n=2}^{\infty}\dfrac{1}{n(\ln n)^2}$ 은 적분판정법에 의해 수렴하므로

비교판정법에 의해 $\displaystyle\sum_{n=2}^{\infty}\dfrac{\sin n}{n(\ln n)^2}$ 은 절대수렴한다.

(16) (수렴) $a_n$ 의 비율판정값이 $0<1$이므로

비율판정법에 의해 $\displaystyle\sum_{n=1}^{\infty}\dfrac{n^n}{(2n)!}$ 은 수렴한다.

(17) (발산) $\displaystyle\lim_{n\to\infty}\dfrac{\frac{1}{1+\frac{1}{n}}}{\frac{1}{n}}=\lim_{n\to\infty}\dfrac{\frac{1}{n}}{\frac{1}{n}}=1$

$\displaystyle\sum_{n=1}^{\infty}\dfrac{1}{n}$ 은 발산한다.

극한비교판정법에 의해 $\displaystyle\sum_{n=1}^{\infty}\dfrac{1}{n^{1+\frac{1}{n}}}$ 은 발산한다.

(18) (발산) $a_n=\ln\left(1+\dfrac{1}{\sqrt{n}}\right)$, $b_n=\dfrac{1}{\sqrt{n}}$ 이라 하면

$$\lim_{n\to\infty}\dfrac{a_n}{b_n}=\lim_{n\to\infty}\dfrac{\ln\left(1+\dfrac{1}{\sqrt{n}}\right)}{\dfrac{1}{\sqrt{n}}}$$

$$=\lim_{t\to 0}\dfrac{\ln(1+t)}{t}\left(\because\dfrac{1}{\sqrt{n}}=t \text{로 치환}\right)$$

$$=\lim_{t\to 0}\dfrac{1}{1+t}=1\,(\because \text{로피탈 정리})$$

$\displaystyle\sum_{n=1}^{\infty}\dfrac{1}{\sqrt{n}}$ 은 발산하므로 극한비교판정법에 의해

$\displaystyle\sum_{n=1}^{\infty}\ln\left(1+\dfrac{1}{\sqrt{n}}\right)$도 발산한다.

(19) (수렴) $\displaystyle\sum_{n=1}^{\infty}\dfrac{\tan^{-1}n}{n^{1.2}}<\sum_{n=1}^{\infty}\dfrac{\frac{\pi}{2}}{n^{1.2}}$이고

$\displaystyle\sum_{n=1}^{\infty}\dfrac{\frac{\pi}{2}}{n^{1.2}}$ 는 수렴하므로

비교판정법에 의해 $\displaystyle\sum_{n=1}^{\infty}\dfrac{\tan^{-1}x}{n^{1.2}}$도 수렴한다.

(20) (수렴) $\sin\left(n+\dfrac{1}{2}\right)\pi=(-1)^n$이므로

$$\sum_{n=1}^{\infty} \frac{\sin\left(n+\frac{1}{2}\right)\pi}{1+\sqrt{n}} = \sum_{n=1}^{\infty} \frac{(-1)^n}{1+\sqrt{n}} \text{이다.}$$

$\displaystyle\lim_{n\to\infty} \frac{1}{1+\sqrt{n}} = 0$이므로

교대급수판정법에 의해 수렴한다.

(21) (발산) $a_n = \dfrac{2^{n^2}}{n!}$이라 하면

$$\lim_{n\to\infty} \left| \frac{a_{n+1}}{a_n} \right| = \lim_{n\to\infty} \left| \frac{2^{(n+1)^2}}{(n+1)!} \frac{n!}{2^{n^2}} \right|$$

$$= \lim_{n\to\infty} \left| \frac{2^{2n+1}}{n+1} \right| = \infty \text{이므로}$$

비율판정법에 의해 $\displaystyle\sum_{n=1}^{\infty} \frac{2^{n^2}}{n!}$은 발산한다.

(22) (수렴) $\displaystyle\sum_{n=1}^{\infty} \frac{\tan^{-1}\left(\frac{1}{n}\right)}{n}$에서

$a_n = \dfrac{\tan^{-1}\left(\frac{1}{n}\right)}{n}$, $b_n = \dfrac{1}{n^2}$이라 하면

$$\lim_{n\to\infty} \frac{a_n}{b_n} = \lim_{n\to\infty} \frac{\dfrac{\tan^{-1}\left(\frac{1}{n}\right)}{n}}{\dfrac{1}{n^2}}$$

$$= \lim_{n\to\infty} \frac{\tan^{-1}\frac{1}{n}}{\dfrac{1}{n}}$$

$$= \lim_{t\to 0} \frac{\tan^{-1}t}{t} \left(\because \frac{1}{n} = t \text{로 치환}\right)$$

$$= 1(\because \text{로피탈 정리})$$

극한비교판정법에 의해 $\displaystyle\sum_{n=1}^{\infty} \frac{1}{n^2}$은 수렴하므로

$$\sum_{n=1}^{\infty} \frac{\tan^{-1}\left(\frac{1}{n}\right)}{n} \text{도 수렴한다.}$$

(23) (수렴) $a_n = \sin\left(\dfrac{1}{2^n}\right)\cos\left(\dfrac{3}{2^n}\right)$, $b_n = \dfrac{1}{2^n}$이라 하면

$$\lim_{n\to\infty} \frac{a_n}{b_n} = \lim_{n\to\infty} \frac{\sin\left(\frac{1}{2^n}\right)\cos\left(\frac{3}{2^n}\right)}{\dfrac{1}{2^n}}$$

$$= \lim_{x\to 0} \frac{\sin x \cos 3x}{x} = 1 \text{이다.}$$

극한비교판정에 의해 $\displaystyle\sum_{n=2}^{\infty} \frac{1}{2^n}$이 수렴하므로

$$\sum_{n=2}^{\infty} \sin\left(\frac{1}{2^n}\right)\cos\left(\frac{3}{2^n}\right) \text{도 수렴한다.}$$

(24) (발산) $\displaystyle\lim_{n\to\infty} \frac{\sin\left(\frac{1}{n}\right)}{\dfrac{1}{n}} = \lim_{t\to 0} \frac{\sin t}{t} \left(\because \frac{1}{n} = t \text{로 치환}\right) = 1$

$\displaystyle\sum_{n=1}^{\infty} \frac{1}{n}$이 발산하므로

극한비교판정법에 의해 $\displaystyle\sum_{n=1}^{\infty} \sin\left(\frac{1}{n}\right)$도 발산한다.

(25) (발산) $\displaystyle\int_{1}^{\infty} \frac{1}{n \ln n} dn = \infty$이므로

적분판정법에 의해 $\displaystyle\sum_{n=1}^{\infty} \frac{1}{n \ln n}$은 발산한다.

(26) (수렴) $a_n = \dfrac{2^n n!}{n^n}$이라 하면 $\displaystyle\lim_{n\to\infty} \frac{a_{n+1}}{a_n} = \frac{2}{e} < 1$이므로

비율판정법에 의해 $\displaystyle\sum_{n=1}^{\infty} \frac{2^n n!}{n^n}$은 수렴한다.

(27) (수렴) $\displaystyle\int_{1}^{\infty} \frac{e^{-\sqrt{n}}}{\sqrt{n}} dn = \int_{1}^{\infty} \frac{e^{-t}}{t} 2t\, dt$

$$\left(\because \sqrt{n} = t \text{로 치환}\right)$$

$$= \frac{2}{e} \text{이므로}$$

적분판정법에 의해 $\displaystyle\sum_{n=1}^{\infty} \frac{e^{-\sqrt{n}}}{n}$은 수렴한다.

(28) (수렴) $a_n = \left(\dfrac{2n+3}{3n+2}\right)^n$이라 하고 근판정법을 사용하면

$$\lim_{n\to\infty} \sqrt[n]{a_n} = \lim_{n\to\infty} \frac{2n+3}{3n+2} = \frac{2}{3} < 1 \text{이므로 수렴한다.}$$

(29) (수렴) $\cos^2 3n \leq 1$이므로

$$\sum_{n=1}^{\infty} \frac{\cos^2 3n}{n^2+1} \leq \sum_{n=1}^{\infty} \frac{1}{n^2+1} \leq \sum_{n=1}^{\infty} \frac{1}{n^2} \text{이고}$$

$\displaystyle\sum_{n=1}^{\infty} \frac{1}{n^2}$이 $p$급수판정법에 의해 수렴하므로

주어진 급수도 수렴한다.

(30) (수렴) $a_n = \dfrac{n^2}{n^3+1}$이라 하면

$a_n > 0$, $\{a_n\}$은 감소수열이고 $\displaystyle\lim_{n\to\infty} a_n = 0$이므로

교대급수의 수렴조건에 의해 수렴한다.

(31) (발산) $a_n = \dfrac{n^n}{n!}$이라 하고 비판정법을 사용하면

$$\frac{a_{n+1}}{a_n} = \frac{(n+1)^{n+1}}{(n+1)!} \cdot \frac{n!}{n^n} = \frac{(n+1)^n}{n^n} = \left(1+\frac{1}{n}\right)^n$$

이고 $\lim\limits_{n\to\infty}\left(1+\frac{1}{n}\right)^n = e > 1$이므로 발산한다.

(32) (발산) $a_n = \dfrac{n!10^n n!}{(2n)!}$ 이라 하고 비율판정법을 사용하면

$$\lim_{n\to\infty}\left|\frac{a_{n+1}}{a_n}\right|$$

$$= \lim_{n\to\infty}\left|\frac{(n+1)!10^{n+1}(n+1)!}{(2n+2)!}\cdot\frac{(2n)!}{n!10^n n!}\right|$$

$$= \lim_{n\to\infty}\left|\frac{10(n+1)^2}{(2n+2)(2n+1)}\right|$$

$$= \frac{10}{4} = \frac{5}{2} > 1$$이므로

비율판정법에 의해 $\sum\limits_{n=1}^{\infty}\dfrac{n!10^n n!}{(2n)!}$ 는 발산한다.

(33) (수렴) $a_n = \dfrac{(n+3)!}{3!n!3^n}$ 이라 하고 비율판정법을 사용하면

$$\lim_{n\to\infty}\left|\frac{a_{n+1}}{a_n}\right| = \lim_{n\to\infty}\left|\frac{(n+4)!}{3!(n+1)!3^{n+1}}\cdot\frac{3!n!3^n}{(n+3)!}\right|$$

$$= \lim_{n\to\infty}\left|\frac{(n+4)}{3(n+1)}\right| = \frac{1}{3} < 1$$이므로

비율판정법에 의해 $\sum\limits_{n=1}^{\infty}\dfrac{(n+3)!}{3!n!3^n}$ 는 수렴이다.

(34) (수렴) $a_n = \dfrac{n^n}{2^{n^2}}$ 이라 하고 근판정법을 사용하면

$$\lim_{n\to\infty}\sqrt[n]{|a_n|} = \lim_{n\to\infty}\sqrt[n]{\frac{n^n}{2^{n^2}}} = \lim_{n\to\infty}\frac{n}{2^n} = 0 < 1$$이므로

근판정법에 의해 $\sum\limits_{n=1}^{\infty}\dfrac{n^n}{2^{n^2}}$ 는 수렴한다.

(35) (수렴) $\sum\limits_{n=1}^{\infty}\left(\sin\dfrac{1}{2n} - \sin\dfrac{1}{2n+1}\right)$

$$= \lim_{n\to\infty}\sum_{k=1}^{n}\left(\sin\frac{1}{2k} - \sin\frac{1}{2k+1}\right)$$

$$= \lim_{n\to\infty}\left\{\left(\sin\frac{1}{2} - \sin\frac{1}{3}\right) + \left(\sin\frac{1}{4} - \sin\frac{1}{5}\right) + \cdots\right.$$

$$\left. + \left(\sin\frac{1}{2n} - \sin\frac{1}{2n+1}\right)\right\}$$

$$= \lim_{n\to\infty}\sum_{k=2}^{n}(-1)^k\sin\frac{1}{k}$$

$$= \sum_{n=2}^{\infty}(-1)^n\sin\frac{1}{n}$$

$\lim\limits_{n\to\infty}\sin\dfrac{1}{n} = 0$이므로 교대급수판정법에 의해

$\sum\limits_{n=1}^{\infty}\left(\sin\dfrac{1}{2n} - \sin\dfrac{1}{2n+1}\right)$는 수렴한다.

따라서 발산하는 것의 개수는 1개이다.

(36) (수렴)

$$1 - \sqrt{1-\frac{1}{n^2}} = 1 - \sqrt{\frac{n^2-1}{n^2}}$$

$$= \frac{n - \sqrt{n^2-1}}{n}$$

$$= \frac{1}{n(n+\sqrt{n^2-1})} \leq \frac{1}{n^2}$$

$\sum\limits_{n=2}^{\infty}\dfrac{1}{n^2}$ 이 수렴하므로 비교판정법에 의해

$\sum\limits_{n=2}^{\infty}\left(1 - \sqrt{1-\dfrac{1}{n^2}}\right)$은 수렴한다.

또는 $\sum\limits_{n=2}^{\infty}\dfrac{1}{n^2}$ 과 극한비교판정법에 의해 수렴한다.

(37) (수렴) $\sum\limits_{n=1}^{\infty}\dfrac{\cos\left(\dfrac{\pi}{4}+n\pi\right)}{\sqrt{n}} = \dfrac{1}{\sqrt{2}}\sum\limits_{n=1}^{\infty}\dfrac{(-1)^n}{\sqrt{n}}$

(∵ 삼각함수의 덧셈정리)

$a_n = \dfrac{1}{\sqrt{n}}$ 은 감소하고 $\lim\limits_{n\to\infty}\dfrac{1}{\sqrt{n}} = 0$이므로

교대급수판정법에 의해 $\sum\limits_{n=1}^{\infty}\dfrac{\cos\left(\dfrac{\pi}{4}+n\pi\right)}{\sqrt{n}}$ 는 수렴한다.

(38) (발산) $a_n = \left(\dfrac{n}{2}\right)^n\dfrac{1}{n!}$ 이라 하면

$$\left|\frac{a_{n+1}}{a_n}\right| = \frac{1}{2}\left(\frac{n+1}{n}\right)^n = \frac{1}{2}\left(1+\frac{1}{n}\right)^n$$

$$\Rightarrow \lim_{n\to\infty}\frac{1}{2}\left(1+\frac{1}{n}\right)^n = \frac{e}{2} > 1$$이므로

비판정법에 의해 $\sum\limits_{n=1}^{\infty}\left(\dfrac{n}{2}\right)^n\dfrac{1}{n!}$ 은 발산한다.

(39) (수렴) $f(x) = \dfrac{1}{x(\ln x)^{\frac{3}{2}}}$ 이라 하면

$f(x)$는 양의 감소함수이다.

$$\int_{2020}^{\infty}\frac{1}{x(\ln x)^{\frac{3}{2}}}dx = \int_{\ln 2017}^{\infty}\frac{1}{t^{\frac{3}{2}}}dt$$는 수렴하므로

$\sum\limits_{n=2020}^{\infty}\dfrac{1}{n(\ln n)^{\frac{3}{2}}}$ 은 수렴한다.

(40) (수렴) $a_n = \left(1+\dfrac{1}{n}\right)^2\left(\dfrac{1}{e}\right)^n$ 이라 하면 비율판정법에 의해

$$\lim_{n\to\infty}\frac{a_{n+1}}{a_n} = \frac{1}{e} < 1$$이므로 수렴한다.

(41) (수렴) 비교판정법에 의해

$$\sum_{n=1}^{\infty}\frac{\sqrt{n+2}}{2n^2+n+1}<\sum_{n=1}^{\infty}\frac{\sqrt{2n}}{2n^2}$$ 은 수렴한다.

(42) (수렴) $a_n=\dfrac{10^n}{n!}$ 이라 하면 비율판정법에 의해

$$\lim_{n\to\infty}\frac{a_{n+1}}{a_n}=0<1$$ 이므로 수렴한다.

(43) (수렴) $a_n=\left(\dfrac{2n+5}{3n+1}\right)^n$ 이라 하면 $n$승근판정법에 의해

$$\lim_{n\to\infty}\frac{2n+5}{3n+1}=\frac{2}{3}<1$$ 이므로 수렴한다.

(44) (발산) 극한비교판정법에 의해 $\sum\tan\dfrac{1}{n}$ 은 발산한다.

(45) (수렴) $\lim_{n\to\infty}\left(\dfrac{2}{3}\right)^n=0$ 이므로

교대급수판정에 의해 수렴한다.

(46) (수렴) $\displaystyle\sum_{n=1}^{\infty}\frac{e^{1/n}}{n^3}\le\sum_{n=1}^{\infty}\frac{1}{n^3}$

비교판정법에 의해 수렴하므로 절대수렴이다.
따라서 교대급수를 만들어도 수렴한다.

(47) (발산) $\lim_{n\to\infty}(-1)^n\dfrac{2^n}{n^2}=\infty\ne 0$ 이므로

발산 정리에 의해 $\displaystyle\sum_{n=n}^{\infty}(-1)^n\frac{2^n}{n^2}$ 은 발산한다.

(48) (수렴) $\displaystyle\sum_{n=1}^{\infty}\frac{\tan^{-1}n}{n^2}\le\frac{\pi}{2}\sum_{n=1}^{\infty}\frac{1}{n^2}$

비교판정법에 의해 수렴하므로 절대수렴이다.
따라서 교대급수에서도 수렴한다.

(49) (수렴) $a_n=\dfrac{1}{\ln(n+1)}$ 이라 하면

$$\lim_{n\to\infty}a_n=0$$ 이므로 수렴한다.

(50) (수렴) $a_n=\left(n^{\frac{1}{n}}-1\right)^n$ 이라 하자.

$$\lim_{n\to\infty}n^{\frac{1}{n}}=\lim_{n\to\infty}e^{\frac{1}{n}\ln n}=1$$ 이고,

$$\lim_{n\to\infty}\sqrt[n]{|a_n|}=\lim_{n\to\infty}\sqrt[n]{\left|\left(n^{\frac{1}{n}}-1\right)^n\right|}$$
$$=\lim_{n\to\infty}n^{\frac{1}{n}}-1=0<1$$

근판정법에 의해 $\displaystyle\sum_{n=1}^{\infty}(n^{\frac{1}{n}}-1)^n$ 은 수렴한다.

**4.** ④

풀이 (a) (수렴) $(a_n)=\left(\ln\left(1+\sinh\dfrac{1}{n}\right)\right)$은

단조감소하는 양항 수열이고 $\lim_{n\to\infty}a_n=0$ 이므로

교대급수판정법에 의해 수렴한다.

(b) (발산) $(b_n)=\left(\dfrac{n!e^{2n}}{n^n}\right)$ 이라 하면,

$$\lim_{n\to\infty}\frac{b_{n+1}}{b_n}=e>1$$ 이므로 비판정법에 의해 발산한다.

(c) (발산) $(c_n)=\left(\dfrac{\arctan\dfrac{1}{n}}{\ln n}\right)$, $(d_n)=\left(\dfrac{1}{n\ln n}\right)$ 이라 하자.

$$\sum_{n=2}^{\infty}2^n d_{2^n}=\sum_{n=2}^{\infty}2^n\cdot\frac{1}{2^n\ln 2^n}=\sum_{n=2}^{\infty}\frac{1}{n\ln 2}$$ 는

$p$급수판정법에 의해 발산하므로 $\displaystyle\sum_{n=2}^{\infty}d_n$ 은 발산한다.

$$\lim_{n\to\infty}\frac{c_n}{d_n}=1$$ 이므로 극한비교판정법에 의해

$\displaystyle\sum_{n=2}^{\infty}c_n$ 도 발산한다.

(d) (수렴) $(e_n)=\left(\tan^2\left(\dfrac{4\pi}{n}\right)\right)$, $(f_n)=\left(\dfrac{4\pi}{n}\right)^2$ 이라 하면

$\displaystyle\sum_{n=1}^{\infty}f_n$ 은 $p$－급수판정법에 의해 수렴한다.

$$\lim_{n\to\infty}\frac{e_n}{f_n}=1$$ 이므로 극한비교판정법에 의해

$\displaystyle\sum_{n=1}^{\infty}e_n$ 도 수렴한다.

**5.** ④

풀이 (가) (수렴) $\displaystyle\sum_{n=1}^{\infty}\sin^3\frac{1}{n}<\sum_{n=1}^{\infty}\frac{1}{n^3}$ 이고 $\displaystyle\sum_{n=1}^{\infty}\frac{1}{n^3}$ 은 $p=3$ 이므로

$p$급수판정법에 의해 수렴한다.

따라서 비교판정법에 의해 $\displaystyle\sum_{n=1}^{\infty}\sin^3\frac{1}{n}$ 도 수렴한다.

(나) (수렴) $\displaystyle\sum_{n=1}^{\infty}\sqrt{n\arctan\left(\frac{1}{n^4}\right)}<\sum_{n=1}^{\infty}\sqrt{n\frac{1}{n^4}}=\sum_{n=1}^{\infty}\frac{1}{n^{\frac{3}{2}}}$

이고 $\displaystyle\sum_{n=1}^{\infty}\frac{1}{n^{\frac{3}{2}}}$ 은 $p=\dfrac{3}{2}$ 이므로

$p$급수판정법에 의해 수렴한다.

(다) (수렴) $a_n = \left(n^{\frac{1}{n}} - 1\right)^n$ 이라 하자.

$$\lim_{n\to\infty} n^{\frac{1}{n}} = \lim_{n\to\infty} e^{\frac{1}{n}\ln n} = 1$$ 이고,

$$\lim_{n\to\infty} \sqrt[n]{|a_n|} = \lim_{n\to\infty} \sqrt[n]{\left|\left(n^{\frac{1}{n}} - 1\right)^n\right|}$$

$$= \lim_{n\to\infty} n^{\frac{1}{n}} - 1$$

$$= 0 < 1$$

근판정법에 의해 $\sum_{n=1}^{\infty} (n^{\frac{1}{n}} - 1)^n$ 은 수렴한다.

(라) (수렴) $\lim_{n\to\infty} \dfrac{1}{\ln n} = 0$ 이므로 교대급수판정법에 의해

$\sum_{n=10}^{\infty} (-1)^n \dfrac{1}{\ln n}$ 은 수렴한다.

(마) (수렴) 두 무한급수 $\sum_{n=1}^{\infty} a_n$, $\sum_{n=1}^{\infty} b_n$ 가 수렴하면

$\sum_{n=1}^{\infty} (a_n + b_n) = \sum_{n=1}^{\infty} a_n + \sum_{n=1}^{\infty} b_n$ 이 성립한다.

무한급수 $\sum_{n=1}^{\infty} \dfrac{1}{2^n}$, $\sum_{n=1}^{\infty} \dfrac{1}{3^n}$ 는 수렴하고,

$\sum_{n=1}^{\infty} \left(\dfrac{1}{2^n} + \dfrac{1}{3^n}\right)$ 도 수렴한다.

(바) (수렴) $a_n = \tan\left(\dfrac{1}{n^3}\right)$, $b_n = \dfrac{1}{n^3}$ 이라 하면

$$\lim_{n\to\infty} \frac{a_n}{b_n} = \lim_{n\to\infty} \frac{\tan\left(\dfrac{1}{n^3}\right)}{\dfrac{1}{n^3}}$$

$$= \lim_{t\to 0} \frac{\tan t}{t} = 1 > 0 \left(\because \dfrac{1}{n^3} = t \text{로 치환}\right)$$ 이므로

극한비교판정법에 의해 $\sum_{n=1}^{\infty} \tan\left(\dfrac{1}{n^3}\right)$ 는 수렴한다.

따라서 수렴하는 것의 개수는 6개다.

## 6. ③

(ㄱ) (조건수렴) $\left(\dfrac{\ln n}{\sqrt{n}}\right)' = \dfrac{2 - \ln x}{2n\sqrt{n}} < 0 (n > e^2)$

따라서 감소함수이고,

$$\lim_{n\to\infty} \frac{\ln n}{\sqrt{n}} = \lim_{n\to\infty} \frac{\dfrac{1}{n}}{\dfrac{1}{2\sqrt{n}}} = \lim_{n\to\infty} \frac{2}{\sqrt{n}} = 0$$ 이므로

수렴한다. $\sum_{n=1}^{\infty} \dfrac{\ln n}{n^{\frac{1}{2}}}$ 은 $p$급수판정법에 의해 $\dfrac{1}{2} < 1$ 이므로

발산한다. 따라서 주어진 교대급수는 조건수렴한다.

(ㄴ) (발산) $a_n = \tan\left(\dfrac{1}{n}\right)$, $b_n = \dfrac{1}{n}$ 이라 하면

$$\lim_{n\to\infty} \frac{a_n}{b_n} = \lim_{n\to\infty} \frac{\tan\left(\dfrac{1}{n}\right)}{\dfrac{1}{n}} = \lim_{t\to 0} \frac{\tan t}{t} = 1$$ 이고

$$\sum_{n=1}^{\infty} b_n = \sum_{n=1}^{\infty} \frac{1}{n} = \infty$$ 이므로

극한비교판정법에 의해 $\sum_{n=1}^{\infty} a_n$ 도 발산한다.

(ㄷ) (절대수렴) $a_n = \dfrac{\sqrt[3]{n} - 1}{n(\sqrt{n} + 1)}$, $b_n = \dfrac{1}{n\sqrt[6]{n}}$ 이라 하면

$$\lim_{n\to\infty} \frac{a_n}{b_n} = \lim_{n\to\infty} \frac{\dfrac{\sqrt[3]{n} - 1}{n(\sqrt{n} + 1)}}{\dfrac{1}{n\sqrt[6]{n}}}$$

$$= \lim_{n\to\infty} \frac{\sqrt[6]{n}(\sqrt[3]{n} - 1)}{\sqrt{n} + 1}$$

$$= \lim_{n\to\infty} \frac{\sqrt{n} - \sqrt[6]{n}}{\sqrt{n} + 1} = 1$$ 이므로

극한비교판정법에 의해 주어진 급수는 절대수렴한다.

(ㄹ) (절대수렴) $a_n = \left(\dfrac{2n + 1}{n^2}\right)^n$ 이라 하면

$\{a_n\}$ 은 감소수열이고 $\lim_{n\to\infty} a_n = 0$ 이므로

주어진 교대급수는 수렴한다.

$$\lim_{n\to\infty} \frac{a_{n+1}}{a_n} = \lim_{n\to\infty} \frac{(2n+3)^{n+1}}{(n+1)^{2n+2}} \cdot \frac{n^{2n}}{(2n+1)^n}$$

$$= \lim_{n\to\infty} \left(\frac{2n+3}{2n+1}\right)^n \left(\frac{n}{n+1}\right)^{2n} \frac{2n+3}{(n+1)^2}$$

$$= e \times e^{-2} \times 0 = 0 < 1$$

주어진 급수의 절댓값급수가 비판정법에 의해 수렴하므로 주어진 급수는 절대수렴한다.

(ㅁ) (절대수렴) $a_n = \dfrac{10^n n^2}{n!}$ 이라 하면

$$\lim_{n\to\infty} \frac{a_{n+1}}{a_n} = \lim_{n\to\infty} \frac{10(n+1)^2}{(n+1)n^2} = 0 < 1$$ 이므로

주어진 급수는 절대수렴한다.

절대수렴하는 급수는 (ㄷ), (ㄹ), (ㅁ)이고
조건수렴하는 급수는 (ㄱ), 발산하는 급수는 (ㄴ)이므로
$a + b - c = 3 + 1 - 1 = 3$이다.

**7.** ③

(가) (수렴) $\lim\limits_{n\to\infty}\dfrac{7n+1}{n\sqrt{n}}=0$이므로 교대급수판정법에 의해

$$\sum_{n=1}^{\infty}(-1)^{n+1}\dfrac{7n+1}{n\sqrt{n}}$$ 은 수렴한다.

(나) (수렴) $\sum\limits_{n=1}^{\infty}\dfrac{\ln n}{n\sqrt{n}}$ 은 적분판정법에 의해 수렴한다.

(다) (발산) $\sum\limits_{n=2}^{\infty}\dfrac{3}{n\sqrt{2\ln n+3}} > \sum\limits_{n=2}^{\infty}\dfrac{3}{n\sqrt{9\ln n}}$

$$= \sum_{n=2}^{\infty}\dfrac{1}{n\sqrt{\ln n}}$$ 이고

$\sum\limits_{n=2}^{\infty}\dfrac{1}{n\sqrt{\ln n}}$ 은 적분판정법에 의해 발산한다.

비교판정법에 의해 $\sum\limits_{n=2}^{\infty}\dfrac{3}{n\sqrt{2\ln n+3}}$ 은 발산한다.

(라) (수렴) $\lim\limits_{n\to\infty}\dfrac{\sin^{-1}\left(\dfrac{1}{n\sqrt{n}}\right)}{\dfrac{1}{n\sqrt{n}}}=\lim\limits_{t\to 0}\dfrac{\sin^{-1}t}{t}$

$$\left(\because \dfrac{1}{n\sqrt{n}}=t\,\text{로 치환}\right)=1$$

이고 $\sum\limits_{n=1}^{\infty}\dfrac{1}{n\sqrt{n}}$ 은 $p$급수판정법에 의해 수렴한다.

극한비교판정법에 의해 $\sum\limits_{n=1}^{\infty}\arcsin\left(\dfrac{1}{n\sqrt{n}}\right)$ 은 수렴한다.

**8.** ⑤

(a) (수렴) $n$승근판정법을 사용하면

$$\lim_{n\to\infty}\dfrac{1}{n^{\frac{1}{n}}\ln n}=0<1$$이므로 수렴한다.

(b) (수렴) 주어진 급수는 감소수열이고 $\lim\limits_{n\to\infty}\dfrac{1}{\ln n}=0$이므로

교대급수판정법에 의해 수렴한다.

(c) (수렴) $f(x)=\dfrac{1}{x\{1+(\ln x)^2\}}$ 이라 하면

$f'(x)=-\dfrac{(\ln x+1)^2}{x^2(1+(\ln x)^2)^2}<0$이므로 감소함수이고

$\displaystyle\int_{2}^{\infty}f(x)dx=\int_{2}^{\infty}\dfrac{1}{x\{1+(\ln x)^2\}}dx$

$$=\int_{\ln 2}^{\infty}\dfrac{1}{1+t^2}\,dt$$

$$=\tan^{-1}t\Big|_{\ln 2}^{\infty}$$

$$=\dfrac{\pi}{2}-\tan^{-1}(\ln 2)$$이므로

적분판정법에 의해 주어진 급수는 수렴한다.

(d) (수렴)

$$\sum_{n=6}^{\infty}\dfrac{1}{n^2-6n+5}$$

$$=\dfrac{1}{4}\sum_{n=6}^{\infty}\left(\dfrac{1}{n-5}-\dfrac{1}{n-1}\right)$$

$$=\dfrac{1}{4}\Big\{\left(1-\dfrac{1}{5}\right)+\left(\dfrac{1}{2}-\dfrac{1}{6}\right)+\left(\dfrac{1}{3}-\dfrac{1}{7}\right)+\left(\dfrac{1}{4}-\dfrac{1}{8}\right)$$

$$+\left(\dfrac{1}{5}-\dfrac{1}{9}\right)+\left(\dfrac{1}{6}-\dfrac{1}{10}\right)+\cdots\Big\}$$

$$=\dfrac{1}{4}\left(1+\dfrac{1}{2}+\dfrac{1}{3}+\dfrac{1}{4}\right)=\dfrac{25}{48}$$

따라서 (a), (b), (c), (d) 모두 수렴한다.

**9.** ①

급수 $\sum\limits_{n=0}^{\infty}(n+1)^p$ 가 수렴하려면 $p<-1$이어야 한다.

즉 $\ln\sqrt{a}<-1 \Rightarrow \dfrac{1}{2}\ln a<-1 \Rightarrow \ln a<-2 \Rightarrow a<e^{-2}$

진수조건에 의해 $a>0$이므로

실수 $a$의 범위는 $0<a<e^{-2}$이다.

**10.** ③

$$\lim_{n\to\infty}\left|\dfrac{(x-1)^{n+1}}{3^{n+1}\sqrt{n+2}}\cdot\dfrac{3^n\sqrt{n+1}}{(x-1)^n}\right|$$

$$=\dfrac{1}{3}|x-1|<1$$

$$\Rightarrow |x-1|<3$$

따라서 수렴반경은 3이다.

**11.** ②

$$x+\dfrac{1}{2}\dfrac{x^3}{3}+\dfrac{1}{2}\dfrac{3}{4}\dfrac{x^5}{5}+\dfrac{1}{2}\dfrac{3}{4}\dfrac{5}{6}\dfrac{x^7}{7}+\cdots$$

$$=x+\sum_{n=1}^{\infty}\dfrac{1\cdot 3\cdot 5\cdots(2n-1)}{2\cdot 4\cdots(2n)}\cdot\dfrac{x^{2n+1}}{2n+1}$$

$a_n=\dfrac{1\cdot 3\cdot 5\cdots(2n-1)}{2\cdot 4\cdots(2n)}\cdot\dfrac{x^{2n+1}}{2n+1}$ 이라 하면,

$$\lim_{n\to\infty}\left|\dfrac{a_{n+1}}{a_n}\right|=\lim_{n\to\infty}\left|\dfrac{\dfrac{1\cdot 3\cdot 5\cdots(2n-1)(2n+1)}{2\cdot 4\cdots(2n)(2n+2)}\cdot\dfrac{x^{2n+3}}{2n+3}}{\dfrac{1\cdot 3\cdot 5\cdots(2n-1)}{2\cdot 4\cdots(2n)}\cdot\dfrac{x^{2n+1}}{2n+1}}\right|$$

$$=|x^2|$$

$|x^2|<1 \Leftrightarrow |x|<1$일 때 수렴하므로 수렴반경은 1이다.

**12.** ①

① $a_n = \dfrac{3^n}{n}$ 에서 멱급수 수렴반경 정리에 의해

$$\lim_{n \to \infty} \frac{a_n}{a_{n+1}} = \lim_{n \to \infty} \frac{3^n(n+1)}{3^{n+1}n} = \frac{1}{3}$$

따라서 수렴반경은 $\dfrac{1}{3}$ 이다.

② $b_n = \dfrac{2^n}{n!}$ 에서 멱급수 수렴반경 정리에 의해

$$\lim_{n \to \infty} \frac{b_n}{b_{n+1}} = \lim_{n \to \infty} \frac{2^n(n+1)!}{2^{n+1}n!} = \infty$$

따라서 수렴반경은 $\infty$ 이다.

③ $c_n = 1$ 이라 하면

$$\sum_{n=0}^{\infty} x^{2n} = 1 + x^2 + x^4 + x^6 + \cdots$$
$$= c_0 + c_2 x^2 + c_4 x^4 + c_6 x^6 + \cdots$$

$x^2 = t$, $d_m = c_{2n}$ 이라 하면

$$\sum_{n=0}^{\infty} c_n x^n = \sum_{m=0}^{\infty} d_m t^m = d_0 + d_1 t + d_2 t^2 + \cdots$$ 이므로

$\displaystyle\sum_{m=0}^{\infty} d_m t^m$ 의 수렴구간은 $|t| < 1$,

즉 $|x^2| < 1$, $|x| < 1$ 이다.

따라서 $\displaystyle\sum_{n=0}^{\infty} x^{2n}$ 의 수렴반경은 1이다.

④ $e_n = \dfrac{1}{n(n+1)}$ 에서 멱급수 수렴반경 정리에 의해

$$\lim_{n \to \infty} \frac{e_n}{e_{n+1}} = 1$$ 이므로 수렴반경은 1이다.

**13.** ③

$$\lim_{n \to \infty} \frac{|2x-1|^{n+1} 4^n \ln(n+1)}{4^{n+1} \ln(n+2) |2x-1|^n} = \frac{|2x-1|}{4}$$ 이고

$\left| x - \dfrac{1}{2} \right| < 2$ 일 때 급수가 수렴하므로, 수렴반지름은 2이다.

**14.** ③

① 비율판정법에 의해 $\displaystyle\lim_{n \to \infty} \left| \dfrac{a_{n+1}}{a_n} \right| = |x| < 1$ 이다.

또한 $x = 1$ 일 때 적분판정법에 의해 발산하고,
$x = -1$ 일 때 교대급수판정법에 의해 수렴한다.
따라서 수렴구간은 $-1 \le x < 1$ 이다.

② 비율판정법에 의해 $\displaystyle\lim_{n \to \infty} \left| \dfrac{a_{n+1}}{a_n} \right| = |x| < 1$ 이다.

또한 $x = 1$ 일 때 교대급수판정법에 의해 수렴하고,
$x = -1$ 일 때 극한비교판정법에 의해 발산한다.
따라서 수렴구간은 $-1 < x \le 1$ 이다.

③ 비율판정법에 의해 $\displaystyle\lim_{n \to \infty} \left| \dfrac{a_{n+1}}{a_n} \right| = x^2 < 1$ 이다.

또한 $x = \pm 1$ 일 때 교대급수판정법에 의해 수렴한다.
따라서 수렴구간은 $-1 \le x \le 1$ 이다.

④ 비율판정법에 의해 $\displaystyle\lim_{n \to \infty} \left| \dfrac{a_{n+1}}{a_n} \right| = x^2 < 1$ 이다.

또한 $x = \pm 1$ 일 때 $p$급수판정에 의해 발산한다.
따라서 수렴구간은 $-1 < x < 1$ 이다.

**15.** ③

$a_n = \dfrac{1}{n} \left( \dfrac{x-5}{2} \right)^n$ 이라 하자.

주어진 급수가 절대수렴하려면
비율판정값이 1보다 작아야 하므로

$$\lim_{n \to \infty} \left| \frac{a_{n+1}}{a_n} \right| = \lim_{n \to \infty} \left| \frac{\frac{1}{n+1} \left( \frac{x-5}{2} \right)^{n+1}}{\frac{1}{n} \left( \frac{x-5}{2} \right)^n} \right|$$

$$= \lim_{n \to \infty} \left| \frac{n}{n+1} \left( \frac{x-5}{2} \right) \right|$$

$$= \left| \frac{x-5}{2} \right| < 1$$

이때 주어진 급수는 절대수렴한다.

$$\left| \frac{x-5}{2} \right| < 1 \Rightarrow -1 < \frac{x-5}{2} < 1$$
$$\Rightarrow -2 < x - 5 < 2$$
$$\Rightarrow 3 < x < 7$$

$a = 3$, $b = 7$ 이므로 $a + b = 10$ 이다.

**16.** ④

$$\sum_{n=0}^{\infty} \frac{n}{3^n} (x-2)^n, \quad \sum_{n=0}^{\infty} \frac{(n!)^2}{(2n)!} x^n,$$

$$\sum_{n=1}^{\infty} \left( 1 + \frac{1}{2} + \frac{1}{3} + \cdots + \frac{1}{n} \right) x^n$$ 의 수렴반경을

순서대로 $r_1$, $r_2$, $r_3$ 라 하자.

( i ) $\displaystyle\sum_{n=0}^{\infty} \frac{n}{3^n} (x-2)^n$ 에서 $a_n = \dfrac{n}{3^n}$ 이라 하면

$$\lim_{n \to \infty} \frac{a_n}{a_{n+1}} = \lim_{n \to \infty} \frac{n 3^{n+1}}{(n+1) 3^n} = 3$$ 이므로

멱급수의 수렴반경 정리에 의해 $r_1 = 3$ 이다.

( ii ) $\sum_{n=0}^{\infty} \dfrac{(n!)^2}{(2n)!} x^n$ 에서 $a_n = \dfrac{(n!)^2}{(2n)!}$ 이라 하면

$\displaystyle\lim_{n \to \infty} \dfrac{a_n}{a_{n+1}} = \lim_{n \to \infty} \dfrac{(n!)^2 \{2(n+1)\}!}{\{(n+1)!\}^2 (2n)!} = 4$ 이므로

멱급수의 수렴반경 정리에 의해 $r_2 = 4$ 이다.

( iii ) $\sum_{n=1}^{\infty} \left(1 + \dfrac{1}{2} + \dfrac{1}{3} + \cdots + \dfrac{1}{n}\right) x^n$ 에서

$a_n = 1 + \dfrac{1}{2} + \dfrac{1}{3} + \cdots + \dfrac{1}{n}$ 이라 하면

$\displaystyle\lim_{n \to \infty} \dfrac{a_n}{a_{n+1}} = 1$ 이므로

멱급수의 수렴반경 정리에 의해 $r_3 = 1$ 이다.

따라서 $r_1 + r_2 + r_3 = 3 + 4 + 1 = 8$ 이다.

## 17. ⑤

**풀이** $a_n = \dfrac{(n!)^2}{(2n)! + n!} x^n$ 이라 하면,

$\displaystyle\lim_{n \to \infty} \left| \dfrac{a_{n+1}}{a_n} \right| = \lim_{n \to \infty} \left| \dfrac{\dfrac{((n+1)!)^2}{((2(n+1))! + (n+1)!)}}{\dfrac{(n!)^2}{(2n)! + n!}} \cdot x \right|$

$= \displaystyle\lim_{n \to \infty} \left| \dfrac{(n+1)^2 \{(2n)! + n!\}}{(2n+2)(2n+1)(2n)! + (n+1)!} \right| |x|$

$= \dfrac{1}{4} |x| (\because$ 수열의 극한에서 최고차항이 결정$)$

비판정법에 의해 $\dfrac{1}{4} |x| < 1 \Leftrightarrow |x| < 4$ 일 때 수렴한다.

따라서 수렴반경은 $4$ 이다.

## 18. ③

**풀이** $A_n = \dfrac{n^2 x^n}{2 \cdot 4 \cdot 6 \cdot \cdots \cdot 2n}$ 이라 하자.

$\displaystyle\lim_{n \to \infty} \left| \dfrac{A_{n+1}}{A_n} \right|$

$= \displaystyle\lim_{n \to \infty} \left| \dfrac{(n+1)^2 x^{n+1}}{2 \cdot 4 \cdot 6 \cdot \cdots \cdot 2n \cdot 2(n+1)} \dfrac{2 \cdot 4 \cdot 6 \cdot \cdots \cdot 2n}{n^2 x^n} \right|$

$= \displaystyle\lim_{n \to \infty} \left| \dfrac{(n+1)^2}{2n^2 (n+1)} \right| |x| = 0 < 1$

$x$ 에 상관없이 항상 비율판정값이 $0$ 이므로
모든 실수 $x$ 에 대해서 수렴한다.
따라서 수렴구간은 $(-\infty, \infty)$ 이다.

## 19. ②

**풀이** $a_n = \dfrac{n!}{1 \cdot 3 \cdot 5 \cdots (2n-1)}$ 일 때

$a_{n+1} = \dfrac{(n+1)!}{1 \cdot 3 \cdot 5 \cdots (2n-1)(2n+1)}$ 이다.

$\displaystyle\lim_{n \to \infty} \left| \dfrac{a_{n+1}}{a_n} \right| = \lim_{n \to \infty} \dfrac{n+1}{2n+1} = \dfrac{1}{2}$ 이므로

$A_n = \dfrac{n! \, x^n}{1 \cdot 3 \cdot 5 \cdots (2n-1)}$ 의 비율판정값은

$\displaystyle\lim_{n \to \infty} \left| \dfrac{A_{n+1}}{A_n} \right| = \dfrac{1}{2} |x| < 1$ 일 때 수렴하므로

$|x| < 2$ 이고, 수렴반지름은 $2$ 이다.

## 20. ④

**풀이** $a_n = \dfrac{n^n}{2 \times 5 \times 8 \times \cdots \times (3n-1)}$ ($n$ 은 자연수)라 하면

$\displaystyle\lim_{n \to \infty} \left| \dfrac{a_{n+1}}{a_n} \right| = \lim_{n \to \infty} \left| \dfrac{(n+1)^{n+1}}{(3n+2)n^n} \right|$

$= \displaystyle\lim_{n \to \infty} \left| \dfrac{n+1}{3n+2} \cdot \left(1 + \dfrac{1}{n}\right)^n \right| = \dfrac{e}{3}$

$\dfrac{e}{3} |x-1| < 1$ 이므로 $|x-1| < \dfrac{3}{e} \approx 1.\alpha$

$-1.\alpha < x - 1 < 1.\alpha \Leftrightarrow -0.\alpha < x < 2.\alpha$

따라서 $x \in \{0, 1, 2\}$ 이고, $x$ 의 합은 $3$ 이다.

## 21. ①

**풀이** (가) (발산) $\displaystyle\int_0^{\infty} \dfrac{x}{\sqrt{x^2 + x + 4}} dx > \int_0^{\infty} \dfrac{x}{\sqrt{(x+2)^2}} dx$

$= \displaystyle\int_0^{\infty} \dfrac{x}{x+2} dx$

$= \displaystyle\int_0^{\infty} 1 - \dfrac{2}{x+2} dx = \infty$

비교판정법에 의해 $\displaystyle\int_0^{\infty} \dfrac{x}{\sqrt{x^2 + x + 4}} dx$ 는 발산한다.

(나) (수렴) $\displaystyle\int_0^{\infty} \dfrac{1}{x^2 + 2x + 5} dx = \int_0^{\infty} \dfrac{1}{(x+1)^2 + 2^2} dx$

$= \dfrac{1}{2} \left[ \tan^{-1} \left( \dfrac{x+1}{2} \right) \right]_0^{\infty}$

$= \dfrac{1}{2} \left( \dfrac{\pi}{2} - \tan^{-1} \dfrac{1}{2} \right)$

(다) (발산) $\displaystyle\int_{-2}^{2} \dfrac{1}{x^2} dx = \int_{-2}^{0} \dfrac{1}{x^2} dx + \int_0^{2} \dfrac{1}{x^2} dx$

$p$급수판정법에 의해 발산한다.

(라) (발산) $\displaystyle\int_1^{3} \dfrac{1}{(x-2)^4} dx$ 는 $p > 1$ 이므로 발산한다.

## 22. ③

**풀이**

(가) (발산) $p = 1$이므로 발산한다.

(나) (수렴) 비교판정법에 의해 $\int_0^1 \frac{\sin x}{x}\,dx < \int_0^1 \frac{x}{x}\,dx$ 이고,

$\int_0^1 \frac{x}{x}\,dx = \int_0^1 1\,dx$는 수렴하므로

$\int_0^1 \frac{\sin x}{x}\,dx$도 수렴한다.

(다) (수렴) $\frac{1}{x} = t$ 라고 치환하면

$\int_0^1 x \sin \frac{1}{x}\,dx = \int_1^\infty \frac{1}{t}\sin t \frac{1}{t^2}\,dt = \int_1^\infty \frac{\sin t}{t^3}\,dt$

이므로 수렴한다.

(라) (수렴) $\frac{1}{x} = t$ 라고 치환하면 $\int_0^1 \sin \frac{1}{x}\,dx = \int_1^\infty \frac{\sin t}{t^2}\,dt$

이므로 수렴한다.

## 23. ④

**풀이**

(가) (수렴) $\int_0^1 (-\ln x)^n\,dx = n!$이므로

$\int_0^1 (\ln x)^5\,dx = -\int_0^1 (-\ln x)^5\,dx = -5!$

(나) (발산) $\int_0^1 \frac{1}{\sin x}\,dx > \int_0^1 \frac{1}{x}\,dx$이고

$\int_0^1 \frac{1}{x}\,dx$가 발산하므로

비교판정법에 의해 $\int_0^1 \frac{1}{\sin x}\,dx$는 발산한다.

(다) (수렴) $\int_0^\infty e^{-x^2}\,dx = \frac{\sqrt{\pi}}{2}$이므로 수렴한다.

(라) (수렴) $\int_0^1 \frac{e^x}{\sqrt{x}}\,dx < \int_0^1 \frac{e}{\sqrt{x}}\,dx$이고

$\int_0^1 \frac{e}{\sqrt{x}}\,dx$는 $p$급수판정법에 의해 수렴하므로

비교판정법에 의해 $\int_0^1 \frac{e^x}{\sqrt{x}}\,dx$도 수렴한다.

따라서 발산하는 것의 개수는 1개이다.

## 24. ③

**풀이**

① (수렴)

$\int_0^\infty \frac{x}{x^3 + 1}\,dx = \int_0^1 \frac{x}{x^3 + 1}\,dx + \int_1^\infty \frac{x}{x^3 + 1}\,dx$ 이고

$\int_0^1 \frac{x}{x^3 + 1}\,dx$ 는 상수이므로 수렴한다.

$x > 1$일 때, $0 \leq \frac{x}{x^3 + 1} < \frac{x}{x^3} = \frac{1}{x^2}$.

$I = \int_1^\infty \frac{1}{x^2}\,dx$ 라 하면 $p = 2 > 1$이므로 수렴한다.

$I$ 는 수렴하므로 비교판정법에 의해

$\int_1^\infty \frac{x}{x^3 + 1}\,dx$ 도 수렴한다.

따라서 $\int_0^\infty \frac{x}{x^3 + 1}\,dx$는 수렴한다.

② (수렴) $x \geq 0$일 때, $0 \leq \tan^{-1} x < \frac{\pi}{2} < 2$,

$0 \leq \frac{\tan^{-1} x}{2 + e^x} < \frac{2}{2 + e^x} < \frac{2}{e^x} = 2e^{-x}$.

$I = \int_0^\infty 2e^{-x}\,dx$

$= \lim_{t \to \infty} \int_0^t 2e^{-x}\,dx$

$= \lim_{t \to \infty} [-2e^{-x}]_0^t$

$= \lim_{t \to \infty} \left( -\frac{2}{e^t} + 2 \right) = 2$

$I$ 는 수렴하므로 비교판정법에 의해

$\int_0^\infty \frac{\tan^{-1} x}{2 + e^x}\,dx$ 도 수렴한다.

③ (발산) $x > 1$일 때, $f(x) = \frac{x + 1}{\sqrt{x^4 - x}} > \frac{x + 1}{\sqrt{x^4}} > \frac{x}{x^2} = \frac{1}{x}$.

$\int_1^\infty \frac{1}{x}\,dx$이 발산하므로 비교판정법에 의해

$\int_2^\infty f(x)\,dx$ 도 발산한다. 따라서

$\int_1^\infty f(x)\,dx = \int_1^2 f(x)\,dx + \int_2^\infty f(x)\,dx$ 은 발산한다.

④ (수렴) $0 < x \leq \pi$에서 $0 \leq \frac{\sin^2 x}{\sqrt{x}} \leq \frac{1}{\sqrt{x}}$이므로

$I = \int_0^\pi \frac{1}{\sqrt{x}}\,dx$

$= \lim_{t \to 0^+} \int_t^\pi x^{-1/2}\,dx$

$= \lim_{t \to 0^+} [2x^{1/2}]_t^\pi$

$= \lim_{t \to 0^+} (2\sqrt{\pi} - 2\sqrt{t}) = 2\sqrt{\pi}$

$I$ 는 수렴하므로 비교판정법에 의해

$\int_0^\pi \frac{\sin^2 x}{\sqrt{x}}\,dx$ 도 수렴한다.

## 25. ③

**[풀이]**

(가) $\lim\limits_{t \to 0^+}\int_t^1 \dfrac{1}{x(\ln x)}dx = \lim\limits_{t \to 0^+}[\ln|\ln x|]_t^1 = -\infty$

(나) $\lim\limits_{t \to 0^+}\int_t^1 \dfrac{1}{x(\ln x)^2}dx = \lim\limits_{t \to 0^+}\left[-\dfrac{1}{\ln x}\right]_t^1 = \infty$

(다) (수렴) $x \geq 0$일 때, $\sin x \leq x$이므로 $\dfrac{\sin x}{x} \leq 1$이다.

$\int_0^1 1dx = 1$로 수렴하므로 $\int_0^1 \dfrac{\sin x}{x}dx$도 수렴한다.

(라) (수렴) $\int_0^1 \dfrac{1}{x^p}dx$에서 $p = \dfrac{1}{2} < 1$이므로

$p$급수판정법에 의해 수렴한다.

## 26. ②

**[풀이]**

(ㄱ) (수렴) $\int_0^1 \dfrac{dx}{\sqrt{x}+x^3} < \int_0^1 \dfrac{dx}{\sqrt{x}}$

$\int_0^1 \dfrac{dx}{\sqrt{x}}$는 수렴하므로 비교판정법에 의해

$\int_0^1 \dfrac{dx}{\sqrt{x}+x^3}$은 수렴이다.

(ㄴ) (발산) $\int_1^2 \dfrac{dx}{x\ln x}$에서 $\ln x = t$로 치환하면 $\int_0^{\ln 2} \dfrac{dt}{t}$이고

$p$급수판정법에서 $p = 1$이므로 발산한다.

(ㄷ) (수렴) $\int_2^\infty \dfrac{dx}{x^2-x} = \int_2^\infty \dfrac{dx}{x(x-1)}$

$= \int_2^\infty \dfrac{-1}{x} + \dfrac{1}{x-1}dx$

$= -\ln x + \ln(x-1)]_2^\infty$

$= \ln \dfrac{x-1}{x}\Big]_2^\infty$

$= \ln 2$

## 27. ⑤

**[풀이]**

(a) (수렴) $\int_0^\infty \dfrac{1}{2+x^4}dx < \int_1^\infty \dfrac{1}{x^4}dx$이고

이상점이 $\infty$일 때, $p = 4 > 1$이므로

$\int_1^\infty \dfrac{1}{x^4}dx$는 수렴한다.

비교판정법에 의해 $\int_0^\infty \dfrac{1}{2+x^4}dx$은 수렴한다.

**[다른 풀이]**

유수적분을 사용하면 $z^4 = -2$에서 $z = \sqrt[4]{2}\,e^{\frac{\pi}{4}+\frac{\pi}{2}k}$이고
이중상반평면의 극은 $k = 0$, $k = 1$일 때 성립하므로

$z_1 = \sqrt[4]{2}\,e^{\frac{\pi}{4}}$, $z_2 = \sqrt[4]{2}\,e^{\frac{3}{4}\pi}$라 하면

$Res\limits_{z = z_1} f(z) = \left[\dfrac{1}{4z^3}\right]_{z = z_1} = \dfrac{1}{4\sqrt[4]{2^3}}e^{-\frac{3}{4}\pi}$

$Res\limits_{z = z_2} f(z) = \left[\dfrac{1}{4z^3}\right]_{z = z_2} = \dfrac{1}{4\sqrt[4]{2^3}}e^{-\frac{9}{4}\pi}$

$\therefore \int_{-\infty}^\infty \dfrac{dx}{2+x^4} = \dfrac{2\pi i}{4\sqrt[4]{2^3}}\left(e^{-\frac{3}{4}\pi}+e^{-\frac{9}{4}\pi}\right)$

$= \dfrac{2\pi i}{4\sqrt[4]{2^3}}\left(-e^{\frac{\pi}{4}}+e^{-\frac{\pi}{4}}\right)$

$= \dfrac{2\pi i}{4\sqrt[4]{2^3}} \cdot \left(-2i\sin\dfrac{\pi}{4}\right) = \dfrac{\pi}{8\sqrt[4]{2}}$

$\therefore \int_0^\infty \dfrac{dx}{2+x^4} = \dfrac{1}{2}\int_{-\infty}^\infty \dfrac{dx}{2+x^4} = \dfrac{\pi}{4\sqrt[4]{2}}$

(b) (수렴) $u' = xe^{-x^2}$, $v = x^3$이라 하고 부분적분을 사용하면

$2\int_0^\infty x^3(xe^{-x^2})dx$

$= -\dfrac{1}{2}x^3 e^{-x^2}\Big]_0^\infty + \dfrac{1}{2}\int_0^\infty 3x^2 \cdot e^{-x^2}dx$

$= 0 + \dfrac{3}{2}\left\{\left[-\dfrac{1}{2}xe^{-x^2}\right]_0^\infty + \dfrac{1}{2}\int_0^\infty e^{-x^2}dx\right\}$

$(\because xe^{-x^2} = u', \ x = v)$

$= 2 \times \dfrac{3}{2} \times \dfrac{1}{2} \times \dfrac{\sqrt{\pi}}{2} = \dfrac{3}{4}\sqrt{\pi}$

(c) (수렴) $\cos(e^{x^2}) \leq 1$, $2+\sin x \leq 3$이므로

$\int_1^\infty \dfrac{\cos(e^{x^2})}{x^2(2+\sin x)}dx \leq \int_1^\infty \dfrac{dx}{3x^2}$이고

$\int_1^\infty \dfrac{dx}{3x^2}$이 $p$급수판정법에 의해 수렴하므로
주어진 적분도 수렴한다.

(d) (수렴) $\dfrac{1}{x^2} = u'$, $(\ln x)^2 = v$라 하고 부분적분법을 사용하면

$\left[-\dfrac{(\ln x)^2}{x}\right]_1^\infty + \int_1^\infty 2\ln x \cdot \dfrac{1}{x^2}dx$

$= 0 + \left[-\dfrac{2\ln x}{x}\right]_1^\infty + 2\int_1^\infty \dfrac{1}{x^2}dx$

$\left(\because \dfrac{1}{x^2} = u', \ \ln x = v\right)$

$= 2\left[-\dfrac{1}{x}\right]_1^\infty = 2$

**28.** ③

(풀이) ① (발산) $\dfrac{1}{2}\displaystyle\int_0^\infty \dfrac{2x}{1+x^2}\,dx = \dfrac{1}{2}\left[\ln(1+x^2)\right]_0^\infty = \infty$

② (발산) $\ln x = t$로 치환하면

$$\int_0^\infty \dfrac{1}{t}\,dt = \int_0^1 \dfrac{1}{t}\,dt + \int_1^\infty \dfrac{1}{t}\,dt = \infty + \infty = \infty$$

③ (수렴) $\displaystyle\int_0^1 \ln x\,dx = -1$

④ (발산) $\displaystyle\int_1^2 \dfrac{1}{x-1}\,dx + \int_2^\infty \dfrac{1}{x-1}\,dx = \infty + \infty = \infty$

**29.** ②

(풀이) (a) (거짓)

〈반례〉 $a_n = (-1)^n$, $b_n = (-1)^{n-1}$이라 하면
$\{a_n\}$, $\{b_n\}$은 발산하지만 $a_n b_n = -1$이므로 수렴한다.

(b) (거짓) 〈반례〉

$a_n = \dfrac{1}{n}$일 때 $\displaystyle\lim_{n\to\infty}\dfrac{1}{n} = 0$이지만 $\displaystyle\sum_{n=0}^\infty \dfrac{1}{n}$은 발산한다.

(c) (참) $\displaystyle\sum_{n=1}^\infty \dfrac{1}{n^p}$ 꼴에서 $p = \dfrac{1}{2} < 1$이므로 발산한다.

(d) (참) $(-1)^n b_n = u_n$으로 놓으면 $\displaystyle\sum_{n=1}^\infty |u_n|$이 수렴하므로

$\displaystyle\sum_{n=1}^\infty u_n$은 절대수렴한다.

(e) (거짓) 〈반례〉 $a_n = \dfrac{1}{n^2}$이라 하면 $\displaystyle\sum_{n=1}^\infty a_n$은 수렴하지만

$$\lim_{n\to\infty}\dfrac{a_{n+1}}{a_n} = \lim_{n\to\infty}\dfrac{\dfrac{1}{(n+1)^2}}{\dfrac{1}{n^2}} = \lim_{n\to\infty}\dfrac{n^2}{n^2+2n+1} = 1$$

**30.** ②

(풀이) $\displaystyle\sum_{n=1}^\infty a_n x^n$이 수렴하는 가장 작은 수렴구간은 $[-5, 5)$이다.
즉, 수렴구간 $[-5, 5)$ 안에 있는 모든 $x$는 수렴하며,
범위 밖의 값에 대해서는 수렴하게도 발산하게도 만들 수 있다.
따라서 $\displaystyle\sum_{n=1}^\infty 4^n a_n$와 $\displaystyle\sum_{n=1}^\infty (-4)^n a_n$은 무조건 수렴한다.

① 〈반례〉 $a_n = \dfrac{1}{5^n n}$이라 하면

$$\sum_{n=1}^\infty (-5)^n a_n \text{과} \sum_{n=1}^\infty 4^n a_n \text{은 동시에 수렴한다.}$$

③ 〈반례〉 $a_n = \dfrac{1}{n!}$이라 하면

$$\sum_{n=1}^\infty (-5)^n a_n \text{과} \sum_{n=1}^\infty 5^n a_n \text{은 동시에 수렴한다.}$$

④ 〈반례〉 $a_n = \dfrac{1}{5^n n}$이라 하면 $\displaystyle\sum_{n=1}^\infty (-5)^n a_n$은 수렴하지만

$\displaystyle\sum_{n=1}^\infty 5^n a_n = \sum_{n=1}^\infty \dfrac{1}{n}$은 $p$급수판정법에 의해 발산한다.

**31.** ②

(풀이) ① (참) 발산 정리에 의해

$$\sum_{n=0}^\infty a_n y^n \text{이 수렴하면} \lim_{n\to\infty} a_n y^n = 0 \text{ 이다.}$$

② (거짓) 〈반례〉 $a_n = (-1)^n \dfrac{1}{n}$, $y = 1$일 때

$$\sum_{n=0}^\infty (-1)^n \dfrac{1}{n} (-1)^n = \sum_{n=0}^\infty \dfrac{1}{n} \text{이므로 발산한다.}$$

③ (참) $\displaystyle\lim_{n\to\infty}\left|\dfrac{a_{n+1} y^{n+1}}{a_n y^n}\right| = \lim_{n\to\infty}\left|\dfrac{a_{n+1}}{a_n}\right| y < 1$이다.

$\left(\because \sum a_n y^n \text{은 수렴. } y > 0\right)$

$b_n = a_n x^n$이라 하면 비율판정법에 의해

$$\lim_{n\to\infty}\left|\dfrac{b_{n+1}}{b_n}\right| = \lim_{n\to\infty}\left|\dfrac{a_{n+1} x^{n+1}}{a_n x^n}\right|$$

$$= \lim_{n\to\infty}\left|\dfrac{a_{n+1}}{a_n}\right| |x| < 1 (\because |x| < y)$$

따라서 $\displaystyle\sum_{n=0}^\infty a_n x^n$은 수렴한다.

④ (참) $b_n = n a_n x^n$이라 하면 비율판정법에 의해

$$\lim_{n\to\infty}\left|\dfrac{b_{n+1}}{b_n}\right| = \lim_{n\to\infty}\left|\dfrac{(n+1) a_{n+1} x^{n+1}}{n a_n x^n}\right|$$

$$= \lim_{n\to\infty}\left|\dfrac{n+1}{n}\right|\left|\dfrac{a_{n+1}}{a_n}\right| |x| < 1 \ (\because |x| < y)$$

따라서 $\displaystyle\sum_{n=0}^\infty a_n x^n$은 수렴한다.

**32.** ④

**풀이** (가) (수렴) $\sum_{n=1}^{\infty} |a_n|$ 이 수렴하므로 $\sum_{n=1}^{\infty} a_n$ 도 수렴한다.

(나) (수렴) $\sum_{n=1}^{\infty} |a_n|$, $\sum_{n=1}^{\infty} a_n$ 이 수렴하므로

$$\sum_{n=1}^{\infty} (|a_n| - a_n) = \sum_{n=1}^{\infty} |a_n| - \sum_{n=1}^{\infty} a_n \text{ 도 수렴한다.}$$

(다) (수렴) $\sum_{n=1}^{\infty} |a_n|$ 이 수렴하므로 $\lim_{n\to\infty} a_n = 0$ 이고

$(a_n)^2 \le |a_n|$ 하므로 $\sum_{n=0}^{\infty} (a_n)^2 \le \sum_{n=0}^{\infty} |a_n|$ 이다.

따라서 비교판정법에 의해 $\sum_{n=0}^{\infty} (a_n)^2$ 도 수렴한다.

(라) (수렴) $\sum_{n=1}^{\infty} |(-1)^n a_n| = \sum_{n=1}^{\infty} |a_n|$ 이 수렴하므로

$\sum_{n=1}^{\infty} (-1)^n a_n$ 도 수렴한다.

**33.** ④

**풀이** (가) (참) $a_n > 0$ 이고 $\sum_{n=1}^{\infty} a_n$ 이 수렴하면

$0 < a_n < \dfrac{1}{n}$ 이 성립한다.

$0 < a_n{}^2 < \dfrac{1}{n^2}$ 이므로

비교판정법 $\sum a_n{}^2 < \sum \dfrac{1}{n^2}$ 에 의해 $\sum a_n{}^2$ 도 수렴한다.

(나) (참) 절대수렴 판정법에 의해 $\sum (-1)^n a_n$ 은 수렴한다.

(다) (참) $a_n > 0$ 이고 $\sum_{n=1}^{\infty} a_n$ 이 수렴하면

$0 < a_n < \dfrac{1}{n}$ 이 성립한다.

$0 < \sqrt{a_n} \le \dfrac{1}{n^{1/2}}$, $0 \le \dfrac{\sqrt{a_n}}{n} \le \dfrac{1}{n^{3/2}}$ 이므로

비교판정법 $\sum \dfrac{\sqrt{a_n}}{n} < \sum \dfrac{1}{n^{3/2}}$ 에 의해

$\sum \dfrac{\sqrt{a_n}}{n}$ 도 수렴한다.

**34.** ②

**풀이** $|x| < 1$일 때,

$$\sin^{-1} x = x + \frac{1}{2} \cdot \frac{1}{3} x^3 + \frac{1}{2} \cdot \frac{3}{4} \cdot \frac{1}{5} x^5 + \cdots$$

$$\therefore a_0 + a_1 + a_2 + a_3 + a_4 = 1 + \frac{1}{6} = \frac{7}{6}$$

**35.** ④

**풀이** $f(x) = \cos x - \sin x$

$$= \left(1 - \frac{1}{2!} x^2 + \frac{1}{4!} x^4 - \frac{1}{6!} x^6 + \cdots - \frac{1}{2018!} x^{2018} + \cdots \right)$$
$$- \left(x - \frac{1}{3!} x^3 + \frac{1}{5!} x^5 - \frac{1}{7!} x^7 - \cdots + \frac{1}{2017!} x^{2017} - \cdots \right)$$

$$\therefore a_{2017} = -\frac{1}{2017!}, \ a_{2018} = -\frac{1}{2018!},$$

$$\frac{a_{2017}}{a_{2018}} = \frac{-\dfrac{1}{2017!}}{-\dfrac{1}{2018!}} = 2018$$

**36.** ④

**풀이** $f(x) = 2x^2 (1 + x^3)^{\frac{1}{2}}$

$$= 2x^2 \left(1 + \frac{1}{2} x^3 + \frac{1}{2!} \left(\frac{1}{2}\right)\left(-\frac{1}{2}\right) x^6 + \cdots \right.$$
$$\left. + \frac{1}{5!} \left(\frac{1}{2}\right)\left(-\frac{1}{2}\right)\left(-\frac{3}{2}\right)\left(-\frac{5}{2}\right)\left(-\frac{7}{2}\right) x^{15} + \cdots \right)$$
$$= \left(\cdots \left(2 \times \frac{1}{5!} \frac{1}{2} \frac{1}{2} \frac{3}{2} \frac{5}{2} \frac{7}{2}\right) x^{17} + \cdots \right)$$

$$x^{17} \text{의 계수} \times 17! = \frac{1 \times 2 \times 3 \times 4 \times 5 \times 7 \times \dfrac{1}{4}}{5! \times 2^5} \times 17!$$
$$= \frac{7 \times 17!}{2^7}$$

**37.** ②

**풀이** $f(x) = \ln \cos x$ 라 하면,

$f'(x) = -\tan x = -x - \dfrac{1}{3} x^3 - \dfrac{2}{15} x^4 - \cdots$ 이므로

$f(x) = C - \dfrac{1}{2} x^2 - \dfrac{1}{12} x^4 - \cdots$, $f(0) = 0$ 이므로 $C = 0$

따라서 $f(x)$의 $x^2$의 계수는 $-\dfrac{1}{2}$ 이고, $x^3$의 계수는 0이므로

두 수의 합은 $-\dfrac{1}{2}$ 이다.

[다른 풀이]

$\cos x = 1 - \dfrac{1}{2}x^2 + \dfrac{1}{4!}x^4 - \cdots$

$\ln(1+x) = x - \dfrac{1}{2}x^2 + \dfrac{1}{3}x^3 - \cdots$ 이므로

$\ln \cos x = \ln\left(1 - \dfrac{1}{2}x^2 + \dfrac{1}{4!}x^4 - \cdots\right)$

$\qquad = \left(-\dfrac{1}{2}x^2 + \dfrac{1}{4!}x^4 - \cdots\right)$

$\qquad\quad - \dfrac{1}{2}\left(-\dfrac{1}{2}x^2 + \dfrac{1}{4!}x^4 - \cdots\right)^2 + \cdots$

$\qquad = -\dfrac{1}{2}x^2 - \dfrac{1}{12}x^4 + \cdots$ 이다.

$x^2$의 계수는 $-\dfrac{1}{2}$, $x^3$의 계수는 0이므로

계수의 합은 $-\dfrac{1}{2}$이다.

**38.** ③

두 함수의 매클로린 급수 전개는

$\sinh x = x + \dfrac{1}{3!}x^3 + \dfrac{1}{5!}x^5 + \cdots,$

$\cos x = 1 - \dfrac{1}{2!}x^2 + \dfrac{1}{4!}x^4 - \cdots$ 이다.

$f(x) = \dfrac{\sinh x}{\cos x}$

$\quad = \dfrac{x + \dfrac{1}{3!}x^3 + \dfrac{1}{5!}x^5 + \cdots}{1 - \dfrac{1}{2!}x^2 + \dfrac{1}{4!}x^4 - \cdots}$

$\quad = x + \dfrac{2}{3}x^3 + \dfrac{3}{10}x^5 + \cdots$

$$
\begin{array}{r}
x + \dfrac{2}{3}x^3 + \dfrac{3}{10}x^5 + \cdots \\
1 - \dfrac{1}{2!}x^2 + \dfrac{1}{4!}x^4 - \cdots \overline{\smash{\big)}\, x + \dfrac{1}{3!}x^3 + \dfrac{1}{5!}x^5 + \cdots} \\
-\underline{\left| x - \dfrac{1}{2}x^3 + \dfrac{1}{24}x^5 - \cdots \right.} \\
\dfrac{2}{3}x^3 - \dfrac{1}{30}x^5 + \cdots \\
-\underline{\left| \dfrac{2}{3}x^3 - \dfrac{1}{3}x^5 + \cdots \right.} \\
\dfrac{3}{10}x^5 - \cdots
\end{array}
$$

$\therefore a_3 = \dfrac{2}{3},\ a_4 = 0,\ a_3 + a_4 = \dfrac{2}{3}$

**39.** 1

$f(x) = \dfrac{4}{x^2 - 6x + 5}$

$\quad = \dfrac{1}{x-5} - \dfrac{1}{x-1}$

$\quad = -\dfrac{1}{5} \cdot \dfrac{1}{1 - \dfrac{x}{5}} + \dfrac{1}{1-x}$

$\quad = -\dfrac{1}{5}\sum_{n=0}^{\infty}\left(\dfrac{x}{5}\right)^n + \sum_{n=0}^{\infty}x^n$

$\quad = \sum_{n=0}^{\infty}\left(1 - \dfrac{1}{5^{n+1}}\right)x^n$

$-\dfrac{1}{5}\sum_{n=0}^{\infty}\left(\dfrac{x}{5}\right)^n$의 수렴반경은 5이고

$\sum_{n=0}^{\infty}x^n$의 수렴반경은 1이므로 $f(x)$의 수렴반경은 1이다.

**40.** ④

$f(x) = \{(x-2)^2 + 2\}^{10} = 2^{10}\left(1 + \dfrac{(x-2)^2}{2}\right)^{10}$ 이고

$g(x) = \left(1 + \dfrac{(x-2)^2}{2}\right)^{10}$ 라 하면, $f(x) = 2^{10}g(x)$ 이다.

$g(x) = \left(1 + \dfrac{(x-2)^2}{2}\right)^{10}$ 에서 $(x-2)$의 테일러 전개를 하면

$g(x) = (1 + ★)^{10}$

$\quad = 1 + 10 \cdot ★ + \dfrac{1}{2!} \cdot 10 \cdot 9 \cdot ★^2$

$\qquad + \dfrac{1}{3!} \cdot 10 \cdot 9 \cdot 8 \cdot ★^3 + \cdots$

$\qquad + \dfrac{1}{8!} \cdot 10 \cdot 9 \cdots 3 \cdot ★^8 + \cdots$

$\quad = 1 + {}_{10}C_1 ★ + {}_{10}C_2 ★^2 + \cdots + {}_{10}C_8 ★^8 + {}_{10}C_9 ★^9 + ★^{10}$

$g(x)$의 $(x-2)^{16}$의 계수는 $\dfrac{{}_{10}C_8}{2^8} = \dfrac{{}_{10}C_2}{2^8} = \dfrac{45}{2^8}$ 이다.

$f(x) = 2^{10}g(x)$의 $x=2$에서 테일러 전개를 하면

$(x-2)^{16}$의 계수는 $2^{10} \cdot \dfrac{45}{2^8} = \dfrac{f^{(16)}(2)}{16!}$ 이므로

$f^{(16)}(2) = 180 \cdot 16!$ 이다.

**41.** ①

$x$축으로 $-1$만큼 평행이동하면 $\dfrac{x+1}{x-1} = \sum_{n=0}^{\infty}a_n x^n$,

$\dfrac{x-1+2}{x-1} = 1 - \dfrac{2}{1-x} = 1 - 2(1 + x + x^2 + \cdots)$

$x^7$의 계수는 $a_7 = -2$이다.

**42.** ②

풀이

$$\sum_{n=0}^{\infty} a_n (x-\pi)^n = (x-\pi)^3 \sin x = -(x-\pi)^3 \sin(x-\pi)$$

테일러 전개를 하면

$$\sin(x-\pi) = (x-\pi) - \frac{1}{3!}(x-\pi)^3 + \frac{1}{5!}(x-\pi)^5 - \cdots \text{이다.}$$

$$\sum_{n=0}^{\infty} a_n (x-\pi)^n = -(x-\pi)^3 \left\{ (x-\pi) - \frac{1}{3!(x-\pi)^3} + \cdots \right\}$$

$$\therefore a_6 = \frac{1}{3!}$$

**43.** ①

풀이

$$f(x) = \ln x = \ln(x-3+3)$$

$$= \ln\left\{ 3 \cdot \left(1 + \frac{x-3}{3}\right) \right\}$$

$$= \ln 3 + \ln\left(1 + \frac{x-3}{3}\right) \text{이고}$$

$x-3 = t$ 라고 치환하면 $f(t) = \ln 3 + \ln\left(1 + \frac{t}{3}\right)$ 이므로

$$f(t) = \ln 3 + \frac{t}{3} - \frac{1}{2}\left(\frac{t}{3}\right)^2 + \frac{1}{3}\left(\frac{t}{3}\right)^3 + \cdots \text{이다.}$$

$$f(x) = \ln 3 + \frac{x-3}{3} - \frac{1}{2}\left(\frac{x-3}{3}\right)^2 + \frac{1}{3}\left(\frac{x-3}{3}\right)^3 + \cdots$$

$$= \ln 3 + \sum_{n=1}^{\infty} \frac{(-1)^{n-1}}{n}\left(\frac{x-3}{3}\right)^n$$

따라서 $a_1 + a_2 = \frac{1}{3} - \frac{1}{18} = \frac{5}{18}$ 이다.

$a_n = \frac{(-1)^{n-1}}{n}\left(\frac{x-3}{3}\right)^n$ 이라 하면

$$\lim_{n \to \infty}\left|\frac{a_{n+1}}{a_n}\right| = \left|\frac{x-3}{3}\right| \text{이므로 비율판정법에 의해}$$

$\left|\frac{x-3}{3}\right| < 1 \Leftrightarrow |x-3| < 3$ 일 때 수렴한다.

따라서 수렴반경 $R = 3$ 이다.

$$\therefore (a_1 + a_2)R = \frac{5}{18} \times 3 = \frac{5}{6}$$

**44.** ②

풀이

(ㄱ) (거짓) $\sum \frac{\ln n}{n^p}$ 는 $p > 1$ 일 때 수렴하므로

$$\sum_{n=1}^{\infty} \frac{\ln n}{n^2} \text{은 수렴한다.}$$

(ㄴ) (참) $a_n = n!$ 이라 두고 비율판정법을 사용하면

$$\lim_{n \to \infty}\left|\frac{a_{n+1}}{a_n}\right| = \lim_{n \to \infty}\left|\frac{(n+1)!}{n!}\right|$$

$$= \lim_{n \to \infty} n+1 = \infty \text{이므로}$$

수렴반지름 $R = \lim_{n \to \infty}\left|\frac{a_n}{a_{n+1}}\right| = \frac{1}{\infty} = 0$ 이다.

(ㄷ) (참) $f(x) = \ln x$ 이므로

$$f'(x) = x^{-1}, \quad f''(x) = -x^{-2}, \quad f^{(3)}(x) = 2x^{-3} \text{이다.}$$

$$f^{(n)}(x) = (-1)^{n-1}(n-1)! x^{-n}$$

$$\Rightarrow f^{(n)}(2) = \frac{(-1)^{n-1}(n-1)!}{2^n} \text{이므로}$$

$f(x)$ 를 $x = 2$ 에서 테일러 전개를 하면

$$f(x) = \sum_{n=1}^{\infty} \frac{f^{(n)}(2)}{n!}(x-2)^n + \ln 2$$

$$= \sum_{n=1}^{\infty} \frac{(-1)^{n-1}}{n 2^n}(x-2)^n + \ln 2 \text{이다.}$$

$a_n = \frac{(-1)^{n-1}}{n 2^n}$ 이라 하면

$$\lim_{n \to \infty}\left|\frac{a_{n+1}}{a_n}\right| = \lim_{n \to \infty}\left|\frac{n 2^n}{(n+1)2^{n+1}}\right| = \frac{1}{2} \text{이므로}$$

수렴반지름 $R = \lim_{n \to \infty}\left|\frac{a_n}{a_{n+1}}\right| = 2$ 이다.

**45.** ③

풀이

$$g(x) = \frac{2}{2-x} = \frac{1}{1 - \frac{x}{2}} = \sum_{n=0}^{\infty}\left(\frac{x}{2}\right)^n$$

$$\Rightarrow g'(x) = f(x) = \sum_{n=0}^{\infty} a_n x^n = \sum_{n=0}^{\infty}(n+1)2^{-(1+n)}x^n$$

$a_n = (n+1)2^{-(1+n)}$ 이고

$$xf^{(3)}(x) = \sum_{n=1}^{\infty} b_n x^n$$

$$= \sum_{n=1}^{\infty}(n+1)(n)(n-1)(n-2)2^{-(n+1)}x^{n-2}$$

$n = 3$ 부터 항이 나오므로,

$$= \sum_{n=3}^{\infty}(n+1)(n)(n-1)(n-2)2^{-(n+1)}x^{n-2}$$

$$= \sum_{N=1}^{\infty}(N+3)(N+2)(N+1)(N)2^{-(N+3)}x^N$$

$$(\because n-2 = N \text{으로 치환})$$

$$b_n = n(n+1)(n+2)(n+3)2^{-(n+3)}$$

$$\lim_{n \to \infty}\frac{n^3 a_n}{b_n} = \lim_{n \to \infty}\frac{n^3(n+1)2^{-(1+n)}}{n(n+1)(n+2)(n+3)2^{-(n+3)}} = 4$$

**46.** ③

풀이

$$\sum_{n=0}^{\infty} \frac{(-1)^n}{(2n)!} = 1 - \frac{1}{2!} + \frac{1}{4!} - \frac{1}{6!} + \frac{1}{8!} - \cdots$$

$$= 1 - 0.5 + 0.041 - 0.001 + \cdots$$

$$\fallingdotseq 0.540$$

**47.** ①

**[풀이]** $\displaystyle\sum_{n=1}^{\infty}\frac{1}{n}\left(\frac{1}{3}\right)^n = -\ln\left(1-\frac{1}{3}\right) = -\ln\frac{2}{3} = \ln\frac{3}{2}$

**48.** ④

**[풀이]** $\displaystyle\sum_{n=0}^{\infty}\frac{1}{2n+1}\left(\frac{1}{2}\right)^{2n} = 2\sum_{n=0}^{\infty}\frac{1}{2n+1}\left(\frac{1}{2}\right)^{2n+1}$

$\ln(x+1) = x - \frac{1}{2}x^2 + \frac{1}{3}x^3 - \frac{1}{4}x^4 + \frac{1}{5}x^5 - \cdots$ 이므로

$\ln\left(\frac{1}{2}\right) = \left(-\frac{1}{2}\right) - \frac{1}{2}\left(-\frac{1}{2}\right)^2 + \frac{1}{3}\left(-\frac{1}{2}\right)^3 - \frac{1}{4}\left(-\frac{1}{2}\right)^4 + \cdots$

$\ln\left(\frac{3}{2}\right) = \left(\frac{1}{2}\right) - \frac{1}{2}\left(\frac{1}{2}\right)^2 + \frac{1}{3}\left(\frac{1}{2}\right)^3 - \frac{1}{4}\left(\frac{1}{2}\right)^4 + \cdots$ 이다.

$\ln\left(\frac{1}{2}\right) - \ln\left(\frac{3}{2}\right) = -2\sum_{n=0}^{\infty}\frac{1}{2n+1}\left(\frac{1}{2}\right)^{2n+1}$

$\therefore 2\sum_{n=0}^{\infty}\frac{1}{2n+1}\left(\frac{1}{2}\right)^{2n+1} = -\ln\frac{1}{3} = \ln 3$

**49.** ③

**[풀이]** $\tan^{-1}x = x - \frac{1}{3}x^3 + \frac{1}{5}x^5 + \cdots$

양변을 $x$로 나누면

$\Rightarrow \frac{\tan^{-1}x}{x} = 1 - \frac{1}{3}x^2 + \frac{1}{5}x^4 + \cdots$

$x = \frac{1}{\sqrt{3}}$을 대입하면

$\Rightarrow \dfrac{\tan^{-1}\left(\frac{1}{\sqrt{3}}\right)}{\frac{1}{\sqrt{3}}} = 1 - \frac{1}{3}\left(\frac{1}{3}\right) + \frac{1}{5}\left(\frac{1}{3}\right)^2 + \cdots$

$\therefore \sum_{n=0}^{\infty}\frac{(-1)^n}{2n+1}\frac{1}{3^n} = \frac{\sqrt{3}}{6}\pi = \frac{\pi}{2\sqrt{3}}$

**50.** ④

**[풀이]** $\frac{1}{2} + \frac{1}{1\times 3} - \frac{1}{3\times 5} + \frac{1}{5\times 7} - \frac{1}{7\times 9} + \cdots$

$= \frac{1}{2} + \frac{1}{2}\left(\frac{1}{1}-\frac{1}{3}\right) - \frac{1}{2}\left(\frac{1}{3}-\frac{1}{5}\right) + \frac{1}{2}\left(\frac{1}{5}-\frac{1}{7}\right) - \cdots$

$= 1 - \frac{1}{3} + \frac{1}{5} - \frac{1}{7} + \cdots = \frac{\pi}{4}$

**51.** ③

**[풀이]** $\displaystyle\sum_{n=0}^{\infty}\frac{x^n}{n!} = e^x$

양변에 $x^3$을 곱하면

$\Rightarrow \sum_{n=0}^{\infty}\frac{x^{n+3}}{n!} = x^3 e^x$

양변을 미분하면

$\Rightarrow \sum_{n=0}^{\infty}\frac{(n+3)x^{n+2}}{n!} = 3x^2 e^x + x^3 e^x$

양변에 $x=1$을 대입하면

$\Rightarrow \sum_{n=0}^{\infty}\frac{n+3}{n!} = 3e + e = 4e$

**52.** ②

**[풀이]** $\displaystyle\sum_{n=0}^{\infty}\frac{(-1)^n \pi^{2n}}{3^{2n}(2n)!} = \sum_{n=0}^{\infty}\frac{(-1)^n\left(\frac{\pi}{3}\right)^{2n}}{(2n)!} = \cos\left(\frac{\pi}{3}\right) = \frac{1}{2}$

**53.** ④

**[풀이]** $|x| < 1$일 때, $\displaystyle\sum_{n=0}^{\infty}x^n = 1 + x + x^2 + x^3 + \cdots = \frac{1}{1-x}$

양변을 미분하면

$\Rightarrow \sum_{n=1}^{\infty}nx^{n-1} = 1 + 2x + 3x^2 + 4x^3 + \cdots = \frac{1}{(1-x)^2}$

다시 양변을 미분하면

$\Rightarrow \sum_{n=2}^{\infty}n(n-1)x^{n-2} = 2 + 6x + 12x^2 + \cdots = \frac{2}{(1-x)^3}$

$x = \frac{1}{3}$을 대입하면

$\Rightarrow \sum_{n=2}^{\infty}n(n-1)\left(\frac{1}{3}\right)^{n-2} = \frac{2}{\left(\frac{2}{3}\right)^3} = \frac{27}{4}$

**54.** ②

**[풀이]** 기하급수 전개에 의해 $|x| < 1$일 때,

$\sum_{n=0}^{\infty}x^n = \frac{1}{1-x} = 1 + x + x^2 + x^3 + \cdots$

양변에 $x$를 곱하면

$\Rightarrow \sum_{n=0}^{\infty}x^{n+1} = \frac{x}{1-x} = x + x^2 + x^3 + x^4 + \cdots$

양변을 $x$에 대해 미분하면

$\Rightarrow \sum_{n=0}^{\infty}(n+1)x^n = \frac{1}{(1-x)^2} = 1 + 2x + 3x^2 + 4x^3 + \cdots$

다시 양변을 $x$에 대해 미분하면

$\Rightarrow \sum_{n=1}^{\infty}n(n+1)x^{n-1} = \frac{2}{(1-x)^3} = 2 + 6x + 12x^2 + \cdots$

다시 양변에 $x$를 곱하면

$\Rightarrow \sum_{n=1}^{\infty}n(n+1)x^n = \frac{2x}{(1-x)^3} = 2x + 6x^2 + 12x^3 + \cdots$

$x = \frac{1}{2}$을 대입하면

$$\Rightarrow \sum_{n=1}^{\infty} \frac{n(n+1)}{2^n} = \frac{2 \cdot \frac{1}{2}}{\left(1-\frac{1}{2}\right)^3} = 8$$

## 55. ④

**풀이**

$|x<1|$일 때, $\dfrac{1}{1-x} = \displaystyle\sum_{n=0}^{\infty} x^n$

$\dfrac{x}{(1-x)^2} = \displaystyle\sum_{n=0}^{\infty} nx^n$ 이고, $\dfrac{x+x^2}{(1-x)^3} = \displaystyle\sum_{n=0}^{\infty} n^2 x^n$ 이다.

$x=\dfrac{1}{2}$ 를 대입하면 $\displaystyle\sum_{n=0}^{\infty} n^2 \left(\frac{1}{2}\right)^n = \dfrac{\frac{1}{2}+\frac{1}{4}}{\frac{1}{8}} = 6$ 이다.

## 56. ①

**풀이**

$$\sum_{n=2}^{\infty} \frac{2}{n^2-1} = \sum_{n=2}^{\infty}\left(\frac{1}{n-1}-\frac{1}{n+1}\right)$$
$$= \lim_{n\to\infty}\left\{\left(\frac{1}{1}-\frac{1}{3}\right)+\left(\frac{1}{2}-\frac{1}{4}\right)+\left(\frac{1}{3}-\frac{1}{5}\right)+ \right.$$
$$\left. \cdots+\left(\frac{1}{n-1}-\frac{1}{n+1}\right)\right\} = \frac{3}{2}$$

## 57. ②

**풀이**

$$\sum_{n=1}^{\infty} \frac{2}{n(n+1)(n+2)}$$
$$= \sum_{n=1}^{\infty}\left(\frac{1}{n}-\frac{2}{n+1}+\frac{1}{n+2}\right)$$
$$= \sum_{n=1}^{\infty}\left(\frac{1}{n}-\frac{1}{n+1}-\frac{1}{n+1}+\frac{1}{n+2}\right)$$
$$= \sum_{n=1}^{\infty}\left(\frac{1}{n}-\frac{1}{n+1}\right)-\sum_{n=1}^{\infty}\left(\frac{1}{n+1}-\frac{1}{n+2}\right)$$
$$= 1-\frac{1}{2} = \frac{1}{2}$$

## 58. ④

**풀이**

$$\sum_{n=2}^{\infty} \frac{n+1}{3^n(n-1)} = \sum_{n=1}^{\infty} \frac{n+2}{3^{n+1}n}$$
$$= \frac{1}{3}\left(\sum_{n=1}^{\infty}\left(\frac{1}{3}\right)^n + 2\sum_{n=1}^{\infty}\frac{1}{n}\left(\frac{1}{3}\right)^n\right)$$
$$= \frac{1}{3}\left(\frac{1/3}{1-(1/3)} + 2(-\ln(1-1/3))\right)$$
$$= \frac{1}{3}\left(\frac{1}{2}+2\ln\frac{3}{2}\right) = \frac{1}{6}+\frac{2}{3}\ln\frac{3}{2}$$

## 59. ③

**풀이**

$$\sum_{n=3}^{\infty} \frac{(n+1)^2}{2^n(n-2)} = \sum_{n=1}^{\infty} \frac{(n+3)^2}{2^{n+2}n}$$
$$= \frac{1}{4}\sum_{n=1}^{\infty} \frac{n^2+6n+9}{2^n n}$$
$$= \frac{1}{4}\left\{\sum_{n=1}^{\infty} \frac{n}{2^n} + 6\sum_{n=1}^{\infty} \frac{1}{2^n} + 9\sum_{n=1}^{\infty} \frac{1}{2^n n}\right\}$$

( i ) $\displaystyle\sum_{n=1}^{\infty} \frac{n}{2^n}$ 의 값을 구하자.

$$\frac{1}{1-x} = \sum_{n=0}^{\infty} x^n$$

양변을 미분하면 $\Rightarrow \dfrac{1}{(1-x)^2} = \displaystyle\sum_{n=1}^{\infty} nx^{n-1}$

양변에 $x$를 곱하면 $\Rightarrow \dfrac{x}{(1-x)^2} = \displaystyle\sum_{n=1}^{\infty} nx^n$

$x=\dfrac{1}{2}$ 을 대입하면 $\Rightarrow \dfrac{\frac{1}{2}}{\frac{1}{4}} = \displaystyle\sum_{n=1}^{\infty} n\left(\frac{1}{2}\right)^n = 2$

( ii ) $\displaystyle\sum_{n=1}^{\infty} \frac{1}{2^n}$ 의 값을 구하면

$$\sum_{n=1}^{\infty} \frac{1}{2^n} = \frac{1}{2}+\frac{1}{4}+\frac{1}{8}+\cdots = \frac{\frac{1}{2}}{1-\frac{1}{2}} = 1$$

( iii ) $\displaystyle\sum_{n=1}^{\infty} \frac{1}{2^n n}$ 의 값을 구하면

$$\ln(1+x) = \sum_{n=1}^{\infty} \frac{(-1)^{n+1}}{n} x^n$$

$x=-x$를 대입하면

$$\ln(1-x) = \sum_{n=1}^{\infty} \frac{(-1)^{n+1}}{n}(-x)^n = \sum_{n=1}^{\infty} \frac{-x^n}{n}$$

양변에 $-1$을 곱하면 $\Rightarrow -\ln(1-x) = \displaystyle\sum_{n=1}^{\infty} \frac{x^n}{n}$

$x=\dfrac{1}{2}$ 을 대입하면 $\Rightarrow -\ln\left(1-\frac{1}{2}\right) = \displaystyle\sum_{n=1}^{\infty} \frac{1}{2^n n} = \ln 2$

$$\therefore \sum_{n=3}^{\infty} \frac{(n+1)^2}{2^n(n-2)}$$
$$= \frac{1}{4}\left\{\sum_{n=1}^{\infty} \frac{n}{2^n} + 6\sum_{n=1}^{\infty} \frac{1}{2^n} + 9\sum_{n=1}^{\infty} \frac{1}{2^n n}\right\}$$
$$= \frac{1}{4}(2+6\times 1+9\ln 2) = 2+\frac{9}{4}\ln 2$$

## 60. 암기사항

**풀이**

퓨리에 급수를 통해서 증명하기 어렵기 때문에
공식을 암기해서 갑시다!!

## ■ 2. 최댓값 & 최솟값

### 61. ②

**[풀이]** 속도벡터는 $v(t) = r'(t) = \langle 2t, 3, 2t-8 \rangle$이므로 속력은

$$|v(t)| = \sqrt{(2t)^2 + 3^2 + (2t-8)^2}$$
$$= \sqrt{8t^2 - 32t + 73}$$
$$= \sqrt{8(t-2)^2 + 41}$$

따라서 속력이 최소가 되는 $t$는 2이다.

### 62. ②

**[풀이]** $f(x) = x^{x^{-2}}$라 하면,

$$f'(x) = x^{-x^{-2}} \left\{ -2x^{-3}\ln x + x^{-2}\frac{1}{x} \right\}$$
$$= x^{x^{-2}} x^{-3} \{-2\ln x + 1\}$$

따라서 임계점 $x = e^{\frac{1}{2}}$에서

$f\left(e^{\frac{1}{2}}\right) = \left(e^{\frac{1}{2}}\right)^{\left(e^{\frac{1}{2}}\right)^{-2}} = \left(e^{\frac{1}{2}}\right)^{e^{-1}} = e^{\frac{1}{2e}}$ 을 함숫값으로 갖는다.

$x = e^{1/2}$의 좌우에서 $f'(x)$의 부호가 양에서 음으로 바뀌므로 $e^{\frac{1}{2e}}$은 최댓값이다.

### 63. ③

**[풀이]** 곡선 위의 점 $C(x, y)$와 점 $P$의 거리를 구하는 식은

$d = \sqrt{(x-1/2)^2 + y^2} = \sqrt{(x-1/2)^2 + x^3} = \sqrt{f(x)}$이고,

$f(x) = (x-1/2)^2 + x^3$의 미분을 하면

$$f'(x) = 3x^2 + 2x - 1 = (3x-1)(x+1)$$

$x = -1$ 또는 $1/3$에서 임계점을 갖지만,

$x > 0$이므로 $x = 1/3$에서 최솟값을 갖는다.

따라서 두 점의 거리는 $\sqrt{\dfrac{7}{108}}$ 이다.

### 64. ⑤

**[풀이]** 포물면 위의 한 점을 $(x, y, z)$라 하고, 이 점과 원점과의 거리

$d = \sqrt{(x-1)^2 + (y-1)^2 + z^2}$ 의 최솟값을 구하고자 한다.

$z = x^2 + y^2$을 만족하는 $(x, y, z)$에 대해

$$f = (x-1)^2 + (y-1)^2 + z^2$$
$$= (x-1)^2 + (y-1)^2 + (x^2+y^2)^2 \text{의 최솟값을}$$

이변수함수의 극대와 극소를 활용해서 구하자.

$$f_x = 2(x-1) + 4x(x^2+y^2) = 0$$
$$f_x = 2(y-1) + 4y(x^2+y^2) = 0$$

$x = y$일 때 성립하므로 임계점은 $\left(\dfrac{1}{2}, \dfrac{1}{2}\right)$이고,

여기서 극소이자 최솟값을 갖는다.

따라서 $f\left(\dfrac{1}{2}, \dfrac{1}{2}\right) = \dfrac{3}{4}$이고, $d = \dfrac{\sqrt{3}}{2}$이다.

### 65. ④

**[풀이]** 산술기하평균에 의해

$x^2 + 4y^2 \geq 2\sqrt{x^2 \cdot 4y^2} \Rightarrow 8 \geq 4|xy| \Rightarrow 2 \geq |xy|$

$xy$의 최댓값은 2, 최솟값은 $-2$이므로 $ab = -4$

**[다른 풀이]**

$\langle y, x \rangle = \lambda \langle 2x, 8y \rangle$에서 $2\lambda = \dfrac{y}{x}$, $8\lambda = \dfrac{x}{y}$

즉, $2\lambda = \dfrac{1}{8\lambda}$이므로 $\lambda = \pm\dfrac{1}{4}$

(i) $\lambda = \dfrac{1}{4}$일 때, $x = 2y$이므로

$\quad (2y)^2 + 4y^2 = 8$에서 $y = \pm 1$, $x = \pm 2$

(ii) $\lambda = -\dfrac{1}{4}$일 때, $x = -2y$이므로

$\quad (-2y)^2 + 4y^2 = 8$에서 $y = \pm 1$, $x = \mp 2$

따라서 $(\pm 2, \pm 1)$에서 최댓값 2,

$(\pm 2, \mp 1)$에서 최솟값 $-2$를 갖는다.

$\therefore ab = -4$

### 66. ①

**[풀이]** 산술기하평균을 이용하면

$x^2 + 2y^2 + 3y^2 \geq 3\sqrt[3]{6x^2y^2z^2} \Rightarrow 6 \geq 3\sqrt[3]{6x^2y^2z^2}$이므로

양변을 세제곱하여 정리하면 $xyz \leq \dfrac{2}{\sqrt{3}} = \dfrac{2\sqrt{3}}{3}$이다.

**[다른 풀이]**

$x^2 = 2y^2 = 3z^2$이 같을 때 산술기하평균의 최댓값을 갖는다.

따라서 $x^2 = 2y^2 = 3z^2 = 2$일 때 최댓값을 갖는다.

$(xyz)^2$의 최댓값은 $\dfrac{4}{3}$이고 $xyz$의 최댓값은 $\dfrac{2\sqrt{3}}{3}$이다.

### 67. ②

**[풀이]** 원뿔 밑면의 반지름을 $a$, 높이를 $h$, 원뿔의 부피를 $V$라 하면

$V = \dfrac{1}{3}\pi a^2 h$이다.

철사의 길이가 $1\,\mathrm{m}$이므로 $a + b = 1 \Leftrightarrow b = 1 - a$ 이고

피타고라스 정리에 의해

$a^2 + h^2 = b^2 \Leftrightarrow h^2 = b^2 - a^2 = (1-a)^2 - a^2 = 1 - 2a$이다.

따라서 부피 $V$ 는

$V = \dfrac{1}{3}\pi a^2 h \Leftrightarrow V = \dfrac{1}{3}\pi a^2 \sqrt{1-2a}$ 이므로

$$V' = \dfrac{\pi}{3}\left(2a\sqrt{1-2a} - \dfrac{a^2}{\sqrt{1-2a}}\right)$$
$$= \dfrac{\pi}{3}\left(\dfrac{2a(1-2a)-a^2}{\sqrt{1-2a}}\right)$$
$$= \dfrac{\pi}{3}\left(\dfrac{2a-5a^2}{\sqrt{1-2a}}\right)$$

임계점은 $a=0, \dfrac{2}{5}$ 이고, $a=0$이면 부피가 0이므로

부피의 최대가 되는 $a$는 $a=\dfrac{2}{5}$(m)이다.

## 68. ②

**풀이** 제약조건 $g(x,y,z):x^2+y^2+z^2=4$ 를 만족하는
$f(x,y,z)=2x+y+3z$의 최댓값을
라그랑주 승수법으로 구하면
$\nabla g // \nabla f \Leftrightarrow \nabla g = \lambda \nabla f$인
상수 $\lambda$ 가 존재할 때 최댓값을 갖는다.

$(x,y,z)=\lambda(2,1,3) \Leftrightarrow \begin{cases} x=2\lambda \\ y=\lambda \\ z=3\lambda \end{cases}$ 에서

$(x,y,z)$가 $g(x,y,z):x^2+y^2+z^2=4$를 만족하므로

$(2\lambda)^2+(\lambda)^2+(3\lambda)^2=4 \Leftrightarrow \lambda^2=\dfrac{2}{7}$, $\lambda=\pm\sqrt{\dfrac{2}{7}}$

$\lambda=\sqrt{\dfrac{2}{7}}$ 일 때 최댓값을 갖고

$(x,y,z)=\left(\dfrac{2\sqrt{2}}{\sqrt{7}}, \dfrac{\sqrt{2}}{\sqrt{7}}, \dfrac{3\sqrt{2}}{\sqrt{7}}\right)$이다.

따라서 최댓값을 가질 때의 $x=\dfrac{2\sqrt{2}}{\sqrt{7}}$이다.

## 69. ②

**풀이** $x^2+y^2+z^2+6y=5 \Leftrightarrow x^2+(y+3)^2+z^2=14$이므로
$y+3=k$라 하면 $x^2+k^2+z^2=14$이고
$x+2y+3z=x+2k+3z-6$이다.
코시-슈바르츠 부등식에 의해

$(1^2+2^2+3^2)(x^2+k^2+z^2) \geq (x+2k+3z)^2$
$\Rightarrow (1^2+2^2+3^2)\cdot 14 \geq (x+2k+3z)^2$
$\Rightarrow (x+2k+3z)^2 \leq 14^2$
$\Rightarrow -14 \leq x+2k+3z \leq 14$
$\Rightarrow -14-6 \leq x+2y+3z \leq 14-6$
$\therefore -20 \leq x+2y+3z \leq 8$

따라서 $x+2y+3z$의 최댓값은 8이다.

## 70. ④

**풀이** 라그랑주 미정계수법에 의해

$\langle x^3, y^3, z^3 \rangle = t\langle x,y,z \rangle \Leftrightarrow t=\dfrac{x^3}{x}=\dfrac{y^3}{y}=\dfrac{z^3}{z}$

( ⅰ ) $x\neq0, y\neq0, z\neq0$인 경우 $x^2=y^2=z^2=t\geq0$이고

조건식에 대입하면 $3t^2=1 \Leftrightarrow t^2=\dfrac{1}{3} \Leftrightarrow t=\dfrac{1}{\sqrt{3}}$

구하는 함수는 $f(x,y,z)=3t=\dfrac{3}{\sqrt{3}}=\sqrt{3}$ 이다.

( ⅱ ) $x=0, y\neq0, z\neq0$인 경우 $y^2=z^2=t\geq0$이고

조건식에 대입하면 $2t^2=1 \Leftrightarrow t^2=\dfrac{1}{2} \Leftrightarrow t=\dfrac{1}{\sqrt{2}}$

구하는 함수 $f(x,y,z)=2t=\dfrac{2}{\sqrt{2}}=\sqrt{2}$ 이다.

( ⅲ ) $x=0, y=0, z\neq0$인 경우 $z^2=t\geq0$이고

조건식에 대입하면 $t^2=1 \Leftrightarrow t=1$
구하는 함수 $f(x,y,z)=t=1$이다.

( ⅳ ) $x=y=z=0$인 경우는 존재하지 않는다.
따라서 $f$의 최댓값은 $\sqrt{3}$이고, 최솟값은 1이다.

**[다른 풀이]**
코시-슈바르츠 부등식에 의해
$(1^2+1^2+1^2)(x^4+y^4+z^4) \geq (x^2+y^2+z^2)^2$
$(x^2+y^2+z^2)^2 \leq 3$
$0 \leq x^2+y^2+z^2 \leq \sqrt{3}\,(\because x^2\geq0,\ y^2\geq0,\ z^2\geq0)$
$x^4+y^4+z^4=1$을 만족하는 $x^2+y^2+z^2=0$이 될 수 없다.
따라서 입체의 영역을 생각해봤을 때 $x^4+y^4+z^4=1$이다.
내접하는 가장 작은 구는 $x^2+y^2+z^2=1$임을 확인해야 한다.
최댓값은 $\sqrt{3}$, 최솟값은 1이므로 그 차는 $\sqrt{3}-1$이다.

## 71. ①

**풀이** 주어진 원기둥과 평면의 교집합은

$\begin{cases} x=\sqrt{2}\cos t \\ y=1-\sqrt{2}\cos t \quad (0\leq t\leq 2\pi)$이므로 \\ z=\sqrt{2}\sin t \end{cases}$

$f(x,y,z)=x+y+z=1+\sqrt{2}\sin t$이고,
최댓값 $a=1+\sqrt{2}$, 최솟값 $b=1-\sqrt{2}$이다.
따라서 $a+b=2$이다.

**[다른 풀이]**
조건을 만족하는 범위에서 $x+y=1$이므로
$f(x,y,z)=x+y+z=1+z$이다.
즉, $f(x,y,z)=g(z)$이다.
$z$의 값에 따라 $f(x,y,z)$의 최댓값과 최솟값이 결정된다.
$x^2+z^2=2$이므로 $z$의 최댓값은 $\sqrt{2}$, 최솟값은 $-\sqrt{2}$이다.
따라서 $z=\sqrt{2}$일 때 $f(x,y,z)$는 최댓값 $1+\sqrt{2}$,
$z=-\sqrt{2}$일 때 $f(x,y,z)$는 최솟값 $1-\sqrt{2}$를 갖는다.
$a=1+\sqrt{2}$, $b=1-\sqrt{2}$이므로 $a+b=2$이다.

**72.** ②

【풀이】 라그랑주 승수법에 의해

$x+y+2z=2$와 $z=x^2+y^2$을 만족할 때

$x^2+y^2+z^2$가 최댓값을 갖는 점은

$a(1, 1, 2)+b(2x, 2y, -1)=(2x, 2y, 2z)$이다.

$\begin{vmatrix} 1 & 1 & 2 \\ 2x & 2y & -1 \\ x & y & z \end{vmatrix}=0$을 만족하는 관계식을 찾자.

$\begin{vmatrix} 1 & 1 & 2 \\ 2x & 2y & -1 \\ x & y & z \end{vmatrix} = \begin{vmatrix} 1 & 1 & 2 \\ 0 & 0 & -1-2z \\ x & y & z \end{vmatrix} = (1+2z)(y-x)=0$이다.

( i ) $z=-\dfrac{1}{2}$인 경우는 $z=x^2+y^2 \geq 0$이므로 모순이다.

( ii ) $y=x$인 경우

관계식을 정리해서

$x+z=1, z=2x^2$을 만족하는 점을 찾자.

$2x^2=1-x$를 만족하는 $x$값은 $\dfrac{1}{2}$, $-1$이다.

$x=\dfrac{1}{2}$, $y=\dfrac{1}{2}$, $z=\dfrac{1}{2}$일 때

$x^2+y^2+z^2=\dfrac{3}{4}$이고 $e^{x^2+y^2+z^2}=e^{\frac{3}{4}}$.

$x=-1$, $y=-1$, $z=2$일 때

$x^2+y^2+z^2=6$이고 $e^{x^2+y^2+z^2}=e^6$이다.

따라서 최댓값은 $e^6$이다.

**73.** ①

【풀이】 교집합에 속하는 임의의 점을 $(x, y, z)$,

원점까지의 거리를 $d$라 하면 $d=\sqrt{x^2+y^2+z^2}$이고

$(x, y, z)$는 $z=\dfrac{9}{2}+\dfrac{x}{2}$와 $x^2+y^2=z^2$을 동시에 만족한다.

라그랑주 승수법을 이용하여 최댓값과 최솟값을 구하자.

$(x, y, z)//a(1, 0, -2)+b(x, y, -z)$

$\Leftrightarrow a+bx=x$, $y=by$, $z=-2a-bz$이므로

( i ) $a=0$, $b=1$일 때 $z=0$이고

이를 만족하는 $x$와 $y$는 존재하지 않는다.

( ii ) $b=1$일 때 $a \neq 0$은 $a+bx=x$을 만족시키지 못하므로

$(x, y, z)$가 존재하지 않는다.

( iii ) $b=-1$, $a=0$일 때, $x=0$, $y=0$이므로

$(x, y, z)$가 존재하지 않는다.

( iv ) $b=-1$, $a \neq 0$일 때, $y=0$이므로

$x^2=z^2$와 $z=\dfrac{9}{2}+\dfrac{x}{2}$을 만족해야 한다.

$x^2=\left(\dfrac{9}{2}+\dfrac{x}{2}\right)^2 \Leftrightarrow 3x^2-18x-81=0$

$\Leftrightarrow 3(x+3)(x-9)=0$이므로

$x=-3$일 때 $z=3$이며 거리 $d=\sqrt{9+0+9}=3\sqrt{2}$이다.

$x=9$일 때, $z=9$이며 거리 $d=\sqrt{81+0+81}=9\sqrt{2}$이다.

따라서 거리의 최댓값은 $9\sqrt{2}$이며 최솟값은 $3\sqrt{2}$이다.

[다른 풀이]

두 곡면의 교선을 구하기 위해

$z=\dfrac{9}{2}+\dfrac{x}{2}$를 $x^2+y^2=z^2$에 대입하면

$x^2+y^2=\left(\dfrac{9}{2}+\dfrac{x}{2}\right)^2 \Rightarrow 3x^2-18x+4y^2=81$

$\Rightarrow \dfrac{(x-3)^2}{36}+\dfrac{y^2}{27}=1$이다.

$x-3=6\cos t$, $y=\sqrt{27}\sin t$라 하면

$x=6\cos t+3$, $y=\sqrt{27}\sin t$이고, $z=3\cos t+6$이다.

즉, 교선 $C: r(t)=\langle x(t), y(t), z(t) \rangle$

$=< 6\cos t+3, \sqrt{27}\sin t, 3\cos t+6 >$

에서 원점까지의 거리는

$d=\sqrt{(6\cos t+3)^2+(\sqrt{27}\sin t)^2+(3\cos t+6)^2}$

$=\sqrt{18\cos^2 t+72\cos t+72}$

$\cos t=x(-1 \leq x \leq 1)$로 치환하면

$=\sqrt{18x^2+72x+72}=\sqrt{18(x^2+4x+4)}$

$=\sqrt{18(x+2)^2}=3\sqrt{2}|x+2|$이고

$x=1$일 때 최대 거리 $d=9\sqrt{2}$를 갖게 된다.

**74.** ②

【풀이】 이차형식에 의해

$x^2+y^2+z^2=1$에서 $g(x)=yz+zx$의 최댓값을 구하면

$g(x)=(x\ y\ z)\begin{pmatrix} 0 & 0 & \dfrac{1}{2} \\ 0 & 0 & \dfrac{1}{2} \\ \dfrac{1}{2} & \dfrac{1}{2} & 0 \end{pmatrix}\begin{pmatrix} x \\ y \\ z \end{pmatrix}$이고

$\begin{pmatrix} 0 & 0 & \dfrac{1}{2} \\ 0 & 0 & \dfrac{1}{2} \\ \dfrac{1}{2} & \dfrac{1}{2} & 0 \end{pmatrix}$의 고유치는 $0$, $-\dfrac{1}{\sqrt{2}}$, $\dfrac{1}{\sqrt{2}}$이다.

따라서 $g(x)$의 최댓값은 $\dfrac{1}{\sqrt{2}}$, 최솟값은 $-\dfrac{1}{\sqrt{2}}$이고

$f(x)=g(x)+1$의 최댓값은 $M=\dfrac{1}{\sqrt{2}}+1$,

최솟값은 $m=-\dfrac{1}{\sqrt{2}}+1$이다. 따라서 $M+m=2$이다.

**75.** ③

【풀이】 $A^2=\begin{pmatrix} 4 & 0 & 1 \\ 0 & 3 & 0 \\ 1 & 0 & 4 \end{pmatrix}\begin{pmatrix} 4 & 0 & 1 \\ 0 & 3 & 0 \\ 1 & 0 & 4 \end{pmatrix}=\begin{pmatrix} 17 & 0 & 8 \\ 0 & 9 & 0 \\ 8 & 0 & 17 \end{pmatrix}$이고,

$|X|=\sqrt{x^2+y^2+z^2}=20$이므로 $x^2+y^2+z^2=40$이다.

$$|AX|^2 = AX \cdot AX = X^t A^t AX = X^t A^2 X$$
$$= 17x^2 + 9y^2 + 17z^2 + 16xz$$
$$= 9(x^2 + y^2 + z^2) + 8x^2 + 8z^2 + 16xz$$
$$= 36 + 8x^2 + 8z^2 + 16xz$$
$$= 36 + 8(x^2 + z^2 + 2xz)$$

$B = \begin{pmatrix} 1 & 0 & 1 \\ 0 & 0 & 0 \\ 1 & 0 & 1 \end{pmatrix}$의 고유치는 $0, 0, 2$이므로

$x^2 + y^2 + z^2 = 4$일 때, $X = PY$로 치환하면

$u^2 + v^2 + w^2 = 4$이다.

$0 \le x^2 + z^2 + 2xz = 0u^2 + 0v^2 + 2w^2 = 2w^2 \le 8$이다.

$|AX|^2 = 36 + 8(x^2 + z^2 + 2xz) \le 36 + 64 = 100$이므로

$|AX|$의 최댓값은 $10$이다.

[다른 풀이]

$|X| = k$이고, $A$의 고윳값이 $\lambda_3 \leqq \lambda_1$일 때

$\lambda_3 k \le |AX| \le \lambda_1 k$가 성립한다.

$A$의 고윳값은 $3, 3, 5$이고, $|X| = 2$이므로

$|AX|$의 최댓값은 $10$이다.

## 76. ①

[풀이]  $f'(x) = \sqrt{4 - x^2} - \dfrac{x^2}{\sqrt{4 - x^2}} = 0$

$\Rightarrow \dfrac{4 - 2x^2}{\sqrt{4 - x^2}} = 0 \Rightarrow x = \sqrt{2}$

($x = -\sqrt{2}$는 구간 $[-1, 2]$에 들어가지 않는다.)

$f(-1) = -\sqrt{3}$, $f(2) = 0$, $f(\sqrt{2}) = 2$이므로

최댓값은 $2$, 최솟값은 $-\sqrt{3}$이다.

따라서 답은 $2 - \sqrt{3}$이다.

**TIP** 정의되는 구간을 잘 파악할 것.

만약 $f(-\sqrt{2}) = -2$를 계산하면

최대값 $2$, 최솟값 $-2$가 나오므로

최댓값+최솟값 $= 0$이 되어서 잘못된 답이 나온다.

## 77. ③

[풀이]  주어진 식을 $x - \dfrac{3}{x} = t$라 치환하여 $g(x) = x - \dfrac{3}{x}$라 하면,

$g'(x) = 1 + \dfrac{3}{x^2} > 0 \Rightarrow g(x)$는 증가함수이고,

$x$의 범위가 $1 \le x \le 3$이므로

$x - \dfrac{3}{x} = t$에서 $t$의 범위는 $-2 \le t \le 2$가 된다.

따라서 (준식)$= h(t) = 2t^3 - 15t^2 + 36t - 50 \ (-2 \le t \le 2)$

$h'(t) = 6t^2 - 30t + 36 = 6(t^2 - 5t + 6) = 6(t - 2)(t - 3)$

이고 $t = 2$에서 극댓값을 갖는다.

최댓값, 최솟값을 구하기 위해서 $t$의 양 끝값과 극값을 비교하면

$h(-2) = -198$, $h(2) = -22$이고,

각각 최솟값과 최댓값이 된다.

$\therefore$ (최댓값)$-$(최솟값)$= -22 - (-198) = 198 - 22 = 176$

## 78. ⑤

[풀이]  ( i ) $\{(x, y) \mid x^2 + y^2 < 1\}$에서 $f$의 임계점은

$f_x = 2x - 2 = 0$, $f_y = 2y - 4 = 0$일 때 $(1, 2)$이다.

그러나 주어진 영역 밖의 점이므로

주어진 영역 안에서 극값은 존재하지 않는다.

( ii ) 경계곡선 $x^2 + y^2 = 1$일 때

$f : x^2 + y^2 - 2x - 4y + 3$의 최대, 최소를

라그랑주 승수법으로 구하면

$\lambda(x, y) = (x - 1, y - 2) \Leftrightarrow \begin{cases} \lambda x = x - 1 \\ \lambda y = y - 2 \end{cases}$

$\Leftrightarrow \begin{cases} (1 - \lambda)x = 1 \\ (1 - \lambda)y = 2 \end{cases}$

$\lambda \ne 1$일 때, $x = \dfrac{1}{1 - \lambda}$, $y = \dfrac{2}{1 - \lambda}$이다.

$\left(\dfrac{1}{1 - \lambda}\right)^2 + \left(\dfrac{2}{1 - \lambda}\right)^2 = 1$

$\Leftrightarrow (1 - \lambda)^2 = 5 \Leftrightarrow \lambda - 1 = \pm\sqrt{5}$, $\lambda = 1 \pm \sqrt{5}$이므로

$\lambda = 1 - \sqrt{5}$일 때, $(x, y) = \left(\dfrac{1}{\sqrt{5}}, \dfrac{2}{\sqrt{5}}\right)$,

$\lambda = 1 + \sqrt{5}$일 때, $(x, y) = \left(-\dfrac{1}{\sqrt{5}}, -\dfrac{2}{\sqrt{5}}\right)$이다.

따라서 최솟값 $f\left(\dfrac{1}{\sqrt{5}}, \dfrac{2}{\sqrt{5}}\right) = 4 - 2\sqrt{5}$,

최댓값 $f\left(-\dfrac{1}{\sqrt{5}}, -\dfrac{2}{\sqrt{5}}\right) = 4 + 2\sqrt{5}$ 를 갖는다.

$\therefore M + m = 4 + 2\sqrt{5} + 4 - 2\sqrt{5} = 8$

[다른 풀이]

라그랑주 승수법을 사용하더라도

$x^2 + y^2 = 1$를 만족하는 함수이므로

주어진 함수를 $f(x, y) = 1 - 2x - 4y + 3 = 4 - 2x - 4y$

라고 정리하면 간결한 계산을 할 수 있다.

## 79. ③

[풀이]  ( i ) 타원 내부에서 임계점을 구하면

$f_x = -ye^{-xy}$, $f_y = -xe^{-xy}$에서 $(0, 0)$이고

$f(0, 0) = 1$

( ii ) 타원의 경계에서 $xy$의 최솟값을 구하면

$\langle 2x, 4y \rangle = \lambda \langle y, x \rangle$에서 $\lambda = \dfrac{2x}{y} = \dfrac{4y}{x}$

$\therefore x^2 = 2y^2$

타원의 방정식에 대입하면

$$\left(-\frac{1}{\sqrt{2}}, -\frac{1}{2}\right), \left(-\frac{1}{\sqrt{2}}, \frac{1}{2}\right), \left(\frac{1}{\sqrt{2}}, -\frac{1}{2}\right), \left(\frac{1}{\sqrt{2}}, \frac{1}{2}\right)$$

$xy$의 최솟값은 $-\frac{1}{2\sqrt{2}}$ 이므로 $e^{-xy}$의 최댓값은 $e^{\frac{1}{2\sqrt{2}}}$ 이다.

$e^{\frac{1}{2\sqrt{2}}} > e^0 = 1$이므로 ( i ), ( ii )에서 최댓값은 $e^{\frac{1}{2\sqrt{2}}}$ 이다.

**80.** ③

$f_x = 2x - 2 = 0$, $f_y = 4y = 0$에서 $(1, 0)$은 임계점이다.

$g(x, y) = x^2 + y^2 - 10$이라 하면

$\nabla f(x, y) = \lambda \nabla g(x, y)$에서 $\langle 2x-2, 4y \rangle = \lambda \langle 2x, 2y \rangle$

$2x - 2 = 2\lambda x$, $4y = 2\lambda y$이므로

$\lambda = \frac{x-1}{x} = 2$에서 $x = -1$이고

$(-1, 3), (-1, -3)$은 임계점이 된다.

$g(x, y) = 0$을 만족하는

$(\sqrt{10}, 0), (-\sqrt{10}, 0)$도 임계점이다.

각 임계점에서의 함숫값을 비교하면

$f(1, 0) = 1 - 2 + 3 = 2$,

$f(-1, 3) = 1 + 18 + 2 + 3 = 24$,

$f(-1, -3) = 1 + 18 + 2 + 3 = 24$,

$f(\sqrt{10}, 0) = 13 - 2\sqrt{10}$,

$f(-\sqrt{10}, 0) = 13 + 2\sqrt{10}$

최댓값은 24, 최솟값은 2이므로 합은 26이다.

**81.** ③

$y' = \frac{3(x^2+4) - 3x \cdot 2x}{(x^2+4)^2} = \frac{3(4-x^2)}{(x^2+4)^2}$이므로

| | $\cdots$ | $-2$ | $\cdots$ | $2$ | $\cdots$ |
|---|---|---|---|---|---|
| $y'(x)$ | $-$ | $0$ | $+$ | $0$ | $-$ |
| $y(x)$ | $\searrow$ | 극소 | $\nearrow$ | 극대 | $\searrow$ |

$\lim_{x \to -\infty} y = \lim_{x \to -\infty} \frac{3x}{x^2+4} = 0$, $\lim_{x \to \infty} y = \lim_{x \to \infty} \frac{3x}{x^2+4} = 0$,

$y(-2) = \frac{-6}{8} = -\frac{3}{4}$, $y(2) = \frac{6}{8} = \frac{3}{4}$

따라서 최댓값은 $y(2) = \frac{3}{4}$이다.

**82.** ②

$f'(x) = 4x^3 - 12x^2 + 4x + 20$

$f'(x) = 0$에서 $x = -1$

| | $x < -1$ | $-1$ | $x > -1$ |
|---|---|---|---|
| $f'(x)$ | $-$ | $0$ | $+$ |
| $f(x)$ | $\searrow$ | 극소 | $\nearrow$ |

$\therefore$ 최솟값 $f(-1) = 7$

**83.** ①

$f(x) = x\ln x + (1-x)\ln(1-x)$이므로

$0 < x < 1$에서 정의된다.

$f'(x) = \ln x + 1 - \ln(1-x) - 1$

$\qquad = \ln x - \ln(1-x)$

$\qquad = \ln\left(\frac{x}{1-x}\right)$이므로

$\frac{x}{1-x} = 1 \Leftrightarrow x = \frac{1}{2}$에서 임계점을 갖는다.

최솟값은 $f\left(\frac{1}{2}\right) = \frac{1}{2}\ln\frac{1}{2} + \frac{1}{2}\ln\frac{1}{2} = \ln\frac{1}{2} = -\ln 2$이다.

**84.** ②

곡면 위의 임의의 점 P를 $(x, y, z)$라 하고,

원점과 점 P 사이의 거리를 $d$라 하면 $d = \sqrt{x^2 + y^2 + z^2}$ 이다.

$(x, y, z)$는 곡면 $z^2 = xy + x - y + 4$위의 점이므로

$d = \sqrt{x^2 + y^2 + z^2} = \sqrt{x^2 + y^2 + xy + x - y + 4}$ 이다.

$f(x, y) = x^2 + y^2 + xy + x - y + 4$라 하면

$f_x = 2x + y + 1$, $f_y = 2y + x - 1$이므로

$(x, y) = (-1, 1)$에서 최솟값

$f(-1, 1) = 1 + 1 - 1 - 1 + 4 = 3$을 갖는다.

따라서 거리 $d$의 최솟값은 $\sqrt{3}$ 이다.

**85.** $\frac{512}{3\sqrt{3}}$

사각형 상자의 각 모서리의 길이를 각각 $x, y, z$라 하면

대각선의 길이가 8이므로 $x^2 + y^2 + z^2 = 64$를 만족한다.

부피는 $xyz$이므로 산술기하평균에 의해

$x^2 + y^2 + z^2 \geq 3\sqrt[3]{(xyz)^2}$ 이다.

$\frac{64}{3} \geq (xyz)^{\frac{2}{3}}$

$|xyz| \leq \left(\frac{64}{3}\right)^{\frac{3}{2}} = \frac{512}{3\sqrt{3}}$

따라서 부피의 최댓값은 $\frac{512}{3\sqrt{3}}$ 이다.

**86.** ⑤

$g(x, y) = x^2 + y^2 - 4$, $f(x, y) = 2x - y$라 하자.

라그랑주 승수법을 이용하면

$\nabla g(x, y) = \lambda \nabla f(x, y) \Leftrightarrow (2x, 2y) = \lambda(2, -1)$

$x = \lambda$, $y = -\frac{\lambda}{2}$를 제약조건 $g(x, y)$에 대입하면

$\lambda^2 + \frac{\lambda^2}{4} = 40$이고 $\lambda = \pm\frac{4}{\sqrt{5}}$이다.

$$\therefore (x,y) = \left(\frac{4}{\sqrt 5}, -\frac{2}{\sqrt 5}\right), \left(-\frac{4}{\sqrt 5}, \frac{2}{\sqrt 5}\right)$$

따라서 $2x-y$의 최댓값은 $2\sqrt 5$ 이다.

[다른 풀이]

코시-슈바르츠 부등식에 의해

$$(2^2+(-1)^2)(x^2+y^2) \ge (2x-y)^2$$
$$\Rightarrow (5)(4) \ge (2x-y)^2$$
$$\Rightarrow -2\sqrt 5 \le 2x-y \le 2\sqrt 5$$

따라서 $2x-y$의 최댓값은 $2\sqrt 5$ 이다.

## 87. ⑤

**풀이**

$g(x,y,z):4x^2+y^2+z^2=4$,
$h(x,y,z):x+y+z=0$라 하자.
$\Rightarrow \nabla f(x,y,z)=2(x,y,z)$,
$\qquad \nabla g(x,y,z)=2(4x,y,z)$,
$\qquad \nabla h(x,y,z)=(1,1,1)$이고,

라그랑주 승수법에 의해

$a\nabla g(x,y,z)+b\nabla h(x,y,z)=\nabla f(x,y,z)$
$\Leftrightarrow a(4x,y,z)+b(1,1,1)=(x,y,z)$

$$\Rightarrow \begin{cases} 4ax+b=x \\ ay+b=y \\ az+b=z \end{cases} \Leftrightarrow \begin{cases} (1-4a)x=b &\cdots \text{㉠} \\ (1-a)y=b &\cdots \text{㉡} \\ (1-a)z=b &\cdots \text{㉢} \end{cases}$$

( ⅰ ) $a=\dfrac{1}{4}$이면 $b=0$이고, $y=z=0$이므로

조건식과 모순관계이다.

( ⅱ ) $a=1$이면 $b=0$이고, $x=0$이므로 $y=-z$, $y^2=z^2=2$

$(x,y,z)=(0,-\sqrt 2,\sqrt 2),\ (0,\sqrt 2,-\sqrt 2)$ $\therefore f=4$

( ⅲ ) ㉡과 ㉢에서 $y=z$인 경우

$$(x,y,z)=\left(-\frac{2\sqrt 2}{3}, \frac{\sqrt 2}{3}, \frac{\sqrt 2}{3}\right) \text{ 또는 }$$

$$\left(\frac{2\sqrt 2}{3}, -\frac{\sqrt 2}{3}, -\frac{\sqrt 2}{3}\right)\text{이고}$$

$f(x,y,z)=x^2+y^2+z^2$의 값은 $\dfrac{4}{3}$이다.

$$\therefore M=4,\ m=\frac{4}{3},\ M-m=\frac{8}{3}$$

## 88. ③

**풀이** $g(x,y,z)=x^2+y^2+z^2-1$이라 하면
$\nabla f=\lambda\nabla g$에서 $(y+z,\ x+z,\ x+y)=\lambda(2x,2y,2z)$
즉, $2\lambda x=y+z$, $2\lambda y=x+z$, $2\lambda z=x+y$이다.
세 식을 변끼리 더하면
$2\lambda(x+y+z)=2(x+y+z) \Rightarrow (1-\lambda)(x+y+z)=0$
( ⅰ ) $\lambda=1$, $x+y+z\ne 0$일 때,

$$x^2+y^2+z^2=\left(\frac{y+z}{2}\right)^2+\left(\frac{z+x}{2}\right)^2+\left(\frac{x+y}{2}\right)^2=1$$
$$\Rightarrow 2(x^2+y^2+z^2)+2(xy+yz+zx)=4$$
$$\Rightarrow xy+yz+zx=1$$

( ⅱ ) $x+y+z=0$일 때,

$$x^2+y^2+z^2=(x+y+z)^2-2(xy+yz+zx)=1$$
$$\Rightarrow xy+yz+zx=-\frac{1}{2}$$

최댓값은 $1$, 최솟값은 $-\dfrac{1}{2}$이므로 $a-b=1-\left(-\dfrac{1}{2}\right)=\dfrac{3}{2}$

## 89. ③

**풀이** ( ⅰ ) 경계 $f(-1)=-\dfrac{1}{e}$, $f(1)=\dfrac{1}{e}$

( ⅱ ) 내부 $f(x)=xe^{-x^2}$

$$f'(x)=e^{-x^2}-2x^2e^{-x^2}=e^{-x^2}(1-2x^2)$$
$$f'(x)=0 \Rightarrow 1-2x^2=0 \Rightarrow x=\pm\frac{1}{\sqrt 2}$$
$$f\left(-\frac{1}{\sqrt 2}\right)=-\frac{1}{\sqrt{2e}},\ f\left(\frac{1}{\sqrt 2}\right)=\frac{1}{\sqrt{2e}}$$

최댓값은 $f\left(\dfrac{1}{\sqrt 2}\right)=\dfrac{1}{\sqrt{2e}}$ 이고

최솟값은 $f\left(-\dfrac{1}{\sqrt 2}\right)=-\dfrac{1}{\sqrt{2e}}$ 이다.

## 90. ①

**풀이** ( ⅰ ) $x^2+2y^2<1$일 때

$$f_x(x,y)=2xe^{-x}-(x^2+y^2)e^{-x}=e^{-x}(2x-x^2-y^2)$$

이고 $f_y(x,y)=2ye^{-x}$이므로 임계점은 $(0,0)$, $(2,0)$이다.
따라서 영역 안의 임계점은 $(0,0)$이고 $f(0,0)=0$이다.

( ⅱ ) $x^2+2y^2=1$일 때 $x=\cos\theta$, $y=\dfrac{1}{\sqrt 2}\sin\theta$로 치환하면

$$f(\theta)=\left(\cos^2\theta+\frac{1}{2}\sin^2\theta\right)e^{-\cos\theta}=\left(\frac{1}{2}+\frac{1}{2}\cos^2\theta\right)e^{-\cos\theta}$$

$$f'(\theta)=\cos\theta(-\sin\theta)e^{-\cos\theta}+\sin\theta\left(\frac{1}{2}+\frac{1}{2}\cos^2\theta\right)e^{-\cos\theta}$$

$$=\frac{1}{2}\sin\theta e^{-\cos\theta}(\cos^2\theta-2\cos\theta+1)$$

$$=\frac{1}{2}\sin\theta e^{-\cos\theta}(\cos\theta-1)^2\text{이므로}$$

$\theta=0,\ \theta=\pi$일 때 임계점이다.

따라서 $f(0)=e^{-1},\ f(\pi)=e$이다.

( ⅰ )과 ( ⅱ )에 의해 최댓값은 $e$이고, 최솟값은 $0$이다.

따라서 $M+m=e$이다.

## ■ 3. 벡터공간 & 선형변환

**91.** ④

**풀이** (가) (일차독립)

$$a(v_1+v_2)+b(v_2+v_3)+c(v_3+v_4)=\vec{0}$$에서

$$av_1+(a+b)v_2+(b+c)v_3+cv_4=\vec{0}$$이고,

$v_1,\ v_2,\ v_3,\ v_4$가 일차독립이려면

$a=0,\ a+b=0,\ b+c=0,\ c=0$이어야 한다.

$$\begin{pmatrix}1&0&0\\1&1&0\\0&1&1\\0&0&1\end{pmatrix}\begin{pmatrix}a\\b\\c\end{pmatrix}=\begin{pmatrix}0\\0\\0\\0\end{pmatrix}$$에서

$$rank\begin{pmatrix}1&0&0\\1&1&0\\0&1&1\\0&0&1\end{pmatrix}=rank\begin{pmatrix}1&0&0\\1&1&0\\0&1&1\\0&0&1\end{pmatrix}^T=rank\begin{pmatrix}1&1&0&0\\0&1&1&0\\0&0&1&1\end{pmatrix}=3$$이므로

유일한 해(자명해)를 갖는다.

이를 만족하는 벡터의 계수는 $a=0,\ b=0,\ c=0$이다.

따라서 $\{v_1+v_2,\ v_2+v_3,\ v_3+v_4\}$는 일차독립이다.

$\{v_1+v_2,\ v_2+v_3,\ v_3+v_4\}$의 벡터계수를 행벡터로 한

행렬 $\begin{pmatrix}1&1&0&0\\0&1&1&0\\0&0&1&1\end{pmatrix}$의 계수를 구하면

독립과 종속을 판단할 수 있다.

**[다른 풀이]**

$v_1=(1,0,0,0),\ v_2=(0,1,0,0),$

$v_3=(0,0,1,0),\ v_4=(0,0,0,1)$이라 하자.

$\{v_1+v_2,\ v_2+v_3,\ v_3+v_4\}$

$=\{(1,1,0,0),(0,1,1,0),(0,0,1,1)\}$라고 할 수 있고

$rankA=3$이므로 세 벡터는 일차독립이다.

(나) (일차독립)

$$\{v_1+v_2,\ v_2+v_3,\ v_3+v_4,\ v_4+v_1\}$$

$$\Rightarrow\begin{pmatrix}1&1&0&0\\0&1&1&0\\0&0&1&1\\1&0&0&1\end{pmatrix}\sim\begin{pmatrix}1&1&0&0\\0&1&1&0\\0&0&1&1\\0&-1&0&1\end{pmatrix}\sim\begin{pmatrix}1&1&0&0\\0&1&1&0\\0&0&1&1\\0&0&1&1\end{pmatrix}\sim\begin{pmatrix}1&1&0&0\\0&1&1&0\\0&0&1&1\\0&0&0&0\end{pmatrix}$$

따라서 종속이다.

(다) (일차독립)

$$\{v_1+v_2-3v_3,\ v_1+3v_2-v_3,\ v_1+v_3\}$$

$$\Rightarrow\begin{pmatrix}1&1&-3&0\\1&3&-1&0\\1&0&3&0\end{pmatrix}\sim\begin{pmatrix}1&1&-3&0\\0&2&2&0\\0&-1&6&0\end{pmatrix}$$

(라) (일차독립)

$$\{v_1+v_2-2v_3,\ v_1-v_2-v_3,\ v_1+v_3\}$$

$$\Rightarrow\begin{pmatrix}1&1&-2&0\\1&-1&-1&0\\1&0&1&0\end{pmatrix}\sim\begin{pmatrix}1&1&-2&0\\0&-2&1&0\\0&-1&3&0\end{pmatrix}$$

(마) (일차독립)

$$\{v_1,\ v_1+v_2,\ v_1+v_2+v_3,\ v_1+v_2+v_3+v_4\}\Rightarrow\begin{pmatrix}1&0&0&0\\1&1&0&0\\1&1&1&0\\1&1&1&1\end{pmatrix}$$

**92.** ②

**풀이** $R^3$의 부분공간 $S$는 $\{(0,0,0)\}$, $R^3$,

원점을 지나는 직선, 원점을 지나는 평면이다.

(가) $\{(x,y,7x-5y)|x,y\in R\}\Leftrightarrow z=7x-5y$

$\qquad\qquad\qquad\qquad\Leftrightarrow 7x-5y-z=0$인

원점을 지나는 평면이다. 따라서 부분공간이다.

(나) $(0,0,0)\notin\{(x,y,z)\in R^3|3x+7y-1=0\}$

원점을 지나는 평면이 아니다. 따라서 부분공간이 아니다.

(다) $A=\{(x,y,z)\in R^3|xy=0,\ xz=0,\ yz=0\}$

$\qquad=\{(x,0,0),(0,y,0),(0,0,z)|x,y,z\in R\}$이다.

벡터의 덧셈 $(x,y,0)\notin A$이므로

덧셈에 대해 닫혀 있지 않다.

따라서 주어진 공간은 부분공간이 아니다.

(라) $\{(x,y,z)\in R^3|5x+2y-3z=0\}$은

원점을 지나는 평면이다. 따라서 부분공간이다.

**93.** ①

**풀이** ① 부분공간이다.

② 비가역(특이)행렬들의 집합이다.

덧셈에 대해 닫혀 있지 않으므로 부분공간이 아니다.

〈예〉 $S=\{A\in V|\det(A)=0\}$

$A=\begin{bmatrix}1&2\\3&6\end{bmatrix},\ B=\begin{bmatrix}1&1\\1&1\end{bmatrix}$이면 $A\in S$이고 $B\in S$이지만

$\det(A+B)=\det\begin{bmatrix}2&3\\4&7\end{bmatrix}\neq 0$이므로 $A+B\notin S$이다.

**94.** ④

**풀이** ① $Rank(A)=1$이므로 행렬 $A$의 해공간 차원은 2이다.

따라서 해공간은 평면을 이루므로 직선을 포함할 수 있다.

② $Rank(A)=2$이므로 행렬 $A$의 해공간 차원은 1이다.

따라서 해공간은 직선을 이룬다.

③ $Rank(A)=2$이므로 행렬 $A$의 해공간 차원은 1이다.

따라서 해공간은 직선을 이룬다.

④ $Rank(A)=3$이므로 행렬 $A$의 해공간 차원은 0이다.

따라서 해공간은 직선을 포함하지 않는다.

**95.** ④

〈풀이〉 $A_1 = (1, 0, 1, 0)$, $A_2 = (0, 1, 1, 1)$,
$A_3 = (1, 2, 3, 2)$, $A_4 = (3, 1, 3, 1)$에 대해
$4 \times 4$ 행렬 $B$는 다음과 같다.

$$B = \sum_{i=1}^{4} A_i^t A_i = A_1^t A_1 + A_2^t A_2 + A_3^t A_3 + A_4^t A_4$$

$$= \begin{pmatrix} 1 & 0 & 1 & 3 \\ 0 & 1 & 2 & 1 \\ 1 & 1 & 3 & 3 \\ 0 & 1 & 2 & 1 \end{pmatrix} \begin{pmatrix} 1 & 0 & 1 & 0 \\ 0 & 1 & 1 & 1 \\ 1 & 2 & 3 & 2 \\ 3 & 1 & 3 & 1 \end{pmatrix} = A^T A$$

(열행의 법칙에 의해 행렬의 곱으로 나타낼 수 있다.)
계수의 성질에 의해
$rank(A) = rank(A^T A) = rank(A^T) = rank(AA^T)$ 이다.

$$A = \begin{pmatrix} 1 & 0 & 1 & 0 \\ 0 & 1 & 1 & 1 \\ 1 & 2 & 3 & 2 \\ 3 & 1 & 3 & 1 \end{pmatrix} \sim \begin{pmatrix} 1 & 0 & 1 & 0 \\ 0 & 1 & 1 & 1 \\ 0 & 2 & 2 & 2 \\ 0 & 1 & 0 & 1 \end{pmatrix} \sim \begin{pmatrix} 1 & 0 & 1 & 0 \\ 0 & 1 & 1 & 1 \\ 0 & 0 & 0 & 0 \\ 0 & 0 & -1 & 0 \end{pmatrix} \sim \begin{pmatrix} 1 & 0 & 1 & 0 \\ 0 & 1 & 1 & 1 \\ 0 & 0 & -1 & 0 \\ 0 & 0 & 0 & 0 \end{pmatrix}$$

$rankB = rank(A^T A) = rank(A) = 3$이다.

$$A = \begin{pmatrix} 1 & 0 & 1 & 0 \\ 0 & 1 & 1 & 1 \\ 1 & 2 & 3 & 2 \\ 3 & 1 & 3 & 1 \end{pmatrix} \sim \begin{pmatrix} 1 & 0 & 1 & 0 \\ 0 & 1 & 1 & 1 \\ 0 & 2 & 2 & 2 \\ 0 & 1 & 0 & 1 \end{pmatrix} \sim \begin{pmatrix} 1 & 0 & 1 & 0 \\ 0 & 1 & 1 & 1 \\ 0 & 0 & 0 & 0 \\ 0 & 0 & -1 & 0 \end{pmatrix} \sim \begin{pmatrix} 1 & 0 & 1 & 0 \\ 0 & 1 & 1 & 1 \\ 0 & 0 & -1 & 0 \\ 0 & 0 & 0 & 0 \end{pmatrix}$$

**96.** ⑤

〈풀이〉 $m \times n$ 행렬 $A$의 계급수가 $r$이면
행렬의 차원 정리에 의해 $A$의 영공간의 차원은 $n - r$이다.

**97.** ⑤

〈풀이〉 ①, ②, ③, ④ (거짓) 〈반례〉 $A = \begin{pmatrix} 1 & 0 & 0 \\ 1 & 0 & 0 \end{pmatrix}$

⑤ (참) $rank(A) = rank(A^T A) = k$

**98.** ①

〈풀이〉 $\boldsymbol{v} = (v_1, v_2, v_3, v_4)$는 $\boldsymbol{a} = (1, 1, 1, 0)$,
$\boldsymbol{b} = (1, 1, 0, 1)$, $\boldsymbol{c} = (1, 0, 1, 1)$과 모두 수직이므로
$v_1 + v_2 + v_3 = 0$, $v_1 + v_2 + v_4 = 0$, $v_1 + v_3 + v_4 = 0$을
동시에 만족한다.
$v_1 + v_2 + v_3 = 0$, $v_1 + v_2 + v_4 = 0$, $v_1 + v_3 + v_4 = 0$

$$\Leftrightarrow \begin{pmatrix} 1 & 1 & 1 & 0 \\ 1 & 1 & 0 & 1 \\ 1 & 0 & 1 & 1 \end{pmatrix} \begin{pmatrix} v_1 \\ v_2 \\ v_3 \\ v_4 \end{pmatrix} = \begin{pmatrix} 0 \\ 0 \\ 0 \end{pmatrix}$$

$$\Leftrightarrow \begin{pmatrix} 1 & 1 & 1 & 0 \\ 0 & 0 & -1 & 1 \\ 0 & -1 & 0 & 1 \end{pmatrix} \begin{pmatrix} v_1 \\ v_2 \\ v_3 \\ v_4 \end{pmatrix} = \begin{pmatrix} 0 \\ 0 \\ 0 \end{pmatrix}$$

$$\Leftrightarrow v_1 + v_2 + v_3 = 0, \ -v_3 + v_4 = 0, \ -v_2 + v_4 = 0$$

$$\Leftrightarrow v_1 = -2v_4, \ v_3 = v_4, \ v_2 = v_4$$

따라서 $(-2, 1, 1, 1)$을 기저로 갖는다.

(가) (참) $3v_1 + 2v_2 + 2v_3 + 2v_4 = 0$
$\Leftrightarrow -6 + 2 + 2 + 2 = 0$이 성립한다.

(나) (거짓) ${v_1}^2 - v_2 - v_3 - v_4 = 0$
$\Leftrightarrow 4 - 1 - 1 - 1 \neq 0$이 성립하지 않는다.

(다) (거짓) $v \cdot d = (-2, 1, 1, 1) \cdot (0, 1, 1, 1)$
$= 1 + 1 + 1 \neq 0$
따라서 $v$와 $d$는 서로 수직이 아니다.

(라) (거짓) $v$는 $a$, $b$, $c$가 만들어내는 공간에 수직한다.
$a$, $b$, $c$가 만들어내는 공간 안에 속하지 않으므로
$v = (-2, 1, 1, 1)$
$= \alpha(1, 1, 1, 0) + \beta(1, 1, 0, 1) + \gamma(1, 0, 1, 1)$을 만족하는
상수 $\alpha$, $\beta$, $\gamma$는 존재하지 않는다.

따라서 보기 중 옳은 명제는 (가)뿐이다.

**99.** ④

〈풀이〉 고윳값 0에 대한 고유공간의 차원은
고윳값 0에 대한 고유벡터의 수.
즉 고윳값 0의 기하적중복도이다.
이는 주어진 행렬의 해공간의 차원과 같다.($\because \lambda = 0$)
주어진 행렬의 $rank$가 1이므로 차원 정리에 의해
$5 - rank(A) = 5 - 1 = 4$이다.
따라서 고윳값 0의 고유공간의 차원은 4이다.
고윳값 0의 기하적중복도는 4이고,
대수적중복도는 4 이상이고,
$tr(A) = 10$이므로
5차 정방행렬 $A$의 고윳값이 $0, 0, 0, 0, 10$임을 알 수 있다.
따라서 서로 다른 고윳값의 합은 10이다.
$\therefore$ (고유공간의 차원) + (서로다른 고윳값의 합) $= 14$

**100.** ②

〈풀이〉 $A = \begin{pmatrix} 1 & 0 & a & 1 & d \\ -1 & -1 & b & -2 & e \\ 3 & 1 & c & 1 & f \end{pmatrix}$의 기약사다리꼴 행렬이

$\begin{pmatrix} 1 & 0 & 2 & 0 & -2 \\ 0 & 1 & -5 & 0 & -3 \\ 0 & 0 & 0 & 1 & 6 \end{pmatrix}$이므로

1열, 2열, 4열의 벡터가 열공간의 기저벡터이고,
1열, 2열, 4열 벡터의 일차결합으로
3열과 5열벡터가 생성되었다고 볼 수 있다.

( i ) $x\begin{pmatrix}1\\-1\\3\end{pmatrix}+y\begin{pmatrix}0\\-1\\1\end{pmatrix}+z\begin{pmatrix}1\\-2\\1\end{pmatrix}=\begin{pmatrix}a\\b\\c\end{pmatrix}$

좌표벡터 $(x,y,z)$를 구하기 위해서 확대행렬을 만들고,
기본행 연산을 한다면

$\begin{pmatrix}1&0&1&a\\-1&-1&-2&b\\3&1&1&c\end{pmatrix}\sim\begin{pmatrix}1&0&0&2\\0&1&0&-5\\0&0&1&0\end{pmatrix}$이므로

좌표벡터는 $(2,-5,0)$임을 알 수 있다.

$2\begin{pmatrix}1\\-1\\3\end{pmatrix}-5\begin{pmatrix}0\\-1\\1\end{pmatrix}+0\begin{pmatrix}1\\-2\\1\end{pmatrix}=\begin{pmatrix}a\\b\\c\end{pmatrix}=\begin{pmatrix}2\\3\\1\end{pmatrix}$이므로

$a+b+c=6$이다.

(ii) $x\begin{pmatrix}1\\-1\\3\end{pmatrix}+y\begin{pmatrix}0\\-1\\1\end{pmatrix}+z\begin{pmatrix}1\\-2\\1\end{pmatrix}=\begin{pmatrix}d\\e\\f\end{pmatrix}$

좌표벡터 $(x,y,z)$를 구하기 위해서 확대행렬을 만들고,
기본행 연산을 한다면

$\begin{pmatrix}1&0&1&d\\-1&-1&-2&e\\3&1&1&f\end{pmatrix}\sim\begin{pmatrix}1&0&0&-2\\0&1&0&-3\\0&0&1&6\end{pmatrix}$이므로

좌표벡터는 $(-2,-3,6)$임을 알 수 있다.

$-2\begin{pmatrix}1\\-1\\3\end{pmatrix}-3\begin{pmatrix}0\\-1\\1\end{pmatrix}+6\begin{pmatrix}1\\-2\\1\end{pmatrix}=\begin{pmatrix}d\\e\\f\end{pmatrix}=\begin{pmatrix}4\\-7\\-3\end{pmatrix}$이므로

$d+e+f=-6$이다.

따라서 3열과 5열의 성분의 합은 0이다.

## 101. ③

**풀이**

$5-4x+3x^2=A(x-x^2)+B(1-x)+C(1+x^2)$
$\qquad\qquad\quad =(-A+C)x^2+(A-B)x+(B+C)$

$\begin{cases}-A+C=3\\A-B=-4\\B+C=5\end{cases}$ 세 식을 모두 더하면 $2C=4$이므로

$C=2,\ A=-1,\ B=3$

$\therefore T(5-4x+3x^2)$
$\quad =(-1)T(x-x^2)+3T(1-x)+2T(1+x^2)$
$\quad =(-1)(1+x)+3(x+x^2)+2(1+x^2)$
$\quad =1+2x+5x^2$

$\therefore a+b+c=1+2+5=8$

[다른 풀이]

주어진 함수는 선형변환이므로 선형성에 의해 다음을 만족한다.

$T(x-x^2)=1+x\Rightarrow T(x)-T(x^2)=1+x$ ⋯ ㉠
$T(1-x)=x+x^2\Rightarrow T(1)-T(x)=x+x^2$ ⋯ ㉡
$T(1+x^2)=1+x^2\Rightarrow T(1)+T(x^2)=1+x^2$ ⋯ ㉢

㉠+㉡+㉢을 하면 $2T(1)=2+2x+2x^2$이므로

$T(1)=1+x+x^2$ ⋯ ㉣

㉣-㉡를 하면 $T(x)=1$이고,

㉢-㉣를 하면 $T(x^2)=-x$이다.

$T(5-4x+3x^2)=5T(1)-4T(x)+3T(x^2)=1+2x+5x^2$

$\therefore a+b+c=8$

## 102. ②

**풀이**

평면 $2x+3y-z=0$의 두 기저는 $\left\{\begin{pmatrix}1\\0\\2\end{pmatrix},\begin{pmatrix}0\\1\\3\end{pmatrix}\right\}$이고,

$T(1,0,2)=(0,0,0),\ T(0,1,3)=(0,0,0)$을 만족한다.

$T(1,-1,0)=(2,3,7)$이고,

$\begin{pmatrix}1\\0\\2\end{pmatrix},\begin{pmatrix}-3\\2\\0\end{pmatrix},\begin{pmatrix}1\\-1\\0\end{pmatrix}$은 일차독립이고 $R^3$의 기저가 된다.

$T(1,0,2)=T(1,0,0)+2T(0,0,1)=(0,0,0)$ ⋯ ㉠
$T(0,1,3)=T(0,1,0)+3T(0,0,1)=(0,0,0)$ ⋯ ㉡
$T(1,-1,0)=T(1,0,0)-T(0,1,0)=(2,3,7)$ ⋯ ㉢

㉡+㉢ $\Rightarrow$ $T(1,0,0)+3T(0,0,1)=(2,3,7)$
㉠ $\Rightarrow$ $T(1,0,0)+2T(0,0,1)=(0,0,0)$
㉡+㉢-㉠ $\Rightarrow$ $T(0,0,1)=(2,3,7)$

$\therefore T(1,0,0)=-2T(0,0,1)$
$\qquad\qquad\quad =-2(2,3,7)$
$\qquad\qquad\quad =(-4,-6,-14)$

## 103. ④

**풀이**

$(1,0,0)=e_1,\ (0,1,0)=e_2,\ (0,0,1)=e_3$이라 하면

$T(1)=(0,0,1)=0e_1+0e_2+1e_3$

$T(x)=\left(1,0,\dfrac{1}{2}\right)=1e_1+0e_2+\dfrac{1}{2}e_3$

$T(x^2)=\left(0,2,\dfrac{1}{3}\right)=0e_1+2e_2+\dfrac{1}{3}e_3$이므로

표현행렬 $T=\begin{pmatrix}0&1&0\\0&0&2\\1&\frac{1}{2}&\frac{1}{3}\end{pmatrix}$

$\displaystyle\sum_{i=1}^{3}\sum_{j=1}^{3}a_{ij}$는 $T$의 모든 성분의 합이므로

$T$의 모든 성분의 합은 $1+2+1+\dfrac{1}{2}+\dfrac{1}{3}=\dfrac{29}{6}$이다.

## 104. ②

**풀이**

회전축과 수직한 평면의 방정식은 $x-y+z=k\ (k\in R)$이다.
이 평면과 각 축과의 절편은 $(k,0,0),\ (0,-k,0),\ (0,0,k)$이다.
세 점의 중심은 회전축 위에 존재하고,

세 점과 중심이 이루는 각은 각각 $\dfrac{2\pi}{3}$이다.

표준행렬을 구하기 위해서 평면 $x-y+z=1$위의 세 점
$(1,0,0),\ (0,-1,0),\ (0,0,1)$을 생각하자.

( i ) 주어진 회전축에 대해 점 $(1,0,0)$을 $\dfrac{2\pi}{3}$만큼 회전하면

$(0,0,1)$이 된다. $\Rightarrow$ $T(1,0,0)=(0,0,1)$

(ii) 주어진 회전축에 대해 점 $(0,0,1)$을 $\dfrac{2\pi}{3}$만큼 회전하면

$(0,-1,0)$이 된다. $\Rightarrow$ $T(0,0,1)=(0,-1,0)$

( iii ) 주어진 회전축에 대해 점 $(0, -1, 0)$을 $\dfrac{2\pi}{3}$만큼 회전하면

$(1, 0, 0)$이 된다.

$\Rightarrow T(0, -1, 0) = (1, 0, 0) \Rightarrow T(0, 1, 0) = -(1, 0, 0)$

이를 $R^3$의 표준기저

$\{e_1 = (1, 0, 0), e_2 = (0, 1, 0), e_3 = (0, 0, 1)\}$에 대해

선형사상으로 나타내면

$T(e_1) = e_3,\ T(e_2) = -e_1, T(e_3) = -e_2$이므로

$$
\begin{aligned}
T(1, 2, 3) &= T(e_1 + 2e_2 + 3e_3) \\
&= T(e_1) + 2T(e_2) + 3T(e_3) \\
&= e_3 - 2e_1 - 3e_2 \\
&= (-2, -3, 1)
\end{aligned}
$$

$\therefore a + 2b + 3c = -5$

## 105.  ①

**풀이**

$w_1 = v_1 + 2v_2 + 4v_3,\ w_2 = v_2 + 2v_3,\ w_3 = v_3$

$T(v_1) = v_1 + 2v_2 + v_3,\ T(v_2) = v_1 + v_3,\ T(v_3) = -v_1 + v_2$

$$
\begin{aligned}
T(w_1) &= (v_1 + 2v_2 + v_3) + 2(v_1 + v_3) + 4(-v_1 + v_2) \\
&= -v_1 + 6v_2 + 3v_3
\end{aligned}
$$

$T(w_2) = (v_1 + v_3) + 2(-v_1 + v_2) = -v_1 + 2v_2 + v_3$

$T(w_3) = -v_1 + v_2$

$$
\begin{aligned}
T(w_1 + w_2 + w_3) &= -3v_1 + 9v_2 + 4v_3 = \alpha w_1 + \beta w_2 + \gamma w_3 \\
&= \alpha(v_1 + 2v_2 + 4v_3) + \beta(v_2 + 2v_3) + \gamma v_3
\end{aligned}
$$

따라서 $\alpha = -3, \beta = 15, \gamma = -14$이다.

$\therefore -3 + 15 - 14 = -2$

## 106.  ②

**풀이**

기저 $B$에서 기저 $C$로의 기저변환행렬은

$B$의 기저벡터 $X$에 대해 $T(X) = X$를 만족시키는

좌표벡터들의 집합이다.

$T(x) = x = v_1 - v_3 \cdots \text{㉠}$

$T(1 + x) = 1 + x = 2v_2 + v_3 \cdots \text{㉡}$

$T(1 - x + x^2) = 1 - x + x^2 = v_2 + v_3 \cdots \text{㉢}$

㉡ $-$ ㉢ $\Rightarrow v_2 = 2x - x^2$

$\Rightarrow$ 이 식을 ㉢에 대입하면 $v_3 = 1 - 3x + 2x^2$

$\Rightarrow$ 이 식을 ㉠에 대입하면 $v_1 = 1 - 2x + 2x^2$

따라서 $C$의 기저가 될 수 없는 것은 ②번이다.

**[다른 풀이]**

기저 $B$에서 기저 $C$로의 기저변환행렬을 $Q$라 하면,

기저 $C$에서 기저 $B$로의 기저변환행렬은

$Q^{-1} = \begin{pmatrix} 1 & 0 & 0 \\ -1 & 1 & -1 \\ 2 & -1 & 2 \end{pmatrix}$이다.

$$
\begin{aligned}
T^{-1}(v_1(x)) &= 1 \cdot x - 1 \cdot (1 + x) + 2 \cdot (1 - x + x^2) \\
&= 2x^2 - 2x + 1
\end{aligned}
$$

$$
\begin{aligned}
T^{-1}(v_2(x)) &= 0 \cdot 1 + 1 \cdot (1 + x) - 1 \cdot (1 - x + x^2) \\
&= -x^2 + 2x
\end{aligned}
$$

$$
\begin{aligned}
T^{-1}(v_3(x)) &= 0 \cdot 1 - 1 \cdot (1 + x) + 2 \cdot (1 - x + x^2) \\
&= 2x^2 - 3x + 1
\end{aligned}
$$

이 값이 $C$의 원소라고 할 수 있다.

## 107.  ①

**풀이**

순서 기저 $A = \{x,\ 1\}$에서

$B = \{2x - 1,\ 2x + 1\}$로의 변환행렬이므로

$\begin{cases} x = a(2x - 1) + b(2x + 1) \\ 1 = \alpha(2x - 1) + \beta(2x + 1) \end{cases}$ 이 성립하는

$a,\ b,\ \alpha,\ \beta$를 구하면

$\begin{cases} 2a + 2b = 1 \\ -a + b = 0 \end{cases} \Leftrightarrow a = \dfrac{1}{4},\ b = \dfrac{1}{4},$

$\begin{cases} 2\alpha + 2\beta = 0 \\ -\alpha + \beta = 1 \end{cases} \Leftrightarrow \alpha = -\dfrac{1}{2},\ \beta = \dfrac{1}{2}$ 이다.

즉 $\begin{cases} x = \dfrac{1}{4}(2x - 1) + \dfrac{1}{4}(2x + 1) \\ 1 = -\dfrac{1}{2}(2x - 1) + \dfrac{1}{2}(2x + 1) \end{cases}$ 이므로

$A$에서 $B$로의 좌표변환행렬은 $\begin{pmatrix} \dfrac{1}{4} & -\dfrac{1}{2} \\ \dfrac{1}{4} & \dfrac{1}{2} \end{pmatrix} = \dfrac{1}{4}\begin{pmatrix} 1 & -2 \\ 1 & 2 \end{pmatrix}$이다.

## 108.  ④

**풀이**

벡터공간 $V = \{c_1 b_1 + c_2 b_2 \mid c_1, c_2 \in R\}$는

$b_1$과 $b_2$로 만들어지는 평면이다.

평면의 법선벡터는 $\vec{n} = b_1 \times b_2 = \begin{vmatrix} i & j & k \\ 4 & 0 & 1 \\ 0 & 2 & 1 \end{vmatrix} = (-2, 4, 8)$이다.

따라서 벡터공간 $V$는 $x - 2y - 4y = 0$ 이다.

벡터 $a$와 $V$의 유클리디안 거리는

$V$의 법선벡터에 정사영한 벡터의 크기이므로

$d = \dfrac{|(1, -2, -4) \cdot (2, 0, 11)|}{\| (1, -2, -4) \|} = 2\sqrt{21}$ 이다.

## 109.  ②

**풀이**

네 벡터가 $R^3$를 형성하지 못하려면

네 벡터를 열벡터로 갖는 행렬의 계수가 3보다 작아야 한다.

$\begin{bmatrix} 1 & 4 & 6 \\ 0 & 2 & 2 \\ -1 & 12 & 10 \\ q & 3 & 1 \end{bmatrix} \sim \begin{bmatrix} 1 & 4 & 6 \\ 0 & 1 & 1 \\ 0 & 16 & 16 \\ q & 3 & 1 \end{bmatrix} \begin{bmatrix} \because (1\text{행}) + (3\text{행}) \rightarrow (3\text{행}) \\ (2\text{행}) \times \dfrac{1}{2} \quad \rightarrow (2\text{행}) \end{bmatrix}$

$$\sim \begin{bmatrix} 1 & 0 & 2 \\ 0 & 1 & 1 \\ 0 & 0 & 0 \\ q & 3 & 1 \end{bmatrix} \begin{bmatrix} \because (2\text{행}) \times (-4) + (1\text{행}) \rightarrow (1\text{행}) \\ (2\text{행}) \times (-16) + (3\text{행}) \rightarrow (3\text{행}) \end{bmatrix}$$

$$\sim \begin{bmatrix} 1 & 0 & 2 \\ 0 & 1 & 1 \\ 0 & 0 & 0 \\ q & 0 & -2 \end{bmatrix} [\because (2\text{행}) \times (-3) + (4\text{행}) \rightarrow (4\text{행})]$$

$$\sim \begin{bmatrix} 1 & 0 & 2 \\ 0 & 1 & 1 \\ 0 & 0 & 0 \\ 0 & 0 & -2-2q \end{bmatrix} [\because (1\text{행}) \times (-q) + (4\text{행}) \rightarrow (4\text{행})]$$

계수가 3 미만이려면 $-2-2q = 0$이어야 한다.

$$\therefore q = -1$$

## 110. ③

**[풀이]** (론스키안 행렬식)$=0$이면 벡터들은 일차종속이고
(론스키안 행렬식)$\neq 0$이면 벡터들은 일차독립이다.

① $\begin{vmatrix} 1 & x^2+1 & 2x^2-1 \\ 0 & 2x & 4x \\ 0 & 2 & 4 \end{vmatrix} = 0$

따라서 세 벡터들의 관계는 일차종속이다.

② $\begin{vmatrix} x+1 & (x+1)(x-1) & (x+1)^2 \\ 1 & 2x & 2(x+1) \\ 0 & 2 & 2 \end{vmatrix}$

$= (x+1) \begin{vmatrix} 1 & x-1 & x+1 \\ 1 & 2x & 2x+2 \\ 0 & 2 & 2 \end{vmatrix}$

$= (x+1) \begin{vmatrix} 1 & x-1 & x+1 \\ 0 & x+1 & x+1 \\ 0 & 2 & 2 \end{vmatrix} = 0$

따라서 세 벡터들의 관계는 일차종속이다.

③ $\begin{vmatrix} x^2-1 & (x+1)^2 & (x-1)^2 \\ 2x & 2(x+1) & 2(x-1) \\ 2 & 2 & 2 \end{vmatrix}$

$= 4 \begin{vmatrix} x^2-1 & (x+1)^2 & (x-1)^2 \\ x & x+1 & x-1 \\ 1 & 1 & 1 \end{vmatrix} \neq 0$

따라서 세 벡터들의 관계는 일차독립이다.

④ $\begin{vmatrix} x(x+1) & x^2-1 & (x+1)^2 \\ 2x+1 & 2x & 2(x+1) \\ 2 & 2 & 2 \end{vmatrix}$

$= 2(x+1) \begin{vmatrix} x & x-1 & x+1 \\ 2x+1 & 2x & 2x+2 \\ 1 & 1 & 1 \end{vmatrix}$

$= 2(x+1) \begin{vmatrix} 1 & x-1 & 2 \\ 1 & 2x & 2 \\ 0 & 1 & 0 \end{vmatrix}$

$= -2(x+1) \begin{vmatrix} 1 & 2 \\ 1 & 2 \end{vmatrix} = 0$

따라서 세 벡터들의 관계는 일차종속이다.

**[다른 풀이]**

① $\{1,\ x^2+1,\ 2x^2-1\}$의 표준기저들의 집합은
$\{(0, 0, 1), (1, 0, 1), (2, 0, -1)\}$이다.

$\begin{vmatrix} 0 & 0 & 1 \\ 1 & 0 & 1 \\ 2 & 0 & -1 \end{vmatrix} = 0$이므로 일차종속이다.

② $\{x+1,\ x^2-1,\ (x+1)^2\}$의 표준기저들의 집합은
$\{(0, 1, 1),\ (1, 0, -1),\ (1, 2, 1)\}$이다.

$\begin{vmatrix} 0 & 1 & 1 \\ 1 & 0 & -1 \\ 1 & 2 & 1 \end{vmatrix} = 0$이므로 일차종속이다.

③ $\{x^2-1,\ (x+1)^2,\ (x-1)^2\}$의 표준기저들의 집합은
$\{(1,0,-1),(1,2,1),(1,-2,1)\}$이다.

$\begin{vmatrix} 1 & 0 & -1 \\ 1 & 2 & 1 \\ 1 & -2 & 1 \end{vmatrix} \neq 0$이므로 일차독립이다.

④ $\{x(x+1),\ x^2-1,\ (x+1)^2\}$의 표준기저들의 집합은
$\{(1,1,0),(1,0,-1),(1,2,1)\}$이다.

$\begin{vmatrix} 1 & 1 & 0 \\ 1 & 0 & -1 \\ 1 & 2 & 1 \end{vmatrix} = 0$이므로 일차종속이다.

## 111. ②

**[풀이]** $\begin{vmatrix} 1 & 3 & 2 & 2 \\ 1 & 9 & 5 & 8 \\ 0 & 4 & 2 & 4 \\ 2 & 4 & 3 & 2 \end{vmatrix} \sim \begin{vmatrix} 1 & 3 & 2 & 2 \\ 0 & 6 & 3 & 6 \\ 0 & 4 & 2 & 4 \\ 0 & -2 & -1 & -2 \end{vmatrix} \sim \begin{vmatrix} 1 & 3 & 2 & 2 \\ 0 & 2 & 1 & 2 \\ 0 & 0 & 0 & 0 \\ 0 & 0 & 0 & 0 \end{vmatrix}$

$\therefore \dim(W) = 2$

## 112. ②

**[풀이]** $W = \{v \in V \mid 3v = 0\} = \{v \in V \mid v = 0\}$이므로
$W$는 영벡터로 구성된 $V$의 부분공간이다.
따라서 차원 정리에 의해 $W$의 차원은 0이다.
또한 부분공간의 정의와 차원 정리에 의해 나머지는 모두 옳다.

## 113. ④

**[풀이]** $null(A) = \left\{ (x, y, z, w) \left| \begin{pmatrix} 1 & 0 & -1 & -1 \\ 0 & 1 & -2 & 0 \\ 0 & 0 & 0 & 0 \end{pmatrix} \begin{pmatrix} x \\ y \\ z \\ w \end{pmatrix} = \begin{pmatrix} 0 \\ 0 \\ 0 \\ 0 \end{pmatrix} \right. \right\}$

$= \left\langle \begin{pmatrix} 1 \\ 0 \\ 0 \\ 1 \end{pmatrix}, \begin{pmatrix} 1 \\ 2 \\ 1 \\ 0 \end{pmatrix} \right\rangle$

$A$의 영공간은 $A$의 행공간과 수직 관계이므로
$A$의 행벡터와 $A$의 영공간의 벡터를 내적하면 0이 된다.

$$\therefore a=1, \ b=2, \ c=1, \ d=0$$
$$\therefore a+b+c+d=4$$

## 114. ③

**[풀이]** 객관식 보기를 활용하자.

$S \subset R^4$이고 2차원이므로 $S^\perp \subset R^4$는 2차원이다.

따라서 ①번과 ②번은 $S^\perp$의 기저가 될 수 없다.

③번과 ④번의 벡터들과 주어진 $S$의 벡터들을 직접 내적해서
결과가 0을 만족하는 $S^\perp$의 기저를 찾자.

**[다른 풀이]**

연립방정식을 이용해서 $S^\perp$의 기저를 구한다.

$\left\{ \begin{pmatrix} 1 \\ 0 \\ 2 \\ 1 \end{pmatrix}, \begin{pmatrix} 0 \\ 1 \\ 3 \\ -1 \end{pmatrix} \right\}$ 에 수직인 $R^4$ 공간의 원소를 $\begin{pmatrix} a \\ b \\ c \\ d \end{pmatrix}$ 라 하면,

$\begin{cases} a+2c+d=0 \\ b+3c-d=0 \end{cases}$ 을 만족한다.

즉, $S^\perp = \left\{ \begin{pmatrix} a \\ b \\ c \\ d \end{pmatrix} \middle| a+2c+d=0, \ b+3c-d=0 \right\}$

$S^\perp$의 한 기저는 $\left\{ \begin{pmatrix} -3 \\ -2 \\ 1 \\ 1 \end{pmatrix}, \begin{pmatrix} 1 \\ 4 \\ -1 \\ 1 \end{pmatrix} \right\}$ 이다.

## 115. ②

**[풀이]** $A = \begin{bmatrix} 2 & 3 & 1 \\ 3 & 3 & 1 \\ 2 & 4 & 1 \\ 5 & 7 & 2 \end{bmatrix} \sim \begin{bmatrix} 2 & 3 & 1 \\ 1 & 0 & 0 \\ 0 & 1 & 0 \\ 1 & 1 & 0 \end{bmatrix}$

$\begin{bmatrix} \because (1행)\times(-1)+(2행)\rightarrow(2행) \\ (1행)\times(-1)+(3행)\rightarrow(3행) \\ (1행)\times(-2)+(4행)\rightarrow(4행) \end{bmatrix}$

$\sim \begin{bmatrix} 0 & 0 & 1 \\ 1 & 0 & 0 \\ 0 & 1 & 0 \\ 0 & 0 & 0 \end{bmatrix}$

$\begin{bmatrix} \because (2행)\times(-2)+(3행)\times(-3)+(1행)\rightarrow(1행) \\ (2행)\times(-1)+(3행)\times(-1)+(4행)\rightarrow(4행) \end{bmatrix}$

따라서 $rank A = 3$이다.

$\begin{aligned} \therefore \dim(\mathrm{Ker}(T_A)) &= nullity(T_A) = nullity(A^T) \\ &= 4 - rank(A^T) = 4 - rank A \\ &= 4 - 3 = 1 \end{aligned}$

## 116. ③

**[풀이]** $rank(A) = rank(A^T) = rank(AA^T) = 2$이고

$\dim(N(A)) = \dim(N(A^TA)) = 5 - 2 = 3$이므로

$rank(AA^T) + \dim(N(A)) + \dim(N(A^TA)) = 8$이다.

## 117. ①

**[풀이]** $|A-\lambda I| = \begin{vmatrix} 3-\lambda & 0 & 14 & 7 \\ 0 & 3-\lambda & -4 & -2 \\ 0 & 0 & 15-\lambda & 6 \\ 0 & 0 & -18 & -6-\lambda \end{vmatrix}$

$= (3-\lambda)^2(\lambda^2 - 9\lambda + 18) = (\lambda-3)^3(\lambda-6)$

따라서 $\lambda_1 = 3$, $\lambda_2 = 6$이다.

$\lambda_1 = 3$일 때, $A-3I = \begin{pmatrix} 0 & 0 & 14 & 7 \\ 0 & 0 & -4 & -2 \\ 0 & 0 & 12 & 6 \\ 0 & 0 & -18 & -9 \end{pmatrix}$이고

$rank(A-3I) = 1$이므로 $n_1 = 4-1 = 3$이다.

$\lambda_2 = 6$일 때, 대수적중복도가 1이므로 기하적중복도도 1이다.

따라서 $n_2 = 1$이다.

$\therefore \lambda_1 + \lambda_2 + n_1 + n_2 = 3+6+3+1 = 13$

## 118. ③

**[풀이]** $A = \begin{pmatrix} 1 & 2 & 3 & 4 \\ 2 & 4 & 6 & 8 \\ 3 & 6 & 9 & 12 \\ 4 & 8 & 12 & 16 \end{pmatrix}$, $|A| = 0$이므로 고윳값 중 0이 존재한다.

$A$는 대칭행렬이므로 대각화가능해야 하고
모든 고윳값의 대수적중복도와 기하적중복도가 같아야 한다.

$rank(A) = 1$이므로

$\lambda = 0$의 기하적 중복도는 3이고, 대수적중복도 또한 3이다.

$tr(A) = 30$이므로 $\lambda = 0, 0, 0, 30$이어야 한다.

따라서 서로 다른 고윳값은 $0, 30$이고,
서로 다른 고윳값의 합은 30이다.

## 119. ②

**[풀이]** $A = [a_1, a_2, a_3, a_4, a_5] \sim \begin{bmatrix} 1 & 2 & 0 & 5 & -3 \\ 0 & 0 & 1 & -1 & 2 \\ 0 & 0 & 0 & 0 & 0 \end{bmatrix}$이므로

$A$의 열공간은 2차원임을 알 수 있다.

열공간의 기저는 $\{a_1, a_3\}$라고 할 수 있고,

기저의 표현법이 유일하지 않기 때문에

문제에서 제시한 $\{a_1, a_4\}$도 기저라고 할 수 있다.

그 외의 열벡터는 두 열벡터 $\{a_1, a_4\}$의

일차결합으로 생성된다고 할 수 있다.

구하고자 하는 5열 $\begin{pmatrix} a \\ b \\ c \end{pmatrix}$는 $x a_1 + y a_4 = a_5$라고 할 수 있다.

$x \begin{pmatrix} 1 \\ 2 \\ 3 \end{pmatrix} + y \begin{pmatrix} 3 \\ 5 \\ 8 \end{pmatrix} = \begin{pmatrix} a \\ b \\ c \end{pmatrix}$의 좌표벡터를 구하면

$\begin{pmatrix} 1 & 3 & a \\ 2 & 5 & b \\ 3 & 8 & c \end{pmatrix} \sim \begin{pmatrix} 1 & 5 & -3 \\ 0 & -1 & 2 \\ 0 & 0 & 0 \end{pmatrix} \sim \begin{pmatrix} 1 & 0 & 7 \\ 0 & 1 & -2 \\ 0 & 0 & 0 \end{pmatrix}$이므로

$x = 7$, $y = -2$이다. 따라서 $7 \begin{pmatrix} 1 \\ 2 \\ 3 \end{pmatrix} - 2 \begin{pmatrix} 3 \\ 5 \\ 8 \end{pmatrix} = \begin{pmatrix} 1 \\ 4 \\ 5 \end{pmatrix}$이다.

## 120. ④

( i ) $V$의 기저 $\beta$에 대한 $T$의 행렬 $[T]_\beta$를 구하자.

$T : V \rightarrow V$이 $T(X) = \begin{bmatrix} 1 & 2 \\ 3 & 4 \end{bmatrix} X$로 주어진 선형변환이므로

$T\left( \begin{bmatrix} 1 & 0 \\ 0 & 0 \end{bmatrix} \right) = \begin{bmatrix} 1 & 2 \\ 3 & 4 \end{bmatrix} \begin{bmatrix} 1 & 0 \\ 0 & 0 \end{bmatrix} = \begin{bmatrix} 1 & 0 \\ 3 & 0 \end{bmatrix}$

$= 1 \begin{bmatrix} 1 & 0 \\ 0 & 0 \end{bmatrix} + 0 \begin{bmatrix} 0 & 1 \\ 0 & 0 \end{bmatrix} + 3 \begin{bmatrix} 0 & 0 \\ 1 & 0 \end{bmatrix} + 0 \begin{bmatrix} 0 & 0 \\ 0 & 1 \end{bmatrix}$

$T\left( \begin{bmatrix} 0 & 1 \\ 0 & 0 \end{bmatrix} \right) = \begin{bmatrix} 1 & 2 \\ 3 & 4 \end{bmatrix} \begin{bmatrix} 0 & 1 \\ 0 & 0 \end{bmatrix} = \begin{bmatrix} 0 & 1 \\ 0 & 3 \end{bmatrix}$

$= 0 \begin{bmatrix} 1 & 0 \\ 0 & 0 \end{bmatrix} + 1 \begin{bmatrix} 0 & 1 \\ 0 & 0 \end{bmatrix} + 0 \begin{bmatrix} 0 & 0 \\ 1 & 0 \end{bmatrix} + 3 \begin{bmatrix} 0 & 0 \\ 0 & 1 \end{bmatrix}$

$T\left( \begin{bmatrix} 0 & 0 \\ 1 & 0 \end{bmatrix} \right) = \begin{bmatrix} 1 & 2 \\ 3 & 4 \end{bmatrix} \begin{bmatrix} 0 & 0 \\ 1 & 0 \end{bmatrix} = \begin{bmatrix} 2 & 0 \\ 4 & 0 \end{bmatrix}$

$= 2 \begin{bmatrix} 1 & 0 \\ 0 & 0 \end{bmatrix} + 0 \begin{bmatrix} 0 & 1 \\ 0 & 0 \end{bmatrix} + 4 \begin{bmatrix} 0 & 0 \\ 1 & 0 \end{bmatrix} + 0 \begin{bmatrix} 0 & 0 \\ 0 & 1 \end{bmatrix}$

$T\left( \begin{bmatrix} 0 & 0 \\ 0 & 1 \end{bmatrix} \right) = \begin{bmatrix} 1 & 2 \\ 3 & 4 \end{bmatrix} \begin{bmatrix} 0 & 0 \\ 0 & 1 \end{bmatrix} = \begin{bmatrix} 0 & 2 \\ 0 & 4 \end{bmatrix}$

$= 0 \begin{bmatrix} 1 & 0 \\ 0 & 0 \end{bmatrix} + 2 \begin{bmatrix} 0 & 1 \\ 0 & 0 \end{bmatrix} + 0 \begin{bmatrix} 0 & 0 \\ 1 & 0 \end{bmatrix} + 4 \begin{bmatrix} 0 & 0 \\ 0 & 1 \end{bmatrix}$

$\therefore$ 행렬 $[T]_\beta = \begin{pmatrix} 1 & 0 & 2 & 0 \\ 0 & 1 & 0 & 2 \\ 3 & 0 & 4 & 0 \\ 0 & 3 & 0 & 4 \end{pmatrix}$

(ii) $[T]_\beta$의 행렬식을 계산하자.

$|[T]_\beta| = \begin{vmatrix} 1 & 0 & 2 & 0 \\ 0 & 1 & 0 & 2 \\ 3 & 0 & 4 & 0 \\ 0 & 3 & 0 & 4 \end{vmatrix}$

$= \begin{vmatrix} 1 & 0 & 2 & 0 \\ 0 & 1 & 0 & 2 \\ 0 & 0 & -2 & 0 \\ 0 & 3 & 0 & 4 \end{vmatrix}$ $(\because 1$행$\times(-3) + 3$행$\rightarrow 3$행$)$

$= 1 \times \begin{vmatrix} 1 & 0 & 2 \\ 0 & -2 & 0 \\ 3 & 0 & 4 \end{vmatrix}$ $(\because 1$열에 대해 라플라스 전개$)$

$= (-2) \times \begin{vmatrix} 1 & 2 \\ 3 & 4 \end{vmatrix}$ $(\because 2$열에 대해 라플라스 전개$)$

$= -2(1 \times 4 - 2 \times 3) = 4$

## ■ 4. 선적분 & 면적분

## 121. ⑤

$\displaystyle \int_C (x + \sqrt{y}) ds = \int_0^1 (t + t) \sqrt{(1)^2 + (2t)^2}\, dt$

$\displaystyle = \int_0^1 2t \sqrt{1 + 4t^2}\, dt$

$\displaystyle = \frac{1}{6}(5\sqrt{5} - 1)$

## 122. ③

밀도함수가 $f(x,y,z)$일 때 질량은 $m = \displaystyle\int_C f(x,y,z) ds$이다.

$f(x,y,z) = x^2 + y^2 + z^2$이므로

곡선의 좌표를 대입하면 $f(t) = t^2 + 1$이다.

$r(t) = \langle t, \cos t, \sin t \rangle$이고,

$r'(t) = \langle 1, -\sin t, \cos t \rangle$, $|r'(t)| = \sqrt{2}$이다.

$m = \displaystyle\int_C f(x,y,z)\, ds$

$\displaystyle = \int_0^{2\pi} f(t) |r'(t)|\, dt$

$\displaystyle = \int_0^{2\pi} \sqrt{2}(t^2 + 1)\, dt$

$= \sqrt{2}\left( \dfrac{8\pi^3}{3} + 2\pi \right)$

## 123. ④

$\displaystyle \int_C \vec{F} \cdot d\vec{r} = -\int_0^{\frac{\pi}{2}} (9\cos^2 t, \, 3\cos t) \cdot (-3\sin t, \, 3\cos t)\, dt$

$\displaystyle = \int_0^{\frac{\pi}{2}} (27\cos^2 t \sin t - 9\cos^2 t)\, dt$

$= \left[ -9\cos^3 t \right]_0^{\frac{\pi}{2}} - 9 \times \dfrac{1}{2} \times \dfrac{\pi}{2} = 9 - \dfrac{9}{4}\pi$

## 124. ④

(ㄱ) 원점을 포함하는 폐곡선에 대한 선적분 값은 $2\pi$이고

원점을 포함하지 않는 폐곡선에 대한 선적분 값은 0이므로

경로에 독립인 벡터장이 아니다.

(ㄴ) $P(x,y) = e^x \cos y$, $Q(x,y) = e^x \sin y$

$\Rightarrow Q_x = e^x \sin y$, $P_y = -e^x \sin y$

따라서 경로에 독립인 벡터장이 아니다.

(ㄷ) $P(x, y) = \dfrac{y^2}{1+x^2}$, $Q(x, y) = 2y \tan^{-1} x$

$\Rightarrow Q_x = \dfrac{2y}{1+x^2} = P_y$ 따라서 경로에 독립인 벡터장이다.

(ㄹ) $P(x, y) = ye^x + \sin y$, $Q(x, y) = e^x + x \cos y$

$\Rightarrow Q_x = e^x + \cos y = P_y$

따라서 경로에 독립인 벡터장이다.

## 125. ②

**풀이** $F(x, y) = \langle P(x, y), Q(x, y) \rangle = \langle y^2, 2xy - e^y \rangle$일 때

$P_y = 2y$, $Q_x = 2y$이므로 $F$는 보존적 벡터장이고,

경로에 대해서 독립적이다.

$\therefore \displaystyle\int_C F \cdot dr = \left[ xy^2 - e^y \right]_{(1, 0)}^{(0, 1)} = -e - (-1) = 1 - e$

[다른 풀이]

$F(x, y) = \langle y^2, 2xy - e^y \rangle$이고

$r(t) = \langle \cos t, \sin t \rangle$이므로

경로 $C$를 따라 벡터장이 물체에 대해 한 일은

$\displaystyle\int_C F \cdot dr$

$= \displaystyle\int_0^{\frac{\pi}{2}} F(r(t)) \cdot r'(t) \, dt$

$= \displaystyle\int_0^{\frac{\pi}{2}} \langle \sin^2 t, 2\cos t \sin t - e^{\sin t} \rangle \cdot \langle -\sin t, \cos t \rangle \, dt$

$= \displaystyle\int_0^{\frac{\pi}{2}} (-\sin^3 t + 2\cos^2 t \sin t - \cos t \, e^{\sin t}) \, dt$

$= -\displaystyle\int_0^{\frac{\pi}{2}} \sin^3 t \, dt + \int_0^{\frac{\pi}{2}} (2\cos^2 t \sin t - \cos t \, e^{\sin t}) \, dt$

$= -\dfrac{2}{3} + \left[ -\dfrac{2}{3} \cos^3 t - e^{\sin t} \right]_0^{\frac{\pi}{2}} = 1 - e$

## 126. ④

**풀이** $x = \cos\theta$, $dx = -\sin\theta \, d\theta$, $y = \sin\theta$, $dy = \cos\theta \, d\theta$이므로

$\displaystyle\int_0^{\pi} \{-\sin^2\theta(1 + \cos(\cos\theta\sin\theta))\} \, d\theta$

$\qquad - \displaystyle\int_0^{\pi} \{\cos^2\theta(1 - \cos(\cos\theta\sin\theta))\} \, d\theta$

$= \displaystyle\int_0^{\pi} \{-1 + \cos(\cos\theta\sin\theta)(-\sin^2\theta + \cos^2\theta)\} \, d\theta$

$= -\pi + \displaystyle\int_0^{0} \cos u \, du = -\pi$

$(\cos\theta\sin\theta = u, \ (-\sin^2\theta + \cos^2\theta) \, d\theta = du)$

[다른 풀이]

시점을 $(-1, 0)$, 종점을 $(1, 0)$으로 하는

$x$축상의 경로를 $C_1$이라 하고

$C_2 = C \cup C_1$이라 하면 $C_2$는 지름이 $x$축 상에 있는 반원이다.

$\displaystyle\oint_{C_2} y(1 + \cos(xy)) dx - x(1 - \cos(xy)) dy$

$= \displaystyle\iint_D \{-(1 - \cos(xy)) - xy\sin(xy)\}$

$\qquad - \{1 + \cos(xy) - xy\sin(xy)\} \, dxdy$

$= \displaystyle\iint_D (-2) \, dxdy (\because$ 그린 정리$)$

$= (-2) \times (D$의 넓이$)$

$= (-2) \times \dfrac{\pi}{2} = -\pi$

$C = C_2 - C_1$이고 $\displaystyle\int_{C_1} F \cdot dr$을 구하면 $x = t$, $y = 0$으로

매개화하면 $-1 \le t \le 1$이고

$dx = dt$, $dy = 0$이므로 $\displaystyle\int_{C_1} F \cdot dr = \int_0^1 0 \, dt = 0$이다.

$\therefore \displaystyle\int_C F \cdot dr = \int_{C_2} F \cdot dr - \int_{C_1} F \cdot dr = -\pi$

## 127. ③

**풀이** $curl F = \begin{vmatrix} i & j & k \\ \dfrac{\partial}{\partial x} & \dfrac{\partial}{\partial y} & \dfrac{\partial}{\partial z} \\ e^x \sin y & e^x \cos y & z^2 \end{vmatrix}$

$\qquad = i(0) - j(0) + k(e^x \cos y - e^x \cos y) = \vec{O}$

따라서 $F$는 보존적 벡터장이다.

$\therefore \displaystyle\int_C F \cdot dS = \left[ e^x \sin y + \dfrac{1}{3} z^3 \right]_{(0, 0, 0)}^{\left(1, \frac{\pi}{2}, 1\right)} = e + \dfrac{1}{3}$

## 128. ③

**풀이** 그린 정리를 사용한다.

$\displaystyle\oint_C -y^2 dx + 2xy \, dy = \iint_D 2y - (-2y) dA$

$\qquad = \displaystyle\iint_D 4y \, dA$

$\qquad = \displaystyle\int_0^1 \int_0^{\sqrt{x}} 4y \, dy dx$

$\qquad = \displaystyle\int_0^1 \left[ 2y^2 \right]_0^{\sqrt{x}} dx$

$\qquad = \displaystyle\int_0^1 2x \, dx$

$\qquad = \left[ x^2 \right]_0^1 = 1$

## 129. ③

**[풀이]** 영역 $D = \{(x, y) \mid 4x^2 + 9y^2 \leq 25\}$ 이라 하자.

타원 곡선 $\dfrac{x^2}{a^2} + \dfrac{y^2}{b^2} = 1$에 의해 둘러싸인 영역의

넓이가 $\pi ab$임을 이용하자.

$$\int_C x\,dy - y\,dx = 2\iint_D dA \ (\because \text{그린 정리})$$
$$= 2 \times (D\text{의 넓이}) = \frac{25}{3}\pi$$

## 130. ①

**[풀이]** $D$는 유계 폐구간이므로 그린 정리에 의해

$$\oint_C xe^{-2x}dx + (x^4 + 2x^2y^2)dy = \iint_D (4x^3 + 4xy^2)dxdy$$
$$= \iint_D 4x(x^2 + y^2)dxdy$$

가 성립한다. $x = r\cos\theta$, $y = r\sin\theta$라 치환하면

$$\iint_D 4x(x^2 + y^2)dxdy = \int_0^{2\pi}\int_1^2 4r\cos\theta \cdot r^2 \cdot r\,dr\,d\theta = 0$$

## 131. ⑤

**[풀이]** 주어진 벡터함수는

$$F = \left\langle \frac{x}{x^2+y^2}, \frac{y}{x^2+y^2} \right\rangle + \left\langle \frac{-y}{x^2+y^2}, \frac{x}{x^2+y^2} \right\rangle \text{로}$$

나타낼 수 있고 각각의 벡터함수는 특이점(원점)을 제외한다면 보존적 벡터함수이다.

주어진 곡선은 원점을 제외한 영역의 곡선이므로

$$\int_C F \cdot dr = \int_C \left\langle \frac{x}{x^2+y^2}, \frac{y}{x^2+y^2} \right\rangle \cdot dr$$
$$+ \int_C \left\langle \frac{-y}{x^2+y^2}, \frac{x}{x^2+y^2} \right\rangle \cdot dr$$
$$= \frac{1}{2}\ln(x^2+y^2)\Big|_{(1,-1)}^{(1,1)} + \tan^{-1}\left(\frac{y}{x}\right)\Big|_{(1,-1)}^{(1,1)} = \frac{\pi}{2}$$

**[다른 풀이]**

벡터함수 $F = \langle P(x,y), Q(x,y) \rangle = \left\langle \dfrac{x-y}{x^2+y^2}, \dfrac{x+y}{x^2+y^2} \right\rangle$는

$P_y = Q_x$ 이다.

직선 $C_1 : r(t) = \langle 1, t \rangle (-1 \leq t \leq 1)$이라 하자.

단순 폐곡선(양의 방향)의 내부를 $D$라 하면,

$C + (-C_1) = C - C_1$은 그린 정리에 의해

$$\int_{C-C_1} F \cdot dr = \iint_D Q_x - P_y \, dA = 0 \text{이다}.$$

$$\int_{C-C_1} F \cdot dr = \int_C F \cdot dr + \int_{-C_1} F \cdot dr = 0 \text{이므로}$$

$$\int_C F \cdot dr = -\int_{-C_1} F \cdot dr \Leftrightarrow \int_C F \cdot dr = \int_{C_1} F \cdot dr$$

$C_1$에서 $F = \left\langle \dfrac{1-t}{1+t^2}, \dfrac{1+t}{1+t^2} \right\rangle$이고, $r'(t) = \langle 0, 1 \rangle$이다.

$$\int_{C_1} F \cdot dr = \int_{-1}^1 F \cdot r'(t)dt = \int_{-1}^1 \frac{1+t}{1+t^2}dt = \frac{\pi}{2} \text{이다}.$$

**[다른 풀이]**

극곡선 $C : r = 2\cos\theta$, $-\dfrac{\pi}{4} \leq \theta \leq \dfrac{\pi}{4}$를 매개화하면

$$\begin{cases} x = r\cos\theta = 2\cos^2\theta \\ y = r\sin\theta = 2\cos\theta\sin\theta \end{cases} \text{라고 할 수 있다}.$$

$$\int_C F \cdot dr = \int_{-\frac{\pi}{4}}^{\frac{\pi}{4}} \left\langle \frac{x-y}{x^2+y^2}, \frac{x+y}{x^2+y^2} \right\rangle \cdot r'(\theta)d\theta$$
$$= \int_{-\frac{\pi}{4}}^{\frac{\pi}{4}} 2 - 2\frac{2\cos^2\theta + 2\cos\theta\sin\theta}{4\cos^2\theta}d\theta$$
$$= \int_{-\frac{\pi}{4}}^{\frac{\pi}{4}} 1 - \tan\theta\, d\theta = \frac{\pi}{2}$$

**[다른 풀이]**

극곡선 $C : r = 2\cos\theta$, $-\dfrac{\pi}{4} \leq \theta \leq \dfrac{\pi}{4}$를 매개화하면

$$\Leftrightarrow C : (x-1)^2 + y^2 = 1 \Leftrightarrow \begin{cases} x = 1 + \cos t \\ y = \sin t \end{cases}, -\frac{\pi}{2} \leq t \leq \frac{\pi}{2}$$

이다. 선적분은

$$\int_C \frac{(x-y)dx + (x+y)dy}{x^2+y^2}$$
$$= \int_{-\frac{\pi}{2}}^{\frac{\pi}{2}} \frac{(1+\cos t - \sin t)(-\sin t) + (1+\cos t + \sin t)(\cos t)}{(1+\cos t)^2 + \sin^2 t}dt$$
$$= \int_{-\frac{\pi}{2}}^{\frac{\pi}{2}} \frac{-\sin t - \sin t\cos t + \sin^2 t + \cos t + \cos^2 t + \sin t\cos t}{2 + 2\cos t}dt$$
$$= \int_{-\frac{\pi}{2}}^{\frac{\pi}{2}} \frac{1 + \cos t - \sin t}{2(1+\cos t)}dt$$
$$= \int_{-\frac{\pi}{2}}^{\frac{\pi}{2}} \frac{1}{2}dt - \int_{-\frac{\pi}{2}}^{\frac{\pi}{2}} \frac{\sin t}{2(1+\cos t)}dt$$
$$= \int_{-\frac{\pi}{2}}^{\frac{\pi}{2}} \frac{1}{2}dt \left(\because \int_{-\frac{\pi}{2}}^{\frac{\pi}{2}} \frac{\sin t}{2(1+\cos t)}dt = 0\right) = \frac{\pi}{2} \,\llcorner$$

## 132. ③

**[풀이]** $\vec{F} = P(x,y,z)i + Q(x,y,z)j + R(x,y,z)k$
$f(x,y,z), g(x,y,z)$라 하자.

① (거짓)
$$\text{div}(f\vec{F}) = \nabla \cdot (f\vec{F})$$
$$= f_x P + fP_x + f_y Q + fQ_y + f_z R + fR_z$$
$$= f_x P + f_y Q + f_z R + fP_x + fQ_y + fR_z$$
$$= (f_x, f_y, f_z) \cdot (P, Q, R) + f(P_x + Q_y + R_z)$$
$$= \nabla f \cdot \vec{F} + f\,\text{div}\vec{F}$$

② (거짓)

$$\text{div}(f\nabla g) = \nabla \cdot (f\nabla g)$$
$$= f_x g_x + f g_{xx} + f_y g_y + f g_{yy} + f_z g_z + f g_{zz}$$
$$= f g_{xx} + f g_{yy} + f g_{zz} + f_x g_x + f_y g_y + f_z g_z$$
$$= f\nabla^2 g + \nabla g \cdot \nabla f$$

③ (참)

$$\text{curl}(f\vec{F}) = \nabla \times (f\vec{F}) = \begin{vmatrix} i & j & k \\ \frac{\partial}{\partial x} & \frac{\partial}{\partial y} & \frac{\partial}{\partial z} \\ fP & fQ & fR \end{vmatrix}$$
$$= \left\{ \frac{\partial}{\partial y}(fR) - \frac{\partial}{\partial z}(fQ) \right\}i - \left\{ \frac{\partial}{\partial x}(fR) - \frac{\partial}{\partial z}(fP) \right\}j$$
$$+ \left\{ \frac{\partial}{\partial x}(fQ) - \frac{\partial}{\partial y}(fP) \right\}k$$
$$= (f_y R + f R_y - f_z Q - f Q_z)i$$
$$- (f_x R + f R_x - f_z P - f P_z)j$$
$$+ (f_x Q + f Q_x - f_y P - f P_y)k$$
$$= (f_y R - f_z Q)i + (f R_y - f Q_z)i$$
$$+ (f_z P - f_x R)j + (f P_z - f R_x)j$$
$$+ (f_x Q - f_y P)k + (f Q_x - f P_y)k$$
$$= (f_y R - f_z Q)i - (f_x R - f_z P)j + (f_x Q - f_y P)k$$
$$+ (f R_y - f Q_z)i - (f R_x - f P_z)j + (f Q_x - f P_y)k$$
$$= \nabla f \times \vec{F} + f(\nabla \times \vec{F})$$

④ (거짓)

$$\nabla^2 f = \nabla \cdot \nabla f = \text{div}(\nabla f) = f_{xx} + f_{yy} + f_{zz} \neq f(\nabla f)$$

## 133. ②

**[풀이]** 영역 $D = \{(x,y) \mid x^2 + y^2 \leq 1\}$이라 하자.

$$\frac{1}{2}\iint_D (x^2 + y^2)\sqrt{1 + x^2 + y^2}\,dA$$
$$= \frac{1}{2}\int_0^{2\pi}\int_0^1 r^3\sqrt{1 + r^2}\,dr\,d\theta (\because 극좌표계상의 적분)$$
$$= \pi\int_0^1 r^3\sqrt{1 + r^2}\,dr$$
$$= \frac{\pi}{2}\int_1^2 (t-1)\sqrt{t}\,dt (\because 1 + r^2 = t로 치환)$$
$$= \frac{\pi}{2}\left[\frac{2}{5}t^{\frac{5}{2}} - \frac{2}{3}t^{\frac{3}{2}}\right]_1^2$$
$$= \frac{2}{15}(1 + \sqrt{2})\pi$$

## 134. ④

**[풀이]** 구면좌표계에서 $x^2 + y^2 \geq 1 \Leftrightarrow \rho\sin\theta \geq 1 \Leftrightarrow \rho \geq csc\theta$

이므로 입체 $E$의 질량은

$$\iiint_E \mu(x,y,z)\,dV$$
$$= \iiint_E \frac{3}{x^2 + y^2 + z^2}\,dV$$
$$= \int_0^{2\pi}\int_{\frac{\pi}{6}}^{\frac{\pi}{2}}\int_{csc\phi}^2 \frac{3}{\rho^2}\cdot\rho^2\sin\phi\,d\rho\,d\phi\,d\theta (\because 구면좌표계)$$
$$= \int_0^{2\pi}\int_{\frac{\pi}{6}}^{\frac{\pi}{2}}\int_{csc\phi}^2 3\sin\phi\,d\rho\,d\phi\,d\theta$$
$$= \int_0^{2\pi}\int_{\frac{\pi}{6}}^{\frac{\pi}{2}} 3\sin\phi(2 - \csc\phi)\,d\phi\,d\theta$$
$$= \int_0^{2\pi}\int_{\frac{\pi}{6}}^{\frac{\pi}{2}} (6\sin\phi - 3)\,d\phi\,d\theta$$
$$= 2\pi\left[-6\cos\phi - 3\phi\right]_{\frac{\pi}{6}}^{\frac{\pi}{2}}$$
$$= 2\pi(3\sqrt{3} - \pi)$$

## 135. ①

**[풀이]** 곡면 $S: x + y + \frac{z}{2} = 1$에 대해 $\nabla S = \langle 2, 2, 1 \rangle$이고,

$D = \{(x,y) \mid 0 \leq x \leq 1, 0 \leq y \leq 1 - x\}$이다.

$$\iint_S \vec{V}\cdot\hat{n}\,dA = \iint_D V\cdot\nabla S\,dx\,dy$$
$$= \iint_D 2x^2 + 2y\,dx\,dy$$
$$= \int_0^1\int_0^{1-x} 2x^2 + 2y\,dy\,dx$$
$$= \int_0^1 2x^2(1-x) + (1-x)^2\,dx$$
$$= \int_0^1 -2x^3 + 3x^2 - 2x + 1\,dx$$
$$= -\frac{1}{2}x^4 + x^3 - x^2 + x \Big|_0^1 = \frac{1}{2}$$

**[다른 풀이]**

$x = u,\ y = v$로 매개변수화하면 $r = \langle u, v, 2 - 2u - 2v \rangle$

이므로 $r_u = \langle 1, 0, -2 \rangle, r_v = \langle 0, 1, -2 \rangle$이고

$$r_u \times r_v = \begin{vmatrix} i & j & k \\ 1 & 0 & -2 \\ 0 & 1 & -2 \end{vmatrix} = \langle 2, 2, 1 \rangle$$

$$\therefore \iint_S \langle u^2, 0, 2v \rangle \cdot \langle 2, 2, 1 \rangle\,du\,dv$$
$$= \int_0^1\int_0^{1-v} (2u^2 + 2v)\,du\,dv$$

$$= \int_0^1 \left[ \frac{2}{3}u^3 + 2uv \right]_0^{1-v} dv$$

$$= 2\int_0^1 (1-v)\left\{ \frac{1}{3}(1-v)^2 + v \right\} dv$$

$$= 2\int_0^1 \frac{1}{3}(1-v)(1+v+v^2)\, dv$$

$$= \frac{2}{3}\int_0^1 (1-v^3)\, dv$$

$$= \frac{2}{3}\left[ v - \frac{1}{4}v^4 \right]_0^1 = \frac{1}{2}$$

## 136. ③

**풀이** 면적분의 정의

$$\iint_S F \cdot n\, dS = \iint_S (z, y, x) \cdot (x, y, z)\, dS$$

$$= \iint_S 2xz + y^2\, dS$$

가우스 발산 정리에 의해

$$\iiint_B divF\, dV = \iiint_B (0+1+0)\, dV = \iiint_B dV \text{이다.}$$

## 137. ④

**풀이** $E = \{(x, y, z) \,|\, x^2 + y^2 + z^2 \leq 1\}$ 이라 하자.

$$\iint_S F \cdot dS = \iiint_E dV\, (\because \text{발산 정리})$$

$$= (E \text{의 부피}) = \frac{4}{3}\pi$$

## 138. $\pi$

**풀이** 주어진 영역은 폐곡면이므로 발산 정리를 이용하면 $divF = 2$이고 곡면으로 둘러싸인 내부 영역을 $E$이라 하면

$$E = \{(x, y, z) \,|\, x^2 + z^2 \leq y \leq 1,\ x^2 + z^2 \leq 1\}$$

$$\iint_S F \cdot dS = \iiint_E 2\, dV$$

$$= \int_0^{2\pi} \int_0^1 \int_{r^2}^1 2r\, dy\, dr\, d\theta$$

$$= 2\pi \int_0^1 2r(1-r^2)\, dr$$

$$= 4\pi \int_0^1 r - r^3\, dr = \pi$$

## 139. ③

**풀이** $S = \{(x, y, z) \in R^3 \,|\, x^2 + y^2 + z^2 = 1,\ z \geq 0\}$,
$S_1 = \{(x, y, z) \in R^3 \,|\, x^2 + y^2 \leq 1,\ z = 0\}$이라 하자.

$S \cup S_1$은 폐곡면(외향)이 되고

그 내부 영역을 $V$이라 하면 발산 정리에 의해

$$\iint_{S \cup S_1} F \cdot n\, dS = \iiint_V divF\, dV = \iiint_V 1\, dV = \frac{2}{3}\pi$$

$$(\text{반구의 부피})$$

$$\iint_{S \cup S_1} F \cdot n\, dS = \iint_S F \cdot n\, dS + \iint_{S_1} F \cdot n\, dS \text{에서}$$

$D = \{(x, y) \in R^2 \,|\, x^2 + y^2 \leq 1\}$이고

$S_1$에서는 $z = 0$에서 $S_1$에 대한 $n = \langle 0, 0, -1 \rangle$이므로

$$\iint_{S_1} F \cdot n\, dS = \iint_D (-4x^2 - z)\, dA$$

$$= -4 \iint_D x^2\, dA$$

$$= -4 \int_0^{2\pi} \int_0^1 r^3 \cos^2\theta\, dr\, d\theta$$

$$= -4 \int_0^{2\pi} \cos^2\theta\, d\theta \int_0^1 r^3\, dr$$

$$= -4 \times \frac{1}{2} \times \frac{\pi}{2} \times 4 \times \frac{1}{4} = -\pi$$

$$\therefore \iint_S F \cdot n\, dS = \iint_{S \cup S_1} F \cdot n\, dS - \iint_{S_1} F \cdot n\, dS = \frac{2}{3}\pi - (-\pi) = \frac{5}{3}\pi$$

## 140. $0$

**풀이** $yz$평면 위의 영역 $y^2 + z^2 \leq 3$, $x = 0$을 $S_1$이라 하고,
$S_2 = S + S_1$으로 놓으면 $S_2$는 폐곡면이다.

$S_2$ 내부의 영역을 $E$라 하면

$$\iint_{S_2} \vec{F} \cdot d\vec{S} = \iiint_E div\vec{F}\, dV = \iiint_E 0\, dV = 0 \text{이고}$$

방향은 $S_2$ 내부에서 외부로의 방향이다.

$S_1$의 내부 영역을 $D$라 하면

$$\iint_{S_1} \vec{F} \cdot d\vec{S} = \iint_{S_1} (z, xz, 1) \cdot (1, 0, 0)\, dS$$

$$= \iint_D z\, dA$$

$$= (z\text{축 중심}) \times (D\text{의 넓이}) = 0 \text{이고}$$

$S_1$의 방향은 음의 방향이다.

$$\iint_{S_2} \vec{F} \cdot d\vec{S} = \iint_{-S} \vec{F} \cdot d\vec{S} + \iint_{-S_1} \vec{F} \cdot d\vec{S} \text{이므로}$$

$$0 = \iint_{-S} \vec{F} \cdot d\vec{S} + 0$$

즉, $0 = -\iint_S \vec{F} \cdot d\vec{S} + 0$이므로 $\iint_S \vec{F} \cdot d\vec{S} = 0$이다.

## 141. ④

**풀이** 꼭짓점이 $(0, 0, 1)$, $(1, 1, -1)$, $(1, -1, -1)$, $(-1, 0, -1)$인 사면체 내부 영역을 $T$라 하면 영역 $T$에 원점이 포함되므로 $\iint_S \vec{F} \cdot d\vec{S} = 4\pi$이다.

## 142. ①

**풀이** 영역 $D = \{(x, y) \mid (x+1)^2 + y^2 \le 4\}$이라 하자.

$$\iint_S (\nabla \times F) \cdot \hat{n} dS = \iint_D (2y, 4x, 2x) \cdot (-2, 0, 1) dA$$
$$(\because curl F = (2y, 2z, 2x))$$
$$= -4 \iint_D y dA + 2 \iint_D x dA$$
$$= (-4)(0)(4\pi) + (2)(-1)(4\pi)$$
$$(\because 무게중심 이용)$$
$$= -8\pi$$

## 143. ①

**풀이** $z = 3$에서의 폐곡선이므로 그린 정리를 활용한다.

$F(x, y) = (3y, 6x)$(단, $z = 3$)이고 $D : x^2 + y^2 = 16$

$$\int_C F dr = \iint_D \frac{\partial}{\partial x}(6x) - \frac{\partial}{\partial y}(3y) dx dy$$
$$= 3 \iint_D dx dy$$
$$= 3 \times (D의 면적) = 3 \times 16\pi = 48\pi$$

이때 $C$의 방향은 시계 방향이므로 $-48\pi$

## 144. ②

**풀이** 곡선 $C : r(t) = \cos t\, i + \sin t\, j + (6 - \cos^2 t - \sin t) k$는 곡면 $x^2 + y^2 = 1$과 $z = 6 - x^2 - y$의 교선임을 알 수 있다. 여기서 곡면 $S$는 $x^2 + y^2 = 1$ 위의 $x^2 + y + z = 6$이고 $n dS = \langle 2x, 1, 1 \rangle dx dy$이다.

$$curl F = \begin{vmatrix} i & j & k \\ \frac{\partial}{\partial x} & \frac{\partial}{\partial y} & \frac{\partial}{\partial z} \\ z^2 - y^2 & -2xy^2 & e^{\sqrt{z}} \end{vmatrix} = \langle 0, 2z, 2y - 2y^2 \rangle$$

$$\int_C F \cdot dr = \iint_S curl F \cdot n dS$$
$$= \iint_D \langle 0, 2z, 2y - 2y^2 \rangle \cdot \langle 2x, 1, 1 \rangle dx dy$$
$$= \iint_D 2z + 2y - 2y^2 dx dy$$
$$= 2 \iint_D (6 - x^2 - y) + y - y^2 dx dy$$
$$= 2 \iint_D 6 - x^2 - y^2 dx dy$$

$$= 2 \int_0^{2\pi} \int_0^1 6r - r^3\, dr\, d\theta$$
$$= 2 \cdot 2\pi \cdot \left(3 - \frac{1}{4}\right) = 11\pi$$

## 145. ①

**풀이** 가우스 발산 정리를 이용하자.

$$\iint_S curl F \cdot n dS = \iiint_E div(curl F) dV = 0$$
$$(\because div(curl F) = \nabla \cdot (\nabla \times F) = 0)$$

## 146. ②

**풀이** 곡선 $C : z = 0$, $\sqrt{36 - 9x^2 - 4y^2} = 0 \Leftrightarrow \frac{1}{4}x^2 + \frac{1}{9}y^2 = 1$

이므로 선적분의 정의를 이용해 $\iint_S curl \vec{F} \cdot d\vec{S}$ 값을 구하자.

$$\iint_S curl \vec{F} \cdot d\vec{S} = \int_C F \cdot dr \left(C : \frac{x^2}{4} + \frac{y^2}{9} \le 1\right)$$
$$= \int_C \frac{-y}{x^2 + y^2} dx + \frac{x}{x^2 + y^2} dy = 2\pi$$

## 147. ③

**풀이** 경로가 $y = \sqrt{x}$ 즉 $x = y^2$이므로 $dx = 2y dy$

$$\therefore \int_C \{(x^2 + y^2) dx - 2xy dy\} = \int_0^1 (y^4 + y^2) 2y dy - 2y^3 dy$$
$$= \int_0^1 2y^5 dy$$
$$= \left[\frac{1}{3} y^6\right]_0^1 = \frac{1}{3}$$

## 148. ①

**풀이** $F(x, y)$는 보존적 벡터장이므로

$F = \nabla f$를 만족하는 $f$를 찾으면 $f(x, y) = x^3 \cos\left(\frac{\pi}{4} y\right)$다.

$t = 0$일 때 $(x, y) = (1 - e, 1)$이고

$t = 1$일 때 $(x, y) = \left(0, \frac{\sqrt{3}}{2}\right)$이다.

선적분의 기본정리에 의해

$$\int_C F \cdot ds = \int_C \nabla f \cdot dr$$
$$= f(x, y)] \Big|_{(1-e, 1)}^{\left(0, \frac{\sqrt{3}}{2}\right)}$$
$$= f\left(0, \frac{\sqrt{3}}{2}\right) - f(1 - e, 1)$$
$$= \frac{\sqrt{2}}{2} (e - 1)^3$$

**149.** ③

풀이

$$\int_C (2x^2y + \sin(x^2))dx + (x^3 + e^{y^2})dy$$

$$= \iint_D x^2 \, dA \ (\because 그린\ 정리)$$

$$= \int_{-1}^{1}\int_{x^2}^{1} x^2 \, dy \, dx$$

$$= \int_{-1}^{1} x^2(1-x^2)dx$$

$$= 2\left[\frac{1}{3}x^3 - \frac{1}{5}x^5\right]_0^1 = \frac{4}{15}$$

**150.** ④

풀이

$curlF = 0$이므로 보존장이다.

$\nabla f = F$라 하면 $f = xe^y\cos z$이므로

$$\int_C \vec{F(r)} \cdot \vec{dr} = f(1,2,0) - f(0,0,0) = e^2$$

**151.** ③

풀이

곡선 $C$가 반시계 방향의 단순 폐곡선이므로 그린 정리를 이용하여 선적분을 풀자.

여기서 $D$는 $C$로 둘러싸인 영역이다.

$$\int_C (y^3 - 9y)dx - x^3dy = \iint_D 9 - 3(x^2+y^2)\,dA 의\ 값은$$

영역 $D$에서 곡면 $z = 9 - 3(x^2+y^2)$과 둘러싸인

입체 부피의 최댓값과도 같다.

$\iint_D 9 - 3(x^2+y^2)\,dA$가 최대가 되기 위한 $D$의 영역은

$9 - 3(x^2+y^2) = 0$일 때이다.

즉, $D = \{(x,y) | x^2+y^2 \le 3\}$일 때이다.

$$\int_C (y^3 - 9y)dx - x^3dy = \iint_D \{9 - 3(x^2+y^2)\}dA$$

$$= \iint_D 9dA - 3\iint_D (x^2+y^2)dA$$

$$= 27\pi - 3\int_0^{2\pi}\int_0^{\sqrt{3}} r^3 dr d\theta$$

$$(x = r\cos\theta,\ y = r\sin\theta)$$

$$= 27\pi - 6\pi \cdot \frac{9}{4} = \frac{27\pi}{2}$$

**152.** ②

풀이

$C_1 : (x+1)^2 + 4y^2 = 1$이라 하면 그린 정리의 확장에 의해

벡터함수 $F = \left\langle \dfrac{-y}{(x+1)^2+4y^2}, \dfrac{x+1}{(x+1)^2+4y^2} \right\rangle$의

선적분은 $\oint_C F \cdot dr = \oint_{C_1} F \cdot dr$ 이다.

$C_1 : x+1 = \cos t, 2y = \sin t (0 \le t \le 2\pi)$라고 매개화하자.

$F = \left\langle -\dfrac{1}{2}\sin t, \cos t \right\rangle$이고

$r'(t) = \langle x'(t), y'(t) \rangle = \left\langle -\sin t, \dfrac{1}{2}\cos t \right\rangle$이므로

$$\oint_{C_1} F \cdot dr = \int_0^{2\pi} F \cdot r'(t)dt$$

$$= \int_0^{2\pi} \frac{1}{2}\sin^2 t + \frac{1}{2}\cos^2 t \, dt = \pi$$

**153.** ④

풀이

$S = \{(x,y,z) | z = x^2+y^2, 0 \le z \le 1\}$

$\Rightarrow R(r,\theta) = \{(r\cos\theta, r\sin\theta, r^2) | 0 \le r \le 1, 0 \le \theta \le 2\pi\}$

로 매개화하고 법선벡터의 크기를 구하면

$$\left\|\begin{matrix} i & j & k \\ \cos\theta & \sin\theta & 2r \\ -r\sin\theta & r\cos\theta & r^2 \end{matrix}\right\| = |{<}-2r^2\cos\theta, -2r^2\sin\theta, r{>}|$$

$$= r\sqrt{4r^2+1}$$

따라서 구하는 면적분은

$$\int_0^{2\pi}\int_0^1 r^3\sqrt{4r^2+1}\,dr\,d\theta$$

$$= 2\pi\int_1^5 \frac{1}{8}\cdot\frac{1}{4}(u-1)\sqrt{u-1+1}\,du$$

$$(\because 4r^2+1 = u, 4r^2 = u-1, 8r\,dr = du)$$

$$= \frac{\pi}{16}\int_1^5 \sqrt{u}(u-1)\,du$$

$$= \frac{\pi}{16}\left[\frac{2}{5}u^{\frac{5}{2}} - \frac{2}{3}u^{\frac{3}{2}}\right]_1^5$$

$$= \frac{\pi}{60}(25\sqrt{5}+1)$$

**154.** ⑤

풀이

$$\iint_S F \cdot \hat{n}dS = 3\iiint_E (x^2+y^2+z^2)dV(\because 발산\ 정리)$$

$$= 3\int_0^{2\pi}\int_0^{\pi}\int_0^1 \rho^4\sin\phi\,d\rho\,d\phi\,d\theta$$

$$(\because 구면좌표계상의\ 적분)$$

$$= \frac{3}{5}\cdot 2 \cdot 2\pi = \frac{12}{5}\pi$$

**155.** ④

풀이

발산 정리에 의해

$$\iint_S \vec{F} \cdot \vec{dS} = \iiint_E 4z\,dV$$

$$= \int_0^{2\pi}\int_0^1\int_{r^2}^1 4zr\,dz\,dr\,d\theta$$

$$= 2\pi\int_0^1 [2z^2]_{r^2}^1 r\,dr\,d\theta$$

$$= 2\pi\int_0^1 (2r - 2r^5)\,dr$$

$$= 2\pi\left[r^2 - \frac{1}{3}r^6\right]_0^1 = \frac{4}{3}\pi$$

## 156. ④

**[풀이]** $E = \{(x, y, z) \mid y^2 + z^2 \leq 1, \ -1 \leq x \leq 2\}$이라 하면
$S$는 $E$를 둘러싸고 있는 폐곡면이므로 발산 정리에 의해

$$A = \iint_S F \cdot dS$$

$$= \iiint_E div(F)\, dxdydz$$

$$= 3\iiint_E (y^2 + z^2)\, dxdydz$$이 성립한다.

$y = r\cos\theta, \ z = r\sin\theta$라고 치환하면

$$A = 3\int_0^{2\pi}\int_0^1\int_{-1}^{2} r^2(\cos^2\theta + \sin^2\theta) r\, dxdrd\theta = \frac{9}{2}\pi$$이다.

## 157. ④

**[풀이]** $z = 0, \ x^2 + y^2 \leq 1$인 곡면을 $S_0$(단, $S_0$의 향은 아랫방향)
이라 하면 가우스 발산 정리에 의해

$$\iint_S F \cdot dS + \iint_{S_0} F \cdot dS$$

$$= \iiint_T div F\, dV \ (T : 0 \leq z \leq \sqrt{1 - x^2 - y^2})$$

$$= \iiint_T 2x + 2y + 2z\, dV$$

$$= \iiint_T 2z\, dV (\because x \text{와 } y \text{의 중심은 } (0, 0))$$

$$= 2\int_0^{2\pi}\int_0^{\frac{\pi}{2}}\int_0^1 \rho\cos\phi\rho^2\sin\phi\, d\rho d\phi d\theta$$

$$= 2 \times 2\pi\frac{1}{2}\left[\sin^2\phi\right]_0^{\frac{\pi}{2}}\frac{1}{4}\left[\rho^4\right]_0^1 = \frac{\pi}{2}$$ 이다. 따라서

$$\iint_S F \cdot dS$$

$$= \frac{\pi}{2} - \iint_{S_0} F \cdot dS$$

$$= \frac{\pi}{2} + \iint_D (x^2 + ye^x, y^2 + ze^x, x^2 + y^2 + z^2) \cdot (0, 0, 1)dA$$

　　(단, $D : x^2 + y^2 \leq 1$)

$$= \frac{\pi}{2} + \iint_D x^2 + y^2 + z^2\, dA$$

$$= \frac{\pi}{2} + \iint_D x^2 + y^2\, dA (\because z = 0)$$

$$= \frac{\pi}{2} + \int_0^{2\pi}\int_0^1 r^3\, drd\theta$$

$$= \frac{\pi}{2} + 2\pi\frac{1}{4} = \pi$$

## 158. ③

**[풀이]** 반구면을 $S_1$, 반구면의 $xy$평면 위로의 정사영을 $S_2$라 하자.
$S = S_1 + S_2$라 하면 $S$는 폐곡면이므로
발산 정리를 사용할 수 있다.

$$\iint_S \vec{F} \cdot \vec{n} dS = \iiint_E div\vec{F}\, dV$$이고

$\nabla \cdot \vec{F} = 1 - 2 + 1 = 0$이므로 면적분 값은 0이다.
원판 $S_2$는 아래쪽 방향을 가지므로 $\vec{n} = \langle 0, 0, -1\rangle$이다.

$$\iint_{S_2} \vec{F} \cdot \vec{n} dS = \iint_{S_2} \vec{F} \cdot \langle 0, 0, -1\rangle dS$$

$$= \iint_D (-z - 1)dA$$

$$= \int_0^{2\pi}\int_0^1 (-r)\, drd\theta (\because z = 0)$$

$$= 2\pi \times \left[-\frac{1}{2}r^2\right]_0^1 = -\pi$$

구하는 $S_1$에 대한 면적분 값은 $S - S_2 = 0 - (-\pi) = \pi$이다.

## 159. ③

**[풀이]** 스톡스 정리를 사용하면

$$curl F = \begin{vmatrix} i & j & k \\ \frac{\partial}{\partial x} & \frac{\partial}{\partial y} & \frac{\partial}{\partial z} \\ -y^3 & x^3 & -z^3 \end{vmatrix} = \langle 0, 0, 3x^2 + 3y^2\rangle$$이므로

$$\oint_C -y^3 dx + x^3 dy - z^3 dz = \iint_D (3x^2 + 3y^2)dA$$

$$= 3\int_0^{2\pi}\int_0^1 r^2 \cdot r drd\theta$$

$$= 3 \times 2\pi \times \frac{1}{4} = \frac{3}{2}\pi$$

## 160. ③

**[풀이]** $F(x, y, z) = (-2y, 3x, 10z)$라 하면

$$curl F = \begin{vmatrix} i & j & k \\ \frac{\partial}{\partial x} & \frac{\partial}{\partial y} & \frac{\partial}{\partial z} \\ -2y & 3x & 10z \end{vmatrix} = (0, 0, 3 - (-2)) = (0, 0, 5)$$이고

$n = (0, 0, 1)$이므로 스톡스 정리에 의해

$$\int_C -2y\, dx + 3x\, dy + 10z\, dz = \int_C F \cdot dr$$

$$= \iint_S curl F \cdot n dS$$

$$= \iint_S 5\, dA = 5 \cdot 25\pi = 125\pi$$

# 2. 실전 모의고사

| 월간 ① | 1회 | 2회 | 3회 | 4회 | 5회 |
|---|---|---|---|---|---|
| 전체 평균 | 50.96 | 54.54 | 48.02 | 51.04 | 50.97 |
| 최고점 | 94 | 92 | 92 | 90 | 89 |
| 상위 20% 평균 | 78.4 | 80.8 | 75.1 | 79.87 | 75.4 |
| 상위 40% 평균 | 67.85 | 73.1 | 66.78 | 71.72 | 64.2 |

## ■ 월간 한아름 ver1. 1회

| 번호 | 문제 유형 | 정답률 |
|---|---|---|
| 1 | 역삼각함수 | 90% |
| 2 | 쌍곡선 함수 | 54% |
| 3 | 로피탈의 정리 | 74% |
| 4 | 매개함수 미분법 | 48% |
| 5 | 함수의 극한, 스퀴즈 정리 | 96% |
| 6 | 정적분의 미분, 역함수의 미분 | 72% |
| 7 | 이상적분, 삼각치환 | 32% |
| 8 | 함수의 연속, ★ $= e^{\ln ★}$ | 70% |
| 9 | 로피탈 정리, ★ $= e^{\ln ★}$, $e$의 정의 | 50% |
| 10 | 회전체의 부피 | 60% |
| 11 | 매클로린 급수 | 92% |
| 12 | 이상적분의 수렴과 발산 | 36% |
| 13 | 미분가능성 | 50% |
| 14 | 치환적분, 유리함수적분(부분분수) | 68% |
| 15 | 무한급수의 정적분 표현 | 30% |
| 16 | 급수의 합(매클로린 급수) | 46% |
| 17 | 회전체의 부피(원주각법) | 46% |
| 18 | 함수의 최대와 최소(극대와 극소) | 46% |
| 19 | 특수치환 | 40% |
| 20 | 극곡선, 극곡선의 넓이 | 42% |
| 21 | 무한급수의 수렴과 발산 | 44% |
| 22 | 함수의 극대와 극소, 무한등비급수 | 30% |
| 23 | 평균값 정리 | 서술형 |
| 24 | 멱급수의 수렴반경 | |
| 25 | 극곡선변환, 극곡선의 넓이 | |

**1.** ④

풀이  $\sin^{-1}\dfrac{12}{13} = \alpha$,  $\sin^{-1}\dfrac{5}{13} = \beta$이라 하면

$\sin^{-1}\dfrac{12}{13} + \sin^{-1}\dfrac{5}{13} = \alpha+\beta$가 되고

$\sin\alpha = \dfrac{12}{13}$,  $\sin\beta = \dfrac{5}{13}$ 이다.

여기서 $\cos\alpha = \dfrac{5}{13}$,  $\cos\beta = \dfrac{12}{13}$ (단, $\alpha$, $\beta$는 예각)이 되어서

$\sin(\alpha+\beta) = \sin\alpha\cos\beta + \cos\alpha\sin\beta = \dfrac{12}{13}\dfrac{12}{13} + \dfrac{5}{13}\dfrac{5}{13} = 1$

$\therefore \alpha+\beta = \dfrac{\pi}{2}$

**2.** ①

풀이 (가) (거짓) $\sinh x$는 기함수이므로 $\sinh(-x) = -\sinh x$를 만족해야 한다. $\therefore \sinh(-x) \neq \sinh x$

(나) (거짓) $\cosh(x-y) = \cosh x \cosh y - \sinh x \sinh y$

(다) (참)

$(좌변) = (\sinh x + \cosh x)^5$

$\qquad = \left(\dfrac{e^x - e^{-x}}{2} + \dfrac{e^x + e^{-x}}{2}\right)^5$

$\qquad = \left(\dfrac{2e^x}{2}\right)^5 = e^{5x}$

$(우변) = \sinh 5x + \cosh 5x$

$\qquad = \dfrac{e^{5x} - e^{-5x}}{2} + \dfrac{e^{5x} + e^{-5x}}{2}$

$\qquad = \dfrac{2e^{5x}}{2} = e^{5x}$

$\therefore (\sinh x + \cosh x)^5 = \sinh 5x + \cosh 5x$

(라) (거짓) $\tanh x = \dfrac{1}{3} \Rightarrow \dfrac{e^{2x} - 1}{e^{2x} + 1} = \dfrac{1}{3}$

$\qquad\qquad\qquad \Rightarrow 3(e^{2x} - 1) = e^{2x} + 1$

$\qquad\qquad\qquad \Rightarrow 2e^{2x} = 4$

$\qquad\qquad\qquad \Rightarrow e^{2x} = 2$

$8\sinh 4x = 8\dfrac{e^{4x} - e^{-4x}}{2}$

$\qquad = 4\{(e^{2x})^2 - (e^{-2x})^2\}$

$\qquad = 4\left(4 - \dfrac{1}{4}\right) = 15$

따라서 옳은 것의 개수는 1개다.

**3.** ③

풀이 우선 주어진 극한은 $\sin x$가 공통으로 있으므로

$\sin x = t$라고 치환하면 $x \to 0$일 때 $t \to 0$이 되어서

$$\lim_{x \to 0} \frac{\tan(\sin x) + e^{\sin x} - 1}{\cos(\sin x) + \sin x - 1} = \lim_{t \to 0} \frac{\tan t + e^t - 1}{\cos t + t - 1}$$ 가 되고

$\dfrac{0}{0}$꼴이므로 로피탈 정리를 이용하면

$$\lim_{t \to 0} \frac{\tan t + e^t - 1}{\cos t + t - 1} = \lim_{t \to 0} \frac{\sec^2 t + e^t}{-\sin t + 1} = 2$$

**4.** ③

풀이 $x' = \sec\theta\tan\theta$, $x'' = \sec\theta\tan^2\theta + \sec^3\theta$

$y' = \sec^2\theta$, $y'' = 2\sec^2\theta\tan\theta$이므로

$$\frac{d^2 y}{dx^2} = \frac{x'y'' - x''y'}{(x')^3}$$

$$= \frac{2\sec^3\theta\tan^2\theta - \sec^3\theta\tan^2\theta - \sec^5\theta}{\sec^3\theta\tan^3\theta}$$

$$= \frac{\sec^3\theta\tan^2\theta - \sec^5\theta}{\sec^3\theta\tan^3\theta}$$

$$= \frac{\tan^2\theta - \sec^2\theta}{\tan^3\theta}$$

$$= \frac{-1}{\tan^3\theta} = -\frac{1}{y^3}$$

**[다른 풀이]**

$x = \sec\theta$, $y = \tan\theta$에서 $1 + \tan^2\theta = \sec^2\theta$이므로

$1 + y^2 = x^2$ 을 만족하게 된다.

$x^2 - y^2 - 1 = 0$이라 두고 음함수미분법을 이용하면

$$\frac{dy}{dx} = -\frac{f_x}{f_y} = -\frac{2x}{-2y} = \frac{x}{y}$$ 가 되고,

$$\frac{d^2 y}{dx^2} = \frac{y - x\dfrac{dy}{dx}}{y^2}$$

$$= \frac{y - x\left(\dfrac{x}{y}\right)}{y^2}$$

$$= \frac{y^2 - x^2}{y^3}$$

$$= -\frac{1}{y^3} \ (\because 1 + y^2 = x^2 \Rightarrow y^2 - x^2 = -1)$$

**5.** ②

풀이 $2x + 3 < f(x) < 2x + 7$의 각 변을 세제곱하면

$(2x+3)^3 < \{f(x)\}^3 < (2x+7)^3$

$x \to \infty$일 때 $x > 0$이므로 각 변을 $x^3 + 1$로 나누면

$$\frac{(2x+3)^3}{x^3+1} < \frac{\{f(x)\}^3}{x^3+1} < \frac{(2x+7)^3}{x^3+1}$$

$$\lim_{x \to \infty} \frac{(2x+3)^3}{x^3+1} = \lim_{x \to \infty} \frac{(2x+7)^3}{x^3+1} = 8$$이므로

스퀴즈 정리에 의해 $\displaystyle\lim_{x \to \infty} \frac{\{f(x)\}^3}{x^3+1} = 8$

**6.** ①

풀이 $f(x) = \displaystyle\int_1^x \sqrt{1+t^3}\,dt$에서 $f(1) = 0$, $f'(x) = \sqrt{1+x^3}$ 가

되므로 역함수 미분공식에 의해

$$(f^{-1})'(0) = \frac{1}{f'(1)} = \frac{1}{\sqrt{1+1}} = \frac{1}{\sqrt{2}}$$

**7.** ①

풀이 $x^3 = \tan t$라 치환하면

$$\int_0^\infty \frac{x^8}{(1+x^6)^2}\,dx = \frac{1}{3}\int_0^{\frac{\pi}{2}} \frac{\tan^2 t}{(1+\tan^2 t)^2}\sec^2 t\,dt$$

$$= \frac{1}{3}\int_0^{\frac{\pi}{2}} \frac{\tan^2 t}{\sec^2 t}\,dt$$

$$= \frac{1}{3}\int_0^{\frac{\pi}{2}} \sin^2 t\,dt = \frac{\pi}{12} \ (\because 왈리스\ 공식)$$

**[다른 풀이]**

$x^3 = t$으로 치환하면 $x^2 dx = \dfrac{1}{3}dt$

$$\int_0^\infty \frac{x^8}{(1+x^6)^2}\,dx = \frac{1}{3}\int_0^\infty \frac{t^2}{(1+t^2)^2}\,dt$$

$t = \tan\theta$로 치환하면 $dt = \sec^2\theta d\theta$

$$\frac{1}{3}\int_0^\infty \frac{t^2}{(1+t^2)^2}\,dt = \frac{1}{3}\int_0^{\frac{\pi}{2}} \frac{\tan^2\theta}{(1+\tan^2\theta)^2}\sec^2\theta\,d\theta$$

$$= \frac{1}{3}\int_0^\infty \frac{\tan^2\theta}{\sec^2\theta}\,d\theta$$

$$= \frac{1}{3}\int_0^{\frac{\pi}{2}} \sin^2\theta\,d\theta$$

$$= \frac{1}{3}\frac{1}{2}\frac{\pi}{2} = \frac{\pi}{12}$$

**8.** ②

풀이 $f(x)$가 $x=0$에서 연속이므로

$f(0)=\lim\limits_{x\to 0}f(x)$를 만족해야 한다.

$f(0)=\lim\limits_{x\to 0}(e^{-2x}+x^2)^{\frac{1}{x}}=\lim\limits_{x\to 0}e^{\frac{1}{x}\ln(e^{-2x}+x^2)}$

$\lim\limits_{x\to 0}\dfrac{\ln(e^{-2x}+x^2)}{x}=\lim\limits_{x\to 0}\dfrac{-2e^{-2x}+2x}{e^{-2x}+x^2}$ (∵로피탈 정리)

$\qquad\qquad\qquad\qquad\qquad =-2$

$\therefore\ f(0)=e^{-2}$

**9.** ①

풀이 ① $\lim\limits_{x\to\infty}\left(1+\dfrac{3}{x}+\dfrac{5}{x^2}\right)^x=\lim\limits_{x\to\infty}e^{x\ln\left(1+\frac{3}{x}+\frac{5}{x^2}\right)}$

$\qquad\qquad\qquad\qquad\qquad\qquad =\lim\limits_{x\to\infty}e^{\frac{\ln\left(1+\frac{3}{x}+\frac{5}{x^2}\right)}{\frac{1}{x}}}$

$\lim\limits_{x\to\infty}\dfrac{\ln\left(1+\frac{3}{x}+\frac{5}{x^2}\right)}{\frac{1}{x}}$에서 $\dfrac{1}{x}=t$로 치환하면

$x\to\infty$일 때 $t\to 0$이 되므로

$\lim\limits_{x\to\infty}\dfrac{\ln\left(1+\frac{3}{x}+\frac{5}{x^2}\right)}{\frac{1}{x}}=\lim\limits_{t\to 0}\dfrac{\ln(1+3t+5t^2)}{t}$

$\qquad\qquad\qquad\qquad\qquad\qquad$ (로피탈 정리)

$\qquad\qquad\qquad\qquad =\lim\limits_{t\to 0}\dfrac{3+10t}{1+3t+5t^2}=3$

$\therefore\ \lim\limits_{x\to\infty}\left(1+\dfrac{3}{x}+\dfrac{5}{x^2}\right)^x=e^3$

[다른 풀이]

$\lim\limits_{x\to\infty}\left(1+\dfrac{3}{x}+\dfrac{5}{x^2}\right)^x=\lim\limits_{x\to\infty}\left(1+\dfrac{3x+5}{x^2}\right)^x$

$\qquad\qquad\qquad\qquad =\lim\limits_{x\to\infty}\left(1+\dfrac{3x+5}{x^2}\right)^{\frac{x^2}{3x+5}\cdot\frac{3x+5}{x^2}x}$

$\qquad\qquad\qquad\qquad =e^3$

② $\lim\limits_{x\to\frac{\pi}{2}}\sec x-\tan x=\lim\limits_{x\to\frac{\pi}{2}}\dfrac{1-\sin x}{\cos x}$ (로피탈 정리)

$\qquad\qquad\qquad\qquad =\lim\limits_{x\to\frac{\pi}{2}}\dfrac{-\cos x}{-\sin x}=0$

③ $\lim\limits_{x\to\frac{\pi}{2}^+}(\sin x)^{\tan x}=\lim\limits_{x\to\frac{\pi}{2}^+}e^{\frac{\sin x\ln(\sin x)}{\cos x}}$에서

$\lim\limits_{x\to\frac{\pi}{2}^+}\dfrac{\sin x\ln(\sin x)}{\cos x}=\lim\limits_{x\to\frac{\pi}{2}^+}\dfrac{\cos x\ln(\sin x)+\cos x}{-\sin x}$

$\qquad\qquad\qquad\qquad\qquad$ (로피탈 정리)

$\qquad\qquad\qquad\qquad\qquad =0$

이므로 $\lim\limits_{x\to\frac{\pi}{2}^+}(\sin x)^{\tan x}=e^0=1$

④ $\lim\limits_{x\to\infty}\dfrac{\ln(\ln x)}{\ln x}=\lim\limits_{x\to\infty}\dfrac{\frac{1}{x\ln x}}{\frac{1}{x}}$ (로피탈 정리) $=\lim\limits_{x\to\infty}\dfrac{1}{\ln x}=0$

따라서 극한값이 가장 큰 것은 ① 이다.

**10.** ③

풀이 $0\le x\le\pi$에서 두 곡선 $y=\sin x+2$, $y=-\sin x+2$로

둘러싸인 부분을 $x$축으로 회전시킬 때 생기는 부피는

$V_x=\pi\displaystyle\int_0^\pi(\sin x+2)^2-(-\sin x+2)^2dx$

$\qquad =\pi\displaystyle\int_0^\pi 8\sin x\,dx=8\pi\times 2=16\pi$

[다른 풀이]

두 곡선으로 둘러싸인 부분은 폐곡선이고 중심의 좌표는

$\left(\dfrac{\pi}{2},2\right)$이다. $x$축(회전축)까지의 거리 $d$는 2가 된다.

$y=\sin x+2,\ y=-\sin x+2$로 둘러싸인 부분의 넓이는

$y=\sin x,\ y=-\sin x$로 둘러싸인 부분을

$y$축으로 2만큼 평행이동한 것이므로

$y=\sin x,\ y=-\sin x$로 둘러싸인 부분의 넓이와 같다.

$y=\sin x,\ y=-\sin x$로 둘러싸인 부분의 넓이는 4이다.

$(0\le x\le\pi)$ 파푸스 정리에 의해 회전체 부피 $V$를 구하면

$V=2\pi\times 2\times 4=16\pi$

**11.** ③

풀이 매클로린 급수를 이용해서 극한값을 구해보자.

$\sin x=x-\dfrac{x^3}{3!}+\dfrac{x^5}{5!}-\cdots$이므로

$\lim\limits_{x\to 0}\dfrac{\sin x-x+\frac{x^3}{3!}}{x^5}=\lim\limits_{x\to 0}\dfrac{\frac{x^5}{5!}-\frac{x^7}{7!}+\cdots}{x^5}$

$\qquad\qquad\qquad\qquad =\lim\limits_{x\to 0}\dfrac{1}{5!}-\dfrac{x^2}{7!}+\cdots=\dfrac{1}{5!}$

## 12. ①

**[풀이]** (가) (발산) $\displaystyle\int_0^\infty \frac{x}{\sqrt{x^2+x+4}}dx > \int_0^\infty \frac{x}{\sqrt{(x+2)^2}}dx$

$$= \int_0^\infty \frac{x}{x+2}dx$$

$$= \int_0^\infty 1 - \frac{2}{x+2}dx = \infty$$

비교판정법에 의해 $\displaystyle\int_0^\infty \frac{x}{\sqrt{x^2+x+4}}dx$는 발산한다.

(나) (수렴) $\displaystyle\int_0^\infty \frac{1}{x^2+2x+5}dx = \int_0^\infty \frac{1}{(x+1)^2+2^2}dx$

$$= \frac{1}{2}\left[\tan^{-1}\left(\frac{x+1}{2}\right)\right]_0^\infty$$

$$= \frac{1}{2}\left(\frac{\pi}{2} - \tan^{-1}\frac{1}{2}\right)$$

(다) (발산) $\displaystyle\int_{-2}^2 \frac{1}{x^2}dx = \int_{-2}^0 \frac{1}{x^2}dx + \int_0^2 \frac{1}{x^2}dx$

$p$급수판정법에 의해 발산한다.

(라) (발산) $\displaystyle\int_1^3 \frac{1}{(x-2)^4}dx$는 $p > 1$

따라서 수렴하는 것은 (나) 1개이다.

## 13. ④

**[풀이]** (가) $f(x) = \begin{cases} x\sinh x, & x \geq 0 \\ -x\sinh x, & x < 0 \end{cases}$ 이므로

$f'(x) = \begin{cases} \sinh x + x\cosh x, & x \geq 0 \\ -\sinh x - x\cosh x, & x < 0 \end{cases}$ 이 된다.

좌 미분계수 = 우 미분계수 = 0이므로

$x = 0$에서 미분가능하다.

(나) $g'(0) = \displaystyle\lim_{h \to 0} \frac{g(0+h)-g(0)}{h}$

$$= \lim_{h \to 0} \frac{\dfrac{\tan^2 h}{h}}{h}$$

$$= \lim_{h \to 0} \frac{\tan^2 h}{h^2} = 1$$

따라서 $g(x)$는 $x = 0$에서 미분가능하다.

(다) $h'(x) = \begin{cases} 2x, & x < 0 \\ -3x^2, & x \geq 0 \end{cases}$

좌 미분계수=우 미분계수=0이므로

$x = 0$에서 미분가능하다.

따라서 미분가능한 것은 (가), (나), (다) 이다.

## 14. ③

**[풀이]** $\displaystyle\int_0^{\sqrt{3}} \frac{x}{x^4+4x^2+3}dx$에서 $x^2 = t$로 치환하면

$$\int_0^{\sqrt{3}} \frac{x}{x^4+4x^2+3}dx = \frac{1}{2}\int_0^3 \frac{1}{t^2+4t+3}dt$$

$$= \frac{1}{4}\int_0^3 \left(\frac{1}{t+1} - \frac{1}{t+3}\right)dt$$

$$= \frac{1}{4}[\ln(t+1) - \ln(t+3)]_0^3 = \frac{1}{4}\ln 2$$

## 15. ④

**[풀이]**

$$\lim_{n \to \infty}\left\{\frac{\ln(n+2)-\ln n}{n+2} + \frac{\ln(n+4)-\ln n}{n+4} + \cdots + \frac{\ln(3n)-\ln n}{3n}\right\}$$

$$= \lim_{n \to \infty}\sum_{k=1}^n \frac{\ln(n+2k)-\ln n}{n+2k}$$

$$= \lim_{n \to \infty}\sum_{k=1}^n \frac{\ln\left(1+\dfrac{2k}{n}\right)}{1+\dfrac{2k}{n}}\frac{1}{n} \quad \left(\frac{k}{n}=x, \frac{1}{n}=dx\right)$$

$$\lim_{n \to \infty}\sum_{k=1}^n \frac{\ln\left(1+\dfrac{2k}{n}\right)}{1+\dfrac{2k}{n}}\frac{1}{n}$$

$$= \int_0^1 \frac{\ln(1+2x)}{1+2x}dx$$

$$= \frac{1}{4}[\{\ln(1+2x)\}^2]_0^1 = \frac{1}{4}(\ln 3)^2$$

## 16. ④

**[풀이]** $e^x$의 매클로린 급수를 이용하면 $e^x = 1 + x + \dfrac{x^2}{2!} + \dfrac{x^3}{3!} + \cdots$

이므로 $e^{-x} = 1 - x + \dfrac{x^2}{2!} - \dfrac{x^3}{3!} + \cdots$에서 $x = 1$을 넣으면

$$e^{-1} = 1 - 1 + \frac{1}{2!} - \frac{1}{3!} + \cdots = \frac{1}{2!} - \frac{1}{3!} + \cdots$$

$$-e^{-1} = -\frac{1}{2!} + \frac{1}{3!} - \frac{1}{4!} + \cdots$$

$$1 - e^{-1} = \frac{1}{1!} - \frac{1}{2!} + \frac{1}{3!} - \frac{1}{4!} + \cdots$$

## 17. ④

원주각 방법에 의해

$$V = 2\pi \int_0^2 x(x\sqrt{x^3+1})\,dx$$

$$= 2\pi \int_0^2 x^2 \sqrt{x^3+1}\,dx$$

$$= 2\pi \left[ \frac{2}{9}(x^3+1)^{\frac{3}{2}} \right]_0^2 = \frac{104}{9}\pi$$

## 18. ①

$f'(x) = \sqrt{4-x^2} - \dfrac{x^2}{\sqrt{4-x^2}} = 0 \Rightarrow \dfrac{4-2x^2}{\sqrt{4-x^2}} = 0$

$$\Rightarrow x = \sqrt{2}$$

($x = -\sqrt{2}$는 구간 $[-1, 2]$에 들어가지 않는다.)

$f(-1) = -\sqrt{3}$, $f(2) = 0$, $f(\sqrt{2}) = 2$이므로

최댓값은 2, 최솟값은 $-\sqrt{3}$ 이다. 따라서 답은 $2 - \sqrt{3}$ 이다.

**TIP** 정의되는 구간을 잘 파악할 것.

$f(-\sqrt{2}) = -2$를 계산하면 최대값 2 최솟값 $-2$이므로
최댓값+최솟값=0이 되어 잘못된 답이 나온다.

## 19. ④

$\displaystyle \int_0^{\frac{\pi}{2}} \frac{\sin^n x}{\sin^n x + \cos^n x}\,dx = I$라 하자.

$x = \dfrac{\pi}{2} - t$로 치환을 하면

$$I = \int_{\frac{\pi}{2}}^0 \frac{\sin^n\left(\frac{\pi}{2}-t\right)}{\sin^n\left(\frac{\pi}{2}-t\right) + \cos^n\left(\frac{\pi}{2}-t\right)}(-dt)$$

$$= \int_0^{\frac{\pi}{2}} \frac{\cos^n t}{\cos^n t + \sin^n t}\,dt$$

$$2I = \int_0^{\frac{\pi}{2}} \frac{\sin^n t + \cos^n t}{\sin^n t + \cos^n t}\,dt = \int_0^{\frac{\pi}{2}} 1\,dt = \frac{\pi}{2}$$

$$\therefore I = \frac{\pi}{4}$$

## 20. ②

두 곡선의 그림을 그린 후,
대칭성을 이용하여 1사분면의 넓이를 구해서 4배를 하면 된다.
1사분면에서의 두 곡선은 $\theta = \dfrac{\pi}{6}$ 일 때 만난다.

$$S = 4 \times \frac{1}{2} \int_0^{\frac{\pi}{6}} \{(2a^2\cos 2\theta) - a^2\}\,d\theta$$

$$= 2a^2 \int_0^{\frac{\pi}{6}} 2\cos 2\theta - 1\,d\theta$$

$$= 2a^2 \left[ \sin 2\theta - \theta \right]_0^{\frac{\pi}{6}}$$

$$= 2a^2 \left( \frac{\sqrt{3}}{2} - \frac{\pi}{6} \right)$$

$$= \left( \sqrt{3} - \frac{\pi}{3} \right) a^2$$

## 21. ③

$a_k = \dfrac{k^k}{k!x^k}$ 라고 하고 비율판정법을 이용하면 (단, $x > 0$)

$$\lim_{k \to \infty} \left| \frac{a_{k+1}}{a_k} \right| = \lim_{k \to \infty} \frac{\dfrac{(k+1)^{k+1}}{(k+1)!x^{k+1}}}{\dfrac{k^k}{k!x^k}}$$

$$= \frac{1}{x} \lim_{k \to \infty} \left( 1 + \frac{1}{k} \right)^k = \frac{e}{x} \text{ 가 되어서}$$

$\dfrac{e}{x} < 1$일 때 수렴, $\dfrac{e}{x} > 1$일 때 발산한다.

(ㄱ) (발산) $x = 2$이므로 $\dfrac{e}{2} > 1$

(ㄴ) (수렴) $x = 4$이므로 $\dfrac{e}{4} < 1$

(ㄷ) (수렴) 주어진 급수는 교대급수이고

$$\lim_{n \to \infty} \frac{\ln n}{\sqrt{n}} = 0 (\because \text{로피탈 정리})$$

(ㄹ) (발산) $a_n = \dfrac{(5n+1)^{6n}}{(6n+1)^{5n}}$ 이라고 하고 근판정법을 이용하면

$$\lim_{n \to \infty} \left\{ \frac{(5n+1)^{6n}}{(6n+1)^{5n}} \right\}^{\frac{1}{n}} = \lim_{n \to \infty} \frac{(5n+1)^6}{(6n+1)^5} = \infty$$

## 22. ③

$f(x) = e^{-x}(\sin x + \cos x)$에서

$$f'(x) = -e^{-x}(\sin x + \cos x) + e^{-x}(\cos x - \sin x)$$

$$= e^{-x}(-2\sin x) = 0$$

극댓값을 가지게 되는 $x$는 $2\pi$, $4\pi$, $6\pi, \cdots$이다.
극댓값을 큰 것부터 구하면

$f(2\pi) = \dfrac{1}{e^{2\pi}}$, $f(4\pi) = \dfrac{1}{e^{4\pi}}$, $f(6\pi) = \dfrac{1}{e^{6\pi}}, \cdots$이므로

$$a_1 = \frac{1}{e^{2\pi}}, a_2 = \frac{1}{e^{4\pi}}, a_3 = \frac{1}{e^{6\pi}}, \cdots, a_n = \frac{1}{e^{2n\pi}}$$

$$\sum_{n=1}^{\infty} a_n = \sum_{n=1}^{\infty} \left( \frac{1}{e^{2n\pi}} \right) = \frac{\dfrac{1}{e^{2\pi}}}{1 - \dfrac{1}{e^{2\pi}}} = \frac{1}{e^{2\pi} - 1}$$

**23.** $15 \le f(8) - f(3) \le 25$

**[풀이]** 함수 $f(x)$는 $[0, 10]$에서 미분가능하므로
$[0, 10]$에서 $f(x)$는 연속이고 미분가능하다.
따라서 평균값 정리를 이용하면
$$\frac{f(8) - f(3)}{8 - 3} = f'(c)를 만족하는 c가$$
$3 < c < 8$사이에 존재한다.
이때, 조건에 의해 $3 \le f'(c) \le 5$이므로
$$3 \le \frac{f(8) - f(3)}{8 - 3} \le 5 \Rightarrow 15 \le f(8) - f(3) \le 25$$

**24.** $-5 < x < -1, \; x \ne -3$

**[풀이]** $f(x) = \sum_{n=1}^{\infty} \frac{(x^2 + 6x + 7)^n}{2^n}$에서 공비는 $\left(\frac{x^2 + 6x + 7}{2}\right)$이다.
공비의 크기가 1보다 작은 범위에서 수렴하므로
$$\left| \frac{x^2 + 6x + 7}{2} \right| < 1 \Rightarrow -2 < x^2 + 6x + 7 < 2이다.$$
$$-2 < x^2 + 6x + 7 \Rightarrow x^2 + 6x + 9 > 0$$
$$\Rightarrow (x + 3)^2 > 0$$
$$\Rightarrow x \ne -3$$
$$x^2 + 6x + 7 < 2 \Rightarrow x^2 + 6x + 5 < 0$$
$$\Rightarrow (x + 1)(x + 5) < 0$$
$$\Rightarrow -5 < x < -1$$

경계값 $x = -1$일 때 $f(x) = \sum_{n=1}^{\infty} 1 = \infty$이고

$x = -5$일 때 $f(x) = \sum_{n=1}^{\infty} 1 = \infty$이므로 경계에서 발산한다.

따라서 $-5 < x < -1, \; x \ne -3$이다.

**25.** 1

**[풀이]** $(x^2 + y^2)^2 = x^2 - y^2$를 극좌표로 변환하면
$r^4 = r^2\cos^2\theta - r^2\sin^2\theta \Rightarrow r^2 = \cos2\theta$인 연주형이다.
따라서 영역의 넓이는
$$S = 4 \times \frac{1}{2} \int_0^{\frac{\pi}{4}} \cos2\theta d\theta = 2 \int_0^{\frac{\pi}{4}} \cos2\theta d\theta = [\sin2\theta]_0^{\frac{\pi}{4}} = 1$$

**TIP** 연주형 $r^2 = a^2\cos2\theta, \; r^2 = a^2\sin2\theta$에서 넓이$= a^2$

---

### ■ 월간 한아름 ver1. 2회

| 번호 | 문제 유형 | 정답률 |
|---|---|---|
| 1 | 함수의 극한, 로피탈 정리 | 31% |
| 2 | 극곡선 | 81% |
| 3 | 함수의 연속(논리형 문제) | 0% |
| 4 | 함수의 최대와 최소(극대와 극소) | 44% |
| 5 | 함수의 연속성과 미분가능성 | 31% |
| 6 | 매개함수 미분법 | 75% |
| 7 | 정적분 계산 | 81% |
| 8 | 우함수, 기함수의 적분, 왈리스 공식 | 75% |
| 9 | 곡선의 길이 | 56% |
| 10 | 회전체의 표면적 | 44% |
| 11 | 무한급수의 합, 매클로린 급수, 항별 미분 | 50% |
| 12 | 무한급수의 수렴과 발산 | 50% |
| 13 | 이상적분의 수렴과 발산 | 38% |
| 14 | 두 직선 사이의 거리 | 50% |
| 15 | 연립방정식 | 56% |
| 16 | 고윳값의 성질 | 38% |
| 17 | 표현행렬 | 88% |
| 18 | 선형변환의 핵과 치역 | 75% |
| 19 | 이차형식의 최대와 최소 | 69% |
| 20 | 평면의 방정식 | 88% |
| 21 | 부분공간, 직교여공간 | 69% |
| 22 | 계수의 동치관계 | 56% |
| 23 | 수반행렬, 행렬식 | 69% |
| 24 | 직교행렬의 성질 | 서술형 |
| 25 | 대각화가능성 | |

**1.** ④

풀이
$$\lim_{x \to 0} \frac{\sqrt{1+\tan x} - \sqrt{1+\sin x}}{3x^3}$$

$$= \lim_{x \to 0} \frac{\sqrt{1+\tan x} - \sqrt{1+\sin x}}{3x^3} \cdot \frac{\sqrt{1+\tan x} + \sqrt{1+\sin x}}{\sqrt{1+\tan x} + \sqrt{1+\sin x}}$$

$$= \lim_{x \to 0} \frac{\tan x - \sin x}{3x^3 \sqrt{1+\tan x} + \sqrt{1+\sin x}}$$

$$= \frac{1}{6} \lim_{x \to 0} \frac{\tan x - \sin x}{x^3}$$

$$= \frac{1}{6} \lim_{x \to 0} \frac{\sec^2 x - \cos x}{3x^2}$$

$$\left( \because \left( \frac{0}{0} \right) \text{꼴 로피탈 정리} \right)$$

$$= \frac{1}{6} \lim_{x \to 0} \frac{2\sec^2 x \tan x + \sin x}{6x}$$

$$\left( \because \left( \frac{0}{0} \right) \text{꼴 로피탈 정리} \right)$$

$$= \frac{1}{6} \lim_{x \to 0} \frac{4\sec^2 x \tan^2 x + 2\sec^2 x + \cos x}{6}$$

$$\left( \because \left( \frac{0}{0} \right) \text{꼴 로피탈 정리} \right)$$

$$= \frac{1}{6} \cdot \frac{1}{2} = \frac{1}{12}$$

**[다른 풀이]**
매클로린 급수를 이용하면
$$\frac{1}{6} \lim_{x \to 0} \frac{\tan x - \sin x}{x^3}$$

$$= \frac{1}{6} \lim_{x \to 0} \frac{\left( x + \frac{1}{3}x^3 + \frac{2}{15}x^5 + \cdots \right) - \left( x - \frac{1}{3!}x^3 + \frac{1}{5!}x^5 - \cdots \right)}{x^3}$$

$$= \frac{1}{6} \lim_{x \to 0} \frac{\frac{1}{2}x^3 + \left( \frac{2}{15} - \frac{1}{5!} \right)x^5 + \cdots}{x^3}$$

$$= \frac{1}{6} \lim_{x \to 0} \frac{1}{2} + \left( \frac{2}{15} - \frac{1}{5!} \right)x^2 + \cdots$$

$$= \frac{1}{6} \cdot \frac{1}{2} = \frac{1}{12}$$

**2.** ②

풀이
① $r = 2$는 원점이 중심이고 반지름이 2인 원이므로
둘레의 길이는 $2\pi \times 2 = 4\pi$이다.

② $r = \sin\theta + \cos\theta$는 합성을 이용하면
$$r = \sqrt{2} \left( \frac{1}{\sqrt{2}} \sin\theta + \frac{1}{\sqrt{2}} \cos\theta \right) = \sqrt{2} \sin\left( \theta + \frac{\pi}{4} \right)$$
이 곡선은 $r = \sqrt{2}\sin\theta$를 $-\frac{\pi}{4}$만큼 회전한 것이므로
$$r = \sqrt{2}\sin\left( \theta + \frac{\pi}{4} \right)$$의 곡선의 길이는

$r = \sqrt{2}\sin\theta$의 곡선의 길이와 같다.

$r = \sqrt{2}\sin\theta$는 중심이 $\left( 0, \frac{\sqrt{2}}{2} \right)$, 반지름이 $\frac{\sqrt{2}}{2}$이므로
둘레의 길이는 $\frac{\sqrt{2}}{2} \times 2\pi = \sqrt{2}\pi$이다.

③ $r = 5\cos^2\frac{\theta}{2} - 5\sin^2\frac{\theta}{2} = 5 \left( \cos^2\frac{\theta}{2} - \sin^2\frac{\theta}{2} \right) = 5\cos\theta$

$r = 5\cos\theta$는 중심이 $\left( \frac{5}{2}, 0 \right)$, 반지름이 $\frac{5}{2}$인 원이므로
둘레의 길이는 $\frac{5}{2} \times 2\pi = 5\pi$이다.

④ $r = 3\sin\theta$는 중심이 $\left( 0, \frac{3}{2} \right)$, 반지름이 $\frac{3}{2}$인 원이므로
둘레의 길이는 $\frac{3}{2} \times 2\pi = 3\pi$이다.

따라서 둘레의 길이가 가장 작은 것은 ②번이다.

**3.** ①

풀이
(가) (거짓)
〈반례〉 $f(x) = \begin{cases} x^2 \sin\left( \dfrac{1}{x} \right), & x \neq 0 \\ 0, & x = 0 \end{cases}$

모든 실수에서 미분가능하지만
$$f'(x) = \begin{cases} 2x\sin\left( \dfrac{1}{x} \right) - \cos\left( \dfrac{1}{x} \right), & x \neq 0 \\ 0, & x = 0 \end{cases}$$은 $x = 0$에서 불
연속이다.

(나) (거짓)
〈반례〉 $y = |x|$는 $x = 0$에서 극솟값을 가지지만
$x = 0$에서 미분불가능하다.

(다) (거짓)
$x$가 유리수를 따라갈 때 $\lim_{x \to 0} f(x) = 1$
$x$가 무리수를 따라갈 때 $\lim_{x \to 0} f(x) = 0$이므로
$x$가 유리수를 따라갈 때와 무리수를 따라갈 때
극한값이 다르므로 $x = 0$에서 불연속이다.

(라) (거짓)
〈반례〉 $y = x^2$는 구간 $(1, 2)$에서
최대, 최소를 가지지 않는다.

따라서 옳은 것의 개수는 0개다.

**4.** ③

풀이　$y' = \dfrac{-\sin x(2+\sin x) - \cos x \cos x}{(2+\sin x)^2}$

$= \dfrac{-2\sin x - 1}{(2+\sin x)^2} = 0$을 만족하는 $x$값은 $-\dfrac{\pi}{6}$, $-\dfrac{5\pi}{6}$ 이다.

$x = \pi$에서 $y = -\dfrac{1}{2}$, $x = -\pi$에서 $y = -\dfrac{1}{2}$,

$x = -\dfrac{\pi}{6}$에서 $y = \dfrac{1}{\sqrt{3}}$, $x = -\dfrac{5\pi}{6}$에서 $y = -\dfrac{1}{\sqrt{3}}$ 이다.

최댓값 $= \dfrac{1}{\sqrt{3}}$, 최솟값 $= -\dfrac{1}{\sqrt{3}}$ 이므로

최댓값 $+$ 최솟값 $= 0$이다.

**5.** ③

풀이　( ⅰ ) $x = 0$에서 연속이려면 $\lim\limits_{x \to 0} f(x) = 0$을 만족해야 한다.

$-1 \leq \sin\left(\dfrac{1}{x}\right) \leq 1$이므로 $-x^n \leq x^n \sin\left(\dfrac{1}{x}\right) \leq x^n$

스퀴즈 정리에 의해 $\lim\limits_{x \to 0} x^n \sin\left(\dfrac{1}{x}\right) = 0$

($n > 0$일 때 극한값 존재)

따라서 $a$의 최솟값은 $0$이다.

( ⅱ ) $x = 0$에서 미분가능하려면

$\lim\limits_{h \to 0} \dfrac{f(0+h) - f(0)}{h}$ 의 값이 존재해야 한다.

$\lim\limits_{h \to 0} \dfrac{f(0+h) - f(0)}{h} = \lim\limits_{h \to 0} \dfrac{h^n \sin\left(\dfrac{1}{h}\right)}{h}$

$= \lim\limits_{h \to 0} h^{n-1} \sin\left(\dfrac{1}{h}\right)$이므로

$n > 1$일 때 극한값이 존재하고 그 극한값은 $0$이다.

따라서 $b$의 최솟값은 $1$이다.

( ⅲ ) $f(x)$가 $x = 0$에서 연속이 되려면 최소한 $x = 0$에서 미분 가능해야 한다. 적어도 $n > 1$인 상태이다. $n > 1$일 때

$f'(x) = \begin{cases} nx^{n-1}\sin\left(\dfrac{1}{x}\right) - x^{n-2}\cos\left(\dfrac{1}{x}\right), & x \neq 0 \\ 0, & x = 0 \end{cases}$ 이다.

$f'(x)$가 $x = 0$에서 연속이려면 $\lim\limits_{x \to 0} f'(x) = 0$을 만족해야

한다. $\lim\limits_{x \to 0} nx^{n-1}\sin\left(\dfrac{1}{x}\right) - x^{n-2}\cos\left(\dfrac{1}{x}\right) = 0$을 만족하기

위한 $n$의 범위는 $n > 2$이다. $n > 2$이면 $f'(x)$는 $x = 0$에서 연속이다. 따라서 $c$의 최솟값은 $2$이다.

따라서 $3a + 2b + c = 0 + 2 + 2 = 4$이다.

**6.** ②

풀이　$(x, y) = (1, 3)$이므로 $t = 1$이다.

$x' = \dfrac{1}{t}$, $y' = 2t$, $x'' = -\dfrac{1}{t^2}$, $y'' = 2$이므로

$t = 1$을 대입하면 $x' = 1$, $y' = 2$, $x'' = -1$, $y'' = 2$

$\dfrac{d^2y}{dx^2} = \dfrac{x'y'' - x''y'}{(x')^3} = \dfrac{1 \cdot 2 - (-1) \cdot 2}{(1)^3} = 4$이다.

**7.** ④

풀이　$\displaystyle\int_0^{\frac{1}{\sqrt{2}}} \dfrac{3x+2}{\sqrt{1-x^2}} dx = \int_0^{\frac{1}{\sqrt{2}}} \dfrac{3x}{\sqrt{1-x^2}} + \dfrac{2}{\sqrt{1-x^2}} dx$

$= -3(1-x^2)^{\frac{1}{2}} + 2\sin^{-1}x \Big]_0^{\frac{1}{\sqrt{2}}}$

$= 3 - \dfrac{3}{2}\sqrt{2} + \dfrac{\pi}{2}$

**8.** ①

풀이　$x^4 \sin^3 x$는 기함수이므로 $\displaystyle\int_{-\pi}^{\pi} x^4\sin^3 x \, dx = 0$

$\sin^4 x$는 우함수이므로

$\displaystyle\int_{-\pi}^{\pi} \sin^4 x \, dx = 2\int_0^{\pi} \sin^4 x \, dx$

$= 2 \cdot \dfrac{3}{4} \cdot \dfrac{1}{2} \cdot \dfrac{\pi}{2} \cdot 2 (\because \text{왈리스 공식}) = \dfrac{3}{4}\pi$

**9.** ①

풀이　곡선의 길이 공식 $\displaystyle\int_a^b \sqrt{1 + (y')^2} \, dx$을 이용하자.

$y' = \dfrac{-\sin x}{\cos x}$이므로 $(y')^2 = \dfrac{\sin^2 x}{\cos^2 x}$ 이 된다.

$1 + (y')^2 = \dfrac{\sin^2 x}{\cos^2 x} + 1 = \dfrac{\sin^2 x + \cos^2 x}{\cos^2 x} = \dfrac{1}{\cos^2 x} = \sec^2 x$

(길이) $= \displaystyle\int_0^{\frac{\pi}{3}} \sqrt{1 + (y')^2} \, dx$

$= \displaystyle\int_0^{\frac{\pi}{3}} \sqrt{\sec^2 x} \, dx$

$= \displaystyle\int_0^{\frac{\pi}{3}} \sec x \, dx$

$= \ln(\sec x + \tan x) \Big]_0^{\frac{\pi}{3}}$

$= \ln(2 + \sqrt{3})$

이는 $\sinh^{-1} x = \ln(x + \sqrt{x^2 + 1})$에서

$\sinh^{-1}(\sqrt{3}) = \ln(2 + \sqrt{3})$와 같다.

## 10. ②

**풀이** 타원을 매개화하면 $\begin{cases} x = 2\cos t \\ y = \sin t \end{cases} (0 \le t \le 2\pi)$ 라고 할 수 있다.

공식에 대입하여 $x$축으로 회전한 곡면의 넓이를 구하자.

$$S = 2\pi \int y \cdot \text{곡선의 길이} = 2\pi \int_C y \, ds$$

$$= 2\pi \int_0^\pi \sin t \sqrt{4\sin^2 t + \cos^2 t} \, dt$$

$$= 2 \times 2\pi \int_0^{\frac{\pi}{2}} \sin t \sqrt{4\sin^2 t + \cos^2 t} \, dt$$

$$(\because \sin^2 t = 1 - \cos^2 t)$$

$$= 2 \times 2\pi \int_0^{\frac{\pi}{2}} \sin t \sqrt{4 - 3\cos^2 t} \, dt$$

$$= 4\pi \int_0^1 \sqrt{4 - 3u^2} \, du$$

$$\left( \because \cos t = \frac{2}{\sqrt{3}} u \text{로 치환} \right)$$

$$= 4\pi \cdot 2 \cdot \frac{2}{\sqrt{3}} \int_0^{\frac{\pi}{3}} \cos^2 \theta \, d\theta$$

$$\left( \because u = \frac{2}{\sqrt{3}} \sin\theta \text{로 삼각치환적분} \right)$$

$$= \frac{16\pi}{\sqrt{3}} \int_0^{\frac{\pi}{3}} \frac{1 + \cos 2\theta}{2} \, d\theta$$

$$= \frac{8\pi}{\sqrt{3}} \left[ \theta + \frac{1}{2} \sin 2\theta \right]_0^{\frac{\pi}{3}}$$

$$= \frac{8\pi}{\sqrt{3}} \left[ \frac{\pi}{3} + \frac{\sqrt{3}}{4} \right]$$

$$= \frac{8\pi^2}{3\sqrt{3}} + 2\pi = 2\pi \left( 1 + \frac{4\pi}{3\sqrt{3}} \right)$$

## 11. ③

**풀이** $\displaystyle\sum_{n=0}^\infty \frac{x^n}{n!} = e^x$

양변에 $x^3$을 곱하면 $\displaystyle\sum_{n=0}^\infty \frac{x^{n+3}}{n!} = x^3 e^x$

양변을 미분하면 $\displaystyle\sum_{n=0}^\infty \frac{(n+3)x^{n+2}}{n!} = 3x^2 e^x + x^3 e^x$

양변에 $x=1$을 대입하면 $\displaystyle\sum_{n=0}^\infty \frac{n+3}{n!} = 3e + e = 4e$이다.

## 12. ③

**풀이** (가) (수렴) $\displaystyle\lim_{n \to \infty} \frac{\ln n}{n} = 0$이므로

교대급수판정법에 의해 $\displaystyle\sum_{n=1}^\infty (-1)^n \frac{\ln n}{n}$은 수렴한다.

(나) (수렴) $\displaystyle\sum_{n=0}^\infty \frac{x^n}{n!} = e^x$이므로 $\displaystyle\sum_{n=0}^\infty \frac{1}{n!} = e$이다.

(다) (수렴) $a_n = \sqrt{n \sin\left(\dfrac{1}{n^4}\right)}$ 이라 하고, $b_n = \dfrac{1}{n^{\frac{3}{2}}}$라 하면

$$\lim_{n \to \infty} \frac{a_n}{b_n} = \lim_{n \to \infty} \frac{\sqrt{n \sin\left(\dfrac{1}{n^4}\right)}}{\dfrac{1}{n^{\frac{3}{2}}}} = \lim_{n \to \infty} \sqrt{\frac{n \sin\left(\dfrac{1}{n^4}\right)}{\dfrac{1}{n^3}}}$$

근호 안의 극한값을 보면

$$\lim_{n \to \infty} \frac{n \sin\left(\dfrac{1}{n^4}\right)}{\dfrac{1}{n^3}} = \lim_{n \to \infty} \frac{\sin\left(\dfrac{1}{n^4}\right)}{\dfrac{1}{n^4}}$$

$$= \lim_{t \to 0} \frac{\sin t}{t} \left( \because \frac{1}{n^4} = t \text{로 치환} \right)$$

$$= 1 > 0$$

따라서 $\displaystyle\lim_{n \to \infty} \sqrt{\frac{n \sin\left(\dfrac{1}{n^4}\right)}{\dfrac{1}{n^3}}} = 1 > 0$이다.

극한비교판정법에 의해 $\sum b_n$이 수렴하므로 $\sum a_n$도 수렴한다.

(라) (발산) $\displaystyle\lim_{n \to \infty} \left( \frac{n}{1+n} \right)^n = \lim_{n \to \infty} \left( 1 + \frac{-1}{1+n} \right)^n = e^{-1} \ne 0$

이므로 발산판정법에 의해 $\displaystyle\sum_{n=1}^\infty \left( \frac{n}{1+n} \right)^n$은 발산한다.

따라서 수렴하는 것의 개수는 3개이다.

## 13. ④

**풀이** (가) (수렴) $\displaystyle\int_0^1 (-\ln x)^n \, dx = n!$이므로

$$\int_0^1 (\ln x)^5 \, dx = - \int_0^1 (-\ln x)^5 \, dx = -5!$$

(나) (발산) $\displaystyle\int_0^1 \frac{1}{\sin x} \, dx > \int_0^1 \frac{1}{x} \, dx$이고 $\displaystyle\int_0^1 \frac{1}{x} \, dx$가 발산하

므로 비교판정법에 의해 $\displaystyle\int_0^1 \frac{1}{\sin x} \, dx$는 발산한다.

(다) (수렴) $\displaystyle\int_0^\infty e^{-x^2} \, dx = \frac{\sqrt{\pi}}{2}$

(라) (수렴) $\displaystyle\int_0^1 \frac{e^x}{\sqrt{x}} \, dx < \int_0^1 \frac{e}{\sqrt{x}} \, dx$이고

$\int_0^1 \dfrac{e}{\sqrt{x}}\,dx$는 $p$급수에 의해 수렴하므로

비교판정법에 의해 $\int_0^1 \dfrac{e^x}{\sqrt{x}}\,dx$도 수렴한다.

따라서 발산하는 것의 개수는 1개이다.

## 14. ②

**[풀이]** $l$의 방향벡터는 $d_1 = \langle 1, 6, 2 \rangle$이고

$m$의 방향벡터는 $d_2 = \langle 2, 15, 6 \rangle$이다.

$l$과 $m$에 평행하고 $l$을 포함하는 평면의 법선벡터는

$n = d_1 \times d_2 = \langle 6, -2, 3 \rangle$이고 점 $(1, 1, 0)$을 지나므로

$l$을 포함하는 평면의 방정식은 $6x - 2y + 3z = 4$이다.

$m$의 한점 $(1, 5, -2)$에서 평면 $6x - 2y + 3z = 4$까지의

거리는 $d = \dfrac{|6 - 10 - 6 - 4|}{\sqrt{36 + 4 + 9}} = \dfrac{14}{7} = 2$이다.

## 15. ①

**[풀이]** 확대행렬

$(A \,|\, b) = \begin{pmatrix} 2 & 1 & 7 & | & b_1 \\ 6 & 2 & 11 & | & b_2 \\ 2 & -1 & 3 & | & b_3 \end{pmatrix}$

$= \begin{pmatrix} 2 & 1 & 7 & | & b_1 \\ 0 & -5 & -10 & | & b_2 - 3b_1 \\ 0 & -2 & -4 & | & b_3 - b_1 \end{pmatrix} \begin{pmatrix} -3R_1 + R_2 \to R_2 \\ -R_1 + R_3 \to R_3 \end{pmatrix}$

$= \begin{pmatrix} 2 & 1 & 7 & | & b_1 \\ 0 & -2 & -4 & | & b_3 - b_1 \\ 0 & -5 & -10 & | & b_2 - 3b_1 \end{pmatrix} (R_2 \to R_3)$

$= \begin{pmatrix} 2 & 1 & 7 & | & b_1 \\ 0 & -2 & -4 & | & b_3 - b_1 \\ 0 & 0 & 0 & | & -\dfrac{1}{2}b_1 + b_2 - \dfrac{5}{2}b_3 \end{pmatrix}$

$\left( -\dfrac{5}{2}R_2 + R_3 \Rightarrow R_3 \right)$

해가 존재하지 않으려면 $-\dfrac{1}{2}b_1 + b_2 - \dfrac{5}{2}b_3 \neq 0$,

즉 $b_1 - 2b_1 + 5b_3 \neq 0$을 만족해야 한다.

이를 만족하는 것은 ①번이다.

## 16. ③

**[풀이]** $A$의 고윳값을 $\alpha$, $\beta$라고 했을 때 $tr(A) = 3$, $tr(A^2) = 11$

이므로 $\alpha + \beta = 3$, $\alpha^2 + \beta^2 = 11$이다.

$\alpha^2 + \beta^2 = (\alpha + \beta)^2 - 2\alpha\beta \Rightarrow 11 = 9 - 2\alpha\beta \Rightarrow \alpha\beta = -1$

$\det(A) = \alpha\beta = -1$이므로

$\det(-A^3) = (-1)^2 (\det(A))^3 = (1)(-1) = -1$이다.

## 17. ②

**[풀이]** $M_{2 \times 2}(R)$의 기본기저는 $\left\{ \begin{pmatrix} 1 & 0 \\ 0 & 1 \end{pmatrix}, \begin{pmatrix} 0 & 1 \\ 0 & 0 \end{pmatrix}, \begin{pmatrix} 0 & 0 \\ 1 & 0 \end{pmatrix}, \begin{pmatrix} 0 & 0 \\ 0 & 1 \end{pmatrix} \right\}$이므로

각각을 순서대로 $m_1$, $m_2$, $m_3$, $m_4$이라 하면

$T\left( \begin{bmatrix} 1 & 0 \\ 0 & 0 \end{bmatrix} \right) = \begin{bmatrix} 1 & 0 \\ 1 & 0 \end{bmatrix} = 1 \cdot m_1 + 0 \cdot m_2 + 1 \cdot m_3 + 0 \cdot m_4$

$T\left( \begin{bmatrix} 0 & 1 \\ 0 & 0 \end{bmatrix} \right) = \begin{bmatrix} 1 & 1 \\ 0 & 1 \end{bmatrix} = 1 \cdot m_1 + 1 \cdot m_2 + 0 \cdot m_3 + 1 \cdot m_4$

$T\left( \begin{bmatrix} 0 & 0 \\ 1 & 0 \end{bmatrix} \right) = \begin{bmatrix} 0 & 1 \\ 0 & 0 \end{bmatrix} = 0 \cdot m_1 + 1 \cdot m_2 + 0 \cdot m_3 + 0 \cdot m_4$

$T\left( \begin{bmatrix} 0 & 0 \\ 0 & 1 \end{bmatrix} \right) = \begin{bmatrix} 0 & 0 \\ 1 & 1 \end{bmatrix} = 0 \cdot m_1 + 0 \cdot m_2 + 1 \cdot m_3 + 1 \cdot m_4$

표현행렬은 $\begin{pmatrix} 1 & 1 & 0 & 0 \\ 0 & 1 & 1 & 0 \\ 1 & 0 & 0 & 1 \\ 0 & 1 & 0 & 1 \end{pmatrix}$이고 표현행렬의 모든 성분의 합은 8이다.

## 18. ④

**[풀이]** $A = \begin{bmatrix} 1 & 0 & -1 & 3 & -1 \\ 1 & 0 & 0 & 2 & -1 \\ 2 & 0 & -1 & 5 & -1 \\ 0 & 0 & -1 & 1 & 0 \end{bmatrix}$라 하면

$A \sim \begin{bmatrix} 1 & 0 & -1 & 3 & -1 \\ 0 & 0 & 1 & -1 & 0 \\ 0 & 0 & 1 & -1 & 1 \\ 0 & 0 & -1 & 1 & 0 \end{bmatrix} \begin{pmatrix} -R_1 + R_2 \to R_2 \\ -2R_1 + R_3 \to R_3 \end{pmatrix}$

$\sim \begin{bmatrix} 1 & 0 & -1 & 3 & -1 \\ 0 & 0 & 1 & -1 & 0 \\ 0 & 0 & 0 & 0 & 1 \\ 0 & 0 & 0 & 0 & 0 \end{bmatrix} \begin{pmatrix} -R_2 + R_3 \to R_3 \\ -R_2 + R_4 \to R_4 \end{pmatrix}$

즉 $rankA = 3$, $nullityA = 2$이므로

$\dim(ImT) = 3 = b$, $\dim(\ker T) = 2 = a$이다.

$\therefore 2b - a = 6 - 2 = 4$

## 19. ①

**[풀이]** 제한 조건이 $x^2 + y^2 + z^2 = 1$이므로 2차형식으로 풀자.

$x^2 + y^2 + 2z^2 - 2xy + 4xz + 4yz = [x\,y\,z] \begin{bmatrix} 1 & -1 & 2 \\ -1 & 1 & 2 \\ 2 & 2 & 2 \end{bmatrix} \begin{bmatrix} x \\ y \\ z \end{bmatrix}$

$A = \begin{bmatrix} 1 & -1 & 2 \\ -1 & 1 & 2 \\ 2 & 2 & 2 \end{bmatrix}$라 하면

$|A - \lambda I| = \begin{vmatrix} 1-\lambda & -1 & 2 \\ -1 & 1-\lambda & 2 \\ 2 & 2 & 2-\lambda \end{vmatrix}$

$= (1-\lambda) \begin{vmatrix} 1-\lambda & 2 \\ 2 & 2-\lambda \end{vmatrix}$

$- (-1) \begin{vmatrix} -1 & 2 \\ 2 & 2-\lambda \end{vmatrix} + 2 \begin{vmatrix} -1 & 1-\lambda \\ 2 & 2 \end{vmatrix}$

$= -(\lambda + 2)(\lambda - 2)(\lambda - 4)$

따라서 고윳값은 $-2$, $2$, $4$이다.

$f(x, y, z)$의 최댓값은 4이다.

## 20. ③

풀이 평면의 법선벡터 $n=\langle 3,\ -1, 4\rangle$를 방향벡터로 하고
P를 지나는 직선의 방정식은
$x=3t+2, y=-t-1, z=4t+5$가 되고
이 직선과 평면의 교점은
$3(3t+2)-(-t-1)+4(4t+5)=1$
$26t+27=1$
$t=-1$일 때 직선과 평면이 만나게 된다.
P를 평면에 대칭시킨 점은 $t=-2$일 때 생기므로
$x=-4, y=1, z=-3$이 P를 평면에 대칭시킨 점이 된다.
$a=-4, b=1, c=-3$이므로
$a-b+2c=-4-1-6=-11$이다.

## 21. ②

풀이 주어진 세 벡터의 관계성을 보자.

$$\begin{pmatrix}1&0&1\\1&1&0\\0&-1&1\end{pmatrix}\sim\begin{pmatrix}1&0&1\\0&1&-1\\0&-1&1\end{pmatrix}(-R_1+R_2\to R_2)$$

$$\sim\begin{pmatrix}1&0&1\\0&1&-1\\0&0&0\end{pmatrix}\ (R_2+R_3\to R_3)$$

세 벡터로 생성되는 $V$의 기저는 $\{(1,0,1),(0,1,-1)\}$이다.
두 벡터로 생성되는 $V$는 원점을 지나는 평면이므로
$V^{\perp}$은 평면에 수직인 직선이다. $V$의 두 기저를 외적하면
평년에 수직인 직선의 방향벡터가 나오므로

$$\begin{vmatrix}i&j&k\\1&0&1\\0&1&-1\end{vmatrix}=(-1,\ 1,\ 1)\text{이 된다.}$$

$V^{\perp}$의 기저는 $(-1,1,1)$의 상수배인 $(2,\ -2,\ -2)$이다.

## 22. ①

풀이 (가) $rankA=rank(AA^T)<n$

(나) ⇒ (다)
$T(X)=AX$에서 $T$사 단사함수는 $\dim(\ker T)=0$이다.
$nullityA=0,\ rankA=n$이므로 $\det A\neq 0$이다.

(다) ⇒ (라)
$\det A\neq 0$이므로 $A$의 역행렬 $A^{-1}$이 존재한다.
따라서 $AX=b$의 해는 $X=A^{-1}b$로 유일하다.

(라) ⇒ (나)
$AX=b$의 해가 유일하면 $rankA=n,\ nullityA=0$
이므로 선형변환 $T(X)=AX$의 $\dim(\ker T)=0$이다.
따라서 $T$는 단사함수이다.

(나), (다), (라)는 동치관계이다. 동치관계가 아닌 것은 (가)이다.

## 23. ②

풀이 $\det(adjA)=\det(A)^{n-1}$이고 $\det(A)=3$이므로
$\det(adjA)=3^{n-1}=243=3^5$이다.
$n-1=5$이므로 $n=6$이다.

## 24. 66

풀이 행렬 $A$가 직교행렬이므로 $AA^T=A^TA=I$을 만족한다.
내적을 행렬의 곱으로 나타내면

$$\begin{aligned}Av\cdot Aw&=(Av)^tAw\\&=v^tA^TAw\\&=v^tw(\because AA^T=A^TA=I)\\&=v\cdot w\end{aligned}$$

따라서 $Av\cdot Aw=v\cdot w=8+56+2=66$이다.

## 25. 0

풀이 $A$는 상삼각행렬이므로 고윳값은 1, 1, 3이다.
서로 다른 고윳값에 대응하는 고유벡터는 일차독립이고,
고윳값 $\lambda$의 대수적중복도와 기하적중복도가 같아야
대각화가능하다. 고윳값 1의 대수적중복도는 2이므로
기하적중복도가 2가 된다면 주어진 행렬은 대각화가능하다.
$A\quad I=\begin{pmatrix}0&a&5\\0&0&7\\0&0&2\end{pmatrix}$에 대해 기하적중복도가 2가 되기 위해서는
$nullity(A-I)=2,\ rank(A-I)=1$을 만족해야 한다.
따라서 $a=0$이 되어야 대각화가능하다.

| 번호 | 문제 유형 | 정답률 |
|------|-----------|--------|
| 1 | 역삼각함수 | 86% |
| 2 | 미분법(로그미분법) | 66% |
| 3 | 극한 | 22% |
| 4 | 뉴턴근사법 | 43% |
| 5 | 극곡선의 길이 | 50% |
| 6 | 정적분의 미분 | 63% |
| 7 | 무한급수의 수렴과 발산 | 48% |
| 8 | 회전체의 표면적 | 55% |
| 9 | 무한급수의 수렴구간 | 36% |
| 10 | 부분적분 | 29% |
| 11 | 편도함수 | 55% |
| 12 | 교선의 접선의 방정식 | 66% |
| 13 | 이변수함수와 합성함수의 미분 | 61% |
| 14 | 곡률 | 71% |
| 15 | 방향도함수 | 86% |
| 16 | 이변수함수의 극한 | 55% |
| 17 | 이변수함수의 극대와 극소 | 75% |
| 18 | 삼중적분 | 61% |
| 19 | 중적분의 변수변환 | 34% |
| 20 | 선적분 | 29% |
| 21 | 이중적분 | 48% |
| 22 | 선적분(그린 정리) | 48% |
| 23 | 미분응용 | 서술형 |
| 24 | 곡선의 접선과 평면의 위치관계 | |
| 25 | 발산 정리 | |

**1.** ③

풀이 $\cos^{-1}\dfrac{1}{\sqrt{6}} = \alpha$, $\cos^{-1}\dfrac{1}{\sqrt{5}} = \beta$라고 놓으면

문제는 $\tan\alpha + \sin\beta$를 구하는 것이다.

$\cos\alpha = \dfrac{1}{\sqrt{6}}$, $\cos\beta = \dfrac{1}{\sqrt{5}}$이므로

삼각비를 이용하면 $\tan\alpha = \sqrt{5}$, $\sin\beta = \dfrac{2}{\sqrt{5}}$ 가 된다.

따라서 $\tan\alpha + \sin\beta = \sqrt{5} + \dfrac{2}{\sqrt{5}} = \dfrac{7\sqrt{5}}{5}$ 이다.

**2.** ①

풀이 $f(1) = \dfrac{1}{54}$

로그미분법을 이용하기 위해 양변에 $\ln$을 씌워서 미분하면

$\ln f(x) = 4\ln(x^2+1) - 3\ln(2x+1) - 5\ln(3x-1)$

양변을 미분하면

$\dfrac{f'(x)}{f(x)} = \dfrac{8x}{x^2+1} - \dfrac{6}{2x+1} - \dfrac{15}{3x-1}$

$f'(x) = f(x)\left\{\dfrac{8x}{x^2+1} - \dfrac{6}{2x+1} - \dfrac{15}{3x-1}\right\}$이므로

$f'(1) = \dfrac{1}{54}\left\{4 - 2 - \dfrac{15}{2}\right\} = -\dfrac{11}{108}$ 이다.

**3.** ②

풀이 $\dfrac{1}{x} = t$로 치환하면 $x \to \infty$일 때 $t \to 0$이 되고

$\lim\limits_{x\to\infty}\left[x - x^2\ln\left(\dfrac{1+x}{x}\right)\right] = \lim\limits_{t\to 0}\left[\dfrac{1}{t} - \dfrac{\ln(1+t)}{t^2}\right]$

$= \lim\limits_{t\to 0}\dfrac{t - \ln(1+t)}{t^2}$

$= \lim\limits_{t\to 0}\dfrac{1 - \dfrac{1}{1+t}}{2t}$ ($\because$ 로피탈 정리)

$= \lim\limits_{t\to 0}\dfrac{1}{2(1+t)} = \dfrac{1}{2}$

**4.** ①

풀이 $f(x) = x^2 - 2x - 2$라 하자. $f(x_1) = 3 = 9 - 6 - 2 = 1$,

$f'(x) = 2x - 2$이므로 $f'(x_1) = f'(3) = 4$이다.

뉴턴 근사법을 이용하면

$x_2 = x_1 - \dfrac{f(x_1)}{f'(x_1)} = 3 - \dfrac{1}{4} = \dfrac{11}{4} = 2.75$

**5.** ②

풀이 $r = 3 + 3\sin\theta$, $r' = 3\cos\theta$이므로

$r^2 + (r')^2 = (3 + 3\sin\theta)^2 + (3\cos\theta)^2 = 18(1 + \sin\theta)$

곡선의 길이 공식을 이용하면

$L = \displaystyle\int_{\frac{\pi}{2}}^{\frac{3\pi}{2}} \sqrt{r^2 + (r')^2}\, d\theta$

$= \displaystyle\int_{\frac{\pi}{2}}^{\frac{3\pi}{2}} \sqrt{18(1 + \sin\theta)}\, d\theta$

여기서 $\theta = \dfrac{\pi}{2} - t$로 치환하면

$$= \int_{-\pi}^{0} \sqrt{18(1+\cos t)}\, dt$$

$$= \int_{-\pi}^{0} \sqrt{36\cos^2 \frac{t}{2}}\, dt$$

$$= \int_{-\pi}^{0} 6\cos\frac{t}{2}\, dt$$

$$= 12\sin\frac{t}{2}\Big]_{-\pi}^{0} = 12$$

**TIP** $r = a(1+\sin\theta)$ 심장형 길이 공식은 $8a$이다.

위 문제에서 $a = 3$이므로 전체 심장형 길이는 24인데 $\dfrac{\pi}{2} \leq \theta \leq \dfrac{3\pi}{2}$ 는 심장형의 절반 부분이므로

길이는 $\dfrac{24}{2} = 12$이다.

**6.** ④

$g'(y) = f(y)$이고 $f(y) = \displaystyle\int_{0}^{\sin y} \sqrt{(1+t^2)}\, dt$ 이므로

$g''(y) = f'(y) = \sqrt{(1+\sin^2 y)}\cos y$이다.

따라서 $g''\left(\dfrac{\pi}{6}\right) = \sqrt{\left(1+\dfrac{1}{4}\right)}\dfrac{\sqrt{3}}{2} = \dfrac{\sqrt{15}}{4}$

**7.** ③

(가) (발산) $a_n = \ln\left(1+\dfrac{1}{\sqrt{n}}\right)$, $b_n = \dfrac{1}{\sqrt{n}}$ 이라 하면

$$\lim_{n\to\infty}\frac{a_n}{b_n} = \lim_{n\to\infty}\frac{\ln\left(1+\dfrac{1}{\sqrt{n}}\right)}{\dfrac{1}{\sqrt{n}}}$$

$\dfrac{1}{\sqrt{n}} = t$로 치환하면

$$= \lim_{t\to 0}\frac{\ln(1+t)}{t}(\because 로피탈\ 정리) = \lim_{t\to 0}\frac{1}{1+t} = 1$$

따라서 $\displaystyle\sum_{n=1}^{\infty}\dfrac{1}{\sqrt{n}}$ 은 발산한다.

극한비교판정법에 의해 $\displaystyle\sum_{n=1}^{\infty}\ln\left(1+\dfrac{1}{\sqrt{n}}\right)$도 발산한다.

(나) (수렴) $\displaystyle\sum_{n=1}^{\infty}\dfrac{\tan^{-1}n}{n^{1.2}} < \sum_{n=1}^{\infty}\dfrac{\dfrac{\pi}{2}}{n^{1.2}}$ 이고

$\displaystyle\sum_{n=1}^{\infty}\dfrac{\dfrac{\pi}{2}}{n^{1.2}}$ 는 수렴하므로 비교판정법에 의해 $\displaystyle\sum_{n=1}^{\infty}\dfrac{\tan^{-1}x}{n^{1.2}}$ 도 수렴한다.

(다) (수렴) $\sin\left(n+\dfrac{1}{2}\right)\pi = (-1)^n$ 이므로

$$\sum_{n=1}^{\infty}\frac{\sin\left(n+\dfrac{1}{2}\right)\pi}{1+\sqrt{n}} = \sum_{n=1}^{\infty}\frac{(-1)^n}{1+\sqrt{n}}$$

따라서 $\displaystyle\lim_{n\to\infty}\dfrac{1}{1+\sqrt{n}} = 0$이다.

교대급수판정법에 의해 수렴한다.

(라) (발산) $a_n = \dfrac{2^{n^2}}{n!}$ 으로 두고

$$\lim_{n\to\infty}\left|\frac{a_{n+1}}{a_n}\right| = \lim_{n\to\infty}\left|\frac{2^{(n+1)^2}}{(n+1)!}\frac{n!}{2^{n^2}}\right|$$

$$= \lim_{n\to\infty}\left|\frac{2^{2n+1}}{n+1}\right| = \infty$$

비율판정법에 의해 $\displaystyle\sum_{n=1}^{\infty}\dfrac{2^{n^2}}{n!}$ 은 발산한다.

(마) $\displaystyle\sum_{n=1}^{\infty}\dfrac{\tan^{-1}\left(\dfrac{1}{n}\right)}{n}$ 에서

$a_n = \dfrac{\tan^{-1}\left(\dfrac{1}{n}\right)}{n}$, $b_n = \dfrac{1}{n^2}$ 이라 하면

$$\lim_{n\to\infty}\frac{a_n}{b_n} = \lim_{n\to\infty}\frac{\dfrac{\tan^{-1}\left(\dfrac{1}{n}\right)}{n}}{\dfrac{1}{n^2}} = \lim_{n\to\infty} n\tan^{-1}\left(\frac{1}{n}\right)$$

$\dfrac{1}{n} = t$로 치환하면

$$= \lim_{t\to 0}\frac{\tan^{-1}t}{t} = 1(\because 로피탈\ 정리)$$

극한비교판정법에 의해 $\displaystyle\sum_{n=1}^{\infty}\dfrac{1}{n^2}$ 은 수렴하므로

$\displaystyle\sum_{n=1}^{\infty}\dfrac{\tan^{-1}\left(\dfrac{1}{n}\right)}{n}$ 도 수렴한다.

따라서 수렴하는 것은 (나), (다), (마), 3개다.

**8.** ②

$y' = \dfrac{1}{2\sqrt{x-1}}$ 이고 $\sqrt{1+(y')^2} = \sqrt{1+\dfrac{1}{4(x-1)}}$ 이므로

$x$축으로 회전한 표면적 공식은

$$2\pi\int_{1}^{3} y\sqrt{1+(y')^2}\, dx = 2\pi\int_{1}^{3}\sqrt{x-1}\sqrt{1+\frac{1}{4(x-1)}}\, dx$$

$$= 2\pi\int_{1}^{3}\sqrt{x-1}\sqrt{\frac{4x-3}{4(x-1)}}\, dx$$

$$= \pi\int_{1}^{3}\sqrt{4x-3}\, dx$$

$$= \pi \frac{1}{4} \cdot \frac{2}{3} \left[ (4x-3)^{\frac{3}{2}} \right]_1^3$$

$$= \frac{\pi}{6}(9\sqrt{9}-1) = \frac{13}{3}\pi$$

## 9. ③

**풀이** $A_n = \dfrac{n^2 x^n}{2 \cdot 4 \cdot 6 \cdots 2n}$ 이라 하자.

$$\lim_{n \to \infty} \left| \frac{A_{n+1}}{A_n} \right|$$

$$= \lim_{n \to \infty} \left| \frac{(n+1)^2 x^{n+1}}{2 \cdot 4 \cdot 6 \cdots 2n \cdot 2(n+1)} \frac{2 \cdot 4 \cdot 6 \cdots 2n}{n^2 x^n} \right|$$

$$= \lim_{n \to \infty} \left| \frac{(n+1)^2}{2n^2(n+1)} \right| |x| = 0 < 1$$

$x$에 상관없이 항상 비율판정값이 0이므로
모든 실수 $x$에 대해서 수렴한다.
따라서 수렴구간은 $(-\infty, \infty)$이다.

## 10. ②

**풀이** $\displaystyle\int \sec^n x\,dx = \int \sec^2 x \sec^{n-2} x\,dx$로 바꾸고

$u' = \sec^2 x$, $v = \sec^{n-2} x$, $u = \tan x$,

$v' = (n-2)\sec^{n-2} x \tan x$라 하고 부분적분하면

$$\int \sec^n x\,dx$$

$$= \int \sec^2 x \sec^{n-2} x\,dx$$

$$= \tan x \sec^{n-2} x - (n-2) \int \sec^{n-2} x \tan^2 x\,dx$$

$$= \tan x \sec^{n-2} x - (n-2) \int \sec^{n-2} x (\sec^2 x - 1)\,dx$$

$$= \tan x \sec^{n-2} x - (n-2) \int \sec^n x\,dx + (n-2) \int \sec^{n-2} x\,dx$$

우변의 $-(n-2)\displaystyle\int sen^n x\,dx$를 좌변으로 넘기면

$$(n-1) \int \sec^n x\,dx = \tan x \sec^{n-2} x + (n-2) \int \sec^{n-2} x\,dx$$

$$\int \sec^n x\,dx = \frac{1}{n-1}\tan x \sec^{n-2} x + \frac{n-2}{n-1} \int \sec^{n-2} x\,dx$$

$A(n) = \dfrac{1}{n-1}$, $B(n) = \dfrac{n-2}{n-1}$ 이므로

$A(2018) + B(2018) = 1$이다.

## 11. ④

**풀이** $f(x, y) = \dfrac{xe^{\sin(x^2 y)}}{(x^2 + y^2)^{\frac{3}{2}}}$ 이고 $f(x, 0) = \dfrac{xe^0}{(x^2)^{\frac{3}{2}}} = \dfrac{1}{x^2}$

$f_x(x, 0) = -2x^{-3}$이므로 $f_x(1, 0) = -2$이다.

## 12. ②

**풀이** $F(x, y, z) = x^2 + y^2$, $G(x, y, z) = y^2 + z^2$이라 하자.

두 곡면의 교선에서 접선벡터는 $\nabla F \times \nabla G$이므로

$\nabla F = \langle 2x, 2y, 0 \rangle$, $\nabla G = \langle 0, 2y, 2z \rangle$

$\nabla F(3, 4, 2) = 2\langle 3, 4, 0 \rangle$, $\nabla G(3, 4, 2) = 2\langle 0, 4, 2 \rangle$

$$\nabla F(3, 4, 2) \times \nabla G(3, 4, 2) = \begin{vmatrix} i & j & k \\ 3 & 4 & 0 \\ 0 & 4 & 2 \end{vmatrix}$$

$$= \langle 8, -6, 12 \rangle // \langle 4, -3, 6 \rangle$$

접선의 방향벡터는 $\langle 4, -3, 6 \rangle$이므로

접선의 방정식은 $\dfrac{x-3}{4} = \dfrac{y-4}{-3} = \dfrac{z-2}{6}$ 이다.

## 13. ③

**풀이** $x = e^u + \sin v$, $y = e^u + \cos v$라고 하고 수형도를 그리면

$$g = f \begin{cases} x \begin{cases} u \\ v \end{cases} \\ y \begin{cases} u \\ v \end{cases} \end{cases} \text{이고}$$

$(u, v) = (0, 0)$일 때, $(x, y) = (1, 2)$이므로

합성함수 미분법을 이용하면

$g_u = f_x x_u + f_y y_u = f_x e^u + f_y e^u$

$g_v = f_x x_v + f_y y_v = f_x \cos v + f_y(-\sin v)$

$g_u(0, 0) = f_x(1, 2) + f_y(1, 2) = 2 + 5 = 7$

$g_v(0, 0) = f_x(1, 2) + 0 = 2$

따라서 $g_u(0, 0) + g_v(0, 0) = 9$이다.

## 14. ④

**풀이** 매개변수 함수로 되어 있을 때, 곡률 공식은

$$\kappa(t) = \frac{|x'y'' - x''y'|}{\{(x')^2 + (y')^2\}^{\frac{3}{2}}}$$

$x' = \sin\left(\dfrac{1}{2}\pi t^2\right)$, $y' = \cos\left(\dfrac{1}{2}\pi t^2\right)$

$x'' = \pi t \cos\left(\dfrac{1}{2}\pi t^2\right)$, $y'' = -\pi t \sin\left(\dfrac{1}{2}\pi t^2\right)$

$$\kappa(t) = \frac{\left| -\pi t \sin^2\left(\dfrac{1}{2}\pi t^2\right) - \pi t \cos^2\left(\dfrac{1}{2}\pi t^2\right) \right|}{\left\{ \sin^2\left(\dfrac{1}{2}\pi t^2\right) + \cos^2\left(\dfrac{1}{2}\pi t^2\right) \right\}^{\frac{3}{2}}}$$

$$= \frac{|-\pi t|}{1} = \pi |t|$$

따라서 $\kappa(1) = \pi$이다.

## 15. ③

**풀이** 점 $P$에서 $V$가 가장 빨리 증가하는 방향은 경도 방향이므로

$\nabla V = \langle V_x, V_y, V_z \rangle$

$\quad = \langle 10x - 3y + yz, -3x + xz, xy \rangle$이므로

$\nabla V(-1, 1, 5) = \langle -8, -2, -1 \rangle$

이 방향일 때 $V$가 가장 빨리 증가한다

## 16. ①

(가) $y = mx$이라 하면 $x \to 0$이므로

$$\lim_{(x,y) \to (0,0)} \frac{y^2 \sin^2 x}{x^4 + y^4} = \lim_{x \to 0} \frac{m^2 x^2 \sin^2 x}{x^4 + m^4 x^4}$$

$$= \lim_{x \to 0} \frac{m^2 \sin^2 x}{(1 + m^4)x^2} = \frac{m^2}{1 + m^4}$$

$m$값에 따라 극한값이 달라진다.

따라서 극한값은 존재하지 않는다.

(나) $\lim_{(x,y) \to (1,0)} \frac{xy - y}{x^2 + 1 + y^2 - 2x} = \lim_{(x,y) \to (1,0)} \frac{(x-1)y}{(x-1)^2 + y^2}$

이므로 $x - 1 = X$, $y = Y$이라 하면 $(X, Y) \to (0,0)$이다.

$\lim_{(X,Y) \to (0,0)} \frac{XY}{X^2 + Y^2}$에서 분자, 분모 모두

2차 동차함수이므로 극한값은 존재하지 않는다.

(다) $\lim_{(x,y,z) \to (0,0,0)} \frac{xy + yz}{x^2 + y^2 + z^2}$는 분자, 분모 모두

2차 동차함수이므로 극한값은 존재하지 않는다.

(라) $\lim_{(x,y) \to (0,0)} \frac{2xy}{x^2 + 2y^2}$는 분자, 분모 모두

2차 동차함수이므로 극한값은 존재하지 않는다.

따라서 극한값이 존재하는 것의 개수는 0개다.

## 17. ③

함수 $f$의 일계도함수, 이계편도함수를 각각 구하면

$f_x = 4x^3 - 4y$, $f_y = 4y^3 - 4x$, $f_{xx} = 12x^2$, $f_{yy} = 12y^2$,

$f_{xy} = -4$, $f_x = 0$, $f_y = 0$으로부터 임계점은

$(0,0)$, $(1,1)$, $(-1,-1)$이다.

$\triangle = f_{xx}f_{yy} - f_{xy}^2 = 144x^2y^2 - 16$이라 하고

이변수함수에 대한 극값판정법을 쓰면

$(0,0)$에서 $\triangle < 0$이므로 극값을 갖지 않고,

$(1,1)$과 $(-1,-1)$에서 $\triangle > 0$이고 $f_{xx} > 0$이므로

극솟값 $-2$를 갖는다.

## 18. ②

영역 $E$를 구면좌표계로 바꾸면

$E = \{(\rho, \phi, \theta) \,|\, 0 \le \rho \le 3, 0 \le \phi \le \pi, 0 \le \theta \le \pi\}$이므로

$$\iiint_E y^2 \, dV = \int_0^\pi \int_0^\pi \int_0^3 (\rho \sin\phi \sin\theta)^2 \rho^2 \sin\phi \, d\rho \, d\phi \, d\theta$$

$$= \int_0^\pi \sin^2\theta \, d\theta \int_0^\pi \sin^3\phi \, d\phi \int_0^3 \rho^4 \, d\rho$$

$$= \frac{1}{2} \cdot \frac{\pi}{2} \cdot 2 \times \frac{2}{3} \cdot 1 \cdot 2 \times \frac{3^5}{5} = \frac{162}{5}\pi$$

## 19. ④

$u = xy$, $v = xy^2$이라 하면

$1 \le u \le 2$, $1 \le v \le 2$, $\dfrac{v}{u} = y \Rightarrow y^2 = \dfrac{v^2}{u^2}$

$J^{-1} = \begin{vmatrix} u_x & u_y \\ v_x & v_y \end{vmatrix} = \begin{vmatrix} y & x \\ y^2 & 2xy \end{vmatrix} = 2xy^2 - xy^2 = xy^2 = v$이므로

$|J| = \dfrac{1}{v}$이다. 적분 변수변환에 의해

$$\iint_R y^2 \, dA = \int_1^2 \int_1^2 \frac{v^2}{u^2} \frac{1}{v} \, du \, dv$$

$$= \int_1^2 \frac{1}{u^2} \, du \int_1^2 v \, dv$$

$$= \left[ -\frac{1}{u} \right]_1^2 \left[ \frac{1}{2}v^2 \right]_1^2 = \frac{3}{4}$$

## 20. ④

$P = (1 + xy)e^{xy}$, $Q = x^2 e^{xy}$이라 하면

$P_y = Q_x = 2xe^{xy} + x^2 y e^{xy}$이므로 보존적 벡터장이다.

포텐셜 함수를 찾으면 $f(x,y) = xe^{xy}$이다. 즉 $F = \nabla f$이다.

$\int_C F \cdot dr = \int_C \nabla f \cdot dr$이므로 선적분의 기본 정리에 의해

$= f(r(\pi/2)) - f(r(0)) = f(0,2) - f(1,0) = 0 - 1 = -1$

## 21. ②

$$\iint_D 2y \, dA = \int_{\frac{\pi}{4}}^{\frac{\pi}{2}} \int_0^{2\cos\theta} 2r^2 \sin\theta \, dr \, d\theta$$

$$= \frac{16}{3} \int_{\frac{\pi}{4}}^{\frac{\pi}{2}} \cos^3\theta \sin\theta \, d\theta = -\frac{4}{3}[\cos^4\theta]_{\frac{\pi}{4}}^{\frac{\pi}{2}} = \frac{1}{3}$$

## 22. ①

곡선 $C$가 폐곡선이므로 그린 정리를 이용하자. 시계 방향이므로

$$\oint_C y^3 \, dx - x^3 \, dy = -\iint_D -3x^2 - 3y^2 \, dA$$

$$= 3\iint_D x^2 + y^2 \, dA$$

$$= 3\int_0^{2\pi} \int_0^2 r^2 \cdot r \, dr \, d\theta$$

$$= 6\pi \left[ \frac{1}{4}r^4 \right]_0^2 = 24\pi$$

**23.** $8\sqrt{2}$

**[풀이]** 1사분면 부분에서 포물선 위의 임의의 점을 $(x, y)$이라 하면
직사각형 넓이는 $2xy$이다.
현재 $y = 6 - x^2$이므로 직사각형 넓이를 $f(x)$라 하면
$$f(x) = 2x(6 - x^2) = -2x^3 + 12x$$
$$f'(x) = -6x^2 + 12 = 0 \Rightarrow x^2 = 2$$
임계점은 $x = \sqrt{2}$이고, 이때 직사각형 넓이가 최대가 된다.
$$f(\sqrt{2}) = -4\sqrt{2} + 12\sqrt{2} = 8\sqrt{2}\text{ 이다.}$$

**24.** $e^{\frac{\pi}{6}}$

**[풀이]** $r'(t) = \langle -2\sin t, 2\cos t, e^t \rangle$이고
이 접선벡터가 평면과 평행하므로
평면의 법선벡터인 $\langle \sqrt{3}, 1, 0 \rangle$과 수직이다.
$$r'(t) \cdot \langle \sqrt{3}, 1, 0 \rangle = -2\sqrt{3}\sin t + 2\cos t = 0$$
$$\Rightarrow \cos t - \sqrt{3}\sin t = 0$$
$$\Rightarrow 2\left( \frac{1}{2}\cos t - \frac{\sqrt{3}}{2}\sin t \right) = 0$$
$$\Rightarrow 2\cos\left( t + \frac{\pi}{3} \right) = 0$$
$$\Rightarrow \cos\left( t + \frac{\pi}{3} \right) = 0$$
이를 만족하는 $t$값은 $\frac{\pi}{6}$이다. $(0 \le t \le \pi)$
따라서 $t = \frac{\pi}{6}$일 때, $r\left( \frac{\pi}{6} \right) = \langle \sqrt{3}, 1, e^{\frac{\pi}{6}} \rangle = \langle a, b, c \rangle$이다.
$$\sqrt{3}\,a - 3b + c = e^{\frac{\pi}{6}}$$

**25.** $\pi$

**[풀이]** 주어진 영역은 폐곡면이므로 발산 정리를 이용하면 $div F = 2$
곡면으로 둘러싸인 내부 영역을 $E$라 하면
$$E = \{(x, y, z) \mid x^2 + z^2 \le y \le 1,\ x^2 + z^2 \le 1\}$$
$$\iint_S F \cdot dS = \iiint_E 2\,dV$$
$$= \int_0^{2\pi} \int_0^1 \int_{r^2}^1 2r\,dy\,dr\,d\theta$$
$$= 2\pi \int_0^1 2r(1 - r^2)\,dr$$
$$= 4\pi \int_0^1 r - r^3\,dr = \pi$$

## ■ 월간 한아름 ver1. 4회

| 번호 | 문제 유형 | 정답률 |
|---|---|---|
| 1 | 미분법(무한번분수) | 54% |
| 2 | 편미분 | 51% |
| 3 | 계수의 계산 | 53% |
| 4 | 무한급수의 합 | 60% |
| 5 | 회전체의 부피 | 83% |
| 6 | 정적분의 미분 | 40% |
| 7 | 행렬의 대각화 | 64% |
| 8 | 선적분 | 66& |
| 9 | 무한급수의 수렴과 발산 | 29% |
| 10 | 벡터의 내적과 외적의 성질 | 41% |
| 11 | 감마함수 | 47% |
| 12 | 곡면적 | 31% |
| 13 | 스칼라 삼중곱 | 90% |
| 14 | 삼중적분(질량) | 34% |
| 15 | 반사변환 | 64% |
| 16 | 직선과 점 사이의 거리 | 52% |
| 17 | 입체의 부피(중적분) | 59% |
| 18 | 최소다항식 | 58% |
| 19 | 매개곡면의 접평면 | 55% |
| 20 | 이중적분 변수변환 | 70% |
| 21 | 방향도함수 | 36% |
| 22 | 표현행렬 | 58% |
| 23 | 선형변환의 핵 | 서술형 |
| 24 | 극한($e$의 정의) | |
| 25 | 최대와 최소(산술기하) | |

**1.** ④

**[풀이]** $y = \dfrac{x}{2 + \dfrac{x}{2 + \dfrac{x}{\cdots}}} = y = \dfrac{x}{2 + y}$이므로
$2y + y^2 = x$에서 $f(x, y) = 2y + y^2 - x$로 생각해서
음함수미분법을 사용하면
$$\frac{dy}{dx} = -\frac{f_x}{f_y} = -\frac{-1}{2 + 2y} = \frac{1}{2y + 2}$$

**2.** ④

**[풀이]** $f(x, 0) = \sqrt[3]{x^3} = x$이므로 $f_x(x, 0) = 1 \Rightarrow f_x(0, 0) = 1$

$f(0, y) = \sqrt[3]{8y^3} = 2y$이므로 $f_y(0, y) = 2 \Rightarrow f_y(0, 0) = 2$

따라서 $f_x(0, 0) + f_y(0, 0) = 3$

**3.** ①

**[풀이]** $3 \times 3$ 정방행렬 $A$가 $rankA = 2$이므로 $\det A = 0$이다.

$\det A = \begin{vmatrix} 1 & 1 & x \\ 1 & x & 1 \\ x & 1 & 1 \end{vmatrix}$

$(C_2 + C_1 \to C_1)$을 하면

$= \begin{vmatrix} 2 & 1 & x \\ x+1 & x & 1 \\ x+1 & 1 & 1 \end{vmatrix} (C_3 + C_1 \to C_1)$

$= \begin{vmatrix} x+2 & 1 & x \\ x+2 & x & 1 \\ x+2 & 1 & 1 \end{vmatrix}$

$= (x+2) \begin{vmatrix} 1 & 1 & x \\ 1 & x & 1 \\ 1 & 1 & 1 \end{vmatrix}$

$(-R_1 + R_2 \to R_2, \; -R_1 + R_3 \to R_3)$

$= (x+2) \begin{vmatrix} 1 & 1 & x \\ 0 & x-1 & 1-x \\ 0 & 0 & 1-x \end{vmatrix}$

$= (x+2)(x-1)(1-x) = 0$

$x = 1, \; -2$이다.

$x = 1$이면 $rankA = 1$이므로 $x = 1$를 제외한다.

따라서 $rankA = 2$가 성립하는 $x$값은 $-2$이다.

**4.** ③

**[풀이]** $\dfrac{1}{3!} + \dfrac{3}{4!} + \dfrac{+3^2}{5!} + \dfrac{3^3}{6!} + \cdots = \displaystyle\sum_{n=0}^{\infty} \dfrac{3^n}{(n+3)!}$ 이다.

$x = 3$으로 보면 주어진 급수는 $\displaystyle\sum_{n=0}^{\infty} \dfrac{x^n}{(n+3)!}$ 이 된다.

이것을 찾기 위해 $e^x = \displaystyle\sum_{n=0}^{\infty} \dfrac{x^n}{n!}$ 에서 양변 적분을 하면

$e^x + C = \displaystyle\sum_{n=0}^{\infty} \dfrac{x^{n+1}}{(n+1)!}$ (단, $C$는 적분상수)

적분상수 $C$를 찾기 위해 $x = 0$을 넣으면 $1 + C = 0$이므로 $C = -1$이 된다.

$e^x - 1 = \displaystyle\sum_{n=0}^{\infty} \dfrac{x^{n+1}}{(n+1)!}$ 에서 양변 적분을 하게 되면

$e^x - x + C = \displaystyle\sum_{n=0}^{\infty} \dfrac{x^{n+2}}{(n+2)!}$ 이 되고 $x = 0$을 넣으면 $C = -1$

$e^x - x - 1 = \displaystyle\sum_{n=0}^{\infty} \dfrac{x^{n+2}}{(n+2)!}$ 에서 양변 적분을 하게 되면

$e^x - \dfrac{1}{2}x^2 - x + C = \displaystyle\sum_{n=0}^{\infty} \dfrac{x^{n+3}}{(n+3)!}$ 이 되고

$x = 0$을 넣으면 $C = -1$

따라서 $e^x - \dfrac{1}{2}x^2 - x - 1 = \displaystyle\sum_{n=0}^{\infty} \dfrac{x^{n+3}}{(n+3)!}$ 이 된다.

$x = 3$을 대입하면 $e^3 - \dfrac{9}{2} - 4 = \displaystyle\sum_{n=0}^{\infty} \dfrac{3^{n+3}}{(n+3)!}$ 이다.

따라서 $\displaystyle\sum_{n=0}^{\infty} \dfrac{3^n}{(n+3)!} = \dfrac{1}{3^3}\left(e^3 - \dfrac{17}{2}\right) = \dfrac{1}{54}(2e^3 - 17)$

**[다른 풀이]**

$e^x = \displaystyle\sum_{n=0}^{\infty} \dfrac{x^n}{n!} = 1 + x + \dfrac{1}{2!}x^2 + \dfrac{1}{3!}x^3 + \dfrac{1}{4!}x^4 + \cdots$

$\dfrac{1}{x}(e^x - 1) = 1 + \dfrac{1}{2!}x + \dfrac{1}{3!}x^2 + \dfrac{1}{4!}x^3 + \cdots$

$\dfrac{1}{x}\left\{\dfrac{1}{x}(e^x - 1) - 1\right\} = \dfrac{1}{2!} + \dfrac{1}{3!}x + \dfrac{1}{4!}x^2 + \cdots$

$\dfrac{1}{x}\left[\dfrac{1}{x}\left\{\dfrac{1}{x}(e^x - 1) - 1\right\} - \dfrac{1}{2!}\right] = \dfrac{1}{3!} + \dfrac{1}{4!}x + \dfrac{1}{5!}x^2 + \cdots$

$x = 3$을 대입하면

$\dfrac{1}{3}\left[\dfrac{1}{3}\left\{\dfrac{1}{3}(e^3 - 1) - 1\right\} - \dfrac{1}{2!}\right] = \dfrac{1}{3!} + \dfrac{3}{4!} + \dfrac{3^2}{5!} + \cdots$

$= \dfrac{1}{54}(2e^3 - 17)$

**5.** ②

**[풀이]** 주어진 영역을 $x$축으로 회전시켰을 때의 부피를 구하면

$V_x = \pi \displaystyle\int_0^1 e^{2x} - x^2 \, dx$

$= \pi \left[\dfrac{1}{2}e^{2x} - \dfrac{1}{3}x^2\right]_0^1$

$= \pi \left(\dfrac{1}{2}e^2 - \dfrac{5}{6}\right)$

**6.** ①

**[풀이]** $\displaystyle\int_0^1 t f(t) \, dt = A$(상수)라 하면 $f(x) = x^2 - 2x + A$이므로

$\displaystyle\int_0^1 t f(t) \, dt = \int_0^1 t(t^2 - 2t + A) \, dt$

$= \int_0^1 t^3 - 2t^2 + At \, dt$

$= \dfrac{1}{4}t^4 - \dfrac{2}{3}t^3 + \dfrac{A}{2}t^2 \Big]_0^1$

$= \dfrac{A}{2} - \dfrac{5}{12}$ 이다.

위 식에서 $\displaystyle\int_0^1 t f(t) \, dt = A$라고 했으므로

$A = \dfrac{A}{2} - \dfrac{5}{12}$ 가 되어서 $A = -\dfrac{5}{6}$ 이 된다.

$f(x) = x^2 - 2x - \dfrac{5}{6}$ 이므로 $f(3) = \dfrac{13}{6}$ 이다.

## 7. ③

**풀이**

$\det(A - \lambda I) = \begin{vmatrix} 3-\lambda & -2 & 0 \\ -2 & 3-\lambda & 0 \\ 0 & 0 & 5-\lambda \end{vmatrix}$

$= (5-\lambda) \begin{vmatrix} 3-\lambda & -2 \\ -2 & 3-\lambda \end{vmatrix}$

$= (5-\lambda)(\lambda^2 - 6\lambda + 5)$

$= (5-\lambda)(\lambda-1)(\lambda-5) = 0$

따라서 $\lambda = 1,\ 5,\ 5$ 이다.

$A^2$ 의 고유치 $\lambda = 1^2,\ 5^2,\ 5^2$ 이므로

$tr(A^2) = 1 + 25 + 25 = 51$

행렬 $A$ 는 대칭행렬이므로 대각화가 가능하고

일차독립인 고유벡터를 3개를 가진다.

따라서 설명 중 틀린 것은 ③번이다.

## 8. ②

**풀이** 한 일을 구하는 것이므로 선적분 $\displaystyle\int_C F \cdot dr$ 의 값을 구하는 것이

다. 주어진 곡선은 폐곡선이므로 그린 정리에 의해

$\displaystyle\int_C F \cdot dr = \iint_D Q_x - P_y\, dA$

$= \iint_D 3x^2 + 3y^2\, dA$

극좌표로 변환하면

$= \displaystyle\int_0^\pi \int_0^2 3r^2 \cdot r\, dr\, d\theta$

$= \pi \left[ \dfrac{3}{4} r^4 \right]_0^2 = 12\pi$

## 9. ②

**풀이** (ㄱ) (발산) $a_n = \dfrac{n! 10^n n!}{(2n)!}$ 이라 하고 비율판정법을 사용하면

$\displaystyle\lim_{n \to \infty} \left| \dfrac{a_{n+1}}{a_n} \right|$

$= \displaystyle\lim_{n \to \infty} \left| \dfrac{(n+1)! 10^{n+1} (n+1)!}{(2n+2)!} \dfrac{(2n)!}{n! 10^n n!} \right|$

$= \displaystyle\lim_{n \to \infty} \left| \dfrac{10(n+1)^2}{(2n+2)(2n+1)} \right|$

$= \dfrac{10}{4} = \dfrac{5}{2} > 1$

따라서 $\displaystyle\sum_{n=1}^\infty \dfrac{n! 10^n n!}{(2n)!}$ 는 발산이다.

(ㄴ) (수렴) $a_n = \dfrac{(n+3)!}{3! n! 3^n}$ 이라 하고 비율판정법을 사용하면

$\displaystyle\lim_{n \to \infty} \left| \dfrac{a_{n+1}}{a_n} \right| = \lim_{n \to \infty} \left| \dfrac{(n+4)!}{3!(n+1)! 3^{n+1}} \dfrac{3! n! 3^n}{(n+3)!} \right|$

$= \displaystyle\lim_{n \to \infty} \left| \dfrac{(n+4)}{3(n+1)} \right| = \dfrac{1}{3} < 1$

따라서 $\displaystyle\sum_{n=1}^\infty \dfrac{(n+3)!}{3! n! 3^n}$ 는 수렴이다.

(ㄷ) (수렴) $a_n = \dfrac{n^n}{2^{(n^2)}}$ 이라 하고 근판정법을 쓰면

$\displaystyle\lim_{n \to \infty} \sqrt[n]{|a_n|} = \lim_{n \to \infty} \sqrt[n]{\dfrac{n^n}{2^{n^2}}} = \lim_{n \to \infty} \dfrac{n}{2^n} = 0 < 1$

따라서 $\displaystyle\sum_{n=1}^\infty \dfrac{n^n}{2^{(n^2)}}$ 는 수렴한다.

(ㄹ) (수렴)

$\displaystyle\sum_{n=1}^\infty \left( \sin\dfrac{1}{2n} - \sin\dfrac{1}{2n+1} \right)$

$= \displaystyle\lim_{n \to \infty} \sum_{k=1}^n \left( \sin\dfrac{1}{2k} - \sin\dfrac{1}{2k+1} \right)$

$= \displaystyle\lim_{n \to \infty} \left\{ \left( \sin\dfrac{1}{2} - \sin\dfrac{1}{3} \right) \right.$

$\qquad + \left( \sin\dfrac{1}{4} - \sin\dfrac{1}{5} \right) + \left( \sin\dfrac{1}{6} - \sin\dfrac{1}{7} \right)$

$\qquad \left. + \cdots + \left( \sin\dfrac{1}{2n} - \sin\dfrac{1}{2n+1} \right) \right\}$

$= \displaystyle\lim_{n \to \infty} \sum_{k=2}^n (-1)^k \sin\dfrac{1}{k}$

$= \displaystyle\sum_{n=2}^\infty (-1)^n \sin\dfrac{1}{n}$

$\displaystyle\lim_{n \to \infty} \sin\dfrac{1}{n} = 0$ 이므로 교대급수판정법에 의해

$\displaystyle\sum_{n=1}^\infty \left( \sin\dfrac{1}{2n} - \sin\dfrac{1}{2n+1} \right)$ 는 수렴한다.

따라서 발산하는 것의 개수는 1개이다.

## 10. ②

**풀이** ① $(a+b) \times (a-b) = a \times a - a \times b + b \times a - b \times b$

$\qquad\qquad\qquad\qquad = -a \times b + b \times a$

$\qquad\qquad\qquad\qquad = -a \times b - a \times b$

$\qquad\qquad\qquad\qquad = -2a \times b$

② 각 $(a+b),\ (b+c),\ (c+a)$ 를 하나의 벡터로 보면 주어진 보기는 스칼라 삼중적을 나타낸다.

$$(a+b) \cdot \{(b+c) \times (c+a)\} = \begin{vmatrix} a+b \\ b+c \\ c+a \end{vmatrix} \quad (-R_1 + R_3 \to R_3)$$

$$= \begin{vmatrix} a+b \\ b+c \\ c-b \end{vmatrix} \quad (R_2 + R_3 \to R_3)$$

$$= \begin{vmatrix} a+b \\ b+c \\ 2c \end{vmatrix}$$

$$= 2 \begin{vmatrix} a+b \\ b+c \\ c \end{vmatrix} \quad (-R_3 + R_2 \to R_2)$$

$$= 2 \begin{vmatrix} a+b \\ b \\ c \end{vmatrix} \quad (-R_2 + R_1 \to R_1)$$

$$= 2 \begin{vmatrix} a \\ b \\ c \end{vmatrix}$$

$$= 2a \cdot (b \times c) \neq 2c \cdot (b \times c)$$

③ 벡터의 삼중곱에 의해 $a \times (b \times c) = (a \cdot c)b - (a \cdot b)c$이다.

④ $(a \times b) \times (b \times c) = (a \cdot (b \times c))b - (b \cdot (b \times c))a$
$= (a \cdot (b \times c))b$
$\quad (\because b \cdot (b \times c) = 0)$
$= \{(b \times c) \cdot a\}b$
$\quad (\because$ 내적은 교환법칙 성립$)$

## 11. ③

풀이

① $\int_0^\infty x^2 e^{-x}\, dx = \Gamma(3) = 2! = 2$

② $\int_0^1 (\ln x)^2\, dx = \int_0^1 (-\ln x)^2\, dx = 2! = 2$

③ $\int_1^\infty \dfrac{\ln x}{x^2}\, dx$ $\ln x = t$로 치환하면 $x = e^t$, $\dfrac{1}{x}dx = dt$

따라서 $\int_1^\infty \dfrac{\ln x}{x^2}\, dx = \int_0^\infty te^{-t}\, dt = \Gamma(2) = 1! = 1$

④ $\int_0^\infty e^{-\sqrt{x}}\, dx$에서 $\sqrt{x} = t$로 치환하면

$x = t^2$, $dx = 2t\, dt$ 이다.

$\int_0^\infty e^{-\sqrt{x}}\, dx = 2\int_0^\infty te^{-t}\, dt = 2\Gamma(2) = 2 \times 1! = 2$

따라서 적분값이 다른 것은 ③번이다.

## 12. ②

풀이

$z = x^2 + y^2$과 $x^2 + y^2 + z^2 = 4z$의 교선을 구하자.

$z^2 - 3z = 0$이므로 $z = 0$ 또는 $z = 3$이다.

[다른 풀이]

$x^2 + y^2 + (x^2 + y^2)^2 = 4(x^2 + y^2)$

여기서 $x^2 + y^2 = t$로 치환하면

$t + t^2 = 4t \Rightarrow t^2 - 3t = 0$이므로 $t = 0, 3$이다.

따라서 $x^2 + y^2 = 3$에서 교선이 생긴다.

주어진 영역 $D = \{(x, y) \mid 0 \leq x^2 + y^2 \leq 3\}$에서

구면의 넓이는 곡면적 공식을 이용해 구한다.

$x^2 + y^2 + z^2 = 4z \Rightarrow x^2 + y^2 + (z-2)^2 = 4$

$z = 2 + \sqrt{4 - x^2 - y^2}$ 에서

$z_x = -\dfrac{x}{\sqrt{4 - x^2 - y^2}}$, $z_y = -\dfrac{y}{\sqrt{4 - x^2 - y^2}}$ 이므로

대입하면

$$\iint_D \sqrt{1 + (z_x)^2 + (z_y)^2}\, dA$$

$$= \iint_D \sqrt{1 + \frac{x^2}{4 - x^2 - y^2} + \frac{y^2}{4 - x^2 - y^2}}\, dA$$

$$= \iint_D \frac{2}{\sqrt{4 - x^2 - y^2}}\, dA$$

극좌표로 바꾸면

$$= 2\int_0^{2\pi} \int_0^{\sqrt{3}} r(4 - r^2)^{-\frac{1}{2}}\, dr\, d\theta$$

$$= 4\pi \left[ -(4 - r^2)^{\frac{1}{2}} \right]_0^{\sqrt{3}}$$

$$= 4\pi(-1 + 2) = 4\pi$$

## 13. ③

풀이

주어진 각점을 순서대로 $A$, $B$, $C$, $D$이라 하면

$\overrightarrow{AB} = \langle 1, 1, 1 \rangle$, $\overrightarrow{AC} = \langle 5, 0, 2 \rangle$, $\overrightarrow{AD} = \langle -3, 3, 5 \rangle$

세 벡터로 이루는 평행육면체의 부피는 스칼라 삼중적에 의해

$$\begin{vmatrix} 1 & 1 & 1 \\ 5 & 0 & 2 \\ -3 & 3 & 5 \end{vmatrix} = \begin{vmatrix} 1 & 1 & 1 \\ 5 & 0 & 2 \\ -6 & 0 & 2 \end{vmatrix} = -1 \begin{vmatrix} 5 & 2 \\ -6 & 2 \end{vmatrix} = -1(10 + 12) = -22$$

따라서 부피는 절댓값을 씌운 22이다.

## 14. ①

풀이

주어진 영역 $E$는

$E = \{(x, y, z) \mid 0 \leq x \leq 1, 0 \leq y \leq 1 - x, 0 \leq z \leq 1 - x - y\}$

$$(\text{질량}) = \iiint_E y\, dV$$

$$= \int_0^1 \int_0^{1-x} \int_0^{1-x-y} y\, dz\, dy\, dx$$

$$= \int_0^1 \int_0^{1-x} y(1 - x - y)\, dy\, dx$$

$$= \int_0^1 \int_0^{1-x} (1-x)y - y^2\, dy\, dx$$

$$= \int_0^1 \frac{1}{2}(1-x)y^2 - \frac{1}{3}y^3 \bigg]_0^{1-x}\, dx$$

$$= \int_0^1 \frac{1}{2}(1-x)^3 - \frac{1}{3}(1-x)^3 \, dx$$

$$= \frac{1}{6}\int_0^1 (1-x)^3 \, dx$$

$$= \frac{1}{6}\left[-\frac{1}{4}(1-x)^4\right]_0^1$$

$$= -\frac{1}{24}(0-1) = \frac{1}{24}$$

## 15. ②

**[풀이]** 주어진 행렬 $A = I - 2uu^T$의 반사변환행렬이고, 대칭행렬이고, 직교행렬임을 확인해보자.

주어진 $u$벡터는 크기가 1이므로 단위벡터이다.($\|u\| = 1$)

이 단위벡터 $u$에 대해서

$A^T = (I - 2uu^T)^T = I - 2uu^T = A$이므로 대칭행렬이다.

$$AA^T = (I - 2uu^T)(I - 2uu^T)$$
$$= I - 2uu^T - 2uu^T + 4(uu^T)(uu^T)$$
$$= I - 4uu^T + 4u(u^Tu)u^T$$
$$= I - 4uu^T + 4uu^T (\because u^Tu = u \cdot u = \|u\|^2 = 1)$$
$$= I$$

따라서 주어진 행렬 $A$는 직교행렬이다.

직교행렬의 성질 $|AX| = |X|$ 이므로

$X = \begin{pmatrix} 6 \\ 8 \\ 0 \end{pmatrix}$의 크기를 구하면 된다. 따라서 $|AX| = 10$이다.

## 16. ③

**[풀이]** $P$, $Q$를 지나는 직선의 방정식을 구하면

방향벡터 $d = \langle 2, 5, -1 \rangle$이고

지나는 한 점을 $P$로 생각하면

$x = 2t+2$, $y = 5t+3$, $z = -t+1$이 된다.

직선 위의 임의의 한점을 $H$라 하면

$H = \langle 2t+2, 5t+3, -t+1 \rangle$이 되고

$\overrightarrow{AH} = \langle 2t+1, 5t+3, -t-3 \rangle$가 된다.

$A$에서 직선까지 거리가 최소가 되게 하는 점이 $H$가 되려면

$\overrightarrow{AH} \cdot d = 0$을 만족해야 한다.

$\langle 2t+1, 5t+3, -t-3 \rangle \cdot \langle 2, 5, -1 \rangle = 0$

$4t+2+25t+15+t+3 = 0$

$30t = -20 \Rightarrow t = -\frac{2}{3}$을 $H$에 대입하면

$H = \left(\frac{2}{3}, -\frac{1}{3}, \frac{5}{3}\right) = (a, b, c)$이므로 $a+b+c = 2$이다.

## 17. ③

**[풀이]** $-x^2 - y^2 + z^2 = 1$과 $z = 2$의 교선을 구하면

$x^2 + y^2 = 3$이 된다.

두 곡면으로 둘러싸인 입체의 부피를 구하면

영역 $D = \{(x, y) \mid 0 \le x^2 + y^2 \le 3\}$이고

$z = \sqrt{1 + x^2 + y^2}$ 만 고려해서 부피를 구하면 되므로

$$V = \iint_D 2 - \sqrt{1 + x^2 + y^2} \, dA$$

극좌표로 바꾸면

$$= \int_0^{2\pi} \int_0^{\sqrt{3}} (2 - \sqrt{1+r^2})r \, dr d\theta$$

$$= \int_0^{2\pi} \int_0^{\sqrt{3}} 2r - r\sqrt{1+r^2} \, dr d\theta$$

$$= 2\pi \left[r^2 - \frac{1}{3}(1+r^2)^{\frac{3}{2}}\right]_0^{\sqrt{3}}$$

$$= 2\pi \left\{3 - \frac{1}{3}(8-1)\right\} = \frac{4\pi}{3}$$

## 18. ④

**[풀이]** 특성다항식을 구하면

$$\det(\lambda I - A) = \begin{vmatrix} \lambda-3 & 2 & 0 \\ 2 & \lambda-3 & 0 \\ 0 & 0 & \lambda-5 \end{vmatrix}$$

$$= (\lambda-5)\begin{vmatrix} \lambda-3 & 2 \\ 2 & \lambda-3 \end{vmatrix}$$

$$= (\lambda-5)\{(\lambda-3)^2 - 4\}$$

$$= (\lambda-5)^2(\lambda-1)$$이 특성다항식이 된다.

행렬 $A$는 대칭행렬이므로 대각화가 가능하다.

대각화 했을 때의 대각행렬 $D = \begin{pmatrix} 5 & 0 & 0 \\ 0 & 5 & 0 \\ 0 & 0 & 1 \end{pmatrix}$이다.

고윳값 5에 대응하는 조르단 블록의 최대 사이즈는 1이므로

최소 다항식 $g(x) = (x-5)(x-1) = x^2 - 6x + 5$이다.

$g'(x) = 2x - 6$이므로 $g'(1) = -4$이다.

## 19. ①

**[풀이]** $r(u, v) = \langle u-v, 3u^2, u+v \rangle$위의 점 $(1, 3, -3)$이 나오는 $(u, v)$값은 $(-1, -2)$이다.

평면의 법선벡터를 구해보자.

$r_u = \langle 1, 6u, 1 \rangle \Rightarrow r_u(-1, -2) = \langle 1, -6, 1 \rangle$

$r_v = \langle -1, 0, 1 \rangle \Rightarrow r_v(-1, -2) = \langle -1, 0, 1 \rangle$

법선벡터 $r_u \times r_v = \begin{vmatrix} i & j & k \\ 1 & -6 & 1 \\ -1 & 0 & 1 \end{vmatrix}$

$$= \langle -6, -2, -6 \rangle \,//\, -2\langle 3, 1, 3 \rangle$$

따라서 평면의 방정식은 $3x + y + 3z = -3$이다.

## 20. ④

**[풀이]** $xy = u$, $xy^2 = v$이라 하면 $1 \leq u \leq 2$, $1 \leq v \leq 2$이다.

$$J^{-1} = \begin{vmatrix} u_x & u_y \\ v_x & v_y \end{vmatrix} = \begin{vmatrix} y & x \\ y^2 & 2xy \end{vmatrix} = xy^2 = v, \quad |J| = \frac{1}{v} \text{ 이다.}$$

$\dfrac{v}{u} = y$이므로 $y^2 = \dfrac{v^2}{u^2}$이다.

$$\iint_R y^2 dA = \int_1^2 \int_1^2 \frac{v^2}{u^2} \frac{1}{v} du dv$$
$$= \int_1^2 \frac{1}{u^2} du \int_1^2 v dv$$
$$= -\frac{1}{u}\Big]_1^2 \frac{1}{2} v^2 \Big]_1^2$$
$$= -\left(\frac{1}{2} - 1\right)\frac{1}{2}(4-1) = \frac{3}{4}$$

## 21. ③

**[풀이]** $\nabla f(x,y) = \langle -y^2 e^{-xy}, e^{-xy} - xy e^{-xy} \rangle$이므로
$\nabla f(0,2) = \langle -4, 1 \rangle$이고
단위벡터 $u = \langle a, b \rangle$라고 놓으면
$$D_u f(0,2) = \nabla f(0,2) \cdot u$$
$$= \langle -4, 1 \rangle \cdot \langle a, b \rangle$$
$$= -4a + b = 1 \text{ 이 되어야 하고}$$

$u$는 단위벡터이므로 $a^2 + b^2 = 1$을 만족한다.
두 개의 식을 연립하면
$$a = 0, \ b = 1 \text{ 또는 } a = -\frac{8}{17}, \ b = -\frac{15}{17} \text{ 이다.}$$

따라서 방향도함수 값이 1이 되는 방향은
$$\left\langle -\frac{8}{17}, -\frac{15}{17} \right\rangle // \langle -8, -15 \rangle \text{이다.}$$

## 22. ①

**[풀이]** 순서기저 $\alpha = \{\alpha_1, \alpha_2\}$, $\beta = \{\beta_1, \beta_2, \beta_3\}$이라 하면
주어진 표현행렬이 의미하는 것은
$$T(\alpha_1) = -\beta_1 + 2\beta_2 + 3\beta_3 = (1, 5, 3)$$
$$T(\alpha_2) = 2\beta_1 - 4\beta_3 = (2, -4, -4) \text{ 가 되고}$$
$(2, -1) = 3\alpha_1 - \alpha_2$로 표현 가능하므로
$$T(2, -1) = T(3\alpha_1 - \alpha_2)$$
$$= 3T(\alpha_1) - T(\alpha_2)$$
$$= 3(1, 5, 3) - (2, -4, -4) = (1, 19, 13) \text{이다.}$$

## 23. 1

**[풀이]**
$$\ker T = \{A \in M_{22} \mid T(A) = O\}$$
$$= \{A \in M_{22} \mid A + A^t = O\}$$

$A + A^t = 0 \Rightarrow A^t = -A$ 인 $A$를 찾는 것이므로
$A$는 교대행렬이다.

$2 \times 2$에서 교대행렬 꼴은 $\begin{pmatrix} 0 & a \\ -a & 0 \end{pmatrix} = a\begin{pmatrix} 0 & 1 \\ -1 & 0 \end{pmatrix}$이므로
$\dim(\ker T) = 1$이다.

## 24. 3

**[풀이]**
$$\lim_{x \to 0}(\cos 2x)^{\frac{k}{x^2}} = \lim_{x \to 0} e^{\frac{k}{x^2}\ln(\cos 2x)} = e^{-2k} = e^{-6}$$

이므로 $k = 3$이다.

$$\therefore \lim_{x \to 0} \frac{k\ln(\cos 2x)}{x^2} = \lim_{x \to 0} \frac{-2k\sin 2x}{2x\cos 2x}$$
$$= \lim_{x \to 0} \frac{-k\sin 2x}{x} \cdot \lim_{x \to 0} \frac{1}{\cos 2x} = -2k$$

**[다른 풀이]**
$$\lim_{x \to 0}(\cos 2x)^{\frac{k}{x^2}} = \lim_{x \to 0}(1 + \cos 2x - 1)^{\frac{1}{\cos 2x - 1} \cdot \frac{\cos 2x - 1}{x^2} k}$$
$$= e^{k\lim\limits_{x \to 0} \frac{\cos 2x - 1}{x^2}}$$

$$\lim_{x \to 0} \frac{\cos 2x - 1}{x^2} = \lim_{x \to 0} \frac{-2\sin 2x}{2x} = -2 \text{이므로}$$

$$e^{k\lim\limits_{x \to 0} \frac{\cos 2x - 1}{x^2}} = e^{-2k} = e^{-6} \text{이다.}$$
$$\therefore k = 3$$

## 25. $\dfrac{512}{3\sqrt{3}}$

**[풀이]** 사각형 상자의 각 모서리의 길이를 각각 $x$, $y$, $z$이라 하면
대각선의 길이가 8이므로 $x^2 + y^2 + z^2 = 64$를 만족한다.
부피는 $xyz$이므로 산술기하평균에 의해
$$x^2 + y^2 + z^2 \geq 3\sqrt[3]{(xyz)^2}$$
$$\frac{64}{3} \geq (xyz)^{\frac{2}{3}}$$
$$|xyz| \leq \left(\frac{64}{3}\right)^{\frac{3}{2}} = \frac{512}{3\sqrt{3}}$$

따라서 부피의 최대는 $\dfrac{512}{3\sqrt{3}}$ 이다.

| 번호 | 문제 유형 | 정답률 |
|---|---|---|
| 1 | 역함수 미분법 | 46% |
| 2 | 직선과 평면의 방정식 | 59% |
| 3 | 완전 미분방정식(적분인자) | 82% |
| 4 | 구면좌표 | 48% |
| 5 | 오차의 한계 | 33% |
| 6 | 극곡선의 교점 | 61% |
| 7 | 매개함수의 넓이(성망형) | 84% |
| 8 | 이변수함수의 연속, 편미분계수 | 15% |
| 9 | 차원 정리의 성질 | 84% |
| 10 | 직교절선 | 66% |
| 11 | 극한 | 70% |
| 12 | 일변수함수의 최대와 최소 응용 | 48% |
| 13 | 이중적분(극좌표) | 49% |
| 14 | 라플라스 역변환(합성곱) | 34% |
| 15 | 로그미분법 | 85% |
| 16 | 무한급수의 수렴과 발산 | 50% |
| 17 | 극곡선의 면적 | 23% |
| 18 | 이중적분(변수변환) | 18% |
| 19 | 스톡스 정리 | 23% |
| 20 | 회전체의 부피 | 43% |
| 21 | 반사변환 | 68% |
| 22 | 반사변환 | 44% |
| 23 | 접촉원 | 서술형 |
| 24 | 라플라스 변환 | |
| 25 | 케일리–해밀턴 정리 | |

**1.** ①

풀이 $f^{-1} = g$라 하면, 역함수의 미분법에 의해

$g''(f(x)) = -\dfrac{f''(x)}{\{f'(x)\}^3}$ 이 성립한다.

$g''\left(\dfrac{\pi}{6}\right) = g''\left(f\left(\dfrac{\sqrt{3}}{2}\right)\right) = -\dfrac{f''\left(\dfrac{\sqrt{3}}{2}\right)}{\left\{f'\left(\dfrac{\sqrt{3}}{2}\right)\right\}^3} = -\dfrac{8\sqrt{3}}{4^3} = -\dfrac{\sqrt{3}}{8}$

$\therefore f'(x) = \dfrac{1}{\sqrt{1-x^2}} + \dfrac{1}{\sqrt{1-x^2}} = \dfrac{2}{\sqrt{1-x^2}}$

$\Rightarrow f'\left(\dfrac{\sqrt{3}}{2}\right) = \dfrac{2}{\sqrt{1-\dfrac{3}{4}}} = \dfrac{2}{\sqrt{\dfrac{1}{4}}} = 4$

$f''(x) = \dfrac{-2\dfrac{-2x}{2\sqrt{1-x^2}}}{1-x^2} = \dfrac{2x}{(1-x^2)\sqrt{1-x^2}}$

$\Rightarrow f''\left(\dfrac{\sqrt{3}}{2}\right) = \dfrac{\sqrt{3}}{\left(1-\dfrac{3}{4}\right)\sqrt{1-\dfrac{3}{4}}} = \dfrac{\sqrt{3}}{\dfrac{1}{4}\times\dfrac{1}{2}} = 8\sqrt{3}$

**2.** ③

풀이 두 평면 $x-z=1$, $y+2z=3$의 교선의 방정식을 구하자.

방향벡터는 $\begin{vmatrix} i & j & k \\ 1 & 0 & -1 \\ 0 & 1 & 2 \end{vmatrix} = \langle 1, -2, 1 \rangle$이고 한 점은 $(2, 1, 1)$이다.

따라서 $\begin{cases} x = t+2 \\ y = -2t+1 \\ z = t+1 \end{cases}$가 교선의 방정식이다.

구하고자 하는 평면의 방정식은 위의 교선의 방정식을 포함하므로 평면 위의 점은 $(2, 1, 1)$이고,

법선벡터는 $\begin{vmatrix} i & j & k \\ 1 & -2 & 1 \\ 1 & 1 & -2 \end{vmatrix} = 3\langle 1, 1, 1 \rangle$이다.

따라서 평면의 방정식은 $x+y+z=4$이다.

보기의 점들을 대입해서 평면 위의 점인지 확인할 수 있다.

③ $(-1, 3, 1)$은 평면 위의 점이 아니다.

**3.** ③

풀이 $(3x+2y^2)dx + 2xy\,dy = 0$

$P_y = 4y$, $Q_x = 2y$이므로 완전 미분방정식이 아니다.

적분인자를 곱한 후 완전 미분방정식을 만들자.

$\dfrac{P_y - Q_x}{Q} = \dfrac{2y}{2xy} = \dfrac{1}{x}$이고, $e^{\int \frac{1}{x}dx} = e^{\ln x} = x$이다.

양변에 $x$를 곱하면 $(3x^2 + 2xy^2)dx + 2x^2y\,dy = 0$이고

$f(x, y) = x^3 + x^2y^2 = c \Rightarrow$ 초깃값 $y(1) = 1$을 대입하면 $c = 2$

$\therefore x^3 + x^2y^2 = 2$ 이고, $y = \sqrt{\dfrac{2-x^3}{x^2}}$ 이다.

$\left(y = -\sqrt{\dfrac{2-x^3}{x^2}}\ \text{는 초깃값}\ y(1) = 1\text{을 만족하지 못한다.}\right)$

$x = \dfrac{1}{2}$를 대입하면 $y = \sqrt{\dfrac{15}{2}}$ 이다.

**4.** ①

풀이 구면좌표계에서 $\begin{cases} x = \rho\sin\phi\cos\theta \\ y = \rho\sin\phi\sin\theta \\ z = \rho\cos\phi \end{cases}$ 일 때,

$x^2 + y^2 + z^2 = \rho^2$ 이다.

$$\csc\phi = 2\cos\theta + 4\sin\theta \Rightarrow \frac{1}{\sin\phi} = 2\cos\theta + 4\sin\theta$$
$$\Rightarrow 1 = 2\sin\phi\cos\theta + 4\sin\phi\sin\theta$$
$$\Rightarrow \rho = 2\rho\sin\phi\cos\theta + 4\rho\sin\phi\sin\theta$$
$$\Rightarrow \sqrt{x^2 + y^2 + z^2} = 2x + 4y$$
$$\Rightarrow x^2 + y^2 + z^2 = (2x + 4y)^2$$

## 5. ②

**풀이**

$\displaystyle\sum_{m=0}^{\infty} \frac{(-1)^m}{(2m+3)} = \frac{1}{3} - \frac{1}{5} + \frac{1}{7} - \frac{1}{9} + \frac{1}{11} + \cdots$ 이고

$\dfrac{1}{11} < \dfrac{1}{10} = 0.1$ 이므로 최대 오차는 $\dfrac{1}{11}$ 이어야 한다. 따라서

$\displaystyle\sum_{m=0}^{\infty} \frac{(-1)^m}{(2m+3)} \approx \sum_{m=0}^{N} \frac{(-1)^m}{(2m+3)} \approx \frac{1}{3} - \frac{1}{5} + \frac{1}{7} - \frac{1}{9}$ 이다.

즉, 구하는 최소의 정수 $N$은 3이다.

## 6. ①

**풀이**

주어진 $\theta$ 범위에서 $r = 2\cos2\theta$와 중심이 원점이고 반지름이 1인 원의 그래프는 아래와 같으므로 곡선과 원의 교점은 2개다.

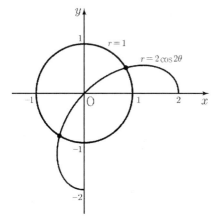

## 7. ③

**풀이**

매개함수의 면적공식을 이용한다. 성망형 그래프를 생각하자. 1사분면에 있는 넓이를 구해서 4배를 하면 된다.

$$4\int_0^a |y|\,dx = 4\int_{\frac{\pi}{2}}^0 a\sin^3\theta \cdot -3a\cos^2\theta\sin\theta\,d\theta$$
$$= 4\int_0^{\frac{\pi}{2}} 3a^2\sin^4\theta\cos^2\theta\,d\theta$$
$$= 12a^2\int_0^{\frac{\pi}{2}} \sin^4\theta - \sin^6\theta\,d\theta$$
$$= \frac{3\pi a^2}{8} \ (\because 왈리스\ 공식)$$

## 8. ③

**풀이**

① $f(0,0) = 0$이고, $\displaystyle\lim_{(x,y)\to(0,0)} f(x,y) = 0$이므로 연속이다.

② $f_x(0,0) = \displaystyle\lim_{h\to0} \frac{f(0+h,0) - f(0,0)}{h} = \lim_{h\to0} \frac{\frac{h^3}{h^2}}{h} = 1$이다.

③ $(x,y) \neq (0,0)$일 때, $f_x = \dfrac{x^4 + 3x^2y^2}{(x^2+y^2)^2}$이므로

$$f_{xy}(0,0) = \lim_{h\to0} \frac{f_x(0,0+h) - f_x(0,0)}{h} = \lim_{h\to0} \frac{0-1}{h}$$

따라서 존재하지 않는다.

④ $f_{xy}(0,0)$이 존재하지 않으므로 $f_{xy}(0,0) \neq f_{yx}(0,0)$이다.

## 9. ③

**풀이**

계수 성질에 의해

$rank(A) = rank(A^T) = rank(AA^T) = 2$이고

$rank(A) + nullity(A) = 5$이므로

$nullity(A) = 3 = \dim(N(A))$

$A$가 $3\times5$행렬이므로 $A^TA$는 $5\times5$행렬이다.

$rank(A^T) + nullity(A^T) = 5$이고

$rank(A^T) = rankA = 2$이므로 $nullity(A^TA) = 3$

$\dim(N(A^TA)) = nullity(A^TA) = 3$

$\therefore rank(AA^T) + \dim(N(A)) + \dim(N(A^TA)) = 2 + 3 + 3 = 8$

## 10. ④

**풀이**

$y = f(x) = \dfrac{1-kx}{kx} = -1 + \dfrac{1}{kx}$ 의 접선의 기울기는

$$y' = f' = -\frac{1}{kx^2} = -\frac{x(y+1)}{x^2} = -\frac{y+1}{x}$$
$$\left(\because \frac{1}{k} = x(y+1)\right)$$

이 곡선과 수직 곡선족을 $g(x)$라 하면,

$g'(x) = y' = \dfrac{x}{y+1}$ 는 변수분리 미분방정식이다.

$$(y+1)\,dy = x\,dx \Rightarrow \int(y+1)\,dy = \int x\,dx + C$$
$$\Rightarrow \frac{1}{2}y^2 + y = \frac{1}{2}x^2 + C$$

**[다른 풀이]**

$$y = \frac{1\ kx}{kx} \Rightarrow kxy = 1 - kx$$
$$\Rightarrow k(xy + x) = 1$$
$$\Rightarrow xy + x = \frac{1}{k}$$

양변을 미분하면 $y + xy' + 1 = 0 \Rightarrow y' = \dfrac{-1-y}{x}$이므로

이것과 수직인 곡선군의 $y' = \dfrac{x}{1+y}$ 가 된다.

## 11. ②

**풀이** (a) $A = \lim_{x \to 0^+} x^{\sin x} = \lim_{x \to 0^+} e^{\sin x \ln x} = e^0 = 1$

$$\because \lim_{x \to 0^+} (\sin x)(\ln x) = \lim_{x \to 0^+} \frac{\sin x}{x} \cdot x \ln x = 1 \cdot 0 = 0$$

(b) 로피탈 정리를 이용하면

$$B = \lim_{x \to 0} \frac{1 - \cos x}{\sec^2 x - 1} = \lim_{x \to 0} \frac{1 - \cos x}{\tan^2 x} = \lim_{x \to 0} \frac{\cos^2 x}{1 + \cos x} = \frac{1}{2}$$

$$\therefore \frac{1 - \cos x}{\tan^2 x} = \frac{1 - \cos x}{\frac{\sin^2 x}{\cos^2 x}}$$

$$= \frac{(1 - \cos x)\cos^2 x}{\sin^2 x}$$

$$= \frac{(1 - \cos x)\cos^2 x}{1 - \cos^2 x}$$

$$= \frac{(1 - \cos x)\cos^2 x}{(1 - \cos x)(1 + \cos x)}$$

$$= \frac{\cos^2 x}{1 + \cos x}$$

(c) $C = \lim_{x \to 0} \frac{e^x + e^{-x}}{\cos x} = 2 (\because 로피탈 정리)$

## 12. ③

**풀이** 곡선 위의 점 $C(x, y)$와 점 $P$의 거리구하는 식은

$d = \sqrt{(x - 1/2)^2 + y^2} = \sqrt{(x - 1/2)^2 + x^3} = \sqrt{f(x)}$ 이고,

$f(x) = (x - 1/2)^2 + x^3$ 의 미분을 하면

$f'(x) = 3x^2 + 2x - 1 = (3x - 1)(x + 1)$

$x = -1$ 또는 $1/3$에서 임계점을 갖지만,

$x > 0$이므로 $x = 1/3$에서 최솟값을 갖는다.

따라서 두 점의 거리는 $\sqrt{\dfrac{7}{108}}$ 이다.

## 13. ②

**풀이** 주어진 영역을 극좌표로 변환하면

$$\frac{\pi}{4} \le \theta \le \frac{3\pi}{4}, \ 0 \le r \le \csc \theta$$

$$\iint_E \frac{1}{\sqrt{x^2 + y^2}} \, dy dx = \int_{\frac{\pi}{4}}^{\frac{3\pi}{4}} \int_0^{\csc \theta} \frac{r}{r} \, dr d\theta$$

$$= \int_{\frac{\pi}{4}}^{\frac{3\pi}{4}} \csc \theta \, d\theta$$

$$= \left[ -\ln|\csc \theta + \cot \theta| \right]_{\frac{\pi}{4}}^{\frac{3\pi}{4}}$$

$$= \ln(\sqrt{2} + 1) - \ln(\sqrt{2} - 1)$$

$$= 2\ln(\sqrt{2} + 1)$$

**TIP** $\displaystyle\int \csc \theta d\theta = \int \frac{\csc \theta (\cot \theta + \csc \theta)}{\cot \theta + \csc \theta} d\theta$

$$= -\int \frac{-\csc \theta \cot \theta - \csc^2 \theta}{\cot \theta + \csc \theta} d\theta$$

$$= -\ln|\cot \theta + \csc \theta| + C$$

$$\left( \because \frac{d}{d\theta} (\cot \theta + \csc \theta)' = -\csc^2 \theta - \csc \theta \cot \theta \right)$$

## 14. ④

**풀이** $y(t) = \mathcal{L}^{-1} \left\{ \dfrac{1}{(s^2 + 1)^2} \right\}$

$$= \sin t * \sin t$$

$$= \int_0^t \sin x \sin(t - x) dx$$

$$= \frac{1}{2} \{ \sin t - t \cos t \}$$

$$\therefore y(\pi) = \frac{\pi}{2}$$

## 15. ④

**풀이** 주어진 함수의 양변에 로그를 취하고 미분을 하자.

$$\ln y = \frac{1}{x} \ln(x^{2015} + \ln x)$$

$$\frac{y'}{y} = -\frac{1}{x^2} \cdot \ln(x^{2015} + \ln x) + \frac{1}{x} \cdot \frac{2015x^{2014} + 1/x}{x^{2015} + \ln x}$$

$x = 1$을 대입하면 $\dfrac{y'(1)}{y(1)} = 2016$이고 $y(1) = 1$이므로

접선의 방정식은 $y = 2016x - 2015$이다.

## 16. ③

**풀이** (a) 극한비교판정법을 이용하자.

$$a_n = \frac{2^n + 1}{n 2^n + 1} = \frac{1 + 1/2^n}{n + 1/2^n} \approx \frac{1}{n}$$

$\because n$이 무한히 커질 때 $\dfrac{1}{2^n}$은 0에 가까이 가므로

$\dfrac{1}{n}$에 가까워진다.

$\displaystyle\sum_{n=1}^{\infty} b_n = \sum_{n=1}^{\infty} \frac{1}{n}$이라 하면

$$\lim_{n \to \infty} \frac{a_n}{b_n} = \lim_{n \to \infty} \frac{n 2^n + n}{n 2^n + 1} = \lim_{n \to \infty} \frac{1 + \frac{n}{n 2^n}}{1 + \frac{1}{n 2^n}} = 1 \text{이다.}$$

$\displaystyle\sum_{n=1}^{\infty} b_n$이 발산하므로 $\displaystyle\sum_{n=1}^{\infty} a_n$도 발산한다.

(b) $\lim_{n \to \infty} \sqrt[n]{\left(\dfrac{2}{\ln n}\right)^n} = \lim_{n \to \infty} \dfrac{2}{\ln n} = 0 < 1$이므로

$\displaystyle\sum_{n=1}^{\infty}\left(\dfrac{2}{\ln n}\right)^n$는 $n$승근판정법에 의해 수렴한다.

비교판정법에 의해

$\displaystyle\sum_{n=1}^{\infty}\dfrac{2^n}{1+(\ln n)^n} < \sum_{n=1}^{\infty}\dfrac{2^n}{(\ln n)^n} = \sum_{n=1}^{\infty}\left(\dfrac{2}{\ln n}\right)^n$이므로

$\displaystyle\sum_{n=1}^{\infty}\dfrac{2^n}{1+(\ln n)^n}$ 또한 수렴한다.

(c) $a_n := n^6 e^{-n^{16}}$의 비율판정값을 구하면

$$\lim_{n \to \infty}\left|\dfrac{a_{n+1}}{a_n}\right| = \lim_{n \to \infty}\left(\dfrac{n+1}{n}\right)^6 \dfrac{e^{n^{16}}}{e^{(n+1)^{16}}}$$
$$= \lim_{n \to \infty}\dfrac{1}{e^{16n^{15}+\cdots+1}} = 0$$

따라서 $\displaystyle\sum_{n=1}^{\infty} a_n$은 수렴한다.

## 17. ①

$r = 2 + \cos 2\theta$와 $r = 2 + \sin\theta$의 교점을 구하면

$2 + \cos 2\theta = 2 + \sin\theta$

$\Rightarrow 2\sin^2\theta + \sin\theta - 1 = (2\sin\theta - 1)(\sin\theta + 1) = 0$

$\Rightarrow \sin\theta = \dfrac{1}{2}, \ -1$

$\Rightarrow \theta = \dfrac{\pi}{6}, \ \dfrac{5}{6}\pi, \ -\dfrac{\pi}{2}\left(\text{or } \dfrac{3\pi}{2}\right)$

그래프를 개략적으로 그려보면

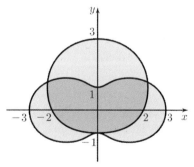

$A = 2 \times \dfrac{1}{2}\displaystyle\int_{-\frac{\pi}{2}}^{\frac{\pi}{6}} (2+\cos 2\theta)^2 - (2+\sin\theta)^2 d\theta$

$= \displaystyle\int_{-\frac{\pi}{2}}^{\frac{\pi}{6}}\left[4\cos 2\theta + \cos^2 2\theta - 4\sin\theta - \sin^2\theta\right]d\theta$

$= \displaystyle\int_{-\frac{\pi}{2}}^{\frac{\pi}{6}}\left[4\cos 2\theta + \dfrac{1+\cos 4\theta}{2} - 4\sin\theta - \dfrac{1-\cos 2\theta}{2}\right]d\theta$

$= \displaystyle\int_{-\frac{\pi}{2}}^{\frac{\pi}{6}}\left[4\cos 2\theta + \dfrac{1}{2}\cos 4\theta - 4\sin\theta + \dfrac{1}{2}\cos 2\theta\right]d\theta$

$= \left[2\sin 2\theta + \dfrac{1}{8}\sin 4\theta + 4\cos\theta + \dfrac{1}{4}\sin 2\theta\right]_{-\frac{\pi}{2}}^{\frac{\pi}{6}} = \dfrac{51}{16}\sqrt{3}$.

## 18. ④

$u = x^2 - y^2$, $v = xy$ 로 변수변환하면 주어진 $xy$평면의 영역에서 $uv$평면으로 대응하는 관계는 다음과 같다.

(1) 직선 $y = x$를 대입 $\Rightarrow$ 직선 $u = 0$

(2) 곡선 $y = \dfrac{1}{x}$를 대입 $\Rightarrow$ 직선 $v = 1$

(3) 곡선 $x^2 - y^2 = 4$을 대입 $\Rightarrow$ 직선 $u = 4$

(4) 직선 $y = 0$을 대입 $\Rightarrow$ 직선 $v = 0$

따라서 $0 \le u \le 4$, $0 \le v \le 1$, $|J| = \dfrac{1}{2(x^2+y^2)}$ 이므로

$$\iint_D \dfrac{x^4-y^4}{1+xy}dxdy = \dfrac{1}{2}\int_0^1\int_0^4 \dfrac{u}{1+v}dudv$$
$$= \dfrac{1}{2}\int_0^4 udu \int_0^1 \dfrac{1}{1+v}dv = 4\ln 2$$

## 19. ②

곡선 $C : r(t) = \cos t\, i + \sin t\, j + (6 - \cos^2 t - \sin t)k$는 곡면 $x^2 + y^2 = 1$과 $z = 6 - x^2 - y$의 교선임을 알 수 있다.

여기서 곡면 $S$는 $x^2 + y^2 = 1$ 위의 $x^2 + y + z = 6$ 이고 $n\,dS = \langle 2x, 1, 1\rangle dxdy$이다.

$$\text{curl}\,F = \begin{vmatrix} i & j & k \\ \dfrac{\partial}{\partial x} & \dfrac{\partial}{\partial y} & \dfrac{\partial}{\partial z} \\ z^2-y^2 & -2xy^2 & e^{\sqrt{z}} \end{vmatrix} = \langle 0, 2z, 2y-2y^2\rangle$$

$$\int_C F \cdot dr = \iint_S \text{curl}\,F \cdot n\,dS$$
$$= \iint_D \langle 0, 2z, 2y-2y^2\rangle \cdot \langle 2x, 1, 1\rangle dxdy$$
$$= \iint_D 2z + 2y - 2y^2 dxdy$$
$$= 2\iint_D (6 - x^2 - y) + y - y^2 dxdy$$
$$= 2\iint_D 6 - x^2 - y^2 dxdy$$
$$= 2\int_0^{2\pi}\int_0^1 6r - r^3 drd\theta$$
$$= 2 \cdot 2\pi \cdot \left(3 - \dfrac{1}{4}\right) = 11\pi$$

## 20. ③

$r \le x \le 1$인 $x^2 + y^2 \le 1$을 $y$축에 대해 회전하여 고리를 얻을 수 있다. 원통쉘법에 의해 부피식은

$$2 \times 2\pi \int_r^1 x\sqrt{1-x^2}\,dx = 4\pi\left[\dfrac{2}{3}\left(-\dfrac{1}{2}\right)(1-x^2)^{\frac{3}{2}}\right]_r^1$$
$$= \dfrac{4\pi}{3}(1-r^2)^{\frac{3}{2}}$$

고리의 부피는 구 부피의 $\dfrac{1}{8}$이므로

$$\dfrac{4\pi}{3}(1-r^2)^{\frac{3}{2}} = \dfrac{1}{8} \cdot \dfrac{4\pi}{3} \Rightarrow r = \dfrac{\sqrt{3}}{2}$$

**[다른 풀이]**

이중적분을 이용한다.

문제에서 구하고자 하는 $r$을 $a$라고 하고 $a$의 값을 구해보자.

공의 중앙을 통과했을 때 고리 부분의 부피는 $x^2+y^2+z^2=1$ 내부 영역과 $x^2+y^2=a^2$ 외부 영역의 부피를 구하면 된다.

이 부피는 $xy$평면 윗부분 부피×2를 하여 구한다.

영역 $D=\left\{(x,y)\,\middle|\,a^2 \le x^2+y^2 \le 1\right\}$에서

$$2\iint_D \sqrt{1-x^2-y^2}\,dA = 2\int_0^{2\pi}\int_a^1 r\sqrt{1-r^2}\,dr\,d\theta$$

$$= 4\pi\int_a^1 r(1-r^2)^{\frac{1}{2}}\,dr$$

$$= -\frac{4\pi}{3}\left[(1-r^2)^{\frac{3}{2}}\right]_a^1$$

$$= \frac{4\pi}{3}(1-a^2)^{\frac{3}{2}}$$

따라서 $\dfrac{4\pi}{3}(1-a^2)^{\frac{3}{2}} = \dfrac{1}{8}\dfrac{4\pi}{3}$을 만족하는 $a$값을 구하면

$a = \dfrac{\sqrt{3}}{2}$가 나온다.

## 21. ②

**풀이** $A=I-2uu^t$은 대칭행렬이면서 직교행렬이다.

직교행렬은 $\|Av\|=\|v\|$를 만족하므로

$$\left\|A\begin{pmatrix}6\\8\\0\end{pmatrix}\right\| = \left\|\begin{pmatrix}6\\8\\0\end{pmatrix}\right\| = 10$$

## 22. ①

**풀이** $A=I-2uu^t$은 평면 $\sqrt{3}\,x+\sqrt{2}\,y+z=0$인 평면에 반사변환한 행렬이다. 평면 위의 벡터 $(\sqrt{3},\sqrt{2},-5)$을 평면에 대해 반사변환을 시키면 자신의 벡터가 나온다.

$$A\begin{pmatrix}\sqrt{3}\\\sqrt{2}\\-5\end{pmatrix} = \begin{pmatrix}\sqrt{3}\\\sqrt{2}\\-5\end{pmatrix}$$

## 23. 2

**풀이** 접촉원의 반지름은 곡률원의 반지름 $\rho$과 같은 말이다.

그 값은 곡률 $\kappa$과 역수관계에 있다. $\Rightarrow \rho=\dfrac{1}{\kappa}$

$r(t)=\langle a\cos t, a\sin t, bt\rangle$일 때,

곡률 $\kappa=\dfrac{a}{a^2+b^2} \Rightarrow \rho=\dfrac{a^2+b^2}{a}$

따라서 주어진 $r(t)=\langle\cos t,\sin t,t\rangle$의 곡률 $\kappa=\dfrac{1}{2}$,

곡률원 $\rho=2$이다.

## 24. ln2

**풀이**
$$G(s)=\mathcal{L}\{g(t)\}=\mathcal{L}\left\{\frac{2-2\cos 2t}{t}\right\}$$

$$=\int_s^\infty \mathcal{L}\{2-2\cos 2t\}\,du$$

$$=\int_s^\infty \frac{2}{u}-\frac{2u}{u^2+4}\,du = 2\ln u-\ln(u^2+4)\Big|_s^\infty$$

$$=\ln\frac{u^2}{u^2+4}\Big|_s^\infty$$

$$=-\ln\frac{s^2}{s^2+4}$$

$$=\ln\frac{s^2+4}{s^2}$$

$$=\ln\left(1+\frac{4}{s^2}\right)$$

$$\therefore G(2)=\ln 2$$

## 25. 32

**풀이** 주어진 행렬에 케일리-헤밀턴 정리를 이용하면

$A^3-4A^2+5A-2I=O$이 성립하고

$A^5=\left(A^3-4A^2+5A-2I\right)\left(A^2+4A+11I\right)$
$\qquad +26A^2-47A+22I$

$\quad = 26A^2-47A+22I$이 성립하므로

$a=26, b=-47, c=22$가 성립한다.

따라서 $4a+2b+c=32$이다.

**[다른 풀이]**

고유치의 성질을 이용한다.

$AV=2V$, $A^5V=32V$이고,

$\left(aA^2+bA+cI\right)V=(4a+2b+c)V$가 성립한다.

문제에서 $AV=2V$, $A^5V=32V$

$A^5=aA^2+bA+cI$을 만족한다고 했으므로

$A^5V=\left(aA^2+bA+cI\right)V=(4a+2b+c)V=32V$

따라서 $4a+2b+c=32$이다.

| 월간 ② | 1회 | 2회 | 3회 | 4회 | 5회 |
|---|---|---|---|---|---|
| 전체 평균 | 46.14 | 51.12 | 46.26 | 47.98 | 54.34 |
| 최고점 | 87.5 | 100 | 87.2 | 88.5 | 83.8 |
| 상위 10% 평균 | 79.41 | 82.2 | 79.1 | 77.47 | 80.5 |
| 상위 20% 평균 | 72.95 | 77.43 | 71.14 | 69.56 | 75.3 |
| 상위 30% 평균 | 67.91 | 71.69 | 66.2 | 65.93 | 71.95 |

■ **월간 한아름 ver2. 1회**

| 번호 | 문제 유형 | 정답률 |
|---|---|---|
| 1 | 삼각함수, 역삼각함수 | 82% |
| 2 | 쌍곡선함수, 역쌍곡선함수 | 56% |
| 3 | 함수의 연속 | 77% |
| 4 | 합성함수 미분, 역삼각함수 미분공식 | 51% |
| 5 | 합성함수 미분, 쌍곡선함수의 성질 | 36% |
| 6 | 극곡선의 미분 | 72% |
| 7 | 로피탈 정리, 정적분의 도함수 | 29% |
| 8 | 뉴턴의 근사값 | 68% |
| 9 | 매클로린 급수 | 54% |
| 10 | 선형근사식 | 47% |
| 11 | 최적화 문제 | 60% |
| 12 | 삼각치환적분, 왈리스 공식, 식의 정리 | 27% |
| 13 | 이상적분 | 35% |
| 14 | 치환적분, 삼각치환적분 | 28% |
| 15 | 치환적분, 이상적분 판정 | 33% |
| 16 | 매클로린 급수, 적분의 근사값 | 50% |
| 17 | 곡선의 길이 | 25% |
| 18 | 파푸스 정리 | 55% |
| 19 | 로피탈 정리 | 39% |
| 20 | $y$축 회전의 부피-원통쉘법칙 | 64% |
| 21 | 음함수미분 | |
| 22 | 징적분 | |
| 23 | 로피탈 정리 | 단답형 |
| 24 | $y=f(x)$의 면적 | |
| 25 | 회전체의 곡면적 | |

**1.** ③

**[풀이]** $\tan^{-1}2x = a$이라 하면

$\tan a = 2x$이고, $\sin a = \dfrac{2x}{\sqrt{1+4x^2}}$이다.

따라서 $\csc a = \dfrac{1}{\sin a} = \dfrac{\sqrt{1+4x^2}}{2x}$이다.

**2.** ③

**[풀이]** $\tanh^{-1}x = \dfrac{1}{2}\ln\left(\dfrac{1+x}{1-x}\right)$이므로

$\tanh^{-1}\dfrac{1}{2} = \dfrac{1}{2}\ln 3$, $\tanh^{-1}\dfrac{1}{3} = \dfrac{1}{2}\ln 2$이다.

$\cosh\left(\tanh^{-1}\left(\dfrac{1}{2}\right)\right)\cosh\left(\tanh^{-1}\left(\dfrac{1}{3}\right)\right) - \sinh\left(\tanh^{-1}\left(\dfrac{1}{2}\right)\right)\sinh\left(\tanh^{-1}\left(\dfrac{1}{3}\right)\right)$

$= \cosh\left(\tanh^{-1}\dfrac{1}{2} - \tanh^{-1}\dfrac{1}{3}\right)$

$= \cosh\left(\dfrac{1}{2}\ln 3 - \dfrac{1}{2}\ln 2\right)$

$= \cosh\left(\ln\dfrac{\sqrt{3}}{\sqrt{2}}\right)$

$= \dfrac{e^{\ln\frac{\sqrt{3}}{\sqrt{2}}} + e^{-\ln\frac{\sqrt{3}}{\sqrt{2}}}}{2} = \dfrac{\frac{\sqrt{3}}{\sqrt{2}} + \frac{\sqrt{2}}{\sqrt{3}}}{2} = \dfrac{5}{2\sqrt{6}}$

**3.** ④

**[풀이]** $x=0$에서 연속이기 위한 조건은 함숫값과 극한값이 같아야 한다는 것이다. 따라서 함숫값을 극한값으로 정의하면 $x=0$에서 연속이 된다.

$\displaystyle\lim_{x\to 0}\dfrac{1-\cos 3x}{x^2}\left(\dfrac{0}{0}꼴\right) = \lim_{x\to 0}\dfrac{3\sin 3x}{2x}\left(\dfrac{0}{0}꼴\right) = \lim_{x\to 0}\dfrac{9\cos 3x}{2} = \dfrac{9}{2}$

따라서 $f(0) = \dfrac{9}{2}$일 때, $x=0$에서 연속이다.

**4.** ②

**[풀이]** $f(x) = x\sin^{-1}\left(\dfrac{x}{4}\right) + \csc^{-1}(\sqrt{x})$

$= x\sin^{-1}\left(\dfrac{x}{4}\right) + \sin^{-1}\left(\dfrac{1}{\sqrt{x}}\right)$

$f'(x) = \sin^{-1}\left(\dfrac{x}{4}\right) + \dfrac{x}{\sqrt{1-\frac{x^2}{16}}}\cdot\dfrac{1}{4} + \dfrac{1}{\sqrt{1-\frac{1}{x}}}\cdot\left(-\dfrac{1}{2x\sqrt{x}}\right)$

$$f'(2)=\sin^{-1}\left(\frac{1}{2}\right)+\frac{2}{\sqrt{\frac{3}{4}}}\cdot\frac{1}{4}-\frac{1}{4\sqrt{2}\sqrt{\frac{1}{2}}}$$

$$=\frac{\pi}{6}+\frac{1}{\sqrt{3}}-\frac{1}{4}$$

$$=\frac{\pi}{6}+\frac{\sqrt{3}}{3}-\frac{1}{4}$$

$$=\frac{2\pi+4\sqrt{3}-3}{12}$$

**5.** ②

![풀이] $\dfrac{1+\tanh x}{1-\tanh x}=\dfrac{1+\dfrac{\sinh x}{\cosh x}}{1-\dfrac{\sinh x}{\cosh x}}=\dfrac{\cosh x+\sinh x}{\cosh x-\sinh x}=\dfrac{e^x}{e^{-x}}=e^{2x}$

$$\sqrt[4]{\frac{1+\tanh x}{1-\tanh x}}=\sqrt[4]{e^{2x}}=e^{\frac{1}{2}x},\ \sinh 2x=2\sinh x\cosh x$$

따라서 공식에 의해 $\sinh\left(\dfrac{x}{4}\right)\cosh\left(\dfrac{x}{4}\right)=\dfrac{1}{2}\sinh\left(\dfrac{x}{2}\right)$이다.

$$f(x)=\sqrt[4]{\frac{1+\tanh x}{1-\tanh x}}-\sinh\left(\frac{x}{4}\right)\cosh\left(\frac{x}{4}\right)$$

$$=e^{\frac{1}{2}x}-\frac{1}{2}\sinh\left(\frac{x}{2}\right)$$

$$f'(x)=\frac{1}{2}e^{\frac{1}{2}x}-\frac{1}{4}\cosh\left(\frac{x}{2}\right)$$

$$f'(\ln 9)=f'(2\ln 3)$$

$$=\frac{1}{2}e^{\ln 3}-\frac{1}{4}\cosh(\ln 3)$$

$$=\frac{3}{2}-\frac{1}{4}\frac{e^{\ln 3}+e^{-\ln 3}}{2}$$

$$=\frac{3}{2}-\frac{1}{4}\frac{3+\frac{1}{3}}{2}=\frac{3}{2}-\frac{5}{12}=\frac{13}{12}$$

**6.** ①

![풀이] 극곡선의 $\dfrac{dy}{dx}$ 는 매개함수 미분법을 통해서 계산한다.

$\begin{cases}x=r\cos\theta\\y=r\sin\theta\end{cases}$ 라 하면, $\dfrac{dy}{dx}=\dfrac{r'\sin\theta+r\cos\theta}{r'\cos\theta-r\sin\theta}\Big|_{\theta=\frac{3\pi}{2}}^{r=2,\,r'=0}=0$

**7.** ④

![풀이] $\displaystyle\lim_{x\to 0^+}\frac{1}{\sqrt{x^3}}\int_{\sqrt{x}}^{2\sqrt{x}}\sin(t^2)\,dt=\lim_{u\to 0^+}\frac{\displaystyle\int_{u}^{2u}\sin(t^2)\,dt}{u^3}$

$(\because\ \sqrt{x}=u$로 치환$)$

$$=\lim_{u\to 0^+}\frac{2\sin 4u^2-\sin u^2}{3u^2}$$

$$=\lim_{u\to 0^+}\frac{2\sin 4X-\sin X}{3X}$$

$(\because\ u^2=X$로 치환$)$

$$=\lim_{u\to 0^+}\frac{2\cdot 4X-X}{3X}$$

$(\because$ 매클로린 급수$)$

$$=\frac{7}{3}$$

[다른 풀이]

$$\lim_{x\to 0^+}\frac{1}{\sqrt{x^3}}\int_{\sqrt{x}}^{2\sqrt{x}}\sin(t^2)\,dt$$

$$=\lim_{x\to 0^+}\frac{\sin 4x\dfrac{1}{\sqrt{x}}-\sin x\dfrac{1}{2\sqrt{x}}}{\dfrac{3}{2}\sqrt{x}}\ (\because\ \text{로피탈 정리})$$

$$=\lim_{x\to 0^+}\frac{2\sin 4x-\sin x}{3x}$$

$$=\lim_{x\to 0^+}\frac{8\cos 4x-\cos x}{3}\ (\because\ \text{로피탈 정리})$$

$$=\frac{8-1}{3}=\frac{7}{3}$$

**8.** ②

![풀이] 뉴턴근사법의 공식은 $x_{n+1}=x_n-\dfrac{f(x_n)}{f'(x_n)}$ 이므로

$$x_{n+1}=x_n-\frac{\tan x_n}{\sec^2 x_n}$$

$$\Rightarrow x_2=x_1-\frac{\tan x_1}{\sec^2 x_1}$$

$$=3-\frac{\tan 3}{\sec^2 3}$$

$$=3-\sin 3\cos 3$$

$$=3-\frac{1}{2}\sin 6$$

$$=3-\frac{1}{2}(-0.3)$$

$$=3+0.15=3.15$$

**9.** ③

매클로린 급수를 이용하면

$$\ln(1+x) = 1 - x + \frac{1}{2}x^2 - \frac{1}{3}x^3 + \cdots$$

$$\ln(1+x^3) = x^3 - \frac{(x^3)^2}{2} + \frac{(x^3)^3}{3} - \frac{(x^3)^4}{4} + \cdots 이므로$$

$$f(x) = x^2 \ln(1+x^3)$$

$$= x^2 \left\{ x^3 - \frac{(x^3)^2}{2} + \frac{(x^3)^3}{3} - \frac{(x^3)^4}{4} + \cdots \right\}$$

$$= x^5 - \frac{1}{2}x^8 + \frac{1}{3}x^{11} - \frac{1}{4}x^{14} + \cdots$$

$$f^{(11)}(0) = 11! \cdot \frac{1}{3}, \quad f^{(13)}(0) = 0 이므로$$

$$f^{(11)}(0) + f^{(13)}(0) = \frac{11!}{3} 이다.$$

**10.** ④

$f(0) = 1$이고, $x = 0$에서 $f(x)$의 선형근사식은
$x = 0$에서의 접선의 방정식과 같다.

$$f'(x) = \sec x \tan x \Rightarrow f'(0) = 0$$

$$L(x) = f'(0)(x-0) + 1 = 1$$

$$\therefore \sec\left(\frac{1}{\sqrt{2019}}\right) \approx L\left(\frac{1}{\sqrt{2019}}\right) = 1$$

**11.** ④

포물선과 직선의 수직 거리가 최대가 되는 점은
포물선의 접선의 기울기가 직선의 기울기와 같을 때이고,
그 거리는 직선과 점과의 거리 문제로 풀자.

( i ) 포물선의 접선의 기울기가 1이 되는 점을 찾자.

$y' = 2x = 1$을 만족하는 포물선 위의 점은 $\left(\frac{1}{2}, \frac{1}{4}\right)$이다.

( ii ) 직선 $x - y + 2 = 0$과 점 $\left(\frac{1}{2}, \frac{1}{4}\right)$의 거리는

$$\frac{\frac{1}{2} - \frac{1}{4} + 2}{\sqrt{2}} = \frac{9}{4\sqrt{2}}$$

**12.** ②

$$L_{20} = \int_0^1 (1-x^2)^{20}\,dx$$

$$dx = \cos t\,dt\,(\because x = \sin t 로 치환)$$

$$= \int_0^{\frac{\pi}{2}} (1-\sin^2 t)^{20} \cos t\,dt$$

$$= \int_0^{\frac{\pi}{2}} \cos^{41} t\,dt$$

$$= \frac{40}{41} \cdot \frac{38}{39} \cdot \cdots \cdot \frac{2}{3} \cdot 1 (\because 왈리스 공식)$$

$$= \frac{40 \cdot 40}{41 \cdot 40} \cdot \frac{38 \cdot 38}{39 \cdot 38} \cdot \cdots \cdot \frac{2 \cdot 2}{3 \cdot 2} \cdot 1$$

$$= \frac{2^{40}(20!)^2}{41!}$$

$$\therefore I_{20} = \frac{2^{40}(20!)^2}{41!}$$

**13.** ②

$$\int_0^\infty \left( \frac{1}{\sqrt{x^2+9}} - \frac{1}{x+3} \right) dx$$

$$= \ln(x + \sqrt{x^2+9}) - \ln(x+3) \Big]_0^\infty$$

$$= \ln\left( \frac{x + \sqrt{x^2+9}}{x+3} \right) \Big]_0^\infty$$

$$= \ln\left( \lim_{x \to \infty} \frac{x + \sqrt{x^2+9}}{x+3} \right) = \ln 2$$

**14.** ①

$x = \frac{1}{t}$로 치환하면 $dx = -\frac{1}{t^2}\,dt$이므로

$$\int_2^3 \frac{1}{x\sqrt{3x^2-2x-1}}\,dx = \int_{\frac{1}{3}}^{\frac{1}{2}} \frac{1}{\frac{1}{t}\sqrt{\frac{3}{t^2} - \frac{2}{t} - 1}} \frac{1}{t^2}\,dt$$

$$= \int_{\frac{1}{3}}^{\frac{1}{2}} \frac{1}{\sqrt{3-2t-t^2}}\,dt$$

$$= \int_{\frac{1}{3}}^{\frac{1}{2}} \frac{1}{\sqrt{4-(t+1)^2}}\,dt$$

$$= \sin^{-1}\left( \frac{t+1}{2} \right) \Big]_{\frac{1}{3}}^{\frac{1}{2}}$$

$$= \sin^{-1}\left( \frac{3}{4} \right) - \sin^{-1}\left( \frac{2}{3} \right)$$

$$= \sin^{-1}\left( \frac{3\sqrt{5} - 2\sqrt{7}}{12} \right)$$

$$\because \sin^{-1}\left( \frac{3}{4} \right) = a, \quad \sin^{-1}\left( \frac{2}{3} \right) = b라 하자.$$

$$\sin a = \frac{3}{4}, \cos a = \frac{\sqrt{7}}{4}, \sin b = \frac{2}{3}, \cos b = \frac{\sqrt{5}}{3}이고$$

$$\sin(a-b) = \frac{3}{4} \cdot \frac{\sqrt{5}}{3} - \frac{\sqrt{7}}{4} \cdot \frac{2}{3} = \frac{3\sqrt{5} - 2\sqrt{7}}{12}$$

$$\sin^{-1}\left( \frac{3}{4} \right) - \sin^{-1}\left( \frac{2}{3} \right) = a - b = \sin^{-1}\left( \frac{3\sqrt{5} - 2\sqrt{7}}{12} \right)$$

## 15. ④

**풀이** $\int_0^{\frac{\pi}{4}} \dfrac{\sec^2 x}{\tan^3 x - 1} dx$를 $\tan x = t$로 치환하면

$\int_0^1 \dfrac{1}{t^3-1} dt = \int_0^1 \dfrac{1}{(t-1)(t^2+t+1)} dt$이고

이상적분의 판정에 의해 발산한다.

## 16. ③

**풀이** $\int_0^1 \sqrt{1+x^2}\, dx$

$= \int_0^1 1 + \dfrac{1}{2}x^2 - \dfrac{1}{8}x^4 + \dfrac{1}{16}x^6 - \dfrac{5}{128}x^8 + \cdots dx$

$= x + \dfrac{1}{2}\dfrac{1}{3}x^3 - \dfrac{1}{8}\dfrac{1}{5}x^5 + \dfrac{1}{16}\dfrac{1}{7}x^7 - \dfrac{5}{128}\dfrac{1}{9}x^9 + \cdots \Big|_0^1$

$= 1 + \dfrac{1}{6} - \dfrac{1}{40} + \dfrac{1}{112} - \dfrac{5}{128 \cdot 9} + \cdots$

$\int_0^1 \sqrt{1+x^2}\, dx \approx 1 + \dfrac{1}{6}$ 이라 하면

오차 $< \dfrac{1}{40} = 0.025 < 0.03$이므로

오차 0.03이내의 근삿값이라고 할 수 있다.

## 17. ④

**풀이** $y' = \dfrac{1}{\sqrt{1-x^2}} - \dfrac{x}{\sqrt{1-x^2}} = \dfrac{1-x}{\sqrt{1-x^2}}$

$1 + (y')^2 = 1 + \dfrac{1-2x+x^2}{1-x^2} = \dfrac{2-2x}{1-x^2} = \dfrac{2(1-x)}{(1-x)(1+x)}$

$\qquad\qquad = \dfrac{2}{1+x}$

$l = \int_0^{\frac{\sqrt{2}}{2}} \sqrt{1+(y')^2}\, dx$

$= \int_0^{\frac{\sqrt{2}}{2}} \dfrac{\sqrt{2}}{\sqrt{1+x}}\, dx$

$= 2\sqrt{2}(1+x)^{\frac{1}{2}} \Big|_0^{\frac{\sqrt{2}}{2}}$

$= 2\sqrt{2}\left( \sqrt{\dfrac{2+\sqrt{2}}{2}} - 1 \right)$

$= 2\sqrt{2+\sqrt{2}} - 2\sqrt{2}$

## 18. ②

**풀이** ( i ) 삼각형 $T$의 면적은 4이다. 세 점을 $A(0,1)$, $B(2,-1)$, $C(3,2)$라 하면, $\overline{AB} = 2\sqrt{2}$, $\overline{AC} = \sqrt{10}$, $\overline{BC} = \sqrt{10}$ 이므로 이등변 삼각형이다. 밑변을 $\overline{AB}$라 하면 높이는 직선 $y = -x+1$과 $C(3,2)$와의 거리 $2\sqrt{2}$ 이다. 따라서 삼각형의 면적은

$\overline{AB} \times h \times \dfrac{1}{2} = 4$이다.

**[다른 풀이]**

외적을 통해서 면적을 구할 수 있다.

$\overrightarrow{AB} \times \overrightarrow{AC} = \begin{vmatrix} i & j & k \\ 2 & -2 & 0 \\ 3 & 1 & 0 \end{vmatrix} = \langle 0,0,8 \rangle$이고,

삼각형의 면적은 $\dfrac{1}{2}|\overrightarrow{AB} \times \overrightarrow{AC}| = 4$이다.

( ii ) 삼각형 $T$의 무게중심은 $\left( \dfrac{5}{3}, \dfrac{2}{3} \right)$이고,

무게중심과 직선 $x = -1$의 거리는 $\dfrac{5}{3} - (-1) = \dfrac{8}{3}$이다.

( iii ) 파푸스 정리에 의해 회전체의 부피를 구하자.

(회전체의 부피)=(단면적)$\times 2\pi \times d = 4 \times 2\pi \times \dfrac{8}{3} = \dfrac{64}{3}\pi$

## 19. ①

**풀이** $\lim_{x \to 1^+} (\ln x^2) \tan\left( \dfrac{\pi}{2} x \right) = \lim_{x \to 1^+} 2\sin\left( \dfrac{\pi}{2} x \right) \times \lim_{x \to 1^+} \dfrac{\ln x}{\cos\left( \dfrac{\pi}{2} x \right)}$

$\qquad\qquad = 2 \times \dfrac{-2}{\pi} = -\dfrac{4}{\pi}$

$\left( \because \lim_{x \to 1^+} \dfrac{\ln x}{\cos\left( \dfrac{\pi}{2} x \right)} = \lim_{x \to 1^+} \dfrac{\frac{1}{x}}{-\frac{\pi}{2}\sin\left( \dfrac{\pi}{2} x \right)} = -\dfrac{2}{\pi} \right)$

## 20. ③

**풀이** 주어진 영역을 원통쉘법에 의해 회전체의 부피를 구하자.

$V_{y축} = 2\pi \int_0^2 x \cdot xe^{-x}\, dx$

$= 2\pi \int_0^2 x^2 e^{-x}\, dx$

$= 2\pi \left[ e^{-x}(-x^2 - 2x - 2) \right]_0^2$

$= 2\pi \left( 2 - \dfrac{10}{e^2} \right)$

## 21. $-1$

**풀이** $f(x,y) = x^2 y^2 + xy - 2$이라 하자.

음함수미분공식 $\dfrac{dy}{dx} = -\dfrac{f_x}{f_y}$에 값을 대입하자.

$f_x = 2xy^2 + y$, $f_x(1,1) = 3$

$f_y = 2x^2 y + x$, $f_y(1,1) = 3$

$\therefore \dfrac{dy}{dx} = -\dfrac{f_x}{f_y} = -1$

**22.** $4\sqrt{2}$

**[풀이]** 반각공식에 의해

$$1 - \cos 2x = 2\sin^2 x$$

$$\Rightarrow \sqrt{1 - \cos 2x} = \sqrt{2\sin^2 x} = \sqrt{2}\,|\sin x| \text{ 이다.}$$

$$\int_0^{2\pi} \sqrt{1 - \cos 2x}\, dx = \sqrt{2} \int_0^{2\pi} |\sin x|\, dx = 4\sqrt{2}$$

**23.** $1$

**[풀이]**

$$\lim_{x \to \infty} (\ln x)^{\frac{\ln x}{x}} = \lim_{x \to \infty} e^{\frac{\ln x}{x} \ln(\ln x)} \text{ 이므로}$$

$$\lim_{x \to \infty} \frac{\ln x \ln(\ln x)}{x} \text{ 의 극한값을 구하자}$$

$$\lim_{x \to \infty} \frac{\ln x \ln(\ln x)}{x} = \lim_{x \to \infty} \frac{\ln(\ln x) + \frac{1}{x}}{1} \cdot (\because \text{로피탈 정리})$$

$$= \lim_{x \to \infty} \frac{\ln(\ln x) + 1}{x}$$

$$= \lim_{x \to \infty} \frac{1}{x \ln x} (\because \text{로피탈 정리}) = 0$$

$$\therefore \lim_{x \to \infty} (\ln x)^{\frac{\ln x}{x}} = e^0 = 1$$

**24.** $8$

**[풀이]**

$$\int_1^4 \frac{1}{x^2}\, dx = -\frac{1}{x}\Big|_1^4 = \frac{3}{4} \text{ 이다.}$$

직선 $x = a$가 주어진 영역을 이등분하므로

$$\int_1^a \frac{1}{x^2}\, dx = -\frac{1}{x}\Big|_1^a = 1 - \frac{1}{a} = \frac{3}{8}$$

따라서 $a = \dfrac{8}{5}$ 이다.

$$\therefore 5a = 8$$

**25.** $a + b = 6$

**[풀이]**

$$S_x = 2\pi \int_C |y|\, ds = 2\pi \int_0^2 e^x \sqrt{1 + e^{2x}}\, dx$$

$$e^x dx = dt (\because e^x = t \text{ 로 치환})$$

$$= 2\pi \int_1^{e^2} \sqrt{1 + t^2}\, dt$$

$$= 2\pi \int \sec^3 \theta\, d\theta (\because t = \tan\theta \text{ 로 삼각치환적분})$$

$$= \pi(\sec\theta \tan\theta + \ln(\sec\theta + \tan\theta))$$

$$= \pi\left(t\sqrt{1 + t^2} + \ln\left(t + \sqrt{1 + t^2}\right)\right)\Big|_1^{e^2}$$

$$(\because \tan\theta = t,\ \sec\theta = \sqrt{1 + t^2})$$

$$= \pi\{e^2 \sqrt{1 + e^4} + \ln(e^2 + \sqrt{1 + e^4}) - \sqrt{2} - \ln(1 + \sqrt{2})\}$$

$$\therefore a = 2,\ b = 4 \text{이므로 } a + b = 6$$

**1.** ②

**[풀이]** $v$는 단위벡터이므로 $a^2 + b^2 = 1$을 만족해야 한다. $u$와 $v$는 수직이므로 $u \cdot v = 0 \Rightarrow \langle 1, 1 \rangle \cdot \langle a, b \rangle = 0 \Rightarrow a + b = 0$

$a^2 + b^2 = 1$과 $a + b = 0$을 연립하면

$$(a, b) = \left(\frac{1}{\sqrt{2}}, -\frac{1}{\sqrt{2}}\right), \left(-\frac{1}{\sqrt{2}}, \frac{1}{\sqrt{2}}\right) \text{이다.}$$

( i ) $(a, b) = \left(\dfrac{1}{\sqrt{2}}, -\dfrac{1}{\sqrt{2}}\right)$일 때

$$v \cdot w = \left\langle \frac{1}{\sqrt{2}}, -\frac{1}{\sqrt{2}} \right\rangle \cdot \langle -2, 1 \rangle = -\frac{3}{\sqrt{2}} < 0$$

따라서 주어진 조건을 만족하지 못한다.

( ii ) $(a, b) = \left( -\dfrac{1}{\sqrt{2}}, \dfrac{1}{\sqrt{2}} \right)$ 일 때

$$v \cdot w = \left\langle -\dfrac{1}{\sqrt{2}}, \dfrac{1}{\sqrt{2}} \right\rangle \cdot \langle -2, 1 \rangle = \left\langle \dfrac{3}{\sqrt{2}} \right\rangle$$

따라서 주어진 조건을 만족한다.

$a = -\dfrac{1}{\sqrt{2}}$, $b = \dfrac{1}{\sqrt{2}}$ 이므로 $a - b = -\dfrac{2}{\sqrt{2}} = -\sqrt{2}$ 이다.

## 2. ②

**풀이** 주어진 점은 $t = 1$일 때이므로 먼저 $t = 1$에서 곡률을 구하자.

$r'(t) = \langle -\sin t, \cos t, 2t \rangle \Rightarrow r'(1) = \langle -\sin 1, \cos 1, 2 \rangle$

$r''(t) = \langle -\cos t, -\sin t, 2 \rangle \Rightarrow r''(1) = \langle -\cos 1, -\sin 1, 2 \rangle$

$|r'(1)| = \sqrt{\sin^2 1 + \cos^2 1 + 4} = \sqrt{5}$

$r'(1) \times r''(1) = \langle 2\cos 1 + 2\sin 1, 2\sin 1 - 2\cos 1, 1 \rangle$

$|r'(1) \times r''(1)|$
$= \sqrt{(2\cos 1 + 2\sin 1)^2 + (2\sin 1 - 2\cos 1)^2 + 1} = \sqrt{9} = 3$

곡률 $\kappa = \dfrac{|r'(1) \times r''(1)|}{|r'(1)|^3} = \dfrac{3}{5\sqrt{5}}$ 이므로

곡률원의 반지름 $\rho = \dfrac{1}{\kappa} = \dfrac{5\sqrt{5}}{3}$ 이다.

## 3. ②

**풀이** $(x-1)^2(x-2)^3 = -1$에서 $y = (x-1)^2(x-2)^3$, $y = -1$
두 그래프의 교점의 개수를 찾자.

$y = (x-1)^2(x-2)^3$의 개형을 알기 위해 미분하면

$y' = 2(x-1)(x-2)^3 + 3(x-1)^2(x-2)^2$
$= (x-1)(x-2)^2(2(x-2) + 3(x-1))$
$= (x-1)(x-2)^2(5x-7) = 0$

따라서 임계점은 $x = 1$, $\dfrac{7}{5}$, 2이다.

| $x$ | | 1 | | $\dfrac{7}{5}$ | | 2 | |
|---|---|---|---|---|---|---|---|
| $f'(x)$ | + | 0 | − | 0 | + | 0 | + |

표를 그리면 $x = 1$에서 극대, $x = \dfrac{7}{5}$에서 극소를 가진다.

$x = \dfrac{7}{5}$에서 극솟값 $y = -\dfrac{108}{5^5}$이고 이는 $y = -1$보다 큰 값
이다. 따라서 그래프 개형을 생각하면 교점의 개수는 1개이다.

## 4. ②

**풀이**
$A = \lim_{x \to \frac{\pi}{2}} \dfrac{\tan 3x}{\tan 5x}$

$= \lim_{x \to \frac{\pi}{2}} \dfrac{\dfrac{\sin 3x}{\cos 3x}}{\dfrac{\sin 5x}{\cos 5x}}$

$= \lim_{x \to \frac{\pi}{2}} \dfrac{\sin 3x \cos 5x}{\sin 5x \cos 3x}$

$= \left( \lim_{x \to \frac{\pi}{2}} \dfrac{\sin 3x}{\sin 5x} \right) \left( \lim_{x \to \frac{\pi}{2}} \dfrac{\cos 5x}{\cos 3x} \right)$

$= -\lim_{x \to \frac{\pi}{2}} \dfrac{\cos 5x}{\cos 3x}$

$= -\lim_{x \to \frac{\pi}{2}} \dfrac{-5\sin 5x}{-3\sin 3x}$ ( $\because$ 로피탈 정리)

$= -\dfrac{5}{3} \lim_{x \to \frac{\pi}{2}} \dfrac{\sin 5x}{\sin 3x}$

$= -\dfrac{5}{3}(-1) = \dfrac{5}{3}$

$B = \lim_{x \to 0} \left( \dfrac{e^x}{e^x - 1} - \dfrac{1}{x} \right) = \lim_{x \to 0} \dfrac{xe^x - e^x + 1}{x(e^x - 1)}$

$\lim_{x \to 0} \dfrac{xe^x - e^x + 1}{xe^x - x} = \lim_{x \to 0} \dfrac{e^x + xe^x - e^x}{e^x + xe^x - 1}$ ( $\because$ 로피탈 정리)

$= \lim_{x \to 0} \dfrac{xe^x}{e^x + xe^x - 1}$

$= \lim_{x \to 0} \dfrac{e^x + xe^x}{e^x + e^x + xe^x}$ ( $\because$ 로피탈 정리)

$= \dfrac{1}{2}$

**[다른 풀이]**
매클로린 급수를 이용한다.

$\lim_{x \to 0} \dfrac{xe^x - e^x + 1}{x(e^x - 1)}$

$= \lim_{x \to 0} \dfrac{x\left(1 + x + \dfrac{1}{2!}x^2 + \cdots\right) - \left(1 + x + \dfrac{1}{2!}x^2 + \cdots\right) + 1}{x\left(1 + x + \dfrac{1}{2!}x^2 + \cdots - 1\right)}$

$= \lim_{x \to 0} \dfrac{\left(x + x^2 + \dfrac{1}{2}x^3 + \cdots\right) - x - \dfrac{1}{2}x^2 - \cdots}{x^2 + \dfrac{1}{2}x^3 + \cdots}$

$= \lim_{x \to 0} \dfrac{\dfrac{1}{2}x^2 + \dfrac{1}{3}x^3 \cdots}{x^2 + \dfrac{1}{2}x^3 + \cdots}$

$= \lim_{x \to 0} \dfrac{\dfrac{1}{2} + \dfrac{1}{3}x + \cdots}{1 + \dfrac{1}{2}x + \cdots} = \dfrac{1}{2}$

$C = \lim_{x \to 0}(\cos x)^{\csc x} = \lim_{x \to 0} e^{\csc x \ln \cos x}$ 에서

$\lim_{x \to 0} \csc x \ln \cos x = \lim_{x \to 0} \dfrac{\ln \cos x}{\sin x} = \lim_{x \to 0} \dfrac{-\sin x}{\cos^2 x} = 0$ 이므로

$C = e^0 = 1$ 이다.

따라서 $A + B + C = \dfrac{5}{3} + \dfrac{1}{2} + 1 = \dfrac{19}{6}$

**5.** ④

풀이 원기둥의 반지름을 $r$, 높이를 $h$라 하면 부피 $V = \pi r^2 h$ 이고 $dr = 0.01$, $dh = 0.01$ 이다. 전미분을 이용하여

$dV = 2\pi r h\, dr + \pi r^2\, dh$

$\qquad = 2\pi \cdot 10 \cdot 25 \cdot \dfrac{1}{100} + \pi \cdot 100 \cdot \dfrac{1}{100}$

$\qquad = 5\pi + \pi = 6\pi$

따라서 부피의 최대 오차는 $6\pi$이다.

**6.** ④

풀이 $\displaystyle\lim_{n \to \infty} \sum_{i=1}^{n} \left[8 - \left(\dfrac{3i}{n}\right)^2\right]\dfrac{3}{n} = 3\int_0^1 8 - 9x^2\, dx$

$\qquad\qquad\qquad\qquad\qquad = 3[8x - 3x^3]_0^1 = 15$

**7.** ①

풀이 $u = \dfrac{1}{2}\ln(x^2 + y^2)$, $u_x = \dfrac{2x}{2(x^2+y^2)} = \dfrac{x}{x^2+y^2}$,

$u_{xy} = \dfrac{-2xy}{(x^2+y^2)^2}$ 이므로 $u_{xy}(2,2) = -\dfrac{8}{64} = -\dfrac{1}{8}$ 이다.

**8.** ①

풀이 $\tan^{-1}(-\sqrt{2}) = \alpha$

$\tan\alpha = -\sqrt{2}$ 이므로 $\sin\alpha = -\dfrac{\sqrt{2}}{\sqrt{3}}$, $\cos\alpha = \dfrac{1}{\sqrt{3}}$ 이다.

($\because \alpha$는 4사분면의 각)

$\sin(2\tan^{-1}(-\sqrt{2})) = \sin(2\alpha)$

$\qquad\qquad\qquad\qquad = 2\sin\alpha\cos\alpha$

$\qquad\qquad\qquad\qquad = 2\left(-\dfrac{\sqrt{2}}{\sqrt{3}}\right)\left(\dfrac{1}{\sqrt{3}}\right)$

$\qquad\qquad\qquad\qquad = -\dfrac{2\sqrt{2}}{3}$

**9.** ①

풀이 $u = \langle a, b, c\rangle$라 하면 단위벡터이므로

$a^2 + b^2 + c^2 = 1$을 만족한다.

$\nabla f = \langle 2x, 4y, 2x\rangle$, $\nabla g = \langle -y, -x, 1\rangle$이므로

$\nabla f(1,1,2) = \langle 2,4,4\rangle$

$\nabla g\left(1,1,\dfrac{1}{2}\right) = \langle -1,-1,1\rangle$

$D_u f(1,1,2) = \nabla f(1,1,2)\cdot u = 2a + 4b + 4c = 0$

$\Rightarrow a + 2b + 2c = 0$

$D_u g\left(1,1,\dfrac{1}{2}\right) = \nabla g\left(1,1,\dfrac{1}{2}\right)\cdot u = -a - b + c = 0$

두식을 연립하면 $a = 4c$, $b = -3c$이고

이 식을 $a^2 + b^2 + c^2 = 1$과 연립하면 $(a,b,c)$의 값은

$\left(\dfrac{4}{\sqrt{26}}, -\dfrac{3}{\sqrt{26}}, \dfrac{1}{\sqrt{26}}\right)$, $\left(-\dfrac{4}{\sqrt{26}}, \dfrac{3}{\sqrt{26}}, -\dfrac{1}{\sqrt{26}}\right)$

**10.** ②

풀이 $f(x) = \arctan\left(\dfrac{1+x}{1-x}\right)$이므로

$f'(x) = \dfrac{1}{1 + \left(\dfrac{1+x}{1-x}\right)^2} \cdot \dfrac{(1-x) - (-1)(x+1)}{(1-x)^2}$

$\qquad = \dfrac{2}{2 + 2x^2} = \dfrac{1}{1+x^2}$

$\therefore f'(\sqrt{2}) = \dfrac{1}{3}$

**11.** ①

풀이 $\displaystyle\int_0^1 \dfrac{t+1}{t^2+t+1}dt$

$= \displaystyle\int_0^1 \dfrac{\dfrac{1}{2}(2t+1) + \dfrac{1}{2}}{t^2+t+1}dt$

$= \dfrac{1}{2}\displaystyle\int_0^1 \dfrac{2t+1}{t^2+t+1}dt + \dfrac{1}{2}\displaystyle\int_0^1 \dfrac{1}{\left(t+\dfrac{1}{2}\right)^2 + \dfrac{3}{4}}dt$

$= \dfrac{1}{2}\ln|t^2+t+1|\Big]_0^1 + \dfrac{1}{2}\displaystyle\int_0^1 \dfrac{\dfrac{4}{3}}{\left\{\dfrac{2}{\sqrt{3}}\left(t+\dfrac{1}{2}\right)\right\}^2 + 1}dt$

$= \dfrac{1}{2}\ln 3 + \dfrac{1}{2}\cdot\dfrac{2}{\sqrt{3}}\cdot\tan^{-1}\left(\dfrac{2}{\sqrt{3}}\left(t+\dfrac{1}{2}\right)\right)\Big]_0^1$

$= \dfrac{1}{2}\ln 3 + \dfrac{1}{\sqrt{3}}\left(\tan^{-1}\sqrt{3} - \tan^{-1}\left(\dfrac{1}{\sqrt{3}}\right)\right)$

$= \dfrac{\ln 3}{2} + \dfrac{\pi}{6\sqrt{3}}$

**12.** ②

풀이 $x=-2$를 중심으로 회전하는 입체이므로 원주각법을 이용하여 부피 $V$를 구하자.

$$V=2\pi\int_0^{\ln10}(x+2)y\,dx$$

$$=2\pi\int_0^{\ln10}(x+2)\sinh x\,dx$$

$$(u'=\sinh x,\ v=x+2$$에 대해 부분적분$)$$

$$=2\pi\left((x+2)\cosh x\Big]_0^{\ln10}-\int_0^{\ln10}\cosh x\,dx\right)$$

$$=2\pi\big((\ln10+2)\cosh(\ln10)-2-[\sinh x]_0^{\ln10}\big)$$

$$=2\pi\left(\frac{101}{20}\ln10+\frac{202}{20}-2-\frac{99}{20}\right)$$

$$=2\pi\left(\frac{101}{20}\ln10+\frac{63}{20}\right)=\frac{101\ln10+63}{10}\pi$$

**13.** ③

풀이 $f(x)e^{\tan^{-1}x}=\dfrac{1}{2}\ln(1-x^2)+2\{f(x)\}^2-1$에

$x=0$을 대입하면

$$f(0)=2\{f(0)\}^2-1\Leftrightarrow 2\{f(0)\}^2-f(0)-1=0$$

$$\Leftrightarrow (2f(0)+1)(f(0)-1)=0$$

$$\Leftrightarrow f(0)=1(\because f(0)>0)$$이다.

그리고 주어진 식을 미분하면

$$f'(x)e^{\tan^{-1}x}+f(x)e^{\tan^{-1}x}\frac{1}{1+x^2}=-\frac{x}{1-x^2}+4f(x)f'(x)$$

$x=0$을 대입하면

$$f'(0)+f(0)=4f(0)f'(0)\Leftrightarrow f'(0)+1=4f'(0)$$

$$\Leftrightarrow f'(0)=\frac{1}{3}$$이다.

$f(x)$의 선형근사식 $L(x)=f(0)+f'(0)x=1+\dfrac{1}{3}x$이다.

**14.** ②

풀이 $D=\{(x,\,y)|\,|x|\le 1,\,|y|\le 1\}$이므로 경우를 나누어서 정리를 하자.

( ⅰ) $D_1=\{(x,\,y)|\,|x|<1,\,|y|<1\}$인 경우

$D_1$ 내부에서 임계점을 구하자.

$f(x,\,y)=x^2+xy+y^2$이므로 $\begin{cases}f_x=2x+y\\f_y=x+2y\end{cases}$이다.

$\begin{cases}f_x=0\\f_y=0\end{cases}\Rightarrow\begin{cases}2x+y=0\\x+2y=0\end{cases}$을 만족하는 점 $(x,\,y)$는 점

$(0,\,0)$이다. 따라서 $f(0,\,0)=0$이다.

( ⅱ) $D_2=\{(x,\,y)|x=1,\,|y|\le 1\}$인 경우

$f(1,\,y)=y^2+y+1$이므로 $g(y)=y^2+y+1$이라 하자.

$g'(y)=2y+1$이므로 $g'(y)=0$을 만족하는 $y=-\dfrac{1}{2}$에

서 임계점이 생긴다. 따라서 임계점은 $g\left(-\dfrac{1}{2}\right)=\dfrac{3}{4}$이고,

$g(-1)=1$, $g(1)=3$이다.

( ⅲ) $D_3=\{(x,\,y)|x=-1,\,|y|\le 1\}$인 경우

$f(-1,\,y)=y^2-y+1$이므로 $g(y)=y^2-y+1$이라 하

자. $g'(y)=2y-1$이므로 $g'(y)=0$을 만족하는 $y=\dfrac{1}{2}$

에서 임계점이 생긴다. 따라서 임계점은 $g\left(\dfrac{1}{2}\right)=\dfrac{3}{4}$이고,

$g(-1)=3$, $g(1)=1$이다.

( ⅳ) $D_4=\{(x,\,y)|\,|x|\le 1,\,y=1\}$인 경우

$f(x,\,1)=x^2+x+1$이므로 ( ⅱ)와 동일하다.

( ⅴ) $D_5=\{(x,\,y)|\,|x|\le 1,\,y=-1\}$인 경우

$f(x,\,-1)=x^2-x+1$이므로 ( ⅲ)과 동일하다.

**15.** ③

풀이 다음 $z$에 대한 수형도는 $z<\begin{smallmatrix}x<\begin{smallmatrix}s\\t\end{smallmatrix}\\y<\begin{smallmatrix}s\\t\end{smallmatrix}\end{smallmatrix}$이므로

$$\frac{\partial z}{\partial s}=z_x\cdot x_s+z_y\cdot y_s=z_x+z_y$$

$$\frac{\partial z}{\partial t}=z_x\cdot x_t+z_y\cdot y_t=2z_x-2z_y$$

$$\therefore\frac{\partial z}{\partial s}\cdot\frac{\partial z}{\partial t}=(z_x+z_y)(2z_x-2z_y)$$

$$=2(z_x)^2-2(z_y)^2$$

$$=2\left(\frac{\partial z}{\partial x}\right)^2-2\left(\frac{\partial z}{\partial y}\right)^2$$

$$\therefore c=-2$$

**16.** ④

풀이 $\displaystyle\int_1^{e^5}t^5\ln t\,dt=\frac{1}{5}t^5\ln t-\frac{1}{25}t^5\Big]_1^{e^5}$

$$=\left(e^{25}-\frac{1}{25}e^{25}\right)+\frac{1}{25}$$

$$=\frac{1}{25}+\frac{24}{25}e^{25}$$

$$=\frac{1}{25}(1+24e^{25})$$

**17.** ④

풀이 두 차의 시작점을 원점이라고 생각하자.
동쪽으로 움직이는 차의 위치를 $x$좌표,
남쪽으로 움직이는 차의 위치를 $y$좌표라 하면,
두 차의 거리를 $D$라고 한다면 $x^2+y^2=D^2$가 성립한다.
동쪽으로 움직이는 차의 속력 $5km/h=\dfrac{dx}{dt}$,
남쪽으로 움직이는 차의 속력 $7km/h=\dfrac{dy}{dt}$ 이다.
시간당 $x$의 위치는 $5t$, $y$의 위치는 $7t$이고
이때 두 차의 거리는 $\sqrt{74}\,t$이다.
주어진 식을 시간 $t$에 대해 미분하자.
$$x\frac{dx}{dt}+y\frac{dy}{dt}=D\frac{dD}{dt} \Leftrightarrow 5t\cdot5+7t\cdot7=\sqrt{74}\,t\cdot\frac{dz}{dt}$$
$$\Leftrightarrow \frac{dz}{dt}=\sqrt{74}\ 이다.$$

**18.** ②

풀이 $3x=\sec t$로 치환하면 $dx=\dfrac{1}{3}\sec t\tan t\,dt$이므로
$$\int_{\frac{\sqrt{2}}{3}}^{\frac{2}{3}}\frac{1}{x^3\sqrt{9x^2-1}}dx$$
$$=\int_{\frac{\pi}{4}}^{\frac{\pi}{3}}\frac{1}{\frac{1}{27}\sec^3 t\sqrt{\sec^2 t-1}}\frac{1}{3}\sec t\tan t\,dt$$
$$=\int_{\frac{\pi}{4}}^{\frac{\pi}{3}}\frac{9\sec t\tan t}{\sec^3 t\tan t}dt$$
$$=\int_{\frac{\pi}{4}}^{\frac{\pi}{3}}\frac{9}{\sec^2 t}dt$$
$$=9\int_{\frac{\pi}{4}}^{\frac{\pi}{3}}\cos^2 t\,dt$$
$$=\frac{9}{2}\int_{\frac{\pi}{4}}^{\frac{\pi}{3}}1+\cos 2t\,dt$$
$$=\frac{9}{2}\left[t+\frac{1}{2}\sin 2t\right]_{\frac{\pi}{4}}^{\frac{\pi}{3}}$$
$$=\frac{9}{2}\left(\left(\frac{\pi}{3}-\frac{\pi}{4}\right)+\frac{1}{2}\left(\sin\frac{2\pi}{3}-\sin\frac{\pi}{2}\right)\right)$$
$$=\frac{9}{2}\left(\frac{\pi}{12}+\frac{\sqrt{3}}{4}-\frac{1}{2}\right)$$
$$=\frac{3\pi}{8}+\frac{9\sqrt{3}}{8}-\frac{9}{4}$$
$$=\frac{3\pi+9\sqrt{3}-18}{8}$$
$$=\frac{3(\pi+3\sqrt{3}-6)}{8}$$

**19.** ④

풀이 두 그래프가 $\theta=\alpha$일 때 교점이 생긴다고 하자.
( i ) 동경벡터 $\theta=\alpha$와 $r=a\sin\theta$의 교각 $\phi$에 대해
$$\tan\phi=\frac{\sin\theta}{\cos\theta}\bigg|_{\theta=\alpha}=\tan\alpha$$
( ii ) 동경벡터 $\theta=\beta$와 $r=b\cos\theta$의 교각 $\psi$에 대해
$$\tan\psi=\frac{\cos\theta}{-\sin\theta}\bigg|_{\theta=\alpha}=-\cot\alpha$$
( iii ) 두 곡선의 사잇각은 $\psi-\phi$이다.
$$\tan(\psi-\phi)=\frac{\tan\psi-\tan\phi}{1+\tan\psi\tan\phi}=\infty이므로$$
$$\psi-\phi=\frac{\pi}{2}\ 이다.$$

**20.** ③

풀이 주어진 식에 $x=a$를 대입하면 $1=\sin^{-1}a \Rightarrow a=\sin 1$
주어진 식에서 양변을 $x$로 미분하면
$$\frac{f(x)}{x^2}=\frac{1}{\sqrt{1-x^2}} \Leftrightarrow f(x)=\frac{x^2}{\sqrt{1-x^2}}\ 이므로$$
$$f\left(\frac{1}{2}\right)=\frac{\frac{1}{4}}{\frac{\sqrt{3}}{2}}=\frac{1}{2\sqrt{3}}$$
따라서 $f\left(\dfrac{1}{2}\right)+a=\sin 1+\dfrac{1}{2\sqrt{3}}$ 이다.

**21.** $-12$

풀이 $F(x,y,z)=xy^2z^3$이라 하자.
$\nabla F=\langle y^2z^3, 2xyz^3, 3xy^2z^2\rangle$
$\nabla F(2,2,1)=\langle 4,8,24\rangle // \langle 1,2,6\rangle$이므로
접평면의 방정식은
$x+2y+6z=12 \Rightarrow x+2y+6z-12=0$
따라서 $c=-12$이다.

**22.** $4$

풀이 주어진 영역의 넓이는 1사분면의 넓이의 6배를 구하면 된다.
두 극곡선의 교점의 $\theta$를 찾으면
$$4\cos 3\theta=2\sqrt{2} \Leftrightarrow \cos 3\theta=\frac{\sqrt{2}}{2} \Leftrightarrow 3\theta=\frac{\pi}{4} \Rightarrow \theta=\frac{\pi}{12}$$
넓이 $S=6\times\dfrac{1}{2}\displaystyle\int_{0}^{\frac{\pi}{12}}(4\cos 3\theta)^2-(2\sqrt{2})^2\,d\theta$
$$=3\int_{0}^{\frac{\pi}{12}}16\cos^2 3\theta-8\,d\theta$$

$$= 3 \int_0^{\frac{\pi}{12}} 8\cos 6\theta \, d\theta$$

$$= 24 \int_0^{\frac{\pi}{12}} \cos 6\theta \, d\theta$$

$$= 24 \left[ \frac{1}{6} \sin 6\theta \right]_0^{\frac{\pi}{12}} = 4$$

**23.**  1

**풀이**  주어진 음함수에 $x=0$, $y=e$를 대입하면

$$z^2 = ez \implies z(z-e) = 0$$
$$\implies z = 0, e \text{이지만}, \ z > 0 \text{이므로} \ z = e \text{이다.}$$

$F(x, y, z) = yz + x \ln y - z^2$라 하면 음함수미분법에 의해

$$\frac{\partial z}{\partial y} = -\frac{F_y}{F_z} = -\frac{z + \dfrac{x}{y}}{y - 2z} \text{이므로}$$

$(x, y, z) = (0, e, e)$일 때 $\dfrac{\partial z}{\partial y}(0, \ e) = -\dfrac{e}{-e} = 1$이다.

**24.**  $-2$

**풀이**  임계점을 구하면

$$f_x = 4x^3 - 4y = 0 \implies y = x^3$$
$$f_y = 4y^3 - 4x = 0 \implies x = y^3$$

두 식을 연립하면

$$x^9 = x \iff x(x^8 - 1) = 0$$
$$\iff x(x^4 - 1)(x^4 + 1) = 0$$
$$\iff x(x^2 - 1)(x^2 + 1)(x^4 + 1) = 0$$
$$\iff x(x-1)(x+1)(x^2 + 1)(x^4 + 1) = 0$$
$$\iff x = -1, \ 0, \ 1$$

따라서 임계점은 $(x, y) = (0, 0), (-1, -1), (1, 1)$이다.

$f_{xx} = 12x^2, f_{yy} = 12y^2, f_{xy} = -4$이므로

판별식은 $\triangle(x, y) = f_{xx}f_{yy} - (f_{xy})^2 = 144x^2y^2 - 16$이다.

( i ) $(x, y) = (0, 0)$일 때

$\triangle(0, 0) = -16 < 0$이므로 $(0, \ 0)$에서 안장점을 가진다

(ii) $(x, y) = (-1, -1)$일 때

$\triangle(-1, -1) = 144 - 16 > 0,$

$f_{xx}(-1, -1) = 12 > 0$이므로

$(-1, -1)$일 때 극솟값 $f(-1, -1) = -2$를 가진다.

(iii) $(x, y) = (1, 1)$일 때

$\triangle(1, 1) = 144 - 16 > 0, f_{xx}(1, 1) = 12 > 0$이므로

$(1, 1)$일 때 극솟값 $f(1, 1) = -2$를 가진다.

따라서 극솟값은 $-2$이고, 극댓값은 존재하지 않는다.

**25.**  $\dfrac{1}{6}$

**풀이**  $1 + \sqrt{x} = t$로 치환하면

$$\sqrt{x} = t - 1 \implies x = (t-1)^2$$
$$dx = 2(t-1) \, dt \text{이므로}$$

$$\int_0^1 \frac{dx}{(1 + \sqrt{x})^4} = \int_1^2 \frac{2(t-1)}{t^4} \, dt$$

$$= 2 \int_1^2 \frac{1}{t^3} - \frac{1}{t^4} \, dt$$

$$= \left( -\frac{1}{t^2} + \frac{2}{3} \frac{1}{t^3} \right) \Big|_1^2$$

$$= -\frac{1}{4} + \frac{1}{12} + 1 - \frac{2}{3} = \frac{1}{6}$$

| 번호 | 문제 유형 | 정답률 |
|---|---|---|
| 1 | 평균값 | 53% |
| 2 | 치환적분 | 68% |
| 3 | 로피탈 정리 | 60% |
| 4 | 그린 정리 | 55% |
| 5 | 경도벡터, 포텐셜 함수 | 24% |
| 6 | 극곡선의 수직접선 | 74% |
| 7 | 매개함수의 2계 도함수 | 58% |
| 8 | 적분변수변환 | 72% |
| 9 | 삼각함수적분 | 34% |
| 10 | 라그랑주 미정계수법 | 59% |
| 11 | 정적분의 근삿값 | 45% |
| 12 | 이변수함수의 선형근사식 | 62% |
| 13 | 적분순서변경 | 49% |
| 14 | 삼중적분 | 58% |
| 15 | 곡면의 면적 | 13% |
| 16 | 매클로린 급수 | 39% |
| 17 | 입체의 부피(구면좌표계) | 72% |
| 18 | 2계 편도함수 | 52% |
| 19 | 회전체의 표면적 | 53% |
| 20 | 이중적분 | 40% |
| 21 | 벡터함수의 선적분 | 단답형 |
| 22 | 곡률 | |
| 23 | 입체의 부피 | |
| 24 | 접평면의 방정식 | |
| 25 | 입체의 부피 | |

**1.** ②

[풀이] 평균값 $f(c) = \dfrac{1}{\frac{\pi}{2} - 0} \displaystyle\int_0^{\frac{\pi}{2}} \dfrac{\cos\sqrt{t}}{\sqrt{t}} \, dt$

$= \dfrac{2}{\pi} \displaystyle\int_0^{\frac{\pi}{2}} \dfrac{\cos\sqrt{t}}{\sqrt{t}} \, dt$

$= \dfrac{2}{\pi} \displaystyle\int_0^{\sqrt{\frac{\pi}{2}}} 2\cos x \, dx$

$(\because \sqrt{t} = x$로 치환하면 $dt = 2x\,dx)$

$= \dfrac{4}{\pi} [\sin x]_0^{\sqrt{\frac{\pi}{2}}} = \dfrac{4}{\pi} \sin\sqrt{\dfrac{\pi}{2}}$

**2.** ②

[풀이] $\sqrt{x^2 + 4} = t$로 치환하면 $x^2 + 4 = t^2 \Rightarrow x\,dx = t\,dt$이므로

$\displaystyle\int_0^2 \dfrac{x^3}{(x^2+4)^{\frac{3}{2}}} \, dx = \int_2^{2\sqrt{2}} \dfrac{t^2 - 4}{t^3} t \, dt$

$= \displaystyle\int_2^{2\sqrt{2}} \dfrac{t^2 - 4}{t^2} \, dt$

$= \displaystyle\int_2^{2\sqrt{2}} 1 - \dfrac{4}{t^2} \, dt$

$= \left[ t + \dfrac{4}{t} \right]_2^{2\sqrt{2}}$

$= 3\sqrt{2} - 4$

**3.** ③

[풀이] $\displaystyle\lim_{x \to 0} \dfrac{\tan^{-1}(1 + x^2) - \frac{\pi}{4}}{x^2} = \lim_{x \to 0} \dfrac{\frac{2x}{1 + (1 + x^2)^2}}{2x}$

$\left( \because \dfrac{0}{0} \text{꼴 로피탈 정리} \right)$

$= \displaystyle\lim_{x \to 0} \dfrac{1}{1 + (1 + x^2)^2} = \dfrac{1}{2}$

**4.** ④

[풀이] $P = y^2$, $Q = 3xy$라 하자.

주어진 곡선 $C$는 폐곡선이므로 그린 정리에 의해

$\displaystyle\oint_C y^2 \, dx + 3xy \, dy = \iint_D Q_x - P_y \, dA$

$= \displaystyle\iint_D 3y - 2y \, dA$

$= \displaystyle\iint_D y \, dA$

$= \displaystyle\int_0^\pi \int_2^3 r^2 \sin\theta \, dr \, d\theta$

$= \displaystyle\int_0^\pi \sin\theta \, d\theta \int_2^3 r^2 \, dr$

$= 2 \left[ \dfrac{1}{3} r^3 \right]_2^3$

$= \dfrac{2}{3}(27 - 8) = \dfrac{38}{3}$

**5.** ①

[풀이] $\dfrac{y^2}{\sqrt{1 - x^2 y^2}}$ 을 $x$로 적분하면 $f(x, y) = y\sin^{-1}(xy)$이고

이를 $y$로 미분하면 $\dfrac{xy}{\sqrt{1 - x^2 y^2}} + \sin^{-1} xy$이므로

포텐셜 함수 $f(x, y) = y\sin^{-1}(xy)$이다.

따라서 $f\left( 1, \dfrac{1}{2} \right) = \dfrac{1}{2} \sin^{-1} \dfrac{1}{2} = \dfrac{1}{2} \dfrac{\pi}{6} = \dfrac{\pi}{12}$

**6.** ④

> **풀이**
>
> 수직접선을 갖는 각도는 $\theta = 0, \pi - \alpha, \pi + \alpha$이므로
> 각도의 합은 $2\pi$이다.
>
> **[다른 풀이]**
>
> $x = r\cos\theta = (1+\cos\theta)\cos\theta$
>
> $y = r\sin\theta = (1+\cos\theta)\sin\theta$이므로
>
> $\dfrac{dy}{dx} = \dfrac{y'}{x'} = \dfrac{-\sin^2\theta + (1+\cos\theta)\cos\theta}{-\sin\theta\cos\theta - (1+\cos\theta)\sin\theta}$
>
> 따라서 수직접선을 가지려면 $x' = 0$이 되어야 한다.
>
> $x' = -2\sin\theta\cos\theta - \sin\theta = 0$
>
> $\sin\theta(2\cos\theta + 1) = 0$
>
> $\theta = 0, \pi, \dfrac{2\pi}{3}, \dfrac{4\pi}{3}$일 때 $x' = 0$이 된다.
>
> $\theta = \pi$일 때는 $\dfrac{0}{0}$꼴이므로 극한을 통해서 확인하면
>
> $\displaystyle\lim_{\theta\to\pi}\dfrac{-\sin^2\theta + (1+\cos\theta)\cos\theta}{-\sin\theta\cos\theta - (1+\cos\theta)\sin\theta} = \lim_{\theta\to\pi}\dfrac{\cos2\theta + \cos\theta}{-\sin\theta - \sin2\theta}$
>
> $\qquad\qquad\qquad = \displaystyle\lim_{\theta\to\pi}\dfrac{-2\sin2\theta - \sin\theta}{-\cos\theta - 2\cos2\theta} = 0$
>
> ( $\because$ 로피탈 정리)
>
> $\theta = \pi$일 때는 수평접선을 가진다. 따라서 수직접선을 가지는
>
> $\theta = 0, \dfrac{2\pi}{3}, \dfrac{4\pi}{3}$ 이므로 합은 $2\pi$이다.

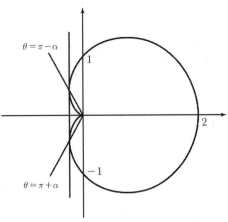

**7.** ③

> **풀이**
>
> $x' = \cos t + \sin t$, $y' = -\cos t + \sin t$
>
> $x'' = -\sin t + \cos t$, $y'' = \sin t + \cos t$이므로
>
> 각각에 $t = \dfrac{\pi}{4}$를 대입하면
>
> $x' = \sqrt{2}$, $y' = 0$, $x'' = 0$, $y'' = \sqrt{2}$
>
> $\dfrac{d^2y}{dx^2} = \dfrac{x'y'' - x''y'}{(x')^3} = \dfrac{\sqrt{2}\cdot\sqrt{2} - 0\cdot 0}{(\sqrt{2})^3} = \dfrac{1}{\sqrt{2}}$

**8.** ③

> **풀이**
>
> 영역 $R$은 $\dfrac{x^2}{4} + \dfrac{y^2}{9} = 1$이므로 $x = 2X$, $y = 3Y$로 치환하면
>
> 새로운 영역 $R'$은 $X^2 + Y^2 = 1$로 유계된 영역이 되고
> $dxdy = 6\,dXdY$이므로 적분변수변환에 의해
>
> $\displaystyle\iint_R x^2\,dA = \iint_{R'} 4X^2\,6\,dXdY$
>
> $\qquad\qquad = 24\displaystyle\iint_{R'} X^2\,dXdY$
>
> $\qquad\qquad = 24\displaystyle\int_0^{2\pi}\int_0^1 r^3\cos^2\theta\,drd\theta$
>
> $\qquad\qquad = 24\displaystyle\int_0^1 r^3\,dr\int_0^{2\pi}\cos^2\theta\,d\theta$
>
> $\qquad\qquad = 24\cdot\dfrac{1}{4}\cdot\dfrac{1}{2}\dfrac{\pi}{2}\cdot 4 = 6\pi$

**9.** ②

> **풀이**
>
> $I_{101} + I_{99} = \displaystyle\int_{\frac{\pi}{4}}^{\frac{\pi}{2}}\cot^{101}xdx + \int_{\frac{\pi}{4}}^{\frac{\pi}{2}}\cot^{99}xdx$
>
> $\qquad\qquad = \displaystyle\int_{\frac{\pi}{4}}^{\frac{\pi}{2}}\cot^{101}x + \cot^{99}xdx$
>
> $\qquad\qquad = \displaystyle\int_{\frac{\pi}{4}}^{\frac{\pi}{2}}\cot^{99}x(\cot^2 x + 1)dx$
>
> $\qquad\qquad = \displaystyle\int_{\frac{\pi}{4}}^{\frac{\pi}{2}}\cot^{99}x\csc^2 x\,dx$
>
> $\qquad\qquad = -\dfrac{1}{100}\cot^{100}x\Big]_{\frac{\pi}{4}}^{\frac{\pi}{2}}$
>
> $\qquad\qquad = -\dfrac{1}{100}(0 - 1) = \dfrac{1}{100}$

**10.** ④

> **풀이**
>
> $g(x, y) = \sqrt{x} + \sqrt{y}$ 라 하면 라그랑주 승수법에 의해
> $\nabla f = \lambda\nabla g$
>
> $\langle 2, 3\rangle = \lambda\left\langle\dfrac{1}{2\sqrt{x}}, \dfrac{1}{2\sqrt{y}}\right\rangle$
>
> $2 = \dfrac{\lambda}{2\sqrt{x}}$, $3 = \dfrac{\lambda}{2\sqrt{y}}$
>
> $1 = \dfrac{\lambda}{4\sqrt{x}} = \dfrac{\lambda}{6\sqrt{y}}$이므로 $\dfrac{\lambda}{4\sqrt{x}} = \dfrac{\lambda}{6\sqrt{y}}$이다.
>
> 만약 $\lambda = 0$이면 $2 = \dfrac{\lambda}{2\sqrt{x}}$에서 $2 = 0$이 되므로 모순된다.
>
> $\lambda \neq 0$이므로 약분하면 $\dfrac{1}{4\sqrt{x}} = \dfrac{1}{6\sqrt{y}} \Rightarrow 6\sqrt{y} = 4\sqrt{x}$
>
> $\sqrt{y} = \dfrac{2}{3}\sqrt{x}$ 이므로 제한 조건에 대입하면
>
> $\dfrac{5}{3}\sqrt{x} = 5 \Rightarrow \sqrt{x} = 3 \Rightarrow \sqrt{y} = 2$이므로 $x = 9$, $y = 4$
>
> 따라서 $f(9, 4) = 18 + 12 = 30$이 최솟값이다.

## 11. ④

**[풀이]** $\displaystyle\int_0^{\frac{2}{10}} \sqrt{1+x^3}\,dx$

$$= \int_0^{\frac{2}{10}} 1 + \frac{1}{2}x^3 - \frac{1}{8}x^6 + \frac{1}{16}x^9 - \cdots\, dx$$

$$= x + \frac{1}{8}x^4 - \frac{1}{56}x^7 + \frac{1}{160}x^9 - \cdots \Big]_0^{\frac{2}{10}}$$

$$= \frac{2}{10} + \frac{1}{8}\left(\frac{2}{10}\right)^4 - \frac{1}{56}\left(\frac{2}{10}\right)^7 + \frac{1}{160}\left(\frac{2}{10}\right)^9 - \cdots$$

근삿값을 $\dfrac{2}{10}$ 이라 하면 오차 $\dfrac{1}{8}\left(\dfrac{2}{10}\right)^4 > 0.0001$ 이 된다.

근삿값을 $\dfrac{2}{10} + \dfrac{1}{8}\left(\dfrac{2}{10}\right)^4$ 라 하면 오차 $\left|-\dfrac{1}{56}\left(\dfrac{2}{10}\right)^7\right| < 0.0001$

이므로 근삿값으로 옳은 것은 $\dfrac{2}{10} + \dfrac{1}{8}\left(\dfrac{2}{10}\right)^4$ 이다.

## 12. ②

**[풀이]** $f(1,1) = 4\tan^{-1}1 = \pi$

$f_x(x,y) = \dfrac{4y}{1+(xy)^2}$, $f_y(x,y) = \dfrac{4x}{1+(xy)^2}$

$f_x(1,1) = 2$, $f_y(1,1) = 2$이므로

$(1,1)$에서 $f(x,y)$의 선형근사식은

$L(x,y) = f(1,1) + f_x(1,1)(x-1) + f_y(1,1)(y-1)$

$\qquad = \pi + 2(x-1) + 2(y-1)$이므로

$4\tan^{-1}((0.98)^2) \approx L(0.98, 0.98)$

$\qquad\qquad = \pi + 2(-0.02) + 2(-0.02)$

$\qquad\qquad = \pi - \dfrac{2}{25}$

## 13. ①

**[풀이]** 적분순서변경에 의해

$$\int_0^1 \int_{\sin^{-1}y}^{\frac{\pi}{2}} \cos x\,\sqrt{1+\cos^2 x}\,dxdy$$

$$= \int_0^{\frac{\pi}{2}} \int_0^{\sin x} \cos \sqrt{1+\cos^2 x}\,dydx$$

$$= \int_0^{\frac{\pi}{2}} \sin x \cos x\,\sqrt{1+\cos^2 x}\,dx$$

$$= -\frac{1}{3}(1+\cos^2 x)^{\frac{3}{2}} \Big]_0^{\frac{\pi}{2}}$$

$$= -\frac{1}{3}(1-2\sqrt{2}) = \frac{2\sqrt{2}-1}{3}$$

## 14. ①

**[풀이]** $\displaystyle\int_0^{\pi/2} \int_0^y \int_0^x \cos(x+y+z)\,dzdxdy$

$$= \int_0^{\pi/2} \int_0^y \sin(x+y+z)]_0^x\,dxdy$$

$$= \int_0^{\pi/2} \int_0^y \sin(2x+y) - \sin(x+y)\,dxdy$$

$$= \int_0^{\pi/2} \left[-\frac{1}{2}\cos(2x+y) + \cos(x+y)\right]_0^y\,dy$$

$$= \int_0^{\pi/2} -\frac{1}{2}\cos 3y + \cos 2y - \frac{1}{2}\cos y\,dy$$

$$= \left[-\frac{1}{6}\sin 3y + \frac{1}{2}\sin 2y - \frac{1}{2}\sin y\right]_0^{\pi/2}$$

$$= \frac{1}{6} + 0 - \frac{1}{2} = -\frac{1}{3}$$

## 15. ①

**[풀이]** $z_x = \dfrac{-\dfrac{y}{x^2}}{1+\dfrac{y^2}{x^2}} = \dfrac{-y}{x^2+y^2}$, $z_y = \dfrac{\dfrac{1}{x}}{1+\dfrac{y^2}{x^2}} = \dfrac{x}{x^2+y^2}$

$1+(z_x)^2+(z_y)^2 = 1 + \dfrac{y^2}{(x^2+y^2)^2} + \dfrac{x^2}{(x^2+y^2)^2}$

$\qquad\qquad\qquad\quad = 1 + \dfrac{1}{x^2+y^2} = \dfrac{1+x^2+y^2}{x^2+y^2}$

영역 $D$를 극좌표 영역으로 바꾸면

$\left\{(r,\theta)\,|\,0 \le \theta \le \dfrac{\pi}{4},\ 1 \le r \le 2\sqrt{2}\right\}$이므로 곡면의 넓이 $S$는

$S = \displaystyle\iint_D \sqrt{1+(z_x)^2+(z_y)^2}\,dA$

$\quad = \displaystyle\iint_D \sqrt{\dfrac{1+x^2+y^2}{x^2+y^2}}\,dA$

$\quad = \displaystyle\int_0^{\frac{\pi}{4}} \int_1^{2\sqrt{2}} \sqrt{\dfrac{1+r^2}{r^2}}\,r\,dr\,d\theta$

$\quad = \displaystyle\int_0^{\frac{\pi}{4}} \int_1^{2\sqrt{2}} \sqrt{1+r^2}\,dr\,d\theta$

$\quad = \dfrac{\pi}{4} \displaystyle\int_1^{2\sqrt{2}} \sqrt{1+r^2}\,dr$

$\quad = \dfrac{\pi}{4} \displaystyle\int_{\frac{\pi}{4}}^{\alpha} \sec^3 t\,dt\,(\because r=\tan t$로 치환하면 $dr = \sec^2 t\,dt)$

$\quad = \dfrac{\pi}{8}[\sec t\,\tan t + \ln(\sec t + \tan t)]_{\frac{\pi}{4}}^{\alpha}$

$\qquad (\because \tan\alpha = 2\sqrt{2} \Leftrightarrow \alpha = \tan^{-1}2\sqrt{2},\ \sec\alpha = 3)$

$\quad = \dfrac{\pi}{8}(6\sqrt{2} + \ln(3+2\sqrt{2}) - \sqrt{2} - \ln(1+\sqrt{2}))$

$\quad = \dfrac{\pi}{8}\left(5\sqrt{2} + \ln\left(\dfrac{3+2\sqrt{2}}{1+\sqrt{2}}\right)\right)$

$$= \frac{\pi}{8}\left(5\sqrt{2}+\ln\left(\frac{(\sqrt{2}+1)^2}{\sqrt{2}+1}\right)\right)$$
$$= \frac{\pi}{8}(5\sqrt{2}+\ln(1+\sqrt{2}))$$

$$= \frac{\pi}{24}(65^{\frac{3}{2}}-17^{\frac{3}{2}})$$
$$= \frac{\pi}{24}(65\sqrt{65}-17\sqrt{17})$$
$$= \pi\left(\frac{65\sqrt{65}-17\sqrt{17}}{24}\right)$$

## 16. ②

**풀이** $f(x)=\dfrac{x}{x^2+x+1}$ 에서 분모, 분자에 $x-1$을 곱하면

$$f(x)=\frac{(x-1)x}{(x-1)(x^2+x+1)}=\frac{x^2-x}{x^3-1}=\frac{x-x^2}{1-x^3} \text{ 이다.}$$

$$\frac{1}{1-x^3}=1+x^3+x^6+\cdots+x^{18}+x^{21}+\cdots$$

$$\frac{x-x^2}{1-x^3}=(x-x^2)(1+x^3+x^6+\cdots+x^{18}+x^{21}+\cdots)$$

$$=x-x^2+x^4-x^5+\cdots-x^{20}+\cdots \text{이므로}$$

$x^{20}$의 계수는 $-1$이다.

$$\therefore f^{(20)}(0)=-1\cdot 20!=-20!$$

## 17. ④

**풀이** 제시한 영역 $E$에 대해 삼중적분을 이용해서 부피를 구하자.

$$(E\text{의 부피})=\int_0^{2\pi}\int_{\frac{\pi}{4}}^{\frac{\pi}{2}}\int_0^2 \rho^2\sin\phi\,d\rho d\phi d\theta$$

$$=2\pi\int_{\frac{\pi}{4}}^{\frac{\pi}{2}}\sin\phi\,d\phi\int_0^2 \rho^2\,d\rho$$

$$=2\pi[-\cos\phi]_{\frac{\pi}{4}}^{\frac{\pi}{2}}\left[\frac{1}{3}\rho^3\right]_0^2$$

$$=\frac{16}{3}\pi\left(\frac{\sqrt{2}}{2}\right)=\frac{8\sqrt{2}}{3}\pi$$

## 18. ②

**풀이** $$\frac{\partial f}{\partial\theta}=\cos(e^{r\sin\theta})r\cos\theta+\cos(e^{r\cos\theta})r\sin\theta$$

$$\frac{\partial^2 f}{\partial r\partial\theta}=\cos\theta cos(e^{r\sin\theta})-r\cos\theta\sin(e^{r\sin\theta})e^{r\sin\theta}\sin\theta$$

$$+\sin\theta cos(e^{r\cos\theta})-r\sin\theta\sin(e^{r\cos\theta})e^{r\cos\theta}\cos\theta$$

$$\frac{\partial^2 f}{\partial r\partial\theta}\left(1,\frac{\pi}{2}\right)=\cos(e^0)=\cos 1$$

## 19. ③

**풀이** 주어진 곡선을 $x$축 회전시킨 곡면적 공식은

$$2\pi\int_1^2 y\sqrt{1+(x')^2}\,dy=2\pi\int_1^2 y\sqrt{1+16y^2}\,dy$$

$$=\frac{\pi}{24}(1+16y^2)^{\frac{3}{2}}]_1^2$$

## 20. ②

**풀이** 영역 $D=\{(x,y)|0\le x\le 5, 0\le y\le\sqrt{25-x^2}\}$이므로

$$\iint_D ye^x\,dA=\int_0^5\int_0^{\sqrt{25-x^2}}ye^x\,dydx$$

$$=\int_0^5 e^x\left[\frac{1}{2}y^2\right]_0^{\sqrt{25-x^2}}dx$$

$$=\frac{1}{2}\int_0^5(25-x^2)e^x\,dx$$

$$=\frac{1}{2}\left[(25-x^2)e^x+2xe^x-2e^x\right]_0^5 (\because \text{부분적분})$$

$$=\frac{8e^5-23}{2}$$

## 21. ②

**풀이** 곡선 $C$를 매개화하면 $r(t)=\langle t,t,t\rangle, 0\le t\le 1$이고
$F(r(t))=\langle t^2,t^2,t^2\rangle, r'(t)=\langle 1,1,1\rangle$이므로

$$\int_C F\cdot dr=\int_0^1 F(r(t))\cdot r'(t)dt=\int_0^1 3t^2dt=t^3]_0^1=1$$

## 22. $\dfrac{1}{4}$

**풀이** 점 $(\pi,2,1)$은 $t=\pi$일 때이다.

$$r'(t)=\langle 1-\cos t,\sin t,0\rangle\Rightarrow r'(\pi)=\langle 2,0,0\rangle$$

$$r''(t)=\langle\sin t,\cos t,0\rangle\Rightarrow r''(\pi)=\langle 0,-1,0\rangle$$

$$r'(\pi)\times r''(\pi)=\begin{vmatrix}i & j & k\\2 & 0 & 0\\0 & -1 & 0\end{vmatrix}=\langle 0,0,-2\rangle$$

$|r'(\pi)|=2, |r''(\pi)|=2$이므로

곡률 $\kappa=\dfrac{|r'(\pi)\times r''(\pi)|}{|r'(\pi)|^3}=\dfrac{2}{8}=\dfrac{1}{4}$

**[다른 풀이]**

$z=1$인 평면 위에 존재하는 사이클로이드 곡선이므로
$z$값을 제외한 매개함수 곡률공식을 적용해도 된다.

**23.** ④

풀이 두 곡면으로 둘러싸인 영역을 정사영시키면
$D = \{(r, \theta) | 0 \le r \le 2\sin\theta\}$이므로 부피는

$$V = \iint_D 2y - (x^2 + y^2)\, dA$$

$$= \int_0^\pi \int_0^{2\sin\theta} (2r\sin\theta - r^2) r\, dr\, d\theta$$

$$= \int_0^\pi \int_0^{2\sin\theta} 2r^2\sin\theta - r^3\, dr\, d\theta$$

$$= \int_0^\pi \sin\theta \left[\frac{2}{3}r^3\right]_0^{2\sin\theta} - \left[\frac{1}{4}r^4\right]_0^{2\sin\theta} d\theta$$

$$= \int_0^\pi \frac{16}{3}\sin^4\theta - 4\sin^4\theta\, d\theta$$

$$= \frac{4}{3}\int_0^\pi \sin^4\theta\, d\theta$$

$$= \frac{4}{3} \cdot \frac{3}{4}\frac{1}{2}\frac{\pi}{2} \cdot 2 = \frac{\pi}{2}$$

**[다른 풀이]**

$$V = \iint_D 2y - (x^2 + y^2)\, dA$$

$$= \iint_D 2y\, dA - \iint_D (x^2 + y^2)\, dA$$

$$= 2 \cdot D\text{의 면적} \cdot \bar{y} - \int_0^\pi \int_0^{2\sin\theta} r^3\, dr\, d\theta$$

$$= 2\pi - \int_0^\pi \left[\frac{1}{4}r^4\right]_0^{2\sin\theta} d\theta$$

$$= 2\pi - \int_0^\pi 4\sin^4\theta\, d\theta$$

$$= 2\pi - 4 \cdot \frac{3}{4}\frac{1}{2}\frac{\pi}{2} \cdot 2 = \frac{\pi}{2}$$

**24.** 16

풀이 $F(x, y, z) = \sqrt{x} + \sqrt{y} + \sqrt{z}$ 라 하자.
곡면 위의 임의의 한 점 $(a, b, c)$라고 생각하면
$\sqrt{a} + \sqrt{b} + \sqrt{c} = 4$를 만족한다.

이 점에서 접평면의 방정식을 구하기 위해
$$\nabla F = \left\langle \frac{1}{\sqrt{x}}, \frac{1}{\sqrt{y}}, \frac{1}{\sqrt{z}} \right\rangle$$

$$\nabla F(a, b, c) = \left\langle \frac{1}{\sqrt{a}}, \frac{1}{\sqrt{b}}, \frac{1}{\sqrt{c}} \right\rangle \text{이므로}$$

접평면의 방정식은 $\dfrac{x}{\sqrt{a}} + \dfrac{y}{\sqrt{b}} + \dfrac{z}{\sqrt{c}} = d$이고
$d$를 구하기 위해서 $(a, b, c)$을 대입하면
$$\frac{a}{\sqrt{a}} + \frac{b}{\sqrt{b}} + \frac{c}{\sqrt{c}} = (\sqrt{a} + \sqrt{b} + \sqrt{c}) = 4 = d$$

따라서 접평면의 방정식은 $\dfrac{x}{\sqrt{a}} + \dfrac{y}{\sqrt{b}} + \dfrac{z}{\sqrt{c}} = 4$이다.

각 $x$, $y$, $z$절편은 $4\sqrt{a}$, $4\sqrt{b}$, $4\sqrt{c}$ 이고,
각 절편의 합은 $4(\sqrt{a} + \sqrt{b} + \sqrt{c}) = 4 \times 4 = 16$이다.

**25.** 96

풀이 일사분면에서 타원 위의 한점 $(x, y)$를 잡으면 정사각형의 한 변
의 길이는 $2y$이므로 정사각형의 넓이$= (2y)^2 = 4y^2$이다.

$$(\text{입체의 부피}) = \int_{-2}^2 4y^2\, dx$$

$$= \int_{-2}^2 36 - 9x^2\, dx$$

$$= 2\int_0^2 36 - 9x^2\, dx$$

$$= 2\left[36x - 3x^3\right]_0^2$$

$$= 2\left[72 - 24\right]$$

$$= 2\left[48\right] = 96$$

| 번호 | 문제 유형 | 정답률 |
|------|-----------|--------|
| 1 | 부분공간 | 19% |
| 2 | 정사영벡터 | 72% |
| 3 | 직교행렬의 성질 | 70% |
| 4 | 직선과 평면의 방정식 | 85% |
| 5 | 행렬의 성질 | 45% |
| 6 | 행렬식 계산 | 77% |
| 7 | 평행육면체의 부피 | 53% |
| 8 | 직선과 평면의 사잇각 | 79% |
| 9 | 선형변환과 표현행렬 | 58% |
| 10 | 이상적분의 수렴과 발산 | 55% |
| 11 | 역함수의 미분 | 92% |
| 12 | 최적화 | 29% |
| 13 | 회전체의 곡면적 | 40% |
| 14 | 극곡선의 면적 | 22% |
| 15 | 미분계수, 라이프니츠 공식 | 39% |
| 16 | 로피탈 정리, 매클로린 급수 | 68% |
| 17 | 불연속인 점의 개수 | 42% |
| 18 | 유리함수의 정적분 | 37% |
| 19 | 아래로 볼록 | 67% |
| 20 | 최적화 문제 | 53% |
| 21 | 역행렬 구하기 | |
| 22 | 면적 | |
| 23 | 연립방정식의 해의 존재 조건 | 단답형 |
| 24 | 무한급수를 정적분으로 바꾸기 | |
| 25 | 표현행렬의 해석 | |

**1.** ②

[풀이] (ㄱ) (참) $S = \{A \in M_{n \times n} | tr(A) = 0\}$라 하자.

집합 $S$의 임의의 원소 $A$, $B$를 고려하면
$tr(A) = 0$, $tr(B) = 0$을 만족한다.
$tr(A+B) = tr(A) + tr(B) = 0$이므로 $A + B \in S$
$tr(kA) = k\,tr(A) = 0$이므로 $kA \in S$ ($k$는 실수)
집합 $S$는 덧셈과 스칼라곱에 닫혀 있으므로
$M_{n \times n}$의 부분공간이다.

(ㄴ) (거짓) $T = \{A \in M_{n \times n} | \det(A) = 0\}$라 하자.

집합 $T$의 임의의 원소 $A$, $B$를 고려하면
$\det(A) = 0$, $\det(B) = 0$을 만족한다.
$\det(A) = 0$, $\det(B) = 0$이라 해서 $\det(A+B) = 0$이
되지 않으므로 $A + B$는 $T$에 속하지 않는다.
따라서 $T$는 덧셈에 대해서 닫혀 있지 않으므로
$M_{n \times n}$의 부분공간이 아니다.

**2.** ③

[풀이] $\overrightarrow{PQ} = \langle 1, 2, 0 \rangle$, $\overrightarrow{PR} = \langle -4, 0, 0 \rangle$이므로

$\overrightarrow{PQ}$위로 $\overrightarrow{PR}$을 정사영시킨 벡터는

$$proj_{\overrightarrow{PQ}} \overrightarrow{PR} = \frac{\overrightarrow{PR} \cdot \overrightarrow{PQ}}{\overrightarrow{PQ} \cdot \overrightarrow{PQ}} \overrightarrow{PQ} = -\frac{4}{5} \langle 1, 2, 0 \rangle \text{이다.}$$

**3.** ①

[풀이] 주어진 행렬은 직교행렬이므로 직교행렬의 성질에 의해
$\|Ax\| = \|x\|$를 만족한다. 따라서 보기에서 $\|x\|$의 값이 가장 작
은 것을 고르면 된다.
① $\|(-1, 0, 1)\| = \sqrt{2}$
② $\|(\sqrt{3}, \sqrt{2}, 1)\| = \sqrt{6}$
③ $\|(\sqrt{5}, \sqrt{7}, -4)\| = \sqrt{5+7+16} = \sqrt{28}$
④ $\|(-3, 7, 5)\| = \sqrt{9+49+25} = \sqrt{83}$
따라서 $\|x\|$의 값이 가장 작은 것은 ①번이다.

**4.** ④

[풀이] 구하고자 하는 법선벡터를 $n$이라 하면
$n$은 평면의 법선벡터 $\langle 1, 3, -2 \rangle$와
직선의 방향벡터 $\langle 0, 1, 1 \rangle$에 동시에 수직이므로
$$n = \langle 1, 3, -2 \rangle \times \langle 0, 1, 1 \rangle = \begin{vmatrix} i & j & k \\ 1 & 3 & -2 \\ 0 & 1 & 1 \end{vmatrix} = \langle 5, -1, 1 \rangle$$
$(1, 0, 0)$을 지나므로 평면의 방정식은 $5x - y + z = 5$이다.

**5.** ②

[풀이] (ㄱ) (거짓) $A$가 직교행렬이면 $AA^T = I$를 만족한다.
$|AA^T| = |A||A^T| = |A|^2 = 1$이므로 $|A| = \pm 1$이다.

(ㄴ) (거짓) $A$가 $n \times n$ 교대행렬이면 $-A = A^T$를 만족한다.
$|-A| = |A^T|$
$(-1)^n |A| = |A|$
( i ) $n$이 짝수이면 $|A| = |A|$이다.
( ii ) $n$이 홀수이면 $-|A| = |A|$이므로 $|A| = 0$이다.
따라서 홀수차 교대행렬일 때 $|A| = 0$이다.

(ㄷ) (거짓) $A$가 $3 \times 5$행렬이므로

$rank$성질에 의해 $rank A \le min(3, 5) = 3$

따라서 $rank A$의 최댓값은 3이다.

(ㄹ) (참) $A$가 대칭행렬이므로 $A = A^T$를 만족한다.

$$(A^2 + A^3)^T = (A^2)^T + (A^3)^T$$
$$= (A^T)^2 + (A^T)^3$$
$$= A^2 + A^3$$

이므로 $A^2 + A^3$도 대칭행렬이다.

## 6. ②

$$\begin{vmatrix} 4 & 3 & 1 & 4 & 9 \\ 7 & 5 & 11 & 15 & 17 \\ 0 & 0 & 1 & 4 & 5 \\ 0 & 0 & 1 & 6 & 8 \\ 0 & 0 & 1 & 4 & 7 \end{vmatrix} = \begin{vmatrix} 4 & 3 & 1 & 0 & 4 \\ 7 & 5 & 11 & -29 & -38 \\ 0 & 0 & 1 & 0 & 0 \\ 0 & 0 & 1 & 2 & 3 \\ 0 & 0 & 1 & 0 & 2 \end{vmatrix}$$

$$= \begin{vmatrix} 4 & 3 & 0 & 4 \\ 7 & 5 & -29 & -38 \\ 0 & 0 & 2 & 3 \\ 0 & 0 & 0 & 2 \end{vmatrix}$$

$$= 2 \begin{vmatrix} 4 & 3 & 0 \\ 7 & 5 & -29 \\ 0 & 0 & 2 \end{vmatrix}$$

$$= 4(20 - 21) = -4$$

## 7. ④

세 벡터 $u$, $v$, $w$로 이루어진 평행육면체의 부피를 구하면

$$V = |u \cdot (v \times w)| = \begin{vmatrix} 1 & 0 & 1 \\ 0 & 3 & 1 \\ 1 & 1 & 0 \end{vmatrix} = \begin{vmatrix} 1 & 0 & 1 \\ 0 & 3 & 1 \\ 0 & 1 & -1 \end{vmatrix} = |-4| = 4$$이다.

따라서 $\Phi$의 부피는 $4 \times 2 \times 3 \times 4 = 96$이다.

## 8. ④

직선의 방향벡터 $d = \langle 2, 1, 2 \rangle$이고

평면의 법선벡터 $n = \langle 1, 2, 2 \rangle$이므로 사잇각 $\theta$에 대해서

$d \cdot n = |d||n|\sin\theta$

$8 = 3 \cdot 3\sin\theta \Rightarrow \sin\theta = \dfrac{8}{9}$

## 9. ①

$P_2$의 표준기저는 $\{1, x, x^2\}$이므로

$f(x) = 1$일 때

$T(1) = x \cdot 0 + 1 \cdot x + 1 = 1 \cdot 1 + 1 \cdot x + 0 \cdot x^2$

$f(x) = x$일 때

$T(x) = x \cdot 1 + 1 \cdot x + 2 = 2 \cdot 1 + 2 \cdot x + 0 \cdot x^2$

---

$f(x) = x^2$일 때

$T(x^2) = x \cdot 2x + 1 \cdot x + 4 = 4 \cdot 1 + 1 \cdot x + 2 \cdot x^2$이다.

따라서 표준행렬은 $\begin{pmatrix} 1 & 2 & 4 \\ 1 & 2 & 1 \\ 0 & 0 & 2 \end{pmatrix}$이므로 모든성분의 합은 13이다.

## 10. ③

(ㄱ) (수렴) 구간 $\left[0, \dfrac{\pi}{2}\right]$에서 $0 < \sin x \le x$이므로

$$\int_0^{\frac{\pi}{2}} \frac{\sin x}{x} dx \le \int_0^{\frac{\pi}{2}} \frac{x}{x} dx = \frac{\pi}{2}$$가 수렴하고,

비교판정법에 의해 이상적분 $\displaystyle\int_0^{\frac{\pi}{2}} \frac{\sin x}{x} dx$는 수렴한다.

(ㄴ) (수렴) 구간 $[1, \infty]$에서 $\dfrac{1}{x^2 + 1} < \dfrac{1}{x^2}$이므로

$$\int_1^{\infty} \frac{\sqrt{x}}{x^2 + 1} dx \le \int_1^{\infty} \frac{\sqrt{x}}{x^2} dx$$가 수렴하고,

비교판정법에 의해 이상적분 $\displaystyle\int_1^{\infty} \frac{\sqrt{x}}{x^2 + 1} dx$는 수렴한다.

(ㄷ) (발산)

$$\int_{-4}^{2} \frac{1}{x(x^2 - 2x - 3)} dx = \int_{-4}^{2} \frac{A}{x} + \frac{B}{x - 3} + \frac{C}{x + 1} dx$$

따라서 $\displaystyle\int_{-4}^{2} \frac{A}{x} dx$와 $\displaystyle\int_{-4}^{2} \frac{C}{x + 1} dx$이 발산하고,

이상적분 $\displaystyle\int_{-4}^{2} \frac{1}{x(x^2 - 2x - 3)} dx$는 발산한다.

(ㄹ) (수렴) $\dfrac{1}{x} = t$로 치환하면 주어진 이상적분은 다음과 같다.

$$\int_1^{\infty} \left\{ 1 - x\tan^{-1}\left(\frac{1}{x}\right) \right\} dx = \int_0^1 \frac{t - \tan^{-1}t}{t^3} dt$$

$$\approx \int_0^1 \frac{\frac{1}{3}t^3}{t^3} dt$$

따라서 이상적분 $\displaystyle\int_1^{\infty} \left\{ 1 - x\tan^{-1}\left(\frac{1}{x}\right) \right\} dx$는 수렴한다.

(ㅁ) (발산) $\displaystyle\int_0^{\infty} \frac{1}{x^p + x^q} dx \, (0 < p < q)$에서 수렴하기 위한 조

건은 $p < 1$, $q > 1$이다. 이상적분 $\displaystyle\int_0^{\infty} \frac{1}{x^{\frac{1}{2}} + x^{\frac{2}{3}}} dx$에서

$\dfrac{1}{2} < 1$이지만 $\dfrac{2}{3} < 1$이므로 발산한다.

따라서 발산하는 이상적분은 두 개다.

## 11. ③

**[풀이]** $f(1) = 0$이므로 $g(0) = 1$이므로

역함수 미분법에 의해 $g'(0) = \dfrac{1}{f'(1)}$이다.

$f'(x) = \dfrac{2}{x} + 4x - 30$이므로 $f'(1) = 30$이고, $g'(0) = \dfrac{1}{3}$이다.

## 12. ①

**[풀이]** 뚜껑이 없는 통조림의 겉넓이를 $S$라 하면

$S = 2\pi rh + \pi r^2$이므로 $2\pi rh + \pi r^2 = 24$이고,

부피 $V = \pi r^2 h$이다. 따라서 $V = 12r - \dfrac{\pi}{2}r^3$이고,

$V' = 12 - \dfrac{3}{2}\pi r^2 = 0$인 $r = \sqrt{\dfrac{8}{\pi}}$, $h = \sqrt{\dfrac{8}{\pi}}$이므로

$r : h = 1 : 1$이다.

**[다른 풀이]**

$f(r, h) = \pi r^2 h$, $g(r, h) = 2\pi rh + \pi r^2$라 하자.

라그랑주 승수법에 의해

$\begin{vmatrix} 2\pi rh & \pi r^2 \\ \pi r + \pi h & \pi r \end{vmatrix} = 2\pi^2 r^2 h - \pi^2 r^3 - \pi^2 r^2 h = \pi^2 r^2 h - \pi^2 r^3 = 0$

$\Rightarrow r^2(h - r) = 0$

$r \neq 0$이므로 $h = r$일 때 부피의 최댓값이 나오게 된다.

따라서 $h = r$일 때 $r : h = 1 : 1$이다.

## 13. ③

**[풀이]** 주어진 입체의 곡면적은 $S = 2\pi \displaystyle\int_0^{\ln 2} (y + 2)\sqrt{1 + (y')^2}\, dx$

$S = 2\pi \displaystyle\int_0^{\ln 2} (\cosh x + 2)\sqrt{1 + \sinh^2 x}\, dx$

$= 2\pi \displaystyle\int_0^{\ln 2} (\cosh^2 x + 2\cosh x)\, dx$

$= \pi \displaystyle\int_0^{\ln 2} (\cosh 2x + 1 + 4\cosh x)\, dx$

$= \pi \left[ \dfrac{1}{2}\sinh 2x + x + 4\sinh x \right]_0^{\ln 2}$

$= \pi \left( \dfrac{63}{16} + \ln 2 \right)$

$a = 63$, $b = 16$, $c = 2$이므로 $a - b - c = 45$이다.

## 14. ④

**[풀이]** 극곡선 $r^2 = 4\cos 3\theta \Rightarrow r = \pm 2\sqrt{\cos 3\theta}$이므로

그래프 잎이 6장이다.

한 잎의 절반인 $0 \leq \theta \leq \dfrac{\pi}{6}$ 부분의 면적을 $S$라 하면

전체 면적은 $12S$이다.

$S = \dfrac{1}{2}\displaystyle\int_0^{\frac{\pi}{6}} r^2\, d\theta = \displaystyle\int_0^{\frac{\pi}{6}} 2\cos 3\theta\, d\theta = \dfrac{2}{3}\sin 3\theta \Big]_0^{\frac{\pi}{6}} = \dfrac{2}{3}$

따라서 전체 면적은 8이다.

## 15. ③

**[풀이]** $g(x) = x^{-1}$, $h(x) = e^x$라 하면 $f(x) = g(x)h(x)$이다

라이프니츠 미분규칙에 의해

$f'''(x) = {}_3C_0\, g'''(x)h(x) + {}_3C_1\, g''(x)h'(x) + {}_3C_2\, g'(x)h''(x)$
$\qquad\qquad + {}_3C_3\, g(x)h'''(x)$

$\qquad = (-6x^{-4})e^x + 3(2x^{-3})e^x + 3(-x^{-2})e^x + x^{-1}e^x$

따라서 $f''(1) = -6e + 6e - 3e + e = -2e$이다.

**[다른 풀이]**

$f'''(1)$이므로 $f(x)$의 $x = 1$에서 테일러 전개를 이용하면

$f(x) = \dfrac{e^x}{x} = \dfrac{e^{x-1+1}}{x-1+1} = e \cdot e^{x-1} \cdot \dfrac{1}{1+(x-1)}$이다.

$e^{x-1} = 1 + (x-1) + \dfrac{1}{2}(x-1)^2 + \dfrac{1}{6}(x-1)^3 + \cdots$,

$\dfrac{1}{1+(x-1)} = 1 - (x-1) + (x-1)^2 - (x-1)^3 + \cdots$에 의해

$(x-1)^3$의 계수는 $-\dfrac{e}{3}$이다.

따라서 $f''(1) = -\dfrac{e}{3} \cdot 3! = -2e$이다.

## 16. ④

**[풀이]** 매클로린 급수를 이용하면

$\sin^{-1} x = x + \dfrac{1}{2} \cdot \dfrac{1}{3}x^3 + \dfrac{1}{2} \cdot \dfrac{3}{4} \cdot \dfrac{1}{5}x^5 + \cdots$,

$\sinh x = x + \dfrac{1}{3!}x^3 + \dfrac{1}{5!}x^5 + \cdots$이므로

$\sin^{-1} x - \sinh x = \dfrac{1}{15}x^5 + \cdots$이다.

따라서 $\displaystyle\lim_{x \to 0} \dfrac{\sin^{-1} x - \sinh x}{x^5} = \lim_{x \to 0} \dfrac{\frac{1}{15}x^5}{x^5} = \dfrac{1}{15}$

**17.** ②

$$f(x) = \cos \pi x - [\sin \pi x]$$

구간 $0 \leq x < 2$에서

$$[\sin \pi x] = \begin{cases} 0 & \left(0 \leq x < \dfrac{1}{2}, \dfrac{1}{2} < x \leq 1\right) \\ -1 & (1 < x < 2) \\ 1 & \left(x = \dfrac{1}{2}\right) \end{cases} \text{이므로}$$

$$\cos \pi x - [\sin \pi x] = \begin{cases} \cos \pi x & \left(0 \leq x < \dfrac{1}{2}, \dfrac{1}{2} < x \leq 1\right) \\ \cos \pi x + 1 & (1 < x < 2) \\ -1 & \left(x = \dfrac{1}{2}\right) \end{cases}$$

따라서 불연속점의 개수는 1부터 9까지의 9개와, 한 주기마다 한 번씩 추가로 불연속점이 있으므로 5개, 총 14개이다.

**18.** ②

$e^x = t$로 치환하면 $dx = \dfrac{1}{t} dt$이므로

$$\int_{-1}^{1} \frac{1}{1+e^{2x}} dx = \int_{e^{-1}}^{e} \frac{1}{t(1+t^2)} dt$$
$$= \int_{e^{-1}}^{e} \frac{1}{t} - \frac{t}{1+t^2} dt$$
$$= \left[ \ln t - \frac{1}{2} \ln(1+t^2) \right]_{e^{-1}}^{e}$$
$$= \left(1 - \frac{1}{2}\ln(1+e^2)\right) - \left(-1 - \frac{1}{2}\ln\left(1+\frac{1}{e^2}\right)\right)$$
$$= 2 + \frac{1}{2}\ln e^{-2} = 1$$

**19.** ③

$f(x) = \displaystyle\int_0^x \frac{t}{t^2+2} dt$이므로

$$f'(x) = \frac{x}{x^2+2}, \quad f''(x) = \frac{2-x^2}{(x^2+2)^2} \text{이다.}$$

따라서 $f''(x) = 0$을 만족하는 $x$의 값은 $x = \pm\sqrt{2}$ 이다.

| $x$ | | $-\sqrt{2}$ | | $\sqrt{2}$ | |
|---|---|---|---|---|---|
| $f''(x)$ | $-$ | $0$ | $+$ | $0$ | $-$ |

따라서 아래로 볼록인 구간은 $-\sqrt{2}$ 부터 $\sqrt{2}$ 이다.
구간의 길이는 $2\sqrt{2}$ 이다.

**20.** ③

$$x = 4\cos t, \ y = 3\sin t$$

주어진 매개변수방정식이 나타내는 곡선이

$\dfrac{x^2}{16} + \dfrac{y^2}{9} = 1$인 타원이고,

내부 직사각형의 면적이 $4xy \, (x > 0, y > 0)$이므로
산술기하를 이용하면

$$\frac{x^2}{16} + \frac{y^2}{9} \geq 2\sqrt{\left(\frac{xy}{12}\right)^2} \Rightarrow 1 \geq \frac{xy}{6} \Rightarrow xy \leq 6 \Rightarrow 4xy \leq 24$$

따라서 내부 직사각형의 면적의 최댓값은 24이다.

**21.** $-\dfrac{3}{2}$

$$A^{-1} = \frac{1}{|A|} adj A = \frac{1}{|A|} \begin{pmatrix} C_{11} & C_{12} & C_{13} \\ C_{21} & C_{22} & C_{23} \\ C_{31} & C_{32} & C_{33} \end{pmatrix}^T$$

문제에서 $A^{-1}$의 2열의 성분을 구하는 것이므로
$b_{12}, \ b_{22}, \ b_{23}$은 여인수 행렬의 제2행이다.
$|A| = -2$,

$$b_{12} = -\frac{1}{|A|} \begin{vmatrix} 2 & 8 \\ 3 & 10 \end{vmatrix} = -2, \quad b_{22} = \frac{1}{|A|} \begin{vmatrix} 1 & 3 \\ 3 & 10 \end{vmatrix} = -\frac{1}{2}$$

$$b_{23} = -\frac{1}{|A|} \begin{vmatrix} 1 & 3 \\ 2 & 8 \end{vmatrix} = 1$$

따라서 $b_{12} + b_{22} + b_{23} = -2 - \dfrac{1}{2} + 1 = -\dfrac{3}{2}$

**22.** $192\pi$

곡선 $C$는 성망형이므로 $\begin{cases} x = 8^{\frac{3}{2}}\cos^3 t \\ y = 8^{\frac{3}{2}}\sin^3 t \end{cases}$ 이다.

성망형은 $x$축, $y$축, 원점대칭이므로
일사분면상의 면적의 4배를 하면 된다.

$x = 8^{\frac{3}{2}}\cos^3 t$ 로 치환하면

$x$의 범위가 0부터 $8^{\frac{3}{2}}$일 때, $t$의 범위는 $\dfrac{\pi}{2}$ 부터 0이다.

$$4\int_0^{8^{\frac{3}{2}}} |y| dx = 4\int_{\frac{\pi}{2}}^{0} 8^{\frac{3}{2}}\sin^3 t \cdot \left(-3 \cdot 8^{\frac{3}{2}}\sin t \cos^2 t\right) dt$$
$$= 12 \cdot 8^3 \int_0^{\frac{\pi}{2}} \sin^4 t \cos^2 t \, dt$$
$$= 12 \cdot 8^3 \int_0^{\frac{\pi}{2}} \sin^4 t \left(1 - \sin^2 t\right) dt$$
$$= 12 \cdot 8^3 \int_0^{\frac{\pi}{2}} \left(\sin^4 t - \sin^6 t\right) dt$$
$$= 12 \cdot 8^3 \left(\frac{3}{4} \cdot \frac{1}{2} \cdot \frac{\pi}{2} - \frac{5}{6} \cdot \frac{3}{4} \cdot \frac{1}{2} \cdot \frac{\pi}{2}\right)$$
$$= 12 \cdot 8^3 \cdot \frac{3\pi}{96} = 192\pi$$

**23.** $k=4$

풀이 확대행렬에 기본행연산을 하면

$$(A|b) \sim \begin{pmatrix} 1 & 2 & -4 & 3 : -1 \\ 2 & -3 & 13 & -8 : 5 \\ 3 & -1 & 9 & -5 : k \end{pmatrix}$$

$$\sim \begin{pmatrix} 1 & 2 & -4 & 3 : -1 \\ 0 & -7 & 21 & -14 : 7 \\ 0 & -7 & 21 & -14 : k+3 \end{pmatrix}$$

$$\sim \begin{pmatrix} 1 & 2 & -4 & 3 : -1 \\ 0 & -7 & 21 & -14 : 7 \\ 0 & 0 & 0 & 0 : k-4 \end{pmatrix}$$

해를 가지려면 $rankA = rank(A|b)$ 이어야 한다.
따라서 $k-4=0 \Rightarrow k=4$ 이다.

**24.** $\dfrac{9}{4}$

풀이
$$\lim_{n \to \infty} \frac{\pi}{2n} \left\{ \sin\left(\frac{\pi}{3n}\right) + \sin\left(\frac{2\pi}{3n}\right) + \cdots + \sin\left(\frac{2n\pi}{3n}\right) \right\}$$

$$= \lim_{n \to \infty} \sum_{k=1}^{2n} \frac{\pi}{2n} \sin\left(\frac{k\pi}{3n}\right)$$

$$= \lim_{n \to \infty} \sum_{k=1}^{2n} \frac{\pi}{2n} \sin\left(\frac{2\pi}{3} \cdot \frac{k}{2n}\right)$$

$$= \int_0^1 \pi \sin\left(\frac{2\pi}{3} x\right) dx$$

$$= \pi \left[ -\frac{3}{2\pi} \cos\left(\frac{2\pi}{3} x\right) \right]_0^1 = \frac{9}{4}$$

**25.** $(1, 19, 13)$

풀이 표현행렬에 의해
$$L(1,0) = -1(1,0,0) + 2(1,1,0) + 3(0,1,1) = (1,5,3)$$
$$L(1,1) = 2(1,0,0) + 0(1,1,0) - 4(0,1,1) = (2,-4,-4)$$
$$3(1,0) - 1(1,1) = (2,-1) \text{이므로}$$
$$L(2,-1) = L(3(1,0) - (1,1)) = 3L(1,0) - L(1,1)$$
$$= 3(1,5,3) - (2,-4,-4) = (1,19,13)$$

■ **월간 한아름 ver2. 5회**

| 번호 | 문제 유형 | 정답률 |
|---|---|---|
| 1 | 수열의 극한 | 65% |
| 2 | 무한급수의 수렴과 발산 | 51% |
| 3 | 곡선의 길이 | 13% |
| 4 | 회전체의 부피 | 54% |
| 5 | 정적분, 삼각함수적분 | 65% |
| 6 | 이상적분의 수렴과 발산 | 28% |
| 7 | 로피탈 정리 | 75% |
| 8 | 정적분, 치환적분 | 59% |
| 9 | 정사영벡터 | 44% |
| 10 | 평행육면체의 부피 | 91% |
| 11 | 표현행렬의 고윳값 | 64% |
| 12 | $\ker T$ | 74% |
| 13 | $A^n$ 형태, 고윳값의 성질 | 43% |
| 14 | 두 직선의 거리 | 80% |
| 15 | 행렬의 명제 | 50% |
| 16 | 역행렬, 케일리-해밀턴 정리 | 31% |
| 17 | 접선벡터의 사잇각 | 47% |
| 18 | 곡면의 교선에서의 접선 | 67% |
| 19 | 이변수의 극대와 극소 | 65% |
| 20 | 적분변수변환 | 72% |
| 21 | 발산 정리 | 26% |
| 22 | 입체의 부피 | 74% |
| 23 | 면적분 | 21% |
| 24 | 이차형식, 입체의 부피 | 57% |
| 25 | 합성함수미분법 | 80% |

**1.** ④

풀이 $\lim_{n \to \infty} a_n = \alpha$ 라 하면 $\lim_{n \to \infty} a_{n+1} = \alpha$ 이다.

$a_{n+1} = \dfrac{1}{2-a_n}$ 에 양변에 극한을 취하면

$$\lim_{n \to \infty} a_{n+1} = \lim_{n \to \infty} \frac{1}{2-a_n}$$

$$\alpha = \frac{1}{2-\alpha} \Rightarrow 2\alpha - \alpha^2 = 1 \Rightarrow \alpha^2 - 2\alpha + 1 = 0 \Rightarrow \alpha = 1$$

따라서 $\lim_{n \to \infty} a_n = 1$ 이다.

**2.** ④

(ㄱ) (발산) $a_n = \sin\dfrac{1}{n}$ , $b_n = \dfrac{1}{n}$ 이라 하자.

$$\lim_{n \to \infty} \frac{\sin\dfrac{1}{n}}{\dfrac{1}{n}} = \lim_{t \to 0} \frac{\sin t}{t} = 1 > 0 \left( \because \frac{1}{n} = t \, 치환 \right)$$

극한비교판정법에 의해 $\displaystyle\sum_{n=1}^{\infty} \frac{1}{n}$ 이 발산하므로

$\displaystyle\sum_{n=1}^{\infty} \sin\frac{1}{n}$ 도 발산한다.

(ㄴ) (수렴) $\displaystyle\sum_{n=1}^{\infty} \frac{\ln n}{n^3}$ 은 $p$급수판정법에 의해 수렴한다.

(ㄷ) (수렴) $a_n = \dfrac{n!}{n^n}$ 이라 하자.

$$\begin{aligned}
\lim_{n \to \infty} \frac{a_{n+1}}{a_n} &= \lim_{n \to \infty} \frac{(n+1)!}{(n+1)^{n+1}} \cdot \frac{n^n}{n!} \\
&= \lim_{n \to \infty} \left( \frac{n}{n+1} \right)^n \\
&= \lim_{n \to \infty} \left( 1 + \frac{-1}{n+1} \right)^n \\
&= e^{-1} < 1
\end{aligned}$$

비율판정법에 의해 $\displaystyle\sum_{n=1}^{\infty} \frac{n!}{n^n}$ 은 수렴한다.

(ㄹ) (수렴) $\displaystyle\lim_{n \to \infty} \sin\frac{1}{n} = 0$ 이므로 교대급수판정법에 의해

$\displaystyle\sum_{n=1}^{\infty} (-1)^n \sin\frac{1}{n}$ 은 수렴한다.

(ㅁ) (수렴) $\displaystyle\lim_{n \to \infty} \frac{\ln(1+a_n^2)}{a_n} = \lim_{t \to 0} \frac{\ln(1+t^2)}{t}$

$\qquad\qquad ( \because a_n = t \, 로\, 치환)$

$\qquad\qquad = \displaystyle\lim_{t \to 0} \frac{2t}{1+t^2} ( \because 로피탈\, 정리)$

$\qquad\qquad = 0$

극한비교판정법에 의해 $\displaystyle\sum_{n=1}^{\infty} a_n$ 이 수렴하므로

$\displaystyle\sum_{n=1}^{\infty} \ln(1+a_n^2)$ 도 수렴한다.

**3.** ②

$y^2 = x^3$ 은 $y = x^{\frac{3}{2}}$ , $y = -x^{\frac{3}{2}}$ 의 그래프로 구성되어 있고 각각은 $x$축의 대해서 대칭이므로

$y = x^{\frac{3}{2}}$ 의 길이공식을 이용하고 2배를 하자.

$$\begin{aligned}
L &= 2 \int_1^3 \sqrt{1+(y')^2} \, dx \\
&= 2 \int_1^3 \sqrt{1 + \frac{9}{4}x} \, dx \\
&= 2 \cdot \frac{4}{9} \cdot \frac{2}{3} \left( 1 + \frac{9}{4}x \right)^{\frac{3}{2}} \Big]_1^3 \\
&= \frac{16}{27} \left( \frac{31}{4} \sqrt{\frac{31}{4}} - \frac{13}{4} \sqrt{\frac{13}{4}} \right) \\
&= \frac{2}{27} \left( 31\sqrt{31} - 13\sqrt{13} \right)
\end{aligned}$$

**4.** ③

주어진 영역을 $y$축으로 회전시킨 부피를 원통쉘법을 이용하면

$$\begin{aligned}
V &= 2\pi \int_{\frac{1}{3}r}^{\frac{2}{3}r} x \sqrt{r^2 - x^2} \, dx \\
&= -\frac{2}{3}\pi (r^2 - x^2)^{\frac{3}{2}} \Big]_{\frac{1}{3}r}^{\frac{2}{3}r} \\
&= -\frac{2}{3}\pi \left( \frac{5}{9}\sqrt{\frac{5}{9}} r^3 - \frac{8}{9}\sqrt{\frac{8}{9}} r^3 \right) \\
&= \left( \frac{32\sqrt{2} - 10\sqrt{5}}{81} \right) \pi r^3
\end{aligned}$$

**5.** ②

$\tan\dfrac{x}{2} = t$ 로 치환하면 $\cos x = \dfrac{1-t^2}{1+t^2}$ , $dx = \dfrac{2}{1+t^2} \, dt$ 이므로

$$\begin{aligned}
\int_0^{\frac{\pi}{2}} \frac{1}{2 - \cos x} \, dx &= \int_0^1 \frac{1}{2 - \dfrac{1-t^2}{1+t^2}} \frac{2}{1+t^2} \, dt \\
&= \int_0^1 \frac{2}{3t^3 + 1} \, dt \\
&= 2 \cdot \frac{1}{\sqrt{3}} [\tan^{-1} \sqrt{3} \, t]_0^1 \\
&= \frac{2\pi}{3\sqrt{3}}
\end{aligned}$$

**6.** ②

(ㄱ) (발산) $\sqrt[3]{x} = t$ 로 치환하면 $x = t^3$ , $dx = 3t^2 \, dt$ 이므로

$$\begin{aligned}
\int_0^1 \frac{\sqrt[3]{x}}{x-1} \, dx &= \int_0^1 \frac{3t^3}{t^3 - 1} \, dt \\
&= \int_0^1 3 + \frac{3}{t^3 - 1} \, dt \\
&= \int_0^1 3 + \frac{3}{(t-1)(t^2 + t + 1)} \, dt \\
&= \int_0^1 3 + \frac{a}{t-1} + \frac{bt+c}{t^2 + t + 1} \, dt
\end{aligned}$$

$\int_0^1 \frac{a}{t-1} dt$ 는 $p=1$ 이므로 발산한다.

따라서 주어진 이상적분은 발산한다.

(ㄴ) (수렴)

$$\int_0^\infty \frac{1}{\sqrt{x^2+4}} - \frac{1}{x+2} dx$$

$$= \ln(x+\sqrt{x^2+4}) - \ln(x+2) \Big]_0^\infty$$

$$= \ln\left( \frac{x+\sqrt{x^2+4}}{x+2} \right) \Big]_0^\infty = \ln 2$$

따라서 주어진 이상적분은 수렴한다.

(ㄷ) (수렴) $\int_0^1 \frac{1}{\sqrt{1-x^2}} dx = \sin^{-1}x \Big]_0^1 = \frac{\pi}{2}$

따라서 주어진 이상적분은 수렴한다.

(ㄹ) (수렴) $\frac{1}{x}=t$ 로 치환하면 $x=\frac{1}{t}$, $dx=-\frac{1}{t^2}dt$ 이므로

$$\int_0^1 \sin\frac{1}{x} dx = \int_1^\infty \frac{\sin t}{t^2} dt \approx \sum_{n=1}^\infty \frac{\sin n}{n^2}$$

$$\approx \sum_{n=1}^\infty \frac{(-1)^n}{n^2}$$

교대급수판정법에 의해 수렴하므로

적분판정법에 의해 $\int_0^1 \sin\frac{1}{x} dx$ 도 수렴한다.

따라서 발산하는것의 개수는 1개 이다.

## 7. ③

**풀이** $\lim_{x\to-\infty} \frac{\sin x + \cos^3 x}{x^2+1}$ 은 분모가 더 강하므로 극한값은 0이다.

$\lim_{x\to 0^+} (1-\sin x)^{\frac{1}{x}} = \lim_{x\to 0^+} (1-x)^{\frac{1}{x}}$ (선형근사) $= e^{-1}$

따라서 $\lim_{x\to-\infty} \frac{\sin x + \cos^3 x}{x^2+1} + \lim_{x\to 0^+} (1-\sin x)^{\frac{1}{x}} = e^{-1}$ 이다.

## 8. ①

**풀이** $1+\sqrt{x}=t$ 로 치환하면 $x=(t-1)^2$ 이고,

$dx=2(t-1)dt$ 이다.

$$\int_0^1 \frac{dx}{(1+\sqrt{x})^4} = \int_1^2 \frac{2(t-1)}{t^4} dt$$

$$= 2\int_1^2 \frac{1}{t^3} - \frac{1}{t^4} dt$$

$$= \left( -\frac{1}{t^2} + \frac{2}{3}\frac{1}{t^3} \right) \Big|_1^2$$

$$= -\frac{1}{4} + \frac{1}{12} + 1 - \frac{2}{3} = \frac{1}{6}$$

## 9. ①

**풀이** $proj_W v = v - proj_{W^\perp} v$ 을 이용하여 구하자.

( i ) $W^\perp$ 의 임의의 벡터를 $x$ 라 하면

$u_1 \cdot x = 0$, $u_2 \cdot x = 0$, $u_3 \cdot x = 0$ 을 만족하므로

연립방정식으로 $\begin{pmatrix} 1 & 0 & 0 & 0 \\ 1 & 1 & 0 & 0 \\ 1 & 1 & 1 & 1 \end{pmatrix} \begin{pmatrix} x \\ y \\ z \\ w \end{pmatrix} = \begin{pmatrix} 0 \\ 0 \\ 0 \end{pmatrix}$ 의 해를 구한다.

기본행연산에 의해

$\begin{pmatrix} 1 & 0 & 0 & 0 \\ 1 & 1 & 0 & 0 \\ 1 & 1 & 1 & 1 \end{pmatrix} \sim \begin{pmatrix} 1 & 0 & 0 & 0 \\ 0 & 1 & 0 & 0 \\ 0 & 0 & 1 & 1 \end{pmatrix} \Rightarrow \begin{pmatrix} x \\ y \\ z \\ w \end{pmatrix} = t\begin{pmatrix} 0 \\ 0 \\ -1 \\ 1 \end{pmatrix}$ 이므로

$W^\perp$ 의 기저는 $u_4 = \langle 0,0,-1,1 \rangle$ 이다.

(ii) $proj_{W^\perp}v = proj_{u_4}v = \frac{v \cdot u_4}{u_4 \cdot u_4} u_4 = \frac{1}{2}\langle 0,0,-1,1 \rangle$

(iii) $proj_W v = v - proj_{W^\perp} v$

$$= \langle 1,2,3,4 \rangle - \frac{1}{2}\langle 0,0,-1,1 \rangle$$

$$= \left\langle 1,2,\frac{7}{2},\frac{7}{2} \right\rangle$$

## 10. ③

**풀이** 세 벡터로 이루어진 평행육면체 부피는
스칼라 삼중적에 의해 구할 수 있다.

$$\begin{vmatrix} 1 & 1 & 1 \\ 2 & -1 & 3 \\ 3 & 2 & 1 \end{vmatrix} = \begin{vmatrix} 1 & 1 & 1 \\ 0 & -3 & 1 \\ 0 & -1 & -2 \end{vmatrix} = 7$$

## 11. ①

**풀이** $P_2$ 의 표준기저는 $\{1, x, x^2\}$ 이다.

$p(x)=1$ 일 때 $T(1)=1-x \cdot 0 + 0 = 1$ 이므로

좌표벡터는 $(1,0,0)$

$p(x)=x$ 일 때 $T(x)=x-x \cdot 1 + 1 = 1$ 이므로

좌표벡터는 $(1,0,0)$

$p(x)=x^2$ 일 때 $T(x^2)=x^2-x \cdot 2x + 2x = 2x-x^2$ 이므로

좌표벡터는 $(0,2,-1)$

표준행렬 $T=\begin{pmatrix} 1 & 1 & 0 \\ 0 & 0 & 2 \\ 0 & 0 & -1 \end{pmatrix}$ 에 대해서

고유치의 합은 $tr(T)=0$ 이다.

**12.** ②

ker($T_A$)의 속하는 벡터를 구하기 위해서
$AX=0$의 연립방정식을 기본행연산으로 풀면

$$\begin{pmatrix} 1 & 1 & 1 \\ 1 & -1 & 3 \end{pmatrix} \sim \begin{pmatrix} 1 & 1 & 1 \\ 0 & -2 & 2 \end{pmatrix}$$이므로 해 $X=t\begin{pmatrix} -2 \\ 1 \\ 1 \end{pmatrix}$이다.

ker($T_A$)의 기저벡터는 $\langle -2, 1, 1 \rangle$이고

단위벡터로 만들면 $\left\langle -\dfrac{2}{\sqrt{6}}, \dfrac{1}{\sqrt{6}}, \dfrac{1}{\sqrt{6}} \right\rangle = \langle a, b, c \rangle$이다.

따라서 $a+b+c=0$이다.

**13.** ④

$A$의 고유치 고유벡터를 구하자.

$$|A-\lambda I| = \begin{vmatrix} -3-\lambda & -2 \\ 2 & 2-\lambda \end{vmatrix} = \lambda^2 + \lambda - 2 = 0$$

따라서 고유치 $\lambda = -2, 1$이다.

$\lambda = 1$일 때 $\begin{pmatrix} -4 & -2 \\ 2 & 1 \end{pmatrix} \sim \begin{pmatrix} 2 & 1 \\ 0 & 0 \end{pmatrix}$이므로

$\lambda = 1$에 대한 고유벡터 기저는 $v_1 = \begin{pmatrix} -1 \\ 2 \end{pmatrix}$이다.

$\lambda = -2$일 때 $\begin{pmatrix} -1 & -2 \\ 2 & 4 \end{pmatrix} \sim \begin{pmatrix} 1 & 2 \\ 0 & 0 \end{pmatrix}$이므로

$\lambda = -2$에 대한 고유벡터 기저는 $v_2 = \begin{pmatrix} -2 \\ 1 \end{pmatrix}$이다.

$\begin{pmatrix} 4 \\ -5 \end{pmatrix}$를 $v_1$, $v_2$에 대해 일차결합하면 $\begin{pmatrix} 4 \\ -5 \end{pmatrix} = -2v_1 - v_2$이다.

$$\begin{aligned} A^{99}\begin{pmatrix} 4 \\ -5 \end{pmatrix} &= A^{99}(-2v_1 - v_2) \\ &= -2A^{99}v_1 - A^{99}v_2 \\ &= -2v_1 - (-2)^{99}v_2 \\ &= \begin{pmatrix} 2 \\ -4 \end{pmatrix} + \begin{pmatrix} -2^{100} \\ 2^{99} \end{pmatrix} \\ &= \begin{pmatrix} 2-2^{100} \\ -4+2^{99} \end{pmatrix} \end{aligned}$$이다.

따라서 모든 성분의 합은
$2-2^{100}-4+2^{99} = 2^{99}(-2+1)-2 = -2^{99}-2$이다.

**14.** ③

$L_1$의 방향벡터 $\overrightarrow{AB} = \langle -2, 4, -1 \rangle$
$L_2$의 방향벡터 $\overrightarrow{CD} = \langle 1, -1, 2 \rangle$
두 벡터를 외적하면

$$\overrightarrow{AB} \times \overrightarrow{CD} = \begin{vmatrix} i & j & k \\ -2 & 4 & -1 \\ 1 & -1 & 2 \end{vmatrix} = \langle 7, 3, -2 \rangle$$이므로

이 벡터를 법선벡터로 하고 직선 $L_1$을 포함하는 평면은
$7x + 3y - 2z = 24$이다.
이 평면과 $L_2$ 직선 위의 한 점 $C(1, 3, 2)$와의 거리는

$$d = \frac{|7+9-4-24|}{\sqrt{49+9+4}} = \frac{12}{\sqrt{62}}$$이다.

**15.** ②

(ㄱ) (거짓)

〈반례〉 $\begin{cases} x+y=1 \\ 2x+3y=2 \\ 3x+4y=2 \end{cases}$라 하면

$$\begin{bmatrix} 1 & 1:1 \\ 2 & 3:2 \\ 3 & 4:2 \end{bmatrix} \sim \begin{pmatrix} 1 & 1:1 \\ 0 & 1:0 \\ 0 & 1:-1 \end{pmatrix} \sim \begin{pmatrix} 1 & 1:1 \\ 0 & 1:0 \\ 0 & 0:-1 \end{pmatrix}$$이므로

$rankA = 2$이지만 해를 가지지 않는다.

(ㄴ) (참) $tr(AB) = tr(BA)$이므로
$tr(AB-BA) = tr(AB) - tr(BA) = 0$

(ㄷ) (거짓)

〈반례〉 $A = \begin{pmatrix} 1 & 0 \\ 0 & 1 \end{pmatrix}$이면 $A$는 가역행렬이지만

$A-I = \begin{pmatrix} 0 & 0 \\ 0 & 0 \end{pmatrix}$은 가역행렬이 아니다.

(ㄹ) (참) $A$, $A^{-1}$가 모두 정수의 성분을 가진다는 것은

$A^{-1} = \dfrac{1}{|A|}adjA$에서 $\dfrac{1}{|A|}$가 정수가 되어야 한다는 것.

즉 $\dfrac{1}{|A|}$가 정수가 되려면 $|A| = \pm 1$이어야 한다는 것이다.

$|A| = 1$이면 $|A| = |A^{-1}| = 1$이고
$|A| = -1$이면 $|A| = |A^{-1}| = -1$이므로
$A$, $A^{-1}$의 성분이 모두 정수이면 $|A| = |A^{-1}|$이다.

따라서 옳은 것의 개수는 2개이다.

**16.** ④

주어진 행렬의 고윳값은 0, 0, 0, 0이므로
케일리-해밀턴 정리에 의해 $A^4 = O$이고 $I - A^4 = I$이다.
$I - A^4 = (I-A)(I+A+A^2+A^3) = I$가 성립하므로
$I - A$의 역행렬은 $I+A+A^2+A^3$이다.

**17.** ③

$r_1(u)$와 $r_2(t)$의 교점은 $u=1$, $t=0$일 때이므로
$r_1'(u) = \langle 1, 2u, 3u^2 rigt \rangle$, $r_2'(t) = \langle \cos t, 2\cos 2t, 1 \rangle$
$r_1'(1) = \langle 1, 2, 3 \rangle$, $r_2'(0) = \langle 1, 2, 1 \rangle$

$$\therefore \cos\theta = \frac{r_1'(1) \cdot r_2'(0)}{\|r_1'(1)\| \|r_2'(0)\|} = \frac{4}{\sqrt{21}}$$

**18.** ③

**풀이** $F: x^2 + y^2 - z$, $G: 4x^2 + y^2 + z^2$ 이라 하면

$\nabla F(-1, 1, 2) = \langle -2, 2, -1 \rangle$

$\nabla G(-1, 1, 2) = \langle -8, 2, 4 \rangle // \langle -4, 1, 2 \rangle$

$\nabla F(-1, 1, 2) \times \nabla G(-1, 1, 2) = \begin{vmatrix} i & j & k \\ -2 & 2 & -1 \\ -4 & 1 & 2 \end{vmatrix}$

$= \langle 5, 8, 6 \rangle$

따라서 접선의 방정식은 $\dfrac{x+1}{5} = \dfrac{y-1}{8} = \dfrac{z-2}{6}$ 이다.

**19.** ①

**풀이** 곡면위의 임의의 점을 $(x, y, z)$라 하고

이 점과 원점과의 거리를 $d$라 하면 $d = \sqrt{x^2 + y^2 + z^2}$ 이다.

$y^2 = 9 + xz$를 대입하면 $d = \sqrt{x^2 + z^2 + xz + 9}$ 이다.

$f(x, z) = x^2 + z^2 + xz + 9$라 하면

$f_x = 2x + z = 0$, $f_z = 2z + x = 0$이므로

이를 연립하면 $x = z = 0$이고 이때 $y^2 = 9 \Rightarrow y = \pm 3$이다.

따라서 원점과 가장 가까운 곡면 위의 점은 $(0, \pm 3, 0)$이고,

원점에서 곡면 위의 원점과 가장 가까운 점과의 거리는 3이다.

[다른 풀이]

$d = \sqrt{x^2 + y^2 + z^2}$ 에서

$f(x, y, z) = x^2 + y^2 + z^2$, $g(x, y, z) = xz - y^2 + 9$라 하면

라그랑주 승수법에 의해

$\nabla f = \lambda \nabla g \Rightarrow \langle 2x, 2y, 2z \rangle = \lambda \langle z, -2y, x \rangle$

$2x = \lambda z$, $y = -\lambda y$, $2z = \lambda x$에서

첫 번째 식에 $x$를 곱하고 세 번째 식에 $z$를 곱하면

$\lambda xz = 2x^2 = 2z^2 \Rightarrow x^2 = z^2 \Rightarrow x = z, x = -z$를 만족한다.

두 번째 식에서 $(1+\lambda)y = 0$이고 $y = 0$이면 $xz = -9$이다.

이때 $x = z$를 대입하면 $x^2 = -9$이므로 모순이다.

$x = -z$를 대입하면

$-x^2 = -9 \Rightarrow x^2 = 9 \Rightarrow x = 3 \Rightarrow x = -3 \Rightarrow z = -3, 3$

따라서 $(3, 0, -3)$, $(-3, 0, 3)$이다.

이때 원점과의 거리는 $\sqrt{18} = 3\sqrt{2}$ 이다.

$\lambda = -1$일 때 $2x = -z$, $2z = -x$를 연립하면 $x = z = 0$,

$y = \pm 3$이므로 $(0, \pm 3, 0)$에서 원점과의 거리는 $\sqrt{9} = 3$이다.

따라서 원점과 가장 가까운 곡면 위의 점은 $(0, \pm 3, 0)$이고,

원점에서 곡면 위의 원점과 가장 가까운 점과의 거리는 3이다.

**20.** ②

**풀이** $x = \dfrac{1}{3}X$, $y = \dfrac{1}{2}Y$로 치환하면

새로운 영역 $D' = \{(X, Y) | X^2 + Y^2 \leq 1, X \geq 0, Y \geq 0\}$

$|J| = \dfrac{1}{6}$ 이므로 적분변수변환에 의해

$\iint_D \sin(9x^2 + 4y^2) dx dy = \iint_{D'} \sin(X^2 + Y^2) \dfrac{1}{6} dX dY$

$= \dfrac{1}{6} \int_0^{\frac{\pi}{2}} \int_0^1 r \sin(r^2) dr d\theta$

$= \dfrac{\pi}{12} \int_0^1 r \sin(r^2) dr$

$= -\dfrac{\pi}{24} \cos(r^2) \Big]_0^1$

$= \dfrac{\pi}{24}(1 - \cos 1)$

**21.** ④

**풀이** 곡면 $S$는 폐곡면이므로 발산 정리에 의해

$\iint_S F \cdot dS = \iiint_E div F dV = \iiint_E 1 + x dV$

$= \iiint_E 1 dV + \iiint_E x dV$

$= E$의 부피

$+ \int_0^1 \int_0^{2-2x} \int_0^{3(1-x-\frac{y}{2})} x dz dy dx$

$= 1 + \int_0^1 \int_0^{2-2x} 3x\left(1 - x - \dfrac{y}{2}\right) dy dx$

$= 1 - 2 \int_0^1 \dfrac{3x}{2}\left(1 - x - \dfrac{y}{2}\right)^2 \Big]_0^{2(1-x)} dx$

$= 1 - 3 \int_0^1 x\left[0 - (1-x)^2\right] dx$

$= 1 + 3 \int_0^1 x(1-x)^2 dx$

$= 1 + 3 \int_0^1 x^3 - 2x^2 + x dx$

$= 1 + 3 \left[\dfrac{1}{4}x^4 - \dfrac{2}{3}x^3 + \dfrac{1}{2}x^2\right]_0^1$

$= 1 + \dfrac{1}{4} = \dfrac{5}{4}$

**22.** ④

주어진 영역을 구면좌표로 표현하면

$$E = \left\{ (\rho, \theta, \phi) \mid 0 \le \theta \le 2\pi,\ \frac{\pi}{4} \le \phi \le \frac{\pi}{2},\ 0 \le \rho \le 2 \right\}$$

따라서 부피는

$$V = \int_0^{2\pi} \int_{\frac{\pi}{4}}^{\frac{\pi}{2}} \int_0^2 \rho^2 \sin\phi \, d\rho \, d\phi \, d\theta$$

$$= 2\pi \int_{\frac{\pi}{4}}^{\frac{\pi}{2}} \sin\phi \, d\phi \int_0^2 \rho^2 \, d\rho$$

$$= 2\pi \left[ -\cos\phi \right]_{\frac{\pi}{4}}^{\frac{\pi}{2}} \frac{8}{3}$$

$$= -2\pi \left( 0 - \frac{\sqrt{2}}{2} \right) \frac{8}{3} = \frac{8\sqrt{2}}{3}\pi$$

**23.** ①

곡면 $S_1$을 $z = 0$인 평면이라 하면 다음과 같은 식이 성립한다.

$$\iint_S F \cdot n \, dS = \iiint_E \operatorname{div} F \, dx \, dy \, dz + \iint_{S_1} F \cdot n \, dS$$

폐곡면의 무게중심 $\bar{x} = 0$, $\bar{y} = 0$이므로

$$\iiint_E y \, dV = 0, \quad \iiint_E x \, dV = 0 \text{이다.}$$

$$\iiint_E \operatorname{div} F \, dx \, dy \, dz = \iiint_E y + z + x \, dV$$

$$= \iiint_E y \, dV + \iiint_E z \, dV + \iiint_E x \, dV$$

$$= \iiint_E z \, dV$$

$$= \int_0^{2\pi} \int_0^1 \int_0^{1-r^2} zr \, dz \, dr \, d\theta$$

$$= 2\pi \int_0^1 \frac{1}{2} r (1 - r^2)^2 \, dr$$

$$= -\pi \cdot \frac{1}{3} \cdot \frac{1}{2} (1 - r^2)^3 \Big|_0^1 = \frac{\pi}{6}$$

$z = 0$인 평면의 $n = (0, 0, 1)$이므로

$$\iint_{S_1} F \cdot n \, dS = \iint_D F \cdot (0, 0, 1) \, dA = \iint_D xz \, dA = 0 \text{이다.}$$

$$\therefore \iint_S F \cdot n \, dS = \iiint_E \operatorname{div} F \, dx \, dy \, dz + \iint_{S_1} F \cdot n \, dS = \frac{\pi}{6}$$

[다른 풀이]

곡면 $S = x^2 + y^2 + z$에서 $\nabla S = \langle 2x, 2y, 1 \rangle$이므로

$$\iint_S F \cdot d\boldsymbol{S}$$

$$= \iint_D \langle xy, yz, zx \rangle \cdot \langle 2x, 2y, 1 \rangle \, dA$$

$$= \iint_D 2x^2 y + 2y^2 z + zx \, dA$$

$$= \iint_D 2x^2 y + 2y^2 (1 - x^2 - y^2) + x(1 - x^2 - y^2) \, dA$$

$$= \int_0^{2\pi} \int_0^1 r(2r^3 \cos^2\theta \sin\theta$$

$$+ 2r^2 \sin^2\theta (1 - r^2) + r\cos\theta (1 - r^2) \, dr \, d\theta)$$

$$= \int_0^{2\pi} \int_0^1 2r^4 \cos^2\theta \sin\theta + 2r^3 \sin^2\theta - 2r^5 \sin^2\theta$$

$$+ r^2 \cos\theta - r^4 \cos\theta \, dr \, d\theta$$

$$= \int_0^{2\pi} \frac{2}{5} \cos^2\theta \sin\theta + \frac{1}{2} \sin^2\theta - \frac{1}{3} \sin^2\theta + \frac{1}{3} \cos\theta - \frac{1}{5} \cos\theta \, d\theta$$

$$= \int_0^{2\pi} \frac{2}{5} \cos^2\theta \sin\theta + \frac{1}{6} \sin^2\theta \, d\theta$$

$$= \left[ -\frac{2}{15} \cos^3\theta \right]_0^{2\pi} + \frac{1}{6} \frac{1}{2} \frac{\pi}{2} 4$$

$$= -\frac{2}{15} (1 - 1) + \frac{\pi}{6} = \frac{\pi}{6}$$

**24.** ③

주어진 이차형식에서 대칭행렬을 찾으면

$$A = \begin{pmatrix} 3 & -1 & 0 \\ -1 & 2 & -1 \\ 0 & -1 & 3 \end{pmatrix} \text{이므로 고유치를 구하면}$$

$$|A - \lambda I| = \begin{vmatrix} 3-\lambda & -1 & 0 \\ -1 & 2-\lambda & -1 \\ 0 & -1 & 3-\lambda \end{vmatrix}$$

$$= (3-\lambda)((2-\lambda)(3-\lambda) - 1) + (\lambda - 3)$$

$$= (3-\lambda)^2 (2-\lambda) - (3-\lambda) + (\lambda - 3)$$

$$= (\lambda - 3)^2 (2-\lambda) + 2(\lambda - 3)$$

$$= (\lambda - 3)((\lambda - 3)(2-\lambda) + 2)$$

$$= (\lambda - 3)(-\lambda^2 + 5\lambda - 4)$$

$$= -(\lambda - 3)(\lambda - 4)(\lambda - 1)$$

따라서 고유치 $\lambda = 1,\ 3,\ 4$이다.

$$\begin{pmatrix} x \\ y \\ z \end{pmatrix} = P \begin{pmatrix} u \\ v \\ w \end{pmatrix} \text{로 치환하면}$$

$$3x^2 - 2xy + 2y^2 - 2yz + 3z^2 = u^2 + 3v^2 + 4w^2 \text{이므로}$$

$$3x^2 - 2xy + 2y^2 - 2yz + 3z^2 \le 12$$

$$\Rightarrow u^2 + 3v^2 + 4w^2 \le 12$$

$$\Rightarrow \frac{u^2}{12} + \frac{v^2}{4} + \frac{w^2}{3} \le 1$$

따라서 부피는 $\frac{4}{3}\pi \cdot \sqrt{12} \cdot 2 \cdot \sqrt{3} = 16\pi$이다.

**25.** ②

$x = 2r - s$, $y = s^2 - 4r$이고

$(r, s) = (1, 2)$일 때 $(x, y) = (0, 0)$이므로

$$g_s(1, 2) = f_x(0, 0) x_s(1, 2) + f_y(0, 0) y_s(1, 2)$$

$$= -4 + 8 \cdot 4 = 28$$

## ■ 꼭 나온다! 1회

**1.** ④

풀이 $\sinh a = \dfrac{12}{5}$ 일 때, $\cosh a$의 값을 구하는 문제이다.

$\cosh^2 a - \sinh^2 a = 1$이므로

$\cosh^2 a = 1 + \dfrac{12^2}{5^2} = \dfrac{5^2 + 12^2}{5^2} = \dfrac{13^2}{5^2}$ 이다.

$\cosh a = \dfrac{13}{5}$ $(\cosh a \geq 1)$이다.

[다른 풀이]

$f^{-1}\left(\dfrac{12}{5}\right) = \ln\left(\dfrac{12}{5} + \sqrt{\left(\dfrac{12}{5}\right)^2 + 1}\right) = \ln 5 = a$이므로

$f'(\ln 5) = \cosh(\ln 5) = \dfrac{13}{5}$

**2.** ②

풀이 $y' = \dfrac{2x-2}{x^2-2x+1}$ 에서 $y'|_{x=2} = \dfrac{2\cdot 2-2}{2^2-2\cdot 2+1} = 2$이므로

접선의 식은 $y = 2(x-2) = 2x-4$

$\therefore a - b = 2-(-4) = 6$

**3.** ①

풀이 $f(4) = 2$이므로 $g'(2) = \dfrac{1}{f'(4)}$ 이다.

$g'(x)|_{x=4} = \dfrac{1}{\dfrac{1}{2\sqrt{y}} + \dfrac{1}{y-3}}\Bigg|_{y=4} = \dfrac{1}{\dfrac{1}{4}+1} = \dfrac{4}{5}$

**4.** ③

풀이 $\displaystyle\lim_{n\to\infty} \left(2^n + 3^n\right)^{\frac{1}{n}} = 3\lim_{n\to\infty}\left\{\left(\dfrac{2}{3}\right)^n + 1\right\}^{\frac{1}{n}} = 3 \times 1 = 3$

**5.** ③

풀이 $\displaystyle\int_1^2 \dfrac{x^2+1}{3x-x^2}dx = \int_1^2 \left\{\dfrac{1}{3}\left(\dfrac{1}{x} + \dfrac{10}{3-x}\right) - 1\right\}dx$

$= \dfrac{1}{3}\left\{\ln x - 10\ln(3-x)\right\} - x\Big|_1^2$

$= -1 + \dfrac{11}{3}\ln 2$

$\therefore a + b = -1 + \dfrac{11}{3} = \dfrac{8}{3}$

**6.** ③

풀이 ① (발산) $\dfrac{1}{2}\displaystyle\int_0^\infty \dfrac{2x}{1+x^2}dx = \dfrac{1}{2}\left[\ln(1+x^2)\right]_0^\infty = \infty$

② (발산) $\ln x = t$로 치환하면

$\displaystyle\int_0^\infty \dfrac{1}{t}dt = \int_0^1 \dfrac{1}{t}dt + \int_1^\infty \dfrac{1}{t}dt = \infty + \infty = \infty$

③ (수렴) $\displaystyle\int_0^1 \ln x\,dx = -1$

④ (발산) $\displaystyle\int_1^2 \dfrac{1}{x-1}dx + \int_2^\infty \dfrac{1}{x-1}dx = \infty + \infty = \infty$

**7.** ②

풀이 $\begin{vmatrix} 1 & 3 & 2 & 2 \\ 1 & 9 & 5 & 8 \\ 0 & 4 & 2 & 4 \\ 2 & 4 & 3 & 2 \end{vmatrix} \sim \begin{vmatrix} 1 & 3 & 2 & 2 \\ 0 & 6 & 3 & 6 \\ 0 & 4 & 2 & 4 \\ 0 & -2 & -1 & -2 \end{vmatrix} \sim \begin{vmatrix} 1 & 3 & 2 & 2 \\ 0 & 2 & 1 & 2 \\ 0 & 0 & 0 & 0 \\ 0 & 0 & 0 & 0 \end{vmatrix}$

$\therefore \dim(W) = 2$

**8.** ②

풀이 행렬 $B$는 $A$의 1행과 2행을 바꾸고,

3열에 $-1$을 곱한 행렬이므로 $\det B = \det A = 2$이다.

$\therefore \det\left[(AB^{-1})^T\right] = \det(AB^{-1}) = 2 \times \dfrac{1}{2} = 1$

**9.** ③

풀이 $\left|4\vec{v_1} - 3\vec{v_2}\right|^2 = (4\vec{v_1} - 3\vec{v_2})\cdot(4\vec{v_1} - 3\vec{v_2})$

$= 16\vec{v_1}\cdot\vec{v_1} - 24\vec{v_1}\cdot\vec{v_2} + 9\vec{v_2}\cdot\vec{v_2} = 25$

($\because \vec{v_1}, \vec{v_2}$ 는 단위벡터이고

대칭행렬의 서로 다른 고유치에 대응하는 고유벡터이므로

직교한다.)

**10.** ③

$$\det(A+B) = \begin{vmatrix} 2 & a & -3 \\ 0 & b-1 & 3 \\ 0 & 1 & 0 \end{vmatrix} = -6$$

$$\det(AB) = \begin{vmatrix} -1 & ab & a-1 \\ 2 & -b & -1 \\ -1 & b & 2 \end{vmatrix}$$

$$= 2b + 2b(a-1) + ab - \{b(a-1) + b + 4ab\}$$

$$= -2ab$$

$$\therefore -2ab = -6 \quad \therefore ab = 3$$

**11.** ③

$(2, 4, -2) = -2v_1 + 6v_2 - 2v_3$ 이므로

$$T(2, 4, -2) = T(-2v_1 + 6v_2 - 2v_3)$$
$$= -2T(v_1) + 6T(v_2) - 2T(v_3)$$
$$= -2(1, 0) + 6(2, 1) - 2(4, 3) = (2, 0)$$

**12.** ④

$\overrightarrow{PQ} = \langle 4, 2, 2 \rangle, \overrightarrow{PR} = \langle 3, 3, -1 \rangle, \overrightarrow{PS} = \langle 5, 5, 1 \rangle$ 이므로

삼중곱은 $\begin{vmatrix} 4 & 2 & 2 \\ 3 & 3 & -1 \\ 5 & 5 & 1 \end{vmatrix} = 4\begin{vmatrix} 3 & -1 \\ 5 & 1 \end{vmatrix} - 2\begin{vmatrix} 3 & -1 \\ 5 & 1 \end{vmatrix} + 2\begin{vmatrix} 3 & 3 \\ 5 & 5 \end{vmatrix}$

$$= 32 - 16 + 0 = 16$$ 이고 부피는 16이다.

**13.** ①

법선의 방향벡터는 경도벡터이므로

$f(x, y, z) = x^2 + y^2 - z$ 로 놓으면

$\nabla f = \langle 2x, 2y, -1 \rangle, \nabla f_{(1, 1, 2)} = \langle 2, 2, -1 \rangle$

따라서 법선의 대칭방정식 $\dfrac{x-1}{2} = \dfrac{y-1}{2} = \dfrac{z-2}{-1} = t$ 에서

$\langle x, y, z \rangle = \langle 2t+1, 2t+1, 2-t \rangle$

이 점이 포물면에 있어야 하므로

$2 - t = 2(2t+1)^2 \Rightarrow t = 0, -\dfrac{9}{8}$

$t = 0$ 일 때, $(1, 1, 2)$

$t = -\dfrac{9}{8}$ 일 때, $\left(-\dfrac{5}{4}, -\dfrac{5}{4}, \dfrac{25}{8}\right)$

$\therefore a + b + c = -\dfrac{5}{4} - \dfrac{5}{4} + \dfrac{25}{8} = \dfrac{5}{8}$

**14.** ①

$\vec{r'}(t) = (1, -2\sin t, 2\cos t), \vec{r''}(t) = (0, -2\cos t, -2\sin t)$

$r' \times r'' = \begin{vmatrix} i & j & k \\ 1 & -2\sin t & 2\cos t \\ 0 & -2\cos t & -2\sin t \end{vmatrix} = \langle 4, 2\sin t, -2\cos t \rangle$

$\therefore \kappa(t) = \dfrac{|r' \times r''|}{|r'|^3} = \dfrac{2\sqrt{5}}{5\sqrt{5}} = \dfrac{2}{5}$

**15.** ①

( i ) $x^2 + y^2 < 1$ 일 때, $f_x = 4x^3, f_y = -4y^3$ 이므로

임계점은 $(0, 0)$ 이다.

( ii ) $x^2 + y^2 = 1$ 일 때, $x = \cos\theta, y = \sin\theta$ 로 놓으면

$$x^4 - y^4 = \cos^4\theta - \sin^4\theta$$
$$= (\cos^2\theta + \sin^2\theta)(\cos^2\theta - \sin^2\theta)$$
$$= \cos^2\theta - \sin^2\theta = \cos 2\theta$$

따라서 최댓값은 1, 최솟값은 $-1$ 이다.

**16.** ③

$$\iint_\Omega \sqrt{x^2 + y^2}\, dxdy \text{(극좌표변경)} = \int_0^\pi \int_0^{\sin\theta} r^2 dr dtheta$$

$$= \int_0^\pi \dfrac{1}{3}\sin^3\theta d\theta$$

$$= \dfrac{1}{3} \times 2 \times \dfrac{2}{3} = \dfrac{4}{9}$$

($\because$ 왈리스 정리)

**17.** ④

$\nabla f = \langle \cos(yz), 2y - zx\sin(yz), -xy\sin(yz) \rangle$ 이므로

$\nabla f(2, 1, \pi) = \langle -1, 2, 0 \rangle$ 이고

벡터 $v$방향으로의 단위벡터는 $\left\langle \dfrac{2}{7}, \dfrac{3}{7}, -\dfrac{6}{7} \right\rangle$ 이므로

방향도함수는 $\langle -1, 2, 0 \rangle \cdot \left\langle \dfrac{2}{7}, \dfrac{3}{7}, -\dfrac{6}{7} \right\rangle = \dfrac{4}{7}$

**18.** ②

$$\int_0^1 \int_{y^2-1}^{1-y^2} y\, dxdy = \int_0^1 y[x]_{y^2-1}^{1-y^2} dy$$

$$= \int_0^1 (2y - 2y^3) dy$$

$$= \left[ y^2 - \dfrac{1}{2}y^4 \right]_0^1 = \dfrac{1}{2}$$

**19.** ①

풀이 연쇄법칙에 의해

$$\frac{\partial z}{\partial r} = \frac{\partial z}{\partial x}\frac{\partial x}{\partial r} + \frac{\partial z}{\partial y}\frac{\partial y}{\partial r} = \frac{\partial z}{\partial x}(2s) + \frac{\partial z}{\partial y}(2)$$

$$\frac{\partial}{\partial s}\frac{\partial z}{\partial r} = \frac{\partial}{\partial s}\left(2s\frac{\partial z}{\partial x} + 2\frac{\partial z}{\partial y}\right)$$

$$= 2\frac{\partial z}{\partial x} + 2s\frac{\partial}{\partial s}\frac{\partial z}{\partial x} + 2\frac{\partial}{\partial s}\frac{\partial z}{\partial y}$$

$$= 2\frac{\partial z}{\partial x} + 2s\left(\frac{\partial}{\partial x}\left(\frac{\partial z}{\partial x}\right)2r\right) + 2\left(\frac{\partial}{\partial x}\left(\frac{\partial z}{\partial y}\right)2r\right)$$

$$= 2\frac{\partial z}{\partial x} + 4rs\frac{\partial^2 z}{\partial x^2} + (4r)\frac{\partial^2 z}{\partial x \partial y}$$

이므로 $(r, s) = (1, 1)$에서 $\dfrac{\partial^2 z}{\partial s \partial r} = -2$

**20.** ②

풀이

$$\int_0^1 \int_0^{x^2} \frac{\sin x}{x}\,dy\,dx = \int_0^1 x\sin x\,dx$$

$$= [-x\cos x]_0^1 - \int_0^1 (-\cos x)\,dx$$

$$= -\cos(1) + \sin(1)$$

**21.** ②

풀이

$$y' - y = y^2 \iff \frac{dy}{dx} = y^2 + y$$

$$\iff \frac{1}{y^2 + y}\,dy = dx$$

$$\iff \left(\frac{1}{y} - \frac{1}{y+1}\right)dy = dx$$

변수분리형이므로 일반해는

$$\ln y - \ln(y+1) = x + c \iff \ln\left(\frac{y}{y+1}\right) = x + c$$

$$\iff \frac{y}{y+1} = ce^x$$

$$\iff y(1 - ce^x) = ce^x$$

$$\iff y = \frac{ce^x}{1 - ce^x} \text{ 이고}$$

초기조건 $y(0) = 3$을 대입하면 $c = \dfrac{3}{4}$ 이다.

$$\therefore y(x) = \frac{\frac{3}{4}e^x}{1 - \frac{3}{4}e^x} = \frac{3e^x}{4 - 3e^x}, \ y(1) = \frac{3e}{4 - 3e}$$

**22.** ④

풀이 코시–오일러 방정식이다. 특성방정식의 해를 구하면

$$\lambda(\lambda - 1) - 3\lambda + 4 = 0 \implies \lambda = 2$$ 이므로

해는 $y = (c_1 + c_2 \ln x)x^2$

초기조건 $y(1) = 2$에 의해 $2 = c_1$,

$y(e) = 3e^2$에 의해 $3e^2 = (2 + c_2 \ln e)e^2$ 이므로 $c_2 = 1$

$$\therefore y = (2 + \ln x)x^2 \quad \therefore y(2e) = (3 + \ln 2)4e^2$$

**23.** ②

풀이 완전 미분방정식 꼴이므로 일반해를 구하면,

$$f(x, y) = \frac{1}{2}x^2 + xy - x + \frac{1}{2}y^2 + y = C$$

$$\implies x^2 + 2xy - 2x + y^2 + 2y = C$$

**24.** ②

풀이

$$m^2 + m - 2 = 0 \implies m = 1, -2$$

$$\implies \text{보조해 } y_c = c_1 e^t + c_2 e^{-2t}$$

역연산자법에 의해 특수해 $y_p = \dfrac{4}{D^2 + D - 2}\{e^{2t}\} = e^{2t}$

따라서 일반해 $y(t) = c_1 e^t + c_2 e^{-2t} + e^{2t}$ 이다.

$$\therefore \lim_{t \to \infty} \frac{y(t)}{e^{2t}} = \lim_{t \to \infty} \frac{c_1 e^t + c_2 e^{-2t} + e^{2t}}{e^{2t}} = 1$$

**25.** ③

풀이

$$\mathcal{L}^{-1}\left\{\frac{s}{s^2 + 8s + 7}\right\} = \mathcal{L}^{-1}\left\{\frac{s + 4 - 4}{(s + 4)^2 - 9}\right\}$$

$$= \mathcal{L}^{-1}\left\{\frac{s + 4}{(s + 4)^2 - 3^2}\right\} - 4\mathcal{L}^{-1}\left\{\frac{1}{(s + 4)^2 - 3^2}\right\}$$

$$= e^{-4t}\cosh(3t) - \frac{4}{3}e^{-4t}\sinh(3t)$$

$$= e^{-4t}\left\{\frac{e^{3t} + e^{-3t}}{2} - \frac{4}{3}\frac{e^{3t} - e^{-3t}}{2}\right\}$$

$$= -\frac{1}{6}e^{-4t}\left(e^{3t} - 7e^{-3t}\right)$$

$$= -\frac{1}{6}\left(e^{-t} - 7e^{-7t}\right)$$

**1.** ③

**풀이** $\frac{0}{0}$ 꼴이므로 로피탈 정리를 사용하자.

$$\lim_{x \to 1}\frac{x^{2019}+2x-3}{x-1} = \lim_{x \to 1}\left(2019x^{2018}+2\right) = 2021$$

**2.** ③

**풀이**

가. $\displaystyle\lim_{t \to 0^+}\int_t^1 \frac{1}{x(\ln x)}dx = \lim_{t \to 0^+}\left[\ln|\ln x|\right]_t^1 = -\infty$

나. $\displaystyle\lim_{t \to 0^+}\int_t^1 \frac{1}{x(\ln x)^2}dx = \lim_{t \to 0^+}\left[-\frac{1}{\ln x}\right]_t^1 = \infty$

다. $x \geq 0$일 때, $\sin x \leq x$이므로 $\dfrac{\sin x}{x} \leq 1$이다. 이때

$\displaystyle\int_0^1 1dx = 1$로 수렴하므로 $\displaystyle\int_0^1 \frac{\sin x}{x}dx$도 수렴한다.

라. $\displaystyle\int_0^1 \frac{1}{x^p}dx$에서 $p = \dfrac{1}{2} < 1$이므로

$p$급수판정법에 의해 수렴한다.

**3.** ②

**풀이** $f(0) = 3$, $f^{-1}(3) = 0$이므로 $(f^{-1})'(3) = \dfrac{1}{f'(0)} = \dfrac{1}{2}$

$\therefore f'(0) = 2$

**4.** ②

**풀이** $\displaystyle\int_0^{\pi/6}6\cos^3 x dx = \int_0^{\pi/3}6\cos^2 x \cos x dx$이므로

$u = \sin x$로 치환하면 적분은

$$6\int_0^{1/2}(1-u^2)du = 6\left[u - \frac{u^3}{3}\right]_0^{1/2} = 6\left(\frac{1}{2} - \frac{1}{24}\right) = \frac{11}{4}$$

**5.** ③

**풀이** $\displaystyle\lim_{n \to \infty}\frac{|2x-1|^{n+1}4^n\ln(n+1)}{4^{n+1}\ln(n+2)|2x-1|^n} = \frac{|2x-1|}{4}$이고

$\left|x - \dfrac{1}{2}\right| < 2$일 때 급수가 수렴하므로, 수렴반지름은 2

**6.** ②

**풀이** 포물선 위의 동점 P를 $(x, x^2+1)$이라 하고

$\overline{PA}^2 = L$이라 하면 $L$이 최소일 때, $l$도 최소이다.

$L = (x-5)^2 + (x^2+1)^2 = x^4 + 3x^2 - 10x + 26$이므로

$L' = 4x^3 + 6x - 10 = 2(x-1)(2x^2+2x+5)$이고

$x = 1$에서 극소이자 최솟값을 갖는다.

$\therefore l = \sqrt{(-4)^2+2^2} = \sqrt{20} = 2\sqrt{5}$

**7.** ③

**풀이** 주어진 두 직선은 꼬인 위치에 있으므로 한 직선을 포함하고

다른 한 직선과는 평행한 평면의 방정식을 구하여

이 평면과 직선 사이의 거리를 구한다.

구하는 평면의 법선벡터는

두 직선의 방향벡터와 모두 수직이어야 하므로

$\begin{vmatrix} i & j & k \\ 1 & 1 & 2 \\ 1 & 1 & 1 \end{vmatrix} = \langle -1, 1, 0 \rangle$을 법선으로 하고

직선 $x+2 = y-5 = \dfrac{z-1}{2}$ 위의

점 $(-2, 5, 1)$을 지나는 평면의 방정식은

$-(x+2) + (y-5) + 0 \cdot (z-1) = 0 \Rightarrow x - y + 7 = 0$이다.

이 평면과 직선 $x-1 = y-1 = z$ 위의 점 $(1, 1, 0)$

사이의 거리는 $\dfrac{|1-1+7|}{\sqrt{1^2+(-1)^2}} = \dfrac{7}{\sqrt{2}}$이다.

**8.** ④

**풀이**
① 1열과 2열을 바꾸었으므로 부호가 바뀐다.

② 2열과 3열을 바꾸었으므로 부호가 바뀐다.

③ 행렬을 전치시키고 1열과 2열을 바꾸었으므로 부호가 바뀐다. (행렬의 전치는 행렬식 값을 변화시키지 않는다.)

④ 행렬을 전치시킨 다음 1행과 2행을 바꾸고, 다시 1열과 2열을 바꾸었으므로 부호가 두 번 바뀐다. 따라서 원래의 행렬식 값과 같다.

**9.** ③

**풀이** $tr(A) = 1 + a = -1$이므로 $a = -2$

**10.** ③

**풀이**
$$\begin{pmatrix} 1 & 2 & 1 & 1 \\ 2 & 3 & 3 & 1 \\ 3 & 4 & 1 & 1 \end{pmatrix} \sim \begin{pmatrix} 1 & 2 & 1 & 1 \\ 0 & -1 & 1 & -1 \\ 0 & -2 & -2 & -2 \end{pmatrix} \sim \begin{pmatrix} 1 & 2 & 1 & 1 \\ 0 & 1 & -1 & 1 \\ 0 & 1 & 1 & 1 \end{pmatrix} \sim \begin{pmatrix} 1 & 2 & 1 & 1 \\ 0 & 1 & -1 & 1 \\ 0 & 0 & 2 & 0 \end{pmatrix}$$

$$\sim \begin{pmatrix} 1 & 2 & 0 & 1 \\ 0 & 1 & 0 & 1 \\ 0 & 0 & 1 & 0 \end{pmatrix} \sim \begin{pmatrix} 1 & 0 & 0 & -1 \\ 0 & 1 & 0 & 1 \\ 0 & 0 & 1 & 0 \end{pmatrix}$$

$(1,1,1) = -(1,2,3) + (2,3,4) + 0 \cdot (1,3,1)$이므로
선형변환의 선형성에 의해
$$T(1,1,1) = T(-(1,2,3) + (2,3,4))$$
$$= -T(1,2,3) + T(2,3,4)$$
$$= -(1,0,-1) + (1,2,1) = (0,2,2)$$
$$\therefore a+b+c = 4$$

## 11. ①

풀이 $\cos\theta = \dfrac{\langle 2,1 \rangle \cdot \langle 1,-1 \rangle}{\sqrt{2^2+1^2}\ \sqrt{1^2+(-1)^2}} = \dfrac{1}{\sqrt{10}}$

## 12. ③

풀이 $\begin{cases} kx + 2y + z = 0 \\ 2x + ky + z = 0 \\ x + y + 4z = 0 \end{cases} \Leftrightarrow AX = B \Leftrightarrow \begin{pmatrix} k & 2 & 1 \\ 2 & k & 1 \\ 1 & 1 & 4 \end{pmatrix}\begin{pmatrix} x \\ y \\ z \end{pmatrix} = \begin{pmatrix} 0 \\ 0 \\ 0 \end{pmatrix}$ 에서

$x = y = z = 0$ 이외의 해를 가질 조건은 $|A| = 0$이다. 즉,

$$|A| = \begin{vmatrix} k & 2 & 1 \\ 2 & k & 1 \\ 1 & 1 & 4 \end{vmatrix}$$

$$= \begin{vmatrix} k & 2 & 1 \\ 2 & k & 1 \\ 1 & 1 & 4 \end{vmatrix}$$

$$= \begin{vmatrix} k & 2 & 1 \\ 2-k & k-2 & 0 \\ 1 & 1 & 4 \end{vmatrix}$$

$$= (2-k)\begin{vmatrix} k & 2 & 1 \\ 1 & -1 & 0 \\ 1 & 1 & 4 \end{vmatrix}$$

$$= (2-k)\begin{vmatrix} k+2 & 2 & 1 \\ 0 & -1 & 0 \\ 2 & 1 & 4 \end{vmatrix}$$

$$= (k-2)\begin{vmatrix} k+2 & 1 \\ 2 & 4 \end{vmatrix}$$

$$= (k-2)(4k+6) = 0$$

이므로 $k = 2$, $k = -\dfrac{3}{2}$이다. 이때, $k$들의 합은 $\dfrac{1}{2}$이다.

## 13. ④

풀이 그린 정리에 의해

$$\oint_C -2y\,dx + x^2\,dy = \iint_{D\,:\,x^2+y^2\leq 9} 2x + 2\,dA$$
$$= 2 \times \bar{x} \times D\text{의 면적} + 2 \times D\text{의 면적} = 18\pi$$
$$(\because \bar{x} = 0)$$

## 14. ②

풀이 곡면 위의 임의의 점 P를 $(x,y,z)$라 하고, 원점과 점 P사이의 거리를 $d$라 하면, $d = \sqrt{x^2+y^2+z^2}$ 이다.

또한 $(x,y,z)$는 곡면 $z^2 = xy + x - y + 4$위의 점이므로
$$d = \sqrt{x^2+y^2+z^2} = \sqrt{x^2+y^2+xy+x-y+4}$$ 이다.

$f(x,y) = x^2 + y^2 + xy + x - y + 4$라 하면, $f_x = 2x + y + 1$,
$f_y = 2y + x - 1$이므로 $(x,y) = (-1,1)$에서 최솟값
$f(-1,1) = 1+1-1-1-1+4 = 3$을 갖는다.
따라서 거리 $d$의 최솟값은 $\sqrt{3}$이다.

## 15. ①

풀이 $\gamma(t) = e^{-t}\langle \cos t, \sin t, 1 \rangle$이므로 접선벡터는
$$\gamma'(t) = -e^{-t}\langle \cos t, \sin t, 1 \rangle + e^{-t}\langle -\sin t, \cos t, 0 \rangle$$
$$= -e^{-t}\langle \cos t + \sin t, \sin t - \cos t, 1 \rangle$$
$$\therefore \gamma'(t)|_{t=0} = -\langle 1, -1, 1 \rangle$$
$x$축의 방향벡터는 $\langle 1, 0, 0 \rangle$이므로
$$\cos\theta = \dfrac{\langle -1, 1, -1 \rangle \cdot \langle 1, 0, 0 \rangle}{\sqrt{(-1)^2+1^2+(-1)^2}\ \cdot\ \sqrt{1^2+0^2+0^2}} = -\dfrac{1}{\sqrt{3}}$$

## 16. ③

풀이 $y - x = u$, $y + x = v$로 변수변환하면
적분영역은 $-2 \leq u \leq -1$, $u \leq v \leq -u$이고

자코비안 행렬은 $\dfrac{1}{\left\|\begin{matrix} -1 & 1 \\ 1 & 1 \end{matrix}\right\|} = \dfrac{1}{2}$이므로

$$\iint_R 2\cos\left(\dfrac{y+x}{y-x}\right)dA = \int_{-2}^{-1}\int_u^{-u} 2\cos\left(\dfrac{v}{u}\right)\dfrac{1}{2}\,dv\,du$$
$$= \int_{-2}^{-1}\left[u\sin\left(\dfrac{v}{u}\right)\right]_u^{-u}dv$$
$$= \int_{-2}^{-1}(-2u\sin 1)\,du$$
$$= -2\sin 1\left[\dfrac{1}{2}u^2\right]_{-2}^{-1} = 3\sin 1$$

## 17. ①

풀이 $\nabla T(0,1,-1)$
$$= \left(\pi y e^{xy},\ \pi x e^{xy} - \pi z\cos(\pi yz),\ -\pi y\cos(\pi yz)\right)\big|_{(0,1,-1)}$$
$$= (\pi, -\pi, \pi)$$
가장 빠르게 낮아지는 방향은 $-\nabla T(0,1,-1) = (-\pi, \pi, -\pi)$
이므로 이와 평행한 벡터는 ①뿐이다.

**18.** ④

(준식) $= \int_0^1 \sqrt{y-y^2}\, dy$

$\displaystyle = \int_0^1 \sqrt{\frac{1}{4} - \left(y-\frac{1}{2}\right)^2}\, dy \quad \left(y-\frac{1}{2} = \frac{1}{2}\sin\theta \text{로 치환}\right)$

$\displaystyle = \int_{-\frac{\pi}{2}}^{\frac{\pi}{2}} \sqrt{\frac{1}{4} - \frac{1}{4}\sin^2\theta}\, \frac{1}{2}\cos\theta\, d\theta$

$\displaystyle = \frac{1}{4}\int_{-\frac{\pi}{2}}^{\frac{\pi}{2}} \cos^2\theta\, d\theta$

$\displaystyle = \frac{1}{2}\int_0^{\frac{\pi}{2}} \cos^2\theta\, d\theta = \frac{\pi}{8}$

**19.** ④

$\displaystyle \frac{dz}{dt} = \nabla z \cdot \langle x'(t), y'(t)\rangle$

$\displaystyle = \langle y\cos(xy),\, x\cos(xy)\rangle_{(t,\,t^2)} \cdot \langle 1, 2t\rangle$

$\displaystyle = \langle t^2\cos(t^3),\, t\cos(t^3)\rangle \cdot \langle 1, 2t\rangle = 3t^2\cos(t^3)$

**20.** ②

$\displaystyle \frac{dy}{dx} = -\frac{x}{y} \Rightarrow y\,dy = -x\,dx$ 에서 양변을 적분하면

$\displaystyle \frac{1}{2}y^2 = -\frac{1}{2}x^2 + C \Rightarrow y^2 = -x^2 + C$ 이고

초깃값이 $x=0$ 에서 $y=-1$ 이므로

$C=1$ 이고 $y = -\sqrt{-x^2+1}$

따라서 $y\left(\dfrac{1}{2}\right) = -\dfrac{\sqrt{3}}{2}$ 이다.

**21.** ①

특성방정식 $m^2 + 8m + 16 = 0$ 의 해는 중근 $m = -4$ 이므로

일반해는 $y = c_1 e^{-4x} + c_2 x e^{-4x}$ 이다.

초깃값 $y(0) = c_1 = 1,\ y'(0) = -4c_1 + c_2 = 2$ 이므로 $c_2 = 6$.

따라서 해는 $y = e^{-4x} + 6x e^{-4x}$ 이다.

**22.** ①

$\displaystyle \mathcal{L}^{-1}\left\{\frac{s-1}{(s+2)^2 + 3^2}\right\} = e^{-2t}\mathcal{L}^{-1}\left\{\left(\frac{s-3}{s^2+3^2}\right)\right\}$

$\displaystyle = e^{-2t}\mathcal{L}^{-1}\left\{\left(\frac{s}{s^2+3^2} - \frac{3}{s^2+3^2}\right)\right\}$

$\displaystyle = e^{-2t}(\cos 3t - \sin 3t)$

$\displaystyle \therefore f\left(\frac{\pi}{2}\right) = e^{-\pi}\{0 - (-1)\} = e^{-\pi}$

**23.** ④

제차형 $y'' + y = 0$ 의 일반해는 $y_C = c_1\cos x + c_2\sin x$ 이므로

비제차형 $y'' + y = 6x^2 + 2 - 12e^{3x}$ 의 해 $y_P$ 는

$y_P = Ax^2 + Bx + C + De^{3x}$ 꼴이다.

( i ) 역연산자법을 이용해서

$\displaystyle y_p = \frac{1}{1+D^2}\{6x^2 + 2\} + \frac{1}{1+D^2}\{-12e^{3x}\}$

$\displaystyle = (1 - D^2)\{6x^2 + 2\} + \frac{-12e^{3x}}{1 + 3^2}$

$\displaystyle = (6x^2 + 2 - 12) - \frac{6}{5}e^{3x}$

$\displaystyle = 6x^2 - 10 - \frac{6}{5}e^{3x}$

( ii ) 미정계수법에 의해

$y_P'' + y_P = (2A + 9De^{3x}) + (Ax^2 + Bx + C + De^{3x})$

$= 6x^2 + 2 - 12e^{3x}$

$A = 6,\ B = 0,\ 2A + C = 2,\ 10D = -12$ 이므로

$A = 6,\ B = 0,\ C = -10,\ D = -\dfrac{6}{5}$ 이고

$A + B + C + D = -\dfrac{26}{5}$ 이다.

**24.** ④

$\displaystyle \mathcal{L}^{-1}\{\ln(s^2 + 1) - 2\ln(s-1)\}$

$\displaystyle = -\frac{1}{t}\mathcal{L}^{-1}\left(\frac{2s}{s^2+1} - \frac{2}{s-1}\right)$

$\displaystyle = -\frac{1}{t}(2\cos t - 2e^t)$

$\displaystyle = -\frac{2\cos t - 2e^t}{t}$

**25.** ①

양변에 라플라스 변환을 취하면

$y'' + y = \delta(t - 2\pi) \Rightarrow \mathcal{L}\{y'' + y\} = \mathcal{L}\{\delta(t - 2\pi)\}$

$\Leftrightarrow s^2\mathcal{L}\{y\} - sy(0) - y'(0) + \mathcal{L}\{y\} = e^{-2\pi s}$

$\Leftrightarrow (s^2 + 1)\mathcal{L}\{y\} = e^{-2\pi s} + 1$

$\Leftrightarrow \mathcal{L}\{y\} = \dfrac{e^{-2\pi s}}{s^2 + 1} + \dfrac{1}{s^2 + 1}$ 이다.

따라서 라플라스의 역변환을 취하면

$\displaystyle y(t) = \mathcal{L}^{-1}\left\{\frac{e^{-2\pi s}}{s^2 + 1}\right\} + \mathcal{L}^{-1}\left\{\frac{1}{s^2 + 1}\right\}$

$\displaystyle = \sin t + \left[\mathcal{L}^{-1}\left\{\frac{1}{s^2+1}\right\}\right]_{t = t - 2\pi} u(t - 2\pi)$

$\displaystyle = \sin t + [\sin t]_{t = t - 2\pi}\, u(t - 2\pi)$

$\displaystyle = \sin t + \sin(t - 2\pi)u(t - 2\pi)$

$\displaystyle = \sin t + \sin t\, u(t - 2\pi)$

**1.** ①

풀이 $\tan^{-1}t+\cot^{-1}t=\dfrac{\pi}{2}$ 이 항등식이므로

$\tan^{-1}(\tan 1)+\cot^{-1}(\tan 1)=\dfrac{\pi}{2}$ 가 성립하여,

$\cot^{-1}(\tan 1)=\dfrac{\pi}{2}-1$

**2.** ④

풀이 부분적분법을 사용하면

$$\int_0^{\sqrt{3}} x\tan^{-1}x\,dx$$

$$=\left[\frac{1}{2}x^2\tan^{-1}x\right]_0^{\sqrt{3}}-\frac{1}{2}\int_0^{\sqrt{3}}\frac{x^2}{1+x^2}dx$$

$$=\frac{1}{2}\cdot 3\cdot\frac{\pi}{3}-\frac{1}{2}\int_0^{\sqrt{3}}\left(1-\frac{1}{1+x^2}\right)dx$$

$$=\frac{\pi}{2}-\frac{1}{2}\left[x-\tan^{-1}x\right]_0^{\sqrt{3}}$$

$$=\frac{\pi}{2}-\frac{1}{2}\left(\sqrt{3}-\frac{\pi}{3}\right)$$

$$=\frac{2}{3}\pi-\frac{\sqrt{3}}{2}$$

**3.** ④

풀이 $a_n=\dfrac{(n!)^2}{(2n)!}x^n$ 이라 하면

$$\lim_{n\to\infty}\left|\frac{a_{n+1}}{a_n}\right|=\lim_{n\to\infty}\left|\frac{\{(n+1)!\}^2x^{n+1}}{(2n+2)!}\cdot\frac{(2n)!}{(n!)^2x^n}\right|$$

$$=\lim_{n\to\infty}\left|\frac{(n+1)^2}{(2n+2)(2n+1)}x\right|$$

$$=\left|\frac{1}{4}x\right|<1$$

$$\therefore |x|<4$$

**4.** ③

풀이 $\displaystyle\lim_{h\to 0}\frac{f(1+3h)-f(1-h)}{h}$

$\displaystyle=\lim_{h\to 0}f'(1+3h)3-f'(1-h)(-1)=4f'(1)$

$f'(x)=\dfrac{1}{\sqrt{1+8x^3}}\times 2,\ f'(1)=\dfrac{2}{3}$

$\therefore 4f'(1)=4\times\dfrac{2}{3}=\dfrac{8}{3}$

**5.** ②

풀이 $|x|<1$일 때, $\sin^{-1}x=x+\dfrac{1}{2}\cdot\dfrac{1}{3}x^3+\dfrac{1}{2}\cdot\dfrac{3}{4}\cdot\dfrac{1}{5}x^5+\cdots$

$\therefore a_0+a_1+a_2+a_3+a_4=1+\dfrac{1}{6}=\dfrac{7}{6}$

**6.** ③

풀이 $\dfrac{dy}{dt}=\dfrac{dy}{dx}\dfrac{dx}{dt}=(4x+3)e^{2x^2+3x+1}\cdot\cos t\Big|_{t=0}=3e$

($\because t=0$일 때, $x=0$)

**7.** ③

풀이 $\overrightarrow{PQ}=\langle -3,1,2\rangle,\overrightarrow{PR}=\langle 3,2,4\rangle$이므로

두 벡터에 의해 생성되는 삼각형 PQR의 넓이는

$$\frac{1}{2}\left\|\begin{matrix} i & j & k\\ -3 & 1 & 2\\ 3 & 2 & 4\end{matrix}\right\|=\frac{1}{2}|\langle 0,18,-9\rangle|$$

$$=\frac{1}{2}\sqrt{18^2+(-9)^2}$$

$$=\frac{1}{2}\sqrt{9^2\{2^2+(-1)^2\}}=\frac{9}{2}\sqrt{5}$$

**8.** ④

풀이 행렬연산의 선형성에 의해 $xA\begin{pmatrix}1\\1\\1\end{pmatrix}+yA\begin{pmatrix}-1\\1\\-1\end{pmatrix}=x\begin{pmatrix}1\\2\\3\end{pmatrix}+y\begin{pmatrix}4\\5\\6\end{pmatrix}$

$x=2,y=3$일 때, $A\begin{pmatrix}2\\2\\2\end{pmatrix}+A\begin{pmatrix}-3\\3\\-3\end{pmatrix}=\begin{pmatrix}2\\4\\6\end{pmatrix}+\begin{pmatrix}12\\15\\18\end{pmatrix},\ A\begin{pmatrix}-1\\5\\-1\end{pmatrix}=\begin{pmatrix}14\\19\\24\end{pmatrix}$

따라서 벡터 $A\begin{pmatrix}-1\\5\\-1\end{pmatrix}$의 모든 성분의 합은 57이다.

**9.** ③

풀이 두 평면의 교선의 방향벡터는

두 평면의 법선벡터와 모두 수직인 벡터이므로

$\begin{vmatrix} i & j & k\\ 3 & -2 & 1\\ 2 & 1 & 7\end{vmatrix}=\langle -15,-19,7\rangle\ \therefore\dfrac{a}{b}=\dfrac{15}{19}$

**10.** ①

풀이 $a=tr(M)=6,\ b=|M|=4$

## 11. ③

**[풀이]** $(3, 3, 3) = \alpha(1, 2, 0) + \beta(0, 1, 2) + \gamma(2, 0, 1)$이므로

$$\begin{pmatrix} 1 & 2 & 0 & | & 3 \\ 0 & 1 & 2 & | & 3 \\ 2 & 0 & 1 & | & 3 \end{pmatrix} \sim \begin{pmatrix} 1 & 2 & 0 & | & 3 \\ 0 & 1 & 2 & | & 3 \\ 0 & -4 & 1 & | & -3 \end{pmatrix} \sim \begin{pmatrix} 1 & 2 & 0 & | & 3 \\ 0 & 1 & 2 & | & 3 \\ 0 & 0 & 9 & | & 9 \end{pmatrix}$$

$\therefore \gamma = 1, \beta = 1, \alpha = 1$  $\therefore \alpha + \beta + \gamma = 3$

## 12. ④

**[풀이]** $d = \dfrac{|1 \cdot 2 + 2 \cdot 1 + 3 \cdot 2 - 3|}{\sqrt{2^2 + 1^2 + 2^2}} = \dfrac{7}{3}$

## 13. ③

**[풀이]** $f(x) = x^2$ 위로의 $g(x) = x$의 정사영 $P$는

$P = \text{Proj}_{f(x)} g(x)$

$= \dfrac{\langle x, x^2 \rangle}{\langle x^2, x^2 \rangle} \cdot x^2 = \dfrac{\displaystyle\int_0^1 x^3 dx}{\displaystyle\int_0^1 x^4 dx} \cdot x^2 = \dfrac{5}{4} x^2$

## 14. ④

**[풀이]** 산술기하평균에 의해

$x^2 + 4y^2 \geq 2\sqrt{x^2 \cdot 4y^2} \Rightarrow 8 \geq 4|xy| \Rightarrow 2 \geq |xy|$

따라서 $xy$의 최댓값은 2, 최솟값은 $-2$이므로 $ab = -4$

**[다른 풀이]**

$\langle y, x \rangle = \lambda \langle 2x, 8y \rangle$에서

$2\lambda = \dfrac{y}{x}, 8\lambda = \dfrac{x}{y}$ 즉, $2\lambda = \dfrac{1}{8\lambda}$이므로 $\lambda = \pm\dfrac{1}{4}$

( i ) $\lambda = \dfrac{1}{4}$일 때, $x = 2y$이므로

$\quad (2y)^2 + 4y^2 = 8$에서 $y = \pm 1, x = \pm 2$

(ii) $\lambda = -\dfrac{1}{4}$일 때, $x = -2y$이므로

$\quad (-2y)^2 + 4y^2 = 8$에서 $y = \pm 1, x = \mp 2$

따라서 $(\pm 2, \pm 1)$에서 최댓값 2,

$(\pm 2, \mp 1)$에서 최솟값 $-2$를 갖는다.

$\therefore ab = -4$

## 15. ⑤

**[풀이]** $y = \dfrac{1}{2}\ln 2 + \ln x (x > 0)$일 때, $y' = \dfrac{1}{x}, y'' = -\dfrac{1}{x^2}$이므로

$\kappa = \dfrac{\left| -\dfrac{1}{x^2} \right|}{\left\{ 1 + \left(\dfrac{1}{x}\right)^2 \right\}^{\frac{3}{2}}} = \dfrac{\dfrac{1}{x^2}}{\left(\dfrac{x^2+1}{x^2}\right)^{\frac{3}{2}}} = \dfrac{x}{(x^2+1)^{\frac{3}{2}}}$이다.

또한 $\kappa' = \dfrac{(x^2+1)^{\frac{3}{2}} - x\dfrac{3}{2}(x^2+1)^{\frac{1}{2}}2x}{(x^2+1)^3}$

$= \dfrac{(x^2+1)^{\frac{1}{2}}\{x^2 + 1 - 3x^2\}}{(x^2+1)^3}$

$= \dfrac{(x^2+1)^{\frac{1}{2}}\{1 - 2x^2\}}{(x^2+1)^3}$

이므로 $x = \dfrac{1}{\sqrt{2}}$일 때, 곡률이 최대가 된다.

## 16. ⑤

**[풀이]** $x = 1, y = 0$을 $x - z = \tan^{-1}(yz)$에 대입하면 $z = 1$이다.

또한 $f(x, y, z) = -x + z + \tan^{-1}(yz)$라 하면,
음함수미분법에 의해

$\dfrac{\partial z}{\partial x} = -\dfrac{f_x}{f_z} = -\dfrac{-1}{1 + \dfrac{y}{1 + (yz)^2}}$

$\Rightarrow \dfrac{\partial z}{\partial x}(1, 0, 1) = \dfrac{1}{1 + 0} = 1$이고

$\dfrac{\partial z}{\partial y} = -\dfrac{f_y}{f_z} = -\dfrac{\dfrac{z}{1 + (yz)^2}}{1 + \dfrac{y}{1 + (yz)^2}}$

$\Rightarrow \dfrac{\partial z}{\partial y}(1, 0, 1) = -\dfrac{1}{1 + 0} = -1$이다.

따라서 $\dfrac{\partial z}{\partial x}(1, 0) + \dfrac{\partial z}{\partial y}(1, 0) = 0$이다.

## 17. ①

**[풀이]** $f_x = 4(x^3 - y), f_y = 4(y^3 - x)$이므로

임계점은 $f_x = 0, f_y = 0$에서 $(0, 0), (-1, -1), (1, 1)$이고

$D(x, y) = f_{xx}f_{yy} - (f_{xy}^2) = 144x^2y^2 - 16$이다.

$D(0, 0) = -16 < 0$이므로 $(0, 0)$은 안장점이고,

$D(1, 1) = D(-1, -1) = 128 > 0$,

$f_{xx}(1, 1) = f_{xx}(-1, -1) = 12 > 0$이므로

$(1, 1), (-1, -1)$은 극솟점이다.

$f(-1, -1) = a - 2, f(1, 1) = a - 2$이므로

모든 극값의 합은 $2a - 4 = -2$

$\therefore a = 1$

**18.** ①

> **[풀이]** 구하는 부피는 영역 $D = \{(x, y) | x^2 + y^2 \leq 1\}$ 위에서 포물면
> $z = x^2 + y^2$ 과 평면 $z = 1$ 로 둘러싸인 입체의 부피와 같다.
>
> $$V = \iint_D (1 - r^2) r \, dA$$
> $$= \int_0^{2\pi} \int_0^1 (r - r^3) dr \, d\theta$$
> $$= \int_0^{2\pi} \left[ \frac{1}{2} r^2 - \frac{1}{4} r^4 \right]_0^1 d\theta$$
> $$= \frac{1}{4} \times 2\pi = \frac{\pi}{2}$$

**19.** ④

> **[풀이]** $\dfrac{dx}{dy} = \dfrac{y}{x} \Rightarrow x dx = y dy \Rightarrow \dfrac{1}{2} x^2 = \dfrac{1}{2} y^2 + C$
>
> $y(0) = -3$ 이므로 $C = -\dfrac{9}{2}$
>
> 따라서 구하는 해는 $x^2 - y^2 = -9$ 이고 이때, $y(0) = -3$ 이므
> 로 $y$축 대칭인 쌍곡선의 아래쪽 곡선만 해당된다.
> $$\therefore y(4) = -5$$

**20.** ①

> **[풀이]** 2계 동차방정식이므로
> 특성방정식 $\lambda^2 - 4\lambda + 4 = (\lambda - 2)^2 = 0$ 이
> 중근 $\lambda = 2$ 를 가지므로 해는 $y = (c_1 + c_2 x)e^{2x}$ 이다.
> 초기조건 $y(0) = 1$ 에 의해 $c_1 = 1$,
> $y'(0) = 1$ 에서 $c_2 = -1$ 이므로
> $$y = (1 - x)e^{2x} \quad \therefore y(2) = -e^4$$
>
> **[다른 풀이]**
> $\mathcal{L}\{y(t)\} = Y$ 라 하면 라플라스 변환에 의해
> $$(s^2 Y - s - 1) - 4(sY - 1) + 4Y = 0$$
> $$(s^2 - 4s + 4)Y = s - 3$$
> $$Y = \frac{s - 3}{(s - 2)^2}$$
> $$y(t) = \mathcal{L}^{-1}\left\{ \frac{s - 1}{s^2} \right\} e^{2t} = (1 - t)e^{2t}$$
> $$\therefore y(2) = -e^4$$

**21.** ④

> **[풀이]** $x \dfrac{dy}{dx} + y = e^x \Rightarrow \dfrac{d}{dx}(xy) = e^x$ 이고
> 양변을 $x$로 적분하면 $xy = e^x + C$ 이므로
> $$y = \frac{e^x + C}{x}, \ y(1) = 2$$ 을 대입하면
> $$2 = e + C, \Rightarrow C = 2 - e$$
> 따라서 $y = \dfrac{e^x - e + 2}{x}, \ y(2) = \dfrac{1}{2}(e^2 - e + 2)$ 이다.

**22.** ③

> **[풀이]** 양변에 $\dfrac{1}{x}$ 을 곱하면
> $$\frac{dy}{dx} - \frac{3}{x} y = x^5 e^x$$ 즉, 1계 선형방정식이므로
> $$y = e^{-\int \left(-\frac{3}{x}\right) dx} \left[ \int e^{\int \left(-\frac{3}{x}\right) dx} x^5 e^x \, dx + C \right]$$
> $$= e^{3\ln x} \left[ \int e^{-3\ln x} x^5 e^x \, dx + C \right]$$
> $$= x^3 \left[ \int \frac{1}{x^3} x^5 e^x \, dx + C \right]$$
> $$= x^3 \left[ \int x^2 e^x \, dx + C \right]$$
> $$= x^3 \left[ x^2 e^x - 2 \int x e^x \, dx + C \right]$$
> $$= x^3 \left[ x^2 e^x - 2 \left\{ x e^x - \int e^x \, dx \right\} + C \right]$$
> $$= x^5 e^x - 2x^4 e^x + 2x^3 e^x + Cx^3$$
> 초기조건에 의해 $y(1) = e$ 이므로 $C = 0$
> $$\therefore y(2) = e^2 (2^5 - 2 \cdot 2^4 + 2 \cdot 2^3) = 16e^2$$

**23.** ⑤

> **[풀이]** 제차형 $x'' + 5x' + 6x = 0$ 의 특성방정식 $D^2 + 5D + 6 = 0$ 에서
> 근은 $D = -2, -3$ 이므로
> 제차형의 일반해 $x = C_1 e^{-2t} + C_2 e^{-3t}$ 이다.
> 비제차형 $x'' + 5x' + 6x = e^{-2t}$ 의 해
> $$x_P = \frac{1}{(D+2)(D+3)} e^{-2t}$$ 를 역연산자로 구하면, $x_P = te^{-2t}$
> 따라서, 일반해 $x = x_C + x_P = C_1 e^{-2t} + C_2 e^{-3t} + te^{-2t}$ 이다.
> 이때, $x' = -2C_1 e^{-2t} - 3C_2 e^{-3t} + e^{-2t} - 2te^{-2t}$ 에서
> 초깃값 $x(0) = 1$, $x'(0) = 0$ 을 만족하는 $C_1, C_2$ 는
> $$\begin{cases} C_1 + C_2 = 1 \\ -2C_1 - 3C_2 + 1 = 0 \end{cases}$$ 의 연립방정식을 풀면,
> $$C_1 = 2, \ C_2 = -1$$
> $$\therefore x(t) = 2e^{-2t} - e^{-3t} + te^{-2t}, \ x(1) = 3e^{-2} - e^{-3}$$

## 24. ③

**[풀이]** 주어진 선형연립미분방정식의

계수 행렬 $A = \begin{pmatrix} 0 & 1 \\ 2 & -1 \end{pmatrix}$의 고유치를 구하자.

$\begin{vmatrix} -\lambda & 1 \\ 2 & -1-\lambda \end{vmatrix} = 0 \Leftrightarrow \lambda^2 + \lambda - 2 = 0 \quad \therefore \lambda = 1, -2$

$\lambda = 1$에 대한 고유벡터를 구하면

$\begin{pmatrix} -1 & 1 \\ 2 & -2 \end{pmatrix}\begin{pmatrix} x \\ y \end{pmatrix} = \begin{pmatrix} 0 \\ 0 \end{pmatrix} \Leftrightarrow x = y \quad \therefore t\begin{pmatrix} 1 \\ 1 \end{pmatrix} \ t \in R$

$\lambda = -2$에 대한 고유벡터를 구하면

$\begin{pmatrix} 2 & 1 \\ 2 & 1 \end{pmatrix}\begin{pmatrix} x \\ y \end{pmatrix} = \begin{pmatrix} 0 \\ 0 \end{pmatrix} \Leftrightarrow 2x = -y \quad \therefore s\begin{pmatrix} -1 \\ 2 \end{pmatrix} \ s \in R$

따라서 일반해는 $\begin{pmatrix} y_1 \\ y_2 \end{pmatrix} = C_1\begin{pmatrix} 1 \\ 1 \end{pmatrix}e^t + C_2\begin{pmatrix} -1 \\ 2 \end{pmatrix}e^{-2t}$ 이다.

(단, $C_1, C_2$는 임의의 상수)

또한 $\begin{bmatrix} y_1(0) \\ y_2(0) \end{bmatrix} = \begin{bmatrix} 1 \\ 2 \end{bmatrix}$을 만족하는 경우

$C_1 = \dfrac{4}{3}, \ C_2 = \dfrac{1}{3}$이므로

초깃값 문제의 해는 $\begin{pmatrix} y_1 \\ y_2 \end{pmatrix} = \dfrac{4}{3}\begin{pmatrix} 1 \\ 1 \end{pmatrix}e^t + \dfrac{1}{3}\begin{pmatrix} -1 \\ 2 \end{pmatrix}e^{-2t}$ 이다.

## 25. ②

**[풀이]** 양변에 라플라스 변환을 취하면

$y(t) - \displaystyle\int_0^t y(\tau)\sin(t-\tau)d\tau = t$

$\Rightarrow \mathcal{L}\{y\} - \mathcal{L}\{y(t) * \sin t\} = \mathcal{L}\{t\}$

$\Leftrightarrow \mathcal{L}\{y\} - \mathcal{L}\{y\}\mathcal{L}\{\sin t\} = \dfrac{1}{s^2}$

$\Leftrightarrow \left(1 - \dfrac{1}{s^2+1}\right)\mathcal{L}\{y\} = \dfrac{1}{s^2}$

$\Leftrightarrow \left(\dfrac{s^2}{s^2+1}\right)\mathcal{L}\{y\} = \dfrac{1}{s^2}$

$\Leftrightarrow \mathcal{L}\{y\} = \dfrac{s^2+1}{s^4} = \dfrac{1}{s^2} + \dfrac{1}{s^4}$ 이다.

따라서 라플라스 역변환을 취하면

$y(t) = \mathcal{L}^{-1}\left\{\dfrac{1}{s^2} + \dfrac{1}{s^4}\right\} = t + \dfrac{1}{6}t^3$ 이다.

따라서 $y(1) = 1 + \dfrac{1}{6} = \dfrac{7}{6}$ 이다.

---

## 1. ①

**[풀이]** 양변에 $r$을 곱하면 $r^2 = r\sin\theta + r\cos\theta$, 직교좌표로 변환하면

$x^2 + y^2 = y + x \Rightarrow \left(x - \dfrac{1}{2}\right)^2 + \left(y - \dfrac{1}{2}\right)^2 = \dfrac{1}{2}$

즉 중심이 $\left(\dfrac{1}{2}, \dfrac{1}{2}\right)$, 반지름 $\dfrac{1}{\sqrt{2}}$ 인 원이므로 넓이는 $\dfrac{\pi}{2}$ 이다.

## 2. ②

**[풀이]** $f(x) = x^3 + x + a$라 하면 $f'(x) = 3x^2 + 1$, $f'(1) = 4$이므로

$x_2 = x_1 - \dfrac{f(x_1)}{f(x_2)} \Leftrightarrow \dfrac{3}{4} = 1 - \dfrac{f(1)}{f'(1)} = 1 - \dfrac{2+a}{4}$

$\therefore a = -1$

## 3. ①

**[풀이]** $u' = 1, v = \ln^2 x$라 하고 부분적분을 사용하면

$\displaystyle\int_1^e 1 \cdot (\ln x)^2 dx = \left[x(\ln x)^2\right]_1^e - \int_1^e x \cdot 2\ln x \cdot \dfrac{1}{x}dx$

$= e - 2[x\ln x - x]_1^e = e - 2$

## 4. ①

**[풀이]**

$\displaystyle\sum_{n=2}^{\infty} \dfrac{2}{n^2-1} = \sum_{n=2}^{\infty}\left(\dfrac{1}{n-1} - \dfrac{1}{n+1}\right)$

$= \displaystyle\lim_{n\to\infty}\left\{\left(\dfrac{1}{1} - \dfrac{1}{3}\right) + \left(\dfrac{1}{2} - \dfrac{1}{4}\right) + \left(\dfrac{1}{3} - \dfrac{1}{5}\right) + \cdots \right.$

$\left. + \left(\dfrac{1}{n-1} - \dfrac{1}{n+1}\right)\right\}$

$= \dfrac{3}{2}$

## 5. ①

**[풀이]** $-2x^2 = t, \ -4xdx = dt$로 치환하면

$\displaystyle\int_0^{\infty} 2xe^{-2x^2}dx = -\dfrac{1}{2}\int_0^{-\infty} e^t dt$

$= \dfrac{1}{2}\displaystyle\int_{-\infty}^0 e^t dt$

$= \dfrac{1}{2}\left[e^t\right]_{-\infty}^0$

$= \dfrac{1}{2}(1 - 0) = \dfrac{1}{2}$

**6.** ②

**풀이** $V = \int_0^1 2\pi(1-x)(x-x^2)dx$

**7.** ③

**풀이**
$$\int_0^1 \frac{\ln x}{\sqrt{x}}dx = \lim_{t \to 0^+}\int_t^1 \frac{\ln x}{\sqrt{x}}dx$$
$$= \lim_{t \to 0^+}\left[2x^{1/2}\ln x - 4x^{1/2}\right]_t^1$$
$$= -4 - \lim_{t \to 0^+}\frac{2\ln t}{t^{-1/2}}$$
$$= -4 - \lim_{t \to 0^+}\frac{2t^{-1}}{-0.5t^{-3/2}} = -4$$

**8.** ④

**풀이** $e^{-x} = 1 - x + \frac{x^2}{2!} - \frac{x^3}{3!} + \cdots$ 에 $x = 2\ln 3$을 대입하면

$$e^{-2\ln 3} = 1 - 2\ln 3 + \frac{(2\ln 3)^2}{2!} - \frac{(2\ln 3)^3}{3!} + \cdots = \frac{1}{9}$$

**9.** ②

**풀이** $A = \begin{pmatrix} a & b \\ b & c \end{pmatrix}$라 하면 $A^2 = \begin{pmatrix} a^2+b^2 & ab+bc \\ ab+bc & b^2+c^2 \end{pmatrix}$이고

$\det(A) = ac - b^2 = -3$이므로 $b^2 = ac + 3$

$tr(A^2) = a^2 + 2b^2 + c^2 = a^2 + 2(ac+3) + c^2 = 10$에서

$(a+c)^2 = 4$

이때, $tr(A) = a+c$이므로 $(tr(A))^2 = 4$

**10.** ①

**풀이** $|A| = \begin{vmatrix} 1 & -1 & 2 \\ 3 & 1 & 4 \\ 0 & -2 & 5 \end{vmatrix} = \begin{vmatrix} 1 & -1 & 2 \\ 0 & 4 & -2 \\ 0 & -2 & 5 \end{vmatrix} = 16$이므로

ⓐ $\begin{vmatrix} 1 & -1 & 2 \\ 9 & 3 & 12 \\ 0 & -2 & 5 \end{vmatrix} = 3\begin{vmatrix} 1 & -1 & 2 \\ 3 & 1 & 4 \\ 0 & -2 & 5 \end{vmatrix} = 48$

ⓑ $\begin{vmatrix} 1 & -1 & -4 \\ 3 & 1 & -8 \\ 0 & -2 & -10 \end{vmatrix} = -2\begin{vmatrix} 1 & -1 & 2 \\ 3 & 1 & 4 \\ 0 & -2 & 5 \end{vmatrix} = -32$

ⓒ $\begin{vmatrix} -1 & 1 & 2 \\ 1 & 3 & 4 \\ -2 & 0 & 5 \end{vmatrix} = -\begin{vmatrix} 1 & -1 & 2 \\ 3 & 1 & 4 \\ 0 & -2 & 5 \end{vmatrix} = -16$

따라서 행렬식의 합은 $48 - 32 - 16 = 0$이다.

**11.** ③

**풀이** (가) (거짓) $A = \begin{pmatrix} 1 & 0 \\ 0 & 0 \end{pmatrix}$, $B = \begin{pmatrix} 0 & 0 \\ 0 & 2 \end{pmatrix}$일 때

$AB = O$이지만 $A \neq O$, $B \neq O$이다.

(나) (참) $|AB| \neq 0$, $|A||B| \neq 0$이면 $|A| \neq 0$, $|B| \neq 0$이다.

(다) (참) 역행렬의 정의에 의해 $A$와 $B$는 서로 역행렬 관계이다.

**12.** ③

**풀이** 주어진 행렬의 특성방정식은

$\lambda^2 - (a+2)\lambda + 2a - 1 = 0$이므로 케일리–해밀턴 정리에 의해

$A^2 - (a+2)A + (2a-1)I = O$가 성립한다.

따라서 $a = 3$이므로 $A = \begin{pmatrix} 2 & 1 \\ 1 & 3 \end{pmatrix}$이고 $A^3 = 5\begin{pmatrix} 3 & 4 \\ 4 & 7 \end{pmatrix}$이다.

따라서 $A^3$의 모든 원소의 합은 $5(3+4+4+7) = 90$이다.

**13.** ③

**풀이** 론스키안 행렬식 = 0 이면 벡터들은 일차종속이고

론스키안 행렬식 ≠ 0 이면 벡터들은 일차독립이다.

① $\begin{vmatrix} 1 & x^2+1 & 2x^2-1 \\ 0 & 2x & 4x \\ 0 & 2 & 4 \end{vmatrix} = 0$

따라서 세 벡터들의 관계는 일차종속이다.

② $\begin{vmatrix} x+1 & (x+1)(x-1) & (x+1)^2 \\ 1 & 2x & 2(x+1) \\ 0 & 2 & 2 \end{vmatrix}$

$= (x+1)\begin{vmatrix} 1 & x-1 & x+1 \\ 1 & 2x & 2x+2 \\ 0 & 2 & 2 \end{vmatrix}$

$= (x+1)\begin{vmatrix} 1 & x-1 & x+1 \\ 0 & x+1 & x+1 \\ 0 & 2 & 2 \end{vmatrix} = 0$

따라서 세 벡터들의 관계는 일차종속이다.

③ $\begin{vmatrix} x^2-1 & (x+1)^2 & (x-1)^2 \\ 2x & 2(x+1) & 2(x-1) \\ 2 & 2 & 2 \end{vmatrix}$

$= 4\begin{vmatrix} x^2-1 & (x+1)^2 & (x-1)^2 \\ x & x+1 & x-1 \\ 1 & 1 & 1 \end{vmatrix} \neq 0$

따라서 세 벡터들의 관계는 일차독립이다.

④ $\begin{vmatrix} x(x+1) & x^2-1 & (x+1)^2 \\ 2x+1 & 2x & 2(x+1) \\ 2 & 2 & 2 \end{vmatrix}$

$= 2(x+1)\begin{vmatrix} x & x-1 & x+1 \\ 2x+1 & 2x & 2x+2 \\ 1 & 1 & 1 \end{vmatrix}$

$$= 2(x+1) \begin{vmatrix} 1 & x-1 & 2 \\ 1 & 2x & 2 \\ 0 & 1 & 0 \end{vmatrix}$$

$$= -2(x+1) \begin{vmatrix} 1 & 2 \\ 1 & 2 \end{vmatrix} = 0$$

따라서 세 벡터들의 관계는 일차종속이다.

[다른 풀이]

① $\{1,\ x^2+1,\ 2x^2-1\}$의 표준기저들의 집합은
$\{(0, 0, 1), (1, 0, 1), (2, 0, -1)\}$이다.

이때, $\begin{vmatrix} 0 & 0 & 1 \\ 1 & 0 & 1 \\ 2 & 0 & -1 \end{vmatrix} = 0$이므로 일차종속이다.

② $\{x+1,\ x^2-1,\ (x+1)^2\}$의 표준기저들의 집합은
$\{(0, 1, 1),\ (1, 0, -1),\ (1, 2, 1)\}$이다.

이때, $\begin{vmatrix} 0 & 1 & 1 \\ 1 & 0 & -1 \\ 1 & 2 & 1 \end{vmatrix} = 0$이므로 일차종속이다.

③ $\{x^2-1,\ (x+1)^2,\ (x-1)^2\}$의 표준기저들의 집합은
$\{(1,0,-1),(1,2,1),(1,-2,1)\}$이다.

이때, $\begin{vmatrix} 1 & 0 & -1 \\ 1 & 2 & 1 \\ 1 & -2 & 1 \end{vmatrix} \neq 0$이므로 일차독립이다.

④ $\{x(x+1),\ x^2-1,\ (x+1)^2\}$의 표준기저들의 집합은
$\{(1,1,0),(1,0,-1),(1,2,1)\}$이다.

이때, $\begin{vmatrix} 1 & 1 & 0 \\ 1 & 0 & -1 \\ 1 & 2 & 1 \end{vmatrix} = 0$이므로 일차종속이다.

## 14. ③

대각화행렬 $D$의 주대각 원소는 행렬 $A$의 고윳값과 같다.

행렬 $A = \begin{pmatrix} 1 & 0 & 0 \\ 0 & 1 & 1 \\ 0 & -1 & 1 \end{pmatrix}$의 고윳값을 구하면,

$|A - \lambda I| = 0 \Rightarrow (1-\lambda)(\lambda^2 - 2\lambda + 2) = 0$
$\Rightarrow \lambda^3 - 3\lambda^2 + 4\lambda - 2 = 0$이므로

3차 방정식의 근과 계수의 관계에 의해

세 근 $\lambda_1, \lambda_2, \lambda_3$에 대해 $\begin{cases} \lambda_1 + \lambda_2 + \lambda_3 = 3 \\ \lambda_1\lambda_2 + \lambda_2\lambda_3 + \lambda_1\lambda_3 = 4 \\ \lambda_1\lambda_2\lambda_3 = 2 \end{cases}$이다.

따라서 $\dfrac{1}{\lambda_1} + \dfrac{1}{\lambda_2} + \dfrac{1}{\lambda_3} = \dfrac{\lambda_2\lambda_3 + \lambda_1\lambda_3 + \lambda_1\lambda_2}{\lambda_1\lambda_2\lambda_3} = \dfrac{4}{2} = 2$이다.

## 15. ④

$f(x, y, z) = xe^y \cos z - z - 1$이라 하면,
$\nabla f(x, y, z) = (e^y \cos z,\ xe^y \cos z,\ -xe^y \sin z - 1)$
따라서 접평면의 법선벡터는 $\nabla f(1, 0, 0) = (1, 1, -1)$이고,
$2x + y + z = 2019$의 법선벡터 $\vec{n} = (2, 1, 1)$에서 또한
두 평면의 사잇각은 두 평면의 법선의 사잇각과 같으므로
두 평면의 사잇각을 $\theta$라 하면,

$\cos\theta = \dfrac{2 + 1 - 1}{\sqrt{1+1+1}\ \sqrt{4+1+1}} = \dfrac{2}{3\sqrt{2}} = \dfrac{\sqrt{2}}{3}$이다.

따라서 $\theta = \cos^{-1}\left(\dfrac{\sqrt{2}}{3}\right)$이다.

## 16. ⑤

$p(t) = f(g(t), h(t))$에서 $x = g(t),\ y = h(t)$이므로

$p'(t) = \dfrac{\partial f}{\partial x}\dfrac{\partial x}{\partial t} + \dfrac{\partial f}{\partial y}\dfrac{\partial y}{\partial t}$

$\therefore\ p'(2) = 2(-1) + 1 \cdot 5 = 3$

## 17. ④

( i ) 한 점 : $(1,1,1)$

( ii ) 법선벡터 :
$(2x - y^2z,\ -2xyz,\ -xy^2 + 2z)_{(1,1,1)} = (1,\ -2,\ 1)$

( iii ) 평면의 방정식 :
$(x-1) - 2(y-1) + (z-1) = 0,\ x - 2y + z = 0$

보기 중 평면 $x - 2y + z = 0$위에 있는 점은 ④번뿐이다.

## 18. ②

$$\int_{-1}^{1} \int_{-\sqrt{1-x^2}}^{\sqrt{1-x^2}} \left(1 - \sqrt{x^2+y^2}\right)(x^2+y^2)\,dy\,dx$$

$$= \int_0^{2\pi} \int_0^1 (1-r) \cdot r^2 \cdot r\,dr\,d\theta$$

$$= 2\pi \times \int_0^1 r^3 - r^4\,dr$$

$$= 2\pi\left[\frac{1}{4} - \frac{1}{5}\right] = \frac{\pi}{10}$$

## 19. ①

$$\iint_D e^{-x^2-y^2}\,dA = \int_0^{\pi/2} \int_0^1 e^{-r^2} r\,dr\,d\theta$$

$$= \int_0^{\pi/2} d\theta \int_0^1 e^{-r^2} r\,dr$$

$$= \frac{\pi}{2}\left[-\frac{1}{2}e^{-r^2}\right]_0^1 = \frac{\pi}{4}(1 - e^{-1})$$

**20.** ②

풀이 $(y+x^2y)\dfrac{dy}{dx}-2x=0 \Leftrightarrow y(1+x^2)\dfrac{dy}{dx}=2x$

$$\Leftrightarrow y\,dy=\dfrac{2x}{1+x^2}\,dx$$

$$\Leftrightarrow \dfrac{1}{2}y^2=\ln(1+x^2)+C$$

$$\Leftrightarrow y^2=2\ln(1+x^2)+C$$

이 곡선이 원점을 지나므로 $C=0$이다. 또 점 $(a,\,2)$를 지나므로

$2^2=2\ln(1+a^2) \Leftrightarrow 2=\ln(1+a^2) \Leftrightarrow 1+a^2=e^2$

$\therefore a=\sqrt{e^2-1}\ (\because a>0)$

**21.** ①

풀이 코시-오일러 방정식이다. 제차 방정식의 해를 구하면

$x^2y''-2xy'+2y=0$에서 $\lambda(\lambda-1)-2\lambda+2=0$이므로

$\lambda=1,\ \lambda=2$이다. 따라서 보조해는 $y_c=c_1x+c_2x^2$

매개변수 변화법을 사용하면 $W=\begin{vmatrix} x & x^2 \\ 1 & 2x \end{vmatrix}=x^2$이므로

$$y_p=-x\int\dfrac{3\sin(\ln x^2)}{x^2}dx+x^2\int\dfrac{3\sin(\ln x^2)}{x^3}dx$$

$$=-x\left\{\dfrac{-3}{5x}\sin(\ln x^2)-\dfrac{6}{5x}\cos(\ln x^2)\right\}$$

$$\quad+x^2\left\{-\dfrac{3}{4x^2}\sin(\ln x^2)-\dfrac{3}{4x^2}\cos(\ln x^2)\right\}$$

$$=-\dfrac{3}{20}\sin(\ln x^2)+\dfrac{9}{20}\cos(\ln x^2)$$

따라서 일반해는

$$y=c_1x+c_{2}x^2-\dfrac{3}{20}\sin(\ln x^2)+\dfrac{9}{20}\cos(\ln x^2)$$

초기조건에 의해 $c_1=c_2=0$이므로

구하는 해는 $y=-\dfrac{3}{20}\sin(\ln x^2)+\dfrac{9}{20}\cos(\ln x^2)$

$\therefore y(e^\pi)+y(e^{\pi/4})=\dfrac{9}{20}-\dfrac{3}{20}=\dfrac{3}{10}$

TIP $\ln x=t$로 치환하면 $e^t=x$, $\dfrac{1}{x}dx=dt$이므로

$$3\int\dfrac{\sin(\ln x^2)}{x^2}dx=3\int e^{-t}\sin(2t)dt$$

$$3\int\dfrac{\sin(\ln x^2)}{x^3}dx=3\int e^{-2t}\sin(2t)\,dt$$

[다른 풀이]

$x=e^t,\ z(t)=y(e^t)$라 하면

$z'=xy',\ z''=x'y'+xy''=xy'+xy''$이므로

주어진 방정식은 $\dfrac{d^2z}{dt^2}-3\dfrac{dz}{dt}+2z=3\sin2t$가 되고

일반해 $z(t)=c_1e^t+c_2e^{2t}-\dfrac{3}{20}\sin2t+\dfrac{9}{20}\cos2t$를 얻는다.

$t=\ln x$이므로

$y=f(x)=c_1x+c_2x^2-\dfrac{3}{20}\sin(\ln x^2)+\dfrac{9}{20}\cos(\ln x^2)$이다.

조건 $f(1)=\dfrac{9}{20}$, $f'(1)=-\dfrac{3}{10}$으로부터 $c_1=c_2=0$이므로

$f(x)=-\dfrac{3}{20}\sin(\ln x^2)+\dfrac{9}{20}\cos(\ln x^2)$이다.

따라서 $f(e^\pi)+f\!\left(e^{\frac{\pi}{4}}\right)=\dfrac{9}{20}-\dfrac{3}{20}=\dfrac{3}{10}$이다.

**22.** ②

풀이 코시-오일러 미분방정식의 특성방정식

$t(t-1)-4t+6=0 \Rightarrow t^2-5t+6=0$의 해가 $t=2,\ t=3$

이므로 주어진 미분방정식의 일반해 $y=C_1x^2+C_2x^3$이다.

이때, $y'=2C_1x+3C_2x^2$에 대해

초깃값을 만족하는 $C_1$, $C_2$는

$$\begin{cases} C_1+C_2=\dfrac{2}{5} \\ 2C_1+3C_2=0 \end{cases}$$ 의 연립방정식의 해

$C_1=\dfrac{6}{5},\ C_2=-\dfrac{4}{5}$이다.

따라서 일반해는 $y(x)=\dfrac{6}{5}x^2-\dfrac{4}{5}x^3$이고 $y(5)=-70$이다.

**23.** ④

풀이 $\dfrac{\partial}{\partial x}(2x\cos2t-2t)=2\cos2t=\dfrac{\partial}{\partial t}(\sin2t)$이므로

$(\sin2t)dx+(2x\cos2t-2t)dt=0$은 완전 미분방정식이다.

따라서 일반해는 $x\sin2t-t^2=c$ 이다.

**24.** ①

풀이 $xy'-x^2\sin x=y \Leftrightarrow y'-\dfrac{1}{x}y=x\sin x$는

1계 선형미분방정식이므로

$$y=e^{\ln x}\left[\int x\sin x\,e^{-\ln x}dx+c\right]$$

$$=x\left[\int \sin x\,dx+c\right]$$

$$=x[-\cos x+c]$$ 이고

초기조건 $y(\pi)=0$을 대입하면 $c=-1$이다.

따라서 $y(x)=-x(\cos x+1)$이고 $y(2\pi)=-4\pi$이다.

**25.** ②

풀이
$$\mathcal{L}\{f(t)\} = \int_0^\infty e^{-st} f(t)\, dt$$
$$= \int_1^\infty t e^{-st}\, dt$$
$$= \left[-\frac{t}{s} e^{-st}\right]_1^\infty + \frac{1}{s}\int_1^\infty e^{-st}\, dt$$
$$= \frac{e^{-s}}{s} + \frac{e^{-s}}{s^2}$$
$$= \left(\frac{1}{s} + \frac{1}{s^2}\right)e^{-s}, \ s > 0$$

**1.** ②

풀이
$$\frac{1}{2}\int_0^{2\pi} (5 + 4\cos\theta)^2\, d\theta$$
$$= \frac{1}{2}\int_0^{2\pi} (25 + 40\cos\theta + 16\cos^2\theta)\, d\theta$$
$$= \frac{1}{2}\left\{[25\theta + 40\sin\theta]_0^{2\pi} + 16\times 4\times\frac{1}{2}\times\frac{\pi}{2}\right\}$$
$$(\because \text{왈리스 정리})$$
$$= \frac{1}{2}\{50\pi + 16\pi\} = 33\pi$$

**2.** ④

풀이 파푸스 정리를 사용하면 회전 영역의 넓이는 $\pi\times 1^2 = \pi$, 영역의 중심이 이동한 거리는 $2\pi\times 2 = 4\pi$이므로 회전체의 부피는 $\pi\times 2\pi = 4\pi^2$이다.

**3.** ②

풀이
$$\frac{1}{2}\int_0^{2\pi} (1 + \sin\theta)^2\, d\theta = \frac{1}{2}\int_0^{2\pi} (1 + 2\sin\theta + \sin^2\theta)\, d\theta$$
$$= \frac{1}{2}\int_0^{2\pi}\left(\frac{3}{2} + 2\sin\theta - \frac{1}{2}\cos 2\theta\right) d\theta$$
$$= \frac{1}{2}\left[\frac{3}{2}\theta - 2\cos\theta - \frac{1}{4}\sin 2\theta\right]_0^{2\pi}$$
$$= \frac{3}{2}\pi$$

TIP 심장형 $r = a(1 + \sin\theta)$로 둘러싸인 영역의 넓이는 $\frac{3}{2}\pi a^2$이다.

**4.** ①

풀이 $a_n = \dfrac{n^2(x-2)^n}{3\times 7\times 11\times\cdots\times(4n-1)}$ ($n$은 자연수)라 하면

$$\lim_{n\to\infty}\left|\frac{a_{n+1}}{a_n}\right|$$
$$= \lim_{n\to\infty}\left|\frac{(n+1)^{n+1}(x-2)^{n+1}}{7\cdot 11\cdot 15\cdot\ \cdots\ \cdot(4n-1)\cdot(4n+3)}\right.$$
$$\left.\times\frac{3\cdot 7\cdot 11\cdot\ \cdots\ \cdot(4n-1)}{n^n(x-2)^n}\right|$$
$$= \lim_{n\to\infty}\frac{n+1}{4n+3}\left(1 + \frac{1}{n}\right)^n |x-2| = \frac{e|x-2|}{4} < 1$$

$|x-2| < \dfrac{4}{e}$이다. 즉 $1 < \dfrac{4}{e} < 2$이므로

조건을 만족하는 정수는 1, 2, 3이고 그 합은 6이다.

**5.** ②

풀이

$$2 \times \frac{1}{2} \int_{\frac{\pi}{4}}^{\frac{\pi}{2}} (4\cos\theta)^2 \, d\theta = 16 \int_{\frac{\pi}{4}}^{\frac{\pi}{2}} \cos^2\theta \, d\theta$$

$$= 8 \int_{\frac{\pi}{4}}^{\frac{\pi}{2}} (1 + \cos 2\theta) \, d\theta$$

$$= 8 \left[ \theta + \frac{1}{2} \sin 2\theta \right]_{\frac{\pi}{4}}^{\frac{\pi}{2}}$$

$$= 2\pi - 4$$

**6.** ②

풀이

$$\lim_{n\to\infty} \sum_{k=1}^{n} \frac{\ln\left(\frac{n+(e-1)k}{n}\right)}{1+(e-1)\frac{k}{n}} \cdot \frac{1}{n}$$

$$= \frac{1}{e-1} \int_0^1 \frac{\ln(1+(e-1)x)}{1+(e-1)x} (e-1) dx$$

$$= \frac{1}{e-1} \left[ \frac{1}{2} \{\ln(1+(e-1)x)\}^2 \right]_0^1$$

$$= \frac{1}{2(e-1)}$$

**7.** ③

풀이

$$A = 3 \int_{-\pi/6}^{\pi/6} \frac{1}{2} \cos^2 3\theta \, d\theta$$

$$= 3 \int_0^{\pi/6} \frac{1+\cos 6\theta}{2} \, d\theta$$

$$= 3 \frac{\pi}{12} = \frac{\pi}{4}$$

**8.** ②

풀이

(가) (참) 행렬과 그 전치행렬의 행렬식은 같다.

(나) (참) $|AB| = |A||B|$ 이므로
$|AB| = 0$ 이면 $|A| = 0$ 또는 $|B| = 0$ 이다.

(다) (거짓) $\det(A^2) = (\det(A))^2$ 이므로
$\det(A) = -1$ 일 때도 성립한다.

(라) (거짓) $A$ 가 $n \times n$ 행렬일 때, $\det(-A) = (-1)^n \det(A)$ 이다. 따라서 $n$ 이 홀수이면 $\det(-A) = -\det(A)$ 이다.

**9.** ④

풀이

① $Rank(A) = 1$ 이므로 행렬 $A$ 의 해공간 차원은 2이다.
따라서 해공간은 평면을 이루므로 직선을 포함할 수 있다.

② $Rank(A) = 2$ 이므로 행렬 $A$ 의 해공간 차원은 1이다.
따라서 해공간은 직선을 이룬다.

③ $Rank(A) = 2$ 이므로 행렬 $A$ 의 해공간 차원은 1이다.
따라서 해공간은 직선을 이룬다.

④ $Rank(A) = 3$ 이므로 행렬 $A$ 의 해공간 차원은 0이다.
따라서 해공간은 직선을 포함하지 않는다.

**10.** ①

풀이

세 점을 각각 P, Q, R라 하면
두 벡터 $\overrightarrow{PQ}$, $\overrightarrow{PR}$에 모두 수직인 벡터가 평면의 법선벡터가 되고, 이 법선벡터가 $y$축과 이루는 각의 $\cos$값이 평면이 $y$축과 이루는 각의 $\sin$값이 된다.

$$\begin{vmatrix} i & j & k \\ -1 & 2 & -2 \\ 4 & 0 & -2 \end{vmatrix} = <-4, -10, -8> \, // <2, 5, 4>$$

이므로 평면의 방정식은 $2x + 5y + 4z = 15$이다.
$y$축의 방향벡터는 $<0, 1, 0>$이므로

$$<2, 5, 4> \cdot <0, 1, 0> = \sqrt{45} \cdot 1 \cdot \cos\phi$$

$$\therefore \cos\phi = \frac{\sqrt{5}}{3}$$

**11.** ③

풀이

$$\lambda_1 + \lambda_2 = tr(A) = 3$$

**12.** ③

풀이

객관식 보기를 활용하자.

$S \subset R^4$ 이고 2차원이므로 $S^\perp \subset R^4$ 는 2차원이다.
따라서 보기 ①과 ②는 $S^\perp$ 의 기저가 될 수 없다.
③과 ④의 벡터들과 주어진 $S$의 벡터들을 직접 내적해서
결과가 0을 만족하는 $S^\perp$ 의 기저를 찾자.

[다른 풀이]

연립방정식을 이용해서 $S^\perp$ 의 기저를 구한다.

$$\left\{ \begin{pmatrix} 1 \\ 0 \\ 2 \\ 1 \end{pmatrix}, \begin{pmatrix} 0 \\ 1 \\ 3 \\ -1 \end{pmatrix} \right\}$$ 에 수직인 $R^4$ 공간의 원소를 $\begin{pmatrix} a \\ b \\ c \\ d \end{pmatrix}$ 라 하면,

$$\begin{cases} a + 2c + d = 0 \\ b + 3c - d = 0 \end{cases}$$ 을 만족한다.

즉, $S^\perp = \left\{ \begin{pmatrix} a \\ b \\ c \\ d \end{pmatrix} \,\middle|\, a + 2c + d = 0, \, b + 3c - d = 0 \right\}$

이때, $S^\perp$ 의 한 기저는 ③ $\left\{ \begin{pmatrix} -3 \\ -2 \\ 1 \\ 1 \end{pmatrix}, \begin{pmatrix} 1 \\ 4 \\ -1 \\ 1 \end{pmatrix} \right\}$ 이다.

**13.** ①

풀이  $\langle f, g \rangle = \int_{-2}^{2} (1-x)(1+x)\,dx$

$$= 2\int_{0}^{2} (1-x^2)\,dx$$

$$= 2\left[x - \frac{1}{3}x^3\right]_{0}^{2} = -\frac{4}{3}$$

$$|f| = \sqrt{\int_{-2}^{2} (1-x)^2\,dx} = \sqrt{\frac{28}{3}}$$

$$|g| = \sqrt{\int_{-2}^{2} (1+x)^2\,dx} = \sqrt{\frac{28}{3}}$$

$$\therefore \cos\theta = \frac{\langle f,\, g\rangle}{|f|\,|g|} = \frac{-\dfrac{4}{3}}{\sqrt{\dfrac{28}{3}}\sqrt{\dfrac{28}{3}}} = -\frac{1}{7}$$

**14.** ④

풀이  $S = \{(x, y, z)\,|\,z = x^2 + y^2,\ 0 \leq z \leq 1\}$

$\nabla S = \langle -2x, -2y, 1\rangle$이고,

$|\nabla S| = \sqrt{1 + 4x^2 + 4y^2}$ 이다.

$$\iint_{S} z\,dS = \iint_{D\,:\,x^2+y^2\leq 1} z\sqrt{1+4(x^2+y^2)}\,dx\,dy$$

$$= \iint_{D\,:\,x^2+y^2\leq 1} (x^2+y^2)\sqrt{1+4(x^2+y^2)}\,dx\,dy$$

$$= \int_{0}^{2\pi}\int_{0}^{1} r^3\sqrt{4r^2+1}\,dr\,d\theta$$

$$= 2\pi\int_{1}^{\sqrt{5}} \frac{u^2-1}{4}\times u\times\frac{1}{4}\,du$$

$$\left(\because \sqrt{4r^2+1}=u,\ 4r^2+1=u^2,\ r\,dr=\frac{u}{4}\,du\right)$$

$$= \frac{1}{8}\pi\int_{1}^{\sqrt{5}} u^3 - u\,du$$

$$= \frac{\pi}{60}(25\sqrt{5}+1)$$

**15.** ⑤

풀이  ( i ) 원 내부에서 임계점을 구하면

$$f_x = ye^{xy},\ f_y = xe^{xy}\text{에서 } (0, 0)\text{이고 } f(0, 0) = 1$$

(ii) 원의 경계에서 $xy$의 최솟값을 구해보면

$$\langle 2x, 2y\rangle = \lambda\langle y, x\rangle\text{에서 } \lambda = \frac{x}{y} = \frac{y}{x}\ \therefore x^2 = y^2$$

원의 방정식에 대입하면 $2x^2 = 8,\ x^2 = 4\ \therefore x = \pm 2$

따라서 임계점은 $(2, 2),\ (2, -2),\ (-2, 2),\ (-2, -2)$

이고 $xy$의 최대, 최솟값은 각각 $4,\ -4$이다.

즉 $e^{xy}$의 최댓값은 $e^4$, 최솟값은 $e^{-4}$ 이다.

( i ), (ii)에서 $M = e^4,\ m = e^{-4}$이므로 $\ln\dfrac{M}{m} = \ln e^8 = 8$

**16.** ②

풀이  $f_x(x, y) = \begin{cases} \dfrac{y^3(x^2+y^2) - xy^3\cdot 2x}{(x^2+y^2)^2} & (x, y)\neq(0, 0) \\ \\ 0 & (x, y)=(0, 0) \end{cases}$

(여기서 $f_x(0, 0) = \lim\limits_{h\to 0}\dfrac{f(h, 0) - f(0, 0)}{h} = \lim\limits_{h\to 0}\dfrac{0}{h} = 0$)

$$f_{xy}(0, 0) = \lim_{h\to 0}\frac{f_x(0, h) - f_x(0, 0)}{h} = \lim_{h\to 0}\frac{\dfrac{h^5}{h^4}}{h} = 1$$

**17.** ④

풀이  $0 \leq x \leq y,\ 0 \leq y \leq 1$

$$\int_{0}^{1}\int_{x}^{1} f(x, y)\,dy\,dx = \int_{0}^{1}\int_{0}^{y} f(x, y)\,dx\,dy$$

**18.** ③

풀이  스톡스 정리를 사용하면

$$curl F = \begin{vmatrix} i & j & k \\ \dfrac{\partial}{\partial x} & \dfrac{\partial}{\partial y} & \dfrac{\partial}{\partial z} \\ -y^3 & x^3 & -z^3 \end{vmatrix} = \langle 0, 0, 3x^2+3y^2\rangle\text{이므로}$$

$$\oint_{C} -y^3 dx + x^3 dy - z^3 dz = \iint_{S} curl F\cdot n\,dS$$

$$= \iint_{D} (3x^2+3y^2)\,dA$$

$$= 3\int_{0}^{2\pi}\int_{0}^{1} r^2\cdot r\,dr\,d\theta$$

$$= 3\times 2\pi\times\frac{1}{4} = \frac{3}{2}\pi$$

**19.** ④

풀이  $L\left\{\int_{0}^{t} e^{-\tau}\cosh(\tau)\cos(t-\tau)\,d\tau\right\} = L\{e^{-t}\cosh t\}L\{\cos t\}$

$$= \frac{s+1}{(s+1)^2 - 1}\cdot\frac{s}{s^2+1}$$

$$= \frac{s+1}{(s+2)(s^2+1)}$$

**20.** ④

풀이  $x^2 y'' - xy' + y = 0$를 표준형으로 바꾸면

$$y'' - \frac{1}{x}y' + \frac{1}{x^2}y = 0.$$

$$p(x) = -\frac{1}{x},\quad -\int p(x)\,dx = -\int -\frac{1}{x}\,dx = \ln x.$$

$$y_1 = x,\quad y_2 = y_1\int \frac{e^{\ln x}}{y_1^2}\,dx = x\int \frac{x}{x^2}\,dx = x\ln x$$

**21.** ④

풀이

역연산자법을 이용한다.

$y'' - 2y' + y = e^x \Leftrightarrow y = \dfrac{1}{(D-1)^2}\{e^x\}$ 이므로

$y = c_1 e^x + c_2 x e^x + \dfrac{x^2}{2} e^x$ 이다.

초기조건 $y(0)=0$, $y'(0)=0$을 대입하면

$c_1 = c_2 = 0$이므로 $y = \dfrac{x^2}{2} e^x$ 이다. 따라서 $y(4) = 8e^4$ 이다.

[다른 풀이]

라플라스 변환을 이용한다.

$\mathcal{L}\{y(t)\} = Y$ 이라 하자.

$(s^2 - 2s + 1)Y = \dfrac{1}{s-1}$

$Y = \dfrac{1}{(s-1)^3}$

$y(t) = \mathcal{L}^{-1}\left\{\dfrac{1}{(s-1)^3}\right\} = e^t \mathcal{L}^{-1}\left\{\dfrac{1}{s^3}\right\} = \dfrac{1}{2} t^2 e^t$

$y(4) = 8e^4$

**22.** ③

풀이

코시-오일러 2계 선형미분방정식의 특성방정식

$t(t-1) + 5t + 4 = 0$의 근이 $t = -2$(중근)이므로

일반해는 $y = (C_1 + C_2 \ln x)x^{-2}$ 이다.

이때, 초깃값 $y(1) = e^2$에 의해 $C_1 = e^2$이므로

$y = (e^2 + C_2 \ln x)x^{-2}$, $y' = \dfrac{C_2 - 2e^2 - 2C_2 \ln x}{x^3}$ 이고

초깃값 $y'(1) = 0$에 의해 $C_2 = 2e^2$이다.

따라서 $y(x) = \dfrac{e^2(1 + 2\ln x)}{x^2}$ 이고 $y(e) = \dfrac{3e^2}{e^2} = 3$이다.

**23.** ①

풀이

$2xy - \sec^2 x = P$, $x^2 + 3y^2 = Q$라 하면

$Q_x = P_y$이므로 완전방정식이다.

따라서 해는 $x^2 y - \tan x + y^3 = C$

초기조건에 의해 $y(0) = -1$이므로 $C = -1$

$\therefore x^2 y - \tan x + y^3 = -1$

**24.** ④

풀이

제차 코시-오일러 방정식이므로 특성방정식의 해를 구하면

$t(t-1) + 2t + \dfrac{5}{4} = 0 \Rightarrow t = -\dfrac{1}{2} \pm i$

$\therefore y = \{c_1 \cos(\ln x) + c_2 \sin(\ln x)\}x^{-\frac{1}{2}}$

$y(1) = e^\pi$에서 $e^\pi = c_1 \cos(0) + c_2 \sin(0) = c_1$ $\therefore c_1 = e^\pi$

$y\left(e^{\frac{\pi}{2}}\right) = e^{\frac{3}{4}\pi}$에서

$e^{\frac{3}{4}\pi} = \left(e^\pi \cos\dfrac{\pi}{2} + c_2 \sin\dfrac{\pi}{2}\right)e^{-\frac{\pi}{4}} = c_2 e^{-\frac{\pi}{4}}$ $\therefore c_2 = e^\pi$

$\therefore y = \dfrac{e^\pi}{\sqrt{x}}\{\cos(\ln x) + \sin(\ln x)\}$

$\therefore y\left(e^{\frac{\pi}{4}}\right) = e^{\left(1 - \frac{1}{8}\right)\pi}\left(\dfrac{1}{\sqrt{2}} + \dfrac{1}{\sqrt{2}}\right) = \sqrt{2}\, e^{\frac{7}{8}\pi}$

**25.** ②

풀이

특성방정식 $t^3 + 3t^2 + 3t + 1 = (t+1)^3 = 0$이

삼중근 $t = -1$을 가지므로 제차 상미분방정식의 해를 구하면

$y_h = (c_1 + c_2 x + c_3 x^2)e^{-x}$ 이다.

역연산자법에 의해 $y_p = 30 \times \dfrac{x^3}{3!} \times e^{-x} = 5x^3 e^{-x}$ 이다.

따라서 일반해는

$y = e^{-x}(c_1 + c_2 x + c_3 x^2 + 5x^3)$

$\Rightarrow y(0) = 3$에서 $c_1 = 3$

$y' = -y + e^{-x}(c_2 + 2c_3 x + 15x^2)$

$\Rightarrow y'(0) = -3$에서 $c_2 = 0$

$y'' = -y' - e^{-x}(c_2 + 2c_3 x + 15x^2) + e^{-x}(2c_3 + 30x)$

$\Rightarrow y''(0) = -47$에서 $c_3 = -25$이므로

$y = (3 - 25x^2 + 5x^3)e^{-x}$이고 $y(1) = -17e^{-1}$

**1.** ③

풀이 $\tan^{-1} 2x = a$ 라 하면 $\tan a = 2x$ 이고, $\sin a = \dfrac{2x}{\sqrt{1+4x^2}}$ 이다.

따라서 $\csc a = \dfrac{1}{\sin a} = \dfrac{\sqrt{1+4x^2}}{2x}$ 이다.

**2.** ③

풀이 $f(x) = \sqrt[3]{x}$ 라 하자.

$f(1000) = 10$ 이고 $f'(x) = \dfrac{1}{3}x^{-\frac{2}{3}} \Rightarrow f'(1000) = \dfrac{1}{300}$

따라서 $x = 1000$ 에서 선형근사식 $L(x)$ 는

$L(x) = f'(1000)(x - 1000) + 10 = \dfrac{1}{300}(x - 1000) + 10$

$\therefore \sqrt[3]{998} \approx L(998) = \dfrac{1}{300}(-2) + 10 = \dfrac{1499}{150}$

**3.** ④

풀이 $\displaystyle\int_0^1 \dfrac{1}{x^4 + x^2}\,dx > \int_0^1 \dfrac{1}{x^2 + x^2}\,dx = \int_0^1 \dfrac{1}{2x^2}\,dx$

$\displaystyle\int_0^1 \dfrac{1}{2x^2}\,dx$ 는 발산하므로 비교판정법에 의해

$\displaystyle\int_0^1 \dfrac{1}{x^4 + x^2}\,dx$ 도 발산한다.

**4.** ①

풀이 매개함수 $x = (1 - \cos\theta)\cos\theta,\ y = (1 - \cos\theta)\sin\theta$ 는

극곡선 $r = 1 - \cos\theta$ 를 매개화한 곡선이다.

$0 \le \theta \le 2\pi$ 에서 곡선 $r = a(1 - \cos\theta)$ 의 길이는 $8a$ 이고,

$0 \le \theta \le \pi$ 에서 곡선 $r = a(1 - \cos\theta)$ 의 길이는 $4a$ 이다.

따라서 주어진 함수 $r = 1 - \cos\theta (0 \le \theta \le \pi)$ 의 길이는 $4$이다.

**5.** ②

풀이 $\displaystyle\lim_{n\to\infty}\left(1 - \dfrac{1}{n^2} + \dfrac{1}{n^3}\right)^n = \lim_{n\to\infty} c^{\,n\ln\left(1 - \frac{1}{n^2} + \frac{1}{n^3}\right)} = e^0 = 1$

$\displaystyle \because \lim_{n\to\infty} n\ln\left(1 - \dfrac{1}{n^2} + \dfrac{1}{n^3}\right) = \lim_{n\to\infty}\dfrac{\ln\left(1 - \dfrac{1}{n^2} + \dfrac{1}{n^3}\right)}{\dfrac{1}{n}}$

$= \displaystyle\lim_{t\to 0}\dfrac{\ln\left(1 - t^2 + t^3\right)}{t}$

$= \displaystyle\lim_{t\to 0}\dfrac{-2t + 3t^2}{1 - t^2 + t^3} = 0$

**6.** ③

풀이 $\displaystyle\sum_{n=1}^{\infty}(-1)^{n-1}\dfrac{x^{2n+1}}{(2n+1)!} = \dfrac{x^3}{3!} - \dfrac{x^5}{5!} + \dfrac{x^7}{7!} - \cdots = -\sin x + x$

$\displaystyle \therefore \sum_{n=1}^{\infty}(-1)^{n-1}\dfrac{(4\pi)^{2n+1}}{(2n+1)!} = \dfrac{(4\pi)^3}{3!} - \dfrac{(4\pi)^5}{5!} + \dfrac{(4\pi)^7}{7!} - \cdots$

$= -\sin 4\pi + 4\pi = 4\pi$

**7.** ④

풀이 $w = (x + y + z)^2,\ x = r - s,\ y = \cos(r + s),\ z = \sin(r + s)$

일 때, $r = 1, s = -1$ 에서 $\dfrac{\partial w}{\partial r}$

합성함수의 미분은 수형도를 그려놓고 생각하자.

$\dfrac{\partial w}{\partial r} = w_x \cdot x_r + w_y \cdot y_r + w_z \cdot z_r$

$= 2(x + y + z) \cdot 1 - 2(x + y + z)$

$\cdot \sin(r + s) + 2(x + y + z) \cdot \cos(r + s)$

$\therefore \dfrac{\partial w}{\partial r}(1, -1) = 12$

**8.** ③

풀이 타원을 매개변수로 나타내면 $x = \sqrt{2}\cos t,\ y = \sin t$ 이므로

$x' = -\sqrt{2}\sin t,\ y' = \cos t,\ x'' = -\sqrt{2}\cos t,\ y'' = -\sin t$

$\kappa = \dfrac{|x'y'' - x''y'|}{\{(x')^2 + (y')^2\}^{\frac{3}{2}}}$ 이므로 $t = \dfrac{\pi}{4}$ 를 대입하면

$\kappa = \dfrac{4}{3\sqrt{3}}$

**9.** ③

풀이 $f(x, y) = xy(x + y - 3) = x^2 y + xy^2 - 3xy$

$f_x = 2xy + y^2 - 3y,\ f_y = x^2 + 2xy - 3x$

$f_{xx} = 2y,\ f_{yy} = 2x,\ f_{xy} = 2x + 2y - 3$

$\triangle(x, y) = 4xy - (2x + 2y - 3)^2$ 이고

보기의 임계점을 대입해서 확인하자.

$\triangle(0,0) < 0,\ \triangle(3,0) < 0,\ \triangle(0,3) < 0$ 이므로 안장점이다.

$\triangle(1,1) > 0,\ f_{xx}(1,1) > 0$ 이므로 $(1,1)$ 에서 극소를 갖는다.

따라서 바르게 나타낸 것은 ③번이다.

**10.** ④

풀이  곡면 $z = 2x^2 + y^2$, $z = 8 - x^2 - 2y^2$ 과
원기둥 $x^2 + y^2 = 1$로 둘러싸인 영역의 부피 $D$ 는
$x^2 + y^2 = 1$의 내부이고,
높이는 두 곡면 $z = 2x^2 + y^2$, $z = 8 - x^2 - 2y^2$ 의 차이이다.

$$V = \iint_D (8 - x^2 - y^2) - (2x^2 + y^2) dA$$
$$= \iint_D 8 dA - 3 \iint_D x^2 + y^2 dA$$
$$= 8 \cdot (D의\ 면적) - 3 \int_0^{2\pi} \int_0^1 r^3 dr d\theta$$
$$= \frac{13}{2}\pi$$

**11.** ②

풀이  주어진 삼중적분을 구면좌표계를 이용하면
$$\iiint_R \sqrt{x^2 + y^2 + z^2}\, dV$$
$$= \int_0^{2\pi} \int_0^{\frac{\pi}{4}} \int_0^1 \sqrt{\rho^2}\, \rho^2 \sin\phi\, d\rho d\phi d\theta$$
$$= \int_0^{2\pi} \int_0^{\frac{\pi}{4}} \int_0^1 \rho^3 \sin\phi\, d\rho d\phi d\theta$$
$$= 2\pi \int_0^{\frac{\pi}{4}} \sin\phi\, d\phi \int_0^1 \rho^3\, d\rho$$
$$= 2\pi [-\cos\phi]_0^{\frac{\pi}{4}} \frac{1}{4}$$
$$= -2\pi \left( \frac{\sqrt{2}}{2} - 1 \right) \frac{1}{4}$$
$$= \frac{(2 - \sqrt{2})\pi}{4}$$

**12.** ①

풀이  $x + y = u$, $x - y = v$라 치환하면
$-1 \leq u \leq 1$, $-1 \leq v \leq 1$이고
$$J^{-1} = \begin{vmatrix} 1 & 1 \\ 1 & -1 \end{vmatrix} = -2 \Rightarrow |J| = \frac{1}{2}$$이다.
적분변수변환에 의해
$$\iint_R e^{x+y} dA = \frac{1}{2} \int_{-1}^1 \int_{-1}^1 e^u\, dudv = e - e^{-1}$$

**13.** ④

풀이  $P = xe^{2x}$, $Q = -3x^2 y$라 하자.
주어진 곡선은 폐곡선이고 시계 방향이므로 그린 정리에 의해
$$\oint_C xe^{2x}\, dx - 3x^2 y\, dy = -\iint_D Q_x - P_y dA$$
$$= -\iint_D -6xy - 0 dA$$
$$= \iint_D 6xy\, dA$$
$$= 6 \int_0^3 \int_0^2 xy\, dy dx$$
$$= 6 \int_0^3 x\, dx \int_0^2 y\, dy$$
$$= 6 \cdot \frac{9}{2} \cdot \frac{4}{2} = 54$$

**14.** ⑤

풀이  가우스 발산 정리에 의해
$$\iiint_T div F\, dV = 2 \iiint_T dV$$
$$= 2 \times (T의\ 체적)$$
$$= 2 \times \frac{4\pi}{3} = \frac{8\pi}{3}\ (단,\ T: x^2 + y^2 + z^2 = 1)$$

**15.** ②

풀이
$$\det A = \begin{vmatrix} 2 & 0 & -2 & 3 \\ 4 & 5 & 4 & 0 \\ 0 & 5 & 6 & -1 \\ 0 & 5 & 2 & 1 \end{vmatrix}$$
$$= \begin{vmatrix} 2 & 0 & -2 & 3 \\ 0 & 5 & 8 & -6 \\ 0 & 5 & 6 & -1 \\ 0 & 5 & 2 & 1 \end{vmatrix}$$
$$= 2 \begin{vmatrix} 5 & 8 & -6 \\ 5 & 6 & -1 \\ 5 & 2 & 1 \end{vmatrix}$$
$$= 2 \begin{vmatrix} 5 & 8 & -6 \\ 0 & -2 & 5 \\ 0 & -6 & 7 \end{vmatrix}$$
$$= 10 \begin{vmatrix} -2 & 5 \\ -6 & 7 \end{vmatrix}$$
$$= 10(-14 + 30) = 160$$

## 16. ①

**풀이** 확대행렬을 기본행연산을 하면

$$(A:b) = \begin{pmatrix} 1 & 1 & 1 & : 2 \\ 1 & 2 & 1 & : 3 \\ 1 & 1 & 10-a^2 & : a-1 \end{pmatrix} \sim \begin{pmatrix} 1 & 1 & 1 & : 2 \\ 0 & 1 & 0 & : 1 \\ 0 & 0 & 9-a^2 & : a-3 \end{pmatrix} 이다.$$

$a=3$이면 $rankA = rank(A:b)$이므로 해가 존재한다.

$a=-3$이면 $rankA < rank(A:b)$이므로

해가 존재하지 않는다.

따라서 해가 존재하지 않는 $a=-3$이다.

## 17. ①

**풀이** $A$의 고윳값을 $x, y, z$라 하면

$A^2$의 고윳값은 $x^2, y^2, z^2$이고 $A^3$의 고윳값은 $x^3, y^3, z^3$이다.

따라서 $tr(A) = x+y+z = 4$,

$tr(A^2) = x^2+y^2+z^2 = 14$,

$tr(A^3) = x^3+y^3+z^3 = 34$이다.

세 수의 합, 제곱수의 합, 세제곱수의 합이 모두 정수이므로

$x, y, z$도 정수이다.

주어진 조건을 만족하는 정수를 대입하면 $-1, 2, 3$임을

유추할 수 있다.

따라서 행렬식은 $-6$이다.

(객관식 시험임을 감안하고 생각하자.)

[다른 풀이]

$x^2+y^2+z^2 = (x+y+z)^2 - 2(xy+yz+zx)$

$\Rightarrow 14 = 16 - 2(xy+yz+zx)$

$\Rightarrow xy+yz+zx = 1$

$x^3+y^3+z^3 = (x+y+z)(x^2+y^2+z^2-xy-yz-zx)+3xyz$

$\Rightarrow 34 = 4(14-1)+3xyz$

$\therefore \det(A) = xyz = -6$

## 18. ①

**풀이** $rankA + nullityA = 5$가 성립해야 한다. $rankA \le 3$이므로

해공간의 차원인 $nullityA$는 $2, 3, 4, 5$만 가능하다.

따라서 1은 해공간의 차원이 될 수 없다.

## 19. ③

**풀이** $R^3$의 부분공간에는 원점을 지나는 평면, 원점을 지나는 직선,

영벡터공간, $R^3$이 있다.

③번은 원점을 지나는 평면이 아니므로

$R^3$의 부분공간이 될 수 없다.

## 20. ①

**풀이** $y' = y \Rightarrow y'(0) = y(0) = 2$

$y'' = y' \Rightarrow y''(0) = y'(0) = 2$

$y''' = y'' \Rightarrow y'''(0) = y''(0) = 2$

$\therefore a_3 = \dfrac{y'''(0)}{3!} = \dfrac{2}{6} = \dfrac{1}{3}$이다.

## 21. ①

**풀이** $xy' = x+y \Rightarrow y' = 1 + \dfrac{1}{x}y \Rightarrow y' - \dfrac{1}{x}y = 1$이므로

1계 선형공식에 의해

$y = e^{-\int -\frac{1}{x}dx}\left(\int 1 e^{\int -\frac{1}{x}dx}dx + C\right)$

$= x\left(\int \dfrac{1}{x}dx + C\right)$

$= x(\ln x + C) = x\ln x + Cx$이다.

$\therefore \lim_{x\to 0} f(x) = \lim_{x\to 0} x\ln x + Cx = 0$

## 22. ②

**풀이** $\mathcal{L}^{-1}\left\{\dfrac{3}{s^2+6s+18}\right\} = \mathcal{L}^{-1}\left\{\dfrac{3}{(s+3)^2+3^2}\right\}_{s+3\to s}$

$= e^{-3t}\mathcal{L}^{-1}\left\{\dfrac{3}{s^2+3^2}\right\}$

$= e^{-3t}\sin 3t$

## 23. ④

**풀이** $x - xy - \dfrac{dy}{dx} = 0$

$(x-xy)dx - dy = 0$

$P = x-xy, \; Q = -1$이라 하면 $P_y = -x, \; Q_x = 0$이므로

$\dfrac{P_y - Q_x}{Q} = \dfrac{-x}{-1} = x$이다.

따라서 적분인자는 $e^{\int x\,dx} = e^{\frac{1}{2}x^2}$이다.

## 24. ④

**풀이** $y = -x-1+c_1 e^x \Rightarrow c_1 = \dfrac{y+x+1}{e^x}$이고

$y' = -1 + c_1 e^x = -1 + \dfrac{y+x+1}{e^x}e^x = y+x$이므로

수직인 $\dfrac{dy}{dx} = -\dfrac{1}{y+x}$

$dx + (y+x)dy = 0$에서 $P = 1, \; Q = y+x$라 하면

$P_y = 0$, $Q_x = 1 \Rightarrow \dfrac{Q_x - P_y}{P} = 1$이므로

적분인자는 $e^{\int 1 dy} = e^y$이다.

이를 미분방정식에 곱하면

$e^y dx + (ye^y + xe^y) dy = 0$

완전 미분방정식이므로

$xe^y + ye^y - e^y = c_2$

$x + y - 1 = c_2 e^{-y} \Rightarrow x = -y + 1 + c_2 e^{-y}$

## 25.  ③

**풀이** 주어진 미분방정식은 코시-오일러 비제차 미분방정식이므로

특성방정식 $r(r-1) - 3r + 3 = 0$

$\Rightarrow r^2 - 4r + 3 = 0$

$\Rightarrow (r-1)(r-3) = 0$

$\Rightarrow r = 1,\ 3$이므로 일반해 $y_c = Ax^3 + Bx$이다.

특수해 $y_p$를 론스키안 해법으로 구하면

표준형의 $R(x) = 2x^2 e^x$

$W(x) = \begin{vmatrix} x^3 & x \\ 3x^2 & 1 \end{vmatrix} = -2x^3$

$W_1 R(x) = \begin{vmatrix} 0 & x \\ 2x^2 e^x & 1 \end{vmatrix} = -2x^3 e^x$

$W_2 R(x) = \begin{vmatrix} x^3 & 0 \\ 3x^2 & 2x^2 e^x \end{vmatrix} = 2x^5 e^x$

이므로 특수해는

$y_p = x^3 \int \dfrac{W_1 R(x)}{W(x)} dx + x \int \dfrac{W_2 R(x)}{W(x)} dx$

$= x^3 \int e^x dx + x \int -x^2 e^x dx$

$= x^3 e^x - x(x^2 e^x - 2xe^x + 2e^x)$

$= 2x^2 e^x - 2xe^x$ 이다.

$y = y_c + y_p = Ax^3 + Bx + 2x^2 e^x - 2xe^x$

$y(1) = A + B = 2$이고

$y' = 3Ax^2 + B + 4xe^x + 2x^2 e^x - 2e^x - 2xe^x$

$y'(1) = 3A + B + 2e = 4 + 2e \Rightarrow 3A + B = 4$이므로

연립하면 $A = B = 1$이다

따라서 해는 $y = x^3 + x + 2x^2 e^x - 2xe^x$ 이다.

■ **꼭 나온다! 7회**

## 1.  ①

**풀이** $x = 0$에서 연속이기 위해서 함숫값과 극한값이 같아야 한다.

함숫값을 극한값으로 정의하면 $x = 0$에서 연속이 된다.

$\lim\limits_{x \to 0} \dfrac{1 - \cos 3x}{x} \left( \dfrac{0}{0} \text{꼴} \right) = \lim\limits_{x \to 0} \dfrac{3 \sin 3x}{1} = 0$이므로

$f(0) = 0$일 때 $x = 0$에서 연속이다.

## 2.  ④

**풀이** $f(4) = 3 \Rightarrow f^{-1}(3) = 4$이고

역함수미분법에 의해 $(f^{-1})'(3) = \dfrac{1}{f'(4)} = \dfrac{3}{2}$ 이다.

$U'(x) = 2h'(2x)f^{-1}(x) + h(x)(f^{-1})'(x)$

$U'(3) = 2h'(6)f^{-1}(3) + h(6)(f^{-1})'(3)$

$= 2 \cdot 3 \cdot 4 + 2 \cdot \dfrac{3}{2} = 27$

## 3.  ①

**풀이** $y' = \dfrac{1}{\sqrt{x}} \Rightarrow \sqrt{1 + (y')^2} = \sqrt{1 + \dfrac{1}{x}} = \dfrac{\sqrt{x+1}}{\sqrt{x}}$

이므로 표면적은

$S_x = 2\pi \int_3^8 y \sqrt{1 + (y')^2}\, dx$

$= 2\pi \int_3^8 2\sqrt{x} \dfrac{\sqrt{1+x}}{\sqrt{x}} dx$

$= 4\pi \int_3^8 \sqrt{1+x}\, dx$

$= 4\pi \dfrac{2}{3}(1+x)^{\frac{3}{2}} \Big]_3^8$

$= \dfrac{8}{3}\pi(27 - 8) = \dfrac{152\pi}{3}$

## 4.  ②

**풀이** $2\sin\theta = t$로 치환하면

$\int_0^{\frac{\pi}{2}} f(2\sin\theta)\cos\theta d\theta = \int_0^2 f(t)\dfrac{1}{2}dt = \dfrac{1}{2}\int_0^2 f(t)dt = \dfrac{1}{2} \cdot 6 = 3$

## 5.  ④

**풀이** 수렴반경을 구하기 위해 비율판정법을 사용하면

$\dfrac{1}{e}|x^2| < 1 \Rightarrow |x^2| < e \Rightarrow |x| < \sqrt{e}$ 이므로

수렴반경은 $\sqrt{e}$이다.

## 6.  ②

사람이 곧은 길을 걸어간 길이를 $x$라 하면 $\dfrac{dx}{dt}=\dfrac{15}{10}=\dfrac{3}{2}$이고 탐조등이 회전하는 각을 $\theta$라 하자.

$x=8$이면 $\cos\theta=\dfrac{3}{5}$ $\Rightarrow$ $\sec\theta=\dfrac{5}{3}$이므로

$\tan\theta=\dfrac{x}{6}$ $\Rightarrow$ $\sec^2\theta\,\dfrac{d\theta}{dt}=\dfrac{1}{6}\dfrac{dx}{dt}$ $\Rightarrow$ $\dfrac{25}{9}\dfrac{d\theta}{dt}=\dfrac{1}{6}\dfrac{3}{2}$이다.

따라서 회전속도 $\dfrac{d\theta}{dt}=\dfrac{9}{100}=0.09$이다.

## 7.  ③

$$\int_0^\infty \frac{x}{x^2+1}-\frac{c}{3x+1}\,dx=\frac{1}{2}\ln(x^2+1)-\frac{c}{3}\ln(3x+1)\Big]_0^\infty$$

$$=\ln\left(\frac{\sqrt{x^2+1}}{(3x+1)^{\frac{c}{3}}}\right)\Big]_0^\infty$$

여기에서 이상적분값이 존재하려면 $c=3$이어야 한다.
이를 대입해서 적분값을 계산하면

$$\ln\left(\frac{\sqrt{x^2+1}}{(3x+1)}\right)\Big]_0^\infty=\ln\frac{1}{3}-\ln 1=-\ln 3\,\text{이다.}$$

## 8.  ③

$\ln(1+x^3)$의 매클로린 급수는

$x^3-\dfrac{(x^3)^2}{2}+\dfrac{(x^3)^3}{3}-\dfrac{(x^3)^4}{4}+\cdots$ 이므로

$f(x)=x^2\left\{x^3-\dfrac{(x^3)^2}{2}+\dfrac{(x^3)^3}{3}-\dfrac{(x^3)^4}{4}+\cdots\right\}$

$=x^5-\dfrac{1}{2}x^8+\dfrac{1}{3}x^{11}-\dfrac{1}{4}x^{14}+\cdots$ 이다.

$f^{(11)}(0)=11!\cdot\dfrac{1}{3}$, $f^{(13)}(0)=0$이므로

$f^{(11)}(0)+f^{(13)}(0)=\dfrac{11!}{3}$ 이다.

## 9.  ④

$f'(x)=\dfrac{\sqrt{x}}{1+e^{\sin\sqrt{x}}}\dfrac{1}{2\sqrt{x}}=\dfrac{1}{2(1+e^{\sin\sqrt{x}})}$

$\therefore f'(0)=\dfrac{1}{2(1+e^{\sin 0})}=\dfrac{1}{2(1+e^0)}=\dfrac{1}{4}$

## 10.  ①

$$\lim_{n\to\infty}\frac{1}{n}\left(\sin\frac{2}{n}+\sin\frac{4}{n}+\cdots+\sin\frac{2n}{n}\right)=\lim_{n\to\infty}\frac{1}{n}\sum_{k=1}^n\sin\frac{2k}{n}$$

$$=\int_0^1\sin 2x\,dx$$

$$=-\frac{1}{2}\cos 2x\Big]_0^1$$

$$=-\frac{1}{2}(\cos 2-1)$$

$$=\frac{1}{2}-\frac{\cos 2}{2}$$

## 11.  ②

주어진 극한값을 구하기 위해서 선형근사를 이용하면
동차함수 판정법에 의해

$$\lim_{(x,\,y)\to(0,\,0)}\frac{\sin x^3+\sin y^3}{\sin(x^2+y^2)}=\lim_{(x,\,y)\to(0,\,0)}\frac{x^3+y^3}{x^2+y^2}=0$$

## 12.  ③

(ⅰ) 점 $A(5,3)$에서 벡터 $\vec{v}=i+j=\langle 1,1\rangle$방향으로 $f$의 변화율은

$$D_{\vec{v}}f(5,3)=\nabla f(5,3)\cdot\frac{\vec{v}}{\|\vec{v}\|}$$

$$=\langle f_x(5,3),f_y(5,3)\rangle\cdot\frac{1}{\sqrt{2}}\langle 1,1\rangle$$

$$=\frac{1}{\sqrt{2}}\{f_x(5,3)+f_y(5,3)\}=4\sqrt{2}$$

$\Rightarrow f_x(5,3)+f_y(5,3)=8$ ⋯⋯ ㉠

(ⅱ) 점 $A(5,3)$에서 벡터 $\vec{w}=-3i+4j=\langle -3,4\rangle$방향으로 $f$의 변화율은

$$D_{\vec{w}}f(5,3)=\nabla f(5,3)\cdot\frac{\vec{w}}{\|\vec{w}\|}$$

$$=\langle f_x(5,3),f_y(5,3)\rangle\cdot\frac{1}{5}\langle -3,4\rangle$$

$$=\frac{1}{5}\{-3f_x(5,3)+4f_y(5,3)\}=-2$$

$\Rightarrow -3f_x(5,3)+4f_y(5,3)=-10$ ⋯⋯ ㉡

위의 ㉠과 ㉡를 연립방정식을 풀이하면 $\begin{cases}f_x(5,3)=6\\ f_y(5,3)=2\end{cases}$이다.

(ⅲ) 점 $A$에서 변화율(방향도함수)의 최댓값은

$$\|\nabla f(5,3)\|=|\langle f_x(5,3),f_y(5,3)\rangle|$$

$$=\sqrt{36-4}=2\sqrt{10}$$

꼭 나온다!

**13.** ①

**풀이** $f(x, y, z) = xe^y \cos z - z - 1 = 0$에서
$\nabla f(1, 0, 0) = (1, 1, -1)$이므로
조건을 만족하는 평면은 $x + y - z = 1$이다.

**14.** ③

**풀이** 주어진 영역의 적분순서변경을 통해 식을 정리하자.

$$\int_0^1 \int_{2y}^2 e^{x^2} dx\, dy = \int_0^2 \int_0^{\frac{1}{2}x} e^{x^2} dy\, dx$$
$$= \int_0^2 \frac{1}{2} x e^{x^2} dx$$
$$= \frac{1}{4} [e^{x^2}]_0^2 = \frac{1}{4}(e^4 - 1)$$

**15.** ②

**풀이** 적분변수변환에 의해 $x = X$, $y = Y$, $z = 2Z$로 치환하면
$|J| = 2$이고, 치환된 영역은 $X^2 + Y^2 + Z^2 \le 1$이다.

$$\iiint_D z^2 dx\, dy\, dz = \iiint_{D'} 8Z^2 dV$$
$$= 8 \int_0^{2\pi} \int_0^\pi \int_0^1 \rho^2 \cos^2 \phi \rho^2 \sin \phi\, d\rho\, d\phi\, d\theta$$
$$= 16\pi \int_0^\pi \cos^2 \phi \sin \phi\, d\phi \int_0^1 \rho^4 d\rho$$
$$= \frac{16}{5}\pi \left[ -\frac{1}{3} \cos^3 \phi \right]_0^\pi$$
$$= -\frac{16}{15}\pi(-1-1) = \frac{32}{15}\pi$$

**16.** ②

**풀이** $C_1$을 $(0, 0, 0)$에서 $(1, 0, 1)$까지의 선분이라 하면
$C_1 : r(t) = (1-t)\langle 0, 0, 0 \rangle + t\langle 1, 0, 1 \rangle = \langle t, 0, t \rangle$,
$x = t$, $y = 0$, $z = t$, $dx = dt$, $dy = 0$, $dz = dt$, $0 \le t \le 1$
$C_2$를 $(1, 0, 1)$에서 $(0, 1, 2)$까지의 선분이라 하면
$C_2 : r(t) = (1-t)\langle 1, 0, 1 \rangle + t\langle 0, 1, 2 \rangle = \langle 1-t, t, 1+t \rangle$
$x = 1-t$, $y = t$, $z = 1+t$,
$dx = -dt$, $dy = dt$, $dz = dt$, $0 \le t \le 1$
$$\therefore \int_C (y+z)dx + (x+z)dy + (x+y)dz$$
$$= \int_{C_1} (y+z)dx + (x+z)dy + (x+y)dz$$
$$\quad + \int_{C_2} (y+z)dx + (x+z)dy + (x+y)dz$$
$$= \int_0^1 2t\, dt + \int_0^1 (-2t+2)dt = 2$$

**[다른 풀이]** $P = y+z$, $Q = x+z$, $R = x+y$라 하면
$P_y = Q_x$, $P_z = R_x$, $Q_z = R_y$이므로
$F = \langle P, Q, R \rangle$은 보존적 벡터장이다.
따라서 $F$의 포텐셜 함수는 $f(x, y, z) = xy + yz + zx$이다.
$$\therefore \int_{C_1 + C_2} Pdx + Qdy + Rdz = [f(x, y, z)]_{(0,0,0)}^{(0,1,2)}$$
$$= [xy + yz + zx]_{(0,0,0)}^{(0,1,2)} = 2$$

**17.** ①

**풀이** ① 외적은 결합법칙이 성립하지 않는다.

**18.** ①

**풀이** 선형사상의 표현행렬은 $[L] = \begin{pmatrix} 1 & 1 & 0 \\ 0 & 1 & 1 \\ 1 & 0 & 1 \end{pmatrix}$이고
$rank(A) = 3$, $nullity(A) = 0$이다.
$\therefore \dim(\text{Ker}L) - \dim(\text{Im}L) = rank(A) - nullity(A) = -3$

**19.** ①

**풀이** $A = \begin{bmatrix} 1 & 2 & 2 \\ 3 & 1 & 0 \\ 1 & 1 & 1 \end{bmatrix}$에서 $|A| = -1$이고
역행렬 $B$의 $b_{32} = \frac{1}{|A|}(a_{23}$의 여인수$)$
$$= -1 \times (-1)^{2+3} \begin{vmatrix} 1 & 2 \\ 1 & 1 \end{vmatrix} = -1$$

**20.** ③

**풀이** $\det A = (A$의 모든 고윳값들의 곱$) = -(-2) = 2$

**21.** ③

**풀이** 행렬 $A = \begin{bmatrix} 1 & 2 \\ -1 & 4 \end{bmatrix}$의 고유치는 $2, 3$이고
그에 대응하는 고유벡터는 $\begin{bmatrix} 2 \\ 1 \end{bmatrix}$, $\begin{bmatrix} 1 \\ 1 \end{bmatrix}$이므로
고유치에 의한 해법에 의해 연립미분방정식의 해는
$\begin{bmatrix} y_1 \\ y_2 \end{bmatrix} = c_1 \begin{bmatrix} 2 \\ 1 \end{bmatrix} e^{2t} + c_2 \begin{bmatrix} 1 \\ 1 \end{bmatrix} e^{3x}$ 이다.
$\begin{bmatrix} y_1(0) \\ y_2(0) \end{bmatrix} = \begin{bmatrix} 1 \\ -1 \end{bmatrix}$을 대입하면 $c_1 = 2$, $c_2 = -3$이다.
따라서 $y_1(1) - y_2(1) = 2e^2$이다.

**22.** ①

풀이 특성방정식 $r^2-4r+4=0$의 해가 $r=2$(중근)이므로
$y=(a+b\ln x)x^2$이다.
$y'=b\cdot\dfrac{1}{x}\cdot x^2+(a+b\ln x)\cdot 2x$이므로
$y(e)=(a+b)e^2=e^2 \Rightarrow a+b=1$
$y'(e)=be+2(a+b)e=(2a+3b)e=e \Rightarrow 2a+3b=1$
두 식을 연립하면 $a=2$, $b=-1$이므로
$y(x)=(2-\ln x)x^2$이다.
$\therefore y(e^2)=(2-2)e^4=0$

**23.** ③

풀이 $f(t)=L^{-1}\left\{\dfrac{-6s+3}{s^2+9}\right\}$
$=L^{-1}\left\{\dfrac{-6s}{s^2+9}+\dfrac{3}{s^2+9}\right\}$
$=-6L^{-1}\left\{\dfrac{s}{s^2+9}\right\}+L^{-1}\left\{\dfrac{3}{s^2+9}\right\}$
$=-6\cos 3t+\sin 3t$
$\therefore f\left(\dfrac{\pi}{3}\right)=6$

**24.** ②

풀이 $(3x^2y)dx+(x^3-1)dy=0$을 변수분리하면
$\dfrac{3x^2}{x^3-1}dx+\dfrac{1}{y}dy=0$
양변을 적분하면
$\Rightarrow \ln(x^3-1)+\ln y=C$
$\Rightarrow \ln(x^3-1)y=C$
$\Rightarrow (x^3-1)y=e^C=C_1$
$\Rightarrow y=\dfrac{C_1}{x^3-1}$
$y(0)=1$이므로 $C_1=-1$
$\therefore y=-\dfrac{1}{x^3-1} \Rightarrow y(-1)=\dfrac{1}{2}$

**25.** ④

풀이 보조방정식 $m^2-10m+25=0$에서 $m=5$(중근)
따라서 $y=c_1e^{5x}+c_2xe^{5x}$, $y'=5c_1e^{5x}+c_2e^{5x}+5c_2xe^{5x}$
$y(0)=1$이므로 $c_1=1$이고 $y'(0)=10$이므로 $c_2=5$이다.
따라서 $y=e^{5x}+5xe^{5x}$이다.
$\therefore y(5)=26e^{25}$

꼭 나온다!

## ■ 꼭 나온다! 8회

**1.** ②

풀이 $f(x)=x\sin^{-1}\left(\dfrac{x}{4}\right)+\csc^{-1}(\sqrt{x})$
$=x\sin^{-1}\left(\dfrac{x}{4}\right)+\sin^{-1}\left(\dfrac{1}{\sqrt{x}}\right)$
$f'(x)=\sin^{-1}\left(\dfrac{x}{4}\right)+\dfrac{x}{\sqrt{1-\dfrac{x^2}{16}}}\cdot\dfrac{1}{4}$
$+\dfrac{1}{\sqrt{1-\dfrac{1}{x}}}\cdot\left(-\dfrac{1}{2x\sqrt{x}}\right)$
$f'(2)=\sin^{-1}\left(\dfrac{1}{2}\right)+\dfrac{2}{\sqrt{\dfrac{3}{4}}}\cdot\dfrac{1}{4}-\dfrac{1}{4\sqrt{2}\sqrt{\dfrac{1}{2}}}$
$=\dfrac{\pi}{6}+\dfrac{1}{\sqrt{3}}-\dfrac{1}{4}$
$=\dfrac{\pi}{6}+\dfrac{\sqrt{3}}{3}-\dfrac{1}{4}$
$=\dfrac{2\pi+4\sqrt{3}-3}{12}$

**2.** ②

풀이 $f(x,y)=x^3+y^3+axy+b$라 하면 음함수미분법에 의해
$\dfrac{dy}{dx}=-\dfrac{f_x}{f_y}=-\dfrac{3x^2+ay}{3y^2+ax}\bigg|_{(x,y)=(1,2)}=-\dfrac{3+2a}{12+a}=\dfrac{1}{10}$
$-30-20a=12+a \Rightarrow 21a=-42 \Rightarrow a=-2$

**3.** ③

풀이 반각공식에 의해
$1-\cos 2x=2\sin^2 x$
$\Rightarrow \sqrt{1-\cos 2x}=\sqrt{2\sin^2 x}=\sqrt{2}\,|\sin x|$이다.
$\displaystyle\int_0^{2\pi}\sqrt{1-\cos 2x}\,dx=\sqrt{2}\int_0^{2\pi}|\sin x|\,dx=4\sqrt{2}$

**4.** ④

풀이 주어진 적분은 특이점 $x=2$가 구간 사이에 있는 이상적분이다.
$p<1$이 아니라 $p=2$이므로 이상적분은 발산한다.

**5.** ③

풀이

$$\sum_{n=1}^{\infty} \frac{2^{n-1}-3}{5^n} = \sum_{n=1}^{\infty} \frac{2^{n-1}}{5^n} - \sum_{n=1}^{\infty} \frac{3}{5^n}$$

$$= \frac{1}{2}\sum_{n=1}^{\infty}\left(\frac{2}{5}\right)^n - 3\sum_{n=1}^{\infty}\frac{1}{5^n}$$

$$= \frac{1}{2}\cdot\frac{\dfrac{2}{5}}{1-\dfrac{2}{5}} - 3\cdot\frac{\dfrac{1}{5}}{1-\dfrac{1}{5}}$$

$$= \frac{1}{3} - \frac{3}{4} = -\frac{5}{12}$$

**6.** ①

풀이 $\sqrt{x+1}=t$ 로 치환하면

$x+1=t^2,\ x=t^2-1,\ dx=2t\,dt$ 이므로

$$\int_3^8 \frac{x-1}{x\sqrt{x+1}}dx = \int_2^3 \frac{t^2-2}{(t^2-1)t}2t\,dt$$

$$= \int_2^3 \frac{2t^2-4}{t^2-1}\,dt$$

$$= \int_2^3 2-\frac{2}{t^2-1}\,dt$$

$$= \int_2^3 2-\frac{2}{(t-1)(t+1)}\,dt$$

$$= \int_2^3 2-\frac{1}{t-1}+\frac{1}{t+1}\,dt$$

$$= 2t-\ln(t-1)+\ln(t+1)\big]_2^3$$

$$= 2-\ln 2+\ln 4-\ln 3$$

$$= 2+\ln 2-\ln 3$$

$$= 2+\ln\frac{2}{3}$$

**7.** ④

풀이 $f(1)=2$

$f'(x)=2+\dfrac{1}{x} \Rightarrow f'(1)=3$

$f''(x)=-\dfrac{1}{x^2} \Rightarrow f''(1)=-1$이므로

역함수미분법에 의해

$$(f^{-1})''(2)=\frac{-f''(1)}{(f'(1))^3}=\frac{1}{27}$$

**8.** ⑤

풀이

$$\lim_{x\to 0}\frac{\tan 4x\left(e^{3x}-1-3x-\dfrac{9}{2}x^2\right)}{3x^4}$$

$$= \lim_{x\to 0}\frac{\tan 4x}{x}\cdot\frac{e^{3x}-1-3x-\dfrac{9}{2}x^2}{3x^3}$$

$$= \lim_{x\to 0}\frac{4x}{x}\cdot\frac{1+3x+\dfrac{9}{2}x^2+\dfrac{9}{2}x^3-1-3x-\dfrac{9}{2}x^2}{3x^3}$$

( ∵ 매클로린 공식)

$$= \lim_{x\to 0}4\cdot\frac{\dfrac{9}{2}}{3}=6$$

**9.** ④

풀이 $r=\theta^2, 0\le\theta\le\sqrt{5}$

$$\int_0^{\sqrt{5}}\sqrt{(r')^2+r^2}\,d\theta = \int_0^{\sqrt{5}}\sqrt{4\theta^2+\theta^4}\,d\theta$$

$$= \int_0^{\sqrt{5}}\theta\sqrt{4+\theta^2}\,d\theta$$

$$= \frac{1}{2}\cdot\frac{2}{3}(4+\theta^2)^{\frac{3}{2}}\Big|_0^{\sqrt{5}}$$

$$= \frac{1}{3}(27-8)=\frac{19}{3}$$

**10.** ②

풀이

$$\lim_{x\to 0}\frac{\csc x-\cot x}{x}=\lim_{x\to 0}\frac{\dfrac{1}{\sin x}-\dfrac{\cos x}{\sin x}}{x}$$

$$= \lim_{x\to 0}\frac{1-\cos x}{x\sin x}$$

$$= \lim_{x\to 0}\frac{1-\left(1-\dfrac{1}{2}x^2\right)}{x^2}\ (\because 매클로린 공식)$$

$$= \frac{1}{2}$$

**11.** ③

풀이

$F = x^2 + y^2 - z$, $G = 4x^2 + y^2 + z^2$이라 하자.

$\nabla F = \langle 2x, 2y, -1 \rangle \Rightarrow \nabla F(-1, 1, 2) = \langle -2, 2, -1 \rangle$

$\nabla G = \langle 8x, 2y, 2z \rangle // \langle 4x, y, z \rangle$

$\Rightarrow \nabla G(-1, 1, 2) = \langle -4, 1, 2 \rangle$

$\nabla F(-1, 1, 2) \times \nabla G(-1, 1, 2) = \begin{vmatrix} i & j & k \\ -2 & 2 & -1 \\ -4 & 1 & 2 \end{vmatrix}$

$= \langle 5, 8, 6 \rangle$이므로

법평면의 방정식은 $5x + 8y + 6z = 15$이다.

$6z = 15 - 5x - 8y$

$z = \dfrac{5}{2} - \dfrac{5}{6}x - \dfrac{4}{3}y = f(x, y)$이므로

$f(3, 4) = \dfrac{5}{2} - \dfrac{5}{2} - \dfrac{4}{3} \cdot 4 = -\dfrac{16}{3}$

**12.** ③

풀이

밑변의 길이를 $x$, 높이를 $y$ 하면

$dx = 0.1$, $dy = -0.1$이므로

빗변의 길이 $l = \sqrt{x^2 + y^2}$ 에서 전미분을 이용하면

$dl = \dfrac{x}{\sqrt{x^2 + y^2}} dx + \dfrac{y}{\sqrt{x^2 + y^2}} dy$이고

$x = 3$, $y = 4$, $dx = 0.1$, $dy = -0.1$을 대입하면

$dl = \dfrac{3}{5} \cdot 0.1 - \dfrac{4}{5} \cdot 0.1 = -\dfrac{1}{50} = -\dfrac{2}{100} = -0.02$

**13.** ①

풀이

가장 가파르게 올라가는 방향은 경도방향이면 되므로

$\nabla h = \langle -10x, -6y \rangle$, $\nabla h(1, 2) = \langle -10, -12 \rangle$이다.

**14.** ②

풀이

$h_x = \cos x + \cos(x+y) = 0$

$h_y = \cos y + \cos(x+y) = 0$을 연립하면

$\cos(x+y) = -\cos x = -\cos y$

$\cos x = \cos y \Rightarrow x = y$이다. 이를 대입하면,

$\cos x + \cos 2x = 0 \Rightarrow \cos x + 2\cos^2 x - 1 = 0$

$\Rightarrow (2\cos x - 1)(\cos x + 1) = 0$이므로

$\cos x = \dfrac{1}{2}$, $\cos x = -1$이므로

$x = \dfrac{\pi}{3}, \dfrac{5\pi}{3}, \pi$이고 $y = \dfrac{\pi}{3}, \dfrac{5\pi}{3}, \pi$이다.

$h_{xx} = -\sin x - \sin(x+y)$,

$h_{yy} = -\sin y - \sin(x+y)$,

$h_{xy} = -\sin(x+y)$이므로

$\triangle(x, y) = (\sin x + \sin(x+y))(\sin y + \sin(x+y)) - \sin^2(x+y)$

$\triangle\left(\dfrac{\pi}{3}, \dfrac{\pi}{3}\right) > 0$, $h_{xx}\left(\dfrac{\pi}{3}, \dfrac{\pi}{3}\right) < 0$이므로

$\left(\dfrac{\pi}{3}, \dfrac{\pi}{3}\right)$일 때 극댓값을 가진다.

$\triangle\left(\dfrac{5\pi}{3}, \dfrac{5\pi}{3}\right) > 0$, $h_{xx}\left(\dfrac{5\pi}{3}, \dfrac{5\pi}{3}\right) > 0$이므로

$\left(\dfrac{5\pi}{3}, \dfrac{5\pi}{3}\right)$에서 극솟값을 가진다.

$h\left(\dfrac{5\pi}{3}, \dfrac{5\pi}{3}\right) = -\dfrac{3\sqrt{3}}{2}$ 가 극솟값이다.

$\triangle(\pi, \pi) = 0$이므로 판별식으로는 판별이 불가하다.

확인해보면 극솟값을 가지는 점은 아니다.

**15.** ④

풀이

$u = x - y$, $v = x + y$라 하면 $0 \le u \le 2$, $0 \le v \le 3$이고

$J^{-1} = \begin{vmatrix} 1 & -1 \\ 1 & 1 \end{vmatrix} = 2 \Rightarrow |J| = \dfrac{1}{2}$이므로 적분변수변환에 의해

$\displaystyle\iint_R (x+y)e^{x^2 - y^2} dA = \dfrac{1}{2} \int_0^3 \int_0^2 v e^{uv} du dv$

$= \dfrac{1}{2} \int_0^3 e^{uv} \Big]_0^2 dv$

$= \dfrac{1}{2} \int_0^3 e^{2v} - 1 \, dv$

$= \dfrac{1}{2} \left[ \dfrac{1}{2} e^{2v} - v \right]_0^3$

$= \dfrac{1}{2} \left( \dfrac{1}{2}(e^6 - 1) - 3 \right)$

$= \dfrac{e^6 - 7}{4}$

**16.** ③

풀이

$\text{curl}\mathbf{F} = \nabla \times \mathbf{F} = \begin{vmatrix} \mathbf{i} & \mathbf{j} & \mathbf{k} \\ \dfrac{\partial}{\partial x} & \dfrac{\partial}{\partial y} & \dfrac{\partial}{\partial z} \\ e^x \sin y & e^x \cos y & 3z^2 + 2 \end{vmatrix}$

$= (0-0)\mathbf{i} - (0-0)\mathbf{j} + (e^x \cos y - e^x \cos y)\mathbf{k}$

$= 0\mathbf{i} + 0\mathbf{j} + 0\mathbf{k} = 0$

이므로 주어진 벡터장은 보존적 벡터장이다.

포텐셜함수를 구하면

$f(x, y, z) = e^x \sin y + z^3 + 2z$이므로

선적분의 기본정리에 의해 한일은

$\displaystyle\int_C F \cdot dr = f(x, y, z) \Big]_{P_1}^{P_2}$

$= e^x \sin y + z^3 + 2z \Big]_{(0, \frac{\pi}{2}, -1)}^{(1, \pi, 2)}$

$= 12 - (-2) = 14$

**17.** ②

**풀이** 구하고자 하는 평면의 방정식은 $\overrightarrow{RQ}$를 법선벡터로 하고
$Q$와 $R$의 중점을 지나는 평면이다.
$\overrightarrow{RQ} = \langle -2, -2, -2 \rangle // \langle 1, 1, 1 \rangle$이고
$Q$와 $R$의 중점은 $(2, 0, -2)$이므로
두 점에서 동일한 거리에 있는 점들로 구성된 평면의 방정식은
$x + y + z = 0$이다.

**18.** ③

**풀이** $(4, 2, 4) = av_1 + bv_2 + cv_3$
$\qquad = (a, a, a) + (b, b, 0) + (c, 0, 0)$
$\qquad = (a+b+c, a+b, a)$
따라서 $a = 4$, $b = -2$, $c = 2$이다.
$\therefore L(4, 2, 4) = 4L(v_1) - 2L(v_2) + 2L(v_3)$
$\qquad = 4(1, 0) - 2(2, -1) + 2(4, 3)$
$\qquad = (4 - 4 + 8, 0 + 2 + 6) = (8, 8)$

**19.** ③

**풀이** 주어진 행렬 $A$는 직교행렬이다.
$\langle Au, Av \rangle = (Av)^t (Au) = v^t A^t A u = v^t u = \langle u, v \rangle$이므로
주어진 보기 중에 $\langle u, v \rangle$값이 최대가 되는 것은
① $\langle u, v \geq 12$,
② $\langle u, v \geq 6$,
③ $\langle u, v \geq 13$,
④ $\langle u, v \geq -4$이다.

**20.** ④

**풀이** $|A| = \begin{vmatrix} 1 & -2 & 1 & 2 \\ -1 & 3 & 0 & -2 \\ 0 & 1 & 1 & 4 \\ 1 & 2 & 6 & 5 \end{vmatrix} = \begin{vmatrix} 1 & -2 & 1 & 2 \\ 0 & 1 & 1 & 0 \\ 0 & 1 & 1 & 4 \\ 0 & 4 & 5 & 3 \end{vmatrix} = \begin{vmatrix} 1 & 1 & 0 \\ 1 & 1 & 4 \\ 4 & 5 & 3 \end{vmatrix} = \begin{vmatrix} 1 & 0 & 0 \\ 1 & 0 & 4 \\ 4 & 1 & 3 \end{vmatrix}$
$\qquad = -4 = -2^2$
$\therefore det(2A^7) = 2^4 (\det(A))^7 = 2^4 (-2^2)^7 = -2^{18}$

**21.** ①

**풀이** 주어진 방정식은 베르누이 미분방정식이다.
$n = -1$, $u = y^{1-n} = y^2$ 미분하면
$u' = 2yy' = 2y\left( \dfrac{y}{x} - \dfrac{x}{y} \right) = \dfrac{2}{x} y^2 - 2x = \dfrac{2}{x} u - 2x$이고
변수 $u$에 대해서 정리하면 $u' - \dfrac{2}{x} u = -2x$이다.
1계 선형미분방정식의 일반해

$u = e^{\int \frac{2}{x} dx} \left[ \int (-2x) e^{-\int \frac{2}{x} dx} dx + C \right] = x^2 (-2\ln x + C)$
$\Rightarrow y^2 = -2x^2 \ln x + Cx^2$
$y(1) = 2$이므로 $C = 4$이다.
$\therefore y = \sqrt{-2x^2 \ln x + 4x^2} \Rightarrow y(e) = \sqrt{2e^2} = \sqrt{2} e$

**[다른 풀이]**
동차형 미분방정식으로 풀이할 수도 있다.

**22.** ③

**풀이** ( i ) $y'' - y' - 2y = 0$ 에서 특성방정식이 $t^2 - t - 2 = 0$이므로
$\qquad t = -1$ 또는 $2$
$\qquad \Rightarrow y_c = c_1 e^{-x} + c_2 e^{2x}$(단, $c_1$, $c_2$는 임의의 상수)
( ii ) $y_p = \dfrac{1}{D^2 - D - 2} \{x\} = -\dfrac{1}{2}\left(1 - \dfrac{1}{2}D\right)x = -\dfrac{1}{2}x + \dfrac{1}{4}$
따라서 $y = y_c + y_p = c_1 e^{-x} + c_2 e^{2x} - \dfrac{1}{2}x + \dfrac{1}{4}$
$y(0) = 1$이므로 $c_1 + c_2 + \dfrac{1}{4} = 1$이고
$y'(0) = 1$이므로 $-c_1 + 2c_2 - \dfrac{1}{2} = 1$이다.
연립하여 풀면 $c_1 = 0$이고 $c_2 = \dfrac{3}{4}$이다.
$\therefore y(x) = \dfrac{3}{4} e^{2x} - \dfrac{1}{2}x + \dfrac{1}{4} \Rightarrow y(1) = \dfrac{3}{4} e^2 - \dfrac{1}{4}$

**23.** ④

**풀이** $x^3 y''' + xy' - y = x^2$은 비제차 코시-오일러 미분방정식이다.
특성방정식이 $t(t-1)(t-2) + t - 1 = 0$
$\Leftrightarrow (t-1)(t^2 - 2t + 1) = 0$
$\Leftrightarrow (t-1)^3 = 0$이므로 $y_c = c_1 x + c_2 x \ln x + c_3 x (\ln x)^2$이다.
( i ) 상수계수 미분방정식으로 풀이할 수 있다.
$\qquad x = e^t$이라고 치환하면 주어진 미분방정식은
$\qquad (D-1)^3 y(t) = e^{2t}$
$\qquad y_p(t) = \dfrac{1}{(D-1)^3} \{e^{2t}\} = e^{2t}$이고,
다시 바꾸면 $y_p(x) = x^2$이다.
따라서 $y = c_1 x + c_2 x \ln x + c_3 x (\ln x)^2 + x^2$이다.
( ii ) $x^3 y''' + xy' - y = x^2$의 일반해는
$\qquad y = c_1 x + c_2 x \ln x + c_3 x (\ln x)^2 + x^2$이다.
초기조건 $y(1) = 1$, $y'(1) = 3$, $y''(1) = 14$를 대입하면
$c_1 = 0$, $c_2 = 1$, $c_3 = \dfrac{11}{2}$이므로
$y(x) = x \ln x + \dfrac{11}{2} x (\ln x)^2 + x^2$이고
$y(e) = e + \dfrac{11}{2} e + e^2 = \dfrac{1}{2} e (13 + 2e)$이다.

## 24. ②

**[풀이]** 양변을 $(1+x^2)$으로 나누어 정리하면

$$\frac{dy}{dx}+\frac{x}{1+x^2}y=-\frac{2x}{\sqrt{1+x^2}}$$

1계 선형미분방정식이므로

$$y(x)=e^{-\int \frac{x}{1+x^2}dx}\left[\int e^{\int \frac{x}{1+x^2}dx}\left(-\frac{2x}{\sqrt{1+x^2}}\right)dx+c\right]$$

$$=\frac{1}{\sqrt{1+x^2}}\left[\int \sqrt{1+x^2}\left(-\frac{2x}{\sqrt{1+x^2}}\right)dx+c\right]$$

$$=-\frac{x^2}{\sqrt{1+x^2}}+\frac{c}{\sqrt{1+x^2}}$$

초기조건 $y(0)=0$이므로 $c=0$

$$\therefore y(x)=-\frac{x^2}{\sqrt{1+x^2}} \quad y(2)=-\frac{4}{\sqrt{5}}$$

**[다른 풀이]**
적분인자를 구해서 완전 미분방정식을 풀이할 수 있다.

## 25. ④

**[풀이]** $F(s)=\dfrac{1}{s^2+8s+17}=\dfrac{1}{(s+4)^2+1}$ 이므로

$$\mathcal{L}^{-1}\{F(s)\}=\mathcal{L}^{-1}\left\{\frac{1}{(s+4)^2+1}\right\}$$

$$=e^{-4t}\cdot\mathcal{L}^{-1}\left\{\frac{1}{s^2+1}\right\}$$

$$=e^{-4t}\sin t$$

---

### ■ 꼭 나온다! 9회

## 1. ②

**[풀이]**

$$I=\int_0^{2022}\frac{\sqrt{2022-x}}{\sqrt{x}+\sqrt{2022-x}}dx$$

$$=\int_0^{2022}\frac{\sqrt{t}}{\sqrt{2022-t}+\sqrt{t}}dt\,(\because 2022-x=t\text{로 치환})$$

$$=\int_0^{2022}\frac{\sqrt{x}}{\sqrt{x}+\sqrt{2022-x}}dx=I$$

첫줄의 식과 세 번째 줄의 식을 더하면

$$2I=\int_0^{2022}\frac{\sqrt{x}+\sqrt{2022-x}}{\sqrt{x}+\sqrt{2022-x}}dx=\int_0^{2022}1\,dx=2022$$

$$\therefore I=1011$$

## 2. ②

**[풀이]** $x=r\cos\theta=(1-2\sin\theta)\cos\theta=0$과
$y=r\sin\theta=(1-2\sin\theta)\sin\theta=0$을 연립하면
$\sin\theta=\dfrac{1}{2}$에서 $\theta=\dfrac{\pi}{6}$ 또는 $\dfrac{5}{6}\pi$이다.

따라서 빗금 친 부분의 넓이 $S$는

$$S=\int_{\frac{\pi}{6}}^{\frac{5}{6}\pi}\frac{1}{2}r^2\,d\theta$$

$$=\int_{\frac{\pi}{6}}^{\frac{5}{6}\pi}\frac{1}{2}(1-2\sin\theta)^2\,d\theta$$

$$=\int_{\frac{\pi}{6}}^{\frac{5}{6}\pi}\frac{1}{2}(1-4\sin\theta+4\sin^2\theta)\,d\theta$$

$$=\frac{1}{2}\int_{\frac{\pi}{6}}^{\frac{5}{6}\pi}(1-4\sin\theta+2-2\cos2\theta)\,d\theta$$

$$=\frac{1}{2}\int_{\frac{\pi}{6}}^{\frac{5}{6}\pi}(3-4\sin\theta-2\cos2\theta)\,d\theta$$

$$=\frac{1}{2}\left[3\theta+4\cos\theta-\sin2\theta\right]_{\frac{\pi}{6}}^{\frac{5}{6}\pi}$$

$$=\frac{1}{2}\left\{3\left(\frac{5}{6}\pi-\frac{\pi}{6}\right)+4\left(-\frac{\sqrt{3}}{2}-\frac{\sqrt{3}}{2}\right)-\left(-\frac{\sqrt{3}}{2}-\frac{\sqrt{3}}{2}\right)\right\}$$

$$=\pi-\frac{3}{2}\sqrt{3}$$

## 3. ②

**[풀이]**

$$\lim_{n\to\infty}\sum_{k=1}^{n}\frac{n^2}{n^2+k^2}\frac{1}{n}=\int_0^1\frac{1}{1+x^2}dx=[\tan^{-1}x]_0^1=\frac{\pi}{4}$$

**4.** ②

주어진 곡선의 양변을 $x$로 미분하면

$$2yy' = 3x^2 + 1 \Rightarrow y' = \frac{1}{2y}(3x^2 + 1) \text{이므로}$$

$(1, 2)$에서의 접선의 기울기는 $y'|_{(1,2)} = \frac{1}{4} \times (3 + 1) = 1$이다.

**5.** ③

매개함수 미분법에 의해 $t = \ln 2$일 때 $\dfrac{dy}{dx} = \dfrac{y'(\ln 2)}{x'(\ln 2)}$이므로

$$\begin{cases} x = t - e^t, \qquad y = t + e^{-t} \\ x' = 1 - e^t, \qquad y' = 1 - e^{-t} \Rightarrow = \dfrac{y'(\ln 2)}{x'(\ln 2)} = -\dfrac{1}{2} \text{이다.} \\ x'(\ln 2) = -1 \quad y'(\ln 2) = \dfrac{1}{2} \end{cases}$$

**6.** ①

$\tan^{-1} x = \alpha$라 하면 $\tan\alpha = x$이므로

$$\sin\alpha = \frac{x}{\sqrt{x^2+1}}, \ \cos\alpha = \frac{1}{\sqrt{x^2+1}} \text{이다.}$$

$$\int_0^1 \sin^{-1}(\tan^{-1}x)\cos(\tan^{-1}x)dx$$

$$= \int_0^1 \frac{x}{\sqrt{x^2+1}} \frac{1}{\sqrt{x^2+1}} dx$$

$$= \int_0^1 \frac{x}{x^2+1} dx = \frac{1}{2}\ln 2$$

[다른 풀이]

$\tan^{-1}x = t$라 치환하면, $\tan t = x$이므로 $dx = \sec^2 t\,dt$이고

$x = 0 \Rightarrow t = 0$, $x = 1 \Rightarrow t = \dfrac{\pi}{4}$이므로

$$\int_0^1 \sin(\tan^{-1}x)\cos(\tan^{-1}x)dx$$

$$= \int_0^{\frac{\pi}{4}} \sin t \cos t \cdot \sec^2 t\,dt$$

$$= \int_0^{\frac{\pi}{4}} \frac{\sin t}{\cos t} dt$$

$$= [-\ln|\cos t|]_0^{\frac{\pi}{4}}$$

$$= -\ln\frac{1}{\sqrt{2}}$$

$$= \ln\sqrt{2} = \frac{1}{2}\ln 2$$

**7.** ④

$\lim\limits_{n\to\infty} f(n) = 0$일 때

$$\lim_{n\to\infty}\{1 + f(n)\}^{g(n)} = e^{\lim\limits_{n\to\infty} f(n)g(n)} \text{ 임을 이용하면}$$

$$\lim_{n\to\infty}\left(\frac{n-2}{n}\right)^{3n} = \lim_{n\to\infty}\left(1 - \frac{2}{n}\right)^{3n} = e^{\lim\limits_{n\to\infty}\left(-\frac{2}{n}\cdot 3n\right)} = e^{-6}$$

**8.** ①

$y'(x) = xy^3 - 1$이므로
점 $(2, -1)$에서의 접선의 기울기는 $-3$이다.
일차 근사함수는 $L(x) = -3(x-2) - 1$이므로
$y(2.2) \approx L(2.2) = -1.6$

**9.** ④

$r = a\sin 3\theta$의 그래프는 3엽 장미 모양이고,

내부 면적은 $\dfrac{\pi a^2}{4}$ 이다.

따라서 $r = \sin 3\theta$의 내부 면적은 $\dfrac{\pi}{4}$ 이다.

**10.** ③

포물면을 $f : x^2 + y^2 - z = 0$ 이라 하면,
곡면의 면적은 $\iint_D \sqrt{1 + f_x^2 + f_y^2}\,dydx$이고,

$D = \{(x, y)|1 \leq x^2 + y^2 \leq 4\}$

$$\iint_D \sqrt{1 + (2x)^2 + (2y)^2}\,dydx$$

$$= \int_0^{2\pi}\int_1^2 \sqrt{1 + 4r^2} \cdot r\,dr\,d\theta$$

$$= \int_0^{2\pi}\left[\frac{1}{12}(1 + 4r^2)^{\frac{3}{2}}\right]_1^2 d\theta$$

$$= \frac{1}{12}\int_0^{2\pi}(17\sqrt{17} - 5\sqrt{5})d\theta$$

$$= \frac{\pi}{6}(17\sqrt{17} - 5\sqrt{5})$$

[다른 풀이]
곡선 $x = y^2 (1 \leq x \leq 4)$를 $x$축으로 회전시킨
곡면의 면적과 동일하다.

$$S_x = 2\pi\int_c y\,ds = 2\pi\int_1^2 y\sqrt{1 + (x')^2}\,dy$$

**11.** ④

$r(t) = \langle 2\cos t, 2\sin t + 2, 2\cos t \rangle$,
$r'(t) = \langle -2\sin t, 2\cos t, -2\sin t \rangle$,
$r''(t) = \langle -2\cos t, -2\sin t, -2\cos t \rangle$,

$t = 0$에서
$r(t) = (2, 2, 2)$, $r'(t) = \langle 0, 2, 0 \rangle$, $r''(t) = \langle -2, 0, -2 \rangle$고

접촉평면에 수직인 법선벡터는

$\vec{v} = r' \times r'' = \begin{vmatrix} i & j & k \\ 0 & 2 & 0 \\ -2 & 0 & -2 \end{vmatrix} = \langle -4, 0, 4 \rangle$이다.

$\vec{v} = \langle -1, 0, 1 \rangle$에 수직이고 점 $(2, 2, 2)$를 지나는
접촉평면의 식은
$-(x-2) + (z-2) = 0 \Leftrightarrow -x + z = 0$ 이다.

$a = -1$, $b = 0$, $c = 1$, $d = 0$이라 하면, $\dfrac{c}{a} = -1$

**12.** ②

코시-슈바르츠 부등식에 의해
$(2x + 6y + 10z)^2 \leq (x^2 + y^2 + z^2)(2^2 + 6^2 + 10^2)$
$= 35 \cdot 140 = 70^2$이므로
$-70 \leq 2x + 6y + 10z \leq 70$이다.

등호는 $x : y : z = 2 : 6 : 10$일 때 성립하므로
$x = 2t$, $y = 6t$, $z = 10t$라 두고 $x^2 + y^2 + z^2 = 35$에 대입하면
$(2t)^2 + (6t)^2 + (10t)^2 = 35$

$\Rightarrow 140t^2 = 35 \Rightarrow t^2 = \dfrac{1}{4} \Rightarrow t = \pm\dfrac{1}{2}$

$t = \dfrac{1}{2}$일 때, $f(x, y, z) = 2x + 6y + 10z$은 최댓값을 가지므로

$a = 1$, $b = 3$, $c = 5$, $M = 70$이다.
$\therefore a + b + c + M = 1 + 3 + 5 + 70 = 79$

**13.** ②

극형식의 이중적분을 이용하면,

$\displaystyle\int_0^1 \int_{-x}^x \frac{1}{(1 + x^2 + y^2)^2} \, dy \, dx$

$= \displaystyle\int_{-\frac{\pi}{4}}^{\frac{\pi}{4}} \int_0^{\sec\theta} \frac{1}{(1+r^2)^2} r \, dr \, d\theta$

$= \displaystyle\int_{-\frac{\pi}{4}}^{\frac{\pi}{4}} \left[ -\frac{1}{2} \cdot \frac{1}{1+r^2} \right]_0^{\sec\theta} d\theta$

$= -\dfrac{1}{2} \displaystyle\int_{-\frac{\pi}{4}}^{\frac{\pi}{4}} \left( \frac{1}{1+\sec^2\theta} - 1 \right) d\theta$

$= -\dfrac{1}{2} \displaystyle\int_{-\frac{\pi}{4}}^{\frac{\pi}{4}} \frac{-\sec^2\theta}{1+\sec^2\theta} d\theta$

$= \dfrac{1}{2} \displaystyle\int_{-\frac{\pi}{4}}^{\frac{\pi}{4}} \frac{\sec^2\theta}{2+\tan^2\theta} d\theta \, (\because \sec^2\theta = 1 + \tan^2\theta)$

$= \dfrac{1}{2} \displaystyle\int_{-\frac{1}{\sqrt{2}}}^{\frac{1}{\sqrt{2}}} \frac{\sqrt{2}}{2+2t^2} dt \, (\because \tan\theta = \sqrt{2}\,t)$

$= \dfrac{1}{2} \cdot \dfrac{\sqrt{2}}{2} \displaystyle\int_{-\frac{1}{\sqrt{2}}}^{\frac{1}{\sqrt{2}}} \frac{1}{1+t^2} dt$

$= \dfrac{\sqrt{2}}{4} \left[ \tan^{-1} t \right]_{-\frac{1}{\sqrt{2}}}^{\frac{1}{\sqrt{2}}}$

$= \dfrac{\sqrt{2}}{4} \left( \tan^{-1}\frac{1}{\sqrt{2}} - \tan^{-1}\left(-\frac{1}{\sqrt{2}}\right) \right)$

$= \dfrac{\sqrt{2}}{2} \tan^{-1}\frac{1}{\sqrt{2}}$

**14.** ①

$\rho = \cos\phi$로 둘러싸인 입체를 $E$라 하면, 삼중적분값은

$\displaystyle\iiint_E z \, dV = \int_0^{2\pi} \int_0^{\frac{\pi}{2}} \int_0^{\cos\phi} \rho\cos\phi \, \rho^2 \sin\phi \, d\rho \, d\phi \, d\theta$

$= 2\pi \displaystyle\int_0^{\frac{\pi}{2}} \frac{1}{4} \cos^5\phi \sin\phi \, d\phi$

$= -\dfrac{\pi}{2} \cdot \dfrac{1}{6} \cos^6\phi \Big|_0^{\frac{\pi}{2}} = \dfrac{\pi}{12}$ 이다.

[다른 풀이]
무게중심 $\bar{z}$를 이용해서 구할 수도 있다.

**15.** ④

그린 정리에 의해 피적분함수가 0이 아닌 것을 고르면 된다.

① $\dfrac{\partial}{\partial x}(x^2) - \dfrac{\partial}{\partial y}(2xy) = 2x - 2x = 0$

② $\dfrac{\partial}{\partial x}(2e^{-x}y) - \dfrac{\partial}{\partial y}(-e^{-x}y^2)$

$\quad = (-2e^{-x}y) - (-2e^{-x}y) = 0$

③ $\dfrac{\partial}{\partial x}(e^x\cos y) - \dfrac{\partial}{\partial y}(e^x\sin y) = e^x\cos y - e^x\cos y = 0$

④ $\dfrac{\partial}{\partial x}(2xy^2) - \dfrac{\partial}{\partial y}(-2x^2y) = 2y^2 - (-2x^2) \neq 0$

## 16. ④

풀이 $3x^2 - 2xy + 3y^2 + 8z^2 = [x\,y\,z]\begin{bmatrix} 3 & -1 & 0 \\ -1 & 3 & 0 \\ 0 & 0 & 8 \end{bmatrix}\begin{bmatrix} x \\ y \\ z \end{bmatrix}$ 이므로

$$\begin{vmatrix} 3-\lambda & -1 & 0 \\ -1 & 3-\lambda & 0 \\ 0 & 0 & 8-\lambda \end{vmatrix} = (8-\lambda)\{(3-\lambda)^2 - 1\}$$
$$= (8-\lambda)(\lambda-2)(\lambda-4) = 0$$

고윳값은 2, 4, 8이고 각각에 대응하는 고유벡터는

$[1\ 1\ 0]^T,\ [1\ -1\ 0]^T,\ [0\ 0\ 1]^T$ 이다.

주축정리에 의해

$$[x\,y\,z]\begin{bmatrix} 3 & -1 & 0 \\ -1 & 3 & 0 \\ 0 & 0 & 8 \end{bmatrix}\begin{bmatrix} x \\ y \\ z \end{bmatrix} \le 16 \Rightarrow [u\,v\,w]\begin{bmatrix} 2 & 0 & 0 \\ 0 & 4 & 0 \\ 0 & 0 & 8 \end{bmatrix}\begin{bmatrix} u \\ v \\ w \end{bmatrix} \le 16$$
$$\Rightarrow 2u^2 + 4v^2 + 8w^2 \le 16 \text{이다.}$$

따라서 주어진 입체는 $x^2 + 2y^2 + 4z^2 \le 8$이다.

부피는 $\dfrac{4}{3}\pi \times \sqrt{2} \times 2 \times 2\sqrt{2} = \dfrac{32}{3}\pi$이다.

## 17. ③

풀이 두 직선의 방향벡터를 각각 $d_1$, $d_2$라 하면

$d_1 = \langle 2, 1, -1 \rangle$, $d_2 = \langle 2, 1, 2 \rangle$이고

$$d_1 \times d_2 = \begin{vmatrix} i & j & k \\ 2 & 1 & -1 \\ 2 & 1 & 2 \end{vmatrix} = \langle 3, -6, 0 \rangle /\!/ \langle 1, -2, 0 \rangle \text{이다.}$$

두 직선 위의 점을 각각 $P(0,0,0)$, $Q(1,1,1)$로 놓으면

$\overrightarrow{PQ}$의 방향벡터는 $\langle 1,1,1 \rangle$이므로

꼬인 위치에 있는 두 직선 사이의 거리는

$$\frac{|\overrightarrow{PQ} \cdot (d_1 \times d_2)|}{\|d_1 \times d_2\|} = \frac{|\langle 1,1,1 \rangle \cdot \langle 1,-2,0 \rangle|}{\sqrt{1^2 + (-2)^2}}$$
$$= \frac{|1-2|}{\sqrt{5}} = \frac{1}{\sqrt{5}}$$

## 18. ④

풀이 $A = (2,1,0)$, $B = (5,3,0)$, $C = (7,1,0)$, $D = (4,-1,0)$

이라 하면 $\overrightarrow{AB} = \langle 3,2,0 \rangle$, $\overrightarrow{AC} = \langle 5,0,0 \rangle$

$$\overrightarrow{AB} \times \overrightarrow{AC} = \begin{vmatrix} i & j & k \\ 3 & 2 & 0 \\ 5 & 0 & 0 \end{vmatrix} = <0,\ 0,\ -10>$$

$\|\overrightarrow{AB} \times \overrightarrow{AC}\| = 10$이므로

네 점으로 이루어진 평행사변형의 넓이는 10이다.

## 19. ④

풀이 $\det(A) = \begin{vmatrix} 1 & 2 & 3 & 2 \\ 1 & 3 & 2 & 3 \\ 4 & 1 & 5 & 0 \\ 1 & 2 & 1 & 2 \end{vmatrix}$

$= \begin{vmatrix} 0 & 0 & 2 & 0 \\ 1 & 3 & 2 & 3 \\ 4 & 1 & 5 & 0 \\ 1 & 2 & 1 & 2 \end{vmatrix}$

$= 2\begin{vmatrix} 1 & 3 & 3 \\ 4 & 1 & 0 \\ 1 & 2 & 2 \end{vmatrix}$

$= 2\begin{vmatrix} 1 & 0 & 3 \\ 4 & 1 & 0 \\ 1 & 0 & 2 \end{vmatrix}$

$= 2(2-3) = -2$

$\therefore det(adj(A)) = |A|^3 = (-2)^3 = -8$

## 20. ②

풀이 $\begin{vmatrix} 5-\lambda & 1 \\ 4 & 2-\lambda \end{vmatrix} = (5-\lambda)(2-\lambda) - 4 = \lambda^2 - 7\lambda + 6$

$= (\lambda-1)(\lambda-6) = 0$

$\lambda = 1$ 또는 $\lambda = 6$이다.

( i ) $\lambda_1 = 1$일 때, $\begin{bmatrix} 4 & 1 \\ 4 & 1 \end{bmatrix}\begin{bmatrix} x \\ y \end{bmatrix} = \begin{bmatrix} 0 \\ 0 \end{bmatrix}$에서 $4x + y = 0$이므로

$y = -4x$

$\therefore X_1 = \begin{bmatrix} 1 \\ -4 \end{bmatrix}$

( ii ) $\lambda_2 = 6$일 때, $\begin{bmatrix} -1 & 1 \\ 4 & -4 \end{bmatrix}\begin{bmatrix} x \\ y \end{bmatrix} = \begin{bmatrix} 0 \\ 0 \end{bmatrix}$에서 $y = x$

$\therefore X_2 = \begin{bmatrix} 1 \\ 1 \end{bmatrix}$

$\therefore \lambda_1 + \lambda_2 + a + b = 1 + 6 + (-4) + 1 = 4$

## 21. ④

풀이 평면 $x - 2y + 5z = 0$의 법선벡터는 $n = (1, -2, 5)$이므로

벡터 $\boldsymbol{u} = \boldsymbol{i} + 2\boldsymbol{j} + 3\boldsymbol{k}$의 평면 $x - 2y + 5z = 0$으로의

정사영벡터는

$u - proj_n u = u - \dfrac{u \cdot n}{n \cdot n}n$

$= (1,2,3) - \dfrac{(1,2,3) \cdot (1,-2,5)}{(1,-2,5) \cdot (1,-2,5)}(1,-2,5)$

$= (1,2,3) - \dfrac{1-4+15}{1+4+25}(1,-2,5)$

$= (1,2,3) - \dfrac{2}{5}(1,-2,5)$

$= \dfrac{1}{5}(3,14,5)$이다.

따라서 정사영의 길이는

$\left|\dfrac{1}{5}(3,14,5)\right| = \dfrac{1}{5}\sqrt{3^2 + 14^2 + 5^2} = \dfrac{1}{5}\sqrt{230} = \sqrt{\dfrac{46}{5}}$ 다.

**22.** ②

(i) 제차형의 일반해

$(D^2+1)y=0$에서 특성방정식 $D^2+1=0$의 근

$D=\pm i$이므로 $y=C_1\cos x+C_2\sin x$이다.

(ii) 비제차형의 특수해

$(D^2+1)y=\cos x$ 를 역연산자법에 의해 구하면

$$y=\frac{1}{D^2+1}\left[Re(e^{ix})\right]=Re\left[\frac{x}{2i}(\cos x+i\sin x)\right]=\frac{x}{2}\sin x$$

$\therefore y=C_1\cos x+C_2\sin x+\dfrac{x}{2}\sin x$이고,

$y'=-C_1\sin x+C_2\cos x+\dfrac{1}{2}\sin x+\dfrac{x}{2}\cos x$에 대해

초깃값 $y(0)=2\Rightarrow C_1=2$, $y'(0)=3\Rightarrow C_2=3$이다.

$\therefore y=2\cos x+3\sin x+\dfrac{x}{2}\sin x$, $y(\pi)=-2$

**23.** ②

$\mathcal{L}(f)=\dfrac{s^2+s+1}{(s+2)^3}$

$\qquad=\dfrac{(s+2)^2-3(s+2)+3}{(s+2)^3}$

$\qquad=\dfrac{1}{s+2}-\dfrac{3}{(s+2)^2}+\dfrac{3}{(s+2)^3}$

따라서 $f(t)=e^{-2t}\left(1-3t+\dfrac{3}{2}t^2\right)$이고,

$a=-2$, $b_1=1$, $b_2=-3$, $b_3=\dfrac{3}{2}$이다.

$\therefore a+b_1+b_2+2b_3=-1$

**24.** ②

$u=y^{1-3}=y^{-2}$이라 하면 $\dfrac{du}{dx}=-2y^{-3}\dfrac{dy}{dx}$이다.

이를 주어진 미분방정식에 대입하여 정리하면

$u'-\dfrac{2}{x}u=-6x^2$

$\Rightarrow u=e^{\int\frac{2}{x}dx}\left[\int -6x^2 e^{-\int\frac{2}{x}dx}dx+C\right]$

$\qquad=x^2\left(\int -6x^2\cdot\dfrac{1}{x^2}dx+C\right)$

$\qquad=x^2(-6x+C)$

$y(1)=1$이므로 $C=7$이다.

$\therefore y=\left(\dfrac{1}{-6x^3+7x^2}\right)^{\frac{1}{2}}\Rightarrow y\left(\dfrac{1}{2}\right)=1$

**25.** ②

$\begin{cases}y_1'=-y_1+4y_2\\ y_2'=3y_1-2y_2\end{cases}$의 계수행렬은 $\begin{bmatrix}-1&4\\3&-2\end{bmatrix}$이므로

$\begin{vmatrix}-1-\lambda&4\\3&-2-\lambda\end{vmatrix}=(\lambda+1)(\lambda+2)-12$

$\qquad\qquad\qquad=\lambda^2+3\lambda-10=0$

고윳값은 $-5$, $2$이고

각각의 고윳값에 대한 고유벡터는 $\begin{bmatrix}1\\-1\end{bmatrix}$, $\begin{bmatrix}4\\3\end{bmatrix}$이다.

따라서 연립미분방정식의 해는

$\begin{bmatrix}y_1(t)\\y_2(t)\end{bmatrix}=c_1\begin{bmatrix}1\\-1\end{bmatrix}e^{-5t}+c_2\begin{bmatrix}4\\3\end{bmatrix}e^{2t}$

초기조건으로부터

$y_1(0)=c_1+4c_2=\dfrac{1}{2}$, $y_2(0)=-c_1+3c_2=\dfrac{1}{2}$

위 식을 연립하여 풀면 $c_1=-\dfrac{1}{14}$, $c_2=\dfrac{1}{7}$이므로

$\begin{bmatrix}y_1(t)\\y_2(t)\end{bmatrix}=-\dfrac{1}{14}\begin{bmatrix}1\\-1\end{bmatrix}e^{-5t}+\dfrac{1}{7}\begin{bmatrix}4\\3\end{bmatrix}e^{2t}$

$\therefore y_1(t)+y_2(t)=e^{2t}$

[다른 풀이]

$y_1'+y_2'=2(y_1+y_2)$이고 $y_1(0)+y_2(0)=1$이므로

$y_1+y_2=y$라 하면 미분방정식 $y'=2y, y(0)=1$과 같다.

따라서 $y=e^{2t}$이다.

■ **시크릿 모의고사 1회**

| 정답률 | | | | |
|---|---|---|---|---|
| 1 | 2 | 3 | 4 | 5 |
| 20% | 95% | 73% | 45% | 53% |
| 6 | 7 | 8 | 9 | 10 |
| 41% | 87% | 63% | 45% | 78% |
| 11 | 12 | 13 | 14 | 15 |
| 64% | 83% | 41% | 67% | 35% |
| 16 | 17 | 18 | 19 | 20 |
| 68% | 68% | 90% | 45% | 61% |
| 21 | 22 | 23 | 24 | 25 |
| 77% | 60% | 57% | 51% | 19% |
| 평균 | 최고점 | 상위10% 평균 | 상위20% 평균 | 상위30% 평균 |
| 58.67 | 91.3 | 86.79 | 81.94 | 77.84 |

**1.** ①

[풀이] $\lim\limits_{n \to \infty} \dfrac{\ln n}{\ln(n+1)} = \lim\limits_{n \to \infty} \dfrac{\dfrac{1}{n}}{\dfrac{1}{n+1}} = 1$ 임을 이용하여

$$\lim_{n \to \infty} \left| \frac{a_{n+1}}{a_n} \right| = \lim_{n \to \infty} \left| \frac{x^{n+1}}{(\ln(n+1))^2} \frac{(\ln n)^2}{x^n} \right|$$
$$= \lim_{n \to \infty} \left| \frac{\ln n}{\ln(n+1)} \right|^2 |x| = |x|$$

따라서 비율판정법에 의해

$|x| < 1$일 때 $\sum\limits_{n=2}^{\infty} \dfrac{1}{(\ln n)^2} x^n$ 은 절대수렴한다.

따라서 수렴반경은 1이다.

절대수렴하는 구간은 $-1 < x < 1$이다.

$x = 1$이면 발산이고, $x = -1$이면 주어진 급수는
조건부 수렴한다. 따라서 수렴구간은 $-1 < x < 1$이다.

**2.** ③

[풀이]
$$\lim_{x \to 0} (\cos 2x)^{\frac{k}{x^2}} = \lim_{x \to 0} e^{\frac{k \ln(\cos 2x)}{x^2}}$$
$$\left( \because \lim_{x \to 0} \frac{\ln(\cos 2x)}{x^2} = \lim_{x \to 0} \frac{-2\sin 2x}{2x \cos 2x} = -2 \right)$$
$$= e^{-2k} = e^{-6}$$
$$\therefore k = 3$$

[다른 풀이]
$$\lim_{x \to 0} (\cos 2x)^{\frac{k}{x^2}} = \lim_{x \to 0} (1 + \cos 2x - 1)^{\frac{1}{\cos 2x - 1} \cdot \frac{k(\cos 2x - 1)}{x^2}}$$
$$= \lim_{x \to 0} e^{\frac{k(\cos 2x - 1)}{x^2}} = e^{-2k}$$
$$\left( \because \lim_{x \to 0} \frac{\cos 2x - 1}{x^2} = \lim_{x \to 0} \frac{-2\sin 2x}{2x} = -2 \right)$$
$$\therefore e^{-2k} = e^{-6} \Rightarrow k = 3$$

**3.** ①

[풀이] $r = \cos 3\theta$일 때, $r' = -3\sin 3\theta$, $r\left(\dfrac{\pi}{3}\right) = -1$, $r'\left(\dfrac{\pi}{3}\right) = 0$

$$\frac{dy}{dx} = \frac{r'\sin\theta + r\cos\theta}{r'\cos\theta - r\sin\theta} \bigg|_{\theta = \frac{\pi}{3}} = \frac{-1}{\sqrt{3}}$$

$\theta = \dfrac{\pi}{3}$ 일 때 $\begin{cases} x = \cos 3\theta \cos\theta \big|_{\theta = \frac{\pi}{3}} = -\dfrac{1}{2} \\ y = \cos 3\theta \sin\theta \big|_{\theta = \frac{\pi}{3}} = -\dfrac{\sqrt{3}}{2} \end{cases}$

따라서 접선의 방정식은
$$y = -\frac{1}{\sqrt{3}}\left(x + \frac{1}{2}\right) - \frac{\sqrt{3}}{2}$$
$$= -\frac{1}{\sqrt{3}}x - \frac{1}{2\sqrt{3}} - \frac{\sqrt{3}}{2}$$
$$= -\frac{1}{\sqrt{3}}x - \frac{\sqrt{3}}{6} - \frac{3\sqrt{3}}{6}$$
$$= -\frac{1}{\sqrt{3}}x - \frac{2\sqrt{3}}{3}$$

**4.** ②

[풀이] $x = (1-\cos\theta)\cos\theta$, $y = (1-\cos\theta)\sin\theta$는
극곡선 $r = 1-\cos\theta$를 매개화한 곡선이다.
따라서 곡선의 길이 공식은 다음과 같다.
$$\int \sqrt{\left(\frac{dx}{d\theta}\right)^2 + \left(\frac{dy}{d\theta}\right)^2}\, d\theta = \int \sqrt{(r')^2 + r^2}\, d\theta$$

$$= \int \left| 2\sin\frac{\theta}{2} \right| d\theta$$

$$\because r' = \sin\theta \Rightarrow \sqrt{(r')^2 + r^2} = \sqrt{2 - 2\cos\theta} = \left| 2\sin\frac{\theta}{2} \right|$$

구간 $[0, \pi]$에서 $\left| 2\sin\frac{\theta}{2} \right| = 2\sin\frac{\theta}{2}$이므로

$$f(t) = \int_0^t \sqrt{\left(\frac{dx}{d\theta}\right)^2 + \left(\frac{dy}{d\theta}\right)^2} \, d\theta$$

$$= \int_0^t 2\sin\frac{\theta}{2} \, d\theta$$

$$= -4\cos\frac{t}{2} + 4 \text{이다.}$$

구간 $[0, \pi]$에서 $f(x)$의 적분 $\int_0^\pi f(x)dx = (\pi - 0)f(c)$를 만

족하는 $c$가 구간 $(0, \pi)$에 존재할 때, $f(c)$를 평균값이라고 한다.

$$\int_0^\pi f(t)dt = \int_0^\pi -4\cos\frac{t}{2} + 4dt = \left. -8\sin\frac{t}{2} + 4t \right|_0^\pi = -8 + 4\pi$$

따라서 평균값 $f(c) = \dfrac{4\pi - 8}{\pi}$이다.

---

## 5. ②

**풀이**

$$V_{y\tilde{\Rightarrow}} = 2\pi \int_1^e x \cdot 9x\ln x \, dx$$

$$= 18\pi \int_1^e x^2 \ln x \, dx$$

$$= 18\pi \left[ \frac{1}{3}x^3 \ln x - \frac{1}{9}x^3 \right]_1^e$$

$$= 18\pi \cdot \left( \frac{2}{9}e^3 + \frac{1}{9} \right)$$

$$= 4\pi \cdot e^3 + 2\pi$$

**TIP**

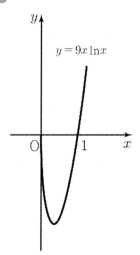

$y = 9x\ln x$

---

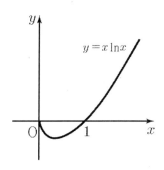

$y = x\ln x$

## 6. ①

**풀이**

$$f(x) = \sin^2 x \cos^2 x$$

$$= \frac{1 - \cos 2x}{2} \cdot \frac{1 + \cos 2x}{2}$$

$$= \frac{1 - \cos^2 2x}{4}$$

$$= \frac{1}{4} \cdot \left( 1 - \frac{1 + \cos 4x}{2} \right)$$

$$= \frac{1}{8} \cdot (1 - \cos 4x)$$

$$\cos 4x = \sum_{n=0}^\infty \frac{(-1)^n (4x)^{2n}}{(2n)!}$$

$$1 - \cos 4x = \sum_{n=1}^\infty \frac{(-1)^{n-1} (4x)^{2n}}{(2n)!}$$

$$\frac{1}{8}(1 - \cos 4x) = \frac{1}{8} \sum_{n=1}^\infty \frac{(-1)^{n-1} (4x)^{2n}}{(2n)!}$$

$$f(x) = \sin^2 x \cos^2 x = \frac{1}{8} \sum_{n=1}^\infty \frac{(-1)^{n-1} (4x)^{2n}}{(2n)!} \ (x \in R)$$

## 7. ③

**풀이**

$\sin x \approx x - \dfrac{x^3}{3!} + \dfrac{x^5}{5!} - \dfrac{x^7}{7!} + \cdots$ 이고

수렴구간은 모든 실수이다.

$\sin\dfrac{1}{2} \approx \dfrac{1}{2} - \dfrac{1}{3!}\left(\dfrac{1}{2^3}\right) + \dfrac{1}{5!}\left(\dfrac{1}{2^5}\right) - \dfrac{1}{7!}\left(\dfrac{1}{2^7}\right) + \cdots$ 이고,

$\sin\dfrac{1}{2}$ 의 근삿값을 $\dfrac{1}{2} - \dfrac{1}{3!}\left(\dfrac{1}{2^3}\right) + \dfrac{1}{5!}\left(\dfrac{1}{2^5}\right)$ 이라 하면

$(오차) = \left| -\dfrac{1}{7!}\left(\dfrac{1}{2^7}\right) + \dfrac{1}{9!}\left(\dfrac{1}{2^9}\right) - \cdots \right| < \dfrac{1}{7!}\left(\dfrac{1}{2^7}\right) < \dfrac{1}{10000}$ 이

성립한다.

$$\therefore \sin\frac{1}{2} \approx \frac{1}{2} - \frac{1}{3!}\left(\frac{1}{2^3}\right) + \frac{1}{5!}\left(\frac{1}{2^5}\right)$$

**8.** ③

( i ) 임계점을 구하면 $\begin{cases} f_x = -ye^{-xy} = 0 \\ f_y = -xe^{-xy} = 0 \end{cases}$ 이므로

$(0, 0)$이고, $f(0, 0) = 1$이다.

(ii) 경계 곡선 $x^2 + 4y^2 = 1$에서 산술기하평균에 의해

$x^2 + 4y^2 \geq 2\sqrt{4x^2y^2} = 4|xy|$

$\Rightarrow 1 \geq 4|xy|$

$\Rightarrow -\dfrac{1}{4} \leq -xy \leq \dfrac{1}{4}$ 이므로

$e^{-\frac{1}{4}} \leq e^{-xy} \leq e^{\frac{1}{4}}$ 가 성립한다.

(iii) 주어진 영역에서 $f(x, y) = e^{-xy}$의 최댓값은 $e^{\frac{1}{4}}$ 이다.


**9.** ③

( i ) 점 $A(5, 3)$에서 벡터 $\vec{v} = i + j = \langle 1, 1\rangle$방향으로 $f$의 변화율은

$D_{\vec{v}}f(5, 3) = \nabla f(5, 3) \cdot \dfrac{\vec{v}}{\|\vec{v}\|}$

$= \langle f_x(5, 3), f_y(5, 3)\rangle \cdot \dfrac{1}{\sqrt{2}}\langle 1, 1\rangle$

$= \dfrac{1}{\sqrt{2}}\{f_x(5, 3) + f_y(5, 3)\} = 4\sqrt{2}$

$\Rightarrow f_x(5, 3) + f_y(5, 3) = 8$ ······ ㉠

(ii) 점 $A(5, 3)$에서 벡터 $\vec{w} = -3i + 4j = \langle -3, 4\rangle$방향으로 $f$의 변화율은

$D_{\vec{w}}f(5, 3) = \nabla f(5, 3) \cdot \dfrac{\vec{w}}{\|\vec{w}\|}$

$= \langle f_x(5, 3), f_y(5, 3)\rangle \cdot \dfrac{1}{5}\langle -3, 4\rangle$

$= \dfrac{1}{5}\{-3f_x(5, 3) + 4f_y(5, 3)\} = -2$

$\Rightarrow -3f_x(5, 3) + 4f_y(5, 3) = -10$ ······ ㉡

위의 ㉠과 ㉡를 연립방정식을 풀이하면 $\begin{cases} f_x(5, 3) = 6 \\ f_y(5, 3) = 2 \end{cases}$이다.

(iii) 점 $(2, 3, 1)$에서 $g$의 변화율의 최댓값은

$|\nabla g(2, 3, 1)| = |\langle g_s(2, 3, 1), g_t(2, 3, 1), g_u(2, 3, 1)\rangle|$

$t + 2u = x$, $tu = y$라고 치환하면

$(s, t, u) = (2, 3, 1)$일 때, $x = 5$, $y = 3$이다.

$g(s, t, u) = sf(x, y)$, $x = t + 2u$, $y = tu$일 때,

$g_s(s, t, u) = f(x, y) \Rightarrow g_s(2, 3, 1) = f(5, 3) = 4$

$g_t(s, t, u) = s\{f_x(x, y) \cdot 1 + f_y(x, y) \cdot u\}$

$\Rightarrow g_t(2, 3, 1) = 2\{f_x(5, 3) + f_y(5, 3)\} = 16$

$g_u(s, t, u) = s\{f_x(x, y) \cdot 2 + f_y(x, y) \cdot t\}$

$\Rightarrow g_u(2, 3, 1) = 2\{2f_x(5, 3) + 3f_y(5, 3)\} = 36$

$\therefore \nabla g(2, 3, 1) = \langle 4, 16, 36 \geq 4\langle 1, 4, 9\rangle$이고,

$|\nabla g(2, 3, 1)| = 4\sqrt{98} = 28\sqrt{2}$


**10.** ④

$x^2 + y^2 + z^2 = 6$과 $z = x^2 + y^2$의 교점 $(1, 1, 2)$에서 교각은 이 점에서 각각의 접평면의 사잇각과 같다.
또한 평면의 사잇각은 법선벡터의 사잇각과 같다.
주어진 곡면의 접평면의 법선벡터를 각각 구하자.

( i ) $F : x^2 + y^2 + z^2 = 6$

$\Rightarrow \nabla F = 2\langle x, y, z\rangle_{(1, 1, 2)} = 2\langle 1, 1, 2\rangle$

(ii) $G : x^2 + y^2 - z = 0$

$\Rightarrow \nabla G = \langle 2x, 2y, -1\rangle_{(1, 1, 2)} = \langle 2, 2, -1\rangle$

(iii) 두 벡터의 내적을 이용한 사잇각을 구하면

$\langle 1, 1, 2\rangle \cdot \langle 2, 2, -1\rangle = 2 = \sqrt{6}\sqrt{9}\cos\theta$

$\Leftrightarrow \cos\theta = \dfrac{2}{3\sqrt{6}} = \dfrac{2\sqrt{6}}{18} = \dfrac{\sqrt{6}}{9}$

$\Leftrightarrow \theta = \cos^{-1}\left(\dfrac{\sqrt{6}}{9}\right)$


**11.** ①

$\displaystyle\int_{-1}^{0}\int_{\cos^{-1}y}^{\pi} e^{\sin x}\,dx\,dy = \int_{\frac{\pi}{2}}^{\pi}\int_{\cos x}^{0} e^{\sin x}\,dy\,dx$

$\displaystyle = \int_{\frac{\pi}{2}}^{\pi} -\cos x\, e^{\sin x}\,dx$

$= -[e^{\sin x}]_{\frac{\pi}{2}}^{\pi} = -[1 - e] = e - 1$


**12.** ③

곡면 $z = 2x^2 + y^2$, $z = 8 - x^2 - 2y^2$의 교선은
$3x^2 + 3y^2 = 8$이고 이를 정사영시킨 부분이 정의역 $D$ 이다.

$V = \displaystyle\iint_D (8 - x^2 - 2y^2) - (2x^2 + y^2)\,dA$

$= \displaystyle\iint_D 8\,dA - 3\iint_D x^2 + y^2\,dA$

$= 8 \cdot D$의 면적 $- 3\displaystyle\int_0^{2\pi}\int_0^{\sqrt{\frac{8}{3}}} r^3\,dr\,d\theta = \dfrac{32}{3}\pi$

**13.** ①

주어진 매개함수의 곡선의 토러스이다.

$$\begin{cases} x = 3\cos\theta + \cos\phi\cos\theta \\ y = 3\sin\theta + \cos\phi\sin\theta \quad (0 \le \phi \le 2\pi, 0 \le \theta \le 2\pi) \\ z = \sin\phi \end{cases}$$

토러스의 표면적은 파푸스 공식을 이용해서 구한다.
원의 반지름은 1이고, 회전축과 원의 중심과의 거리는 3이다.
따라서 토러스의 곡면적은

(폐곡선의 둘레) $\cdot 2\pi \cdot d = 2\pi \cdot 2\pi \cdot 3 = 12\pi^2$

**14.** ④

주어진 곡선의 폐곡선이고,
벡터함수 $F(x,y) = \langle e^{-y}, 5x - xe^{-y} \rangle$에 대한 선적분은
그린 정리를 이용해서 구할 수 있다.

$$\int_C F \cdot dr = \iint_D Q_x - P_y \, dA$$
$$= \iint_D 5 \, dA$$
$$= 5 \cdot D의 \ 면적$$
$$= 5(4\pi - 2\pi) = 10\pi$$

**15.** ③

곡면 $S$가 아래 방향을 향하므로 방향에 유의하자.
$S : \sqrt{x^2 + y^2} - z = 0$이고, 하향법선벡터는

$$-\vec{n} = \nabla S = \left\langle \frac{x}{\sqrt{x^2+y^2}}, \frac{y}{\sqrt{x^2+y^2}}, -1 \right\rangle$$

벡터함수는 $F = \langle x, y, z^4 \rangle = \langle x, y, (x^2+y^2)^2 \rangle$이다.
정의역 $D$는 $x^2 + y^2 \le 1$이다.

$$\iint_S F \cdot dS = -\iint_S F \cdot n \, dS$$
$$= \iint_D F \cdot \nabla S \, dxdy$$
$$= \iint_D \frac{x^2+y^2}{\sqrt{x^2+y^2}} - (x^2+y^2)^2 \, dxdy$$
$$= \int_0^{2\pi} \int_0^1 r^2 - r^5 \, drd\theta$$
$$= 2\pi \int_0^1 r^2 - r^5 \, dr$$
$$= 2\pi \cdot \frac{1}{6} = \frac{\pi}{3}$$

[다른 풀이]
$S_1 : z = 1$, $x^2 + y^2 \le 1$인 부분이라 하자.
$S + S_1 = E$라고 했을 때 $E$는 폐곡면이므로 발산 정리에 의해

$$\iint_S F \cdot ndS + \iint_{S_1} F \cdot ndS = \iiint_E divF dV$$

$$\iint_S F \cdot ndS = \iiint_E divFdV - \iint_{S_1} F \cdot ndS$$
$$= \iiint_E 2 + 4z^3 dV - \iint_D \langle x, y, z^4 \rangle \cdot \langle 0, 0, 1 \rangle dA$$
$$= \int_0^{2\pi} \int_0^1 \int_r^1 (2 + 4z^3) r \, dzdrd\theta - \iint_D 1 \, dA$$
$$= \frac{4\pi}{3} - \pi = \frac{\pi}{3}$$

**16.** ②

주어진 행렬 $A$는 직교행렬이다.
① $A$가 직교행렬이므로 $AA^T = I$이므로 $A^{-1} = A^T$이다.
② 행렬 $A$는 직교행렬이고 주어진 행렬의 행렬식은 1이다.
③ $A$는 직교행렬이므로 $\|Ax\| = \|x\|$을 만족한다.
④ 직교행렬 $A$에 대해 $(Au) \cdot (Av) = u \cdot v$를 만족하므로
$u \cdot v = 1$을 만족한다.

**17.** ③

①, ② (참) $A, B$가 닮음 행렬이므로 $tr(B) = tr(A) = -3$,
$\det(B) = \det(A) = 9$이다.
③ $(0, 1, 2)$는 $A$의 고유벡터이다 (거짓)
④ $\det(\lambda I - A) = (\lambda + 1)(\lambda^2 + 2\lambda - 9) = 0$이므로 $A$는 고유치
$-1$을 갖고, 닮은 행렬 $B$도 고유치 $-1$을 갖는다.

**18.** ③

$$A = \begin{bmatrix} 1 & 0 & 1 & 1 \\ 1 & 1 & 4 & 1 \\ 0 & 1 & 3 & 0 \\ 0 & 2 & 6 & 0 \end{bmatrix} \sim \begin{bmatrix} 1 & 0 & 1 & 1 \\ 0 & 1 & 3 & 0 \\ 0 & 1 & 3 & 0 \\ 0 & 2 & 6 & 0 \end{bmatrix} \sim \begin{bmatrix} 1 & 0 & 1 & 1 \\ 0 & 1 & 3 & 0 \\ 0 & 0 & 0 & 0 \\ 0 & 0 & 0 & 0 \end{bmatrix}$$ 이므로 $A$의 해공간은

$$N(A) = \{ X \in R^4 | AX = O \}$$
$$= \left\{ \begin{pmatrix} -t-s \\ -3t \\ t \\ s \end{pmatrix} \middle| s, t \in R \right\}$$
$$= span \left\{ u = \begin{pmatrix} 1 \\ 3 \\ -1 \\ 0 \end{pmatrix}, v = \begin{pmatrix} 1 \\ 0 \\ 0 \\ -1 \end{pmatrix} \right\}$$

① $X = \begin{bmatrix} 1 \\ 3 \\ -1 \\ 0 \end{bmatrix} \in N(A)$

② $X = \begin{bmatrix} -2 \\ 0 \\ 0 \\ 2 \end{bmatrix} = -2v \in N(A)$

③ $X = \begin{bmatrix} -2 \\ -3 \\ 1 \\ -1 \end{bmatrix} \not\in N(A)$

④ $X = \begin{bmatrix} 1 \\ 6 \\ -2 \\ 1 \end{bmatrix} = 2u - v \in N(A)$

## 19. ③

풀이 $A = \begin{bmatrix} 1 & 1 & 0 \\ 0 & 1 & 1 \\ 0 & 0 & 1 \end{bmatrix}$ 는 고유치 1의 대수적중복도는 3이고,

기하적중복도는 1이므로 대각화불가능하다.

즉, $rank(A-I) = 2$, $nullity(A-I) = 1$(기하적중복도)이다.

$B = \begin{bmatrix} 1 & 1 & 2 \\ 0 & 1 & 1 \\ 1 & 0 & 1 \end{bmatrix}$ 의 $\det(\lambda I - B) = \lambda(\lambda^2 - 3\lambda + 1) = 0$

서로 다른 실수의 고유치가 3개이므로

일차독립인 벡터도 3개이다. 따라서 대각화가능하다.

$C = \begin{bmatrix} 1 & 2 & 3 \\ 2 & 4 & 8 \\ 0 & 0 & 1 \end{bmatrix}$ 의 $\det(C - \lambda I) = (1-\lambda)(\lambda^2 - 5\lambda) = 0$

서로 다른 실수의 고유치가 3개이므로

일차독립인 벡터도 3개이다. 따라서 대각화가능하다.

$D = \begin{bmatrix} 3 & -1 & 0 \\ -1 & 2 & -1 \\ 0 & -1 & 3 \end{bmatrix}$ 는 대칭행렬이므로 직교대각화가능하다.

대각화가능한 행렬은 $B, C, D$이다.

## 20. ①

풀이 $T \begin{pmatrix} x \\ y \\ z \end{pmatrix} = \begin{pmatrix} 1 & 2 & 1 \\ 0 & 1 & 1 \\ -1 & 3 & 4 \end{pmatrix} \begin{pmatrix} x \\ y \\ z \end{pmatrix}$ 를 $T(X) = AX$로 나타낼 때,

치역 $Im\,T$는 행렬 $A$의 열공간이다. ⟺ $Im\,T = Col\,A$

$A = \begin{pmatrix} 1 & 2 & 1 \\ 0 & 1 & 1 \\ -1 & 3 & 4 \end{pmatrix} \sim \begin{pmatrix} 1 & 2 & 1 \\ 0 & 1 & 1 \\ 0 & 5 & 5 \end{pmatrix} \sim \begin{pmatrix} 1 & 2 & 1 \\ 0 & 1 & 1 \\ 0 & 0 & 0 \end{pmatrix}$

$A$의 열공간은 $\begin{pmatrix} 1 \\ 0 \\ -1 \end{pmatrix}$, $\begin{pmatrix} 2 \\ 1 \\ 3 \end{pmatrix}$ 에 의해 생성되는 벡터공간이다.

두 벡터 $u = \begin{pmatrix} 1 \\ 0 \\ -1 \end{pmatrix}$, $v = \begin{pmatrix} 2 \\ 1 \\ 3 \end{pmatrix}$ 에 의해 생성되는 벡터공간은

$R^3$의 부분공간이므로, $u \times v = n = (1, -5, 1)$을
법선벡터로 갖는 원점을 지나는 평면이다.
따라서 치역 $Im\,T = \{(x, y, z) \in R^3 \,|\, x - 5y + z = 0\}$이다.

[다른 풀이]

$T(x, y, z) = (x + 2y + z,\ y + z,\ -x + 3y + 4z) = (u, v, w)$
이라 하자.

치역 $Im\,T = \left\{(u, v, w) \in R^3 \,\middle|\, \begin{cases} u = x + 2y + z \\ v = y + z \\ w = -x + 3y + 4z \end{cases} \right\}$ 이므로

관계성을 확인해보면 $u - 5v = w$를 만족한다.
따라서 치역 $Im\,T = \{(u, v, w) \in R^3 \,|\, u - 5v - w = 0\}$이다.

## 21. ③

풀이 $y'' - y' - 2y = 2\cosh(2x) = e^{2x} + e^{-2x}$

$y_p = \dfrac{1}{D^2 - D - 2}\{e^{2x} + e^{-2x}\}$

$\quad = \dfrac{1}{(D-2)(D+1)}\{e^{2x} + e^{-2x}\}$

$\quad = \dfrac{xe^{2x}}{3} + \dfrac{e^{-2x}}{4}$

## 22. ④

풀이 주어진 미분방정식은 코시–오일러 미분방정식이고,
일반해의 형태에 의해
특성방정식 $r^2 + (a-1)r + b = 0$의 해가
$r_1 = -3 + 2i$, $r_2 = -3 - 2i$임을 알 수 있다.
따라서 이차방정식의 근과 계수와의 관계에 의해
$r_1 + r_2 = -6 = 1 - a$이므로 $a = 7$이고,
$r_1 r_2 = 13 = b$이다.
$\therefore a + b = 20$

## 23. ②

풀이 미분방정식 $x\dfrac{dy}{dx} + 6y = 3xy^{4/3}$는 베르누이 미분방정식이다.

$x\dfrac{dy}{dx} + 6y = 3xy^{4/3}$

$\Rightarrow xy^{-\frac{4}{3}}y' + 6y^{-\frac{1}{3}} = 3x\,(\because 양변 \times y^{-\frac{4}{3}})$

$\Rightarrow y^{-\frac{4}{3}}y' + \dfrac{6}{x}y^{-\frac{1}{3}} = 3\,(\because 양변 \times \dfrac{1}{x})$

$\Rightarrow -\dfrac{1}{3}y^{-\frac{4}{3}}y' = u'\,(\because y^{-\frac{1}{3}} = u로\ 치환)$

$\Rightarrow y^{-\frac{4}{3}}y' = -3u'$

$\Rightarrow -3u' + \dfrac{6}{x}u = 3$

$\Rightarrow u' - \dfrac{2}{x}u = -1$

$\Rightarrow u = e^{\int \frac{2}{x}dx}\left\{\int -e^{-\int \frac{2}{x}dx}dx + C\right\}$

$\Rightarrow u = x^2\left\{\int -\dfrac{1}{x^2}dx + C\right\}$

$\Rightarrow u = y^{-\frac{1}{3}} = x^2\left\{\dfrac{1}{x} + C\right\} = x + Cx^2$

$\Rightarrow y = \{x + Cx^2\}^{-3} = \dfrac{1}{(x + Cx^2)^3}$

**24.** ①

풀이 라플라스 변환의 정의에 의해 $F(s) = \int_0^\infty e^{-st} f(t)\,dt$ 이고,

$$
\begin{aligned}
F(2\pi) &= \int_0^\infty e^{-2\pi t} f(t)\,dt \\
&= \int_2^4 e^{-2\pi t} \cdot e^{\pi t}\,dt \\
&= \int_2^4 e^{-\pi t}\,dt \\
&= -\frac{1}{\pi}\left[e^{-\pi t}\right]_2^4 \\
&= -\frac{1}{\pi}\left(e^{-4\pi} - e^{-2\pi}\right) \\
&= \frac{e^{-2\pi} - e^{-4\pi}}{\pi}
\end{aligned}
$$

[다른 풀이]

$$
\begin{aligned}
f(t) &= \begin{cases} 0 & (t < 2) \\ e^{\pi t} & (2 \le t \le 4) \\ 0 & (t > 4) \end{cases} \\
&= e^{\pi t} u(t-2) - e^{\pi t} u(t-4) \\
&= e^{\pi(t-2+2)} u(t-2) - e^{\pi(t-4+4)} u(t-4)
\end{aligned}
$$

$$
\begin{aligned}
F(s) &= \mathcal{L}\{f(t)\} \\
&= \mathcal{L}\left\{e^{\pi(t-2+2)} u(t-2) - e^{\pi(t-4+4)} u(t-4)\right\} \\
&= e^{-2s}\mathcal{L}\{e^{\pi(t+2)}\} - e^{-4s}\mathcal{L}\{e^{\pi(t+4)}\} \\
&= e^{-2s}\mathcal{L}\{e^{2\pi}e^{\pi t}\} - e^{-4s}\mathcal{L}\{e^{4\pi}e^{\pi t}\} \\
&= e^{2\pi}\frac{e^{-2s}}{s-\pi} - e^{4\pi}\frac{e^{-4s}}{s-\pi} \\
&= \frac{e^{-2(s-\pi)} - e^{-4(s-\pi)}}{s-\pi}
\end{aligned}
$$

$$
F(2\pi) = \frac{e^{-2\pi} - e^{-4\pi}}{\pi}
$$

**25.** ②

풀이 $y'' + (y')^3 \cos y = 0$, $y(0) = \dfrac{\pi}{2}$, $y'(0) = 1$ 일 때,

$y' = \dfrac{dy}{dx} = u$ 로 치환하면 $y'(0) = u(0) = 1$

$$
y'' = \frac{d}{dx}\left(\frac{dy}{dx}\right) = \frac{du}{dx} = \frac{du}{dy} \cdot \frac{dy}{dx} = u\frac{du}{dy}
$$

따라서 주어진 미분방정식은 다음과 같은 미분방정식이 된다.

$$
y'' + (y')^3 \cos y = 0
$$

$$
\Rightarrow u\frac{du}{dy} + u^3 \cos y = 0
$$

변수분리 미분방정식을 풀이하자.

$$
\Rightarrow \int \frac{1}{u^2}\,dy + \int \cos y\,dy = 0
$$

$$
\Rightarrow -\frac{1}{u} + \sin y = c_1
$$

($x = 0$, $y = \dfrac{\pi}{2}$, $u = 1$ 대입하면 $c_1 = 0$)

$$
\Rightarrow \frac{1}{u} = \sin y
$$

$$
\Rightarrow \frac{1}{y'} = \sin y
$$

$$
\Rightarrow \int dx = \int \sin y\,dy
$$

$$
\Rightarrow x = -\cos y + c_2
$$

($x = 0$, $y = \dfrac{\pi}{2}$ 이면 $c_2 = 0$)

$$
\Rightarrow y = \cos^{-1}(-x)
$$

| 정답률 | | | | |
|---|---|---|---|---|
| 1 | 2 | 3 | 4 | 5 |
| 79% | 73% | 54% | 62% | 29% |
| 6 | 7 | 8 | 9 | 10 |
| 51% | 38% | 82% | 90% | 23% |
| 11 | 12 | 13 | 14 | 15 |
| 62% | 83% | 91% | 44% | 78% |
| 16 | 17 | 18 | 19 | 20 |
| 58% | 85% | 50% | 48% | 48% |
| 21 | 22 | 23 | 24 | 25 |
| 32% | 60% | 65% | 43% | 33% |
| 평균 | 최고점 | 상위10%<br>평균 | 상위20%<br>평균 | 상위30%<br>평균 |
| 56.54 | 91.7 | 83.56 | 79.19 | 76.2 |

**1.** ①

풀이 $2(x^2+y^2)^2 = 25(x^2-y^2) \Leftrightarrow 2(x^2+y^2)^2 - 25(x^2-y^2) = 0$
음함수미분법에 의해
$$\frac{dy}{dx} = -\frac{8x(x^2+y^2)-50x}{8y(x^2+y^2)+50y}\Big|_{(3,1)} = -\frac{240-150}{80+50} = -\frac{9}{13}$$
접선의 방정식은 $y = -\frac{9}{13}(x-3)+1 = \frac{-9x+40}{13}$ 이다.

**2.** ③

풀이 $f(x) = e^{\ln(1+\sqrt{x})^{\frac{1}{\sqrt{x}}}}$
$$f'(x) = (1+\sqrt{x})^{\frac{1}{\sqrt{x}}}\left(-\frac{1}{2x\sqrt{x}}\ln(1+\sqrt{x}) + \left(\frac{1}{2x}\right)\frac{1}{1+\sqrt{x}}\right)$$
$$f'(1) = 2\left(-\frac{1}{2}\ln 2 + \frac{1}{4}\right) = \frac{1}{2} - \ln 2$$

**3.** ④

풀이 (가) (수렴) 교대급수판정법에 의해
$$\lim_{x\to\infty}\tan^{-1}\left(\frac{1}{n}\right) = 0$$ 이므로 수렴한다.

(나) (수렴) $b_n = \frac{1}{n\sqrt{n}}$ 이라 하면,

$$\lim_{n\to\infty}\frac{\sin\frac{1}{n}\sin^{-1}\frac{2}{\sqrt{n}}}{\frac{1}{n\sqrt{n}}} = \lim_{n\to\infty}\frac{\sin\frac{1}{n}}{\frac{1}{n}} \cdot \lim_{n\to\infty}\frac{\sin\frac{2}{\sqrt{n}}}{\frac{1}{\sqrt{n}}} = 2$$
극한비교판정법에 의해
$$\sum_{n=1}^{\infty}\sin\frac{1}{n}\sin^{-1}\frac{2}{\sqrt{n}} \text{ 과 } \sum_{n=1}^{\infty}b_n \text{ 의 수렴성이 동일하다.}$$
$\sum_{n=1}^{\infty}b_n$ 가 수렴이므로 $\sum_{n=1}^{\infty}\sin\frac{1}{n}\sin^{-1}\frac{2}{\sqrt{n}}$ 은 수렴한다.

(다) (수렴) $a_n = \frac{2^n n!}{n^{2n}}$ 이라 하면,
$$\lim_{n\to\infty}\frac{a_{n+1}}{a_n} = \lim_{n\to\infty}\frac{2^{n+1}(n+1)!}{(n+1)^{2n+2}}\frac{n^{2n}}{2^n n!}$$
$$= \lim_{n\to\infty}2\left(\frac{n}{n+1}\right)^{2n}\frac{1}{n+1} = 0 < 1$$
따라서 비율판정법에 의해 수렴한다.

(라) (수렴) $b_n = \frac{1}{n^2}$ 이라 하면, $\lim_{n\to\infty}\dfrac{1-\cos\frac{1}{n}}{\frac{1}{n^2}} = \dfrac{1}{2}$

극한비교판정법에 의해
$$\sum_{n=1}^{\infty}1-\cos\frac{1}{n} \text{ 과 } \sum_{n=1}^{\infty}\frac{1}{n^2} \text{ 은 수렴성이 동일하다.}$$
$\sum_{n=1}^{\infty}\frac{1}{n^2}$ 가 수렴하므로 $\sum_{n=1}^{\infty}1-\cos\frac{1}{n}$ 은 수렴한다.

**4.** ①

풀이 $\sum_{n=0}^{\infty}\dfrac{(-1)^n}{n^3+3}(x-1)^n$ 의 수렴구간은 $A = \{x\,|\,|x-1|<1\}$

$x-1=1$ 일 때 $\sum_{n=0}^{\infty}\dfrac{(-1)^n}{n^3+3}$ 은 수렴이고,

$x-1=-1$ 일 때 $\sum_{n=0}^{\infty}\dfrac{1}{n^3+3}$ 도 수렴이다.

따라서 $A = \{x\,|\,-1\le x-1\le 1\} = \{x\,|\,0\le x\le 2\}$ 이다.

$\sum_{n=1}^{\infty}\dfrac{1}{\sqrt{n}}\left(\dfrac{x-1}{x}\right)^n$ 의 수렴구간은 $B = \left\{x\,\Big|\,-1<\dfrac{x-1}{x}<1\right\}$

$\dfrac{x-1}{x}=1$ 일 때 $\sum_{n=1}^{\infty}\dfrac{1}{\sqrt{n}}$ 은 발산이고,

$\dfrac{x-1}{x}=-1$ 일 때 $\sum_{n=1}^{\infty}\dfrac{(-1)^n}{\sqrt{n}}$ 은 수렴이다.

$B = \left\{x\,\Big|\,-1\le\dfrac{x-1}{x}<1\right\}$
$= \left\{x\,\Big|\,-1\le 1-\dfrac{1}{x}<1\right\}$
$= \left\{x\,\Big|\,-2\le -\dfrac{1}{x}<0\right\}$

$$= \left\{ x \mid 0 < \frac{1}{x} \le 2 \right\}$$

$$= \left\{ x \mid \frac{1}{2} \le x \right\} \text{이다.}$$

$$\therefore A \cap B = \left\{ x \mid \frac{1}{2} \le x \le 2 \right\}$$

**5.** ①

**풀이** $A$는 $90\,km/h$의 속도로 서쪽으로 달리므로 $\dfrac{dx}{dt} = 90$이고,

$B$는 $100\,km/h$의 속도로 북쪽으로 달리므로 $\dfrac{dy}{dt} = 100$이다.

교차점으로부터 $A$까지의 거리는 $x$이고, $B$까지의 거리는 $y$라 하면, 두 자동차 사이의 거리를 $l = \sqrt{x^2 + y^2}$ 이라 하자.

$$\frac{dl}{dt} = \frac{x}{\sqrt{x^2+y^2}}\frac{dx}{dt} + \frac{y}{\sqrt{x^2+y^2}}\frac{dy}{dt}$$

$$\frac{dx}{dt} = 90, \ \frac{dy}{dt} = 100, \ x = 60, \ y = 80$$

$$\therefore \frac{dl}{dt} = 134 km/h$$

**6.** ④

**풀이** (가) (참) $\displaystyle\int_0^\infty x^2 e^{-x^2} dx = \frac{1}{2}\int_0^\infty e^{-x^2} dx = \frac{\sqrt{\pi}}{4}$

(나) (거짓) $\displaystyle\int_0^\infty e^{-x^2}dx = \frac{\sqrt{\pi}}{2}$

(다) (참)

$$\int_0^1 \sqrt{-\ln x}\, dx = 2\int_0^\infty t^2 e^{-t^2}dt = \int_0^\infty e^{-t^2}dt = \frac{\sqrt{\pi}}{2}$$

$$\left( \int_0^1 \bigg\rangle \sqrt{-\ln x} = t \bigg\langle_\infty^0, \ x = e^{-t^2} dx = -2t e^{-t^2} dt \right)$$

(라) (참) $\displaystyle\int_0^\infty x^n e^{-x}dx = \Gamma(n+1) = n!$

(마) (거짓) $\displaystyle\int_0^1 (\ln t)^n dt = \int_\infty^0 (-1)^n x^n e^{-x} dx = (-1)^n n!$

$$\left( \int_0^1 \bigg\rangle \ln t = -x \bigg\langle_\infty^0, \ t = e^{-x}, \ dt = -e^{-x} dx \right)$$

(바) (참) $\displaystyle\int_0^1 (-\ln t)^n dt = \int_\infty^0 x^n e^{-x} dx = n!$

$$\left( \int_0^1 \bigg\rangle -\ln t = x \bigg\langle_\infty^0, \ t = e^{-x}, \ dt = -e^{-x} dx \right)$$

**7.** ②

**풀이** $\displaystyle\int_0^\pi x \sin^2 x \cos^4 x\, dx = I$ 이라 하자.

$$\int_0^\pi x \sin^2 x \cos^4 x\, dx = \int_\pi^0 (\pi-t)\sin^2(\pi-t)\cos^4(\pi-t) dt$$

$$\left( \int_0^\pi \bigg\rangle x = \pi - t \bigg\langle_\pi^0, \ dx = -dt \right)$$

$$= \pi \int_0^\pi \sin^2 t \cos^4 t\, dt - \int_0^\pi t \sin^2 t \cos^4 t\, dt$$

$$= I$$

$$\Leftrightarrow \pi \int_0^\pi \sin^2 t \cos^4 t\, dt - I = I \text{이므로}$$

$$I = \frac{\pi}{2}\int_0^\pi \sin^2 t \cos^4 t\, dt$$

$$= \frac{\pi}{2}\int_0^\pi (1-\cos^2 t)\cos^4 t\, dt$$

$$= \frac{\pi}{2}\int_0^\pi \cos^4 t - \cos^6 t\, dt$$

$$= 2 \times \frac{\pi}{2}\left( \frac{3}{4}\cdot\frac{1}{2}\cdot\frac{\pi}{2} - \frac{5}{6}\cdot\frac{3}{4}\cdot\frac{1}{2}\cdot\frac{\pi}{2} \right) = \frac{\pi^2}{32}$$

**8.** ②

**풀이** $(1,2,1,2), (3,0,-1,0), (2,1,0,1), (1,-1,-1,-1)$에 모두 수직이고 벡터들로 이루어진 공간은 위 네 개의 벡터를 행으로 작성한 행렬의 해공간이다.

행렬 $A = \begin{pmatrix} 1 & 2 & 1 & 2 \\ 3 & 0 & -1 & 0 \\ 2 & 1 & 0 & 1 \\ 1 & -1 & -1 & -1 \end{pmatrix}$에서 $rank A = 2$이므로,

$nullity A = 4 - rank A = 2$이다.

따라서 해공간의 차원은 2차원이다.

**9.** ②

**풀이** $W$는 행렬 $A$의 해공간을 의미하므로 $\dim W = nullity A \ge 1$이다. 따라서 $rank A = 3 - nullity A \le 2$이므로 $\det A = 0$이라는 값을 갖는다.

$$\det A = \begin{vmatrix} 1 & 1 & 1 \\ 1 & 2 & a+1 \\ 2 & 1 & a^2 \end{vmatrix} = a^2 + a - 2 = 0 \text{이므로 } a = -2, a = 1$$

이다. 따라서 모든 실수 $a$의 값의 합은 $-1$이다.

**10.** ①

**풀이** $T(u) = (1+0)u + 0v = u, \ T(v) = (1+0)u + 2v = u + 2v$

$$\therefore [T]_E = A = \begin{pmatrix} 1 & 1 \\ 0 & 2 \end{pmatrix}$$

① (거짓) $A$의 고유치의 합은 $tr(A)$이므로 $3$이다.

② (참) $A$는 서로 다른 고유치 $1, 2$를 가지므로 대각화가능하다.

③ (참) $\dfrac{1}{2}A = B = \begin{pmatrix} \frac{1}{2} & \frac{1}{2} \\ 0 & 1 \end{pmatrix}$라 하면

$$B\begin{pmatrix} 1 \\ 1 \end{pmatrix} = \begin{pmatrix} 1 \\ 1 \end{pmatrix} \text{이므로 } B^n \begin{pmatrix} 1 \\ 1 \end{pmatrix} = \begin{pmatrix} 1 \\ 1 \end{pmatrix} \text{이다.}$$

$$\therefore \lim_{n\to\infty}\left(\frac{1}{2}A\right)^n \begin{pmatrix} 1 \\ 1 \end{pmatrix} = \lim_{n\to\infty} B^n \begin{pmatrix} 1 \\ 1 \end{pmatrix} = \begin{pmatrix} 1 \\ 1 \end{pmatrix}$$

④ (참) $\frac{1}{2}A = B = \begin{pmatrix} \frac{1}{2} & \frac{1}{2} \\ 0 & 1 \end{pmatrix}$라 하면

$\left(\frac{1}{2}A\right)\begin{pmatrix} 3 \\ 0 \end{pmatrix} = B\begin{pmatrix} 3 \\ 0 \end{pmatrix} = \frac{1}{2}\begin{pmatrix} 3 \\ 0 \end{pmatrix}$이고, $B^n\begin{pmatrix} 3 \\ 0 \end{pmatrix} = \left(\frac{1}{2}\right)^n\begin{pmatrix} 3 \\ 0 \end{pmatrix}$이다.

$\therefore \lim_{n\to\infty}\left(\frac{1}{2}A\right)^n X = \lim_{n\to\infty}B^n\begin{pmatrix} 3 \\ 0 \end{pmatrix} = \lim_{n\to\infty}\left(\frac{1}{2}\right)^n\begin{pmatrix} 3 \\ 0 \end{pmatrix} = 0$

## 11. ①

**풀이**

$\begin{bmatrix} 1 & 3 \\ 2 & 6 \\ -1 & 0 \end{bmatrix}\begin{bmatrix} x_1 \\ x_2 \end{bmatrix} = \begin{bmatrix} 2 \\ -1 \\ 1 \end{bmatrix}$

$\Leftrightarrow \begin{bmatrix} 1 & 2 & -1 \\ 3 & 6 & 0 \end{bmatrix}\begin{bmatrix} 1 & 3 \\ 2 & 6 \\ -1 & 0 \end{bmatrix}\begin{bmatrix} x_1 \\ x_2 \end{bmatrix} = \begin{bmatrix} 1 & 2 & -1 \\ 3 & 6 & 0 \end{bmatrix}\begin{bmatrix} 2 \\ -1 \\ 1 \end{bmatrix}$

$\Leftrightarrow \begin{bmatrix} 6 & 15 \\ 15 & 45 \end{bmatrix}\begin{bmatrix} x_1 \\ x_2 \end{bmatrix} = \begin{bmatrix} -1 \\ 0 \end{bmatrix}$

$\Leftrightarrow \begin{bmatrix} x_1 \\ x_2 \end{bmatrix} = \frac{1}{45}\begin{bmatrix} 45 & -15 \\ -15 & 6 \end{bmatrix}\begin{bmatrix} -1 \\ 0 \end{bmatrix}$

$\Leftrightarrow \begin{bmatrix} x_1 \\ x_2 \end{bmatrix} = \begin{bmatrix} -1 \\ \frac{1}{3} \end{bmatrix}$

따라서 $x_1 = -1$, $x_2 = \frac{1}{3}$이므로 $x_1 + x_2 = -\frac{2}{3}$이다.

## 12. ④

**풀이**

( i ) $x$축을 따라 접근할 때, $\lim_{x\to 0}\frac{0}{x^4} = 0$

( ii ) $y$축을 따라 접근할 때, $\lim_{y\to 0}\frac{0}{4y^2} = 0$

( iii ) $y = mx^2$을 따라 접근할 때, $\lim_{x\to 0}\frac{mx^4 e^{mx^2}}{(1+4m^2)x^4} = \frac{m}{1+4m^2}$

$m$값에 따라서 값이 결정되므로 극한값이 존재하지 않는다.

## 13. ③

**풀이**

$F: x^2 - 2y^2 + z^2 + yz = 2$이라 하면,

곡면 $F$의 접평면의 법선벡터는 $\nabla F$가 된다.

$\nabla F = \langle 2x, -4y+z, 2z+y \rangle$이므로

점 $(2, 1, -1)$에서 접평면의 법선벡터는 $\langle 4, -5, -1 \rangle$이다.

따라서 접평면의 방정식은 $4x - 5y - z = 4$이다.

## 14. ①

**풀이**

$\frac{\partial^2 f}{\partial x^2} = \frac{\partial^2 f}{\partial u^2}\left(\frac{\partial u}{\partial x}\right)^2 + \frac{\partial^2 f}{\partial v^2}\left(\frac{\partial v}{\partial x}\right)^2$

$+2\frac{\partial^2 f}{\partial v\partial u}\frac{\partial u}{\partial x}\frac{\partial v}{\partial x} + \frac{\partial f}{\partial u}\frac{\partial^2 u}{\partial x^2} + \frac{\partial f}{\partial v}\frac{\partial^2 v}{\partial x^2}$

$= \frac{\partial^2 f}{\partial u^2}\cos^2\theta + \frac{\partial^2 f}{\partial v^2}\sin^2\theta + 2\frac{\partial^2 f}{\partial v\partial u}\sin\theta\cos\theta$

$\frac{\partial^2 f}{\partial y^2} = \frac{\partial^2 f}{\partial u^2}\left(\frac{\partial u}{\partial y}\right)^2 + \frac{\partial^2 f}{\partial v^2}\left(\frac{\partial v}{\partial y}\right)^2$

$+2\frac{\partial^2 f}{\partial v\partial u}\frac{\partial u}{\partial y}\frac{\partial v}{\partial y} + \frac{\partial f}{\partial u}\frac{\partial^2 u}{\partial y^2} + \frac{\partial f}{\partial v}\frac{\partial^2 v}{\partial y^2}$

$= \frac{\partial^2 f}{\partial u^2}\sin^2\theta + \frac{\partial^2 f}{\partial v^2}\cos^2\theta - 2\frac{\partial^2 f}{\partial v\partial u}\sin\theta\cos\theta$

$\therefore \frac{\partial^2 f}{\partial x^2} + \frac{\partial^2 f}{\partial y^2} = \frac{\partial^2 f}{\partial u^2}(\sin^2\theta + \cos^2\theta) + \frac{\partial^2 f}{\partial v^2}(\sin^2\theta + \cos^2\theta)$

$= \frac{\partial^2 f}{\partial u^2} + \frac{\partial^2 f}{\partial v^2}$

## 15. ②

**풀이**

$g(t) = \int_{\sqrt{t}}^{t^2}\frac{\sqrt{1+u^4}}{u}du$이라 하자.

$F(x) = \int_1^x \int_{\sqrt{t}}^{t^2}\frac{\sqrt{1+u^4}}{u}du\,dt = \int_1^x g(t)dt$

$F'(x) = g(x)$, $F''(x) = g'(x)$이므로

$F''(x) = g'(x) = 2x\frac{\sqrt{1+x^8}}{x^2} - \frac{1}{2\sqrt{x}}\frac{\sqrt{1+x^2}}{\sqrt{x}}$이다.

$\therefore F''(2) = \sqrt{257} - \frac{\sqrt{5}}{4}$

## 16. ②

**풀이**

정의역 $x^2 + y^2 = 16 \Leftrightarrow y^2 = 16 - x^2$이므로

$f(x, y) = 2x^2 + 3y^2 - 4x - 5$에 대입한 함수를 $g(x)$라 하면

$g(x) = 2x^2 + 3(16 - x^2) - 4x - 5 = -x^2 - 4x + 43$이다.

따라서 구간 $-4 \le x \le 4$에 대해

$g(x)$의 최댓값이 $M$이고, 최솟값이 $m$이 된다.

$g'(x) = -2x - 4 = 0$를 만족하는 임계점이 $x = -2$이므로

$g(-2) = 47$, $g(-4) = 43$, $g(4) = 11$이다.

$M = 47$, $m = 11$이므로 $M + m = 58$이다.

## 17. ②

**풀이**

높이는 $0 \le z \le x + 4$이고, 바닥 영역은

$D = \{(x, y) | 1 \le x^2 + y^2 \le 4\}$이므로 부피는

$V = \iint_D x + 4\,dA$

$= \iint_D x\,dA + 4\iint_D 1\,dA(\because 무게중심 이용)$

$= 4 \cdot D$의 면적$= 12\pi$

## 18. ④

영역 $R = \left\{ (x, y, z) \mid \sqrt{3(x^2+y^2)} \le z \le 2 + \sqrt{4-x^2-y^2} \right\}$
을 구면좌표계를 이용하면

$$R = \left\{ (\rho, \theta, \phi) \mid 0 \le \theta \le 2\pi, \, 0 \le \phi \le \frac{\pi}{6}, \, 0 \le \rho \le 4\cos\phi \right\}$$

$$\therefore \iiint_R \sqrt{x^2+y^2+z^2} \, dV$$

$$= \int_0^{2\pi} \int_0^{\frac{\pi}{6}} \int_0^{4\cos\phi} \rho^3 \sin\phi \, d\rho \, d\phi \, d\theta$$

$$= \int_0^{2\pi} \int_0^{\frac{\pi}{6}} 64\cos^4\phi \sin\phi \, d\phi \, d\theta$$

$$= 2\pi \left[ -\frac{64}{5} \cos^5\phi \right]_0^{\frac{\pi}{6}}$$

$$= \frac{4\pi(32-9\sqrt{3})}{5}$$

## 19. ①

영역 $R = \{ (x, y, z) \mid -1 \le x+y \le 1, \, -1 \le x-y \le 1 \}$
적분변수변환을 이용하여 $x+y = u$, $x-y = v$로 치환하면
$|J| = \frac{1}{2}$ 이고, $R' = \{ (u, v) \mid -1 \le u \le 1, \, -1 \le v \le 1 \}$

$$\therefore \iint_R (x+y)^2 \ln(2+x-y) \, dA$$

$$= \iint_{R'} u^2 \ln(2+v) \, du \, dv$$

$$= \int_{-1}^1 \int_{-1}^1 u^2 \ln(2+v) \, du \, dv$$

$$= \int_{-1}^1 u^2 \, du \int_{-1}^1 \ln(2+v) \, dv$$

$$= \left[ \frac{1}{3} u^3 \right]_{-1}^1 \left[ (2+v)\ln(2+v) - (v+2) \right]_{-1}^1$$

$$= \ln 3 - \frac{2}{3}$$

## 20. ③

곡면 $S = \{ (x, y, z) \mid x^2+y^2+z^2 = 4 \}$ 이고,
영역 $D = \{ (x, y) \mid x^2+y^2 = 1, \, x \ge 0, \, y \ge 0 \}$ 이다.
이때 유량은

$$\iint_S F \cdot \vec{n} \, dS = \iint_D \langle x, y, z \rangle \cdot \left\langle \frac{x}{z}, \frac{y}{z}, 1 \right\rangle dA$$

$$= \iint_D \frac{4}{\sqrt{4-x^2-y^2}} \, dA$$

$$= \int_0^{\frac{\pi}{2}} \int_0^1 \frac{4r}{\sqrt{4-r^2}} \, dr \, d\theta$$

$$= \frac{\pi}{2} \left[ -4\sqrt{4-r^2} \right]_0^1$$

$$= \pi(4 - 2\sqrt{3})$$

## 21. ②

입체 $E = \left\{ (x, y, z) \mid 0 \le x \le 2, \, 0 \le z \le \sqrt{1-y^2} \right\}$
라 하면, 벡터함수 $F$의 유량을 구하면

$$\iint_S F \cdot \vec{n} \, dS = \iiint_E (\nabla \cdot F) \, dV$$

$$= \int_{-1}^1 \int_0^{\sqrt{1-y^2}} \int_0^2 3x^2 + 3y^2 + 3z^2 \, dx \, dz \, dy$$

$$= \int_0^\pi \int_0^1 8r + 6r^3 \, dr \, d\theta$$

$$= \pi \left( 4 + \frac{3}{2} \right) = \frac{11}{2} \pi$$

## 22. ②

$y = a_0 + a_1 x + a_2 x^2 + a_3 x^3 + a_4 x^4 + \cdots$ 이므로
$y' = a_1 + 2a_2 x + 3a_3 x^2 + 4a_4 x^3 + \cdots$,
$y'' = 2a_2 + 6a_3 x + 12a_3 x^2 + \cdots$ 이다.
따라서 주어진 미분방정식에 대입하면

$$\left( 2a_2 + 6a_3 x + 12a_3 x^2 + \cdots \right) - \left( 2a_1 x + 4a_2 x^2 + 6a_3 x^3 + 8a_4 x^4 \right)$$
$$+ \left( 8a_0 + 8a_1 x + 8a_2 x^2 + 8a_3 x^3 + 8a_4 x^4 + \cdots \right) = 0$$

$$(2a_2 + 8a_0) + (6a_3 - 2a_1 + 8a_1)x + (12a_3 - 4a_3 + 8a_2)x^2$$
$$+ (20a_4 - 6a_3 + 8a_3)x^3 + (30a_5 - 8a_4 + 8a_4)x^5 + \cdots = 0$$

$x^5$의 계수 앞이 0이 될 때 $a_5 = 0$이므로 $\dfrac{a_5}{a_2} = 0$이다.

## 23. ③

( i ) 일반해 $y_c$ 구하기

$y'' + 16y = 0$의 특성다항식을 $f(\lambda) = \lambda^2 + 16 = 0$이므로
$\lambda = \pm 4i$이다.
따라서 일반해 $y_c = c_1 \cos 4x + c_2 \sin 4x$이다.

( ii ) 특수해 $y_p$ 구하기

역연산자법을 이용하여 특수해를 구하면

$$y_p = \frac{1}{D^2 + 16} \{ \cos 4x \}$$

$$= Re \left[ \frac{1}{(D-4i)(D+4i)} \{ e^{4ix} \} \right]$$

$$= Re \left[ \frac{x}{8i} \{ \cos 4x + i \sin 4x \} \right] = \frac{x}{8} \sin 4x$$

따라서 $y = y_c + y_p$이므로

$$y = c_1 \cos 4x + c_2 \sin 4x + \frac{x}{8} \sin 4x$$ 이다.

$$y'(x) = -4c_1 \sin 4x + 4c_2 \cos 4x + \frac{1}{8} \sin 4x + \frac{x}{2} \cos 4x$$

$y(0) = c_1 = 0$, $y'(0) = 4c_2 = 1$이므로

$c_1 = 0$, $c_2 = \dfrac{1}{4}$ 이다. 따라서 $y\left( \dfrac{3\pi}{2} \right) = 0$이다.

**24.** ①

> **풀이** $f(t) = t + u(t-1)(2-2t)$ 이므로 라플라스 변환을 구하면
>
> $$\mathcal{L}\{f(t)\} = \mathcal{L}\{t\} + \mathcal{L}\{u(t-1)(2-2t)\}$$
>
> $$= \frac{1}{s^2} + e^{-s}\mathcal{L}\{-2t\}$$
>
> $$= \frac{1}{s^2} - \frac{2}{s^2}e^{-s}$$
>
> $$= \frac{1-2e^{-s}}{s^2}$$

**25.** ③

> **풀이** 론스키얀 해법을 이용한다.
>
> ( i ) 일반해 $y_c$ 구하기
>
> 특성다항식은 $r(r-1) - 4r + 6 = 0$이므로 $r = 2,\ r = 3$
>
> 이다. 따라서 일반해 $y_c = c_1 x^2 + c_2 x^3$ 이다.
>
> ( ii ) 특수해 $y_p$ 구하기
>
> 표준형을 맞춰주면 $y'' - \dfrac{4}{x}y' + \dfrac{6}{x^2}y = \ln x$이므로
>
> $R(x) = \ln x$이다.
>
> $$W(x) = \begin{vmatrix} x^2 & x^3 \\ 2x & 3x^2 \end{vmatrix} = x^4.$$
>
> $$W_1(x)R(x) = \begin{vmatrix} 0 & x^3 \\ \ln x & 3x^2 \end{vmatrix} = -x^3\ln x.$$
>
> $$W_2(x)R(x) = \begin{vmatrix} x^2 & 0 \\ 2x & \ln x \end{vmatrix} = x^2\ln x \text{이다.}$$
>
> $$y_p = x^2 \int -\frac{\ln x}{x}\,dx + x^3 \int \frac{\ln x}{x^2}\,dx$$
>
> $$= -\frac{1}{2}x^2(\ln x)^2 + x^2(-1-\ln x)$$
>
> $$= -\frac{1}{2}x^2(\ln x)^2 - x^2\ln x$$
>
> $$\therefore y_p(e) = -\frac{1}{2}e^2 - e^2 = -\frac{3}{2}e^2$$

[다른 풀이]

상수계수 미분방정식으로 치환한다.

$x = e^t$으로 치환하면 $y''(t) - 5y'(t) + 6y(t) = te^{2t}$ 이다.

( i ) 일반해 $y_c$ 구하기

특성다항식이 $f(\lambda) = \lambda^2 - 5\lambda + 6 = 0$이므로

$\lambda = 3,\ \lambda = 2$이다.

따라서 $y_c(t) = c_1 e^{2t} + c_2 e^{3t}$ 이다.

( ii ) 특수행 $y_p$ 구하기

역연산자법을 이용하여 특수해를 구하면

$$y_p = \frac{1}{(D-2)(D-3)}\{te^{2t}\}$$

$$= \frac{e^{2t}}{D(D-1)}\{t\}$$

$$= \frac{-e^{2t}}{1-D}\left\{\frac{1}{2}t^2\right\}$$

$$= -e^{2t}\left(\frac{1}{2}t^2 + t + 1\right)$$

$y_p(t) = -\dfrac{1}{2}t^2 e^{2t} - te^{2t}$ 이므로

$y_p(x) = -\dfrac{1}{2}(\ln x)^2 x^2 - (\ln x)x^2$ 이다.

$$\therefore y_p(e) = -\frac{3}{2}e^2$$

## 정답률

| 1 | 2 | 3 | 4 | 5 |
|---|---|---|---|---|
| 70% | 89% | 42% | 53% | 58% |
| 6 | 7 | 8 | 9 | 10 |
| 52% | 29% | 63% | 38% | 53% |
| 11 | 12 | 13 | 14 | 15 |
| 82% | 59% | 73% | 85% | 52% |
| 16 | 17 | 18 | 19 | 20 |
| 80% | 23% | 47% | 64% | 59% |
| 21 | 22 | 23 | 24 | 25 |
| 23% | 77% | 73% | 85% | 46% |
| 평균 | 최고점 | 상위10%<br>평균 | 상위20%<br>평균 | 상위30%<br>평균 |
| 57.14 | 96.5 | 87.11 | 82.13 | 78.44 |

**1.** ①

풀이 $y=x^2$과 $y=x^2-x+1$의 교점 $(1,1)$에서

$y=x^2$의 접선의 기울기는 2이고

$y=x^2-x+1$의 접선의 기울기는 1이므로

$\tan\alpha=2$, $\tan\beta=1$이라 하면,

$\tan\psi=|\tan(\alpha-\beta)|=\left|\dfrac{\tan\alpha-\tan\beta}{1+\tan\alpha\tan\beta}\right|=\dfrac{2-1}{1+2}=\dfrac{1}{3}$

**2.** ②

풀이 $\ln f(x)=\ln x^3\sqrt{\dfrac{x-1}{x+1}}=3\ln x+\dfrac{1}{2}\ln(x-1)-\dfrac{1}{2}\ln(x+1)$

양변을 미분하면 $\dfrac{f'(x)}{f(x)}=\dfrac{3}{x}+\dfrac{1}{2(x-1)}-\dfrac{1}{2(x+1)}$

$f'(2)=f(2)\left(\dfrac{3}{2}+\dfrac{1}{2}-\dfrac{1}{6}\right)=\dfrac{44}{3\sqrt{3}}$

**3.** ④

풀이 $\lim_{x\to0}\sqrt[x^2]{2}\left(\dfrac{1-\cos x}{x^2}\right)^{\frac{1}{x^2}}=\lim_{x\to0}e^{\frac{\ln2}{x^2}}e^{\frac{\ln(1-\cos x)-\ln x^2}{x^2}}$

$\lim_{x\to0}\dfrac{\ln2+\ln(1-\cos x)-2\ln x}{x^2}$

$=\lim_{x\to0}\dfrac{\dfrac{\sin x}{1-\cos x}-\dfrac{2}{x}}{2x}$

$=\lim_{x\to0}\dfrac{x\sin x-2+2\cos x}{2x^2-2x^2\cos x}$

$=\lim_{x\to0}\dfrac{x\left(x-\dfrac{1}{3!}x^3+\dfrac{1}{5!}x^5-\cdots\right)-2+2\left(1-\dfrac{1}{2!}x^2+\dfrac{1}{4!}x^4-\cdots\right)}{2x^2-2x^2\left(1-\dfrac{1}{2!}x^2+\dfrac{1}{4!}x^4-\cdots\right)}$

$=\lim_{x\to0}\dfrac{-\dfrac{1}{12}x^4-\cdots}{x^4-\dfrac{1}{12}x^6+\cdots}=-\dfrac{1}{12}$

$\therefore\lim_{x\to0}\sqrt[x^2]{2}\left(\dfrac{1-\cos x}{x^2}\right)^{\frac{1}{x^2}}=e^{-\frac{1}{12}}$

**4.** ①

풀이 구해야 할 넓이를 $S$이라 하자.

$S=2xy(x>0,y>0)=2xe^{-x^2}(\because y=e^{-x^2})$

$S'=(1-2x^2)2e^{-x^2}=0$이 되는 점은 $x=\dfrac{1}{\sqrt{2}}$이다.

$x=\dfrac{1}{\sqrt{2}}$일 때 $S$가 최댓값을 가지므로

최대 넓이 $S$는 $\sqrt{\dfrac{2}{e}}$이다.

**5.** ②

풀이 $\displaystyle\int_0^\pi f(t)dt=\alpha$이라 하면 $f(x)=x\sin x+\alpha$

$\alpha=\displaystyle\int_0^\pi t\sin t+\alpha\,dt=[-t\cos t+\sin t+\alpha t]_0^\pi=\pi+\pi\alpha$

$\alpha=-\dfrac{\pi}{\pi-1}$

$\therefore f\left(\dfrac{\pi}{2}\right)=\dfrac{\pi}{2}-\dfrac{\pi}{\pi-1}$

**6.** ②

풀이 $g(x)=\displaystyle\int_0^x\dfrac{1}{1+t^2}dt+\int_0^{\frac{1}{x}}\dfrac{1}{1+t^2}dt$

$=\tan^{-1}x+\tan^{-1}\dfrac{1}{x}$

$=\begin{cases}\dfrac{\pi}{2}, & x>0\\[2mm] -\dfrac{\pi}{2}, & x<0\end{cases}$

$g(2)=\dfrac{\pi}{2}$, $g(-1)=-\dfrac{\pi}{2}$

$\therefore g(2)-g(-1)=\pi$

**7.** ③

풀이 극곡선 $r^2 = 4\cos3\theta$의 그래프는 잎이 6장이므로

$-\dfrac{\pi}{6} \le \theta \le \dfrac{\pi}{6}$ 에 해당하는 영역의 넓이의 6배를 해준다.

$$S = 6\int_{-\frac{\pi}{6}}^{\frac{\pi}{6}} \frac{1}{2} \cdot 4\cos3\theta d\theta$$

$$= 12\int_{-\frac{\pi}{6}}^{\frac{\pi}{6}} \cos3\theta d\theta$$

$$= 12\left[\frac{1}{3}\sin3\theta\right]_{-\frac{\pi}{6}}^{\frac{\pi}{6}} = 8$$

**8.** ②

풀이 영역 $D = \left\{(x,y) \mid x \ge 1, \dfrac{1}{x^2} \le y \le \dfrac{1}{x}\right\}$에 대해

원판법칙을 이용하면

$$V = \int_1^\infty \pi\left(\frac{1}{x^2} - \frac{1}{x^4}\right)dx = \pi\left[-\frac{1}{x} + \frac{1}{3}\frac{1}{x^3}\right]_1^\infty = \frac{2}{3}\pi$$

**9.** ③

풀이 
$$\lim_{n\to\infty} \frac{1}{n^2}\left(\sqrt{4n^2 - 1^2} + \sqrt{4n^2 - 2^2} + \cdots \right.$$
$$\left. + \sqrt{4n^2 - (2n-1)^2}\right)$$

$$= \lim_{n\to\infty} \frac{1}{n^2}\left(\sqrt{4n^2 - 1^2} + \sqrt{4n^2 - 2^2} + \cdots \right.$$
$$\left. + \sqrt{4n^2 - (2n-1)^2} + \sqrt{4n^2 - (2n)^2}\right)$$

$$= \lim_{n\to\infty} \frac{1}{n^2}\sum_{k=1}^{2n}\sqrt{4n^2 - k^2}$$

$$= \lim_{n\to\infty} 4\sum_{k=1}^{2n}\sqrt{1 - \left(\frac{k}{2n}\right)^2}\,\frac{1}{2n}$$

$$= 4\int_0^1 \sqrt{1 - x^2}\,dx$$

$$= 4\int_0^{\frac{\pi}{2}} \cos^2\theta d\theta\left(\because {}_0^1\rangle x = \sin\theta\langle_0^{\frac{\pi}{2}}, dx = \cos\theta d\theta\right) = \pi$$

**10.** ②

풀이 (1) (수렴) $\displaystyle\int_1^\infty \frac{1}{(2x+1)^3}dx = \frac{1}{2}\int_3^\infty \frac{1}{t^3}dt$

$\left({}_1^\infty\rangle 2x+1 = t\langle_3^\infty, dx = \frac{1}{2}dt\right)$

(2) (발산) $\displaystyle\int_2^\infty \frac{dx}{x\ln x} = \int_{\ln2}^\infty \frac{1}{t}dt$

$\left({}_2^\infty\rangle\ln x = t\langle_{\ln2}^\infty, \frac{1}{x}dx = dt\right)$

(3) (수렴) $\displaystyle\int_0^\infty xe^{-x^2}dx = \left[-\frac{1}{2}e^{-x^2}\right]_0^\infty = \frac{1}{2}$

(4) (수렴) 적분판정법에 의해

$$\int_1^\infty \frac{1}{x^2}\sin\frac{\pi}{x}dx \text{와} \sum_{n=1}^\infty \frac{1}{n^2}\sin\frac{\pi}{n} \text{가}$$

수렴성이 동일하므로 $\displaystyle\sum_{n=1}^\infty \frac{1}{n^2}\sin\frac{\pi}{n}$ 를 먼저 판단하면

$b_n = \dfrac{1}{n^3}$ 이라 하면, $\displaystyle\lim_{n\to\infty} \frac{\dfrac{1}{n^2}\sin\dfrac{\pi}{n}}{\dfrac{1}{n^3}} = \pi$이므로

극한비교판정법에 의해 $\displaystyle\sum_{n=1}^\infty \frac{1}{n^3}$ 이 수렴한다.

따라서 $\displaystyle\sum_{n=1}^\infty \frac{1}{n^2}\sin\frac{\pi}{n}$ 도 수렴한다.

$\displaystyle\int_1^\infty \frac{1}{x^2}\sin\frac{\pi}{x}dx$는 수렴한다.

(5) (발산) $\displaystyle\int_1^\infty \frac{\ln x}{x}dx = \int_0^\infty t\,dt$

$\left({}_1^\infty\rangle\ln x = t\langle_0^\infty, \frac{1}{x}dx = dt\right)$

(6) (수렴) $\displaystyle\int_0^\infty \frac{2}{e^x + e^{-x}}dx < \int_0^\infty \frac{2}{e^x}dx$

$\displaystyle\int_0^\infty 2e^{-x}dx = \left[-2e^{-x}\right]_0^\infty = 2$는 수렴한다.

$\displaystyle\int_0^\infty \frac{2}{e^x + e^{-x}}dx$은 수렴보다 작으므로 수렴한다.

(7) (수렴) $\displaystyle\int_0^1 \frac{\ln x}{x^p}dx$ 가 수렴하기 위한 조건은

$p < 1$이므로 $\displaystyle\int_0^4 \frac{\ln x}{\sqrt{x}}dx$는 수렴이다.

(8) (수렴) $\displaystyle\int_0^1 \frac{x-1}{\sqrt{x}}dx = \int_0^1 \sqrt{x}\,dx - \int_0^1 \frac{1}{\sqrt{x}}dx$이므로

$\displaystyle\int_0^1 \sqrt{x}\,dx$와 $\displaystyle\int_0^1 \frac{1}{\sqrt{x}}dx$는 각각 수렴한다.

따라서 $\displaystyle\int_0^1 \frac{x-1}{\sqrt{x}}dx$ 또한 수렴한다.

## 11. ②

**[풀이]** 꼬인 위치에 있는 두 직선 $L_1$과 $L_2$이므로

$L_1$을 포함하는 평면을 구해서 $L_2$의 한 점의 거리를 구하자.

$L_1$의 방향벡터를 $u_1 = \langle 1, 6, 2 \rangle$라 하고,

$L_2$의 방향벡터를 $u_2 = \langle 2, 15, 6 \rangle$라 하면

$L_1$을 포함하는 평면의 법선벡터 $n = u_1 \times u_2$이다.

$$n = \begin{vmatrix} i & j & k \\ 1 & 6 & 2 \\ 2 & 15 & 6 \end{vmatrix} = \langle 6, -2, 3 \rangle \text{이므로}$$

직선 $L_1$을 포함하는 평면은 $6x - 2y + 3z = 4$이다.

평면 $6x - 2y + 3z = 4$와 직선 $L_2$의 한 점 $(1, 5, -2)$까지의 거리는 20이다.

## 12. ③

**[풀이]** 그람-슈미트 직교화를 이용한다.

$w_1 = v_1 = (1, 1, 1)$

$w_2 = v_2 - proj_{w_1} v_2$

$\quad = (2, 0, 1) - \dfrac{(2, 0, 1) \cdot (1, 1, 1)}{(1, 1, 1) \cdot (1, 1, 1)}(1, 1, 1) = (1, -1, 0)$

$w_3 = v_3 - proj_{w_1} v_3 - proj_{w_2} v_3$

$\quad = (2, 4, 5) - \dfrac{(2, 4, 5) \cdot (1, 1, 1)}{(1, 1, 1) \cdot (1, 1, 1)}(1, 1, 1)$

$\quad\quad - \dfrac{(2, 4, 5) \cdot (1, -1, 0)}{(1, -1, 0) \cdot (1, -1, 0)}(1, -1, 0)$

$\quad = \left( -\dfrac{2}{3}, -\dfrac{2}{3}, \dfrac{4}{3} \right)$

$|w_2| = \sqrt{2}$, $|w_3| = \dfrac{2}{3}\sqrt{6}$이므로 $|w_2||w_3| = \dfrac{2}{3}\sqrt{12}$이다.

**[다른 풀이]**

평행육면체의 부피를 이용한다.

$v_1, v_2, v_3$로 만들어지는 평행육면체의 부피와

$w_1, w_2, w_3$로 만들어지는 직육면체의 부피가 동일하다.

따라서 평행육면체의 부피를 구하면

$$v_1 \cdot (v_2 \times v_3) = \begin{vmatrix} v_1 \\ v_2 \\ v_3 \end{vmatrix} = \begin{vmatrix} 1 & 1 & 1 \\ 2 & 0 & 1 \\ 2 & 4 & 5 \end{vmatrix} = 4$$

$|w_1||w_2||w_3| = 4$이고, $|w_1| = \sqrt{3}$이므로

$|w_2||w_3| = \dfrac{4}{3}\sqrt{3} = \dfrac{2}{3}\sqrt{12}$이다.

## 13. ④

**[풀이]** $(f_1(x), f_2(x)) = |f_1(x)||f_2(x)|\cos\theta$

$\Leftrightarrow \cos\theta = \dfrac{(f_1(x), f_2(x))}{|f_1(x)||f_2(x)|}$

$$\therefore \cos\theta = \dfrac{(x, x^2)}{|x||x^2|}$$

$$= \dfrac{\displaystyle\int_0^1 x^3 dx}{\sqrt{\displaystyle\int_0^1 x^2 dx}\sqrt{\displaystyle\int_0^1 x^4 dx}}$$

$$= \dfrac{\dfrac{1}{4}}{\sqrt{\dfrac{1}{3}}\sqrt{\dfrac{1}{5}}} = \dfrac{\sqrt{15}}{4}$$

## 14. ③

**[풀이]** $\det(A - \lambda I) = \begin{vmatrix} 7-\lambda & -2 \\ 4 & 1-\lambda \end{vmatrix} = \lambda^2 - 8\lambda + 15 = 0$이므로

$\lambda = 3, 5$이다.

$(A - 3I)V = \begin{pmatrix} 4 & -2 \\ 4 & -2 \end{pmatrix}V = 0$이므로

$\lambda = 3$에 대응하는 고유벡터는 $\begin{pmatrix} 1 \\ 2 \end{pmatrix}$이고,

$(A - 5I)V = \begin{pmatrix} 2 & -2 \\ 4 & -4 \end{pmatrix}V = 0$이므로

$\lambda = 5$에 대응하는 고유벡터는 $\begin{pmatrix} 1 \\ 1 \end{pmatrix}$이다.

$D = \begin{pmatrix} 3 & 0 \\ 0 & 5 \end{pmatrix}$, $P = \begin{pmatrix} 1 & 1 \\ 2 & 1 \end{pmatrix}$이므로

$PD = \begin{pmatrix} 1 & 1 \\ 2 & 1 \end{pmatrix}\begin{pmatrix} 3 & 0 \\ 0 & 5 \end{pmatrix} = \begin{pmatrix} 3 & 5 \\ 6 & 5 \end{pmatrix}$이다.

## 15. ③

**[풀이]**

(ㄱ) $\displaystyle\lim_{(x,y) \to (1,0)} \dfrac{3(x-1)^2 y}{(x-1)^2 + y^2}$에서 $x - 1 = X$로 치환하면

$\displaystyle\lim_{(x,y) \to (1,0)} \dfrac{3(x-1)^2 y}{(x-1)^2 + y^2} = \lim_{(X,y) \to (0,0)} \dfrac{3X^2 y}{X^2 + y^2}$이므로

(a) $X$축을 따라 $(0, 0)$으로 접근할 때, $\displaystyle\lim_{X \to 0} \dfrac{0}{X^2} = 0$

(b) $y$축을 따라 $(0, 0)$으로 접근할 때, $\displaystyle\lim_{y \to 0} \dfrac{0}{y^2} = 0$

(c) $X = my$를 따라 $(0, 0)$으로 접근할 때,

$\displaystyle\lim_{y \to 0} \dfrac{3m^2 y^3}{(1+m^2)y^2} = 0$

(ㄴ) $\displaystyle\lim_{(x,y) \to (0,0)} \dfrac{xy\cos y}{3x^2 + y^2}$에 대하여

(a) $x$축을 따라 $(0, 0)$으로 접근할 때, $\displaystyle\lim_{x \to 0} \dfrac{0}{3x^2} = 0$

(b) $y$축을 따라 $(0, 0)$으로 접근할 때, $\displaystyle\lim_{y \to 0} \dfrac{0}{y^2} = 0$

(c) $x = my$를 따라 $(0, 0)$으로 접근할 때,

$\displaystyle\lim_{y \to 0} \dfrac{my^2\cos y}{(3m^2 + 1)y^2} = \dfrac{m}{3m^2 + 1}$이므로

값이 존재하지 않는다.

(ㄷ) $\displaystyle\lim_{(x,\,y)\to(0,\,0)}\frac{x^2+y^2}{\sqrt{x^2+y^2+1}-1}$

$\displaystyle=\lim_{(x,\,y)\to(0,\,0)}\frac{(x^2+y^2)\left(\sqrt{x^2+y^2+1}+1\right)}{x^2+y^2}=2$

(ㄹ) $xy=t$로 치환하면 $\displaystyle\lim_{t\to0}\frac{\sin t}{t}=1$

## 16. ③

**풀이** 
$$\frac{\partial g}{\partial u}(1,0)=\frac{\partial f}{\partial x}\cdot\frac{\partial x}{\partial u}+\frac{\partial f}{\partial y}\cdot\frac{\partial y}{\partial u}$$
$$=(8xy^3)(3u^2-v\cos u)+(12x^2y^2)(8u)$$
$$\begin{pmatrix}x=1\ y=4\\ u=1\ v=0\end{pmatrix}$$
$$=3\times4^5$$

## 17. ①

**풀이** $R$의 최대오차 $dR$을 구하기 위해 $\dfrac{1}{R}=\dfrac{1}{R_1}+\dfrac{1}{R_2}+\dfrac{1}{R_3}$를 전미

분하면 $\dfrac{1}{R^2}dR=\dfrac{1}{R_1^2}dR_1+\dfrac{1}{R_2^2}dR_2+\dfrac{1}{R_3^2}dR_3$이다.

이때, $R_1=25$, $R_2=40$, $R_3=50$이고,

$dR_1=\dfrac{1}{200}R_1$, $dR_2=\dfrac{1}{200}R_2$, $dR_3=\dfrac{1}{200}R_3$이므로

$dR=\dfrac{1}{200}R^2\left(\dfrac{1}{R_1}+\dfrac{1}{R_2}+\dfrac{1}{R_3}\right)$

$=\dfrac{1}{200}R$

$=\dfrac{1}{200}\left(\dfrac{1}{\dfrac{1}{25}+\dfrac{1}{40}+\dfrac{1}{50}}\right)$

$=\dfrac{1}{17}$

## 18. ②

**풀이** $r(t)=\langle t,t^2,t^3\rangle$이므로 $r'(t)=\langle 1,2t,3t^2\rangle$,
$r''(t)=\langle 0,2,6t\rangle$, $r'''(t)=\langle 0,0,6\rangle$이다.
$t=1$일 때 점 $(1,1,1)$이므로
$r'=\langle 1,2,3\rangle$, $r''=\langle 0,2,6\rangle$, $r'''=\langle 0,0,6\rangle$이다.

따라서 $\kappa=\dfrac{|r'\times r''|}{|r'|^3}=\dfrac{\sqrt{76}}{14\sqrt{14}}$이고,

$\tau=\dfrac{\begin{vmatrix}r'\\r''\\r'''\end{vmatrix}}{|r'\times r''|^2}=\dfrac{12}{76}$

$\therefore(7\kappa)^2\tau=\dfrac{12}{4\cdot14}=\dfrac{3}{14}$이다.

## 19. ③

**풀이** $D=\{(x,y)\,|\,x^2+y^2=3\}$이라고 했을 때, 제1팔분공간 영역 $D$에 대해 곡면 $y^2+z^2=3$의 곡면적을 $S$이라 하자.

$S=\displaystyle\iint_D\sqrt{1+\frac{y^2}{3-y^2}}\,dA$

$=\displaystyle\int_0^{\sqrt3}\int_0^{\sqrt{3-y^2}}\frac{\sqrt3}{\sqrt{3-y^2}}\,dxdy$

$=\displaystyle\int_0^{\sqrt3}\sqrt3\,dy=3$

따라서 전체 곡면적은 $16\times S=48$이다.

## 20. ①

**풀이** 영역 $D=\{(u,v)\,|\,0\le u\le1,\,0\le v\le2\}$에 대해

곡면 $r(u,v)=\left(u^2,uv,\dfrac{1}{2}v^2\right)$의 넓이 $S$를 구하기 위해

$|r_u\times r_v|$를 구하자.

$r_u=(2u,v,0)$, $r_v=(0,u,v)$, $r_u\times r_v=(v^2-2uv,2u^2)$

$S=\displaystyle\iint_D|r_u\times r_v|\,dA$

$=\displaystyle\int_0^1\int_0^2 2u^2+v^2\,dvdu$

$=\displaystyle\int_0^1 4u^2+\frac{8}{3}\,du=4$

## 21. ③

**풀이** 입자가 이동하는 경로를 $C$라고 했을 때,

$F$에 대해 한 일은 $\displaystyle\oint_C F\cdot dr$이므로

스톡스 정리를 이용하여 곡면에 대한 면적분을 하자.

곡면 $S=\left\{(x,y,z)\,|\,z=\dfrac{1}{2}y\right\}$이라 하면

$\displaystyle\oint_C F\cdot dr=\iint_S\mathrm{curl}F\cdot n\,dS$

$=\displaystyle\iint_S\langle 8y,2z,2y\rangle\cdot\left\langle 0,-\frac{1}{2},1\right\rangle dS$

$=\displaystyle\int_0^1\int_0^2\frac{3}{2}y\,dydx=3$

## 22. ③

**풀이** $y=cx^3$을 미분하여 미분방정식을 만들자.

$\dfrac{dy}{dx}=3cx^2\left(\because c=\dfrac{y}{x^3}\right)=3x^2\cdot\dfrac{y}{x^3}=\dfrac{3y}{x}$

$\Leftrightarrow xdy=3ydx$

$\Leftrightarrow 3ydx-xdy=0$

**23.** ④

케이크의 온도를 $T(t)$이라 하자.

처음 오븐에서 꺼냈을 때 케이크의 온도가 $100℃$이므로
$T(0)=100$이다. 주변온도는 $20℃$이므로 $T_m=20$이다.

미분방정식 $\dfrac{dT}{dt}=k(T-T_m)$에 따라

$$\dfrac{dT}{dt}=k(T-20)\left(T-20=U,\ \dfrac{dT}{dt}=\dfrac{dU}{dt}\right)$$

$$\Rightarrow \dfrac{dU}{dt}=kU \Rightarrow U=Ae^{kt} \Rightarrow T=Ae^{kt}+20$$

$T(0)=A+20=100$이므로 $A=80$이다.

$T(t)=80e^{kt}+20$이므로

$$T(1)=80e^k+20=60 \Rightarrow e^k=\dfrac{1}{2}$$

$$\therefore T(2)=80e^{2k}+20=80\left(\dfrac{1}{4}\right)+20=40$$

**24.** ③

특성방정식이 $t^2-6t+9=0$이므로 $t=3$(중근)이다.
따라서 일반해 $y_c$의 기저가 $\{e^{3x},xe^{3x}\}$이다.
미정계수법을 이용하면 일반해 $y_c$의 기저가 $\{e^{3x},xe^{3x}\}$이므로
특수해 $y_p$의 기저가 $\{x^2e^{3x},\sin x,\cos x\}$이다.
특수해 $y_p$의 형태는 $y_p=Ax^2e^{3x}+B\sin x+C\cos x$이다.

**25.** ②

① $\mathcal{L}\{af(t)+bg(t)\}=\displaystyle\int_0^\infty (af(t)+bg(t))e^{-st}dt$

$\qquad =\displaystyle\int_0^\infty af(t)e^{-st}+bg(t)e^{-st}dt$

$\qquad =a\displaystyle\int_0^\infty e^{-st}f(t)dt+b\int_0^\infty e^{-st}g(t)dt$

② $\mathcal{L}\{e^{at}f(t)\}=\mathcal{L}\{f(t)\}_{s\to s-a}=F(s-a)$

③ $\mathcal{L}\{f'(t)\}=sF(s)-f(0)$

④ $\mathcal{L}\{t^a\}=\dfrac{a!}{s^{a+1}}=\dfrac{\Gamma(a+1)}{s^{a+1}}$

⑤ $\mathcal{L}\left[\displaystyle\int_0^\tau f(t)d\tau\right]=\dfrac{F(s)}{s}$

⑥ $\mathcal{L}\{f(t)*g(t)\}=F(s)G(s)$

⑦ $\mathcal{L}\{e^{at}\sin bt\}=\mathcal{L}\{\sin bt\}_{s\to s-a}$

$\qquad =\dfrac{b}{s^2+b^2}\Big|_{s\to s-a}$

$\qquad =\dfrac{b^2}{(s-a)^2+b^2}$

⑧ $\mathcal{L}\{f(t)\}=\mathcal{L}\{f(t+T)\}=\dfrac{1}{1-e^{-sT}}\displaystyle\int_0^T e^{-st}f(t)dt$

따라서 틀린 것은 ⑤, ⑧이다.

| 정답률 | | | | |
|---|---|---|---|---|
| 1 | 2 | 3 | 4 | 5 |
| 82% | 61% | 89% | 86% | 81% |
| 6 | 7 | 8 | 9 | 10 |
| 44% | 44% | 60% | 39% | 67% |
| 11 | 12 | 13 | 14 | 15 |
| 60% | 98% | 78% | 89% | 72% |
| 16 | 17 | 18 | 19 | 20 |
| 49% | 67% | 78% | 70% | 74% |
| 21 | 22 | 23 | 24 | 25 |
| 78% | 68% | 43% | 주관식 | |
| 평균 | 최고점 | 상위10%<br>평균 | 상위20%<br>평균 | 상위30%<br>평균 |
| 65.73 | 96 | 91.3 | 89 | 86.1 |

**1.** ③

$\sqrt{1+x}$의 매클로린 전개를 하면

$$\sqrt{1+x}\approx 1+\dfrac{1}{2}x-\dfrac{1}{8}x^2+\cdots$$이므로

$$f(t)=\int_1^t \sqrt{1+x^4}\,dx$$

$$\approx \int_1^t 1+\dfrac{1}{2}x^4-\dfrac{1}{8}x^8+\cdots\,dx$$

$$=t-1+\dfrac{1}{10}t^5-\dfrac{1}{10}-\dfrac{1}{72}t^9+\dfrac{1}{72}+\cdots$$이다.

$$\therefore f^{(9)}(0)=a_9\cdot 9!=-7!\ (a_9\text{은 }t^9\text{의 계수})$$

**2.** ①

$H(x)=\begin{cases}\dfrac{1-\cos x}{x^2}, & x\ne 0 \\ \dfrac{1}{2}, & x=0\end{cases}$ 에서 매클로린 전개를 이용하면

$$H(x)\approx\begin{cases}\dfrac{1}{2}-\dfrac{1}{4!}x^2+\dfrac{1}{6!}x^4-\cdots, & x\ne 0 \\ \dfrac{1}{2}, & x=0\end{cases}$$ 이므로

$x^2$의 계수는 $-\dfrac{1}{24}$, $x^3$의 계수는 $0$이다.

$$\therefore H^{(2)}(0)+H^{(3)}(0)=\left(-\dfrac{1}{24}\right)\cdot 2!+0\cdot 3!=-\dfrac{1}{12}$$

시크릿 모의고사

**3.** ③

**풀이**

$$\sum_{n=1}^{\infty} \frac{(-3)^{n-1}}{2^{3n}} = -\frac{1}{3}\sum_{n=1}^{\infty}\left(-\frac{3}{8}\right)^n$$
$$= -\frac{1}{3}\left\{\frac{1}{1+\frac{3}{8}}-1\right\} = \frac{1}{11}$$

$$\sum_{n=1}^{\infty}\frac{1}{n(n+1)} = \sum_{n=1}^{\infty}\frac{1}{n}-\frac{1}{n+1} = 1-\frac{1}{2}+\frac{1}{2}-\frac{1}{3}+\cdots = 1$$

$a = \frac{1}{11}$, $b = 1$이므로 $a+b = \frac{12}{11}$ 이다.

**4.** ④

**풀이**

$\sum_{n=0}^{\infty} e^{nx}$ 에서 비율판정법에 의해

$$\lim_{n\to\infty}\left|\frac{e^{(n+1)x}}{e^{nx}}\right| = |e^x| < 1$$일 경우 수렴하므로

$x < 0$일 경우 수렴한다.

**5.** ③

**풀이**

비율판정법에 의해 급수 $\sum_{n=0}^{\infty}\frac{(n!)^k}{(kn)!}x^n$ 가 수렴하기 위해서는

$$\lim_{n\to\infty}\left|\frac{((n+1)!)^k}{(k(n+1))!}\cdot\frac{(kn)!}{(n!)^k}\right||x|$$
$$= \lim_{n\to\infty}\left|\frac{(n+1)^k}{(kn+1)(kn+2)(kn+3)\cdots(kn+k)}\right||x|$$
$$= \left|\frac{1}{k^k}\right||x| < 1$$

이므로 수렴반경은 $k^k$이 된다.

**6.** ②

**풀이**

발산판정법에 의해 $\lim_{n\to\infty}\sqrt[n]{2} = 1$이므로 발산한다.

$b_n = \frac{1}{n^2}$ 이라 하면 $\lim_{n\to\infty}\dfrac{e^{\frac{1}{n}}/n^2}{1/n^2} = \lim_{n\to\infty}e^{\frac{1}{n}} = 1$이므로

$\sum_{n=1}^{\infty}\dfrac{e^{\frac{1}{n}}}{n^2}$ 과 $\sum_{n=1}^{\infty}\dfrac{1}{n^2}$ 의 수렴성이 동일하다.

$\sum_{n=1}^{\infty}\dfrac{1}{n^2}$ 가 수렴하므로 $\sum_{n=1}^{\infty}\dfrac{e^{\frac{1}{n}}}{n^2}$ 도 수렴한다.

$b_n = \frac{1}{n}$ 이라 하면 $\lim_{n\to\infty}\dfrac{e^{\frac{1}{n}}/n}{1/n} = \lim_{n\to\infty}e^{\frac{1}{n}} = 1$이므로

$\sum_{n=1}^{\infty}\dfrac{e^{\frac{1}{n}}}{n}$ 과 $\sum_{n=1}^{\infty}\dfrac{1}{n}$ 의 수렴성이 동일하다.

$\sum_{n=1}^{\infty}\dfrac{1}{n}$ 가 발산하므로 $\sum_{n=1}^{\infty}\dfrac{e^{\frac{1}{n}}}{n}$ 도 발산한다.

$$\lim_{n\to\infty}\frac{(n+1)!}{e^{(n+1)^2}}\cdot\frac{e^{n^2}}{n!} = \lim_{n\to\infty}\frac{n+1}{e^{2n+1}} = 0 < 1$$이므로

비율판정법에 의해 수렴한다.

$$\lim_{n\to\infty}\sqrt[n]{(\sqrt[n]{2}-1)^n} = \lim_{n\to\infty}\sqrt[n]{2}-1 = 0 < 1$$이므로

$n$승근판정법에 의해 수렴한다.

$$\lim_{n\to\infty}e^{\frac{2}{n}} = 1 \neq 0$$이므로 교대급수판정법에 의해 발산한다.

$$\sum_{n=0}^{\infty}\frac{\sin\left(n+\frac{1}{2}\right)\pi}{1+\sqrt{n}} \approx \sum_{n=0}^{\infty}\frac{(-1)^n}{1+\sqrt{n}}$$이므로 $\lim_{n\to\infty}\frac{1}{1+\sqrt{n}} = 0$

이다. 따라서 교대급수판정법에 의해 수렴한다.

$$\lim_{n\to\infty}\frac{\left(1+\frac{1}{(n+1)}\right)^2}{e^{n+1}}\cdot\frac{e^n}{\left(1+\frac{1}{n}\right)^2} = \frac{1}{e} < 1$$이므로

비율판정법에 의해 수렴한다.

$b_n = \dfrac{1}{n\sqrt{n}}$ 이라 하면 $\lim_{n\to\infty}\dfrac{\frac{1}{\sqrt{n}}\sin\frac{1}{n}}{\frac{1}{n\sqrt{n}}} = 1$이므로

$\sum_{n=1}^{\infty}\dfrac{1}{\sqrt{n}}\sin\dfrac{1}{n}$ 과 $\sum_{n=1}^{\infty}\dfrac{1}{n\sqrt{n}}$ 의 수렴성이 동일하다.

$\sum_{n=1}^{\infty}\dfrac{1}{n\sqrt{n}}$ 가 수렴하므로 $\sum_{n=1}^{\infty}\dfrac{1}{\sqrt{n}}\sin\dfrac{1}{n}$ 도 수렴한다.

$b_n = \dfrac{1}{n}$ 이라 하면 $\lim_{n\to\infty}\dfrac{n^{\frac{1}{1+\frac{1}{n}}}}{\frac{1}{n}}\lim_{n\to\infty}\left(\frac{1}{n}\right)^{\frac{1}{n}} = 1$이므로

$\sum_{n=1}^{\infty}\dfrac{1}{n^{1+\frac{1}{n}}}$ 과 $\sum_{n=1}^{\infty}\dfrac{1}{n}$ 의 수렴성이 동일하다.

$\sum_{n=1}^{\infty}\dfrac{1}{n}$ 가 발산하므로 $\sum_{n=1}^{\infty}\dfrac{1}{n^{1+\frac{1}{n}}}$ 도 발산한다.

$b_n = \dfrac{1}{n^3}$ 이라 하면 $\lim_{n\to\infty}\dfrac{\tan^3\frac{1}{n}}{\frac{1}{n^3}} = 1$이므로

$\sum_{n=1}^{\infty}\tan^3\dfrac{1}{n}$ 과 $\sum_{n=1}^{\infty}\dfrac{1}{n^3}$ 의 수렴성이 동일하다.

$\sum_{n=1}^{\infty}\dfrac{1}{n^3}$ 가 수렴하므로 $\sum_{n=1}^{\infty}\tan^3\dfrac{1}{n}$ 도 발산한다.

$b_n = \dfrac{1}{n^2}$ 이라 하면 $\lim_{n\to\infty}\dfrac{n\left(\sin\frac{1}{n}-\frac{1}{n}\right)}{\frac{1}{n^2}} = -\dfrac{1}{6}$ 이므로

$\sum_{n=2}^{\infty}n\left(\sin\dfrac{1}{n}-\dfrac{1}{n}\right)$ 와 $\sum_{n=2}^{\infty}\dfrac{1}{n^2}$ 의 수렴성이 동일하다.

$\sum_{n=2}^{\infty}\dfrac{1}{n^2}$ 가 수렴하므로 $\sum_{n=2}^{\infty}n\left(\sin\dfrac{1}{n}-\dfrac{1}{n}\right)$ 도 수렴한다.

**7. ①**

풀이 $\displaystyle\sum_{n=1}^{\infty}\frac{1}{n^3}$ 의 비판정값이 1이 나오므로 판정 불가능하다.

$\displaystyle\sum_{n=1}^{\infty}\frac{1}{n^3}$ 가 수렴하는지 결정하려면 $p$급수판정법을 이용한다.

〈반례〉 $a_n=\dfrac{1}{n^2}$ 이라 하면,

$\displaystyle\sum_{n=1}^{\infty}a_n$ 은 절대수렴하지만 $\displaystyle\lim_{n\to\infty}\left|\frac{a_{n+1}}{a_n}\right|=1$이다.

절대수렴하는 급수의 합을 재배열한 값도 동일한 값을 갖는다.

$\displaystyle\sum_{n=1}^{\infty}a_n$ 이 수렴하면 $\displaystyle\lim_{n\to\infty}a_n=0$이지만 역은 성립하지 않는다.

〈반례〉 $a_n=\dfrac{1}{n}$ 이라 하면 $\displaystyle\lim_{n\to\infty}a_n=0$이지만

$\displaystyle\sum_{n=1}^{\infty}\frac{1}{n}$ 은 발산한다.

〈반례〉 $a_n=\dfrac{1}{n^2}$, $b_n=-\dfrac{1}{n}$ 이라 하면 $b_n<a_n$ 이고,

$\displaystyle\sum_{n=1}^{\infty}a_n$ 은 수렴하지만 $\displaystyle\sum_{n=1}^{\infty}b_n$ 은 발산한다.

$a_n>0$이고, $\displaystyle\sum_{n=1}^{\infty}a_n$ 이 수렴이면 절대수렴이므로

$\displaystyle\sum_{n=1}^{\infty}(-1)^n a_n$ 도 수렴한다.

$\displaystyle\sum_{n=0}^{\infty}c_n 6^n$ 이 수렴하므로

$\displaystyle\sum_{n=0}^{\infty}c_n x^n$ 에서 수렴구간이 $-6<x\le 6$이다.

따라서 $\displaystyle\sum_{n=0}^{\infty}c_n(-6)^n$ 은 수렴인지 발산인지 판정할 수 없다.

$\displaystyle\sum_{n=0}^{\infty}c_n 6^n$ 이 수렴하므로

$\displaystyle\sum_{n=0}^{\infty}c_n x^n$ 에서 수렴구간이 $-6<x\le 6$이고

$\displaystyle\sum_{n=0}^{\infty}c_n(-5)^n$ 은 $x=-5$인 경우로

수렴구간에 포함되므로 수렴한다.

$\displaystyle\sum_{n=0}^{\infty}c_n 6^n$ 이 절대수렴이므로

$\displaystyle\sum_{n=0}^{\infty}c_n(-6)^n=\sum_{n=0}^{\infty}(-1)^n c_n 6^n$ 도 수렴한다.

급수 $\displaystyle\sum_{n=1}^{\infty}c_n x^n$ 의 수렴반경이 2이고,

$\displaystyle\sum_{n=1}^{\infty}d_n x^n$ 의 수렴반경이 3이므로

$\displaystyle\sum_{n=1}^{\infty}(c_n+d_n)x^n$ 의 수렴반경은 교집합인 2이다.

---

**8. ③**

풀이 $f(x)=x\displaystyle\int_{e}^{\sqrt{x}}e^{1+t^2}dt-\int_{e}^{\sqrt{x}}te^{1+t^2}dt$이므로 미분하면

$f'(x)=\displaystyle\int_{e}^{\sqrt{x}}e^{1+t^2}dt+\frac{\sqrt{x}}{2}e^{1+x}-\frac{1}{2}e^{1+x}$이다.

$f''(x)=\dfrac{1}{2\sqrt{x}}e^{1+x}+\dfrac{1}{4\sqrt{x}}e^{1+x}+\dfrac{\sqrt{x}}{2}e^{1+x}-\dfrac{1}{2}e^{1+x}$

$\therefore f''(1)=\dfrac{3}{4}e^2$

---

**9. ④**

풀이
$\displaystyle\int_{0}^{\infty}\frac{e^{-2t}(\sin 6t-\sin 4t)}{t}dt=\mathcal{L}\left\{\frac{\sin 6t-\sin 4t}{t}\right\}\Big|_{s=2}$

$\qquad=\displaystyle\int_{s}^{\infty}\mathcal{L}\{\sin 6t-\sin 4t\}du\Big|_{s=2}$

$\qquad=\displaystyle\int_{2}^{\infty}\frac{6}{u^2+36}-\frac{4}{u^2+16}du$

$\qquad=\left[\tan^{-1}\left(\dfrac{u}{6}\right)-\tan^{-1}\left(\dfrac{u}{4}\right)\right]_{2}^{\infty}$

$\qquad=\tan^{-1}\dfrac{1}{2}-\tan^{-1}\dfrac{1}{3}$

이때, $\tan^{-1}\dfrac{1}{2}=\alpha$, $\tan^{-1}\dfrac{1}{3}=\beta$라 하자.

$\tan(\alpha-\beta)=\dfrac{\tan\alpha-\tan\beta}{1+\tan\alpha\tan\beta}=\dfrac{\dfrac{1}{2}-\dfrac{1}{3}}{1+\dfrac{1}{2}\cdot\dfrac{1}{3}}=\dfrac{1}{7}$

$\therefore \tan^{-1}\dfrac{1}{2}-\tan^{-1}\dfrac{1}{3}=\tan^{-1}\dfrac{1}{7}$

[다른 풀이]

$\displaystyle\int_{0}^{\infty}\frac{e^{-2t}(\sin 6t-\sin 4t)}{t}dt=\int_{0}^{\infty}\int_{4}^{6}e^{-2t}\cos(st)dsdt$

$\qquad=\displaystyle\int_{4}^{6}\int_{0}^{\infty}e^{-2t}\cos(st)dtds$

$\qquad=\displaystyle\int_{4}^{6}\left[\frac{e^{-2t}}{s^2+4}(-2\cos(st)+s\sin(st))\right]_{0}^{\infty}ds$

$\qquad=\displaystyle\int_{4}^{6}\frac{2}{s^2+4}ds$

$\qquad=\left[\tan^{-1}\left(\dfrac{s}{2}\right)\right]_{4}^{6}$

$\qquad=\tan^{-1}3-\tan^{-1}2$

이때, $\tan^{-1}3=\alpha$, $\tan^{-1}2=\beta$라 하자.

$\tan(\alpha-\beta)=\dfrac{\tan\alpha-\tan\beta}{1+\tan\alpha\tan\beta}=\dfrac{3-2}{1+6}=\dfrac{1}{7}$

$\therefore \tan^{-1}3-\tan^{-1}2=\tan^{-1}\dfrac{1}{7}$

**10.** ④

**풀이** $y = x^2$과 $y = 4$, $y$축으로 둘러싸인 1사분면 영역이 입체도형의 밑면이고, $x$축에 수직으로 자른 단면이 정사각형이므로

$$\int_0^2 (4-y)^2 dx = \int_0^2 (4-x^2)^2 dx$$

$$= \int_0^2 x^4 - 8x^2 + 16 dx$$

$$= \left[ \frac{1}{5}x^5 - \frac{8}{3}x^3 + 16x \right]_0^2 = \frac{256}{15}$$

**11.** ①

**풀이** $x$축으로 회전시킨 회전체의 곡면적을 $S$라 하면,

$$S = 2\pi \int_0^1 y\sqrt{1+(y')^2}\, dx$$

$$= 2\pi \int_0^1 \cosh x \sqrt{1 + \sinh^2 x}\, dx$$

$$= 2\pi \int_0^1 \cosh^2 x\, dx$$

$$= \frac{\pi}{2} \int_0^1 2 + e^{2x} + e^{-2x}\, dx$$

$$= \frac{\pi}{2} \left[ 2x + \frac{1}{2}e^{2x} - \frac{1}{2}e^{-2x} \right]_0^1$$

$$= \frac{\pi}{2} \left( 2 + \frac{1}{2}e^2 - \frac{1}{2} - \frac{1}{2}e^{-2} + \frac{1}{2} \right)$$

$$= \frac{\pi}{2} \left( 2 + \frac{1}{2}e^2 - \frac{1}{2}e^{-2} \right)$$

**12.** ②

**풀이** $V = \alpha \begin{bmatrix} x_1 \\ 0 \\ 0 \\ 0 \end{bmatrix} + \beta \begin{bmatrix} 0 \\ x_2 \\ 0 \\ 0 \end{bmatrix} + \gamma \begin{bmatrix} 0 \\ 0 \\ x_3 \\ 0 \end{bmatrix} + \omega \begin{bmatrix} 0 \\ 0 \\ 0 \\ x_4 \end{bmatrix}$ 이고,

$x_1 = 2x_2$, $x_3 = -x_4$이므로

$$V = \alpha \begin{bmatrix} 2x_2 \\ 0 \\ 0 \\ 0 \end{bmatrix} + \beta \begin{bmatrix} 0 \\ x_2 \\ 0 \\ 0 \end{bmatrix} + \gamma \begin{bmatrix} 0 \\ 0 \\ -x_4 \\ 0 \end{bmatrix} + \omega \begin{bmatrix} 0 \\ 0 \\ 0 \\ x_4 \end{bmatrix}$$

$$= (\alpha+\beta) \begin{bmatrix} 2x_2 \\ x_2 \\ 0 \\ 0 \end{bmatrix} + (\gamma+\omega) \begin{bmatrix} 0 \\ 0 \\ -x_4 \\ x_4 \end{bmatrix}$$ 이다.

기저의 개수가 2이므로 2차원이다.

**13.** ③

**풀이** $adj(adj(A)) = \frac{|adj(A)|}{|A|}A = |A|A$이고, $|A| = 6$이므로 $adj(adj(A))$의 3행의 모든 성분의 합은 $3|A| = 18$이다.

**14.** ③

**풀이** ① $\det(A) = 0$이므로 역행렬이 존재하지 않는다.

② $A^{30}$의 고유치는 $(-1)^{30}$, $0^{30}$, $1^{30}$, $2^{30}$이므로 $tr(A^{30}) = 2 + 2^{30}$이다.

③ $A$의 각 고유치에 대응하는 고유벡터들이 존재하므로 대각화가 가능하고, $A^n$ 또한 대각화가 가능하다.

④ 행렬 $A$의 $Rank$가 3이므로 $nullity$는 1이다. 따라서 해공간의 차원은 1차원이다.

**15.** ②

**풀이** $x^4 + 2y^4 + 3z^4 = 6$위의 점 $C(1,1,1)$에서 접평면을 구하면 $x + 2y + 3z = 6$이다. 점 $A$와 점 $B$가 평면 $x + 2y + 3z = 6$위에 점이므로 다음 연립방정식을 찾을 수 있다.

$$\begin{cases} a + 2b = 3 \\ 2a + 3b = 7 \end{cases} \Rightarrow a = 5, b = -1$$

따라서 점 $A(5, -1, 1)$, 점 $B(-1, 5, -1)$와 점 $C(1,1,1)$가 이루는 삼각형의 면적은

$$\frac{1}{2}\left| \overrightarrow{CA} \times \overrightarrow{CB} \right| = \frac{1}{2}\sqrt{4^2 + 8^2 + 12^2} = 2\sqrt{14}$$

**16.** ①

**풀이** 평면 $x + y + 2z + 2\sqrt{3} = 0$과

타원면 $\frac{x^2}{2^2} + \frac{y^2}{2^2} + z^2 = 1$ 위의 점과

거리가 최솟값일 때는 타원면에 접하고, 평면 $x + y + 2z + 2\sqrt{3} = 0$와 평행하는 평면과의 거리이다.

$F: \frac{x^2}{4} + \frac{y^2}{4} + z^2 = 1$이므로 $\nabla F = \left\langle \frac{x}{2}, \frac{y}{2}, 2z \right\rangle$이다.

$\nabla F = t\langle 1, 1, 2 \rangle \Rightarrow x = 2t, y = 2t, z = t$

$t = \pm\frac{1}{\sqrt{3}}$이므로 평면 $x + y + 2z + 2\sqrt{3} = 0$와

점 $\left( -\frac{2}{\sqrt{3}}, -\frac{2}{\sqrt{3}}, -\frac{1}{\sqrt{3}} \right)$까지의 거리는 0이다.

따라서 거리의 최솟값은 0이다.

## 17. ②

**풀이** ( i ) 임계점 구하기

$\begin{cases} f_x(x,y)=2x+2xy=0 \\ f_y(x,y)=2y+x^2=0 \end{cases}$ 을 만족하는 점은

$(0,0)$, $(\sqrt{2},-1)$, $(-\sqrt{2},-1)$이지만

영역 $D$의 내부에 있는 점은 $(0,0)$이다.

$\therefore f(0,0)=4$

( ii ) $x=\pm 1$일 때

$f(1,y)=y^2+y+5=g(y)$이라 하자.

$-1 \le y \le 1$에 대해서 최댓값과 최솟값을 구하면

$g'(y)=2y+1=0$인 점 $y=-\dfrac{1}{2}$이므로

$g\left(-\dfrac{1}{2}\right)=5-\dfrac{1}{4}$, $g(1)=7$, $g(-1)=5$이다.

( iii ) $y=1$일 때

$f(x,1)=2x^2+5=g(x)$이라 하자.

$-1 \le x \le 1$에 대해서 최솟값과 최댓값을 구하면

$g'(x)=2x=0$인 점 $x=0$이므로

$g(0)=5$, $g(\pm 1)=7$이다.

( iv ) $y=-1$일 때

$f(x,-1)=5$이므로 모든 점에서 5를 갖는다.

따라서 전체 최댓값은 7이고, 최솟값은 4이다.
최댓값과 최솟값의 합은 $7+4=11$이다.

## 18. ①

**풀이** 코시–슈바르츠 부등식을 이용하면

$(1^2+2^2+2^2)(x^2+y^2+4z^2) \ge (x+2y+4z)^2$

$(x+2y+4z)^2 \le 81 \Rightarrow -9 \le x+2y+4z \le 9$

따라서 $f(x,y,z)=x+2y+4z$의 최댓값은 9이다.

## 19. ①

**풀이** 주어진 영역을 극좌표로 바꾼 영역을 $D$이라 하면

$D=\left\{(r,\theta)\,\middle|\,0 \le \theta \le \dfrac{\pi}{4},\ 0 \le r \le 2\sec\theta\right\}$

$\therefore \displaystyle\int_0^2\int_0^x 3\sqrt{x^2+y^2}\,dydx$

$=\displaystyle\int_0^{\frac{\pi}{4}}\int_0^{2\sec\theta} 3r^2\,drd\theta$

$=8\displaystyle\int_0^{\frac{\pi}{4}}\sec^3\theta\,d\theta$

$=8\cdot\dfrac{1}{2}\left[\sec\theta\tan\theta+\ln(\sec\theta+\tan\theta)\right]_0^{\frac{\pi}{4}}$

$=4(\sqrt{2}+\ln(\sqrt{2}+1))$

$=4\sqrt{2}+4\ln(\sqrt{2}+1)$

## 20. ④

**풀이** $x=2X$, $y=3Y$로 치환하면

주어진 영역 $R$은 새로운 영역 $R^*$로 대응되고

$R^*=\{(X,Y)\,|\,X^2+Y^2 \le 1\}$, $|J|=6$이므로

$\displaystyle\iint_R x^2+y^2\,dA$

$=\displaystyle\iint_{R^*}(4X^2+9Y^2)6\,dXdY$

$=24\displaystyle\iint_{R^*}X^2\,dXdY+54\iint_{R^*}Y^2\,dXdY$

$=24\displaystyle\int_0^{2\pi}\int_0^1 r^3\cos^2\theta\,drd\theta+54\int_0^{2\pi}\int_0^1 r^3\sin^2\theta\,drd\theta$

$=24\displaystyle\int_0^{2\pi}\cos^2\theta\,d\theta\int_0^1 r^3\,dr+54\int_0^{2\pi}\sin^2\theta\,d\theta\int_0^1 r^3\,dr$

$=24\cdot\pi\cdot\dfrac{1}{4}+54\cdot\pi\cdot\dfrac{1}{4}=\dfrac{39\pi}{2}$

## 21. ④

**풀이** 특성방정식은 $t^2-1=0 \Rightarrow t=1,-1$이므로

일반해 $y_c=Ae^x+Be^{-x}$이고

특수해 $y_p=\dfrac{1}{D^2-1}\{x+\sin x\}$

$=-\dfrac{1}{1-D^2}\{x\}+Im\left\{\dfrac{1}{D^2-1}\{e^{ix}\}\right\}$

$=-(1+D^2)(x)+Im\left\{-\dfrac{1}{2}(\cos x+i\sin x)\right\}$

$=-x-\dfrac{1}{2}\sin x$이다.

따라서 해는 $y=y_c+y_p$이다.

$y=Ae^x+Be^{-x}-x-\dfrac{1}{2}\sin x$

$y(0)=A+B=3$

$y'(x)=Ae^x-Be^{-x}-1-\dfrac{1}{2}\cos x$

$y'(0)=A-B-1-\dfrac{1}{2}=-\dfrac{1}{2} \Rightarrow A-B=1$

연립하면 $A=2$, $B=1$

해 $y=2e^x+e^{-x}-x-\dfrac{1}{2}\sin x$이므로

$y\left(\dfrac{\pi}{2}\right)=2e^{\frac{\pi}{2}}+e^{-\frac{\pi}{2}}-\dfrac{\pi}{2}-\dfrac{1}{2}$

## 22. ③

주어진 식의 양변에 $x$를 곱하면

$x^2 y'' + xy' = 0$인 코시-오일러 미분방정식이다

특성방정식은 $r(r-1) + r = 0 \Rightarrow r^2 = 0 \Rightarrow r = 0, 0$

이므로 일반해 $y = A + B\ln x$이다.

$y(1) = A = 1$

$y'(x) = \dfrac{B}{x} \Rightarrow y'(1) = B = 2$

$y = 1 + 2\ln x$

$\therefore y(e) = 3$

## 23. ①

풀이

$\mathcal{L}\{x\} = X$, $\mathcal{L}\{y\} = Y$라 하자.

주어진 연립미분방정식에 라플라스 변환을 취하면

$$\begin{pmatrix} s & -1 \\ -1 & s \end{pmatrix}\begin{pmatrix} X \\ Y \end{pmatrix} = \begin{pmatrix} 0 \\ 1 \end{pmatrix} + \begin{pmatrix} \dfrac{2}{s-1} \\ \dfrac{-2}{s-1} \end{pmatrix}$$

$$\begin{pmatrix} X \\ Y \end{pmatrix} = \frac{1}{s^2-1}\begin{pmatrix} s & 1 \\ 1 & s \end{pmatrix}\begin{pmatrix} 0 \\ 1 \end{pmatrix} + \frac{1}{s^2-1}\begin{pmatrix} s & 1 \\ 1 & s \end{pmatrix}\begin{pmatrix} \dfrac{2}{s-1} \\ \dfrac{-2}{s+1} \end{pmatrix}$$

$$= \frac{1}{s^2-1}\begin{pmatrix} 1 \\ s \end{pmatrix} + \frac{1}{s^2-1}\begin{pmatrix} \dfrac{2(s-1)}{s-1} \\ \dfrac{2(1-s)}{s-1} \end{pmatrix}$$

$X = \dfrac{3}{s^2-1}$, $Y = \dfrac{s-2}{s^2-1}$

$x(t) = 3\sinh t$, $y(t) = \cosh t - 2\sinh t$

$x(2) = 3\sinh 2 = \dfrac{3}{2}e^2 - \dfrac{3}{2}e^{-2}$

$y(2) = \cosh 2 - 2\sinh 2 = -\dfrac{1}{2}e^2 + \dfrac{3}{2}e^{-2}$

## 24. $e-1$

풀이

$$\sum_{n=1}^{\infty}\left(e^{\frac{1}{n}} - e^{\frac{1}{n+1}}\right) = \lim_{n\to\infty}\sum_{k=1}^{n}\left(e^{\frac{1}{k}} - e^{\frac{1}{k+1}}\right)$$

$$= \lim_{n\to\infty}\left\{(e - e^{\frac{1}{2}}) + (e^{\frac{1}{2}} - e^{\frac{1}{3}}) + \cdots \right.$$

$$\left. + (e^{\frac{1}{n}} - e^{\frac{1}{n+1}})\right\}$$

$$= \lim_{n\to\infty} e - e^{\frac{1}{n+1}} = e - 1$$

## 25. 0

풀이

주어진 곡면에 대해서 $\nabla S = \left\langle \dfrac{x}{z}, \dfrac{y}{z}, 1 \right\rangle$이므로

$$\iint_S F \cdot n\, dS = \iint_D F \cdot \nabla S\, dA$$

$$= \iint_D xyz\, dA$$

$$= \iint_D xy\sqrt{1-x^2-y^2}\, dA$$

$$= \int_0^{2\pi}\int_0^1 r\cos\theta\, r\sin\theta\sqrt{4-r^2}\, r\, dr\, d\theta$$

$$= \int_0^{2\pi}\cos\theta\sin\theta\, d\theta \int_0^1 r^3\sqrt{4-r^2}\, dr = 0$$

**[다른 풀이]**

$S_1 : x^2 + y^2 \leq 1$, $z = \sqrt{3}$ 이라 하자.

$S + S_1 = E$이라 하면 $E$는 폐곡면이 된다. 발산 정리에 의해

$$\iint_S F \cdot n\, dS + \iint_{S_1} F \cdot n\, dS = \iiint_E \operatorname{div} F\, dV = \iiint_E xy\, dV = 0$$

(계산결과)

$$\iint_S F \cdot n\, dS = -\iint_{S_1} F \cdot n\, dS$$

$$= \iint_{-S_1} F \cdot n\, dS = \iint_D F \cdot \langle 0, 0, -1 \rangle\, dA$$

$$= \iint_D -xyz\, dA$$

$$= -\sqrt{3}\iint_D xy\, dA$$

$$= -\sqrt{3}\int_0^{2\pi}\int_0^1 r^3\cos\theta\sin\theta\, dr\, d\theta = 0$$

| 정답률 | | | | |
|---|---|---|---|---|
| 1 | 2 | 3 | 4 | 5 |
| 74% | 85% | 80% | 69% | 60% |
| 6 | 7 | 8 | 9 | 10 |
| 56% | 81% | 76% | 86% | 83% |
| 11 | 12 | 13 | 14 | 15 |
| 79% | 48% | 54% | 82% | 81% |
| 16 | 17 | 18 | 19 | 20 |
| 60% | 52% | 57% | 47% | 66% |
| 21 | 22 | 23 | 24 | 25 |
| 48% | 49% | 27% | 49% | 55% |
| 평균 | 최고점 | 상위10%<br>평균 | 상위20%<br>평균 | 상위30%<br>평균 |
| 63.95 | 95.8 | 87.61 | 83.97 | 81.29 |

**1.** ②

**풀이** (준식)$= \lim_{n \to \infty} e^{\frac{\ln(a^n + b^n)}{n}} = e^{\ln b} = b$

$$\because \lim_{n \to \infty} \frac{\ln(a^n + b^n)}{n} = \lim_{n \to \infty} \frac{a^n \ln a + b^n \ln b}{a^n + b^n}$$

$$= \lim_{n \to \infty} \frac{\left(\frac{a}{b}\right)^n \ln a + \ln b}{\left(\frac{a}{b}\right)^n + 1} = \ln b$$

**2.** ④

**풀이** 극곡선의 $\dfrac{dy}{dx} = \dfrac{r' \sin\theta + r \cos\theta}{r' \cos\theta - r \sin\theta}$ 이다.

$r = 1 + \sin\theta$ 이고, $r' = \cos\theta$ 이다.

$\theta = \dfrac{\pi}{4}$ 일 때 $r = 1 + \dfrac{\sqrt{2}}{2}$, $r' = \dfrac{\sqrt{2}}{2}$

위 식에 대입하면 $\dfrac{dy}{dx} = -1 - \sqrt{2}$ 이다.

**3.** ④

**풀이** $x^2 + y^2 + z^2 = r^2$ 을 만족하는

$f(x, y, z) = 8xyz$의 최댓값을 구하는 문제이다.

$f(x, y, z) = x^2 + y^2 + z^2, \ g(x, y, z) = 8xyz$ 라 하면

라그랑주 미정계수법에 의해

$\langle 8yz, 8xz, 8xy \rangle = \lambda \langle 2x, 2y, 2z \rangle$ 이다.

$\begin{cases} 4yz = \lambda x \\ 4xz = \lambda y \\ 4xy = \lambda z \end{cases}$ 에서 차례대로 각 식에 $x, \ y, \ z$를 곱하면

$\begin{cases} 4xyz = \lambda x^2 \\ 4xyz = \lambda y^2 \\ 4xyz = \lambda z^2 \end{cases}$ 이 되므로 $\lambda x^2 = \lambda y^2 = \lambda z^2$ 이다.

만약 $\lambda = 0$이 되면 위의 식에서 $xyz = 0$이므로

$x, \ y, \ z$중 적어도 하나는 0을 만족해야 한다.

그러나 부피가 0이 되므로 $\lambda \neq 0$이다.

약분하면 $x^2 = y^2 = z^2$이므로 제한 조건과 연립하면

$3x^2 = r^2 \Rightarrow x = \dfrac{r}{\sqrt{3}} = y = z$이다.

$\therefore V = 8xyz = \dfrac{8r^3}{3\sqrt{3}}$

**[다른 풀이]**

산술기하평균에 의해

$$\frac{x^2 + y^2 + z^2}{3} \geq \sqrt[3]{(xyz)^2}$$

$$(xyz)^{\frac{2}{3}} \leq \frac{r^2}{3}$$

$$-\frac{r^3}{3\sqrt{3}} \leq xyz \leq \frac{r^3}{3\sqrt{3}}$$

$$-\frac{8r^3}{3\sqrt{3}} \leq 8xyz \leq \frac{8r^3}{3\sqrt{3}}$$

따라서 부피 $8xyz$의 최댓값은 $\dfrac{8r^3}{3\sqrt{3}}$ 이다.

**[다른 풀이]**

공식을 이용한다.

$\dfrac{x^2}{a^2} + \dfrac{y^2}{b^2} + \dfrac{z^2}{c^2} = 1$을 만족하면 $f(x, y, z) = 8xyz$은

$x = \dfrac{a}{\sqrt{3}}, \ y = \dfrac{b}{\sqrt{3}}, \ z = \dfrac{c}{\sqrt{3}}$ 일 때 최댓값을 갖는다.

**4.** ③

**풀이** $|x| < 1$에 대해 $\dfrac{1}{1+x} = \displaystyle\sum_{n=0}^{\infty} (-1)^n x^n$

양변을 $x$로 미분하면 $\Rightarrow \dfrac{-1}{(1+x)^2} = \displaystyle\sum_{n=1}^{\infty} (-1)^n n x^{n-1}$

양변을 $-1$로 나누면 $\Rightarrow \dfrac{1}{(1+x)^2} = \displaystyle\sum_{n=1}^{\infty} (-1)^{n-1} n x^{n-1}$

양변에 $x$를 곱하면 $\Rightarrow \dfrac{x}{(1+x)^2} = \displaystyle\sum_{n=1}^{\infty} (-1)^{n-1} n x^n$

따라서 $\displaystyle\sum_{n=1}^{\infty} (-1)^{n-1} \dfrac{n}{3^n} = \dfrac{\frac{1}{3}}{\left(1 + \frac{1}{3}\right)^2} = \dfrac{3}{16}$ 이다.

시크릿 모의고사

$|x| < 1$일 때,

$$\frac{1}{1-x} = \sum_{n=0}^{\infty} x^n$$

$$\frac{1}{(1-x)^2} = \sum_{n=0}^{\infty} n x^{n-1} = \sum_{n=1}^{\infty} n x^{n-1}$$

$$\frac{x}{(1-x)^2} = \sum_{n=0}^{\infty} n x^n = \sum_{n=1}^{\infty} n x^n$$

$$\frac{x+1}{(1-x)^3} = \sum_{n=0}^{\infty} n^2 x^{n-1} = \sum_{n=1}^{\infty} n^2 x^{n-1}$$

$$\frac{x^2+x}{(1-x)^3} = \sum_{n=0}^{\infty} n^2 x^n = \sum_{n=1}^{\infty} n^2 x^n$$

## 5. ②

**풀이** 두 곡선 $y = x^2$과 $y = x^2(x-1)$의 교점은
$x = 0$ 또는 $x = 2$이므로 영역 $S$의 넓이는

$$\int_0^2 \int_{x^2(x-1)}^{x^2} dy\,dx = \int_0^2 \{x^2 - x^2(x-1)\}\,dx$$

$$= \int_0^2 (2x^2 - x^3)\,dx$$

$$= \left[\frac{2}{3}x^3 - \frac{1}{4}x^4\right]_0^2$$

$$= \frac{16}{3} - 4 = \frac{4}{3} \text{이고},$$

$$\int_0^2 \int_{x^2(x-1)}^{x^2} x\,dy\,dx = \int_0^2 x\{x^2 - x^2(x-1)\}\,dx$$

$$= \int_0^2 (2x^3 - x^4)\,dx$$

$$= \left[\frac{1}{2}x^4 - \frac{1}{5}x^5\right]_0^2 = \frac{8}{5}$$

$$\int_0^2 \int_{x^2(x-1)}^{x^2} y\,dy\,dx = \int_0^2 \left[\frac{1}{2}y^2\right]_{x^2(x-1)}^{x^2} dx$$

$$= \int_0^2 \frac{1}{2}\{x^4 - x^4(x-1)^2\}\,dx$$

$$= \int_0^2 \left(-\frac{1}{2}x^6 + x^5\right)\,dx$$

$$= \left[-\frac{1}{14}x^7 + \frac{1}{6}x^6\right]_0^2 = \frac{32}{21}$$

따라서 무게중심은 $\bar{x} = \dfrac{\dfrac{8}{5}}{\dfrac{4}{3}} = \dfrac{6}{5}$, $\bar{y} = \dfrac{\dfrac{32}{21}}{\dfrac{4}{3}} = \dfrac{8}{7}$이다.

$$\therefore \bar{x} - \bar{y} = \frac{6}{5} - \frac{8}{7} = \frac{2}{35}$$

## 6. ③

**풀이**

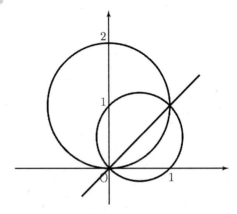

두 그래프는 $\theta = \dfrac{\pi}{4}$일 때 만난다.

$$r = \sin\theta + \cos\theta = \sqrt{2}\sin\left(\theta + \frac{\pi}{4}\right)$$

$0 \le \theta \le \dfrac{\pi}{4}$일 때, $r = 2\sin\theta$의 면적은

$$\frac{1}{2}\int_0^{\frac{\pi}{4}} (2\sin\theta)^2\,d\theta = 2\int_0^{\frac{\pi}{4}} \frac{1-\cos2\theta}{2}\,d\theta$$

$$= \theta - \frac{1}{2}\sin2\theta\bigg|_0^{\frac{\pi}{4}}$$

$$= \frac{\pi}{4} - \frac{1}{2}$$

내부 영역의 면적은 $r = \sqrt{2}\sin\left(\theta + \dfrac{\pi}{4}\right)$의 반원의 면적 $\dfrac{\pi}{4}$과

$0 \le \theta \le \dfrac{\pi}{4}$일 때, $r = 2\sin\theta$의 면적을 더하면 된다.

따라서 내부 면적은 $\dfrac{\pi}{2} - \dfrac{1}{2}$이다.

## 7. ①

**풀이**

$$V_y = 2\pi \int_0^{\frac{\pi}{4}} x \cdot \frac{\tan^2 x}{x}\,dx$$

$$= 2\pi \int_0^{\frac{\pi}{4}} \tan^2 x\,dx$$

$$= 2\pi \int_0^{\frac{\pi}{4}} (\sec^2 x - 1)\,dx$$

$$= 2\pi \left[\tan x - x\right]_0^{\frac{\pi}{4}}$$

$$= 2\pi \left(\tan\frac{\pi}{4} - \frac{\pi}{4}\right)$$

$$= 2\pi \left(1 - \frac{\pi}{4}\right) = \frac{\pi}{2}(4 - \pi)$$

**8.** ①

> $R^3$의 부분공간 $W$는 원점을 지나는 평면을 나타낸다.
> 벡터 $y$부터 $W$까지의 거리는 평면과 점의 거리로 풀면 된다.
> $u_1 \times u_2 = \langle 1, 0, -1 \rangle$이므로 평면 $W: x - z = 0$이고,
> 점 $(1, 2, 3)$까지의 거리는 $\dfrac{2}{\sqrt{2}} = \sqrt{2}$이다.

**9.** ②

> 영역 $D = \{(x, y) | x^2 + y^2 \le 9\}$ 위에서
> 곡면 $y + z = 3$으로 둘러싸인 입체의 부피는
> $V = \iint_D (3 - y) \, dx \, dy$이다.
> 영역 $D$를 극좌표계로 변경하면
> $D = \{(r, \theta) | 0 \le r \le 3, 0 \le \theta \le 2\pi\}$이므로
>
> $$V = \iint_D (3 - y) \, dx \, dy$$
> $$= \int_0^{2\pi} \int_0^3 (3 - r\sin\theta) \, r \, dr \, d\theta$$
> $$= \int_0^{2\pi} \left[ \frac{3}{2} r^2 - \frac{1}{3} r^3 \sin\theta \right]_0^3 d\theta$$
> $$= \int_0^{2\pi} \left( \frac{27}{2} - 9\sin\theta \right) d\theta$$
> $$= \left[ \frac{27}{2} \theta - 9\cos\theta \right]_0^{2\pi} = 27\pi$$
>
> **[다른 풀이]**
> 주어진 영역에서 무게중심의 $\bar{y} = 0$이므로 $\iint_D y \, dx \, dy = 0$이다.
> $$V = \iint_D (3 - y) \, dx \, dy$$
> $$= \iint_D 3 \, dx \, dy - \iint_D y \, dx \, dy$$
> $$= 3 \times D\text{의 면적}$$
> $$= 3 \times 9\pi = 27\pi$$

**10.** ④

> 주어진 방정식은 $n = 2$인 베르누이 미분방정식이므로
> $u = y^{1-2} = y^{-1}$로 치환하면 $u' = -y^{-2} y'$이다.
> 이를 주어진 미분방정식에 대입하면
> $$y' - 4y = -3y^2$$
> $$y' y^{-2} - 4y^{-1} = -3$$
> $$-u' - 4u = -3 \Rightarrow u' + 4u = 3$$
> 이는 1계 선형미분방정식이므로
> $$u = e^{-\int 4dx} \left[ \int 3e^{\int 4dx} dx + c \right]$$

$$= e^{-4x} \left[ \int 3e^{4x} dx + c \right]$$
$$= e^{-4x} \left[ \frac{3}{4} e^{4x} + c \right]$$
$$= \frac{3}{4} + ce^{-4x}$$
$$y = u^{-1} = \frac{1}{\frac{3}{4} + ce^{-4x}} = \frac{4e^{4x}}{3e^{4x} + 4c}$$
$$y(0) = \frac{4}{3 + 4c} = -4\text{이므로 } c = -1\text{이다.}$$
$$\therefore y = \frac{4e^{4x}}{3e^{4x} - 4}$$

**11.** ③

> $u = 3x - y$, $v = y$라 하면 $x = \dfrac{1}{3}(u + v)$, $y = v$이므로
> 적분영역은 $\begin{cases} 0 \le y \le 3 \\ \dfrac{y}{3} \le x \le \dfrac{y+6}{3} \end{cases} \Leftrightarrow \begin{cases} 0 \le u \le 6 \\ 0 \le v \le 3 \end{cases}$이다.
> 또한, $|J| = \dfrac{1}{\left\| \begin{matrix} u_x & u_y \\ v_x & v_y \end{matrix} \right\|} = \dfrac{1}{\left\| \begin{matrix} 3 & -1 \\ 0 & 1 \end{matrix} \right\|} = \dfrac{1}{3}$이므로
>
> $$\int_0^3 \int_{\frac{y}{3}}^{\frac{y+6}{3}} y^3 (3x - y) e^{(3x-y)^2} dx \, dy$$
> $$= \int_0^3 \int_0^6 \frac{1}{3} v^3 u e^{u^2} du \, dv$$
> $$= \int_0^3 \left[ \frac{1}{6} v^3 e^{u^2} \right]_0^6 dv$$
> $$= \int_0^3 \frac{1}{6} (e^{36} - 1) v^3 \, dv$$
> $$= \frac{1}{6} (e^{36} - 1) \left[ \frac{1}{4} v^4 \right]_0^3$$
> $$= \frac{27}{8} (e^{36} - 1)$$

**12.** ④

> ③ $W \in R^4$은 2차원이면 $W^\perp \in R^4$은 2차원이다.
> ①, ④ 사영행렬을 $P$라 하면, $v_1, v_2$는 고유치 1에 대응하는 고유벡터이고, $W^\perp$의 성분은 고유치 0에 대응하는 고유벡터이다. $Pv_1 = v_1$, $Pv_2 = v_2$이므로
> $P(av_1 + bv_2) = av_1 + bv_2$이다. 따라서
> $av_1 + bv_2$ 또한 고유치 1에 대응하는 고유벡터이다.
> 벡터 $(1, 1, -1, 1) = v_1 - v_2$이므로 고유치 1에 대응하는 고유벡터이다. 따라서 벡터 $(1, 1, -1, 1)$을 $W$에 사영시키면 $(1, 1, -1, 1)$이다.
> ② 사영행렬은 대칭행렬이다.

## 13. ③

**[풀이]** 나선 $r(t) = (3\cos t)i + (3\sin t)j + tk$에 대해

$r'(t) = (-3\sin t)i + (3\cos t)j + k$,

$r''(t) = (-3\cos t)i + (-3\sin t)j + 0k$이므로

$$r' \times r'' = \begin{vmatrix} i & j & k \\ -3\sin t & 3\cos t & 1 \\ -3\cos t & -3\sin t & 0 \end{vmatrix} = (3\sin t, -3\cos t, 9) \text{이다.}$$

따라서 곡률 $\kappa$는

$$\kappa = \frac{|r' \times r''|}{|r'|^3}$$

$$= \frac{\sqrt{(3\sin t)^2 + (-3\cos t)^2 + 9^2}}{\left\{\sqrt{(-3\sin t)^2 + (3\cos t)^2 + 1^2}\right\}^3}$$

$$= \frac{\sqrt{90}}{10\sqrt{10}} = \frac{3}{10} \text{이다.}$$

$$\therefore \int_X \kappa \, ds = \int_0^{4\pi} \frac{3}{10} \cdot |r'| \, dt = \frac{3}{10}\sqrt{10} \cdot 4\pi = \frac{6}{5}\sqrt{10}\,\pi$$

## 14. ②

**[풀이]**

( i ) 특성방정식 $t^2 + 9 = 0$에서 $t = \pm 3i$이므로 재차 미분방정식 $y'' + 9y = 0$의 일반해는
$y_c = c_1\cos 3x + c_2\sin 3x$이다.

(ii) 비제차 미분방정식의 특수해

$$y_p = \frac{1}{D^2+9}\{8\sin x\} + \frac{1}{D^2+9}\{6\cos 3x\}$$

$$= Im\frac{8}{D^2+9}\{e^{ix}\} + Re\frac{6}{(D+3i)(D-3i)}\{e^{3ix}\}$$

$$= \sin x + x\sin 3x$$

(iii) 따라서

$$y = y_c + y_p = c_1\cos 3x + c_2\sin 3x + x\sin 3x + \sin x$$

$$y' = -3c_1\sin 3x + 3c_2\cos 3x + \sin 3x + 3x\cos 3x + \cos x$$

$y(0) = c_1 = 2$, $y'(0) = 3c_2 + 1 = 3$이므로 $c_2 = \frac{2}{3}$이다.

$$\therefore y(\pi) = -c_1 = -2\text{이다.}$$

## 15. ①

**[풀이]** 평면과 수직하고 점 $P(2, -3, 5)$를 지나는 직선의 방정식을 만들자. 직선과 평면과의 교점은 점 $P$를 직교사영시킨 점이다. 직선의 방정식은 $x = 3t + 2$, $y = -t - 3$, $z = 4t + 5$이다. 평면의 방정식 $3x - y + 4z = 3$에 대입하면 $t = -1$이므로 평면과 직선의 교점이자 $P$를 직교사영시킨 점은 $(-1, -2, 1)$이다.

## 16. ③

**[풀이]** 대각화를 이용한다.

$$|\lambda I - A| = \begin{vmatrix} \lambda-3 & 1 & 0 \\ 1 & \lambda-2 & 1 \\ 0 & 1 & \lambda-3 \end{vmatrix}$$

$$= (\lambda-3)^2(\lambda-2) - 2(\lambda-3)$$

$$= (\lambda-1)(\lambda-3)(\lambda-4)$$

따라서 $A$의 고윳값은 $\lambda = 1, 3, 4$이다.

( i ) $\lambda = 1$에 대응하는 고유벡터

$$\begin{pmatrix} -2 & 1 & 0 \\ 1 & -1 & 1 \\ 0 & 1 & -2 \end{pmatrix}\begin{pmatrix} x \\ y \\ z \end{pmatrix} = \begin{pmatrix} 0 \\ 0 \\ 0 \end{pmatrix} \Leftrightarrow \begin{pmatrix} x \\ y \\ z \end{pmatrix} = \begin{pmatrix} 1 \\ 2 \\ 1 \end{pmatrix}$$

(ii) $\lambda = 3$에 대응하는 고유벡터

$$\begin{pmatrix} 0 & 1 & 0 \\ 1 & 1 & 1 \\ 0 & 1 & 0 \end{pmatrix}\begin{pmatrix} x \\ y \\ z \end{pmatrix} = \begin{pmatrix} 0 \\ 0 \\ 0 \end{pmatrix} \Leftrightarrow \begin{pmatrix} x \\ y \\ z \end{pmatrix} = \begin{pmatrix} 1 \\ 0 \\ -1 \end{pmatrix}$$

(iii) $\lambda = 4$에 대응하는 고유벡터

$$\begin{pmatrix} 1 & 1 & 0 \\ 1 & 2 & 1 \\ 0 & 1 & 1 \end{pmatrix}\begin{pmatrix} x \\ y \\ z \end{pmatrix} = \begin{pmatrix} 0 \\ 0 \\ 0 \end{pmatrix} \Leftrightarrow \begin{pmatrix} x \\ y \\ z \end{pmatrix} = \begin{pmatrix} 1 \\ -1 \\ 1 \end{pmatrix}$$

세 개의 기저벡터가 존재하므로 행렬 $A$는 대각화가능하고

$$P = \begin{pmatrix} 1 & 1 & 1 \\ 2 & 0 & -1 \\ 1 & -1 & 1 \end{pmatrix}$$는 행렬 $A$를 대각화한다.

또한 $D = P^{-1}AP = \begin{pmatrix} 1 & 0 & 0 \\ 0 & 3 & 0 \\ 0 & 0 & 4 \end{pmatrix}$이므로

$$A^n = (PDP^{-1})^n = PD^nP^{-1}$$

$$= \begin{pmatrix} 1 & 1 & 1 \\ 2 & 0 & -1 \\ 1 & -1 & 1 \end{pmatrix}\begin{pmatrix} 1 & 0 & 0 \\ 0 & 3 & 0 \\ 0 & 0 & 4 \end{pmatrix}^n\begin{pmatrix} 1 & 1 & 1 \\ 2 & 0 & -1 \\ 1 & -1 & 1 \end{pmatrix}^{-1}$$

$$= \begin{pmatrix} 1 & 1 & 1 \\ 2 & 0 & -1 \\ 1 & -1 & 1 \end{pmatrix}\begin{pmatrix} 1 & 0 & 0 \\ 0 & 3^n & 0 \\ 0 & 0 & 4^n \end{pmatrix}\frac{1}{6}\begin{pmatrix} 1 & 2 & 1 \\ 3 & 0 & -3 \\ 2 & -2 & 2 \end{pmatrix}$$

$$= \frac{1}{6}\begin{pmatrix} 1 & 3^n & 4^n \\ 2 & 0 & -4^n \\ 1 & -3^n & 4^n \end{pmatrix}\begin{pmatrix} 1 & 2 & 1 \\ 3 & 0 & -3 \\ 2 & -2 & 2 \end{pmatrix}$$

$$= \frac{1}{6}\begin{pmatrix} 1 & 3^n & 4^n \\ 2 & 0 & -4^n \\ 1 & -3^n & 4^n \end{pmatrix}\begin{pmatrix} 1 & 2 & 1 \\ 3 & 0 & -3 \\ 2 & -2 & 2 \end{pmatrix}$$

$$= \frac{1}{6}\begin{pmatrix} 1+3^{n+1}+2\cdot 4^n & 2-2\cdot 4^n & 1-3^{n+1}+2\cdot 4^n \\ 2-2\cdot 4^n & 4+2\cdot 4^n & 2-2\cdot 4^n \\ 1-3^{n+1}+2\cdot 4^n & 2-2\cdot 4^n & 1+3^{n+1}+2\cdot 4^n \end{pmatrix}$$

$A^n$의 모든 원소의 합은 $\dfrac{16+2\cdot 4^n}{6} = \dfrac{8+2^{2n}}{3}$이다.

**[다른 풀이]**

대칭행렬의 스펙트럼 분해를 이용하자.

대칭행렬 $A_{n\times n}$에 대해

각각의 고윳값에 대응하는 정규직교 고유벡터를 이용하여

$$P = \begin{pmatrix} u_1 & u_2 & \cdots & u_n \end{pmatrix} \; u_i \in R^n, \; D = \begin{pmatrix} \lambda_1 & 0 & \cdots & 0 \\ 0 & \lambda_2 & \cdots & 0 \\ \vdots & \vdots & \ddots & \vdots \\ 0 & 0 & \cdots & \lambda_n \end{pmatrix}$$에 대해

$P^T AP = D$, $A = PDP^t$ 이 성립한다.

$A = PDP^t = \lambda_1 u_1 u_1^t + \lambda_2 u_2 u_2^t + \cdots + \lambda_n u_n u_n^t$

$A^n = PD^n P^t = \lambda_1^n u_1 u_1^t + \lambda_2^n u_2 u_2^t + \cdots + \lambda_n^n u_n u_n^t$

$A$를 이와 같이 나타내는 것을 스펙트럼 분해라고 한다.

$A$의 고윳값은 $\lambda = 1, 3, 4$이다.

( i ) $\lambda = 1$에 대응하는 고유벡터 $u_1 = \dfrac{1}{\sqrt{6}}\begin{pmatrix} 1 \\ 2 \\ 1 \end{pmatrix}$

( ii ) $\lambda = 3$에 대응하는 고유벡터 $u_2 = \dfrac{1}{\sqrt{2}}\begin{pmatrix} 1 \\ 0 \\ -1 \end{pmatrix}$

( iii ) $\lambda = 4$에 대응하는 고유벡터 $u_3 = \dfrac{1}{\sqrt{3}}\begin{pmatrix} 1 \\ -1 \\ 1 \end{pmatrix}$

$A^n = u_1 u_1^t + 3^n u_2 u_2^t + 4^n u_3 u_3^t$

$= \dfrac{1}{6}\begin{pmatrix} 1 \\ 2 \\ 1 \end{pmatrix}(1\ 2\ 1) + \dfrac{3^n}{2}\begin{pmatrix} 1 \\ 0 \\ -1 \end{pmatrix}(1\ 0\ -1)$

$\quad + \dfrac{4^n}{3}\begin{pmatrix} 1 \\ -1 \\ 1 \end{pmatrix}(1\ -1\ 1)$

$= \dfrac{1}{6}\begin{pmatrix} 1 & 2 & 1 \\ 2 & 4 & 2 \\ 1 & 2 & 1 \end{pmatrix} + \dfrac{3^n}{2}\begin{pmatrix} 1 & 0 & -1 \\ 0 & 0 & 0 \\ -1 & 0 & 1 \end{pmatrix} + \dfrac{4^n}{3}\begin{pmatrix} 1 & -1 & 1 \\ -1 & 1 & -1 \\ 1 & -1 & 1 \end{pmatrix}$

구하는 것이 $A^n$의 모든 성분의 합이므로

$\dfrac{1}{6}(16) + \dfrac{3^n}{2}(0) + \dfrac{4^n}{3}(1) = \dfrac{8 + 4^n}{3} = \dfrac{8 + 2^{2n}}{3}$

**17.** ①

**[풀이]** 빈출유형 60번 참고!! 암기사항입니다!

**18.** ③

**[풀이]** 시간이 $t$일 때의 소금의 양을 $y(t)$라 하자.

(소금의 양의 변화율)=(유입량)−(유출량)

$y' = 20 - \dfrac{20}{500}y$ 즉, $y' = 20 - \dfrac{1}{25}y$이므로

1계 선형미분방정식이다.

$y = e^{-\int \frac{1}{25}dt}\left[\int 20 e^{\int \frac{1}{25}dt}dt + c\right]$

$= e^{-\frac{1}{25}t}\left[\int 20 e^{\frac{1}{25}t}dt + c\right]$

$= e^{-0.04t}\left[500 e^{0.04t} + c\right]$

$= 500 + ce^{-0.04t}$

$y(0) = 80$이므로 $y(0) = 500 + c = 80$에서 $c = -420$

$\therefore y = 500 - 420 e^{-0.04t}$

즉, 시간이 지났을 때($t \to \infty$일 때)소금의 양은

$\displaystyle\lim_{t\to\infty} y = \lim_{t\to\infty} 500 - 420 e^{-0.04t} = 500$이므로

이 극한값의 $95\%$에 이르는 시간은

$500 - 420 e^{-0.04t} = 500 \times \dfrac{95}{100} = 475$를 만족하는 $t$이다

$420 e^{-0.04t} = 25 \Rightarrow e^{0.04t} = \dfrac{84}{5} \Rightarrow 0.04t = \ln\dfrac{84}{5}$

$\therefore t = 25\ln\dfrac{84}{5}$

**19.** ③

**[풀이]** (가) $\mathcal{L}^{-1}\left\{\dfrac{-3s}{s^2+15} + \dfrac{12}{s-3}\right\} = -3\cos\sqrt{15}\,t + 12 e^{3t}$

(나) $\mathcal{L}^{-1}\left\{\dfrac{s^2+2}{s^3+4s}\right\} = \mathcal{L}^{-1}\left\{\dfrac{s^2+2}{s(s^2+4)}\right\}$

$= \mathcal{L}^{-1}\left\{\dfrac{\frac{1}{2}}{s} + \dfrac{\frac{1}{2}s}{s^2+4}\right\}$

$= \dfrac{1}{2} + \dfrac{1}{2}\cos 2t = \cos^2 t$

(다) $\mathcal{L}^{-1}\left\{\dfrac{s+1}{s^2+2s}\right\} = \mathcal{L}^{-1}\left\{\dfrac{s+1}{s(s+2)}\right\}$

$= \mathcal{L}^{-1}\left\{\dfrac{\frac{1}{2}}{s} + \dfrac{\frac{1}{2}}{s+2}\right\}$

$= \dfrac{1 + e^{-2t}}{2}$

$= e^{-t}\left(\dfrac{e^t + e^{-t}}{2}\right)$

$= e^{-t}\cosh t$

(라) $\mathcal{L}^{-1}\left\{\dfrac{2s+5}{(s-3)^4}\right\} = e^3 \mathcal{L}^{-1}\left\{\dfrac{2s+11}{s^4}\right\}$

$= t^2 e^{3t} + \dfrac{11}{6}t^3 e^{3t}$

(마) $\mathcal{L}^{-1}\left\{\dfrac{-s e^{-\pi s}}{s^2+1}\right\} = u(t-\pi)(-\cos(t-\pi))$

$= \cos t \cdot u(t-\pi)$

라플라스 변환을 바르게 구한 것은 (나), (다), (마) 3개다.

**20.** ①

**[풀이]** $f(t) = 3t^2 - e^{-t} - \displaystyle\int_0^t f(x)e^{t-x}dx$

$= 3t^2 - e^{-t} - f(t) * e^t$

따라서 라플라스 변환을 하면

$\mathcal{L}\{f(t)\} = \dfrac{6}{s^3} - \dfrac{1}{s+1} - \mathcal{L}\{f(t)\}\dfrac{1}{s-1}$

$$\mathcal{L}\{f(t)\}\left(\frac{s}{s-1}\right)=\frac{6}{s^3}-\frac{1}{s+1}$$

$$\mathcal{L}\{f(t)\}=\frac{6s-6}{s^4}-\frac{s-1}{s(s+1)}=\frac{6}{s^3}-\frac{6}{s^4}+\frac{1}{s}-\frac{2}{s+1}$$

$$f(t)=3t^2-t^3+1-2e^{-t}$$

$$\therefore f(1)=3-1+1-2e^{-1}=3-\frac{2}{e}$$

**21.** ②

**풀이** $F(x,\,y,\,z)=x^2-y^2-1$, $G(x,\,y,\,z)=xy-z$라 하자.
$(1,\,0,\,0)$에서 교선 $C$의 접선벡터는
$\nabla F(1,\,0,\,0)\times\nabla G(1,\,0,\,0)$으로 구하면 된다.
$\nabla F=<2x,\,-2y,\,0> \Rightarrow \nabla F(1,\,0,\,0)=<2,\,0,\,0>$
$\nabla G=<y,\,x,\,-1> \Rightarrow \nabla G(1,\,0,\,0)=<0,\,1,\,-1>$
$\nabla F(1,\,0,\,0)\times\nabla G(1,\,0,\,0)=<0,\,2,\,2>\,//\,<0,\,1,\,1>$
$<0,\,1,\,1>$에 수직이고 $(1,\,0,\,0)$을 지나는 평면은
$y+z=0$이다. 보기 중에서 이 평면 위에 있는 점은 ②번이다.

**22.** ③

**풀이** (가) 일차독립을 확인하기 위해
$a(v_1+v_2+v_3)+b(v_2+v_3)+cv_3=0$을 고려하자.
$av_1+(a+b)v_2+(a+b+c)v_3=0$이 되고
조건에서 $v_1,\,v_2,\,v_3$는 일차독립이므로
$a=0,\,a+b=0,\,a+b+c=0 \Rightarrow a=b=c=0$이다.
따라서 $v_1+v_2+v_3,\,v_2+v_3,\,v_3$는 일차독립이다.

(나) 주어진 벡터 $v_1,\,v_2,\,v_3\in R^5$이고 보기에서 주어진 집합은
$span\{v_1,\,v_2,\,v_3\}$이므로 $R^5$의 부분공간이다.

(다) $v_1,\,v_2,\,v_3$가 일차독립이라는 조건이 없다. 따라서 차원이
3이라고 단정지을 수 없다.

(라) $Ax=v_1$, $Ax=v_2$를 만족하는 해가 존재하므로 $v_1,\,v_2$는
$A$의 열공간에 속한다. 열공간에 속하는 원소의 일차결합도
열공간에 속하므로 $2v_1+v_2$도 $A$의 열공간에 속하게 된다.
따라서 $Ax=2v_1+v_2$도 해를 가지게 된다.

(마) $nullityA=3$이므로 $AB=O$가 되는 $B$의 $rank$는 3 이하
이다.

따라서 옳은 것의 개수는 (가), (나), (라) 3개다.

**TIP** 잘 이해가 되지 않으면
선형대수 기본서 142쪽 문제 188번 보기 (라)를 복습한다.

**23.** ④

**풀이** $D_1=\{(x,\,y)\,|\,x^2+y^2\leq 1,\,y\geq 0\}$
$D_2=\{(x,\,y)\,|\,x^2+y^2\leq 1,\,y<0\}$이라 하면

$$\iint_D \frac{|y|}{\sqrt{(x-2)^2+y^2}}\,dxdy$$

$$=\iint_{D_1}\frac{y}{\sqrt{(x-2)^2+y^2}}\,dxdy+\iint_{D_2}\frac{-y}{\sqrt{(x-2)^2+y^2}}\,dxdy$$

$$\iint_{D_1}y((x-2)^2+y^2)^{-\frac{1}{2}}\,dxdy$$

$$=\int_{-1}^1\int_0^{\sqrt{1-x^2}}y((x-2)^2+y^2)^{-\frac{1}{2}}\,dydx$$

$$=\int_{-1}^1\left((x-2)^2+y^2\right)^{\frac{1}{2}}\Big]_0^{\sqrt{1-x^2}}\,dx$$

$$=\int_{-1}^1(-4x+5)^{\frac{1}{2}}-|x-2|\,dx$$

$$=\int_{-1}^1(-4x+5)^{\frac{1}{2}}+x-2\,dx=\frac{1}{3}$$

비슷한 방법으로

$$\iint_{D_2}\frac{-y}{\sqrt{(x-2)^2+y^2}}\,dxdy=\frac{1}{3}$$으로 구할 수 있다.

따라서 답은 $\frac{1}{3}+\frac{1}{3}=\frac{2}{3}$이다.

**24.** ④

**풀이** $(0,2)$에서 $(-2,0)$로 가는 직선을 $C_1$이라 하면
$C+C_1$은 폐곡선이므로 그린 정리가 가능하다.
영역 $D$를 $C+C_1$의 내부 영역이라 하면
$$\int_C F\cdot dr+\int_{C_1}F\cdot dr=\int_{C+C_1}F\cdot dr=\iint_D Q_x-P_y\,dA$$
$$\iint_D Q_x-P_y\,dA=\iint_D 2y\,dA=2\iint_D y\,dA=0$$
($\because$ 영역 $D$의 무게중심의 $y$좌표가 0)
$$\int_C F\cdot dr+\int_{C_1}F\cdot dr=0$$
$$\int_C F\cdot dr=-\int_{C_1}F\cdot dr=\int_{-C_2}F\cdot dr$$
$-C_2:r(t)=\langle t,t+2\rangle$, $-2\leq t\leq 0$이므로
$$\int_{-C_2}F\cdot dr=\int_{-2}^0\langle (t+2)^2+(t+2)e^t,\,e^t\rangle\cdot\langle 1,1\rangle dt$$
$$=\int_{-2}^0(t+2)^2+(t+2)e^t+e^t\,dt$$
$$=\int_{-2}^0(t+2)^2+(t+3)e^t\,dt$$
$$=\frac{1}{3}(t+2)^3+(t+3)e^t-e^t\Big]_{-2}^0=\frac{14}{3}$$

**25.** ③

$$b_n = \frac{1}{p}\int_{-p}^{p} f(x)\sin\frac{n\pi}{2}x\,dx$$

$$= \frac{1}{2}\left(\int_{-2}^{2} f(x)\sin\frac{n\pi}{2}x\,dx\right)$$

$$= \frac{1}{2}\left(\int_{-2}^{0}(2+x)\sin\frac{n\pi}{2}x\,dx + \int_{0}^{2}2\sin\frac{n\pi}{2}x\,dx\right)$$

$$= \frac{1}{2}\left(\int_{-2}^{2}2\sin\frac{n\pi}{2}x\,dx + \int_{-2}^{0}x\sin\frac{n\pi}{2}x\,dx\right)$$

$$= \frac{1}{2}\int_{-2}^{0}x\sin\frac{n\pi}{2}x\,dx$$

$$= \frac{1}{2}\left(-\frac{2x}{n\pi}\cos\frac{n\pi x}{2} + \frac{4}{n^2\pi^2}\sin\frac{n\pi x}{2}\right)\Big]_{-2}^{0}$$

$$= \frac{1}{2}\frac{-4(-1)^n}{n\pi}$$

$$= \frac{2(-1)^{n+1}}{n\pi}$$

| 정답률 | | | | |
|---|---|---|---|---|
| 1 | 2 | 3 | 4 | 5 |
| 87% | 91% | 31% | 74% | 61% |
| 6 | 7 | 8 | 9 | 10 |
| 40% | 74% | 79% | 86% | 69% |
| 11 | 12 | 13 | 14 | 15 |
| 89% | 86% | 31% | 72% | 78% |
| 16 | 17 | 18 | 19 | 20 |
| 33% | 65% | 48% | 63% | 68% |
| 21 | 22 | 23 | 24 | 25 |
| 66% | 49% | 62% | 48% | 14% |
| 평균 | 최고점 | 상위10%<br>평균 | 상위20%<br>평균 | 상위30%<br>평균 |
| 61.71 | 92 | 88.33 | 84.6 | 82.16 |

**1.** ②

양변에 로그를 취하면 $\ln f(x) = x\ln(x^2+1)$이고,

양변을 $x$에 대해 미분하면 $\dfrac{f'(x)}{f(x)} = \ln(x^2+1) + \dfrac{2x^2}{x^2+1}$이고,

$x=1$, $f(1)=2$를 대입하면 $f'(1) = 2(1+\ln 2)$

**2.** ②

$f(x,y,z) = X^t A X$로 표현할 때 $A = \begin{pmatrix} 3 & -1 & 0 \\ -1 & 3 & 0 \\ 0 & 0 & 5 \end{pmatrix}$이고

$a+b+c$의 값을 구하는 것은 $tr A$를 구하는 것이므로

$a+b+c = tr A = 11$이다.

**3.** ②

주어진 네 개의 벡터를 행벡터로 쓴 $A$를 생각해보자.

$$A = \begin{pmatrix} 1 & 0 & 0 & 0 & 1 \\ -2 & 1 & -1 & 2 & -2 \\ 0 & 5 & -4 & 9 & 0 \\ 2 & 10 & -8 & 18 & 2 \end{pmatrix}$$

기본행연산하면 $\begin{pmatrix} 1 & 0 & 0 & 0 & 1 \\ 0 & 1 & 0 & 1 & 0 \\ 0 & 0 & 1 & -1 & 0 \\ 0 & 0 & 0 & 0 & 0 \end{pmatrix}$이 되고

위에서부터 3개의 벡터가 부분공간의 기저가 된다.

첫 번째 행, 두 번째 행 벡터는 이미 수직이고
세 번째 행 벡터만 수직이 아니므로

두 번째 행 벡터 $= u_1$, 세 번째 행 벡터 $= u_2$이라 하면
그람–슈미트 공식에 의해
$u_1$에 수직인 기저는 $(0, 1, 2, -1, 0)$임을 알 수 있다.

## 4.  ①

**풀이**
$$\lim_{n \to \infty} n^2 \int_0^1 x e^{-2nx}\, dx$$

$$= \lim_{n \to \infty} n^2 \left( -\frac{1}{2n} x e^{-2nx} - \frac{1}{4n^2} e^{-2nx} \right]_0^1 \right)$$

$$= \lim_{n \to \infty} n^2 \left( -\frac{1}{2n} e^{-2n} - \frac{1}{4n^2} e^{-2n} + \frac{1}{4n^2} \right)$$

$$= \lim_{n \to \infty} -\frac{1}{2} n e^{-2n} - \frac{1}{4} e^{-2n} + \frac{1}{4} = \frac{1}{4}$$

## 5.  ①

**풀이**
$x = 0$이 되는 $t = 0$이고 $x = 3$이 되는 $t = 1$이다.
즉 $t = 0$일 때 $(x, y) = (0, 1)$이고
$t = 1$일 때 $(x, y) = (3, 2)$이다.

두 점의 기울기는 $\dfrac{2-1}{3-0} = \dfrac{1}{3}$이고

$\dfrac{dy}{dx} = \dfrac{y'}{x'} = \dfrac{2t}{4-2t}$ 이므로 $\dfrac{2t}{4-2t} = \dfrac{1}{3} \Rightarrow t = \dfrac{1}{2}$

따라서 $t = \dfrac{1}{2}$일 때 $x = 4 \times \dfrac{1}{2} - \dfrac{1}{4} = \dfrac{7}{4}$이다.

## 6.  ②

**풀이**
$$f(n) = \frac{1^2 + 2^2 + 3^2 + \cdots + n^2}{3 + 5 + 7 + \cdots + (2n+1)}$$

$$= \frac{\displaystyle\sum_{k=1}^{n} k^2}{\displaystyle\sum_{k=1}^{n} 2k+1}$$

$$= \frac{\dfrac{n(n+1)(2n+1)}{6}}{2 \cdot \dfrac{n(n+1)}{2} + n}$$

$$= \frac{\dfrac{1}{6} n(n+1)(2n+1)}{n^2 + 2n}$$

$$\lim_{n \to \infty} \frac{f(n)}{n} = \lim_{n \to \infty} \frac{\dfrac{1}{6} n(n+1)(2n+1)}{n^3 + 2n^2} = \frac{1}{3}$$

## 7.  ②

**풀이**
(ㄱ) (발산) $a_n = \sin\left(\sin\dfrac{1}{n}\right)$, $b_n = \dfrac{1}{n}$ 이라 두자.

$$\lim_{n \to \infty} \frac{a_n}{b_n} = \lim_{n \to \infty} \frac{\sin\left(\sin\dfrac{1}{n}\right)}{\dfrac{1}{n}} = \lim_{t \to 0} \frac{\sin(\sin t)}{t}$$

$$= \lim_{t \to 0} \cos(\sin t) \cos t$$

$$= 1 > 0$$

이므로 극한비교판정법에 의해 $\displaystyle\sum \dfrac{1}{n}$은 발산한다.

따라서 $\displaystyle\sum \sin\left(\sin\dfrac{1}{n}\right)$도 발산한다.

(ㄴ) (수렴) $n$이 충분히 클 때,

$\dfrac{1}{n^3 - 5n} \approx \dfrac{1}{n^3}$ 이므로 $\displaystyle\lim_{n \to \infty} \dfrac{n^3}{n^3 - 5n} = 1$ 이고,
극한비교판정법에 의해 주어진 급수는 수렴한다.

(ㄷ) (수렴) 비율판정법을 사용하면

$$\lim_{n \to \infty} \frac{\dfrac{2^{n+1}(n+1)!}{(n+1)^{n+1}}}{\dfrac{2^n n!}{n^n}} = \lim_{n \to \infty} 2\left(\frac{n}{n+1}\right)^n = \frac{2}{e} < 1$$

(ㄹ) (발산) $p = 1$d이므로 주어진 급수는 발산한다.

따라서 수렴하는 급수는 (ㄴ), (ㄷ)이다.

## 8.  ①

**풀이** 적분순서변경을 이용하면
$$f(t) = \int_0^{\sqrt{t}} \int_y^{\sqrt{t}} \frac{1}{2 + \sin(x^2)}\, dx\, dy$$

$$= \int_0^{\sqrt{t}} \int_0^x \frac{1}{2 + \sin(x^2)}\, dy\, dx$$

$$= \int_0^{\sqrt{t}} \frac{x}{2 + \sin(x^2)}\, dx$$

$$f'(t) = \frac{\sqrt{t}}{2 + \sin t} \cdot \frac{1}{2\sqrt{t}} = \frac{1}{2(2 + \sin t)}$$

$$\therefore f'\left(\frac{\pi}{2}\right) = \frac{1}{6}$$

**9.** ④

풀이 특성방정식이 $t^2+1=0$이므로 $t=\pm i$이므로
일반해는 $y_c=c_1\cos x+c_2\sin x$이다.

$$y_p=\frac{1}{1+D^2}\{x^2+1\}=(1-D^2)(x^2+1)=x^2-1$$

따라서 $y=c_1\cos x+c_2\sin x+x^2-1$이고
초기조건에 의해 $c_1=6$, $c_2=-6\cot1$이다.

$$\Rightarrow y=6\cos x-6(\cot1)\sin x+x^2-1$$

$$\therefore a+b=5$$

**10.** ④

풀이 $T(a+bx+cx^2)=(a-b)+(a+b)x+(3c)x^2$의 표준행렬을
구하면 $T(1)=1+x$, $T(x)=-1+x$, $T(x^2)=3x^2$이므로

표준행렬 $T=\begin{pmatrix} 1 & -1 & 0 \\ 1 & 1 & 0 \\ 0 & 0 & 3 \end{pmatrix}$

① $\mathrm{rank}T=3$이므로 상공간의 차원은 3이다.
② 보기 ①에 의해 $\dim(ImT)=3 \Rightarrow \dim(\ker T)=0$이므로
$\ker T=\{0\}$이다.
따라서 $ImT$와 $\ker T$의 공통원소는 0이다.
③ $\dim(\ker T)=0$이므로 일대일함수이고
$\dim(ImT)=3=\dim P_2$이므로 전사이다.
따라서 일대일대응 사상이다.
④ $|T|=6$이다.
⑤ $T(2+3x-5x^2)$은 $a=2$, $b=3$, $c=-5$이므로
주어진 사상에 대입하면 $-1+5x-15x^2$이다.

**11.** ①

풀이 $g'(t)=\dfrac{\partial f}{\partial x}\dfrac{dx}{dt}+\dfrac{\partial f}{\partial y}\dfrac{dy}{dt}$이고

$\dfrac{\partial f}{\partial x}=2xy$, $\dfrac{\partial f}{\partial y}=x^2-\cos y$, $\dfrac{dx}{dt}=\dfrac{t}{\sqrt{t^{2}+1}}$, $\dfrac{dy}{dt}=e^t$이므로

$$g'(t)=2xy\frac{t}{\sqrt{t^2+1}}+(x^2-\cos y)e^t$$

$$=2\sqrt{t^2+1}\,e^t\frac{t}{\sqrt{t^2+1}}+\{(t^2+1)-\cos(e^t)\}e^t$$

$$=(t^2+2t+1-\cos(e^t))e^t$$

$$=e^t(t+1)^2-e^t\cos(e^t)$$

**12.** ④

풀이 $D=\{(x,y)\,|\,0\le x\le 2, 2-x\le y\le\sqrt{4-x^2}\}$

$$\iint_D xdxdy=\int_0^2\int_{2-x}^{\sqrt{4-x^2}} xdydx$$

$$=\int_0^2 x\sqrt{4-x^2}-2x+x^2dx$$

$$=-\frac{1}{3}(4-x^2)^{\frac{3}{2}}-x^2+\frac{1}{3}x^3\Big|_0^2=\frac{4}{3}$$

**13.** ②

풀이 열공간이 $W$이므로 $W\subset R^4$이다.
$\dim W=\mathrm{rank}A^t=\mathrm{rank}A=3$을 만족하고
$\dim W+\dim W^\perp=4$이므로 $\dim W^\perp=1$이다.

**14.** ①

풀이 주어진 직선을 매개화하면 $x=2t-1$, $y=t+1$, $z=3t+2$
이므로 평면과의 교점을 찾으면 $t=2$일 때 교점이 생긴다.
평면과 직선의 교점은 $t=2$일 때 $(3,3,8)$이다.
정사영된 직선의 방향벡터를 구하기 위해서는
주어진 직선의 방향벡터를 평면에 사영시켜야 한다.
주어진 직선의 방향벡터를 $v=\langle 2,1,3\rangle$이라 하고
정사영된 방향벡터를 $u$이라 하면
$u=v-proj_n v(n$은 평면의 법선벡터$)$

$$=\langle 2,1,3\rangle-\langle\frac{2}{3},\frac{1}{3},-\frac{1}{3}\rangle$$

$$=\langle\frac{4}{3},\frac{2}{3},\frac{10}{3}\rangle//\langle 2,1,5\rangle$$이므로

정사영된 직선의 방정식은
$\dfrac{x-3}{2}=y-3=\dfrac{z-8}{5}$이다.

**15.** ①

풀이 $f(s)=L(\sin t*\cos t)=L(\sin t)L(\cos t)$

$$=\frac{1}{s^2+1}\cdot\frac{s}{s^2+1}=\frac{s}{(s^2+1)^2}$$

$$\Rightarrow f(1)=\frac{1}{4}$$

$$g(t)=L^{-1}\left\{\frac{s+2}{s^2+2s+2}\right\}$$

$$=L^{-1}\left\{\frac{s+1}{(s+1)^2+1}\right\}+L^{-1}\left\{\frac{1}{(s+1)^2+1}\right\}$$

$$=e^{-t}\cos t+e^{-t}\sin t$$

$$\Rightarrow g\left(\frac{\pi}{2}\right)=e^{-\frac{\pi}{2}}$$

$$\therefore f(1)+g\left(\frac{\pi}{2}\right)=\frac{1}{4}+e^{-\frac{\pi}{2}}$$

**16.** ③

> **[풀이]**
> $$\lim_{x \to \infty}\left(\sqrt[3]{x(x+1)(x+2)}-x\right)$$
> $$=\lim_{x \to \infty}\frac{x(x+1)(x+2)-x^3}{\left(x(x+1)(x+2)\right)^{\frac{2}{3}}+x\left(x(x+1)(x+2)\right)^{\frac{1}{3}}+x^2}$$
> $$=\lim_{x \to \infty}\frac{3+\frac{2}{x}}{\left(\left(1+\frac{1}{x}\right)\left(1+\frac{2}{x}\right)\right)^{\frac{2}{3}}+\left(\left(1+\frac{1}{x}\right)\left(1+\frac{2}{x}\right)\right)^{\frac{1}{3}}+1}=1$$

**17.** ④

> **[풀이]**
> 선형 제차 미분방정식의 일반해 $y_h=c_1 e^{2x}+c_2 x e^{2x}$ 이다.
> 해의 기본계 $\{e^{2x},\ xe^{2x}\}$를 만족하는 2계 상미분방정식은
> 특성방정식 $(\lambda-2)^2=0$을 만족하는 상수계수를 지니는
> $y''-4y'+4y=0$이다.
> 또한 비제차 미분방정식의 특수해는 $y_p=3x^2 e^{2x}$ 이다.
> 이를 만족하는 미분방정식은 계수비교법에 의해
> $y''-4y'+4y=Ae^{2x}$ 이 된다.
> 여기에 특수해를 대입하면 $A=6$이므로 $f(x)=6e^{2x}$
> $\therefore a+b+f(0)=-4+4+6=6$

**18.** ①

> **[풀이]**
> $$T(x)=x-2(x \cdot u)u$$
> $$=x-2u(u \cdot x)$$
> $$=x-2uu^t x$$
> $$=(I-2uu^t)x$$
> $$=\begin{pmatrix}0 & -1 \\ -1 & 0\end{pmatrix}x$$
> $B=\{v_1,\ v_2\}$라 하면 $T(v_1)=\begin{pmatrix}0 \\ -1\end{pmatrix}=v_1-v_2$
> $T(v_2)=\begin{pmatrix}-1 \\ -1\end{pmatrix}=-v_2$이므로 $T]_B=\begin{pmatrix}1 & 0 \\ -1 & -1\end{pmatrix}$

**19.** ②

> **[풀이]**
> $r'(t)=\langle -\sin t, \sqrt{2}\cos t, -\sin t \rangle$,
> $|r'(t)|=\sqrt{\sin^2 t+2\cos^2 t+\sin^2 t}=\sqrt{2}$ 이므로
> 단위접선벡터는
> $$T(t)=\frac{r'(t)}{|r'(t)|}$$
> $$=\frac{1}{\sqrt{2}}\langle -\sin t, 1\sqrt{2}\cos t, -\sin t \rangle$$
> $$=\left\langle -\frac{1}{\sqrt{2}}\sin t, \cos t, -\frac{1}{\sqrt{2}}\sin t \right\rangle$$이다.
> $T'(t)=\left\langle -\frac{1}{\sqrt{2}}\cos t, -\sin t, -\frac{1}{\sqrt{2}}\cos t \right\rangle$이고

$|T'(t)|=1$이므로 주단위법선벡터는
$$N(t)=\frac{T'(t)}{|T'(t)|}=\left\langle -\frac{1}{\sqrt{2}}\cos t, -\sin t, -\frac{1}{\sqrt{2}}\cos t \right\rangle$$이고,
종법선벡터는
$$B(t)=\begin{vmatrix} i & j & k \\ -\frac{1}{\sqrt{2}}\sin t & \cos t & -\frac{1}{\sqrt{2}}\sin t \\ -\frac{1}{\sqrt{2}}\cos t & -\sin t & -\frac{1}{\sqrt{2}}\cos t \end{vmatrix}$$
$$=\left\langle -\frac{1}{\sqrt{2}}, 0, \frac{1}{\sqrt{2}} \right\rangle$$이다.
따라서 접촉평면의 방정식의 법선벡터는
$B(0)=\left\langle -\frac{1}{\sqrt{2}}, 0, \frac{1}{\sqrt{2}} \right\rangle$이고,
접촉평면의 방정식은 $x=z$이다.

**20.** ③

> **[풀이]**
> $u=x+y,\ v=x-y$로 치환하면
> $$J^{-1}=\begin{vmatrix}1 & 1 \\ 1 & -1\end{vmatrix}=-2 \Rightarrow |J|=\frac{1}{2}$$이고
> 새로운 영역 $A'=\{(u,v)|1 \le u \le 3, -u \le v \le u\}$이므로
> $$(준식)=\frac{1}{2}\int_1^3 \int_{-u}^{u}\frac{1}{u}e^{\frac{v}{u}}\,dv\,du$$
> $$=\frac{1}{2}\int_1^3 e-e^{-1}\,du$$
> $$=e-e^{-1}=2\sinh 1$$

**21.** ④

> **[풀이]**
> 주어진 두 식의 영역을 극좌표로 바꾸면
> $$D=\left\{(r,\theta)\,\Big|\,2 \le r \le 4, 0 \le \theta \le \frac{\pi}{2}\right\}$$이므로
> $$(준식)=\int_0^{\frac{\pi}{2}}\int_2^4 \frac{r^2\cos^2\theta}{r^2}r\,dr\,d\theta$$
> $$=\int_0^{\frac{\pi}{2}}\int_2^4 r\cos^2\theta\,dr\,d\theta$$
> $$=\int_0^{\frac{\pi}{2}}\cos^2\theta\,d\theta\int_2^4 r\,dr=\frac{3\pi}{2}$$

**22.** ①

> **[풀이]**
> 곡선 $C: r(t)=\langle \cos t, \sin t \rangle, 0 \le t \le \pi$이므로
> $$\int_C F \cdot dr=\int_0^{\pi}\langle -\sin t, \cos t \rangle \cdot \langle -\sin t, \cos t \rangle\,dt$$
> $$=\int_0^{\pi}1\,dt=\pi$$

**23.** ③

$\mathcal{L}\{y_1\}=X$, $\mathcal{L}\{y_2\}=Y$이라 하자.

주어진 연립미분방정식에 라플라스 변환을 취하면

$$\begin{pmatrix} s-1 & 2 \\ -5 & s+1 \end{pmatrix}\begin{pmatrix} X \\ Y \end{pmatrix}=\begin{pmatrix} -1 \\ 2 \end{pmatrix}$$

$$\begin{pmatrix} X \\ Y \end{pmatrix}=\frac{1}{s^2+9}\begin{pmatrix} s+1 & -2 \\ 5 & s-1 \end{pmatrix}\begin{pmatrix} -1 \\ 2 \end{pmatrix}=\frac{1}{s^2+9}\begin{pmatrix} -s-5 \\ 2s-7 \end{pmatrix}$$

$$X=-\frac{s}{s^2+9}-\frac{5}{s^2+9},\quad Y=\frac{2s}{s^2+9}-\frac{7}{s^2+9}$$

$$y_1(t)=-\cos 3t-\frac{5}{3}\sin 3t,\quad y_2(t)=2\cos t-\frac{7}{3}\sin 3t$$

$$y_1(\pi)=1,\quad y_2\left(\frac{\pi}{2}\right)=\frac{7}{3}$$

$$\therefore 3y_1(\pi)\times y_2\left(\frac{\pi}{2}\right)=7$$

**24.** ④

$div F=(x-4)\cos(x-y^2-z^2)+\sin(x-y^2-z^2)+1+1$
$\qquad =(x-4)\cos(x-r^2)+\sin(x-r^2)+2$이므로

$$\iint_{\partial Q}F\cdot ndS=\iiint_Q \nabla\cdot FdV$$

$$=\int_0^{2\pi}\int_0^2\int_{r^2}^4[(x-4)\cos(x-r^2)+\sin(x-r^2)+2]rdxdrd\theta$$

$$=\int_0^2\pi\int_0^2[-2r^3+8r]drd\theta=\int_0^2\pi 8d\theta=16\pi$$

**25.** ①

$$\sinh^{-1}x=\sum_{n=0}^{\infty}\frac{(-1)^n(2n)!}{4^n(n!)^2}\cdot\frac{x^{2n+1}}{2n+1}\ (-1\le x\le 1)$$

양변을 미분하면 $\dfrac{1}{\sqrt{1+x^2}}=\sum_{n=0}^{\infty}\dfrac{(-1)^n(2n)!}{4^n(n!)^2}x^{2n}$이고

$x=1$을 대입하면 $\sum_{n=0}^{\infty}\dfrac{(-1)^n(2n)!}{4^n(n!)^2}=\dfrac{1}{\sqrt{2}}$이다.

**TIP** 무한급수가 수렴하므로

$$\lim_{n\to\infty}\frac{(2n)!}{4^n(n!)^2}=0이고,\ \lim_{n\to\infty}\frac{4^n(n!)^2}{(2n)!}=\infty이다.$$

**1.** ③

$f(x)=\sqrt[3]{x}$ 라 하자.

$\sqrt[3]{1001}$ 의 근삿값을 구하기 위해

$x=1000$에서 함수 $f(x)$의 선형근사식 $L(x)$를 구하자.

$L(x)=f(1000)+f'(1000)(x-1000)$이므로

$$f'(x)=\frac{1}{3}x^{-\frac{2}{3}}\ \Rightarrow\ f'(1000)=\frac{1}{300}$$

즉 $L(x)=10+\dfrac{1}{300}(x-1000)$이다.

$$\therefore f(1001)\approx L(1001)=10+\frac{1}{300}=\frac{3001}{300}$$

**2.** ②

주어진 식을 양변 $x$로 미분하면

$\dfrac{p(x)}{x^2}=6x$이므로 $p(x)=6x^3$이 된다.

$p(1)=6$

$2019+\displaystyle\int_c^x\frac{p(t)}{t^2}dt=3x^2$에서 $p(x)=6x^3$이므로 대입하면

$2019+\displaystyle\int_c^x 6tdt=2019+3t^2]_c^x=2019+3x^2-3c^2=3x^2$

따라서 $3c^2=2019\ \Rightarrow\ c^2=673$이다.

$$\therefore c^2p(1)=673\times 6=4038$$

**3.** ②

[풀이]
$$\int_1^\infty \frac{x}{x^3+1}dx$$
$$= \int_1^\infty \frac{x}{(x+1)(x^2-x+1)}dx$$
$$= \int_1^\infty \frac{-\dfrac{1}{3}}{x+1}+\frac{\dfrac{1}{3}x+\dfrac{1}{3}}{x^2-x+1}dx$$
$$= \frac{1}{3}\int_1^\infty -\frac{1}{x+1}+\frac{x+1}{x^2-x+1}dx$$
$$= \frac{1}{3}\int_1^\infty -\frac{1}{x+1}+\frac{2x-1}{2(x^2-x+1)}+\frac{\dfrac{3}{2}}{x^2-x+1}dx$$
$$= \frac{1}{3}\int_1^\infty -\frac{1}{x+1}+\frac{1}{2}2\frac{x-1}{x^2-x+1}+\frac{\dfrac{3}{2}}{\left(x-\dfrac{1}{2}\right)^2+\dfrac{3}{4}}dx$$
$$= \frac{1}{3}\Bigg[-\ln(x+1)+\frac{1}{2}\ln(x^2-x+1)$$
$$+\frac{3}{2}\frac{2}{\sqrt{3}}\tan^{-1}\left(\frac{2}{\sqrt{3}}\left(x-\frac{1}{2}\right)\right)\Bigg]_1^\infty$$
$$= \frac{1}{3}\left[\ln\frac{\sqrt{x^2-x+1}}{x+1}+\sqrt{3}\tan^{-1}\left(\frac{2x-1}{\sqrt{3}}\right)\right]_1^\infty$$
$$= \frac{1}{3}\left(\sqrt{3}\frac{\pi}{2}-\ln\frac{1}{2}-\sqrt{3}\frac{\pi}{6}\right)$$
$$= \frac{\ln2}{3}+\frac{\sqrt{3}\pi}{9}$$

**4.** ③

[풀이]
$$\lim_{x\to0}\frac{(1+x)^{\frac{1}{x}}-e}{x}$$
$$= \lim_{x\to0}\frac{e^{\frac{1}{x}\ln(1+x)}-e}{x}$$
$$= \lim_{x\to0}(1+x)^{\frac{1}{x}}\left\{-\frac{1}{x^2}\ln(1+x)+\frac{1}{x(1+x)}\right\}$$
$$(\because \text{로피탈 정리})$$

$\lim_{x\to0}(1+x)^{\frac{1}{x}}=e$ 이므로

$\lim_{x\to0}\left(-\dfrac{1}{x^2}\ln(1+x)+\dfrac{1}{x(1+x)}\right)$의 극한값만 구하면 된다.

$$\lim_{x\to0}\left(-\frac{1}{x^2}\ln(1+x)+\frac{1}{x(1+x)}\right)$$
$$= \lim_{x\to0}\frac{-(1+x)\ln(1+x)+x}{x^2(1+x)}$$
$$= \lim_{x\to0}\frac{-\ln(1+x)}{3x^2+2x}\ (\because \text{로피탈 정리})$$
$$= \lim_{x\to0}-\frac{1}{(1+x)}\frac{1}{(6x+2)}\ (\because \text{로피탈 정리})=-\frac{1}{2}$$

따라서 주어진 극한값은 $e\times-\dfrac{1}{2}=-\dfrac{e}{2}$ 이다.

[다른 풀이]
$$\lim_{x\to0}\left(-\frac{1}{x^2}\ln(1+x)+\frac{1}{x(1+x)}\right)$$
$$= \lim_{x\to0}\frac{-(1+x)\ln(1+x)+x}{x^2(1+x)}$$

매클로린 공식을 이용하면
$$= \lim_{x\to0}\frac{-(1+x)\left(x-\dfrac{1}{2}x^2+\dfrac{1}{3}x^3-\dfrac{1}{4}x^4+\cdots\right)+x}{x^2(1+x)}$$

전개하면
$$= \lim_{x\to0}\frac{-x+\dfrac{1}{2}x^2-\dfrac{1}{3}x^3+\dfrac{1}{4}x^4-\cdots-x^2+\dfrac{1}{2}x^3-\dfrac{1}{3}x^4-\cdots+x}{x^2(1+x)}$$
$$= \lim_{x\to0}\frac{-\dfrac{1}{2}x^2+\dfrac{1}{6}x^3-\dfrac{1}{12}x^4+\cdots}{x^2(1+x)}$$
$$= \lim_{x\to0}\frac{-\dfrac{1}{2}+\dfrac{1}{6}x-\dfrac{1}{12}x^2+\cdots}{1+x}=-\frac{1}{2}$$

따라서 주어진 극한값은 $e\times-\dfrac{1}{2}=-\dfrac{e}{2}$ 이다.

**5.** ③

[풀이] 수식적으로 푼다.

$r=1+6\cos\theta$ 이므로

$x=r\cos\theta=(1+6\cos\theta)\cos\theta$, $y=r\sin\theta=(1+6\cos\theta)\sin\theta$

따라서 $\dfrac{dy}{dx}=\dfrac{y'}{x'}=\dfrac{-6\sin\theta\sin\theta+(1+6\cos\theta)\cos\theta}{-6\sin\theta\cos\theta-(1+6\cos\theta)\sin\theta}$ 이고

수평접선을 가지려면 $\dfrac{dy}{dx}=0$이 되어야 하므로 분자$=0$이다.

식을 정리하면
$$-6\sin^2\theta+\cos\theta+6\cos^2\theta=0$$
$$\Rightarrow 12\cos^2\theta+\cos\theta-6=0$$
$$\Rightarrow (3\cos\theta-2)(4\cos\theta+3)=0$$

따라서 분자가 0이 되는 $\cos\theta=\dfrac{2}{3}$, $-\dfrac{3}{4}$ 이다.

(이 값에 대해서는 분모가 0이 되지 않는다.)

극곡선 $r=1+6\cos\theta$의 그래프는 꼬인 심장형이고

내부 곡선이 생기게 되는 $\theta$ 범위를 생각하면

그 각에서 $\cos\theta=\dfrac{2}{3}$이 될 수 없으므로

$\cos\theta=-\dfrac{3}{4}$인 각 $\theta$만 구해주면 된다.

특수각이 아니어서 정확한 값을 알 수 없지만,

$\cos$ 그래프와 $-\dfrac{3}{4}$의 교점을 그림으로 그려봤을 때

두 교점의 $x$좌표는 $x=\pi$에 대칭이 되므로

$\cos\theta=-\dfrac{3}{4}$가 되는 $\theta$값의 합은 $2\pi$가 된다.

**[다른 풀이]**

기하학적으로 그림을 그려 푼다. ⇒ 수업 참고!

## 6. ④

**풀이** $\tan^{-1}x$의 매클로린 공식을 이용하면

$$\tan^{-1}x = x - \frac{1}{3}x^3 + \frac{1}{5}x^5 - \cdots$$

$$= \sum_{k=0}^{\infty} \frac{(-1)^k}{2k+1}x^{2k+1}$$

$$= x\sum_{k=0}^{\infty} \frac{(-1)^k}{2k+1}x^{2k}$$

$$= x\left(1 + \sum_{k=1}^{\infty} \frac{(-1)^k}{2k+1}x^{2k}\right)$$

$$\sum_{k=1}^{\infty} \frac{(-1)^k}{2k+1}x^{2k} = \frac{\tan^{-1}x}{x} - 1.$$

$$\sum_{k=1}^{\infty} \frac{(-1)^{k+1}}{2k+1}x^{2k} = 1 - \frac{\tan^{-1}x}{x}$$

$x = \frac{1}{\sqrt{3}}$ 을 대입하면 $\displaystyle\sum_{k=1}^{\infty} \frac{(-1)^{k+1}}{2k+1}\left(\frac{1}{3^k}\right) = 1 - \frac{\pi}{2\sqrt{3}}$

## 7. ④

**풀이** 내부 곡선과 외부 곡선으로 둘러싸인 영역의 넓이를 $S$이라 하면

$$S = 2\left(\frac{1}{2}\int_{-\frac{\pi}{6}}^{\frac{\pi}{2}}(1+2\sin\theta)^2 d\theta - \frac{1}{2}\int_{\frac{7\pi}{6}}^{\frac{3\pi}{2}}(1+2\sin\theta)^2 d\theta\right)$$

(한쪽만 구하고 2배)

$$= \int_{-\frac{\pi}{6}}^{\frac{\pi}{2}} 1+4\sin\theta+4\sin^2\theta d\theta - \int_{\frac{7\pi}{6}}^{\frac{3\pi}{2}} 1+4\sin\theta+4\sin^2\theta d\theta$$

$$= \int_{-\frac{\pi}{6}}^{\frac{\pi}{2}} 3+4\sin\theta-2\cos2\theta d\theta - \int_{\frac{7\pi}{6}}^{\frac{3\pi}{2}} 3+4\sin\theta-2\cos2\theta d\theta$$

$$= \left[3\theta-4\cos\theta-\sin2\theta\right]_{-\frac{\pi}{6}}^{\frac{\pi}{2}} - \left[3\theta-4\cos\theta-\sin2\theta\right]_{\frac{7\pi}{6}}^{\frac{3\pi}{2}}$$

$$= \pi + 3\sqrt{3}$$

**TIP** (심장형 그래프 넓이)$= r = 1+2\sin\theta$

(전체 넓이)$= 2\pi + \dfrac{3\sqrt{3}}{2}$

(외부 곡선과 내부 곡선 사이의 넓이)$= \pi + 3\sqrt{3}$

(내부 곡선의 넓이)$= \pi - \dfrac{3\sqrt{3}}{2}$

## 8. ④

**풀이** $\overrightarrow{XA} = \langle 1-2t, 2-t, 3-2t\rangle$, $\overrightarrow{XB} = \langle -2t, 1-t, 2-2t\rangle$,

$\overrightarrow{XC} = \langle 1-2t, -1-t, 1-2t\rangle$ 세 벡터가 일차종속이 되려면

각 벡터를 행벡터로 이루는 행렬의 행렬식이 0이어야 하므로

$$\begin{vmatrix} 1-2t & 2-t & 3-2t \\ -2t & 1-t & 2-2t \\ 1-2t & -1-t & 1-2t \end{vmatrix} = 0$$을 만족하는 $t$값을 찾으면된다.

$$\begin{vmatrix} 1-2t & 2-t & 3-2t \\ -2t & 1-t & 2-2t \\ 1-2t & -1-t & 1-2t \end{vmatrix} \sim \begin{vmatrix} 1-2t & 2-t & 3-2t \\ -1 & -1 & -1 \\ 0 & -3 & -2 \end{vmatrix}$$

$$= (1-2t)(2-3) + (-4+2t+9-6t) = -2t+4 = 0$$

$\therefore t = 2$

## 9. ②

**풀이** 두 평면 $2x-y+z=1$, $y+z=0$의 법선벡터는 각각

$\langle 2, -1, 1\rangle$, $\langle 0, 1, 1\rangle$이고

두 평면의 교선의 방향벡터는

$$\begin{vmatrix} i & j & k \\ 2 & -1 & 1 \\ 0 & 1 & 1 \end{vmatrix} = \langle -2, -2, 2\rangle // \langle 1, 1, -1\rangle$$이다.

직선 $2x = 6y-6 = 3z \Rightarrow \dfrac{x}{\frac{1}{2}} = \dfrac{y-1}{\frac{1}{6}} = \dfrac{z}{\frac{1}{3}}$ 이므로

이 직선의 방향벡터는 $\left\langle \dfrac{1}{2}, \dfrac{1}{6}, \dfrac{1}{3}\right\rangle // \langle 3, 1, 2\rangle$이다.

구하려는 평면의 방정식의 법선벡터를 $n$이라 하면

$n$은 $\langle 1, 1, -1\rangle$, $\langle 3, 1, 2\rangle$와 동시에 수직하므로

$$n = \begin{vmatrix} i & j & k \\ 1 & 1 & -1 \\ 3 & 1 & 2 \end{vmatrix} = \langle 3, -5, -2\rangle$$이다.

평면은 직선 $2x = 6y-6 = 3z$을 포함하므로

직선위의 점 $(0, 1, 0)$을 지난다.

따라서 평면의 방정식은 $3x - 5y + 2z = -5$이다.

## 10. ①

**풀이**

$$GAG^{-1} + I = GAG^{-1} + GG^{-1}$$

$$= G(A+I)G^{-1}$$

$$= \begin{pmatrix} 1 & 2 & 3 \\ 4 & 5 & 6 \\ 7 & 8 & 10 \end{pmatrix}$$

닮음행렬 정의에 의해 $A+I$와 $\begin{pmatrix} 1 & 2 & 3 \\ 4 & 5 & 6 \\ 7 & 8 & 10 \end{pmatrix}$은 닮은 행렬이다.

$$\therefore \det(A+I) = \begin{vmatrix} 1 & 2 & 3 \\ 4 & 5 & 6 \\ 7 & 8 & 10 \end{vmatrix} = \begin{vmatrix} 1 & 2 & 3 \\ 0 & -3 & -6 \\ 0 & -6 & -11 \end{vmatrix} = -3$$

## 11. ②

**[풀이]** 네 점을 각각 $A$, $B$, $C$, $D$라고 했을 때

$\vec{AB} = \langle 1, 1, 1 \rangle$, $\vec{AC} = \langle 1, 2, 3 \rangle$, $\vec{AD} = \langle 1, 3, 9 \rangle$이므로

사면체 부피를 $V$이라 하면

$$V = \frac{1}{6} \begin{vmatrix} 1 & 1 & 1 \\ 1 & 2 & 3 \\ 1 & 3 & 9 \end{vmatrix} = \frac{1}{6} \begin{vmatrix} 1 & 1 & 1 \\ 0 & 1 & 2 \\ 0 & 2 & 8 \end{vmatrix} = \frac{2}{3}$$이다.

## 12. ②

**[풀이]** $z = f(x, y)$이라 하면

주어진 식은 $xyz = \cos(x + y + z)$의 음함수 형태이다.

$F(x, y, z) = xyz - \cos(x + y + z)$이라 하면

음함수미분법에 의해

$$\frac{\partial z}{\partial y} = \frac{\partial f}{\partial y} = -\frac{F_y}{F_z} = -\frac{xz + \sin(x + y + z)}{xy + \sin(x + y + z)}$$이다.

$$\frac{\partial f}{\partial y}(0, 0) = -\frac{\sin z}{\sin z} = -1$$

## 13. ④

**[풀이]** (가) (수렴) $\displaystyle\sum_{n=1}^{\infty} \frac{1}{n\sqrt{n^2 + 7}} \approx \sum_{n=1}^{\infty} \frac{1}{n^2}$이고

$p > 1$이므로 수렴한다.

(나) (발산) $\displaystyle\sum_{n=1}^{\infty} (-1)^{2n+1} \sin\frac{\pi}{\sqrt{n}} = -\sum_{n=1}^{\infty} \sin\frac{\pi}{\sqrt{n}}$이므로

극한비교판정법을 이용하기 위해 $\displaystyle\sum_{n=1}^{\infty} \frac{\pi}{\sqrt{n}}$을 이용하면

주어진 급수는 극한비교판정법에 의해 발산이다.

(다) (수렴) $a_n = \dfrac{2^n + 3^n}{4^n + 12^n}$이라 하면

$$\lim_{n \to \infty} \left| \frac{a_{n+1}}{a_n} \right| = \lim_{n \to \infty} \left| \frac{2^{n+1} + 3^{n+1}}{4^{n+1} + 12^{n+1}} \times \frac{4^n + 12^n}{2^n + 3^n} \right|$$
$$= \lim_{n \to \infty} \left| \frac{2^{n+1} + 3^{n+1}}{2^n + 3^n} \times \frac{4^n + 12^n}{4^{n+1} + 12^{n+1}} \right|$$
$$= \frac{1}{4}$$

이므로 $\dfrac{1}{4}|x^2| < 1 \Rightarrow |x^2| < 4 \Rightarrow |x| < 2$

따라서 수렴반경은 2이다.

(라) (수렴) $\displaystyle\sum x_n$을 생각해봤을 때 조건에서 비율판정값이

$\dfrac{1}{3} < 1$이므로 위 급수는 수렴한다. 급수가 수렴하므로

$\displaystyle\lim_{n \to \infty} x_n = 0$이 되어서 수열 $\{x_n\}$은 수렴한다.

## 14. ⑤

**[풀이]** $(a, b, c)$는 $xyz = 2018$위의 점이므로 $abc = 2018$을 만족한다.

$F(x, y, z) = xyz$라 하자.

$\nabla F(x, y, z) = \langle yz, xz, xy \rangle \Rightarrow \nabla F(a, b, c) = \langle bc, ac, ab \rangle$

따라서 접평면의 방정식은

$bc(x - a) + ac(y - b) + ab(z - c) = 0$

$\Rightarrow bcx + acy + abz = 3abc$

$$\frac{x}{3a} + \frac{y}{3b} + \frac{z}{3c} = 1$$이다.

이 평면은 $x$절편이 $3a$, $y$절편이 $3b$, $z$절편이 $3c$이므로

각 절편을 벡터로 이용하면

$\langle 3a, 0, 0 \rangle$, $\langle 0, 3b, 0 \rangle$, $\langle 0, 0, 3c \rangle$이다.

세 벡터로 이루어지는 사면체의 부피는

$$V = \frac{1}{6} \begin{vmatrix} 3a & 0 & 0 \\ 0 & 3b & 0 \\ 0 & 0 & 3c \end{vmatrix} = \frac{27}{6} abc = 9081$$

## 15. ②

**[풀이]** $\vec{u} = \langle a, b \rangle$라고 두자. ($\vec{u}$는 단위벡터)

단위벡터이므로 $a^2 + b^2 = 1$이라는 조건을 만족하고

변화가 없는 것은 방향도함수 값이 0이라는 것이므로

$D_u f(1, 1) = \langle f_x(1, 1), f_y(1, 1) \rangle \cdot \vec{u}$

$= \langle 1, 1 \rangle \cdot \langle a, b \rangle = a + b = 0$

따라서 $b = -a$이고 $a^2 + b^2 = 1$과 연립하면

$(a, b) = \left( \dfrac{1}{\sqrt{2}}, -\dfrac{1}{\sqrt{2}} \right)$, $\left( -\dfrac{1}{\sqrt{2}}, \dfrac{1}{\sqrt{2}} \right)$이다.

**[다른 풀이]**

단위벡터 $\vec{u} = \langle \cos\theta, \sin\theta \rangle$이라 하면

$D_u f(1, 1) = \langle f_x(1, 1), f_y(1, 1) \rangle \cdot \langle \cos\theta, \sin\theta \rangle$

$= \langle 1, 1 \rangle \cdot \langle \cos\theta, \sin\theta \rangle = \cos\theta + \sin\theta = 0$이 되는

$\theta = \dfrac{3\pi}{4}$, $\dfrac{7\pi}{4}$이므로 각각의 값에 대한 $\vec{u}$를 찾으면 된다.

**[다른 풀이]**

보기를 활용하자!

각 보기에 방향도함수 값을 계산해서 0이 되는 것을 고른다.

**16.** ①

$$\int_0^8 \int_{y^{\frac{1}{3}}}^2 \int_0^{x^4} e^z \, dz\,dx\,dy = \int_0^8 \int_{y^{\frac{1}{3}}}^2 e^{x^4} - 1 \, dx\,dy$$

$$= \int_0^2 \int_0^{x^3} e^{x^4} - 1 \, dy\,dx$$

$$(\because 적분순서변경)$$

$$= \int_0^2 x^3 e^{x^4} - x^3 \, dx$$

$$= \frac{1}{4} e^{x^4} - \frac{1}{4} x^4 \Big|_0^2 = \frac{1}{4}(e^{16} - 17)$$

**17.** ④

적분변수변환을 이용하자!

$u = x + 2y, \ v = y - x,$

$J^{-1} = \begin{vmatrix} u_x & u_y \\ v_x & v_y \end{vmatrix} = \begin{vmatrix} 1 & 2 \\ -1 & 1 \end{vmatrix} = 3$ 즉 $|J| = \frac{1}{3}$ 이다.

주어진 영역의 꼭지점 좌표들이 $(0, 0), \left(\frac{2}{3}, \frac{2}{3}\right), (2, 0)$이므로

각각 $(u, v)$로 대응시키면 $(0, 0), (2, 0), (2, -2)$이다.

이것을 $uv$평면에 그려서 영역을 생각하면

$0 \le u \le 2, \ -u \le v \le 0$임을 알 수 있다.

$$\int_0^{\frac{2}{3}} \int_y^{2-2y} (x+2y)e^{y-x} \, dx\,dy = \int_0^2 \int_{-u}^0 ue^v \frac{1}{3} \, dv\,du$$

$$= \frac{1}{3} \int_0^2 u(1 - e^{-u}) \, du$$

$$= \frac{1}{3} \int_0^2 u - ue^{-u} \, du$$

$$= \frac{1}{3} \left[ \frac{1}{2} u^2 + ue^{-u} + e^{-u} \right]_0^2$$

$$= \frac{3e^{-2} + 1}{3}$$

**18.** ④

$F = \langle y^2 + e^{x^2}, 2x + y\cos y \rangle$이고 곡선 $C$는 폐곡선이므로
그린 정리에 의해

$$\oint_C F \cdot dr = \iint_D Q_x - P_y \, dA$$

$$= \iint_D 2 - 2y \, dA$$

$$= \iint_D 2 \, dA - 2 \iint_D y \, dA$$

$$= 2 \cdot \frac{1}{2} - 2\frac{1}{6} = \frac{2}{3}$$

**TIP** 무게중심, 넓이를 이용해서 구하면 빠르다.

**19.** ④

$r(t) = \langle 2\cos t, t, 2\sin t \rangle$라 하자.

(질량)=(밀도)×(부피)이므로

$$(질량) = \int_C \frac{1}{2} y \, ds$$

$$= \int_0^{8\pi} \frac{1}{2} t \sqrt{4\sin^2 t + 1 + 4\cos^2 t} \, dt$$

$$= \frac{\sqrt{5}}{2} \frac{1}{2} t^2 \Big|_0^{8\pi} = 16\sqrt{5}\,\pi^2$$

**20.** ④

라그랑주 미정계수법을 이용한다.

두 원주면 교선 위의 한점을 $(x, y, z)$라 하면,

이 점과 원점 사이의 거리는 $d = \sqrt{x^2 + y^2 + z^2}$ 이다.

$F(x, y, z) = x^2 + y^2 + z^2, \ G(x, y, z) = x^2 + y^2,$

$H(x, y, z) = x^2 + z^2$이라고 하고

제한 조건이 2개인 라그랑주 미정계수법을 이용하면

$\nabla F = \lambda \nabla G + \mu \nabla H$

$\langle 2x, 2y, 2z \rangle = \lambda\langle 2x, 2y, 0 \rangle + \mu\langle 2x, 0, 2z \rangle$에서

각 원소끼리 비교하면 $x = \lambda x + \mu x, \ y = \lambda y, \ z = \mu z$가 되고

$y = \lambda y \Rightarrow y(1 - \lambda) = 0$

( i ) $y = 0$일 때 제한 조건에 의해 $x = \pm 1, \ z = 0$

( ii ) $\lambda = 1$일 때

$\mu x = 0$에서 $x = 0$ 일 때 제한 조건에 의해

$y = \pm 1, \ z = \pm 1$이 된다.

다른 경우도 위의 두 가지 경우와 똑같이 나온다.

따라서 $d = \sqrt{x^2 + y^2 + z^2}$ 의 최댓값은 $\sqrt{2}$ 가 된다.

**[다른 풀이]**

변수를 줄인다.

$d = \sqrt{x^2 + y^2 + z^2} = \sqrt{1 + z^2} \ (x^2 + y^2 = 1$이므로$)$

$= \sqrt{2 - x^2} \ (x^2 + z^2 = 1$이므로$)$

현재 $x$범위는 $-1 \le x \le 1$이므로

$0 \le x^2 \le 1, \ 1 \le 2 - x^2 \le 2$

따라서 $\sqrt{2 - x^2}$ 의 최댓값은 $\sqrt{2}$ 가 된다.

**[다른 풀이]**

매개화한다.

$x = \cos t, \ y = \sin t, \ z = \sin t \quad 0 \le t \le 2\pi$라 하면

$d = \sqrt{1 + \sin^2 t}$ 가 되고

$-1 \le \sin t \le 1 \Rightarrow 0 \le \sin^2 t \le 1$이므로

$d$의 최댓값은 $\sqrt{2}$ 이다.

**21.** ①

**풀이** $a_n = \dfrac{(pn)!}{(n!)^p}$ 라 하고 비율판정법을 사용하면

$$\lim_{n \to \infty} \left| \frac{a_{n+1}}{a_n} \right|$$

$$= \lim_{n \to \infty} \left| \frac{(pn+p)!}{\{(n+1)!\}^p} \times \frac{(n!)^p}{(pn)!} \right|$$

$$= \lim_{n \to \infty} \left| \frac{n!n!n!\cdots n!}{(n+1)!(n+1)!\cdots(n+1)!} \right.$$

$$\left. \times \frac{(pn+p)(pn+p-1)\cdots(pn+1)(pn)!}{(pn)!} \right|$$

$$= \lim_{n \to \infty} \left| \frac{(pn+p)(pn+p-1)\cdots(pn+1)}{(n+1)^p} \right| = p^p$$

따라서 수렴반지름은 $F(p) = \dfrac{1}{p^p}$ 이다.

$$\lim_{p \to \infty} \frac{p \cdot F(p)}{F(p-1)} = \lim_{p \to \infty} \frac{p(p-1)^{p-1}}{p^p}$$

$$= \lim_{p \to \infty} \left(1 - \frac{1}{p}\right)^{p-1} = e^{-1} = \frac{1}{e}$$

**22.** ④

**풀이** $\dfrac{dy}{dx} = \dfrac{y-4x}{x-y} = \dfrac{\dfrac{y}{x}-4}{1-\dfrac{y}{x}}$

$\dfrac{y}{x} = u$ 로 치환하면

$$\Rightarrow \frac{dy}{dx} = u + xu'$$

$$\Rightarrow u + xu' = \frac{u-4}{1-u}$$

$$\Rightarrow xu' = \frac{u^2-4}{1-u}$$

$$\Rightarrow \frac{1-u}{(u+2)(u-2)} du = \frac{1}{x} dx$$

$$\Rightarrow \frac{-\dfrac{3}{4}}{u+2} + \frac{-\dfrac{1}{4}}{u-2} du = \frac{1}{x} dx$$

$$\Rightarrow -\frac{3}{4}\ln|u+2| - \frac{1}{4}\ln|u-2| = \ln|x| + C_1$$

$$\Rightarrow 3\ln|u+2| + \ln|u-2| = -4\ln|x| + C_2$$

$$\Rightarrow \ln|u+2|^3|u-2| = \ln\frac{e^{C_2}}{|x|^4}$$

$e^{C_2} = A$ 라 하면

$$\Rightarrow |u+2|^3|u-2| = \frac{A}{|x|^4}$$

$$\Rightarrow \left|\frac{y}{x}+2\right|^3 \left|\frac{y}{x}-2\right| = \frac{A}{|x|^4}$$

양변에 $|x|^4$ 를 곱하면

$$\Rightarrow |y+2x|^3|y-2x| = A$$

초깃값 $x=1$, $y=-1$를 대입하면 $A=3$

따라서 주어진 미분방정식의 해는 $|y+2x|^3|y-2x| = 3$ 이다.

**23.** ⑤

**풀이** $\left( \dfrac{e^{-2\sqrt{x}}-y}{\sqrt{x}} \right) \dfrac{dx}{dy} = 1$

$$\Rightarrow \sqrt{x}\, dy = (e^{-2\sqrt{x}} - y)dx$$

$$\Rightarrow \sqrt{x}\, \frac{dy}{dx} = e^{-2\sqrt{x}} - y$$

$$y' + \frac{1}{\sqrt{x}} y = \frac{1}{\sqrt{x}} e^{-2\sqrt{x}}$$

1계 선형미분방정식이므로 공식을 이용하면

$$y = e^{-\int \frac{1}{\sqrt{x}} dx} \left[ \int \frac{e^{-2\sqrt{x}}}{\sqrt{x}} e^{\int \frac{1}{\sqrt{x}} dx} dx + C \right]$$

$$= e^{-2\sqrt{x}} \left[ \int \frac{1}{\sqrt{x}} dx + C \right]$$

$$= e^{-2\sqrt{x}} (2\sqrt{x} + C)$$

초깃값 $x=1$, $y=1$을 대입하면 $C = e^2 - 2$

주어진 미분방정식의 해는 $y = e^{-2\sqrt{x}}(2\sqrt{x} + e^2 - 2)$ 이다.

$$\therefore y(4) = e^{-4}(e^2 + 2) = 2e^{-4} + e^{-2}$$

**[다른 풀이]**

완전 미분방정식을 이용한다.

$$\left( \frac{e^{-2\sqrt{x}}-y}{\sqrt{x}} \right) \frac{dx}{dy} = 1$$

$$\Rightarrow \sqrt{x}\, dy = (e^{-2\sqrt{x}} - y)dx$$

$$\Rightarrow (e^{-2\sqrt{x}} - y)dx - \sqrt{x}\, dy = 0$$

$P = e^{-2\sqrt{x}} - y$, $Q = -\sqrt{x}$ 라 하면

$$\frac{P_y - Q_x}{Q} = \frac{-1 + \dfrac{1}{2\sqrt{x}}}{-\sqrt{x}}$$

$$= \frac{\dfrac{1-2\sqrt{x}}{2\sqrt{x}}}{-\sqrt{x}}$$

$$= \frac{1-2\sqrt{x}}{-2x}$$

$$= -\frac{1}{2x} + x^{-\frac{1}{2}}$$

이는 $x$만의 식이므로

적분인자는 $e^{\int -\frac{1}{2x} + x^{-\frac{1}{2}} dx} = e^{-\frac{1}{2}\ln x + 2\sqrt{x}} = \frac{1}{\sqrt{x}} e^{2\sqrt{x}}$

이를 주어진 미분방정식에 곱하면

$$\left( \frac{1}{\sqrt{x}} - \frac{y}{\sqrt{x}} e^{2\sqrt{x}} \right) dx - e^{2\sqrt{x}} dy = 0$$

완전 미분방정식이므로

$$f_x = \frac{1}{\sqrt{x}} - \frac{y}{\sqrt{x}} e^{2\sqrt{x}}, \quad f_y = -e^{2\sqrt{x}} \text{ 라고 생각하고}$$

포텐셜 함수를 찾으면

$$f_y = -e^{2\sqrt{x}} \Rightarrow f(x,y) = -e^{2\sqrt{x}}y + A(x)$$

$$f_x = -\frac{y}{\sqrt{x}}e^{2\sqrt{x}} + A'(x) = \frac{1}{\sqrt{x}} - \frac{y}{\sqrt{x}}e^{2\sqrt{x}}$$

$$A'(x) = \frac{1}{\sqrt{x}} \Rightarrow A(x) = 2\sqrt{x}$$

$$f(x,y) = -e^{2\sqrt{x}}y + 2\sqrt{x}$$

따라서 주어진 미분방정식의 해는 $-e^{2\sqrt{x}}y + 2\sqrt{x} = C$이다.

초기조건 $x=1$, $y=1$을 넣으면 $C = 2 - e^2$이다.

$-e^{2\sqrt{x}}y + 2\sqrt{x} = 2 - e^2$이므로 $x=4$를 넣으면

$$-e^4 y + 4 = 2 - e^2 \Rightarrow 2 + e^2 = e^4 y$$

$$\therefore y = \frac{2+e^2}{e^4} = 2e^{-4} + e^{-2}$$

**24.** ①

일반해를 구하면 특성방정식 $t^2 + 1 = 0$이므로 $t = \pm i$이다.

따라서 일반해는 $y_c = A\cos x + B\sin x$이다.

특수해를 구하기 위해 론스키안 해법을 이용한다.

$$W = \begin{vmatrix} \cos x & \sin x \\ -\sin x & \cos x \end{vmatrix} = 1$$이고 $R(x) = \sec^2 x$이므로

$$W_1 R = \begin{vmatrix} 0 & \sin x \\ \sec^2 x & \cos x \end{vmatrix} = -\sec^2 x \sin x = -\sec x \tan x$$

$$W_2 R = \begin{vmatrix} \cos x & 0 \\ -\sin x & \sec^2 x \end{vmatrix} = \sec x$$

특수해는 $y_p = \cos x \int -\sec x \tan x\, dx + \sin x \int \sec x\, dx$

$$= -\cos x \sec x + \sin x \ln|\sec x + \tan x|$$

$$= -1 + \sin x \ln|\sec x + \tan x|$$이다.

해는 $y = y_c + y_p$

$$= A\cos x + B\sin x - 1 + \sin x \ln|\sec x + \tan x|$$

$$y(\pi) = -A - 1 = 0 \Rightarrow A = -1$$

$$y'(x) = -A\sin x + B\cos x + \cos x \ln|\sec x + \tan x| + \sin x \sec x$$

$$y'(\pi) = -B = 0 \Rightarrow B = 0$$

따라서 $y = -\cos x - 1 + \sin x \ln(\sec x + \tan x)$이다.

$$y(0) = -1 - 1 = -2$$

**25.** ②

$$\frac{2s-4}{(s^2+s)(s^2+1)} = \frac{2s-4}{s(s+1)(s^2+1)}$$

$$= \frac{-4}{s} + \frac{3}{s+1} + \frac{s+3}{s^2+1}$$이므로

$$f(t) = \mathcal{L}^{-1}\left\{\frac{2s-4}{(s^2+s)(s^2+1)}\right\}$$

$$= \mathcal{L}^{-1}\left\{\frac{-4}{s} + \frac{3}{s+1} + \frac{s+3}{s^2+1}\right\}$$

$$= \mathcal{L}^{-1}\left\{\frac{-4}{s} + \frac{3}{s+1} + \frac{s}{s^2+1} + \frac{3}{s^2+1}\right\}$$

$$= -4 + 3e^{-t} + \cos t + 3\sin t$$

$$\therefore f\left(\frac{\pi}{2}\right) = -4 + 3e^{-\frac{\pi}{2}} + 3 = 3e^{-\frac{\pi}{2}} - 1$$

## ■ TOP7 모의고사 1회

| 정답률 | | | | |
|---|---|---|---|---|
| 1 | 2 | 3 | 4 | 5 |
| 65% | 33% | 52% | 86% | 42% |
| 6 | 7 | 8 | 9 | 10 |
| 59% | 42% | 43% | 78% | 38% |
| 11 | 12 | 13 | 14 | 15 |
| 48% | 41% | 40% | 42% | 29% |
| 16 | 17 | 18 | 19 | 20 |
| 45% | 67% | 52% | 36% | 5% |
| 21 | 22 | 23 | 24 | 25 |
| 50% | 85% | 48% | 49% | 35% |
| 평균 | 최고점 | 상위10%<br>평균 | 상위20%<br>평균 | 상위30%<br>평균 |
| 47.26 | 80 | 74.66 | 69.66 | 66.22 |

**1.** ②

[풀이] 물이 4의 비율로 나가고 2의 비율로 들어오므로 $\dfrac{dV}{dt} = -2$다.

그림을 그려보자. 어느 일정 높이에서의

반지름을 $r$, 높이를 $h$라 하면, $V = \dfrac{1}{3}\pi r^2 h$이다.

닮음비 $r : h = 4 : 8 \Rightarrow r = \dfrac{1}{2}h$이므로 $V = \dfrac{\pi}{12}h^3$이다.

양변을 $t$로 미분하면 $\dfrac{dV}{dt} = \dfrac{\pi}{4}h^2 \dfrac{dh}{dt}$이다.

$\dfrac{dV}{dt} = -2$, $h = 3$을 대입하면

$-2 = \dfrac{9\pi}{4}\dfrac{dh}{dt} \Rightarrow \dfrac{dh}{dt} = -\dfrac{8}{9\pi}$이므로 속력은 $\dfrac{8}{9\pi}$이다.

**2.** ⑤

[풀이] $\overline{SB} = x$, $\overline{SA} = y$이라 하자.

$A$가 $B$보다 4배 빠르게 뛰고 있으므로 $4x = y$,

$\angle BPS = \alpha$, $\angle APS = \beta$라 하면

$\tan\alpha = x$, $\tan\beta = y$, $\theta = \beta - \alpha$이므로

$\tan\theta = \tan(\beta - \alpha) = \dfrac{\tan\beta - \tan\alpha}{1 + \tan\beta\tan\alpha} = \dfrac{y - x}{1 + yx} = \dfrac{3x}{1 + 4x^2}$

$(\tan\theta)' = \dfrac{3 - 12x^2}{(1 + 4x^2)^2} = 0$

$x = \dfrac{1}{2}(\because x > 0)$이다.

따라서 $\tan\theta$는 $x = \dfrac{1}{2}$일 때 최댓값을 가진다.

$\tan\theta = \dfrac{3}{4} \Rightarrow \theta = \tan^{-1}\dfrac{3}{4}$

[다른 풀이]
$A$가 $B$보다 4배 빠르게 뛰고 있으므로

$\overline{SB} = x$이라 하면 $\overline{SA} = 4x$이다.

$\angle BPS = \alpha$이라 하면 $\tan(\theta + \alpha) = 4x$, $\tan\alpha = x$이므로

$\theta + \alpha = \tan^{-1}4x$, $\alpha = \tan^{-1}x$, $\theta = \tan^{-1}4x - \tan^{-1}x$다.

양변을 $x$로 미분하면

$\dfrac{d\theta}{dx} = \dfrac{4}{1 + 16x^2} - \dfrac{1}{1 + x^2} = \dfrac{3 - 12x^2}{(1 + 16x^2)(1 + x^2)} = 0$

즉 $x = \dfrac{1}{2}(\because x > 0)$이다.

이때 $\theta$는 최댓값을 가지므로 사이각의 최댓값은

$\theta = \tan^{-1}2 - \tan^{-1}\dfrac{1}{2} = \tan^{-1}\dfrac{3}{4}$

**3.** ①

[풀이] $f'(x) = 3x^2 + a$이고

뉴턴근사법의 점화식은 $x_{n+1} = x_n - \dfrac{f(x_n)}{f'(x_n)}$이므로

$x_2 = x_1 - \dfrac{f(x_1)}{f'(x_1)} \Rightarrow \dfrac{1}{2} = 1 - \dfrac{a}{3 + a} \Rightarrow a = 3$

$x_3 = x_2 - \dfrac{f(x_2)}{f'(x_2)} \Rightarrow b = \dfrac{1}{2} - \dfrac{\dfrac{5}{8}}{\dfrac{15}{4}} = \dfrac{1}{3}$이다.

$\therefore ab = 3 \cdot \dfrac{1}{3} = 1$

**4.** ②

[풀이] $x' = e^t - 1$, $y' = 2e^{\frac{t}{2}}$

$(x')^2 + (y')^2 = e^{2t} - 2e^t + 1 + 4e^t = e^{2t} + 2e^t + 1 = (e^t + 1)^2$

$L(t) = \displaystyle\int_0^t \sqrt{(x')^2 + (y')^2}\, ds$

$= \displaystyle\int_0^t \sqrt{(e^s + 1)^2}\, ds$

$= \displaystyle\int_0^t e^s + 1\, ds$

따라서 $\dfrac{dL}{dt} = e^t + 1 = 4$이고 $e^t = 3 \Rightarrow t = \ln 3$

**5.** ③

$$\frac{1}{1-x} = \sum_{n=0}^{\infty} x^n$$

$$\Rightarrow \frac{1}{1-2x} = \sum_{n=0}^{\infty} 2^n x^n$$

양변을 미분하면

$$\Rightarrow \frac{2}{(1-2x)^2} = \sum_{n=1}^{\infty} n 2^n x^{n-1}$$

한번 더 미분하면

$$\Rightarrow \frac{8}{(1-2x)^3} = \sum_{n=2}^{\infty} n(n-1) 2^n x^{n-2}$$

$$\Rightarrow \frac{1}{(1-2x)^3} = \sum_{n=2}^{\infty} n(n-1) 2^{n-3} x^{n-2}$$

$$\Rightarrow \frac{x^2}{(1-2x)^3} = \sum_{n=2}^{\infty} n(n-1) 2^{n-3} x^n = f(x)$$

따라서 $\dfrac{f^{(2019)}(0)}{2019!} = 2019 \cdot 2018 \cdot 2^{2016}$ 이다.

$$\therefore f^{(2019)}(0) = 2019! \cdot 2019 \cdot 2018 \cdot 2^{2016}$$

**6.** ①

$y = \dfrac{k}{x} \Rightarrow xy = k$ 양변을 $x$로 미분하면 $y + x\dfrac{dy}{dx} = 0$ 이다.

$\dfrac{dy}{dx} = -\dfrac{y}{x}$ 이므로 수직인 곡선의 $\dfrac{dy}{dx} = \dfrac{x}{y}$ 이다.

$\dfrac{dy}{dx} = \dfrac{x}{y} \Rightarrow y\,dy = x\,dx$

변수분리 미분방정식이므로 $\displaystyle\int y\,dy = \int x\,dx$

$\dfrac{1}{2}y^2 = \dfrac{1}{2}x^2 + C$

따라서 수직인 곡선족은 $\dfrac{1}{2}x^2 - \dfrac{1}{2}y^2 = C$

**7.** ④

계산의 편의성을 위하여 $a = 0.3$, $b = 0.0001$ 이라 두자.

$\dfrac{dy}{dt} = ay - by^2 \Rightarrow \dfrac{1}{y(a-by)}dy = dt$

변수분리 미분방정식이다.

$$\int \frac{1}{y(a-by)}dy = \int dt$$

$$\Rightarrow \int \frac{\frac{1}{a}}{y} + \frac{\frac{b}{a}}{a-by}dy = \int dt$$

$$\Rightarrow \frac{1}{a}\ln y - \frac{1}{a}\ln(a-by) = t + C$$

$$\Rightarrow \ln y - \ln(a-by) = at + C$$

$$\Rightarrow \ln\left(\frac{y}{a-by}\right) = at + C$$

$$\Rightarrow \frac{y}{a-by} = e^{at+C} = Me^{at}$$

$$y = Me^{at}(a-by) \Rightarrow y = \frac{Mae^{at}}{1+Mbe^{at}} = \frac{Ma}{e^{-at}+Mb}$$ 이므로

$$y = \frac{0.3a}{e^{-0.3t}+0.0001M}$$ 이다.

초깃값 $y(0) = 10$을 식에 넣으면 $M = \dfrac{10000}{299}$ 이므로

대입해서 식을 정리하면 $y = \dfrac{3000}{1+299e^{-0.3t}}$ 이다.

시간이 계속 흐른다는 것은 $t$가 무한대로 가는 것이므로

소문을 듣는 사람 수는 $\displaystyle\lim_{t\to\infty}\frac{3000}{1+299e^{-0.3t}} = 3000$이고

소문을 듣는 사람의 절반은 1500명이므로
1500명이 소문을 듣는 데 걸리는 시간 $t$를 찾으면

$$\frac{3000}{1+299e^{-0.3t}} = 1500 \Rightarrow \frac{2}{1+299e^{-0.3t}} = 1$$

$$2 = 1 + 299e^{-0.3t} \Rightarrow e^{-0.3t} = \frac{1}{299} \Rightarrow -0.3t = -\ln 299$$

$$\therefore t = \frac{10\ln 299}{3}$$ 이다.

**8.** ⑤

$$\sum_{n=0}^{\infty} x^n = \frac{1}{1-x}$$

양변을 미분하면

$$\Rightarrow \sum_{n=1}^{\infty} n x^{n-1} = \frac{1}{(1-x)^2}$$

양변에 $x$를 곱하면

$$\Rightarrow \sum_{n=1}^{\infty} n x^n = \frac{x}{(1-x)^2}$$

양변을 미분하면

$$\Rightarrow \sum_{n=1}^{\infty} n^2 x^{n-1} = \frac{x+1}{(1-x)^3}$$

양변에 $x$를 곱하면

$$\Rightarrow \sum_{n=1}^{\infty} n^2 x^n = \frac{x^2+x}{(1-x)^3}$$ 이다.

$$\therefore \sum_{n=1}^{\infty} n^2 \frac{(2^n-1)}{3^n} = \sum_{n=1}^{\infty} n^2 \left(\frac{2}{3}\right)^n - \sum_{n=1}^{\infty} n^2 \left(\frac{1}{3}\right)^n$$

$$= \frac{\frac{4}{9}+\frac{2}{3}}{\frac{1}{27}} - \frac{\frac{1}{9}+\frac{1}{3}}{\frac{8}{27}} = \frac{57}{2}$$

**9.** ①

$r = 1 - \cos\theta$, $r = \cos\theta$의 1사분면에서의 교점의 $\theta$는 $\dfrac{\pi}{3}$ 이다.

심장형 그래프 내부와 원 내부의 공통영역의 넓이를 $S$이라 하면

$$S = 2 \times \left( \frac{1}{2} \int_0^{\frac{\pi}{3}} (1-\cos\theta)^2 d\theta - \frac{1}{2} \int_{\frac{\pi}{3}}^{\frac{\pi}{2}} \cos^2\theta d\theta \right)$$

$$= \int_0^{\frac{\pi}{3}} \cos^2\theta - 2\cos\theta + 1 d\theta - \int_{\frac{\pi}{3}}^{\frac{\pi}{2}} \cos^2\theta d\theta - \int_0^{\frac{\pi}{3}} \cos^2\theta d\theta$$

$$= \int_0^{\frac{\pi}{3}} -2\cos\theta + 1 d\theta - \int_0^{\frac{\pi}{2}} \cos^2\theta d\theta$$

$$= -2\sin\theta + \theta \Big]_0^{\frac{\pi}{3}} - \frac{1}{2} \frac{\pi}{2} = \frac{7\pi}{12} - \sqrt{3}$$

## 10. ④

풀이

① $y^2 = \dfrac{x^2+y^2}{x^2+y^2+z^2} \Rightarrow \rho^2\sin^2\phi\sin^2\theta = \dfrac{\rho^2\sin^2\phi}{\rho^2}$

$\Rightarrow \rho^2\sin^2\theta = 1$

$\Rightarrow \rho\sin\theta = 1 (\because y>0)$

② $z^2 - x^2 - y^2 = 1 \Rightarrow \rho^2\cos^2\phi - \rho^2\sin^2\phi = 1$

$\Rightarrow \rho^2\cos2\phi = 1$

$\Rightarrow \rho^2 = \dfrac{1}{\cos2\phi} = \sec2\phi$

③ $x^2+y^2+(z-1)^2 = 1 \Rightarrow x^2+y^2+z^2-2z = 0$

$\Rightarrow \rho^2 - 2\rho\cos\phi = 0$

$\Rightarrow \rho = 2\cos\phi$

④ $z = x^2 - y^2$

$\Rightarrow \rho\cos\phi = \rho^2\sin^2\phi\cos^2\theta - \rho^2\sin^2\phi\sin^2\theta$

$= \rho^2\sin^2\phi(\cos^2\theta - \sin^2\theta) = \rho^2\sin^2\phi\cos2\theta$

$\Rightarrow \rho = \dfrac{\cos\phi}{\sin^2\phi\cos2\theta}$

⑤ $x^2+y^2 = 1 \Rightarrow \rho^2\sin^2\phi = 1 \Rightarrow \rho\sin\phi = 1$

따라서 잘못된 것은 ④번이다.

## 11. ⑤

풀이

$g(x,y) = \lim\limits_{h \to o} \dfrac{f(x+h, y) - f(x,y)}{h} = f_x(x,y)$ 이므로

$\lim\limits_{(x,y) \to (0,0)} g(x,y) = \lim\limits_{(x,y) \to (0,0)} f_x(x,y)$ 이다.

$f(x,y) = \dfrac{xy}{x+y} \Rightarrow f_x(x,y) = \dfrac{y^2}{(x+y)^2}$

$\lim\limits_{(x,y) \to (0,0)} g(x,y) = \lim\limits_{(x,y) \to (0,0)} f_x(x,y) = \lim\limits_{(x,y) \to (0,0)} \dfrac{y^2}{(x+y)^2}$

분모, 분자가 2차 동차함수이므로 극한값은 존재하지 않는다.

## 12. ③

풀이

$t = 3$일 때 $x=2$, $y=3$이다. 합성함수 미분법에 의해

$$\dfrac{dT}{dt}\Big|_{t=3} = T_x x' + T_y y'\Big|_{t=3, x=2, y=3}$$

$$= T_x(2,3) \cdot \dfrac{1}{2\sqrt{1+t}} + T_y(2,3) \cdot \dfrac{1}{3}\Big|_{t=3}$$

$$= 1 + 1 = 2$$

## 13. ③

풀이

끝각을 $y$, 빗변의 길이를 $x$, 면적을 $f(x,y)$이라 하면

$$f(x,y) = (12-2x)x\sin y + x^2 \sin y \cos y$$

$$= 12x\sin y - 2x^2\sin y + \frac{1}{2}x^2\sin2y$$

$f_x(x,y) = 12\sin y - 4x\sin y + x\sin2y = 0 \cdots ㉠$

$f_y(x,y) = 12x\cos y - 2x^2\cos y + x^2\cos2y = 0 \cdots ㉡$

$㉠ = \sin y(12 - 4x + 2x\cos y) = 0$

$\sin y = 0$이 성립하는 $y$값은 0이므로

$㉠ = 0$이 성립하려면 $12 - 4x + 2x\cos y = 0$이어야 한다.

$12 - 4x + 2x\cos y = 0 \Rightarrow x = \dfrac{6}{2 - \cos y}$

이 식을 ㉡식에 대입하면

$$\dfrac{72\cos y}{2 - \cos y} - \dfrac{72\cos y}{(2-\cos y)^2} + \dfrac{36\cos2y}{(2-\cos y)^2} = 0$$

$$\dfrac{144\cos y - 72\cos^2 y - 72\cos y + 36\cos2y}{(2-\cos y)^2} = 0$$

$$\dfrac{72\cos y - 72\cos^2 y + 36(2\cos^2 y - 1)}{(2-\cos y)^2} = 0$$

$$\dfrac{72\cos y - 36}{(2-\cos y)^2} = 0 \Rightarrow \cos y = \frac{1}{2} \Rightarrow y = \frac{\pi}{3}$$

$x = 4$이므로 $(x,y) = \left(4, \dfrac{\pi}{3}\right)$일 때 면적의 최댓값을 갖는다.

$$\therefore f\left(4, \frac{\pi}{3}\right) = 12\sqrt{3}$$

## 14. ②

풀이

$y - x = u$, $x + y = v$이라 하면 $-1 \le u \le 1$, $1 \le v \le \infty$

$$J^{-1} = \begin{vmatrix} u_x & u_y \\ v_x & v_y \end{vmatrix} = \begin{vmatrix} -1 & 1 \\ 1 & 1 \end{vmatrix} = -2 \Rightarrow |J| = \frac{1}{2}$$

$$\iint_D e^{\frac{1-x-y}{\sqrt{2}}} dxdy = \int_1^{\infty} \int_{-1}^1 e^{\frac{1-v}{\sqrt{2}}} \frac{1}{2} dudv$$

$$= \int_1^{\infty} e^{\frac{1-v}{\sqrt{2}}} dv$$

$$= -\sqrt{2} e^{\frac{1-v}{\sqrt{2}}} \Big]_1^{\infty}$$

$$= -\sqrt{2}(0-1) = \sqrt{2}$$

## 15. ④

주어진 곡선 $r(t)$는 $r(0) = r(2\pi)$이므로 폐곡선이다.

곡선은 $x = \sin t$, $y = \cos t$, $z = \sin 2t = 2\sin t \cos t$이므로

$x^2 + y^2 = 1$, $z = 2xy$를 만족한다.

곡선 $C$는 두 곡면 $x^2 + y^2 = 1$, $z = 2xy$의 교선을 의미한다.

$x^2 + y^2 = 1$에서 $x = \sin t$, $y = \cos t$이므로

시계 방향으로 움직임을 알 수 있다. 스톡스 정리에 의해

$\int_C F \cdot dr$

$= -\iint_S curl F \cdot n ds$

$= -\iint_D \langle -2z, -3x^2, -1 \rangle \cdot \langle -2y, -2x, 1 \rangle dx dy$

$= \iint_D \langle -2z, -3x^2, -1 \rangle \cdot \langle 2y, 2x, -1 \rangle dx dy$

$= \iint_D -4yz - 6x^3 + 1 \, dx dy$

$= \iint_D -8xy^2 - 6x^3 + 1 \, dx dy$

$= \int_0^{2\pi} \int_0^1 -8r^4 \cos\theta \sin^2\theta - 6r^4 \cos^3\theta \, dr d\theta + \pi = \pi$다.

## 16. ①

$f(t) = u(t-3)(t^2 + t - 12)$

$\qquad = u(t-3)((t-3) + 3)^2 + (t-3) + 3 - 12)$

$\mathcal{L}\{f(t)\} = e^{-3s} \mathcal{L}\{(t+3)^2 + t - 9\}$

$\qquad = e^{-3s} \mathcal{L}\{t^2 + 7t\}$

$\qquad = e^{-3s}\left(\dfrac{2}{s^3} + \dfrac{7}{s^2}\right)$

$\qquad = \dfrac{e^{-3s}(7s + 2)}{s^3}$

## 17. ④

회전각 $\theta$에 대해서 $\cos\theta = \dfrac{tr(A) - 1}{2}$이므로

$\cos\theta = -\dfrac{1}{2} \Rightarrow \theta = \dfrac{2\pi}{3}$ 이다.

회전축의 방향벡터는 주어진 행렬 $A$의
고윳값 1에 대응하는 고유벡터이다.
보기에 있는 각 직선의 방향벡터를 행렬 $A$에 곱했을 때
고윳값 1이 나오게 되는 것은 ④번이다.

## 18. ④

$h(X) = AX$, $g(X) = BX$라 하면

$f = g \circ h = g(h(X)) = g(AX) = BAX$이다.

문제 조건에 의해

$f\begin{pmatrix} 3 & 1 \\ 4 & 2 \end{pmatrix} = \begin{pmatrix} 2 & 1 \\ 1 & 1 \end{pmatrix}$, $g\begin{pmatrix} 1 & 0 \\ 0 & 1 \end{pmatrix} = \begin{pmatrix} 3 & 1 \\ 4 & 2 \end{pmatrix}$

$g = \begin{pmatrix} 3 & 1 \\ 4 & 2 \end{pmatrix} = B$

$f\begin{pmatrix} 3 & 1 \\ 4 & 2 \end{pmatrix} = \begin{pmatrix} 2 & 1 \\ 1 & 1 \end{pmatrix} \Rightarrow BAB = \begin{pmatrix} 2 & 1 \\ 1 & 1 \end{pmatrix}$

$A = B^{-1}\begin{pmatrix} 2 & 1 \\ 1 & 1 \end{pmatrix}B^{-1} = \dfrac{1}{4}\begin{pmatrix} 2 & -1 \\ -4 & 3 \end{pmatrix}\begin{pmatrix} 2 & 1 \\ 1 & 1 \end{pmatrix}\begin{pmatrix} 2 & -1 \\ -4 & 3 \end{pmatrix} = \dfrac{1}{2}\begin{pmatrix} 1 & 0 \\ -3 & 1 \end{pmatrix}$

## 19. ④

$f_x = 1$, $f_y = 1$, $f_z = 1$이므로

주어진 영역 $S$안에서 $f$의 임계점은 존재하지않는다.

경계에서 조사를 해보면,

( i ) $x = -2$에서

$\quad f(-2, y, z) = y + z - 2$, $y^2 + z^2 = 4$이므로

$\quad y = 2\cos\theta$, $z = 2\sin\theta$라 하면

$\quad f(-2, 2\cos\theta, 2\sin\theta) = 2(\cos\theta + \sin\theta) - 2$

$\qquad\qquad\qquad\qquad\qquad = 2\sqrt{2}\sin\left(\theta + \dfrac{\pi}{4}\right) - 2$

$\quad x = -2$일 때

$\quad f$의 최댓값은 $2\sqrt{2} - 2$, 최솟값은 $-2\sqrt{2} - 2$이다.

(ii) $x^2 + y^2 + z^2 + 4x = 0 \Rightarrow (x+2)^2 + y^2 + z^2 = 4$에서

$\quad$라그랑주 미정계수법을 이용하면

$\quad \langle 2(x+2), 2y, 2z \rangle = t\langle 1, 1, 1 \rangle$

$\quad x + 2 = \dfrac{t}{2}$, $y = \dfrac{t}{2}$, $z = \dfrac{t}{2}$이므로

$\quad \dfrac{3t^2}{4} = 4 \Rightarrow t^2 = \dfrac{16}{3} \Rightarrow t = \dfrac{4\sqrt{3}}{3}$

$\quad (\because x \geq -2$이므로 $t \geq 0)$

$\quad$이때 $f = \dfrac{3t}{2} - 2 = 2\sqrt{3} - 2$이다.

따라서 모든 경우에 대해

최댓값은 $2\sqrt{3} - 2$이고 최솟값은 $-2\sqrt{2} - 2$이므로

최댓값과 최솟값의 합은 $-2 - 2\sqrt{2} + 2\sqrt{3}$이다.

TOP7 모의고사

**20.** ⑤

[풀이] $x = r\cos\theta = e^{\theta}\cos\theta$, $y = r\sin\theta = e^{\theta}\sin\theta$이므로

주어진 곡선 $C: r(\theta) = \langle e^{\theta}\cos\theta, e^{\theta}\sin\theta \rangle$이다.

한 일의 양을 구하면

$$\int_C F \cdot dr$$

$$= \int_0^{2\pi} F(r(\theta)) \cdot r'(\theta) d\theta$$

$$= \int_0^{2\pi} \left\langle \frac{2e^{\theta}\cos\theta - e^{\theta}\sin\theta}{e^{2\theta}}, \frac{e^{\theta}\cos\theta + 3e^{\theta}\sin\theta}{e^{2\theta}} \right\rangle$$

$$\cdot \langle e^{\theta}\cos\theta - e^{\theta}\sin\theta, e^{\theta}\sin\theta + e^{\theta}\cos\theta \rangle d\theta$$

$$= \int_0^{2\pi} 3\cos^2\theta + 4\sin^2\theta + \sin\theta\cos\theta \, d\theta$$

$$= 3\frac{1}{2}\frac{\pi}{2}4 + 4\frac{1}{2}\frac{\pi}{2}4 + 0 = 7\pi$$

**21.** ③

[풀이] 코시-오일러 미분방정식의 특성방정식을 구하면

$$r(r-1)(r-2) - 3r(r-1) + 6r - 6 = r^3 - 6r^2 + 11r - 6$$

주어진 미분방정식을 $x = e^t$로 치환하면

$y''' - 6y'' + 11y' - 6y = e^{4t}t$이다.

$$y_p = \frac{1}{D^3 - 6D^2 + 11D - 6}\{e^{4t}t\}$$

$$= \frac{e^{4t}}{(D+4)^3 - 6(D+4)^2 + 11(D+4) - 6}\{t\}$$

$$= \frac{e^{4t}}{D^3 + 6D^2 + 11D + 6}\{t\}$$

$$= \frac{1}{6}\frac{e^{4t}}{1 + \frac{11}{6}D + D^2 + \frac{1}{6}D^3}\{t\}$$

$$= \frac{e^{4t}}{6}\left\{1 - \left(\frac{11}{6}D + D^2 + \frac{1}{6}D^3\right) + \left(\frac{11}{6}D + D^2 + \frac{1}{6}D^3\right)\cdots\right\}\{t\}$$

$$= \frac{e^{4t}}{6}\left(t - \frac{11}{6}\right)$$

다시 $t = \ln x$를 대입하면 특수해는 $y_p = \frac{1}{6}x^4\left(\ln x - \frac{1}{6}\right)$이다.

**22.** ①

[풀이] $t = 0$일 때 $(0, 1, 0)$이다.

접촉평면의 법선벡터는 $B$이고 $B // r' \times r''$이므로

$r'(t) = \langle \cos t, -\sin t, 3 \rangle \Rightarrow r'(0) = \langle 1, 0, 3 \rangle$

$r''(t) = \langle -\sin t, -\cos t, 0 \rangle \Rightarrow r''(0) = \langle 0, -1, 0 \rangle$

접촉평면의 법선벡터는

$$r'(0) \times r''(0) = \begin{vmatrix} i & j & k \\ 1 & 0 & 3 \\ 0 & -1 & 0 \end{vmatrix} = \langle 3, 0, -1 \rangle$$이므로

접촉평면은 $3x - z = 0$이다.

**23.** ⑤

[풀이] $t = 0$에서 $(0, 1, 0)$이므로

접촉원의 반지름은 $t = 0$에서의 곡률의 역수를 구하면 된다.

$$\kappa(0) = \frac{|r'(0) \times r''(0)|}{|r'(0)|^3} = \frac{\sqrt{10}}{10\sqrt{10}} = \frac{1}{10}$$

따라서 곡률원의 반지름은 10이다.

**24.** ②

[풀이] 원점을 $O$, 접촉원의 중심을 $C$이라 하면 $\overrightarrow{OC} = \overrightarrow{OP} + \overrightarrow{PC}$고

$\overrightarrow{PC}$벡터는 ($P$점에서) $t = 0$의 $N$벡터와 평행이고

크기는 곡률원의 반지름인 10이다.

$r'(t) = \langle \cos t, -\sin t, 3 \rangle \Rightarrow |r'(t)| = \sqrt{10}$

$$T(t) = \frac{r'(t)}{|r'(t)|} = \frac{1}{\sqrt{10}}\langle \cos t, -\sin t, 3 \rangle$$

$$T'(t) = \frac{1}{\sqrt{10}}\langle -\sin t, -\cos t, 0 \rangle$$

$$|T'(t)| = \frac{1}{\sqrt{10}}$$

$$N(t) = \frac{T'(t)}{|T'(t)|} = \langle -\sin t, -\cos t, 0 \rangle$$

$N(0) = \langle 0, -1, 0 \rangle$이므로 $\overrightarrow{PC} = 10N(0) = \langle 0, -10, 0 \rangle$다.

따라서 곡률원의 중심은

$\overrightarrow{OC} = \langle 0, 1, 0 \rangle + \langle 0, -10, 0 \rangle = \langle 0, -9, 0 \rangle$이다.

**25.** ④

[풀이] 접촉원의 중심은 $(0, -9, 0)$이고 반지름이 10이므로

$x^2 + (y+9)^2 + z^2 = 100$의 일부가 접촉원이 되고

접촉원은 접촉평면 $3x - z = 0$위에 존재하므로

$x^2 + (y+9)^2 + z^2 = 100$, $3x - z = 0$의 교선이 접촉원이다.

두 식을 연립하면 $z = 3x$이므로 대입하면

$10x^2 + (y+9)^2 = 100$이다.

매개화하면 $x = \sqrt{10}\cos t$, $y = 10\sin t - 9$, $z = 3\sqrt{10}\cos t$다.

### 정답률

| 1 | 2 | 3 | 4 | 5 |
|---|---|---|---|---|
| 56% | 62% | 43% | 51% | 43% |
| 6 | 7 | 8 | 9 | 10 |
| 58% | 55% | 64% | 73% | 54% |
| 11 | 12 | 13 | 14 | 15 |
| 35% | 30% | 33% | 60% | 57% |
| 16 | 17 | 18 | 19 | 20 |
| 40% | 37% | 24% | 38% | 38% |
| 21 | 22 | 23 | 24 | 25 |
| 28% | 67% | 43% | 54% | 11% |
| 26 | 27 | 28 | 29 | 30 |
| 42% | 23% | 57% | 53% | 40% |
| 평균 | 최고점 | 상위10%<br>평균 | 상위20%<br>평균 | 상위30%<br>평균 |
| 44.97 | 76.9 | 69.04 | 65.51 | 63.14 |

**1.** ②

$$\lim_{x \to 0^+}\left(\frac{\sin^{-1}x}{\sin x}\right)^{\cot x}$$

$$= \lim_{x \to 0^+}\left(\frac{\sin x + \sin^{-1}x - \sin x}{\sin x}\right)^{\frac{\cos x}{\sin x}}$$

$$= \lim_{x \to 0^+}\left(1 + \frac{\sin^{-1}x - \sin x}{\sin x}\right)^{\frac{\sin x}{\sin^{-1}x - \sin x} \cdot \frac{\sin^{-1}x - \sin x}{\sin x} \cdot \frac{\cos x}{\sin x}}$$

$$\therefore \lim_{x \to 0^+}\left(1 + \frac{\sin^{-1}x - \sin x}{\sin x}\right)^{\frac{\sin x}{\sin^{-1}x - \sin x}} = e$$

$$\lim_{x \to 0^+}\frac{\sin^{-1}x - \sin x}{\sin x} \cdot \frac{\cos x}{\sin x}$$

$$= \lim_{x \to 0^+}\frac{\sin^{-1}x - \sin x}{\sin^2 x} \cdot \cos x$$

$$= \lim_{x \to 0^+}\frac{\sin^{-1}x - \sin x}{\sin^2 x}$$

$$= \lim_{x \to 0^+}\frac{x + \frac{1}{6}x^3 \cdots - (x - \frac{1}{3!}x^3 \cdots)}{x^2}$$

$$= \lim_{x \to 0^+}\frac{\frac{1}{3}x^3 + \cdots}{x^2} = 0$$

$$\therefore \lim_{x \to 0^+}\left(\frac{\sin^{-1}x}{\sin x}\right)^{\cot x} = e^0 = 1$$

**2.** ②

$\lim_{x \to 0}\frac{1}{x^4}\int_{\sin x}^{x}\tan^{-1}t\,dt$ $\left(\frac{0}{0}\right)$꼴이므로 로피탈 정리를 사용하면

$$\lim_{x \to 0}\frac{\tan^{-1}x - \tan^{-1}(\sin x)\cos x}{4x^3}$$

$$= \lim_{x \to 0}\frac{\left(x - \frac{1}{3}x^3 + \cdots\right) - \left(\sin x - \frac{1}{3}\sin^3 x + \cdots\right)\left(1 - \frac{1}{2}x^2 + \cdots\right)}{4x^3}$$

$$= \lim_{x \to 0}\frac{x - \frac{1}{3}x^3 - \left(x - \frac{1}{2}x^3 + \cdots\right)\left(1 - \frac{1}{2}x^2 + \cdots\right)}{4x^3}$$

$$= \lim_{x \to 0}\frac{\frac{2}{3}x^3 + \cdots}{4x^3} = \frac{1}{6}$$

**3.** ③

$$\int_{\frac{1}{2}}^{\infty}\frac{(x-1)^2 + 1}{x^2(x^2 - x + 1)}\,dx = \int_{\frac{1}{2}}^{\infty}\frac{2}{x^2} + \frac{-1}{x^2 - x + 1}\,dx$$

$$= \int_{\frac{1}{2}}^{\infty}\frac{2}{x^2} + \frac{-1}{\left(x - \frac{1}{2}\right)^2 + \frac{3}{4}}\,dx$$

$$= -\frac{2}{x} - \frac{2}{\sqrt{3}}\tan^{-1}\left(\frac{2x-1}{\sqrt{3}}\right)\Bigg]_{\frac{1}{2}}^{\infty}$$

$$= 4 - \frac{2}{\sqrt{3}}\frac{\pi}{2} = 4 - \frac{\pi}{\sqrt{3}}$$

**4.** ①

$$\int_{0}^{2}\frac{t^5}{\sqrt{t^2 + 2}}\,dt$$

$$= \int_{\sqrt{2}}^{\sqrt{6}}\frac{(x^2 - 2)^2}{x}x\,dx \,(\because \sqrt{t^2 + 2} = x\text{로 치환})$$

$$= \int_{\sqrt{2}}^{\sqrt{6}}x^4 - 4x^2 + 4\,dx$$

$$= \frac{1}{5}x^5 - \frac{4}{3}x^3 + 4x\Bigg]_{\sqrt{2}}^{\sqrt{6}}$$

$$= \frac{1}{5}(36\sqrt{6} - 4\sqrt{2}) - \frac{4}{3}(6\sqrt{6} - 2\sqrt{2}) + 4(\sqrt{6} - \sqrt{2})$$

$$= \frac{48\sqrt{6} - 32\sqrt{2}}{15} = \frac{16\sqrt{2}(3\sqrt{3} - 2)}{15}$$

## 5. ②

주어진 영역의 넓이를 $S$라 하자.

$$S = 3 \times 2 \times \frac{1}{2} \int_0^{\frac{\pi}{6}} (3+\sin 3\theta)^2 - 3^2 \, d\theta$$

$$= 3 \int_0^{\frac{\pi}{6}} \sin^2 3\theta + 6\sin 3\theta \, d\theta$$

$$= 3 \cdot \frac{1}{3} \int_0^{\frac{\pi}{2}} \sin^2 t + 6\sin t \, dt \, (\because 3\theta = t \text{로 치환})$$

$$= \frac{1}{2} \cdot \frac{\pi}{2} + 6 \cdot 1 = 6 + \frac{\pi}{4}$$

## 6. ②

$a_n = 1 - \cos \frac{1}{n^p}$, $b_n = \frac{1}{2n^{2p}}$ 라 하자.

$$\lim_{n \to \infty} \frac{a_n}{b_n} = \lim_{n \to \infty} \frac{1 - \cos \frac{1}{n^p}}{\frac{1}{2n^{2p}}}$$

$$= \lim_{t \to 0} \frac{1 - \cos t}{\frac{1}{2} t^2} \left( \because \frac{1}{n^p} = t \text{라 치환} \right)$$

$$= \lim_{t \to 0} \frac{\sin t}{t} = 1 > 0 \, (\because \text{로피탈 정리})$$

극한비교판정법에 의해 $\sum b_n$이 수렴하면 $\sum a_n$도 수렴한다.

$\sum b_n = \sum \frac{1}{2n^{2p}}$ 가 수렴하려면

$2p > 1 \Rightarrow p > \frac{1}{2}$ 이면 수렴하므로

$\sum \left( 1 - \cos \frac{1}{n^p} \right)$도 $p > \frac{1}{2}$ 이면 수렴한다.

## 7. ③

$f(x) = x^2 \tan^{-1} x^3$

$$= x^2 \left( x^3 - \frac{1}{3} x^9 + \frac{1}{5} x^{15} - \frac{1}{7} x^{21} + \cdots \right)$$

$$= x^5 - \frac{1}{3} x^{11} + \frac{1}{5} x^{17} - \frac{1}{7} x^{23} + \cdots$$

$x^{2015}$의 계수는 $-\frac{1}{671}$

$$\frac{f^{2015}(0)}{2015!} = -\frac{1}{671}$$

$$\therefore f^{2015}(0) = -\frac{2015!}{671}$$

## 8. ①

주어진 세 식을 정리하면

$$S_1 : (x-1)^2 + (y+1)^2 + (z-1)^2 = 3$$

$$S_2 : (x+3)^2 + (y-2)^2 + (z+1)^2 = 14$$

$$S_3 : (x+1)^2 + (y-6)^2 + (z+2)^2 = 41 \text{이다.}$$

세 개의 구를 동시에 이등분하는 평면은
세 구의 중심 $(1, -1, 1)$, $(-3, 2, -1)$, $(-1, 6, -2)$를 지나는 평면을 구하면 된다. 각 점을 $A$, $B$, $C$라 했을 때

$$\vec{AB} = \langle -4, 3, -2 \rangle, \quad \vec{AC} = \langle -2, 7, -3 \rangle$$

법선벡터 $n = \vec{AB} \times \vec{AC} = \begin{vmatrix} i & j & k \\ -4 & 3 & -2 \\ -2 & 7 & -3 \end{vmatrix} = \langle 5, -8, -22 \rangle$

이므로 구하고자 하는 평면은 $5x - 8y - 22z = -90$이다.

## 9. ④

$f(x, y) = 3x^2y + y^3 - 3x^2 - 3y^2 + 2$에서

$f_x = 6xy - 6x = 0$, $f_y = 3x^2 + 3y^2 - 6y = 0$이므로

$f_x = x(y-1) = 0 \Rightarrow x = 0, y = 1$이다.

$x = 0$일 때, $f_y = 3y^2 - 6y = 0 \Rightarrow y = 0, 2$

$y = 1$일 때, $f_y = 3x^2 - 3 = 0 \Rightarrow x = -1, 1$

따라서 임계점은 $(0,0)$, $(0,2)$, $(-1,1)$, $(1,1)$이다.

$f_{xx} = 6y - 6$, $f_{yy} = 6y - 6$, $f_{xy} = 6x$

$\triangle(0,0) = 36 > 0$, $f_{xx}(0,0) = -6 < 0$이므로

$(0,0)$에서 극대점을 가진다.

$\triangle(0,2) = 36 > 0$, $f_{xx}(0,2) = 6 > 0$이므로

$(0,2)$에서 극소점을 가진다.

$\triangle(-1,1) = -36 < 0$이므로 $(-1,1)$에서 안장점을 가진다.

$\triangle(1,1) = -36 < 0$이므로 $(1,1)$에서 안장점을 가진다.

따라서 틀린 것은 ④번이다.

## 10. ①

$f_x = 6x^2 = 0 \Rightarrow x = 0$, $f_y = 4y^3 = 0 \Rightarrow y = 0$

$(0,0)$에서 임계점이므로 $f(0,0) = 0$

$x^2 + y^2 = 1$일 때 $y^2 = 1 - x^2$(단, $-1 \le x \le 1$)이므로

$f = 2x^3 + y^4 = 2x^3 + (1-x^2)^2 = g(x)$에서 $x$로 미분하면

$g' = 6x^2 - 4x(1-x^2) = 6x^2 - 4x + 4x^3 = 0$

$2x(2x-1)(x+2) = 0 \Rightarrow x = 0, \frac{1}{2}, -2$이다.

$x = -2$는 $-1 \le x \le 1$ 범위에 들어가지 않으므로 제외한다.

$g(0) = 1$ $g\left(\frac{1}{2}\right) = \frac{13}{16}$, $g(1) = 2$, $g(-1) = -2$이므로

최대값 $M = 2$, 최소값 $m = -2$이고 $Mm = -4$이다.

**11.** ③

평균값을 $A$이라 하면

$$\iint_D f(x, y)dA = (D의\ 면적) \times A$$

$$\Rightarrow \int_{-1}^{1}\int_{0}^{5} x^2 y\, dy dx = 10 \times A$$

$$A = \frac{1}{10}\int_{-1}^{1} x^2 dx \int_{0}^{5} y\, dy = \frac{1}{10}\,\frac{2}{3}\,\frac{25}{2} = \frac{5}{6}$$

**12.** ①

주어진 영역을 두 영역 $D_1$, $D_2$로 나누면

$$D_1 = \left\{ (r, \theta) \,\middle|\, 0 \le r \le 1,\, -\frac{\pi}{2} \le \theta \le \frac{\pi}{4} \right\}$$

$$D_2 = \left\{ (r, \theta) \,\middle|\, 1 \le r \le \sec\theta,\, 0 \le \theta \le \frac{\pi}{4} \right\} 이므로$$

$$\int_0^1 \int_{-\sqrt{1-x^2}}^{x} \frac{1}{(1+x^2+y^2)^2}\, dy dx$$

$$= \iint_{D_1} \frac{1}{(1+x^2+y^2)^2}\, dA + \iint_{D_2} \frac{1}{(1+x^2+y^2)^2}\, dA$$

$$= \int_{-\frac{\pi}{2}}^{\frac{\pi}{4}}\int_0^1 \frac{r}{(1+r^2)^2}\, dr d\theta + \int_0^{\frac{\pi}{4}}\int_1^{\sec\theta} \frac{r}{(1+r^2)^2}\, dr d\theta$$

$$= \frac{3\pi}{4}\left[ -\frac{1}{2}\,\frac{1}{1+r^2} \right]_0^1 + \int_0^{\frac{\pi}{4}}\left[ -\frac{1}{2}\,\frac{1}{1+r^2} \right]_1^{\sec\theta} d\theta$$

$$= \frac{3\pi}{16} - \frac{1}{2}\int_0^{\frac{\pi}{4}} \frac{1}{1+\sec^2\theta} - \frac{1}{2}\, d\theta$$

$$= \frac{3\pi}{16} + \frac{\pi}{16} - \frac{1}{2}\int_0^{\frac{\pi}{4}} \frac{1}{1+\sec^2\theta}\, d\theta$$

$$= \frac{\pi}{4} - \frac{1}{2}\int_0^{\frac{\pi}{4}} \frac{1+\sec^2\theta - \sec^2\theta}{1+\sec^2\theta}\, d\theta$$

$$= \frac{\pi}{4} - \frac{1}{2}\int_0^{\frac{\pi}{4}} 1 - \frac{\sec^2\theta}{1+\sec^2\theta}\, d\theta$$

$$= \frac{\pi}{4} - \frac{1}{2}\int_0^{\frac{\pi}{4}} 1 - \frac{\sec^2\theta}{2+\tan^2\theta}\, d\theta$$

$$= \frac{\pi}{4} - \frac{\pi}{8} + \frac{1}{2}\int_0^{\frac{\pi}{4}} \frac{\sec^2\theta}{2+\tan^2\theta}\, d\theta$$

$$= \frac{\pi}{8} + \frac{1}{2}\int_0^1 \frac{1}{2+t^2}\, dt\, (\because \tan\theta = t로\ 치환)$$

$$= \frac{\pi}{8} + \frac{1}{2}\left[ \frac{1}{\sqrt{2}}\tan^{-1}\left( \frac{t}{\sqrt{2}} \right) \right]_0^1$$

$$= \frac{\pi}{8} + \frac{1}{2}\left( \frac{1}{\sqrt{2}}\tan^{-1}\frac{1}{\sqrt{2}} \right)$$

$$= \frac{\pi}{8} + \frac{\sqrt{2}}{4}\tan^{-1}\left( \frac{1}{\sqrt{2}} \right)$$

**13.** ④

주어진 곡면적을 구하려면 한쪽만 구하고 2배를 하면 된다.

밑영역은 $D = \{(y,\ z)\,|\,y^2+(z-1)^2 \le 1\}$로 보고

높이를 $x = \sqrt{4-y^2-z^2}$로 보면 곡면적은

$$S = 2 \times \iint_D \sqrt{1+(x_y)^2+(x_z)^2}\, dy dz$$

$$= 2 \iint_D \frac{2}{\sqrt{4-y^2-z^2}}\, dy dz$$

$$= 2 \int_0^{\pi}\int_0^{2\sin\theta} \frac{2r}{\sqrt{4-r^2}}\, dr d\theta$$

$$= 2 \int_0^{\pi}\left[ -2\sqrt{4-r^2} \right]_0^{2\sin\theta} d\theta$$

$$= 2 \int_0^{\pi} 4 - 4|\cos\theta|\, d\theta$$

$$= 2(4\pi - 8) = 8\pi - 16 이다.$$

**14.** ①

$r'(t) = \langle \cos 2e^t,\, \sin 2e^t \rangle$이므로

$|r'(t)| = 1$이 되어서 $r'(t) \perp r''(t)$이다.

한 일을 구하는 것이므로 $\int_C F \cdot dr$을 구하면 된다.

$$\int_C F \cdot dr = \int_0^{\frac{\pi}{2}} F(r(t)) \cdot r'(t)dt$$

$$= \int_0^{\frac{\pi}{2}} (r'(t)+r''(t)) \cdot r'(t)dt$$

$$= \int_0^{\frac{\pi}{2}} r'(t) \cdot r'(t) + r''(t) \cdot r'(t)dt$$

$$= \int_0^{\frac{\pi}{2}} |r'(t)|^2 dt$$

$$= \int_0^{\frac{\pi}{2}} 1\, dt = \frac{\pi}{2}$$

**15.** ④

스톡스 정리에 의해

$$\int_C F \cdot dr = \iint_S curl F \cdot n\, dS로\ 계산하면\ 된다.$$

$D = \{(x, y)\,|\,(x-1)^2+y^2 \le 1\}$이고

$$curl F = \begin{vmatrix} i & j & k \\ \dfrac{\partial}{\partial x} & \dfrac{\partial}{\partial y} & \dfrac{\partial}{\partial z} \\ -y & x-1 & z+2y-1 \end{vmatrix} = \langle 2, 0, 2 \rangle$$

$\nabla S = \langle 1, 1, 1 \rangle$이므로

$$\int_C F \cdot dr = \iint_D curl F \cdot \nabla S\, dA$$

$$= \iint_D \langle 2, 0, 2 \rangle \cdot \langle 1, 1, 1 \rangle\, dx dy$$

$$= \iint_D 4\, dA = 4 \times (D의\ 면적) = 4\pi$$

**16.** ③

**풀이** 적분변수변환을 이용하여 $x-y=u,\ y=v$라 하면 주어진 영역 $D_n$은 $(u,v)$영역 $R_n=\{(u,v)\,|\,u^2+v^2\le n\}$가 되고

$$J^{-1}=\begin{vmatrix} u_x & u_y \\ v_x & v_y \end{vmatrix}=\begin{vmatrix} 1 & -1 \\ 0 & 1 \end{vmatrix}=1$$이므로 $|J|=1$이 되어서

$$\iint_{D_n}e^{-[(x-y)^2+y^2]}dxdy$$

$$=\iint_{R_n}e^{-[u^2+v^2]}\cdot 1\,dudv$$

$$=\int_0^{2\pi}\int_0^{\sqrt{n}}e^{-[r^2]}r\,dr\,d\theta$$

$$=2\pi\int_0^{\sqrt{n}}e^{-[r^2]}r\,dr$$

$$=2\pi\left(\int_0^1 e^{-0}r\,dr+\int_1^{\sqrt{2}}e^{-1}r\,dr+\int_{\sqrt{2}}^{\sqrt{3}}e^{-2}r\,dr+\cdots\right)$$

$$=2\pi\left(\frac{1}{2}+\frac{1}{2}e^{-1}+\frac{1}{2}e^{-2}+\cdots+\frac{1}{2}e^{-(n-1)}\right)$$

$$=\pi(1+e^{-1}+e^{-2}+\cdots+e^{-(n-1)})=\pi\sum_{k=0}^{n-1}e^{-k}$$

$$\therefore \lim_{n\to\infty}\iint_{D_n}e^{-[(x-y)^2+y^2]}dxdy=\lim_{n\to\infty}\pi\sum_{k=0}^{n-1}e^{-k}$$

$$=\pi\sum_{n=0}^{\infty}e^{-n}$$

$$=\pi\cdot\frac{1}{1-e^{-1}}$$

$$=\frac{e\pi}{e-1}$$

**17.** ③

**풀이** 주어진 곡선을 매개화하면 $r(t)=\langle t,\,t^3-at+a,\,t-1\rangle$이고 $t=1$일 때 $(1,1,0)$이다.

비틀림률 $\tau=\dfrac{1}{|r'\times r''|^2}\begin{vmatrix} r'(t) \\ r''(t) \\ r'''(t) \end{vmatrix}$

$$\begin{vmatrix} r'(t) \\ r''(t) \\ r'''(t) \end{vmatrix}=\begin{vmatrix} 1 & 3t^2-a & 1 \\ 0 & 6t & 0 \\ 0 & 6 & 0 \end{vmatrix}=0 \quad \therefore \tau=0$$

$t=1$에서 곡률은 $\kappa=\dfrac{|r'(1)\times r''(1)|}{|r'(1)|^3}$이므로

$$|r'(1)\times r''(1)|=\left|\begin{vmatrix} i & j & k \\ 1 & 3-a & 1 \\ 0 & 6 & 0 \end{vmatrix}\right|=|\langle -6,0,6\rangle|=6\sqrt{2}$$

$$|r'(1)|^3=|\langle 1,3-a,1\rangle|=(a^2-6a+11)^{\frac{3}{2}}$$

$$\therefore \kappa=\frac{|r'(1)\times r''(1)|}{|r'(1)|^3}=\frac{6\sqrt{2}}{(a^2-6a+11)^{\frac{3}{2}}}=3$$

$$(a^2-6a+11)^{\frac{3}{2}}=2\sqrt{2}=2^{\frac{3}{2}}$$

$$\Rightarrow a^2-6a+11=2 \Rightarrow a^2-6a+9=0$$

$$\therefore a=3$$

$$\therefore \tau+a=0+3=3$$

**18.** ④

**풀이** 회전축 $(1,2,3)$을 법선벡터로 갖고 원점을 지나는 평면을 생각하자. 회전변환 $T$는 $x+2y+3z=0$ 위에 있는 기저벡터 $X,\ Y$에 대해서 $\dfrac{\pi}{2}$만큼 회전시키는 변환이므로

$$T(X)=-X,\ T(Y)=-Y$$이고,

각각은 표준행렬 $A$의 고유치 $-1$에 대응한다. 회전축은 고유치 $1$에 대응하므로 $A$의 고유치는 $-1,\ -1,\ 1$이다. 특성다항식 $f(x)=(x-1)(x+1)^2$이므로 $f(2)=9$

**19.** ④

**풀이** (가) (거짓) 주어진 선형변환의 표준행렬은 $T=\begin{pmatrix} 1 & 1 & -2 \\ 0 & 1 & 0 \\ 1 & 0 & -2 \end{pmatrix}$

따라서 $\dim(Im\,T)=rank\,T=2$이다.

(나) (참) $\ker T$의 기저를 구하기 위해서 $TX=0$의 해공간을 구하면

$$\begin{pmatrix} 1 & 1 & -2 \\ 0 & 1 & 0 \\ 1 & 0 & -2 \end{pmatrix}\sim\begin{pmatrix} 1 & 0 & -2 \\ 0 & 1 & 0 \\ 0 & 0 & 0 \end{pmatrix}$$이므로

$\ker T=\left\{\begin{pmatrix} 2t \\ 0 \\ t \end{pmatrix}\Big|\,t\in R\right\}$이므로 기저는 $\begin{pmatrix} 2 \\ 0 \\ 1 \end{pmatrix}$이다.

$\ker T$위로 $(1,0,0)$을 직교사영시키면

$$proj_{(2,0,1)}(1,0,0)=\frac{(1,0,0)\cdot(2,0,1)}{(2,0,1)\cdot(2,0,1)}(2,0,1)$$

$$=\frac{2}{5}(2,0,1)$$이다.

(다) (참) 사영행렬을 $A$라 하면 $\dim(\ker T)=1$이므로 $\ker T$의 기저가 $A$의 고유치 $1$에 대응하는 고유벡터이고, $\dim(\ker T^{\perp})=2$이므로 $\ker T^{\perp}$의 기저 2개가 $A$의 고유치 $0,\ 0$에 대응하는 고유벡터이다. 따라서 $A$의 고유치의 합$=1+0+0=1$이다.

**20.** ③

**풀이** $adjA=|A|A^{-1}$을 이용하자.

(가) (참) $adjA^n=|A^n|(A^n)^{-1}$
$(adjA)^n=(|A|A^{-1})^n=|A|^n(A^{-1})^n=|A|^n(A^n)^{-1}$
$\therefore adjA^n=(adjA)^n$

(나) (참) $adj(A^T)=|A^T|(A^T)^{-1}=|A|(A^{-1})^T$
$(adjA)^T=(|A|A^{-1})^T=|A|(A^{-1})^T$
$\therefore adj(A^T)=(adjA)^T$

(다) (거짓)
$$adj(adjA) = |adjA|(adjA)^{-1}$$
$$= |A|^{n-1}(|A|A^{-1})^{-1}$$
$$= |A|^{n-2}A \neq A$$

## 21. ③

해공간의 기저를 찾아보자.

$$AX = 0 \Rightarrow \begin{bmatrix} 1 & 1 & 1 & 0 \\ 0 & 2 & 1 & 1 \end{bmatrix} \begin{bmatrix} x \\ y \\ z \\ w \end{bmatrix} = \begin{bmatrix} 0 \\ 0 \\ 0 \\ 0 \end{bmatrix}$$

$$\begin{bmatrix} x \\ y \\ z \\ w \end{bmatrix} = \begin{bmatrix} -\dfrac{1}{2}s + \dfrac{1}{2}t \\ -\dfrac{1}{2}s - \dfrac{1}{2}t \\ s \\ t \end{bmatrix} = s\begin{bmatrix} -\dfrac{1}{2} \\ -\dfrac{1}{2} \\ 1 \\ 0 \end{bmatrix} + t\begin{bmatrix} \dfrac{1}{2} \\ -\dfrac{1}{2} \\ 0 \\ 1 \end{bmatrix}$$

(단, $s, t$는 임의의 실수)

따라서 해공간의 기저는 $\left\{ \begin{bmatrix} -1 \\ -1 \\ 2 \\ 0 \end{bmatrix}, \begin{bmatrix} 1 \\ -1 \\ 0 \\ 2 \end{bmatrix} \right\} = \{v_1, v_2\}$이다.

$\{v_1, v_2\}$는 직교기저이므로 $V$를 해공간에 직교사영시키면

$$proj_{v_1}V + proj_{v_2}V = \frac{V \cdot v_1}{v_1 \cdot v_1}v_1 + \frac{V \cdot v_2}{v_2 \cdot v_2}v_2$$
$$= \frac{3}{6}(-1, -1, 2, 0) + \frac{3}{6}(1, -1, 0, 2)$$
$$= (0, -1, 1, 1)$$

## 22. ①

주어진 행렬의 고유치가 $\lambda = 1, 1, 2$이므로
특성방정식은 $(\lambda - 1)^2(\lambda - 2) = 0$이다.
케일리-해밀턴 정리에 의해
$(A - I)^2(A - 2I) = 0 \Rightarrow A^3 - 4A^2 + 5A - 2I = 0$
$A^5 = (A^3 - 4A^2 + 5A - 2I)(A^2 + 4A + 11I)$
$\qquad + 26A^2 - 47A + 22I$
$\quad = 26A^2 - 47A + 22I$
$\therefore a = 26, \ b = -47, \ c = 22 \Rightarrow a + b + c = 1$

[다른 풀이]
$A$의 고유치 1에 해당하는 고유벡터를 $v$라 하면 $Av = v$이므로
성질에 의해 $A^5v = v$, $A^2v = v$이다.
$A^5 = aA^2 + bA + cI$의 양변에 $v$를 곱하면
$A^5v = aA^2v + bAv + cv$
$v = av + bv + cv = (a + b + c)v$이다.
$\therefore a + b + c = 1$

## 23. ②

$(x^2 - 2x)y'' - xy = 0$
양변을 미분하면 $(2x - 2)y'' + (x^2 - 2x)y''' - y - xy' = 0$,
$x = 1$을 대입하면 $-y'''(1) - y(1) - y'(1) = 0$
$y'''(1) = -y'(1) - y(1)$
$$a_3 = \frac{y'''(1)}{3!} = \frac{-y'(1) - y(1)}{3!} = \frac{-a_1 - a_0}{6}$$

## 24. ②

특성방정식 $t^2 + 2t + 2 = 0$이므로 $t = -1 \pm i$이다.
따라서 일반해 $y_c = e^{-t}(A\cos t + B\sin t)$이다.
특수해를 구하기 위해 역연산자법을 이용하면
$$y_p = \frac{1}{D^2 + 2D + 2}\{2\sin t\}$$
$$= Im\left(\frac{2}{D^2 + 2D + 2}\{e^{it}\}\right)$$
$$= Im\left(\frac{2}{1 + 2i}\{e^{it}\}\right)$$
$$= Im\left(\left(\frac{2}{5} - \frac{4}{5}i\right)(\cos t + i\sin t)\right)$$
$$= \frac{2}{5}\sin t - \frac{4}{5}\cos t$$이므로

$y = y_c + y_p = e^{-t}(A\cos t + B\sin t) + \frac{2}{5}\sin t - \frac{4}{5}\cos t$이다.

$y(0) = 0 = A - \dfrac{4}{5} \Rightarrow A = \dfrac{4}{5}$

$y'(t) = -e^{-t}(A\cos t + B\sin t) + e^{-t}(-A\sin t + B\cos t)$
$\qquad + \dfrac{4}{5}\sin t + \dfrac{2}{5}\cos t$

$y'(0) = -A + B + \dfrac{2}{5} = 0 \Rightarrow B = \dfrac{2}{5}$

$y(t) = e^{-t}\left(\dfrac{4}{5}\cos t + \dfrac{2}{5}\sin t\right) + \dfrac{2}{5}\sin t - \dfrac{4}{5}\cos t$
$\qquad = \dfrac{2}{5}(\sin t - 2\cos t + e^{-t}(\sin t + 2\cos t))$

## 25. ①

$\mathcal{L}\{y\} = Y$라 하자.
$ty'' + y' + ty = 0$의 양변에 라플라스 변환을 하면
$-(s^2Y - sy(0) - y'(0))' + sY - y(0) - Y' = 0$
$-(2sY + s^2Y' - y(0)) + sY - y(0) - Y' = 0$
$-sY - (s^2 + 1)Y' = 0$
$(s^2 + 1)Y' = -sY$이므로

변수분리 해법에 의해 $\dfrac{1}{Y}dY = \dfrac{-s}{s^2 + 1}ds$이다.

$\ln Y = -\dfrac{1}{2}\ln(s^2 + 1) + c$

$\therefore Y = \dfrac{c}{\sqrt{1 + s^2}} = \mathcal{L}\{y(t)\}$

## 26. ①

**[풀이]** $\begin{pmatrix} x' \\ y' \end{pmatrix} = \begin{pmatrix} 4 & -3 \\ -3 & -2 \end{pmatrix} \begin{pmatrix} x \\ y \end{pmatrix}$ 에 라플라스 변환을 하면

$\begin{pmatrix} s-4 & -3 \\ 3 & s+2 \end{pmatrix} \begin{pmatrix} X \\ Y \end{pmatrix} = \begin{pmatrix} 6 \\ -2 \end{pmatrix}$ 이다.

$\begin{pmatrix} X \\ Y \end{pmatrix} = \dfrac{1}{(s-1)^2} \begin{pmatrix} s+2 & 3 \\ -3 & s-4 \end{pmatrix} \begin{pmatrix} 6 \\ -2 \end{pmatrix}$

$\qquad = \dfrac{1}{(s-1)^2} \begin{pmatrix} 6s+6 \\ -2s-10 \end{pmatrix}$

$\qquad = \begin{pmatrix} \dfrac{6(s-1)+12}{(s-1)^2} \\ \dfrac{-2(s-1)-12}{(s-1)^2} \end{pmatrix}$ 에서 각각 역변환을 취하면

$x(t) = \mathcal{L}^{-1}\left\{ \dfrac{6(s-1)+12}{(s-1)^2} \right\}$

$\qquad = e^t \mathcal{L}^{-1}\left\{ \dfrac{6}{s} + \dfrac{12}{s^2} \right\} = e^t(6+12t)$

$y(t) = \mathcal{L}^{-1}\left\{ \dfrac{-2(s-1)-12}{(s-1)^2} \right\}$

$\qquad = e^t \mathcal{L}^{-1}\left\{ \dfrac{-2}{s} - \dfrac{12}{s^2} \right\}$

$\qquad = e^t(-2-12t)$ 이다.

## 27. ②

**[풀이]** $(-\pi, \pi)$ 에서 $f(x)$ 가 우함수일 때,

$f(x) = \dfrac{a_0}{2} + \displaystyle\sum_{n=1}^{\infty} a_n \cos nx \, dx$ 이므로

$a_0 = \dfrac{1}{\pi} \displaystyle\int_{-\pi}^{\pi} f(x) \, dx$

$\qquad = \dfrac{2}{\pi} \displaystyle\int_0^{\pi} f(x) \, dx$

$\qquad = \dfrac{2}{\pi} \left[ \displaystyle\int_0^{\frac{\pi}{2}} x \, dx + \int_{\frac{\pi}{2}}^{\pi} \pi - x \, dx \right] = \dfrac{\pi}{2}$

$a_n = \dfrac{1}{\pi} \displaystyle\int_{-\pi}^{\pi} f(x) \cos nx \, dx$

$\qquad = \dfrac{2}{\pi} \displaystyle\int_0^{\pi} f(x) \cos nx \, dx$

$\qquad = \dfrac{2}{\pi} \left[ \displaystyle\int_0^{\frac{\pi}{2}} x \cos nx \, dx + \int_{\frac{\pi}{2}}^{\pi} (\pi-x) \cos nx \, dx \right]$

$\qquad = \dfrac{2}{\pi} \left\{ \left[ \dfrac{1}{n} x \sin nx + \dfrac{1}{n^2} \cos nx \right]_0^{\frac{\pi}{2}} \right.$

$\qquad\qquad \left. + \left[ \dfrac{\pi-x}{n} \sin nx - \dfrac{1}{n^2} \cos nx \right]_{\frac{\pi}{2}}^{\pi} \right\}$

$\qquad = \dfrac{2}{\pi} \left[ \dfrac{1}{n} \dfrac{\pi}{2} \sin\left(\dfrac{n\pi}{2}\right) + \dfrac{1}{n^2} \cos\left(\dfrac{n\pi}{2}\right) - \dfrac{1}{n^2} - \dfrac{(-1)^n}{n^2} \right.$

$\qquad\qquad \left. - \dfrac{1}{n} \dfrac{\pi}{2} \sin\left(\dfrac{n\pi}{2}\right) + \dfrac{1}{n^2} \cos\left(\dfrac{n\pi}{2}\right) \right]$

$\qquad = \dfrac{2}{\pi} \left[ \dfrac{2\cos\left(\dfrac{n\pi}{2}\right) - (-1)^n - 1}{n^2} \right]$

$\therefore f(x) = \dfrac{\pi}{4} + \dfrac{2}{\pi} \displaystyle\sum_{n=1}^{\infty} \dfrac{2\cos\left(\dfrac{n\pi}{2}\right) - (-1)^n - 1}{n^2} \cos nx$

## 28. ③

**[풀이]** $A(\alpha), B(\alpha)$ 를 구하기 위해 주어진 공식에 대입하면

$A(\alpha) = \displaystyle\int_{-\infty}^{\infty} f(x) \cos \alpha x \, dx = \int_0^2 \cos \alpha x \, dx$

$\qquad = \dfrac{1}{\alpha} [\sin \alpha x]_0^2 = \dfrac{\sin 2\alpha}{\alpha}$

$B(\alpha) = \displaystyle\int_{-\infty}^{\infty} f(x) \sin \alpha x \, dx = \int_0^2 \sin \alpha x \, dx$

$\qquad = -\dfrac{1}{\alpha} [\cos \alpha x]_0^2 = \dfrac{1 - \cos 2\alpha}{2}$

## 29. ②

**[풀이]** 주어진 복소함수가 완전함수가 되려면
코시-리만 방정식을 만족해야 한다.

$u(x, y) = x^3 - 2axy - bxy^2, \quad v(x, y) = 2x^2 - ay^2 + bx^2 y - y^3$

이라 하면 $u_x = v_y$ 를 만족해야 하므로

$u_x = 3x^2 - 2ay - by^2, \quad v_y = -2ay + bx^2 - 3y^2$ 에서 $b = 3$,

$u_y = -v_x$ 도 만족해야 하므로

$u_y = -2ax - 2bxy, \quad v_x = 4x + 2bxy$ 에서 $a = 2$이다.

$\therefore a^2 + b^2 = 4 + 9 = 13$

## 30. ③

**[풀이]** $\displaystyle\int_{-\infty}^{\infty} \dfrac{xe^{ibx}}{x^2 + a^2} \, dx$

$\qquad = \displaystyle\int_{-\infty}^{\infty} \dfrac{x(\cos bx + i \sin bx)}{x^2 + a^2} \, dx$

$\qquad = \displaystyle\int_{-\infty}^{\infty} \dfrac{x \cos bx}{x^2 + a^2} \, dx + i \int_{-\infty}^{\infty} \dfrac{x \sin bx}{x^2 + a^2} \, dx$

$\qquad = Re \displaystyle\int_{C_R} \dfrac{ze^{ibz}}{z^2 + a^2} \, dz + iIm \int_{C_R} \dfrac{ze^{ibz}}{z^2 + a^2} \, dz$

$\qquad = Re \left[ 2\pi i Res(ai) \right] + iIm \left[ 2\pi i Res(ai) \right]$

$\qquad = Re \left[ 2\pi i \lim_{z \to ai} \dfrac{ze^{ibz}}{(z+ai)} \right] + iIm \left[ 2\pi i \lim_{z \to ai} \dfrac{ze^{ibz}}{(z+ai)} \right]$

$\qquad = Re \left[ 2\pi i \dfrac{e^{-ab}}{2} \right] + iIm \left[ 2\pi i \dfrac{e^{-ab}}{2} \right]$

$\qquad = Re \left[ \pi i e^{-ab} \right] + iIm \left[ \pi i e^{-ab} \right]$

$\qquad = 0 + i\pi e^{-ab} = \pi i e^{-ab}$

| 정답률 | | | | |
|---|---|---|---|---|
| 1 | 2 | 3 | 4 | 5 |
| 71% | 54% | 63% | 83% | 41% |
| 6 | 7 | 8 | 9 | 10 |
| 29% | 43% | 83% | 85% | 78% |
| 11 | 12 | 13 | 14 | 15 |
| 24% | 29% | 41% | 59% | 63% |
| 16 | 17 | 18 | 19 | 20 |
| 39% | 73% | 51% | 71% | 37% |
| 21 | 22 | 23 | 24 | 25 |
| 46% | 46% | 34% | 73% | 10% |
| 26 | 27 | 28 | 29 | 30 |
| 41% | 27% | 37% | 39% | 34% |
| 평균 | 최고점 | 상위10%<br>평균 | 상위20%<br>평균 | 상위30%<br>평균 |
| 51.2 | 80.2 | 78.3 | 73.35 | 69.8 |

**1.** ④

[풀이] 
$$S_x = 2\pi \int_0^\pi y\sqrt{1+(y')^2}\,dx$$
$$= 2\pi \int_0^\pi \sin x \sqrt{1+\cos^2 x}\,dx$$
$$= 2\pi \int_{-1}^1 \sqrt{1+t^2}\,dt(\because \cos x = t \text{로 치환})$$
$$= 4\pi \int_0^1 \sqrt{1+t^2}\,dt$$
$$= 4\pi \int_0^{\frac{\pi}{4}} \sec^3\theta\,d\theta(\because t=\tan\theta \text{로 치환})$$
$$= 4\pi \cdot \frac{1}{2}\left[\sec\theta\tan\theta+\ln(\sec\theta+\tan\theta)\right]_0^{\frac{\pi}{4}}$$
$$= 2\pi(\sqrt{2}+\ln(\sqrt{2}+1))$$

**2.** ①

[풀이]
$$\int_0^1 \sin(2\ln x)\,dx = -\int_0^1 \sin(-2\ln x)\,dx$$
$-\ln x = t$로 치환하면
$$-\int_0^\infty e^{-t}\sin 2t\,dt = -\mathcal{L}\{\sin 2t\}_{s=1} = -\frac{2}{s^2+4}\Big]_{s=1}$$
$$= -\frac{2}{5}$$

**3.** ①

[풀이] 라이프니츠 적분공식에 의해
$$f'(x) = e^{\sin^2 x + x\sin x}\cos x - e^{x^2+x^2} + \int_x^{\sin x} te^{t^2+xt}\,dt$$
$$f'(0) = e^0 \cdot 1 - e^0 + \int_0^0 te^{t^2+xt}\,dt = 0$$

**4.** ③

[풀이]
$$f(x,0) = \begin{cases} 0 \ (x\neq 0) \\ 0 \ (x=0) \end{cases} \text{따라서 } f_x(0,0)=0$$
$$f(0,y) = \begin{cases} 0 \ (y\neq 0) \\ 0 \ (y=0) \end{cases} \text{따라서 } f_y(0,0)=0$$
$$f_x(x,y)$$
$$= \begin{cases} \dfrac{(y^3-3x^2y)(x^2+y^2)-(xy^3-x^3y)(2x)}{(x^2+y^2)^2}, \ (x,y)\neq(0,0) \\ 0 \hspace{4.5cm}, \ (x,y)=(0,0) \end{cases}$$
따라서 $f_x(0,y) = y \Rightarrow f_{xy}(0,y)=1 \Rightarrow f_{xy}(0,0)=1$
$$f_y(x,y)$$
$$= \begin{cases} \dfrac{(3xy^2-x^3)(x^2+y^2)-(xy^3-x^3y)(2y)}{(x^2+y^2)^2}, \ (x,y)\neq(0,0) \\ 0 \hspace{4.5cm}, \ (x,y)=(0,0) \end{cases}$$
따라서
$$f_y(x,0) = -x \Rightarrow f_{yx}(x,0)=-1 \Rightarrow f_{yx}(0,0)=-1$$
$$\therefore f_{xy}(0,0)+f_{yx}(0,0)=1+(-1)=0$$

**5.** ①

[풀이] $z=g(x,y)$이므로 $(x,y,z)=(1,1,-1)$일 때 $g(1,1)=-1$
$$\nabla g(x,y) = \langle g_x(x,y),\ g_y(x,y)\rangle$$
$$\Rightarrow \nabla g(1,1) = \langle g_x(1,1), g_y(1,1)\rangle \text{를 구하기 위해서}$$
$5x^2+3y^3+2z^5+xyz=5$에서 음함수미분법을 사용한다.
$$g_x(1,1) = \frac{\partial z}{\partial x} = -\frac{F_x}{F_z}$$
$$= -\frac{10x+yz}{10z^4+xy}\Big|_{(x,y,z)=(1,1,-1)}$$
$$= -\frac{10-1}{10+1} = -\frac{9}{11}$$
$$g_y(1,1) = \frac{\partial z}{\partial y} = -\frac{F_y}{F_z}$$
$$= -\frac{9y^2+xz}{10z^4+xy}\Big|_{(x,y,z)=(1,1,-1)}$$
$$= -\frac{9-1}{10+1} = -\frac{8}{11}$$
$$\therefore \nabla g(1,1) = \left\langle -\frac{9}{11}, -\frac{8}{11}\right\rangle$$

**6.** ①

$r(t) = \langle a\cos t, a\sin t, bt \rangle$ 에서

점 $P$가 되는 $t = t_1$, 점 $Q$가 되는 $t = t_2$이라 하자.

$r(t_1) = \langle a\cos t_1, a\sin t_1, bt_1 \rangle = \langle 2, 0, 4\pi \rangle$

$r(t_2) = \langle a\cos t_2, a\sin t_2, bt_2 \rangle = \langle 2, 0, 8\pi \rangle$ 이고 $a > 0$이므로

$a\sin t_1 = 0$이려면 $t_1 = n\pi$ ($n$은 정수)이어야 한다.

$n$이 짝수일 때 $\cos t_1 = 1$이므로

$a\cos t_1 = 2$가 되려면 $a = 2$이어야 한다.

$n$이 홀수일 때 $\cos t_1 = -1$이므로

$a\cos t_1 = 2$가 되려면 $a = -2$이어야 한다.

조건에서 $a > 0$이므로 $a = -2$는 모순이다.

$\therefore a = 2$

$bt_1 = 4\pi$, $bt_2 = 8\pi$이므로 $t_1 = \dfrac{4\pi}{b}$, $t_2 = \dfrac{8\pi}{b}$ 가 된다.

$r'(t) = \langle -a\sin t, a\cos t, b \rangle$

$\Rightarrow |r'(t)| = \sqrt{a^2\sin^2 t + a^2\cos^2 t + b^2} = \sqrt{a^2 + b^2}$ 이므로

점 $P$에서 $Q$까지의 길이 식은

$\displaystyle \int_{t_1}^{t_2} |r'(t)|\,dt = \int_{\frac{4\pi}{b}}^{\frac{8\pi}{b}} \sqrt{a^2 + b^2}\,dt$

$\qquad = \sqrt{a^2 + b^2}\left(\dfrac{8\pi}{b} - \dfrac{4\pi}{b}\right)$

$\qquad = \sqrt{4 + b^2}\,\dfrac{4\pi}{b} = 4\sqrt{10}\,\pi$

$\Rightarrow \sqrt{4 + b^2} = b\sqrt{10}$

$4 + b^2 = 10b^2 \Rightarrow b^2 = \dfrac{4}{9}$

$\therefore b = \dfrac{2}{3}$

$\therefore a + b = \dfrac{8}{3}$

**7.** ②

주어진 영역을 극좌표 영역으로 바꾸면

$\left\{(r, \theta)\,\middle|\, \dfrac{\pi}{4} \le \theta \le \dfrac{\pi}{2},\ \csc\theta \le r \le 2\sin\theta\right\}$이므로

$\displaystyle \int_1^2 \int_0^{\sqrt{2y - y^2}} (x^2 + y^2)^{-2}\,dx\,dy$

$\qquad = \displaystyle \int_{\frac{\pi}{4}}^{\frac{\pi}{2}} \int_{\csc\theta}^{2\sin\theta} (r^2)^{-2}\,r\,dr\,d\theta$

$\qquad = \displaystyle \int_{\frac{\pi}{4}}^{\frac{\pi}{2}} -\dfrac{1}{2} r^{-2} \Big]_{\csc\theta}^{2\sin\theta}\,d\theta$

$\qquad = \displaystyle -\dfrac{1}{2}\int_{\frac{\pi}{4}}^{\frac{\pi}{2}} \dfrac{1}{4\sin^2\theta} - \dfrac{1}{\csc^2\theta}\,d\theta$

$\qquad = \displaystyle -\dfrac{1}{2}\int_{\frac{\pi}{4}}^{\frac{\pi}{2}} \dfrac{1}{4}\csc^2\theta - \sin^2\theta\,d\theta$

$\qquad = \displaystyle -\dfrac{1}{2}\int_{\frac{\pi}{4}}^{\frac{\pi}{2}} \dfrac{1}{4}\csc^2\theta - \dfrac{1}{2} + \dfrac{1}{2}\cos 2\theta\,d\theta$

$\qquad = -\dfrac{1}{2}\left[ -\dfrac{1}{4}\cot\theta - \dfrac{1}{2}\theta + \dfrac{1}{4}\sin 2\theta \right]_{\frac{\pi}{4}}^{\frac{\pi}{2}}$

$\qquad = -\dfrac{1}{2}\left[ \left(0 - \dfrac{1}{4}\pi + 0\right) - \left(-\dfrac{1}{4} - \dfrac{1}{8}\pi + \dfrac{1}{4}\right) \right] = \dfrac{\pi}{16}$

**8.** ②

주어진 영역은 $0 \le y \le 1$, $0 \le z \le y$, $\sqrt{y} \le x \le 1$이므로

$0 \le z \le y \le x^2 \le 1$이다. 적분순서변경을 하면

$\displaystyle \int_0^1 \int_0^y \int_{\sqrt{y}}^1 e^{x^5}\,dx\,dz\,dy = \int_0^1 \int_0^{x^2} \int_0^y e^{x^5}\,dz\,dy\,dx$

$\qquad = \displaystyle \int_0^1 \int_0^{x^2} y e^{x^5}\,dy\,dx$

$\qquad = \displaystyle \int_0^1 \dfrac{1}{2} x^4 e^{x^5}\,dx$

$\qquad = \displaystyle \dfrac{1}{2} \cdot \dfrac{1}{5} e^{x^5} \Big]_0^1 = \dfrac{e - 1}{10}$

**9.** ③

주어진 영역을 $E$이라 하면

$E = \left\{ (\rho, \theta, \phi)\,\middle|\, 0 \le \rho \le \sqrt{11},\ 0 \le \theta \le 2\pi,\ 0 \le \phi \le \dfrac{\pi}{3} \right\}$

이므로 부피를 구하면

$\displaystyle \iiint_E 1\,dV = \int_0^{2\pi} \int_0^{\frac{\pi}{3}} \int_0^{\sqrt{11}} \rho^2 \sin\phi\,d\rho\,d\phi\,d\theta$

$\qquad = \displaystyle \int_0^{2\pi} d\theta \int_0^{\frac{\pi}{3}} \sin\phi\,d\phi \int_0^{\sqrt{11}} \rho^2\,d\rho$

$\qquad = \displaystyle 2\pi \left[ -\cos\phi \right]_0^{\frac{\pi}{3}} \left[ \dfrac{1}{3}\rho^3 \right]_0^{\sqrt{11}}$

$\qquad = \displaystyle 2\pi \cdot \dfrac{1}{2} \cdot \dfrac{11\sqrt{11}}{3}$

$\qquad = \dfrac{11\sqrt{11}}{3}\pi$

**10.** ③

$z = 1$과 $z = 4$사이에 놓여있는 곡면이므로

$z^2 = x^2 + y^2 \Rightarrow z = \sqrt{x^2 + y^2}$ 부분이다.

$z_x = \dfrac{x}{\sqrt{x^2 + y^2}}$, $z_y = \dfrac{y}{\sqrt{x^2 + y^2}}$이고

영역 $D = \{(x,\ y)\,|\, 1 \le x^2 + y^2 \le 16\}$이므로

곡면적 공식에 의해

$\displaystyle \iint_D \sqrt{1 + z_x^2 + z_y^2}\,dA = \iint_D \sqrt{2}\,dA$

$\qquad = \sqrt{2} \cdot (D\text{의 면적})$

$\qquad = \sqrt{2}(16\pi - \pi)$

$\qquad = 15\sqrt{2}\pi$

**11.** ④

풀이   $f(y) = \int_0^\infty \dfrac{\tan^{-1}(xy) - \tan^{-1}(x)}{x}\, dx$ 에서

$f(1) = 0$임을 알 수 있고

양변을 $y$로 미분하면

$$f'(y) = \dfrac{\partial}{\partial y} \int_0^\infty \dfrac{\tan^{-1}(xy) - \tan^{-1}(x)}{x}\, dx$$

$$= \int_0^\infty \dfrac{\partial}{\partial y} \dfrac{\tan^{-1}(xy) - \tan^{-1}(x)}{x}\, dx$$

$$= \int_0^\infty \dfrac{1}{x} \cdot \dfrac{x}{1 + x^2 y^2}\, dx$$

$$= \int_0^\infty \dfrac{1}{1 + x^2 y^2}\, dx$$

$$= \dfrac{1}{y} \tan^{-1}(xy) \Big]_0^\infty$$

$$= \dfrac{\pi}{2} \cdot \dfrac{1}{y}$$

$f(y) = \dfrac{\pi}{2} \ln y + C$, $f(1) = 0$이므로 $C = 0$, $f(y) = \dfrac{\pi}{2} \ln y$

$\therefore f(\pi) = \dfrac{\pi}{2} \ln \pi$

**12.** ②

풀이   (가) (수렴) $\displaystyle\sum_{n=2}^\infty \dfrac{1}{(\ln n)^{\ln n}}$ 을 적분으로 생각하자.

$$\int_2^\infty \dfrac{1}{(\ln x)^{\ln x}}\, dx = \int_{\ln 2}^\infty \dfrac{e^t}{t^t}\, dt \;(\because \ln x = t \text{로 치환})$$

다시 급수로 생각하고, $\displaystyle\sum \dfrac{e^n}{n^n}$ 에서 $a_n = \dfrac{e^n}{n^n}$ 이라 하자.

$$\lim_{n\to\infty} \left| \dfrac{a_{n+1}}{a_n} \right| = \lim_{n\to\infty} \dfrac{e^{n+1}}{(n+1)^{n+1}} \dfrac{n^n}{e^n}$$

$$= \lim_{n\to\infty} \dfrac{e}{n+1} \left( \dfrac{n}{n+1} \right)^n$$

$$= 0 < 1$$

비율판정법에 의해 수렴한다.

(나) (발산) $a_n = \dfrac{1}{(\ln n)^5}$, $b_n = \dfrac{1}{n}$ 이라 하자.

$$\lim_{n\to\infty} \dfrac{a_n}{b_n} = \lim_{n\to\infty} \dfrac{\frac{1}{(\ln n)^5}}{\frac{1}{n}} = \lim_{n\to\infty} \dfrac{n}{(\ln n)^5} = \infty$$

(위의 극한 계산은 로피탈 5번 하면 쉽게 보일 수 있다.)

극한비교판정법에 의해 $\displaystyle\sum \dfrac{1}{n}$ 이 발산하므로 $\displaystyle\sum \dfrac{1}{(\ln n)^5}$ 도 발산한다.

(다) (수렴) $n > \ln n$이므로 $n^n > n^{\ln n} \Rightarrow \dfrac{1}{n^n} < \dfrac{1}{n^{\ln n}}$ 이다.

$\displaystyle\sum \dfrac{1}{n^n}$ 에서 $a_n = \dfrac{1}{n^n}$ 으로 보면

$$\lim_{n\to\infty} (a_n)^{\frac{1}{n}} = \lim_{n\to\infty} \dfrac{1}{n} = 0 < 1$$이므로

근판정법에 의해 $\displaystyle\sum \dfrac{1}{n^n}$ 은 수렴하고

비교판정법에 의해 $\displaystyle\sum \dfrac{1}{n^{\ln n}}$ 도 수렴한다.

(라) (수렴) $a_n = \dfrac{1}{(\ln n)^n}$ 이라 두자.

$$\lim_{n\to\infty} (a_n)^{\frac{1}{n}} = \lim_{n\to\infty} \dfrac{1}{\ln n} = 0 < 1$$이므로

근판정법에 의해 $\displaystyle\sum \dfrac{1}{(\ln n)^n}$ 은 수렴한다.

(마) (발산) $a_n = \dfrac{1}{n^{1 + \frac{1}{n}}} = \dfrac{1}{n} \left( \dfrac{1}{n} \right)^{\frac{1}{n}}$, $b_n = \dfrac{1}{n}$ 이라 두자.

$$\lim_{n\to\infty} \dfrac{a_n}{b_n} = \lim_{n\to\infty} \dfrac{\frac{1}{n} \left( \frac{1}{n} \right)^{\frac{1}{n}}}{\frac{1}{n}}$$

$$= \lim_{n\to\infty} \left( \dfrac{1}{n} \right)^{\frac{1}{n}}$$

$$= \lim_{t\to 0} t^t \;(\because \dfrac{1}{n} = t \text{로 치환})$$

$$= \lim_{t\to 0} e^{t \ln t} = 1 > 0$$

$\displaystyle\sum \dfrac{1}{n}$ 이 발산하므로

극한비교판정법에 의해 $\displaystyle\sum \dfrac{1}{n^{1 + \frac{1}{n}}}$ 도 발산한다.

(바) (발산) $a_n = 3^{\frac{1}{n}} - 1$, $b_n = \dfrac{1}{n}$ 이라 하자.

$$\lim_{n\to\infty} \dfrac{a_n}{b_n} = \lim_{n\to\infty} \dfrac{3^{\frac{1}{n}} - 1}{\frac{1}{n}}$$

$$= \lim_{t\to 0} \dfrac{3^t - 1}{t} \;(\because \dfrac{1}{n} = t \text{로 치환})$$

$$= \lim_{t\to 0} 3^t \ln 3 \;(\because \dfrac{0}{0} \text{꼴 로피탈 정리})$$

$$= \ln 3 > 0$$

$\displaystyle\sum \dfrac{1}{n}$ 은 발산하므로

극한비교판정법에 의해 $\displaystyle\sum 3^{\frac{1}{n}} - 1$ 도 발산한다.

따라서 수렴하는 급수의 개수는 3개다.

## 13. ②

**풀이**

주어진 영역 $D$를 두 영역 $D_1$, $D_2$로 나누어 보자.

$D_1 = \{(x, y) \mid 0 \le x \le 2, \ \sin\sqrt{x} \le y \le 9\}$

$D_2 = \{(x, y) \mid 0 \le x \le 2, \ 0 \le y \le \sin\sqrt{x}\}$

$D = D_1 + D_2$

$\displaystyle\int_0^2 \int_{\sin\sqrt{x}}^9 f(x,y)\,dy\,dx + \int_0^2 \int_0^{\sin\sqrt{x}} y - \sin\sqrt{x}\,dy\,dx$

$\displaystyle = \iint_D f(x,y)\,dA + \iint_{D_2} y - \sin\sqrt{x}\,dA$

$\displaystyle = \iint_{D_1} y\,dA + \iint_{D_2} \sin\sqrt{x}\,dA + \iint_{D_2} y\,dA - \iint_{D_2} \sin\sqrt{x}\,dA$

$\displaystyle = \iint_{D_1} y\,dA + \iint_{D_2} y\,dA + \iint_{D_2} \sin\sqrt{x} - \sin\sqrt{x}\,dA$

$\displaystyle = \iint_{D_1} y\,dA + \iint_{D_2} y\,dA$

$\displaystyle = \iint_D y\,dA$

$\displaystyle = \int_0^2 \int_0^9 y\,dy\,dx = 81$

## 14. ③

**풀이**

주어진 행렬 $A$의 특성방정식을 구하면

$|A - \lambda I| = \begin{vmatrix} 2-\lambda & -1 \\ 3 & -1-\lambda \end{vmatrix}$

$\quad = (2-\lambda)(-1-\lambda) + 3$

$\quad = \lambda^2 - \lambda + 1 = 0$이므로

케일리–해밀턴 정리에 의해 $A^2 - A + I = O$이다.

$(A^2 = A - I)$

양변에 $A + I$를 곱하면

$A^3 + I = O \Rightarrow A^3 = -I$를 만족한다.

$A + A^2 + A^3 + A^4 + A^5 + A^6 = A + A^2 - I - A - A^2 + I = O$

$\displaystyle \therefore \sum_{n=1}^{2019} A^n = A + A^2 + A^3 + \cdots + A^{2017} + A^{2018} + A^{2019}$

$\quad = A + A^2 + A^3 = A + A - I - I = 2(A - I)$

$\quad = \begin{pmatrix} 2 & -2 \\ 6 & -4 \end{pmatrix}$

## 15. ③

**풀이**

$W = span\{w_1, w_2\} \subset R^3$ 즉, $W$는 원점을 지나는 평면이다.

평면의 방정식을 구하기 위해 법선벡터 $n$을 구하면

$n = w_1 \times w_2 = \begin{vmatrix} i & j & k \\ 5 & -2 & 1 \\ 1 & 2 & -1 \end{vmatrix} = \langle 0, 6, 12 \rangle // \langle 0, 1, 2 \rangle$이다.

따라서 평면 $W : y + 2z = 0$이다.

평면으로부터 $y$까지의 거리는

평면과 점 사이의 거리 공식에 의해 $\dfrac{|-5 + 20|}{\sqrt{1^2 + 2^2}} = 3\sqrt{5}$이다.

## 16. ①

**풀이**

$P : V \to W$인 선형사상이다.

① (거짓) $ImP$는 치역으로써 공역 $W$의 부분공간이 된다.
따라서 $ImP = V$가 될 수 없다.

② (참) $\ker P = \{v \in V \mid proj_W v = 0\}$이다.
$proj_W v = 0$이 되는 $V$의 원소들은 $W$의 수직인 벡터들이다.
따라서 $\ker P = W^\perp$이다. $\ker P \cap W = W^\perp \cap W = \{0\}$

③ (참) $w \in W$이므로 $W$위에 있는 벡터를 사영시키면
원래 벡터와 똑같이 나오므로 $P(w) = w$가 된다.

④ (참) 임의의 $v \in V$에 대해서 $P(v) = w \in W$라 하자.
$P(P(v)) = P(w) = w = P(v)$

## 17. ④

**풀이**

① (참) $rank(A - 2I) = rank(J - 2I) = 4$이므로
$rank(A - 2I)^2 = 3$이다.

②, ③ (참) $rank(A - 3I) = rank(J - 3I) = 3$이므로
$rank(A - 3I)^2 = 2$, $rank(A - 3I)^3 = 2$이다.
$rank(A - 3I)^3 + nullity(A - 3I)^3 = 5$이므로
$nullity(A - 3I)^3 = 3$이다.

④ (거짓) 특성방정식 $(x-2)^2(x-3)^3$이고
고윳값 3에 대응하는 가장 큰 블록의 사이즈가 2이므로
최소다항식 $f(x) = (x-2)^2(x-3)^2$이다.

## 18. ②

**풀이**

정의역 $V$의 임의의 원소 $B = \begin{pmatrix} a & b \\ c & d \end{pmatrix} \in V$라 하자.

$L(B) = L\begin{pmatrix} a & b \\ c & d \end{pmatrix} = \begin{pmatrix} 1 & 2 \\ 0 & 3 \end{pmatrix}\begin{pmatrix} a & b \\ c & d \end{pmatrix} - \begin{pmatrix} a & b \\ c & d \end{pmatrix}\begin{pmatrix} 1 & 2 \\ 0 & 3 \end{pmatrix} = \begin{pmatrix} 2c & -2a-2b+2d \\ 2c & -2c \end{pmatrix}$

따라서 $ImL$의 기저는 2개다. $\therefore \dim(ImL) = 2$

## 19. ①

**풀이**

$y_1 = y$, $y_2 = y'$이라 하자.

$y_1' = y_2$, $y_2' = y'' = xy' - 3y = xy_2 - 3y_1$이므로

$\begin{pmatrix} y_1' \\ y_2' \end{pmatrix} = \begin{pmatrix} 0 & 1 \\ -3 & x \end{pmatrix}\begin{pmatrix} y_1 \\ y_2 \end{pmatrix}$이다.

**20.** ④

풀이 주어진 식을 다시 써서 $\begin{cases} x' = -2x + y - y^2 = f(x, y) \\ y' = -x - \dfrac{1}{2}y = g(x, y) \end{cases}$ 라 하자.

임계점을 구하기 위해

$-2x + y - y^2 = 0, \quad -x - \dfrac{1}{2}y = 0$ 두 식을 연립하면

$(0, 0), (-1, 2)$ 두 개의 임계점이 나온다.

선형화에 의해 $\begin{pmatrix} f_x & f_y \\ g_x & g_y \end{pmatrix} = \begin{pmatrix} -2 & 1-2y \\ -1 & -\dfrac{1}{2} \end{pmatrix}$ 이다.

( ⅰ ) $(0, 0)$일 때 $\begin{pmatrix} -2 & 1-2y \\ -1 & -\dfrac{1}{2} \end{pmatrix} = \begin{pmatrix} -2 & 1 \\ -1 & -\dfrac{1}{2} \end{pmatrix}$이므로

　　고유치는 $\lambda = \dfrac{-5 \pm \sqrt{7}i}{4}$ 이다.

　　따라서 $(0, 0)$은 나선점이다.

( ⅱ ) $(-1, 2)$ 일 때 $\begin{pmatrix} -2 & 1-2y \\ -1 & -\dfrac{1}{2} \end{pmatrix} = \begin{pmatrix} -2 & -3 \\ -1 & -\dfrac{1}{2} \end{pmatrix}$이므로

　　고유치는 $\lambda = \dfrac{-5 \pm \sqrt{57}}{4}$ 이다.

　　따라서 $(-1, 2)$는 안장점이다.

따라서 옳은 것은 ④번이다.

**21.** ②

풀이 주어진 식을 정리하면

$\begin{pmatrix} D-1 & 0 \\ -2 & D+1 \end{pmatrix}\begin{pmatrix} x \\ y \end{pmatrix} = \begin{pmatrix} e^{2t} - 4t \\ 2 + t \end{pmatrix}$

$\begin{pmatrix} x_p \\ y_p \end{pmatrix} = \dfrac{1}{D^2 - 1}\begin{pmatrix} D+1 & 0 \\ 2 & D-1 \end{pmatrix}\begin{pmatrix} e^{2t} - 4t \\ 2 + t \end{pmatrix}$

$\quad = \dfrac{1}{D^2 - 1}\begin{pmatrix} 3e^{2t} - 4t - 4 \\ 2e^{2t} - 9t - 1 \end{pmatrix}$

$x_p + y_p = \dfrac{1}{D^2 - 1}(5e^{2t} - 13t - 5)$

$\qquad\quad = \dfrac{1}{D^2 - 1}(5e^{2t}) + \dfrac{1}{D^2 - 1}(-13t - 5)$

$\qquad\quad = \dfrac{5}{3}e^{2t} - (1 - D^2)(-13t - 5)$

$\qquad\quad = \dfrac{5}{3}e^{2t} + 13t + 5$

$\therefore x_p(0) + y_p(0) = \dfrac{5}{3} + 5 = \dfrac{20}{3}$

**22.** ④

풀이 특성방정식이 $4t^2 + 36 = 0$이므로

$t = \pm 3i$이고, 따라서 $y_c = c_1 \cos 3x + c_2 \sin 3x$이다.

특수해를 구하기 위해 론스키안 해법을 이용하면

$R(x) = \dfrac{1}{4}\csc 3x$이므로

$W(x) = \begin{vmatrix} \cos 3x & \sin 3x \\ -3\sin 3x & 3\cos 3x \end{vmatrix} = 3$

$W_1 R(x) = \begin{vmatrix} 0 & \sin 3x \\ \dfrac{1}{4}\csc 3x & 3\cos 3x \end{vmatrix} = -\dfrac{1}{4}$

$W_2 R(x) = \begin{vmatrix} \cos 3x & 0 \\ -3\sin 3x & \dfrac{1}{4}\csc 3x \end{vmatrix} = \dfrac{1}{4}\dfrac{\cos 3x}{\sin 3x}$이다.

$y_p = \cos 3x \displaystyle\int \dfrac{-\dfrac{1}{4}}{3}\,dx + \sin 3x \int \dfrac{\dfrac{1}{4}\dfrac{\cos 3x}{\sin 3x}}{3}\,dx$

$\quad = -\dfrac{1}{12}x\cos 3x + \dfrac{1}{36}\sin 3x \ln|\sin 3x|$

$\therefore y = y_c + y_p$

$\quad = c_1 \cos 3x + c_2 \sin 3x - \dfrac{1}{12}x\cos 3x + \dfrac{1}{36}\sin 3x \ln|\sin 3x|$

**23.** ②

풀이 $\dfrac{dy}{dx} = y' = u$ 라 보면 $\dfrac{d^2y}{dx^2} = \dfrac{du}{dx} = \dfrac{du}{dy} \cdot \dfrac{dy}{dx} = \dfrac{du}{dy}u$이므로

$y'' + \left(1 + \dfrac{1}{y}\right)(y')^2 = 0$

$\Rightarrow u\dfrac{du}{dy} + \left(1 + \dfrac{1}{y}\right)u^2 = 0$

$\Rightarrow \dfrac{du}{dy} = -\left(1 + \dfrac{1}{y}\right)u$

$\Rightarrow \dfrac{1}{u}\,du = \left(-1 - \dfrac{1}{y}\right)dy$

$\Rightarrow \ln u = -y - \ln y + C$

$\Rightarrow y' = u = A\dfrac{1}{ye^y}$

초깃값을 넣으면

$\Rightarrow 1 = \dfrac{A}{e}$

$\Rightarrow A = e$

$\Rightarrow y' = \dfrac{e}{ye^y}$

$\Rightarrow ye^y\,dy = e\,dx$

$\Rightarrow e^y(y - 1) = ex + C$

초깃값을 넣으면

$\Rightarrow 0 = e + C \Rightarrow C = -e$

따라서 주어진 미분방정식의 해는 $e^y(y - 1) = ex - e$이다.

## 24. ④

**[풀이]** 주어진 미분방정식에 라플라스 변환을 하면

$$(s^2 + 2s + 2)\mathcal{L}\{y\} = e^{-\pi s}$$

$$\mathcal{L}\{y\} = \frac{e^{-\pi s}}{(s+1)^2 + 1}$$

$$y(t) = u(t-\pi)\mathcal{L}^{-1}\left\{\frac{1}{(s+1)^2 + 1}\right\}$$

$$= u(t-\pi)e^{-(t-\pi)}\mathcal{L}\left\{\frac{1}{s^2+1}\right\}$$

$$= u(t-\pi)e^{-(t-\pi)}\sin(t-\pi)$$

$$= -u(t-\pi)\sin t\, e^{-(t-\pi)}$$

## 25. ④

**[풀이]**

$$a_0 = \frac{1}{2}\int_0^4 x^2\, dx = \frac{32}{3}$$

$$a_n = \frac{1}{2}\int_0^4 x^2\cos\frac{n\pi}{2}x\, dx \text{ 이므로}$$

$$a_4 = \frac{1}{2}\int_0^4 x^2\cos 2\pi x\, dx$$

$$= \frac{1}{2}\left[\frac{1}{2\pi}x^2\sin 2\pi x + \frac{1}{2\pi^2}x\cos 2\pi x - \frac{1}{4\pi^3}\sin 2\pi x\right]_0^4$$

$$= \frac{1}{2}\frac{2}{\pi^2} = \frac{1}{\pi^2}$$

$$b_n = \frac{1}{2}\int_0^4 x^2\sin\frac{n\pi}{2}x\, dx \text{ 이므로}$$

$$b_{16} = \frac{1}{2}\int_0^4 x^2\sin 8\pi x\, dx$$

$$= \frac{1}{2}\left[-\frac{1}{8\pi}x^2\cos 8\pi x + \frac{1}{32\pi^2}x\sin 8\pi x + \frac{2}{(8\pi)^3}\cos 8\pi x\right]_0^4$$

$$= -\frac{1}{\pi}$$

$$\therefore 3a_0 + \pi^2(a_4 - b_{16}) = 3\cdot\frac{32}{3} + \pi^2\left(\frac{1}{\pi^2} + \frac{1}{\pi}\right) = 33 + \pi$$

## 26. ④

**[풀이]** 영역 $D = \{(x,y)\,|\,x^2 + (y-1)^2 \le 1\}$라 하자.

$$\iint_D \rho\, dA = \iint_D \frac{1}{\sqrt{x^2+y^2}}dA$$

$$= \int_0^\pi \int_0^{2\sin\theta}\frac{1}{r}r\, dr d\theta$$

$$= \int_0^\pi 2\sin\theta\, d\theta = 4$$

$$\iint_D \rho y\, dA = \iint_D \frac{y}{\sqrt{x^2+y^2}}dA$$

$$= \int_0^\pi \int_0^{2\sin\theta}\frac{r\sin\theta}{r}r\, dr d\theta$$

$$= \int_0^\pi \int_0^{2\sin\theta}r\sin\theta\, dr d\theta$$

$$= 2\int_0^\pi \sin^3\theta\, d\theta = \frac{8}{3}$$

$$\therefore \bar{y} = \frac{\iint_D \rho y\, dA}{\iint_D \rho\, dA} = \frac{\frac{8}{3}}{4} = \frac{2}{3}$$

## 27. ②

**[풀이]** $\sin^{-1}z = -i\ln(iz + \sqrt{(1-z^2)})$ 이므로

$$\sin^{-1}\sqrt{5} = -i\ln(\sqrt{5}i + 2i)$$

$$= -i\ln((2+\sqrt{5})i)$$

$$= -i\left\{\ln(2+\sqrt{5}) + \frac{\pi}{2}i\right\}$$

$$= \frac{\pi}{2} - i\ln(2+\sqrt{5})$$

## 28. ②

**[풀이]**

① (참) $\dfrac{1}{1-z} = \displaystyle\sum_{n=0}^\infty z^n$ 이므로 $\dfrac{1}{1+2z} = \displaystyle\sum_{n=0}^\infty (-2z)^n$

양변을 미분하면 $\dfrac{-2}{(1+2z)^2} = \displaystyle\sum_{n=1}^\infty -2n(-2z)^{n-1}$

$|-2z| < 1$일 때 수렴하므로 $|z| < \dfrac{1}{2}$

따라서 수렴반경은 $R = \dfrac{1}{2}$이다.

② (거짓) $\dfrac{1}{3-z} = \dfrac{1}{3-2i - (z-2i)}$

$$= \frac{1}{3-2i}\frac{1}{1 - \dfrac{z-2i}{3-2i}}$$

$$= \frac{1}{3-2i}\sum_{n=0}^\infty \left(\frac{z-2i}{3-2i}\right)^n$$

$\left|\dfrac{z-2i}{3-2i}\right| < 1$이어야 하므로 $|z-2i| < \sqrt{13}$이다.

따라서 수렴반경은 $R = \sqrt{13}$이다.

③ (참) $\dfrac{z-1}{3-z} = \dfrac{z-1}{2-(z-1)}$

$$= \frac{z-1}{2}\cdot\frac{1}{1 - \dfrac{z-1}{2}}$$

$$= \frac{z-1}{2}\sum_{n=0}^\infty \left(\frac{z-1}{2}\right)^n$$

$\left|\dfrac{z-1}{2}\right| < 1$이어야 하므로 $|z-1| < 2$이다.

따라서 수렴반경은 $R = 2$이다.

④ (참) $\dfrac{4+5z}{1+z^2}$

$= \dfrac{4+5z}{(i+z)(-i+z)}$

$= \dfrac{\dfrac{4-5i}{-2i}}{i+z} - \dfrac{\dfrac{4+5i}{2i}}{i-z}$

$= \dfrac{a}{i+z} - \dfrac{b}{i-z} \left( \because a = \dfrac{4-5i}{-2i}, \ b = \dfrac{4+5i}{2i} \text{로 치환} \right)$

$= \dfrac{a}{i+(z-2-5i+2+5i)} - \dfrac{b}{i-(z-2-5i+2+5i)}$

$= \dfrac{a}{2+6i+(z-2-5i)} - \dfrac{b}{-2-4i-(z-2-5i)}$

$= \dfrac{a}{2+6i} \cdot \dfrac{1}{1+\dfrac{z-2-5i}{2+6i}} - \dfrac{b}{-2-4i} \cdot \dfrac{1}{1-\dfrac{z-2-5i}{-2-4i}}$

$= \dfrac{a}{2+6i} \sum_{n=0}^{\infty} \left(-\dfrac{z-2-5i}{2+6i}\right)^n - \dfrac{b}{-2-4i} \sum_{n=0}^{\infty} \left(\dfrac{z-2-5i}{-2-4i}\right)^n$

$\left| \dfrac{z-2-5i}{2+6i} \right| < 1, \ \left| \dfrac{z-2-5i}{-2-4i} \right| < 1$을 만족해야 하므로

$|z-2-5i| < \sqrt{40}, \ |z-2-5i| < \sqrt{20}$ 이다.

동시에 만족해야 하므로 $|z-2-5i| < \sqrt{20}$ 이어야 한다.

따라서 $R = \sqrt{20} = 2\sqrt{5}$ 이다.

## 29. ②

**풀이** 곡선 $C$를 반지름이 무한히 큰 상반원이라 하면,

$\displaystyle \int_{-\infty}^{\infty} \dfrac{1}{1+x^6} dx = \int_C \dfrac{1}{1+z^6} dz$

$z^6 + 1 = 0 \Rightarrow z^6 = -1 = e^{i(\pi+2n\pi)}$

$z = e^{i\left(\frac{\pi}{6}+\frac{n\pi}{3}\right)}$

따라서 특이점은 $z_0 = e^{i\frac{\pi}{6}}$, $z_1 = e^{i\frac{\pi}{2}}$, $z_2 = e^{i\frac{5\pi}{6}}$ 이다.

$Res(z_0) = \displaystyle\lim_{z \to z_0} \dfrac{z-z_0}{1+z^6} = \lim_{z \to z_0} \dfrac{1}{6z^5} = \dfrac{1}{6} z_0^{-5}$

$Res(z_1) = \displaystyle\lim_{z \to z_1} \dfrac{z-z_1}{1+z^6} = \lim_{z \to z_1} \dfrac{1}{6z^5} = \dfrac{1}{6} z_1^{-5}$

$Res(z_2) = \displaystyle\lim_{z \to z_2} \dfrac{z-z_2}{1+z^6} = \lim_{z \to z_2} \dfrac{1}{6z^5} = \dfrac{1}{6} z_2^{-5}$

$\therefore \displaystyle\int_C \dfrac{1}{1+z^6} dz = 2\pi i (Res(z_0) + Res(z_1) + Res(z_2))$

$= 2\pi i \dfrac{1}{6} \left( z_0^{-5} + z_1^{-5} + z_2^{-5} \right)$

$= \dfrac{\pi i}{3} \left( e^{-\frac{5\pi}{6}} + e^{-\frac{5\pi}{2}} + e^{-\frac{25\pi}{2}} \right) = \dfrac{2\pi}{3}$

## 30. ②

**풀이** ① (참) $\displaystyle\int_0^{2\pi} \dfrac{1}{a+b\cos\theta} d\theta = \dfrac{2\pi}{\sqrt{a^2-b^2}}$ 이므로

$\displaystyle\int_0^{2\pi} \dfrac{1}{\sqrt{2}-\cos\theta} d\theta = 2\pi$ 이다.

② (거짓)

$\displaystyle\int_0^{2\pi} \dfrac{1}{(2+\cos\theta)^2} d\theta$

$= \displaystyle\int_{|z|=1} \dfrac{1}{\left(2+\dfrac{1}{2}\left(z+\dfrac{1}{z}\right)\right)^2} \dfrac{1}{iz} dz$

$= \displaystyle\int_{|z|=1} \dfrac{4z}{(z^2+4z+1)^2} dz$

$= \displaystyle\int_{|z|=1} \dfrac{4z}{(z+2+\sqrt{3})^2(z+2-\sqrt{3})^2} dz$ 이므로

$Res(2-\sqrt{3}) = \displaystyle\lim_{z \to 2-\sqrt{3}} \left( \dfrac{4z}{(z+2+\sqrt{3})^2} \right)' = \dfrac{2}{3\sqrt{3}}$

$\displaystyle\int_{|z|=1} \dfrac{4z}{(z+2+\sqrt{3})^2(z+2-\sqrt{3})^2} dz$

$= 2\pi i Res(2-\sqrt{3})$

$= 2\pi i \dfrac{2}{3\sqrt{3}} = \dfrac{4\pi}{3\sqrt{3}}$

③ (참) $\displaystyle\int_0^{\infty} \dfrac{\sin x}{x} dx = \dfrac{\pi}{2}$ 이므로

$p.v \displaystyle\int_{-\infty}^{\infty} \dfrac{\sin x}{x} dx = 2 \cdot \dfrac{\pi}{2} = \pi$ 이다.

④ (참) $p.v \displaystyle\int_{-\infty}^{\infty} 1 - \dfrac{\cos x}{x^2} dx = Re \int_C \dfrac{1-e^{iz}}{z^2} dz$

$Res(0) = \displaystyle\lim_{z \to 0} (-e^{iz})' = \lim_{z \to 0} -ie^{iz} = -i$ 이므로

$Re \displaystyle\int_C \dfrac{1-e^{iz}}{z^2} dz = Re(\pi i \times Res(0)) = Re(\pi i \times -i) = \pi$

$\therefore p.v \displaystyle\int_{-\infty}^{\infty} 1 - \dfrac{\cos x}{x^2} dx = \pi$

| 정답률 | | | | |
|---|---|---|---|---|
| 1 | 2 | 3 | 4 | 5 |
| 62% | 66% | 89% | 87% | 70% |
| 6 | 7 | 8 | 9 | 10 |
| 73% | 53% | 73% | 89% | 49% |
| 11 | 12 | 13 | 14 | 15 |
| 54% | 67% | 42% | 84% | 92% |
| 16 | 17 | 18 | 19 | 20 |
| 47% | 78% | 49% | 65% | 63% |
| 21 | 22 | 23 | 24 | 25 |
| 64% | 69% | 44% | 59% | 71% |
| 26 | 27 | 28 | 29 | 30 |
| 53% | 32% | 52% | 74% | 78% |
| 평균 | 최고점 | 상위10%<br>평균 | 상위20%<br>평균 | 상위30%<br>평균 |
| 62 | 93.4 | 89.3 | 85.4 | 82.8 |

## 1. ①

풀이

$$\lim_{x \to 1+} (\ln x^2)\tan\left(\frac{\pi}{2}x\right) = \lim_{x \to 1+} \frac{2\ln x}{\cos\left(\frac{\pi}{2}x\right)}\sin\left(\frac{\pi}{2}x\right)$$

$$= \lim_{x \to 1+} \frac{\frac{2}{x}}{-\frac{\pi}{2}\sin\left(\frac{\pi}{2}x\right)} \cdot \lim_{x \to 1+} \sin\left(\frac{\pi}{2}x\right)$$

$$= \frac{2}{-\frac{\pi}{2}} = -\frac{4}{\pi}$$

## 2. ③

풀이 $\sqrt{x} = t$ 로 치환하면 $x = t^2$, $dx = 2t\,dt$ 이므로

$$\int_0^\infty \frac{1}{\sqrt{x}(1+x)}dx = \int_0^\infty \frac{1}{t(1+t^2)}2t\,dt$$

$$= 2\int_0^\infty \frac{1}{1+t^2}dt$$

$$= 2\tan^{-1}t\Big]_0^\infty = \pi$$

## 3. ①

풀이 $2-3i$, $-1+2i$가 고윳값이므로 켤레복소수도 고윳값이 된다.
따라서 고윳값은 $2\pm 3i$, $-1\pm 2i$, 1이다.
$\det A = (2+3i)(2-3i)(-1+2i)(-1-2i)(1) = 65$

## 4. ②

풀이 $a_n = \dfrac{(-8)^n(x-2)^{3n}}{\sqrt{n}}$ 이라 하자. 비율판정법에 의해

$$\lim_{n \to \infty}\left|\frac{a_{n+1}}{a_n}\right|$$

$$= \lim_{n \to \infty} \frac{(-8)^{n+1}(x-2)^{3(n+1)}}{\sqrt{n+1}} \cdot \frac{\sqrt{n}}{(-8)^n(x-2)^{3n}}$$

$$= 8|x-2|^3 < 1일 때 수렴하므로$$

$$|x-2|^3 < \frac{1}{8} \Rightarrow -\frac{1}{2} < x-2 < \frac{1}{2}$$

$x = \dfrac{1}{2}$일 때 $\displaystyle\sum \frac{(-1)^n}{\sqrt{n}}$ 이므로

교대급수판정법에 의해 수렴한다.

$x = -\dfrac{1}{2}$일 때 $\displaystyle\sum \frac{1}{\sqrt{n}}$ 이므로

$p$급수판정법에 의해 발산한다.

수렴구간은 $-\dfrac{1}{2} < x-2 \le \dfrac{1}{2}$이므로 $\dfrac{3}{2} < x \le \dfrac{5}{2}$이다.

## 5. ②

풀이 특성방정식 $r(r-1) - 2r + 2 = 0$이므로
$r^2 - 3r + 2 = 0 \Rightarrow r = 2, 1$이고, $y_c = Ax^2 + Bx$이다.
특수해를 구하기 위해 론스키안 해법을 이용하면

$$W = \begin{vmatrix} x^2 & x \\ 2x & 1 \end{vmatrix} = -x^2$$

$$W_1 R(x) = \begin{vmatrix} 0 & x \\ x\ln x & 1 \end{vmatrix} = -x^2\ln x$$

$$W_2 R(x) = \begin{vmatrix} x^2 & 0 \\ 2x & x\ln x \end{vmatrix} = x^3\ln x$$

$$y_p = x^2\int \frac{W_1 R(x)}{W}dx + x\int \frac{W_2 R(x)}{W}dx$$

$$= x^2\int \ln x\,dx + x\int -x\ln x\,dx$$

$$= x^2(x\ln x - x) - x\left(\frac{1}{2}x^2\ln x - \frac{1}{4}x^2\right)$$

$$= \frac{1}{2}x^3\ln x - \frac{3}{4}x^3$$

$$\therefore y_p(e) = \frac{e^3}{2} - \frac{3}{4}e^3 = -\frac{1}{4}e^3$$

## 6. ②

풀이 $t = \pi$일 때 $(\pi, 2, 1)$이므로

$t = \pi$일 때 곡률을 구하는 공식은 $\kappa = \dfrac{|r'(\pi) \times r''(\pi)|}{|r'(\pi)|^3}$ 이다.

$r'(t) = \langle 1-\cos t, \sin t, 0 \rangle \Rightarrow r'(\pi) = \langle 2, 0, 0 \rangle$

$r''(t) = \langle \sin t, \cos t, 0 \rangle \Rightarrow r''(\pi) = \langle 0, -1, 0 \rangle$

곡률 공식에 대입하면 $\kappa = \dfrac{2}{8} = \dfrac{1}{4}$

**7.** ③

**풀이** (가) (수렴) $\displaystyle\int_0^\infty \frac{\sin x}{x}\,dx = \int_0^1 \frac{\sin x}{x}\,dx + \int_1^\infty \frac{\sin x}{x}\,dx$

$\displaystyle\int_0^1 \frac{\sin x}{x}\,dx < \int_0^1 \frac{x}{x}\,dx = 1$이므로

비교판정법에 의해 $\displaystyle\int_0^1 \frac{\sin x}{x}\,dx$는 수렴한다.

$\displaystyle\int_1^\infty \frac{\sin x}{x}\,dx \approx \sum_{n=1}^\infty \frac{\sin n}{n}$

$\displaystyle\sum_{n=1}^\infty \frac{\sin n}{n} \approx \sum_{n=1}^\infty \frac{(-1)^n}{n}$

교대급수판정법에 의해 수렴하므로

$\displaystyle\int_1^\infty \frac{\sin x}{x}\,dx$는 수렴한다.

따라서 $\displaystyle\int_0^\infty \frac{\sin x}{x}\,dx$는 수렴한다.

(나) (발산) $a_n = \dfrac{\cosh n}{n^2}$ 이라 하면

$\displaystyle\lim_{n\to\infty}\left|\frac{a_{n+1}}{a_n}\right| = \lim_{n\to\infty}\frac{\cosh(n+1)}{(n+1)^2}\cdot\frac{n^2}{\cosh n}$

$\displaystyle\qquad = \lim_{n\to\infty}\frac{\cosh(n+1)}{\cosh n}$

$\displaystyle\qquad = \lim_{n\to\infty}\frac{e^{(n+1)}+e^{-(n+1)}}{e^n+e^{-n}}$

$\displaystyle\qquad = \lim_{n\to\infty}\frac{ee^{2n}+e^{-1}}{e^{2n}+1} = e > 1$이므로

비율판정법에 의해 급수 $\displaystyle\sum_{n=1}^\infty \frac{\cosh n}{n^2}$ 은 발산한다.

(다) (수렴) $\displaystyle\sum_{n=2}^\infty \frac{\cos(n\pi)}{n^{\frac{1}{3}}} = \sum_{n=2}^\infty \frac{(-1)^n}{n^{\frac{1}{3}}}$ 이고

$\displaystyle\lim_{n\to\infty}\frac{1}{n^{\frac{1}{3}}} = 0$이므로

교대급수판정법에 의해 주어진 급수는 수렴한다.

**8.** ④

**풀이** $v$를 $A$와 평행한 벡터, $w$를 $A$와 수직인 벡터라고 했을 때 $B = v + w$를 만족하는 $v$, $w$를 찾자.

$v = proj_A B = \left\langle \dfrac{16}{5}, \dfrac{8}{5}, 0\right\rangle$, $w = B - v = \left\langle \dfrac{4}{5}, -\dfrac{8}{5}, 1\right\rangle$

$5v - 15w = \langle 4, 32, -15\rangle = \langle a, b, c\rangle$

$\therefore a + b + c = 21$

**9.** ④

**풀이** $\displaystyle\int_{\frac{\pi}{4}}^{\frac{\pi}{2}}\int_0^{\csc\theta}\left(r^7\sin\theta\cos^3\theta + re^{\cot\theta}\right)dr\,d\theta$

$\displaystyle = \int_{\frac{\pi}{4}}^{\frac{\pi}{2}}\frac{1}{8}\csc^7\theta\cos^3\theta + \frac{1}{2}\csc^2\theta e^{\cot\theta}\,d\theta$

$\displaystyle = \int_{\frac{\pi}{4}}^{\frac{\pi}{2}}\frac{1}{8}\cot\theta\csc^6\theta - \frac{1}{8}\cot\theta\csc^4\theta + \frac{1}{2}\csc^2\theta e^{\cot\theta}\,d\theta$

$\displaystyle = \left[-\frac{1}{48}\csc^6\theta + \frac{1}{32}\csc^4\theta - \frac{1}{2}e^{\cot\theta}\right]_{\frac{\pi}{4}}^{\frac{\pi}{2}}$

$\displaystyle = \frac{5}{96} + \frac{e-1}{2}$

**10.** ④

**풀이** 부피를 $V$라 하고, 영역 $D = \{(r, \theta)\mid r \le 2a\cos\theta\}$이므로

$\displaystyle V = \iint_D \sqrt{4a^2 - x^2 - y^2}\,dA$

$\displaystyle = \int_{-\frac{\pi}{2}}^{\frac{\pi}{2}}\int_0^{2a\cos\theta} r\sqrt{4a^2 - r^2}\,dr\,d\theta$

$\displaystyle = \frac{1}{3}\int_{-\frac{\pi}{2}}^{\frac{\pi}{2}}\left(8a^3 - |2a\sin\theta|^3\right)d\theta$

$\displaystyle = \frac{16}{3}a^3\int_0^{\frac{\pi}{2}}(\sin^3\theta - 1)d\theta$

$\displaystyle = \left(\frac{8}{3}\pi - \frac{32}{9}\right)a^3$

**11.** ④

**풀이** 행렬 $A = I - \dfrac{2}{|u|^2}uu^T$이라 하면 $A$는 직교행렬이므로

벡터 $x$, $y$에 대해 $T(x)\cdot T(y) = x\cdot y$이다.

$T(-\sqrt{2}, 1, 1)\cdot T(2, \sqrt{2}, 3\sqrt{2})$
$\quad = (-\sqrt{2}, 1, 1)\cdot(2, \sqrt{2}, 3\sqrt{2}) = 2\sqrt{2}$

**12.** ③

**풀이** 한 해 $y_1 = \dfrac{\cos x}{x}$를 알 때, 다른 해 $y_2 = y_1 u$이다.

$u = \displaystyle\int \frac{e^{-\int p(x)dx}}{(y_1)^2}\,dx$이므로

$\displaystyle u = \int \frac{e^{-\int \frac{2}{x}dx}}{\frac{\cos^2 x}{x^2}}\,dx = \int \frac{\frac{1}{x^2}}{\frac{\cos^2 x}{x^2}}\,dx = \int \sec^2 x\,dx = \tan x$

$\therefore y_2 = \dfrac{\cos x}{x}\tan x = \dfrac{\sin x}{x}$

**13.** ②

> **풀이**　(가) (참) $rankA = 3$이므로 $A$는 가역행렬이다. 따라서 $A^{-1}$이 존재한다. $A^2 = A$에서 양변에 $A^{-1}$을 곱하면 $A = I$이다.
>
> (나) (거짓) 〈반례〉 $A = \begin{pmatrix} 1 & 0 & 0 \\ 0 & 0 & 0 \\ 0 & 0 & 0 \end{pmatrix}$이면 $A^2 = A$이지만 $A \neq O$
>
> (다) (거짓) $A$가 가역행렬이면 $Ax = O$은 자명해만 가진다.
>
> (라) (참) $A^2 = A$이므로 $|A| = |A|^2$을 만족한다.
> $$|A|^{101} = |A|^{100}|A| = (|A|^2)^{50}|A| = |A|^{50}|A| = (|A|^2)^{25}|A|$$
> $$= |A|^{25}|A| = |A|^{26} = (|A|^2)^{13} = |A|^{13} = |A|^{12}|A|$$
> $$= (|A|^2)^6|A| = |A|^6|A| = (|A|^2)^3|A| = |A|^3|A|$$
> $$= |A|^4 = (|A|^2)^2 = |A|^2 = |A|$$

**14.** ①

> **풀이**　적분순서변경을 이용하면
> $$\int_1^{e^3} \int_{\ln y}^{3} \frac{1}{\sqrt{e^x - x}} \, dx dy = \int_0^3 \int_1^{e^x} \frac{1}{\sqrt{e^x - x}} \, dy dx$$
> $$= \int_0^3 \frac{e^x - 1}{\sqrt{e^x - x}} \, dx$$
> $$= 2\sqrt{e^x - x}\,]_0^3$$
> $$= 2\sqrt{e^3 - 3} - 2$$

**15.** ④

> **풀이**　$f(0, 0) = 1$
> $$f_x(x, y) = -e^{-x}\cos(x + y) - e^{-x}\sin(x + y)$$
> $$f_y(x, y) = -e^{-x}\sin(x + y)$$
> $$f_x(0, 0) = -1, \quad f_y(0, 0) = 0$$
> 선형화를 하면
> $$L(x, y) = f(0, 0) + f_x(0, 0)(x - 0) + f_y(0, 0)(y - 0) = 1 - x$$
> $$f(0.01, -0.01) \approx L(0.01, -0.01) = 1 - 0.01 = 0.99$$

**16.** ④

> **풀이**　$$|x\boldsymbol{u} + y\boldsymbol{v}|^2 = (x\boldsymbol{u} + y\boldsymbol{v}) \cdot (x\boldsymbol{u} + y\boldsymbol{v})$$
> $$= x^2|\boldsymbol{u}|^2 + 2xy(\boldsymbol{u} \cdot \boldsymbol{v}) + y^2|\boldsymbol{v}|^2$$
> $$= x^2 - 3xy + 3y^2$$
> 따라서 $|\boldsymbol{u}| = 1$, $|\boldsymbol{v}| = \sqrt{3}$, $2\boldsymbol{u} \cdot \boldsymbol{v} = -3$이다.
> $\boldsymbol{u} \cdot \boldsymbol{v} = |\boldsymbol{u}||\boldsymbol{v}|\cos\theta = \sqrt{3}\cos\theta = -\dfrac{3}{2}$이므로
> 두 벡터 $\boldsymbol{u}$, $\boldsymbol{v}$가 이루는 각도 $\theta = \dfrac{5}{6}\pi$이다.

**17.** ④

> **풀이**　$A = \begin{pmatrix} -4 & 5 \\ -1 & 2 \end{pmatrix}$라 하면 행렬 $A$의 고윳값은 $-3$, $1$이 되고
>
> 고윳값에 대응되는 고유벡터는 각각 $\begin{pmatrix} 5 \\ 1 \end{pmatrix}$, $\begin{pmatrix} 1 \\ 1 \end{pmatrix}$이므로
>
> 해 $\begin{pmatrix} y_1 \\ y_2 \end{pmatrix} = c_1 \begin{pmatrix} 5 \\ 1 \end{pmatrix} e^{-3t} + c_2 \begin{pmatrix} 1 \\ 1 \end{pmatrix} e^t$이고
>
> 초깃값을 넣으면 $c_1 = -\dfrac{1}{4}$, $c_2 = \dfrac{5}{4}$이므로
>
> $\begin{pmatrix} y_1 \\ y_2 \end{pmatrix} = -\dfrac{1}{4} \begin{pmatrix} 5 \\ 1 \end{pmatrix} e^{-3t} + \dfrac{5}{4} \begin{pmatrix} 1 \\ 1 \end{pmatrix} e^t$이다.
>
> $\therefore y_1(2) + y_2(2) = -\dfrac{3}{2}e^{-6} + \dfrac{5}{2}e^2$

**18.** ③

> **풀이**　곡면 $S : y - x^2 = 0$이므로 $\nabla S = \langle -2x, 1, 0 \rangle$이다.
> $$\iint_S F \cdot dS = \iint_D F \cdot \nabla S dA$$
> $$= \iint_D -2xyz + x dA$$
> $$= \int_0^1 \int_0^4 -2x^3 z + x dz dx$$
> $$= \int_0^1 -x^3 z^2 + xz]_0^4 dx$$
> $$= \int_0^1 -16x^3 + 4x dx = -2$$

**19.** ③

> **풀이**　스톡스 정리에 의해 $\displaystyle\int_C F \cdot dr = \iint_S curlF \cdot ndS$이다.
>
> 곡면 $S$는 평면 $x + y + z = 0$이고
>
> 영역 $D = \left\{ (x, y) \,\middle|\, \left(x + \dfrac{1}{2}\right)^2 + \left(y + \dfrac{1}{2}\right)^2 = \dfrac{1}{2} \right\}$일 때,
>
> $$curlF = \begin{vmatrix} i & j & k \\ \dfrac{\partial}{\partial x} & \dfrac{\partial}{\partial y} & \dfrac{\partial}{\partial z} \\ e^z + z - \sin y & -2xe^z + 2e^z + 1 & -2e^z + \cos y \end{vmatrix}$$
> $$= \langle 2 + 2xe^z - \cos y, -2xe^z + 2e^z + 1, -2e^z + \cos y \rangle$$
> $$\int_C F \cdot dr = \iint_D curlF \cdot ndS = \iint_D 3 dA = \dfrac{3}{2}\pi$$

**20.** ②

> **풀이**　$$T(v_1) = v_1 = 1(1, 0, 0) + 0(0, 1, 0) + 0(0, 0, 1) = (1, 0, 0)$$
> $$T(v_2) = v_2 = 0(1, 0, 0) + 3(0, 1, 0) + 1(0, 0, 1) = (0, 3, 1)$$
> $$T(v_3) = v_3 = 0(1, 0, 0) + 2(0, 1, 0) + 1(0, 0, 1) = (0, 2, 1)$$
> $av_1 + bv_2 + cv_3 = (1, 1, 1)$이 되는 $a, b, c$를 찾기 위해서

연립방정식을 세우면 $\begin{pmatrix} 1 & 0 & 0 : 1 \\ 0 & 3 & 2 : 1 \\ 0 & 1 & 1 : 1 \end{pmatrix} \sim \begin{pmatrix} 1 & 0 & 0 : 1 \\ 0 & 1 & 1 : 1 \\ 0 & 0 & -1 : -2 \end{pmatrix}$

$\therefore a = 1, \ b = -1, \ c = 2, \ a+b+c = 2$

## 21. ①

**풀이** $z_x = \dfrac{-x}{\sqrt{4-x^2-y^2}}, \ z_y = \dfrac{-y}{\sqrt{4-x^2-y^2}}$ 이므로

곡면적 공식에 대입하면

$$\iint_D \sqrt{1+(z_x)^2+(z_y)^2} \, dA$$

$$= \iint_D \sqrt{1+\frac{x^2}{4-x^2-y^2}+\frac{y^2}{4-x^2-y^2}} \, dA$$

$$= \iint_D \frac{2}{\sqrt{4-x^2-y^2}} \, dA$$

$$= \int_0^{\frac{\pi}{2}} \int_0^{2\sin\theta} \frac{2r}{\sqrt{4-r^2}} \, dr \, d\theta$$

$$= \int_0^{\frac{\pi}{2}} -2\sqrt{4-r^2} \Big]_0^{2\sin\theta} \, d\theta$$

$$= \int_0^{\frac{\pi}{2}} -4\cos\theta + 4 \, d\theta = -4 + 2\pi$$

## 22. ③

**풀이** 속도와 가속도가 항상 수직이므로

$r'(t) \cdot r''(t) = 0$을 만족한다.

따라서 $|r'(t)| = c$($c$는 상수)가 된다.

$r'(0) = \langle f'(0), g'(0), h'(0) \rangle = \langle 1, 2, 3 \rangle$이므로

$c = |r'(0)| = \sqrt{14}$ 이다.

따라서 입지가 움직인 총 거리는

$$\int_0^3 |r'(t)| dt = \int_0^3 \sqrt{14} \, dt = 3\sqrt{14} \text{ 이다.}$$

## 23. ②

**풀이** $A$의 고윳값과 고유벡터를 구하면

$|A - \lambda I| = \begin{vmatrix} 2-\lambda & 1 & 0 \\ 1 & 2-\lambda & 0 \\ 0 & 0 & 3-\lambda \end{vmatrix} = (3-\lambda)(\lambda-3)(\lambda-1) = 0$

$\lambda = 1, 3, 3$이고 각 고윳값에 대응하는 고유벡터를 구하면

$\lambda - 1$일 때 $\begin{pmatrix} 1 & 1 & 0 \\ 1 & 1 & 0 \\ 0 & 0 & 2 \end{pmatrix} \sim \begin{pmatrix} 1 & 1 & 0 \\ 0 & 0 & 1 \\ 0 & 0 & 0 \end{pmatrix}$이므로

$\lambda = 1$에 대응하는 고유벡터는 $\begin{pmatrix} -\frac{1}{\sqrt{2}} \\ \frac{1}{\sqrt{2}} \\ 0 \end{pmatrix}$이고

$\lambda = 3$일 때 $\begin{pmatrix} -1 & 1 & 0 \\ 1 & -1 & 0 \\ 0 & 0 & 0 \end{pmatrix} \sim \begin{pmatrix} -1 & 1 & 0 \\ 0 & 0 & 0 \\ 0 & 0 & 0 \end{pmatrix}$이므로

$\lambda = 3$에 대응하는 고유벡터는 $\begin{pmatrix} \frac{1}{\sqrt{2}} \\ \frac{1}{\sqrt{2}} \\ 0 \end{pmatrix}, \begin{pmatrix} 0 \\ 0 \\ 1 \end{pmatrix}$이다.

$B$의 고윳값과 고유벡터를 구하면

$|B - \lambda I| = \begin{vmatrix} 4-\lambda & 2 & 0 \\ 2 & 4-\lambda & 0 \\ 0 & 0 & 12-\lambda \end{vmatrix} = (12-\lambda)(\lambda-2)(\lambda-6)$

$\lambda = 2, 6, 12$이고 각 고윳값에 대응하는 고유벡터를 구하면

$\lambda = 2$일 때 $\begin{pmatrix} 2 & 2 & 0 \\ 2 & 2 & 0 \\ 0 & 0 & 10 \end{pmatrix} \sim \begin{pmatrix} 1 & 1 & 0 \\ 0 & 0 & 1 \\ 0 & 0 & 0 \end{pmatrix}$이므로

$\lambda = 2$에 대응하는 고유벡터는 $\begin{pmatrix} -\frac{1}{\sqrt{2}} \\ \frac{1}{\sqrt{2}} \\ 0 \end{pmatrix}$이고,

$\lambda = 6$일 때 $\begin{pmatrix} -2 & 2 & 0 \\ 2 & -2 & 0 \\ 0 & 0 & 6 \end{pmatrix} \sim \begin{pmatrix} -1 & 1 & 0 \\ 0 & 0 & 1 \\ 0 & 0 & 0 \end{pmatrix}$이므로

$\lambda = 6$에 대응하는 고유벡터는 $\begin{pmatrix} \frac{1}{\sqrt{2}} \\ \frac{1}{\sqrt{2}} \\ 0 \end{pmatrix}$이고,

$\lambda = 12$일 때 $\begin{pmatrix} -8 & 2 & 0 \\ 2 & -8 & 0 \\ 0 & 0 & 0 \end{pmatrix} \sim \begin{pmatrix} 1 & -4 & 0 \\ 0 & 1 & 0 \\ 0 & 0 & 0 \end{pmatrix}$이므로

$\lambda = 12$에 대응하는 고유벡터는 $\begin{pmatrix} 0 \\ 0 \\ 1 \end{pmatrix}$이다.

$P = \begin{pmatrix} \frac{1}{\sqrt{2}} & -\frac{1}{\sqrt{2}} & 0 \\ \frac{1}{\sqrt{2}} & \frac{1}{\sqrt{2}} & 0 \\ 0 & 0 & 1 \end{pmatrix}$로 두고

$x = Py$를 통해 두 이차형식을 치환하면

주어진 영역 $R$의 부피를 구하는 것은

$X^2 + 3Y^2 + 3Z^2 < 1 < 2X^2 + 6Y^2 + 12Z^2$의

부피를 구하는 것과 같다.

$\therefore \dfrac{4}{3}\pi \cdot 1 \cdot \dfrac{1}{\sqrt{3}} \cdot \dfrac{1}{\sqrt{3}} - \dfrac{4}{3}\pi \cdot \dfrac{1}{\sqrt{2}} \cdot \dfrac{1}{\sqrt{6}} \cdot \dfrac{1}{\sqrt{12}} = \dfrac{\pi}{3}$

**24.** ③

**풀이** 주어진 식에 라플라스 변환을 취하면

$$(s^2+5s+6)Y = e^{-\frac{\pi}{2}s} - e^{-\pi s}\frac{s}{s^2+1}$$

$$Y = \frac{e^{-\frac{\pi}{2}s}}{(s+2)(s+3)} - \frac{e^{-\pi s}s}{(s+2)(s+3)(s^2+1)}$$

$$= e^{-\frac{\pi}{2}s}\left(\frac{1}{s+2} - \frac{1}{s+3}\right)$$

$$- e^{-\pi s}\left(\frac{1}{10}\frac{s}{s^2+1} + \frac{1}{10}\frac{1}{s^2+1} - \frac{2}{5}\frac{1}{s+2} + \frac{3}{10}\frac{1}{s+3}\right)$$

라플라스 역변환을 하면

$$y = u\left(t-\frac{\pi}{2}\right)\left(e^{-2(t-\frac{\pi}{2})} - e^{-3(t-\frac{\pi}{2})}\right)$$

$$- u(t-\pi)\left(\begin{array}{l}\frac{1}{10}\cos(t-\pi) + \frac{1}{10}\sin(t-\pi)\\ -\frac{2}{5}e^{-2(t-\pi)} + \frac{3}{10}e^{-3(t-\pi)}\end{array}\right)\text{이다.}$$

$$\therefore y\left(\frac{3\pi}{4}\right) = e^{-2\frac{\pi}{4}} - e^{-\frac{3\pi}{4}} = e^{-\frac{\pi}{2}} - e^{-\frac{3\pi}{4}}$$

**25.** ②

**풀이**
$$f(t) = \mathcal{L}^{-1}\left\{\frac{s}{(s^2+9)^2}\right\}$$

$$= \mathcal{L}^{-1}\left\{\int\frac{s}{(s^2+9)^2}ds\right\}$$

$$= \frac{1}{2}t\,\mathcal{L}^{-1}\left\{\frac{1}{s^2+9}\right\}$$

$$= \frac{1}{6}t\sin 3t$$

$$g(t) = \mathcal{L}^{-1}\left\{\frac{e^{-s}}{s^2+1}\right\} = u(t-1)\sin(t-1)$$

$$h(t) = \mathcal{L}^{-1}\left\{\frac{1}{s^2+2s+5}\right\}$$

$$= \mathcal{L}^{-1}\left\{\frac{1}{(s+1)^2+4}\right\}$$

$$= e^{-t}\mathcal{L}^{-1}\left\{\frac{1}{s^2+4}\right\}$$

$$= \frac{1}{2}e^{-t}\sin 2t$$

$$\therefore f\left(\frac{\pi}{2}\right) + g(1+\pi) + h(\pi) = -\frac{\pi}{12}$$

**26.** ①

**풀이**
$$\begin{pmatrix}D-2 & 1\\ -3 & D+2\end{pmatrix}\begin{pmatrix}x_p\\ y_p\end{pmatrix} = \begin{pmatrix}e^{2t}\\ t\end{pmatrix}$$

$$\Leftrightarrow \begin{pmatrix}x_p\\ y_p\end{pmatrix} = \frac{1}{D^2-1}\begin{pmatrix}D+2 & -1\\ 3 & D-2\end{pmatrix}\begin{pmatrix}e^{2t}\\ t\end{pmatrix}$$

$$\Leftrightarrow \begin{pmatrix}x_p\\ y_p\end{pmatrix} = \frac{1}{D^2-1}\begin{pmatrix}4e^{2t}-t\\ 3e^{2t}-2t+1\end{pmatrix}$$

$$\Leftrightarrow \begin{pmatrix}x_p\\ y_p\end{pmatrix} = \begin{pmatrix}\frac{4}{3}e^{2t}+t\\ e^{2t}+2t-1\end{pmatrix}$$

$$\therefore 3x_p(1) - 4y_p(1) = -1$$

**27.** ①

**풀이**
$$p.v.\int_0^\infty \frac{1}{x^4-1}dx = \frac{1}{2}p.v.\int_{-\infty}^\infty \frac{1}{x^4-1}dx$$

$$= \frac{1}{2}\int_C \frac{1}{z^4-1}dz$$

$z^4-1 = (z+1)(z-1)(z+i)(z-i) = 0$에서는
$z = \pm1, \pm i$에서 단순극을 가지고
곡선 $C$는 상반원이기 때문에 $z = \pm1, i$에서 극을 가진다.

$$\frac{1}{z^4-1} = \frac{1}{(z+1)(z-1)(z+i)(z-i)}\text{이므로}$$

$$Res(1) = \lim_{z\to 1}(z-1)\frac{1}{z^4-1}$$

$$= \lim_{z\to 1}\frac{1}{(z+1)(z+i)(z-i)} = \frac{1}{4}$$

$$Res(-1) = \lim_{z\to -1}(z+1)\frac{1}{z^4-1}$$

$$= \lim_{z\to -1}\frac{1}{(z-1)(z+i)(z-i)} = -\frac{1}{4}$$

$$Res(i) = \lim_{z\to i}(z-i)\frac{1}{z^4-1}$$

$$= \lim_{z\to i}\frac{1}{(z+1)(z-1)(z+i)} = \frac{i}{4}\text{이다.}$$

$$\int_C \frac{1}{z^4-1}dz = 2\pi i\,Res(i) + \pi i(Res(1) + Res(-1))$$

$$= 2\pi i\frac{i}{4} + 0 = -\frac{\pi}{2}$$

$$\therefore p.v.\int_0^\infty \frac{1}{x^4-1}dx = -\frac{\pi}{4}$$

**28.** 0

**풀이** 주어진 선형변환은 기저가 $a$인 벡터공간에 사영시키는 사영변환이므로 사영변환의 행렬식은 0이다.

**29.** 3

**풀이** $r(1) = (1, 1, \dfrac{\ln 2}{3})$, $r(0) = (0, 0, 0)$이고

주어진 벡터장은 보존적 벡터장이다.

포텐셜 함수 $f$를 구하면 $f(x, y, z) = xy^2 + ye^{3z}$이므로

$\displaystyle\int_C F \cdot dr = xy^2 + ye^{3z} \Big]_{r(0)}^{r(1)} = 3$

**30.** 2

**풀이** 행렬 $A = \begin{pmatrix} 1 & -1 & 1 \\ 2 & 1 & 8 \\ -1 & 0 & -3 \\ 0 & 2 & 4 \end{pmatrix} \sim \begin{pmatrix} 1 & -1 & 1 \\ 0 & 1 & 2 \\ 0 & 0 & 0 \\ 0 & 0 & 0 \end{pmatrix}$이므로

$rank(A) = 2$이고, 열공간의 차원은 2이다.

따라서 사영행렬 $P$의 고유치는 $1, 1, 0, 0$이다. $\therefore tr(P) = 2$

MEMO